U0180744

Excel+PPT+Word+PS+短视频剪辑+PDF+思维导图+居家办公+办公设备 9合1

龙马高新教育◎编著

北京大学出版社
PEKING UNIVERSITY PRESS

内 容 简 介

本书主要面对零基础的计算机办公人员，通过精选案例引导读者深入学习，系统地介绍Excel、PPT、Word、PS、短视频剪辑、PDF、思维导图、居家办公和办公设备的相关知识。

本书分为7篇，共18章。第1篇“Excel办公篇”主要介绍Excel 2021的基本操作、管理和美化工作表、数据的基本分析、数据的高级分析，以及公式和函数等；第2篇“PPT办公篇”主要介绍PPT的基本操作、演示文稿动画及放映的设置等；第3篇“Word办公篇”主要介绍Word 2021的基本操作、文档的美化处理，以及长文档的排版与处理等；第4篇“PS办公篇”主要介绍PS的基础技能和实战技能等；第5篇“短视频剪辑篇”主要介绍剪映操作入门和剪映操作进阶等；第6篇“PDF+思维导图办公篇”主要介绍轻松编辑PDF文档和用思维导图提升工作效率等；第7篇“居家办公+办公设备篇”主要介绍居家办公和办公设备的使用等。

本书不仅适合各类需要用计算机办公的用户学习，也可以作为各类院校相关专业学生和计算机培训班学员的教材或辅导用书。

图书在版编目(CIP)数据

Excel+PPT+Word+PS+短视频剪辑+PDF+思维导图+居家办公+办公设备9合1 / 龙马高新教育编著. — 北京：北京大学出版社，2023.5

ISBN 978-7-301-33886-5

Ⅰ. ①E… Ⅱ. ①龙… Ⅲ. ①办公自动化－应用软件Ⅳ. ①TP317.1

中国国家版本馆CIP数据核字（2023）第059243号

书　　名　Excel+PPT+Word+PS+短视频剪辑+PDF+思维导图+居家办公+办公设备9合1
EXCEL+PPT+WORD+PS+DUANSHIPIN JIANJI+PDF+SIWEI DAOTU+JUJIA BANGONG+BANGONG SHEBEI 9 HE 1

著作责任者　龙马高新教育　编著

责 任 编 辑　王继伟　刘　倩

标 准 书 号　ISBN 978-7-301-33886-5

出 版 发 行　北京大学出版社

地　　址　北京市海淀区成府路205号　100871

网　　址　http://www.pup.cn　　新浪微博：@北京大学出版社

电 子 信 箱　pup7@pup.cn

电　　话　邮购部 010-62752015　发行部 010-62750672　编辑部 010-62570390

印 刷 者　北京鑫海金澳胶印有限公司

经 销 者　新华书店

787毫米×1092毫米　16开本　22.5印张　541千字

2023年5月第1版　2023年5月第1次印刷

印　　数　1–3000册

定　　价　69.00元

本书涵盖九部分内容，帮助零基础办公小白快速学会计算机办公，不管是拼职场、赚外快、自主创业，还是居家办公，有这本书就够了。

写书目的

本书从实用的角度出发，结合丰富的案例，模拟真实的办公环境，用紧凑的步骤介绍Excel、PPT、Word、PS、短视频剪辑、PDF、思维导图、居家办公和办公设备的使用方法与技巧，帮助读者全面、系统地掌握计算机办公中的各类常见软件的使用方法。

本书特点

❶ 内容全面，物超所值

本书涵盖Excel、PPT、Word、PS、短视频剪辑、PDF、思维导图、居家办公、办公设备九部分内容，不仅适合办公室计算机办公人员，还适合居家办公人员和自由职业者学习。

❷ 简单易学，案例为主

本书以案例为主线，连接大量知识点，实操性强，与读者需求紧密吻合，模拟真实的办公环境，帮助读者快速学会。

❸ 步骤紧凑，图解清晰

本书案例讲解步骤安排紧凑，图中标注了操作顺序，看步骤或看图，就能达到快速学习的目的。

❹ 内容实用，案例丰富

本书内容以读者办公中经常遇到的难点为主，解决在工作中遇到的问题，并且案例丰富。

❺ 高手秘籍，高效实用

本书在每章的最后，以“高手支招”的形式为读者提炼了各种操作技巧，总结了大量实用的操作方法，以便读者学习到更多内容。

❻ 海量资源，强化学习

本书赠送大量实用的模板、实用技巧及学习辅助资料等，便于读者强化学习的同时，也可以在工作中提供便利。

读者对象

（1）职场小白、计算机办公初学者。

（2）个体商户老板。

（3）专业院校的学生。

（4）居家办公人员。

（5）自媒体人。

（6）自由职业者。

超值电子资源

本书不仅赠送同步的教学视频、素材和结果文件，还赠送大量学习资源，包括1000个Office常用模板、Excel函数查询手册、Office 2021快捷键查询手册、Photoshop使用手册、Photoshop经典创意设计案例教学视频、Windows 11教学视频等。

温馨提示

以上资源，读者可以通过扫描封底二维码，关注“博雅读书社”微信公众号，找到资源下载栏目，输入本书77页的资源下载码，根据提示获取。

创作团队

本书由龙马高新教育策划，国家开放大学郝智红任主编。

在本书编写过程中，我们竭尽所能地为您呈现最好、最全的实用功能，但仍难免有疏漏和不妥之处，敬请广大读者不吝指正。若您在学习过程中产生疑问或有任何建议，可以通过E-mail与我们联系。读者邮箱：495242826@qq.com。

目 录
Contents

第5章 Excel公式和函数

第2篇 PPT办公篇

第6章 制作PowerPoint演示文稿

第 7 章 演示文稿动画及放映的设置

第3篇 Word办公篇

第 8 章 Word 文档的基本编辑

第 9 章 Word 文档的美化处理

第 10 章 长文档的排版与处理

第4篇 PS办公篇

第11章 Photoshop基础技能

第12章 Photoshop实战技能

第5篇 短视频剪辑篇

第13章 剪映操作入门

第14章 剪映操作进阶

第18章 办公设备的使用

第
1
篇

Excel 办公篇

第 1 章　工作簿和工作表的基本操作

第 2 章　管理和美化工作表

第 3 章　数据的基本分析

第 4 章　数据的高级分析

第 5 章　Excel 公式和函数

第 1 章

工作簿和工作表的基本操作

学习内容

Excel 主要用于电子表格的处理，而工作簿和工作表的基本操作是 Excel 使用最频繁的操作，本章主要学习创建工作簿、工作表、单元格、行与列的基本操作及设置单元格的数据格式等内容。

学习效果

公司6月份办公物资采购表

序号	物资名称	单价	单位	数量	合计	采购日期	入库情况	备注
1	纸巾	¥ 45	箱	3	¥ 135	2022/6/1	√	
2	圆珠笔	¥ 18	盒	15	¥ 270	2022/6/1	√	
3	文件夹	¥ 4	个	20	¥ 80	2022/6/3	√	
4	白板笔	¥ 20	盒	5	¥ 100	2022/6/6	√	
5	长尾夹41mm	¥ 13	盒	6	¥ 78	2022/6/7	√	
6	长尾夹25mm	¥ 11	盒	5	¥ 55	2022/6/8	√	
7	复印纸	¥ 155	箱	3	¥ 465	2022/6/11	√	
8	工字钉	¥ 5	盒	4	¥ 20	2022/6/12	√	
9	刻录盘	¥ 6	张	20	¥ 120	2022/6/16	√	
10	回形针	¥ 9	盒	5	¥ 45	2022/6/17	√	
11	订书针	¥ 5	盒	6	¥ 30	2022/6/20	√	
12	工位牌	¥ 7	个	55	¥ 385	2022/6/24	√	
13	垃圾袋	¥ 12	包	9	¥ 108	2022/6/26	√	
14	拖把	¥ 23	把	5	¥ 115	2022/6/28	√	
15	垃圾桶	¥ 15	个	5	¥ 75	2022/6/30	√	

公司员工信息统计表

填写部门：人力资源部　　填写时间：2022-6-30

工号	姓名	性别	籍贯	民族	出生日期	学历	职位	部门	入职时间	基本工资
0001001	刘××	女	北京	汉族	1985年1月16日	硕士	人事经理	人力资源部	2013年6月18日	¥12,000
0001002	陈××	男	四川成都	彝族	1984年12月3日	硕士	销售经理	市场部	2014年2月14日	¥13,000
0001003	张××	男	湖北武汉	汉族	1989年5月14日	本科	技术总监	技术部	2014年5月16日	¥12,000
0001004	吴××	男	河南郑州	汉族	1995年8月15日	本科	会计	财务部	2015年4月15日	¥5,500
0001005	李××	女	浙江杭州	汉族	1990年6月11日	本科	人事副总	人力资源部	2015年4月23日	¥9,000
0001006	冯××	男	云南昆明	傣族	1996年7月22日	本科	研发专员	研发部	2015年7月25日	¥6,500
0001007	周××	女	甘肃兰州	回族	1991年4月30日	硕士	财务总监	财务部	2016年2月20日	¥8,500
0001008	褚××	男	上海	汉族	1998年6月23日	硕士	研发专员	研发部	2016年2月23日	¥6,300
0001009	郑××	女	上海	汉族	1995年7月13日	本科	出纳	财务部	2016年3月26日	¥4,500
0001010	何××	男	四川成都	汉族	2000年6月19日	大专	销售专员	市场部	2016年4月19日	¥4,500
0001011	王××	男	北京	汉族	1992年5月13日	本科	研发经理	研发部	2016年5月22日	¥12,000
0001012	孙××	女	山西大同	汉族	1988年1月25日	大专	人事副总	人力资源部	2017年7月25日	¥7,800
0001013	韩××	男	山东济南	汉族	1995年3月15日	硕士	研发专员	研发部	2017年8月16日	¥6,000
0001014	赵××	男	天津	汉族	1991年2月14日	大专	销售副总	市场部	2018年6月15日	¥9,000
0001015	杨××	女	山西太原	汉族	1992年2月10日	本科	研发专员	研发部	2018年12月3日	¥5,800
0001016	许××	男	重庆	汉族	1991年9月19日	本科	研发专员	研发部	2019年2月24日	¥5,500
0001017	秦××	男	福建福州	畲族	1995年10月1日	本科	研发专员	研发部	2019年3月10日	¥5,500
0001018	朱××	男	辽宁沈阳	汉族	1993年5月16日	大专	销售专员	市场部	2020年3月16日	¥4,500
0001019	魏××	男	湖南长沙	汉族	1994年6月25日	大专	销售专员	市场部	2020年6月13日	¥4,500
0001020	沈××	女	湖北武汉	汉族	1995年6月18日	本科	销售专员	市场部	2021年1月10日	¥3,800
0001021	白××	女	北京	汉族	1996年3月24日	大专	销售专员	市场部	2021年9月15日	¥3,800
0001022	蒋××	男	江苏南京	汉族	1998年5月13日	大专	销售专员	市场部	2022年2月14日	¥3,800

1.1 制作公司办公物资采购表

公司办公物资采购表用于记录公司采购物资的基本信息。本节以修改公司办公物资采购表为例，介绍工作簿、工作表以及单元格及行与列的基本操作。

1.1.1 工作簿的基本操作

工作簿是Excel中用来存储并处理工作数据的文件，扩展名是.xlsx。通常所说的Excel文件指的就是工作簿文件。使用Excel制作公司办公物资采购表之前，首先要创建一个工作簿。

1. 创建空白工作簿

创建空白工作簿有4种方法，可以在启动时创建空白工作簿，也可以在启动Excel后创建。

（1）启动Excel时创建空白工作簿。启动Excel 2021时，在打开的界面选择右侧的【空白工作簿】选项，如下图所示。系统会自动创建一个名称为“工作簿1”的工作簿。

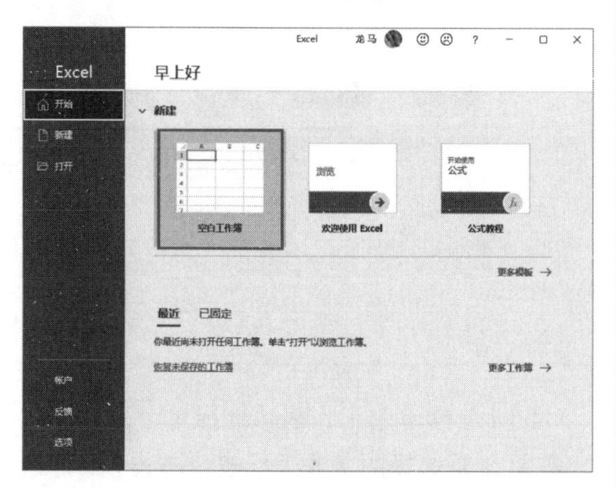

（2）启动Excel 2021后，选择【文件】→【新建】→【空白工作簿】选项，如下图所示，即可创建空白工作簿。

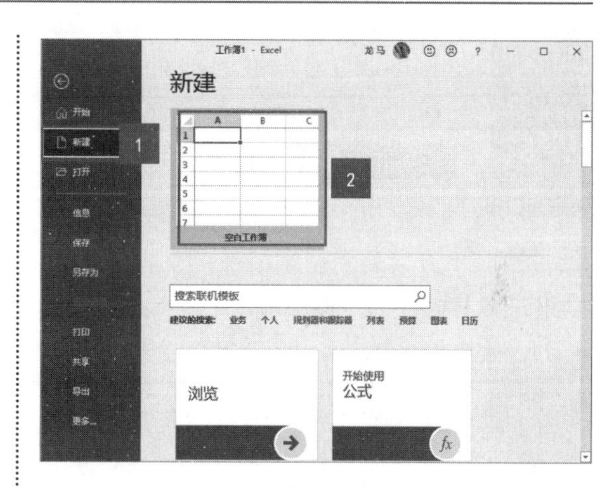

（3）启动Excel 2021后，单击快速访问工具栏中的【新建】按钮，如下图所示，即可创建一个工作簿。

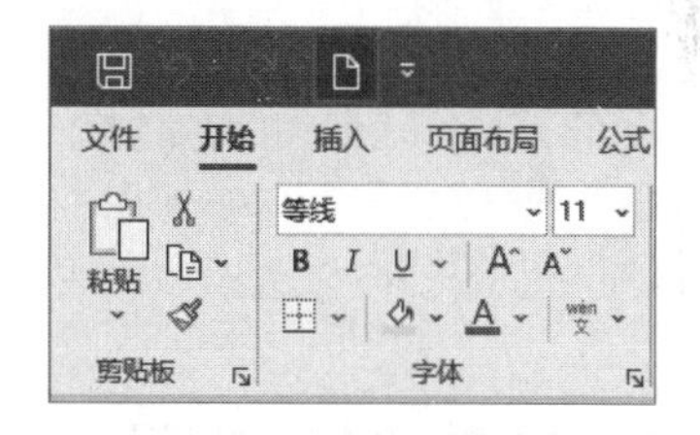

（4）启动Excel 2021后，按【Ctrl+N】组合键也可以快速创建空白工作簿。

2. 使用模板创建工作簿

Excel自带了很多模板，用户可以使用系统自带的模板或搜索联机模板创建工作簿。下面通过Excel模板，创建《员工出勤跟踪表》工作簿，具体的操作步骤如下。

第1步 选择【文件】选项卡，在弹出的下拉列表中选择【新建】选项，然后在【搜索联机模板】

文本框中输入“出勤表”，单击【开始搜索】按钮🔍，如下图所示。

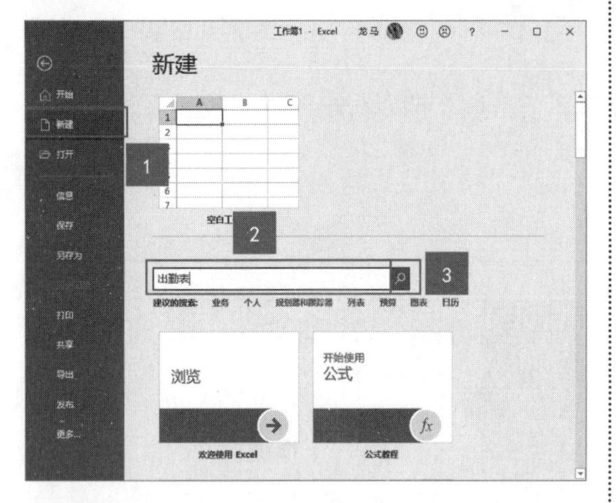

第2步 在下方会显示搜索结果，选择【员工出勤跟踪表】选项，如下图所示。

第3步 弹出【员工出勤跟踪表】预览界面，单击【创建】按钮，即可下载该模板，如下图所示。

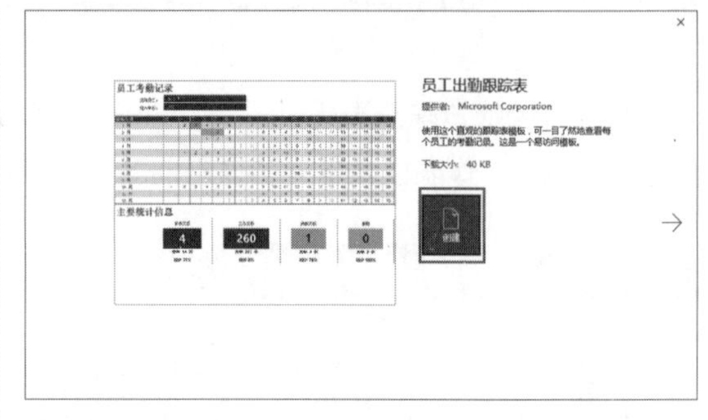

第4步 下载完成后，系统会自动打开该模板，此时用户只需在表格中输入或修改相应的数据即可，如下图所示。

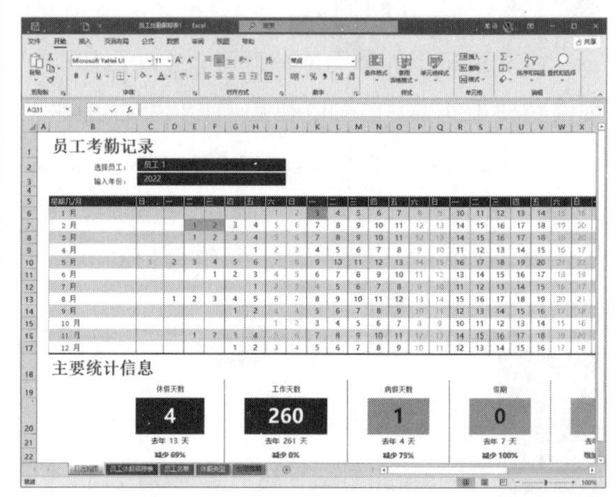

1.1.2 工作表的基本操作

一个工作簿中最多可以包含255张工作表，可对工作表执行选择、重命名、新建、删除、移动、复制和设置工作表标签颜色等操作。

1. 选择单个或多个工作表

在编辑工作表之前首先要选择工作表，选择工作表有多种方法。

（1）选择单个工作表。选择单个工作表时只需要在要选择的工作表标签上单击，即可选择该工作表。打开“素材\ch01\公司采购信息表.xlsx”文件，默认会选择工作簿中的第一张工作表，在“公司7月份采购表”工作表标签上单击，即可选择“公司7月份采购表”工作表，如下图所示。

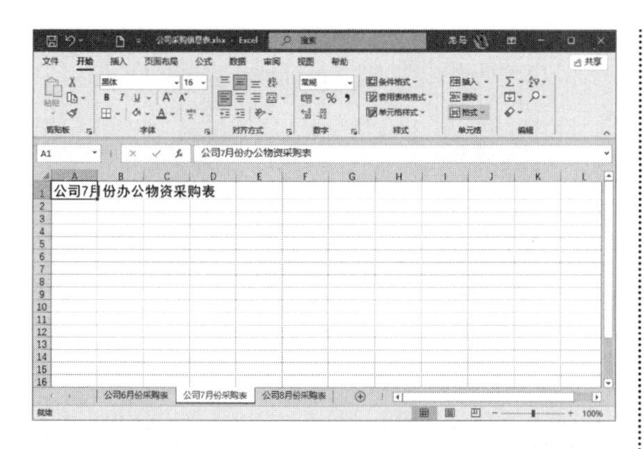

如果工作表较多，显示不完整，可以使用下面的方法快速选择工作表。在工作表导航栏最左侧区域单击鼠标右键，将会弹出【激活】对话框，在【活动文档】列表框中选择要激活的工作表名称，单击【确定】按钮即可。

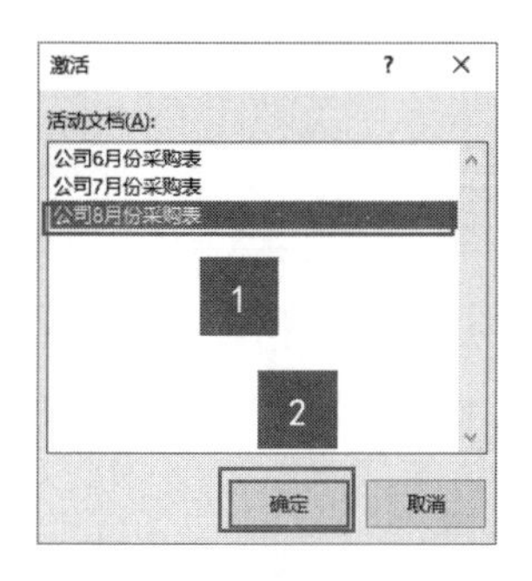

（2）选择不连续的多个工作表。如果要同时编辑多个不连续的工作表，可以在按住【Ctrl】键的同时，单击要选择的多个不连续工作表，释放【Ctrl】键，即可完成多个不连续工作表的选择。标题栏中将显示“组”字样，如下图所示。

（3）选择连续的多个工作表。在按住【Shift】键的同时，单击要选择的多个连续工作表的第一个工作表和最后一个工作表，释放【Shift】键，即可完成多个连续工作表的选择，如下图所示。

> **提示**
>
> 按【Ctrl+Page Up/Page Down】组合键，可以快速切换工作表。

2. 重命名工作表

每个工作表都有自己的名称，默认情况下以Sheet1、Sheet2、Sheet3……命名工作表。这种命名方式不便于管理工作表。因此可以对工作表重命名，以便更好地管理工作表。

第1步 双击要重命名的工作表的标签“公司6月份采购表”，进入可编辑状态，如下图所示。

公司6月份办公物资采购表						
序号	物资名称	单价	单位	数量	合计	采购日期
1	纸巾	¥ 45	箱	3	¥ 135	2022/6/1
2	圆珠笔	¥ 18	盒	15	¥ 270	2022/6/1
3	文件夹	¥ 4	个	20	¥ 80	2022/6/3
4	白板笔	¥ 20	盒	5	¥ 100	2022/6/6
5	长尾夹41mm	¥ 13	盒	6	¥ 78	2022/6/7
6	长尾夹25mm	¥ 11	盒	5	¥ 55	2022/6/8
7	复印纸	¥ 155	箱	3	¥ 465	2022/6/11
8	工字钉	¥ 5	盒	4	¥ 20	2022/6/12
9	刻录盘	¥ 6	张	20	¥ 120	2022/6/16

公司6月份采购表　公司7月份采购表

第2步 输入新的标签名“6月采购表”后，按【Enter】键，即可完成对该工作表的重命名操作，如下图所示，使用同样的方法，修改其他工作表名称。

公司6月份办公物资采购表						
序号	物资名称	单价	单位	数量	合计	采购日期
1	纸巾	¥ 45	箱	3	¥ 135	2022/6/1
2	圆珠笔	¥ 18	盒	15	¥ 270	2022/6/1
3	文件夹	¥ 4	个	20	¥ 80	2022/6/3
4	白板笔	¥ 20	盒	5	¥ 100	2022/6/6
5	长尾夹41mm	¥ 13	盒	6	¥ 78	2022/6/7
6	长尾夹25mm	¥ 11	盒	5	¥ 55	2022/6/8
7	复印纸	¥ 155	箱	3	¥ 465	2022/6/11
8	工字钉	¥ 5	盒	4	¥ 20	2022/6/12
9	刻录盘	¥ 6	张	20	¥ 120	2022/6/16

3. 新建工作表

工作簿中默认只有一张Excel工作表，若要使用更多的工作表，则需要新建工作表。多余的工作表也可以删除。

（1）使用【新工作表】按钮。

第1步 在打开的Excel工作表中，选择“7月采购表”工作表，单击工作表名称后的【新工作表】按钮⊕，如下图所示。

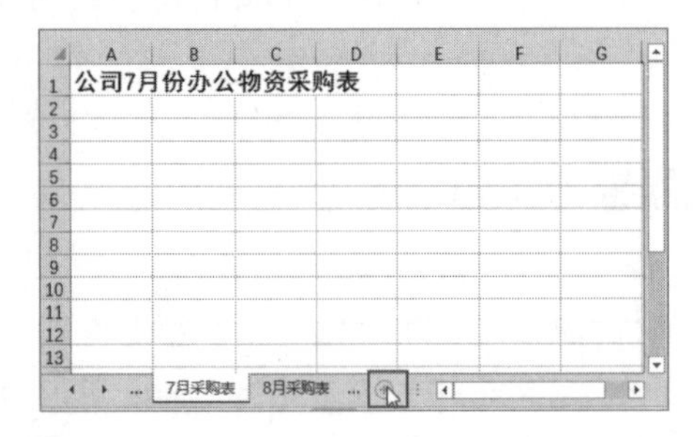

第2步 在“7月采购表”后即可创建一个名为“Sheet1”的新工作表，如下图所示。

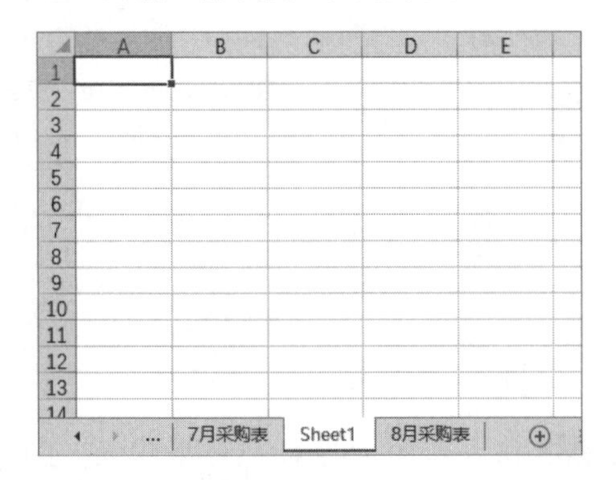

（2）使用快捷菜单。

第1步 在工作表标签上右击，在弹出的快捷菜单中选择【插入】选项，如下图所示。

第2步 弹出【插入】对话框，默认选择【工作表】，单击【确定】按钮，如下图所示。

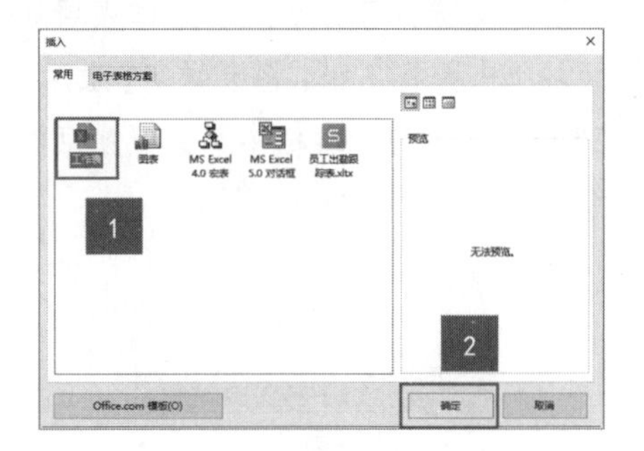

第3步 即可创建新工作表，如下图所示。

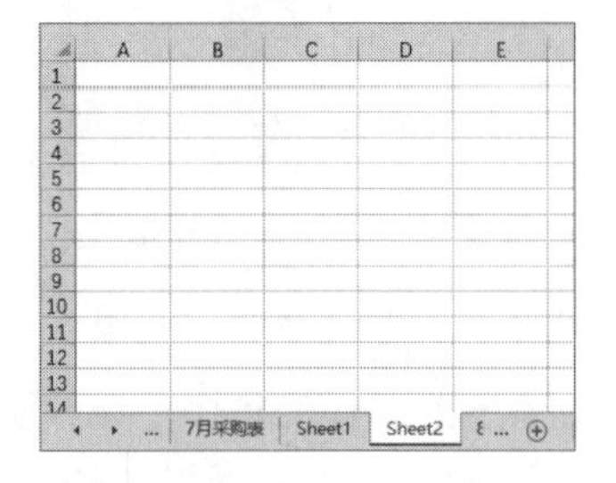

（3）使用【插入】按钮。单击【开始】选项卡下【单元格】组中的【插入】下拉按钮[插入]，在弹出的下拉列表中选择【插入工作表】选项，如下图所示，即可插入新工作表。

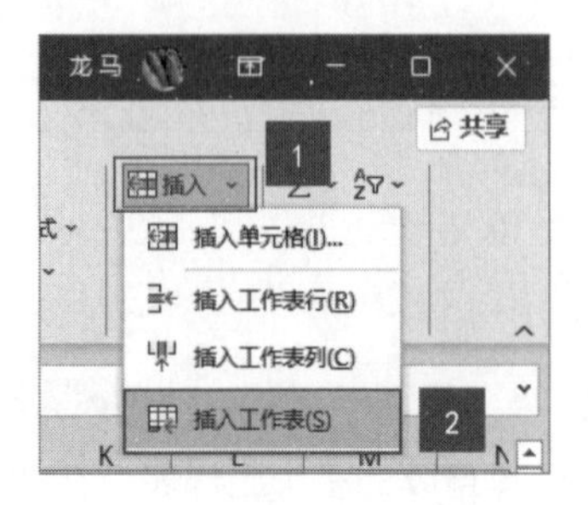

> **提示**
>
> 按【Shift+F11】组合键，可快速新建一个工作表。

4. 删除工作表

（1）使用快捷菜单删除工作表。在要删除的工作表的标签上右击，在弹出的快捷菜单中选择【删除】选项，如下图所示，即可将当前所选工作表删除。

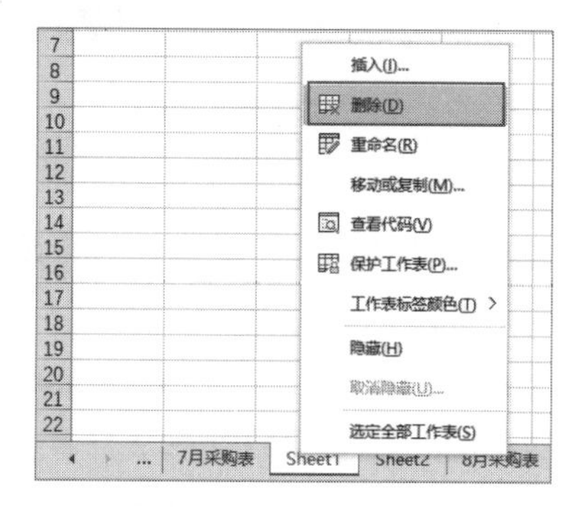

（2）使用【删除工作表】命令删除工作表。选择要删除的工作表，单击【开始】选项卡下【单元格】组中的【删除】下拉按钮，在弹出的下拉列表中执行【删除工作表】命令，如下图所示。

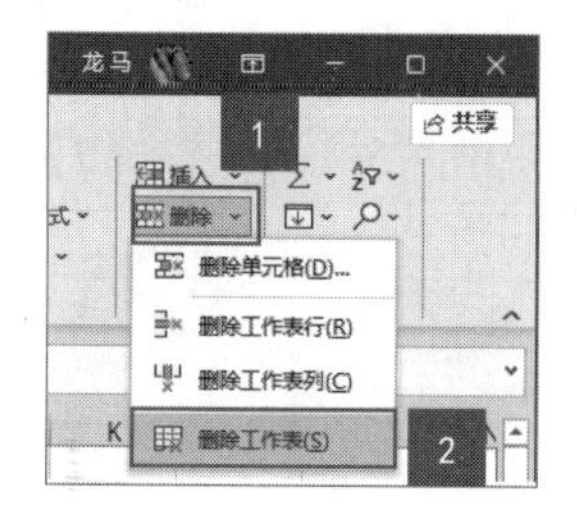

> **提示**
>
> 执行【删除工作表】命令后，工作表即被永久删除，该命令的效果不能被撤销。

5. 移动工作表

可以将工作表移动到同一个工作簿的指定位置。

第1步 在要移动的工作表的标签上右击，在弹出的快捷菜单中选择【移动或复制】选项，如下图所示。

第2步 在弹出的【移动或复制工作表】对话框中选择要移动的位置，单击【确定】按钮，如下图所示。

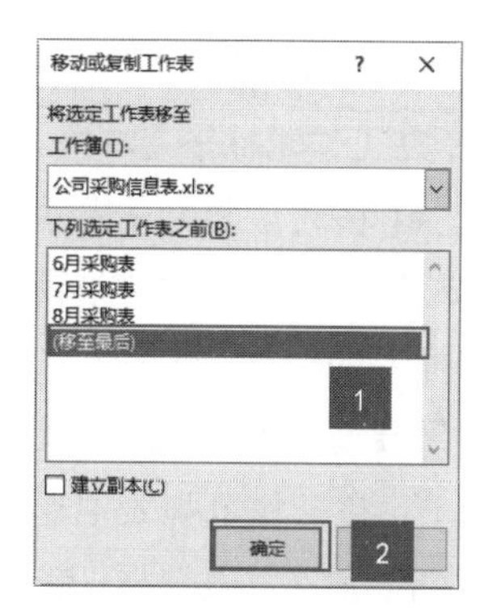

第3步 将当前工作表移动到指定的位置，如下图所示。

	A	B	C	D	E
1	公司6月份办公物资采购表				
2	序号	物资名称	单价	单位	数量
3	1	纸巾	¥ 45	箱	3
4	2	圆珠笔	¥ 18	盒	15
5	3	文件夹	¥ 4	个	20
6	4	白板笔	¥ 20	盒	5
7	5	长尾夹41mm	¥ 13	盒	6
8	6	长尾夹25mm	¥ 11	盒	5
9	7	复印纸	¥ 155	箱	3
10	8	工字钉	¥ 5	盒	4
11	9	刻录盘	¥ 6	张	20
12	10	回形针	¥ 9	盒	5
13	11	订书针	¥ 5	盒	6
14	12	工位牌	¥ 7	个	55
15	13	垃圾袋	¥ 12	包	9
16	14	拖把	¥ 23	把	5
17	15	垃圾桶	¥ 15	个	5
18					

7月采购表 | 8月采购表 | 6月采购表

提示

选择要移动的工作表的标签，按住鼠标左键不放，拖曳鼠标，可以看到一个黑色倒三角形随着鼠标指针移动而移动。移动黑色倒三角形到目标位置，释放鼠标左键，工作表即可被移动到新的位置，如下图所示。

13	11	订书针	¥	5	盒
14	12	工位牌	¥	7	个
15	13	垃圾袋	¥	12	包
16	14	拖把	¥	23	把
17	15	垃圾桶	¥	15	个
18					

7月采购表 | 8月采购表 | 6月采购表

6. 复制工作表

用户可以在一个或多个Excel工作簿中复制工作表，有以下两种方法。

（1）使用快捷菜单复制工作表。选择要复制的工作表，在工作表标签上右击，在弹出的快捷菜单中选择【移动或复制】选项。在弹出的【移动或复制工作表】对话框中选择要复制的目标工作簿和插入的位置，然后选中【建立副本】复选框。如果要复制到其他工作簿中，需要将该工作簿打开，在工作簿列表中选择该工作簿名称，选中【建立副本】复选框，单击【确定】按钮即可，如下图所示。

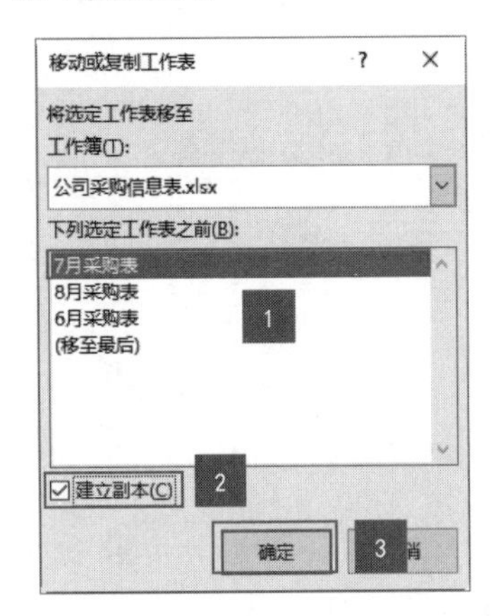

（2）使用鼠标复制工作表。用鼠标复制工作表的步骤与移动工作表的步骤相似，只是在拖动鼠标的同时按住【Ctrl】键即可。选择要复制的工作表，按住【Ctrl】键的同时按住鼠标左键，拖曳鼠标让鼠标指针移动到工作表的新位置，黑色倒三角形会随着鼠标指针移动，释放鼠标左键，工作表即被复制到新的位置，如下图所示。

12	10	回形针	¥	9	盒
13	11	订书针	¥	5	盒
14	12	工位牌	¥	7	个
15	13	垃圾袋	¥	12	包
16	14	拖把	¥	23	把
17	15	垃圾桶	¥	15	个
18					

6月采购表 | 7月采购表 | 8月采购表

7. 设置工作表标签的颜色

Excel系统提供有工作表标签的美化功能，用户可以根据需要对标签的颜色进行设置，以便于区分不同的工作表。

第1步 选择“6月采购表”工作表标签并右击，在弹出的快捷菜单中选择【工作表标签颜色】选项，从弹出的子菜单中选择需要的颜色，这里选择“红色”，如下图所示。

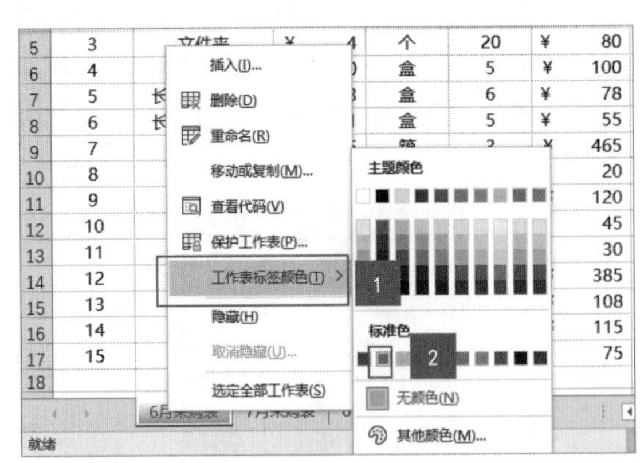

第2步 设置工作表标签颜色为“红色”后的效果如下图所示。

13	11	订书针	¥	5	盒
14	12	工位牌	¥	7	个
15	13	垃圾袋	¥	12	包
16	14	拖把	¥	23	把
17	15	垃圾桶	¥	15	个
18					

6月采购表 | 7月采购表 | 8月采购表

就绪

1.1.3 选择单元格或单元格区域

对单元格进行编辑操作，首先要选择单元格或单元格区域。默认情况下，启动Excel并创建新的工作簿后，单元格A1处于自动选中状态。

1. 选择单元格

单击某一单元格，若单元格的边框线变成绿色矩形边框，则此单元格处于选中状态。当前单元格的地址显示在名称框中，在工作表格区内，鼠标指针呈白色✥形状，如下图所示。

	A	B	C	D	E	F
1	公司6月份办公物资采购表					
2	序号	物资名称	单价	单位	数量	合计
3	1	纸巾	¥ 45	箱	3	¥ 135
4	2	圆珠笔	¥ 18	盒	15	¥ 270
5	3	文件夹	¥ 4	个	20	¥ 80
6	4	白板笔	¥ 20	盒	5	¥ 100
7	5	长尾夹41mm	¥ 13	盒	6	¥ 78
8	6	长尾夹25mm	¥ 11	盒	5	¥ 55
9	7	复印纸	¥ 155	箱	3	¥ 465
10	8	工字钉	¥ 5	盒	4	¥ 20
11	9	刻录盘	¥ 6	张	20	¥ 120
12	10	回形针	¥ 9	盒	5	¥ 45

6月采购表 7月采购表

在名称框中输入目标单元格的地址，如“B2”，按【Enter】键即可选中第B列和第2行交会处的单元格，如下图所示。

B2 物资名称

	A	B	C	D	E	F
1	公司6月份办公物资采购表					
2	序号	物资名称	单价	单位	数量	合计
3	1	纸巾	¥ 45	箱	3	¥ 135
4	2	圆珠笔	¥ 18	盒	15	¥ 270
5	3	文件夹	¥ 4	个	20	¥ 80
6	4	白板笔	¥ 20	盒	5	¥ 100
7	5	长尾夹41mm	¥ 13	盒	6	¥ 78
8	6	长尾夹25mm	¥ 11	盒	5	¥ 55
9	7	复印纸	¥ 155	箱	3	¥ 465
10	8	工字钉	¥ 5	盒	4	¥ 20
11	9	刻录盘	¥ 6	张	20	¥ 120
12	10	回形针	¥ 9	盒	5	¥ 45

6月采购表 7月采购表

2. 选择单元格区域

单元格区域是多个单元格组成的区域。根据单元格组成区域的相互联系情况，分为连续区域和不连续区域。

（1）选择连续的单元格区域。在连续区域中，多个单元格之间是相互连续、紧密衔接的，连接的区域形状呈规则的矩形。连续区域的单元格地址标识一般使用“左上角单元格地址：右下角单元格地址”表示，下图所示即一个连续区域，单元格地址为A1:D5，包含了从A1单元格到D5单元格共20个单元格。

	A	B	C	D	E	F
1	公司6月份办公物资采购表					
2	序号	物资名称	单价	单位	数量	合计
3	1	纸巾	¥ 45	箱	3	¥ 135
4	2	圆珠笔	¥ 18	盒	15	¥ 270
5	3	文件夹	¥ 4	个	20	¥ 80
6	4	白板笔	¥ 20	盒	5	¥ 100
7	5	长尾夹41mm	¥ 13	盒	6	¥ 78
8	6	长尾夹25mm	¥ 11	盒	5	¥ 55
9	7	复印纸	¥ 155	箱	3	¥ 465
10	8	工字钉	¥ 5	盒	4	¥ 20
11	9	刻录盘	¥ 6	张	20	¥ 120
12	10	回形针	¥ 9	盒	5	¥ 45

6月采购表 7月采购表

（2）选择不连续的单元格区域。不连续单元格区域是指不相邻的单元格或单元格区域，不连续区域的单元格地址主要由单元格或单元格区域的地址组成，以“,”分隔。例如，“A1:B4,C7:C9,E10”即一个不连续区域的单元格地址，表示该不连续区域包含A1:B4、C7:C9两个连续区域和一个E10单元格，如下图所示。

	A	B	C	D	E	F
1	公司6月份办公物资采购表					
2	序号	物资名称	单价	单位	数量	合计
3	1	纸巾	¥ 45	箱	3	¥ 135
4	2	圆珠笔	¥ 18	盒	15	¥ 270
5	3	文件夹	¥ 4	个	20	¥ 80
6	4	白板笔	¥ 20	盒	5	¥ 100
7	5	长尾夹41mm	¥ 13	盒	6	¥ 78
8	6	长尾夹25mm	¥ 11	盒	5	¥ 55
9	7	复印纸	¥ 155	箱	3	¥ 465
10	8	工字钉	¥ 5	盒	4	¥ 20
11	9	刻录盘	¥ 6	张	20	¥ 120
12	10	回形针	¥ 9	盒	5	¥ 45

6月采购表 7月采购表

除了选择连续和不连续单元格区域，还可以选择所有单元格，即选中整个工作表，方法有以下两种。

（1）单击工作表左上角行号与列标相交处

的【选中全部】按钮，即可选中整个工作表。

（2）按【Ctrl+A】组合键也可以选中整个表格。

1.1.4 合并与拆分单元格

合并与拆分单元格是最常用的单元格操作，它不仅可以满足用户编辑表格中数据的需求，也可以使工作表整体更加美观。

1. 合并单元格

合并单元格是指在Excel工作表中，将两个或多个选定的相邻单元格合并成一个单元格。

第1步 在打开的素材文件中选择A1:I1单元格区域，单击【开始】选项卡下【对齐方式】组中的【合并后居中】下拉按钮，在弹出的下拉列表中选择【合并后居中】选项，如下图所示。

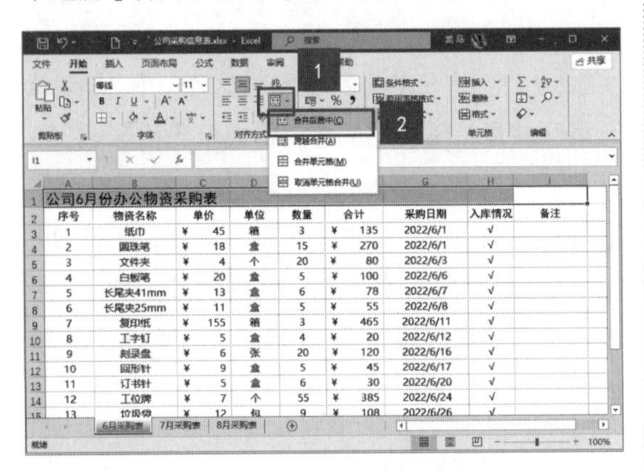

第2步 此时即可将选择的单元格区域合并，且居中显示单元格内的文本，如下图所示。

公司6月份办公物资采购表								
序号	物资名称	单价	单位	数量	合计	采购日期	入库情况	备注
1	纸巾	¥ 45	箱	3	¥ 135	2022/6/1	√	
2	圆珠笔	¥ 18	盒	15	¥ 270	2022/6/1	√	
3	文件夹	¥ 4	个	20	¥ 80	2022/6/3	√	
4	白板笔	¥ 20	盒	5	¥ 100	2022/6/6	√	
5	长尾夹41mm	¥ 13	盒	6	¥ 78	2022/6/7	√	
6	长尾夹25mm	¥ 11	盒	5	¥ 55	2022/6/8	√	
7	复印纸	¥ 155	箱	3	¥ 465	2022/6/11	√	
8	工字钉	¥ 5	盒	4	¥ 20	2022/6/12	√	
9	刻录盘	¥ 6	张	20	¥ 120	2022/6/16	√	
10	回形针	¥ 9	盒	5	¥ 45	2022/6/17	√	
11	订书针	¥ 5	盒	6	¥ 30	2022/6/20	√	
12	工位牌	¥ 7	个	55	¥ 385	2022/6/24	√	
13	垃圾袋	¥ 12	包	9	¥ 108	2022/6/26	√	

2. 拆分单元格

在Excel工作表中，还可以将合并后的单元格拆分成多个单元格。

选择合并后的单元格，单击【开始】选项卡下【对齐方式】组中的【合并后居中】下拉按钮，在弹出的下拉列表中选择【取消单元格合并】选项，如下图所示，该表格即被取消合并，恢复成合并前的单元格。

提示

在合并后的单元格上右击，在弹出的快捷菜单中选择【设置单元格格式】选项，弹出【设置单元格格式】对话框，在【对齐】选项卡下取消选中【合并单元格】复选框，然后单击【确定】按钮，如下图所示，也可以拆分合并后的单元格。

1.1.5 插入或删除行与列

在Excel工作表中，用户可以根据需要插入或删除行与列。

1. 插入行与列

在工作表中插入新行，当前行则向下移动。而插入新列，当前列则向右移动。如选中某行或某列后，单击鼠标右键，在弹出的快捷菜单中选择【插入】选项，即可插入行或列，如左下图所示。此外，单击【开始】选项卡下【插入】组中的【插入】下拉按钮，在弹出的下拉列表中选择【插入工作表行】或【插入工作表列】选项，即可插入行或列，如右下图所示。

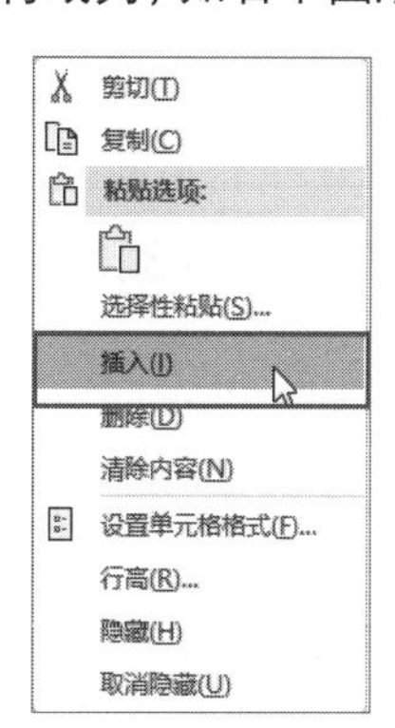

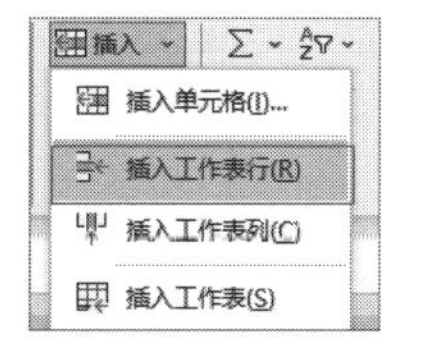

2. 删除行与列

对工作表中多余的行或列，可以将其删除。删除行和列的方法有多种，最常用的有以下3种。

（1）选择要删除的行或列，单击鼠标右键，在弹出的快捷菜单中选择【删除】选项，即可将其删除。

（2）选择要删除的行或列，单击【开始】选项卡下【单元格】组中的【删除】下拉按钮，在弹出的下拉列表中选择【删除工作表行】或【删除工作表列】选项，即可将选中的行或列删除。

（3）选择要删除的行或列中的一个单元格，单击鼠标右键，在弹出的快捷菜单中选择【删除】选项，在弹出的【删除文档】对话框中选中【整行】或【整列】单选按钮，然后单击【确定】按钮即可，如下图所示。

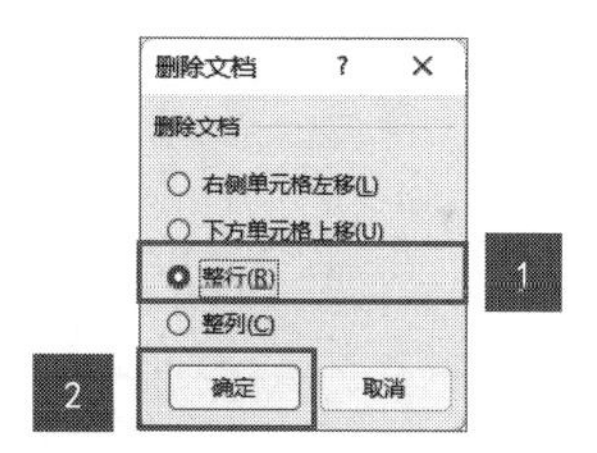

1.1.6 设置行高与列宽

在Excel工作表中，单元格的高度或宽度不足时会导致数据显示不完整，这时就需要调整行高与列宽。

1. 手动调整行高与列宽

如果要调整行高，将鼠标指针移动到两行的行号之间，当鼠标指针变成✛形状时，按住鼠标左键向上拖曳可以使行变矮，向下拖曳则可使行变高。如果要调整列宽，将鼠标指针移动到两列的列标之间，当鼠标指针变成✛形状时，按住鼠标左键向左拖曳可以使列变窄，向右拖曳则可使列变宽，如下图所示。

I8 宽度: 15.88 (132 像素)

	A	B	C	D	E	F	G
1			公司6月份办公物资采购表				
2	序号	物资名称	单价	单位	数量	合计	采购日期
3	1	纸巾	¥ 45	箱	3	¥ 135	2022/6/1
4	2	圆珠笔	¥ 18	盒	15	¥ 270	2022/6/1
5	3	文件夹	¥ 4	个	20	¥ 80	2022/6/3
6	4	白板笔	¥ 20	盒	5	¥ 100	2022/6/6
7	5	长尾夹41mm	¥ 13	盒	6	¥ 78	2022/6/7
8	6	长尾夹25mm	¥ 11	盒	5	¥ 55	2022/6/8
9	7	复印纸	¥ 155	箱	3	¥ 465	2022/6/11
10	8	工字钉	¥ 5	盒	4	¥ 20	2022/6/12
11	9	刻录盘	¥ 6	张	20	¥ 120	2022/6/16
12	10	回形针	¥ 9	盒	5	¥ 45	2022/6/17

拖曳时将显示出以点和像素为单位的高度工具提示，如下图所示。

	A	B	C	D	E	F	G
1	公司6月份办公物资采购表						
2	序号	物资名称	单价	单位	数量	合计	采购日期
3	1	纸巾	¥ 45	箱	3	¥ 135	2022/6/1
4	2	圆珠笔	¥ 18	盒	15	¥ 270	2022/6/1
5	3	文件夹	¥ 4	个	20	¥ 80	2022/6/3
6	4	白板笔	¥ 20	盒	5	¥ 100	2022/6/6
7	5	长尾夹41mm	¥ 13	盒	6	¥ 78	2022/6/7
8	6	长尾夹25mm	¥ 11	盒	5	¥ 55	2022/6/8
9	7	复印纸	¥ 155	箱	3	¥ 465	2022/6/11
10	8	工字钉	¥ 5	盒	4	¥ 20	2022/6/12
11	9	刻录盘	¥ 6	张	20	¥ 120	2022/6/16
12	10	回形针	¥ 9	盒	5	¥ 45	2022/6/17

2. 精确调整行高与列宽

虽然使用鼠标可以快速调整行高或列宽，但是其精确度不高。如果需要调整行高或列宽为固定值，那么就需要使用【行高】或【列宽】命令进行调整。

第1步 在打开的素材文件中选择第1行，在行号上右击，在弹出的快捷菜单中选择【行高】选项，如下图所示。

	单价	单位	数量	合计	采购日期	入库情况
1	公司6月份办公物资采购表					
2	单价	单位	数量	合计	采购日期	入库情况
3	¥ 45	箱	3	¥ 135	2022/6/1	√
4	¥ 18	盒	15	¥ 270	2022/6/1	√
5	¥ 4	个	20	¥ 80	2022/6/3	√
6	¥ 20	盒	5	¥ 100	2022/6/6	√
7	¥ 13	盒	6	¥ 78	2022/6/7	√
8	¥ 11	盒	5	¥ 55	2022/6/8	√
9	¥ 155	箱	3	¥ 465	2022/6/11	√
10	¥ 5	盒	4	¥ 20	2022/6/12	√
11	¥ 6	张	20	¥ 120	2022/6/16	√
12	¥ 9	盒	5	¥ 45	2022/6/17	√
13	¥ 5	盒	6	¥ 30	2022/6/20	√
14	¥ 7	个	55	¥ 385	2022/6/24	√
15	¥ 12	包	9	¥ 108	2022/6/26	√
16	¥ 23	把	5	¥ 115	2022/6/28	√
17	¥ 15	个	5	¥ 75	2022/6/30	√

第2步 弹出【行高】对话框，设置【行高】为"30"，单击【确定】按钮，如下图所示。

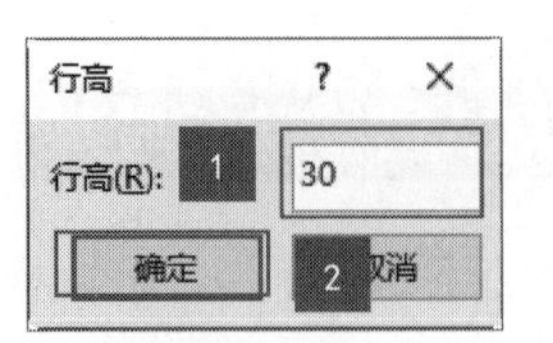

第3步 设置后，第1行的【行高】被调整为"30"，效果如下图所示。

	A	B	C	D	E	F	G	H
1	公司6月份办公物资采购表							
2	序号	物资名称	单价	单位	数量	合计	采购日期	入库情况
3	1	纸巾	¥ 45	箱	3	¥ 135	2022/6/1	√
4	2	圆珠笔	¥ 18	盒	15	¥ 270	2022/6/1	√
5	3	文件夹	¥ 4	个	20	¥ 80	2022/6/3	√
6	4	白板笔	¥ 20	盒	5	¥ 100	2022/6/6	√
7	5	长尾夹41mm	¥ 13	盒	6	¥ 78	2022/6/7	√
8	6	长尾夹25mm	¥ 11	盒	5	¥ 55	2022/6/8	√
9	7	复印纸	¥ 155	箱	3	¥ 465	2022/6/11	√
10	8	工字钉	¥ 5	盒	4	¥ 20	2022/6/12	√
11	9	刻录盘	¥ 6	张	20	¥ 120	2022/6/16	√
12	10	回形针	¥ 9	盒	5	¥ 45	2022/6/17	√
13	11	订书针	¥ 5	盒	6	¥ 30	2022/6/20	√
14	12	工位牌	¥ 7	个	55	¥ 385	2022/6/24	√
15	13	垃圾袋	¥ 12	包	9	¥ 108	2022/6/26	√

第4步 使用同样的方法，设置第2行的【行高】为"20"，第3行至第18行的【行高】为"18"，并设置A列、H列的【列宽】为"8"，B列、G列和I列的【列宽】为"14"，第C列至第F列的【列宽】为"9"，效果如下图所示。

	A	B	C	D	E	F	G	H	I
1	公司6月份办公物资采购表								
2	序号	物资名称	单价	单位	数量	合计	采购日期	入库情况	备注
3	1	纸巾	¥ 45	箱	3	¥ 135	2022/6/1	√	
4	2	圆珠笔	¥ 18	盒	15	¥ 270	2022/6/1	√	
5	3	文件夹	¥ 4	个	20	¥ 80	2022/6/3	√	
6	4	白板笔	¥ 20	盒	5	¥ 100	2022/6/6	√	
7	5	长尾夹41mm	¥ 13	盒	6	¥ 78	2022/6/7	√	
8	6	长尾夹25mm	¥ 11	盒	5	¥ 55	2022/6/8	√	
9	7	复印纸	¥ 155	箱	3	¥ 465	2022/6/11	√	
10	8	工字钉	¥ 5	盒	4	¥ 20	2022/6/12	√	
11	9	刻录盘	¥ 6	张	20	¥ 120	2022/6/16	√	
12	10	回形针	¥ 9	盒	5	¥ 45	2022/6/17	√	
13	11	订书针	¥ 5	盒	6	¥ 30	2022/6/20	√	
14	12	工位牌	¥ 7	个	55	¥ 385	2022/6/24	√	
15	13	垃圾袋	¥ 12	包	9	¥ 108	2022/6/26	√	
16	14	拖把	¥ 23	把	5	¥ 115	2022/6/28	√	
17	15	垃圾桶	¥ 15	个	5	¥ 75	2022/6/30	√	

至此，就完成了制作公司办公物资采购表的操作。

1.1.7 保存工作簿

工作表编辑完成后，就可以将工作簿保存，具体操作步骤如下。

第1步 选择【文件】选项卡，执行【保存】命令，在左侧【另存为】区域中先单击【这台电脑】按钮，再单击【浏览】按钮，如下图所示。

> **提示**
>
> 首次保存文档时，执行【保存】命令，将打开【另存为】区域。

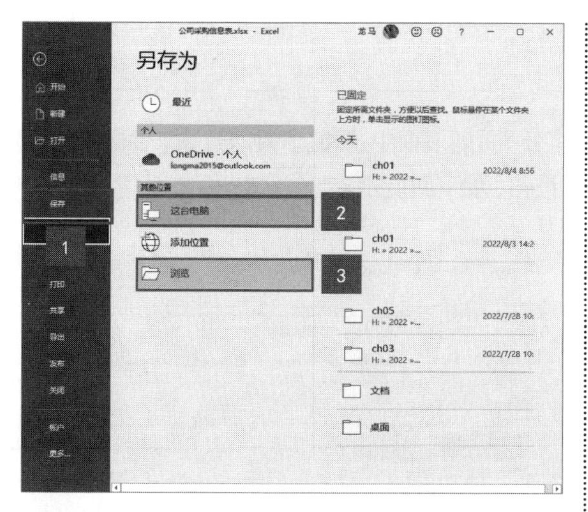

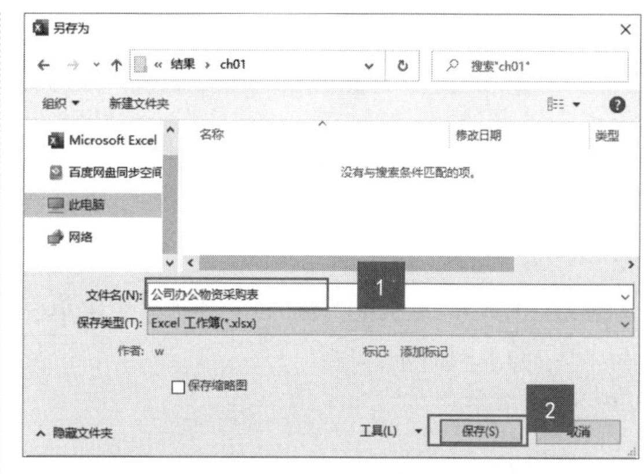

第2步 弹出【另存为】对话框，选择文件存储的位置，在【文件名】文本框中输入要保存的文件名称“公司办公物资采购表”，单击【保存】按钮，如下图所示。此时，就完成了保存工作簿的操作。

提示

对已保存过的工作簿再次编辑后，可以通过以下方法保存文档。

（1）按【Ctrl+S】组合键。

（2）单击快速访问工具栏中的【保存】按钮。

（3）执行【文件】选项卡下的【保存】命令。

1.2 制作公司员工信息统计表

公司员工信息统计表中通常需要容纳文本、数值、日期等多种类型的数据。本节以制作公司员工信息统计表为例，介绍在Excel 2021中输入和编辑数据的方法。

1.2.1 输入文本内容

对于单元格中输入的数据，Excel会自动地根据数据的特征进行处理并显示出来。打开“素材\ch01\公司员工信息统计表.xlsx”工作簿，单击A2单元格，输入文本内容，如在“填写部门：”后面输入“人力资源部”，按【Enter】键，完成文本内容的输入，如左下图所示。使用同样的方法，在“填写时间：”后面输入时间，如右下图所示。

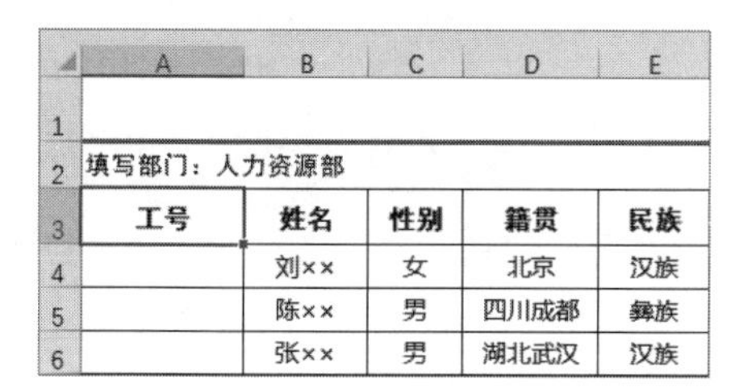

	A	B	C	D	E
1					
2	填写部门：人力资源部				
3	工号	姓名	性别	籍贯	民族
4		刘××	女	北京	汉族
5		陈××	男	四川成都	彝族
6		张××	男	湖北武汉	汉族

I	J	K	L
		填写时间：2022-6-30	
部门	入职时间	基本工资	
人力资源部	2013/6/18	12000	
市场部	2014/2/14	13000	
技术部	2014/5/16	12000	

1.2.2 输入以“0”开头的员工编号

在输入以数字“0”开头的数字串时，Excel将自动省略0。用户可以按下面的操作步骤输入以“0”开头的员工编号。

第1步 选择A4单元格，输入一个英文半角单引号“'”，如下图所示。

	A	B	C	D
1				
2	填写部门：人力资源部			
3	工号	姓名	性别	籍贯
4	'	刘××	女	北京
5		陈××	男	四川成都
6		张××	男	湖北武汉
7		吴××	男	河南郑州

第2步 然后输入以“0”开头的数字，按【Enter】键确认，即可看到输入的以“0”开头的数字，如下图所示。

	A	B	C	D
1				
2	填写部门：人力资源部			
3	工号	姓名	性别	籍贯
4	0001001	刘××	女	北京
5		陈××	男	四川成都
6		张××	男	湖北武汉
7		吴××	男	河南郑州

第3步 选择A5单元格并右击，在弹出的快捷菜单中选择【设置单元格格式】选项，弹出【设置单元格格式】对话框，选择【数字】选项卡，在【分类】列表框中选择【文本】选项，单击【确定】按钮，如下图所示。

第4步 此时，在A5单元格中输入以“0”开头的数字“0001002”，按【Enter】键确认，也可以输入以“0”开头的数字，如下图所示。

	A	B	C	D
1				
2	填写部门：人力资源部			
3	工号	姓名	性别	籍贯
4	0001001	刘××	女	北京
5	0001002	陈××	男	四川成都
6		张××	男	湖北武汉
7		吴××	男	河南郑州

1.2.3 快速填充输入数据

在输入数据时，除了常规的输入，如果要输入的数据本身有关联性，用户可以使用填充功能，批量输入数据，具体操作步骤如下。

第1步 选中A4:A5单元格区域，将鼠标指针放在该单元格右下角的填充柄上，可以看到鼠标指针变为黑色的✚形状，如下图所示。

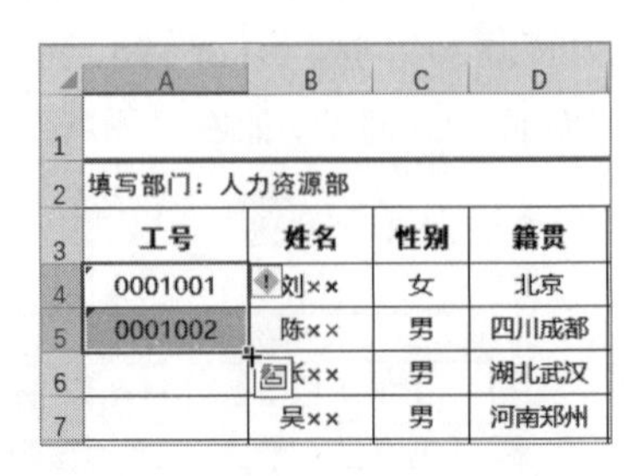

	A	B	C	D
1				
2	填写部门：人力资源部			
3	工号	姓名	性别	籍贯
4	0001001	刘××	女	北京
5	0001002	陈××	男	四川成都
6		张××	男	湖北武汉
7		吴××	男	河南郑州

第2步 按住鼠标左键并向下拖曳至A25单元格，即可完成快速填充数据的操作，如下图所示。

	A	B	C	D	E	F	G
13	0001010	何××	男	四川成都	汉族	2000/6/19	大专
14	0001011	王××	男	北京	汉族	1992/5/13	本科
15	0001012	孙××	女	山西大同	汉族	1988/1/25	大专
16	0001013	韩××	男	山东济南	汉族	1995/3/15	硕士
17	0001014	赵××	男	天津	汉族	1991/2/14	大专
18	0001015	杨××	女	山西太原	汉族	1992/2/10	本科
19	0001016	许××	男	重庆	汉族	1991/9/19	本科
20	0001017	秦××	男	福建福州	畲族	1995/10/1	本科
21	0001018	朱××	男	辽宁沈阳	汉族	1993/5/16	大专
22	0001019	魏××	男	湖南长沙	汉族	1994/6/25	大专
23	0001020	沈××	女	湖北武汉	汉族	1995/6/18	本科
24	0001021	白××	女	北京	汉族	1996/3/24	大专
25	0001022	蒋××	男	江苏南京	汉族	1998/5/13	大专
26							

1.2.4 设置日期格式

在工作表中输入日期或时间时，需要用特定的格式定义。日期和时间也可以参加运算。Excel内置了一些日期与时间的格式，当输入的数据与这些格式相匹配时，Excel会自动将它们识别为日期或时间数据。设置日期格式的具体操作步骤如下。

第1步 选择F4:F25单元格区域并右击，在弹出的快捷菜单中选择【设置单元格格式】选项，如下图所示。

第2步 弹出【设置单元格格式】对话框，选择【数字】选项卡，在【分类】列表框中选择【日期】选项，在右侧【类型】列表框中选择一种日期类型，单击【确定】按钮，如下图所示。

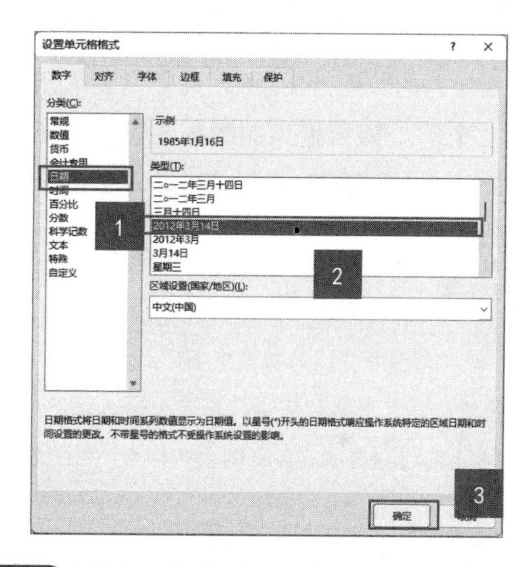

第3步 返回工作表后，适当调整列宽，即可将F4:F25单元格区域的数据设置为选定的日期类型，如下图所示。

	A	B	C	D	E	F	G	H
1	公司员工信息统计表							
2	填写部门：人力资源部							
3	工号	姓名	性别	籍贯	民族	出生日期	学历	职位
4	0001001	刘××	女	北京	汉族	1985年1月16日	硕士	人事经理
5	0001002	陈××	男	四川成都	彝族	1984年12月3日	硕士	销售经理
6	0001003	张××	男	湖北武汉	汉族	1989年5月14日	本科	技术总监
7	0001004	吴××	男	河南郑州	汉族	1995年8月15日	本科	会计
8	0001005	李××	女	浙江杭州	汉族	1990年6月11日	本科	人事副总
9	0001006	冯××	男	云南昆明	傣族	1996年7月22日	本科	研发专员
10	0001007	周××	女	甘肃兰州	回族	1991年4月30日	硕士	财务总监
11	0001008	褚××	男	上海	汉族	1998年6月23日	硕士	研发专员
12	0001009	郑××	女	上海	汉族	1995年7月13日	本科	出纳
13	0001010	何××	男	四川成都	汉族	2000年6月19日	大专	销售专员
14	0001011	王××	男	北京	汉族	1992年5月13日	本科	研发经理
15	0001012	孙××	女	山西大同	汉族	1988年1月25日	大专	人事副总
16	0001013	韩××	男	山东济南	汉族	1995年3月15日	硕士	研发专员
17	0001014	赵××	男	天津	汉族	1991年2月14日	大专	销售副总
18	0001015	杨××	女	山西太原	汉族	1992年2月10日	本科	研发专员
19	0001016	许××	男	重庆	汉族	1991年9月19日	本科	研发专员

第4步 使用同样的方法，也可以将J4:J25单元格区域的数据设置为选定的日期格式，效果如右图所示。

公司员工信息统计表

填写时间：2022-6-30

民族	出生日期	学历	职位	部门	入职时间	基本工资
汉族	1985年1月16日	硕士	人事经理	人力资源部	2013年6月18日	12000
彝族	1984年12月3日	硕士	销售经理	市场部	2014年2月14日	13000
汉族	1989年5月14日	本科	技术总监	技术部	2014年5月16日	12000
汉族	1995年8月15日	本科	会计	财务部	2015年4月15日	5500
汉族	1990年6月11日	本科	人事副总	人力资源部	2015年4月23日	9000
傣族	1996年7月22日	本科	研发专员	研发部	2015年7月25日	6500
回族	1991年4月30日	硕士	财务总监	财务部	2016年2月20日	8500
汉族	1998年6月23日	硕士	研发专员	研发部	2016年2月23日	6300
汉族	1995年7月13日	本科	出纳	财务部	2016年3月26日	4500
汉族	2000年6月19日	大专	销售专员	市场部	2016年4月19日	4500
汉族	1992年5月13日	本科	研发经理	研发部	2016年5月22日	12000
汉族	1988年1月25日	大专	人事副总	人力资源部	2017年7月25日	7800
汉族	1995年3月15日	硕士	研发专员	研发部	2017年8月16日	6000
汉族	1991年2月14日	大专	销售副总	市场部	2018年6月15日	9000
汉族	1992年2月10日	本科	研发专员	研发部	2018年12月3日	5800
汉族	1991年9月19日	本科	研发专员	研发部	2019年2月24日	5500

1.2.5 设置单元格的货币格式

当输入的数据为金额时，需要设置单元格格式为“货币”，如果输入的数据不多，可以直接按【Shift+4】组合键在单元格中输入带货币符号的金额。

提示

这里的数字“4”为键盘中字母上方的数字键，而并非小键盘中的数字键。在英文输入法下，按下【Shift+4】组合键，会出现“$”符号；在中文输入法下，则出现“￥”符号。

此外，用户也可以将单元格格式设置为货币格式，具体操作步骤如下。

第1步 选择K4:K25单元格区域，按【Ctrl+1】组合键，打开【设置单元格格式】对话框，选择【数字】选项卡，在【分类】列表框中选择【货币】选项，在右侧【小数位数】微调框中输入“0”，设置【货币符号】为“￥”，单击【确定】按钮，如下图所示。

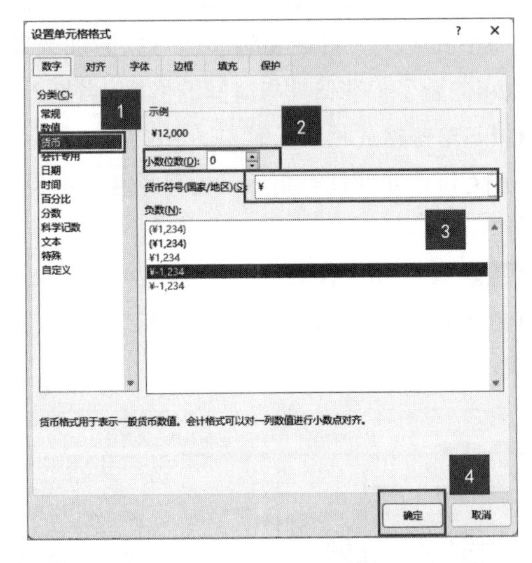

第2步 返回工作表后，最终效果如下图所示。

公司员工信息统计表

填写时间：2022-6-30

民族	出生日期	学历	职位	部门	入职时间	基本工资
汉族	1985年1月16日	硕士	人事经理	人力资源部	2013年6月18日	¥12,000
彝族	1984年12月3日	硕士	销售经理	市场部	2014年2月14日	¥13,000
汉族	1989年5月14日	本科	技术总监	技术部	2014年5月16日	¥12,000
汉族	1995年8月15日	本科	会计	财务部	2015年4月15日	¥5,500
汉族	1990年6月11日	本科	人事副总	人力资源部	2015年4月23日	¥9,000
傣族	1996年7月22日	本科	研发专员	研发部	2015年7月25日	¥6,500
回族	1991年4月30日	硕士	财务总监	财务部	2016年2月20日	¥8,500
汉族	1998年6月23日	硕士	研发专员	研发部	2016年2月23日	¥6,300
汉族	1995年7月13日	本科	出纳	财务部	2016年3月26日	¥4,500
汉族	2000年6月19日	大专	销售专员	市场部	2016年4月19日	¥4,500
汉族	1992年5月13日	本科	研发经理	研发部	2016年5月22日	¥12,000
汉族	1988年1月25日	大专	人事副总	人力资源部	2017年7月25日	¥7,800
汉族	1995年3月15日	硕士	研发专员	研发部	2017年8月16日	¥6,000
汉族	1991年2月14日	大专	销售副总	市场部	2018年6月15日	¥9,000
汉族	1992年2月10日	本科	研发专员	研发部	2018年12月3日	¥5,800
汉族	1991年9月19日	本科	研发专员	研发部	2019年2月24日	¥5,500

1.2.6 修改单元格中的数据

在表格中输入的数据错误或格式不正确时，需要对数据进行修改。选择要修改数据的单元格并右击，在弹出的快捷菜单中选择【清除内容】选项，如下图所示。单元格中的数据将被清除，重新输入正确的数据即可。

	F	G	H	I	K
9	1996年7月22日	本科	研发专员	研发	,500
10	1991年4月30日	硕士	财务总监	财务	,500
11	1998年6月23日	硕士	研发专员	研发	,300
12	1995年7月13日	本科	出纳	财务	,500
13	2000年6月19日	大专	销售专员	市场	,500
14	1992年5月13日	本科	研发经理	研发	2,000
15	1988年1月25日	大专	人事副总	人力资	,800
16	1995年3月15日	硕士	研发专员	研发	,000
17	1991年2月14日	大专	销售副总	市场	,000
18	1992年2月10日	本科	研发专员	研发	,800
19	1991年9月19日	本科	研发专员	研发	,500
20	1995年10月1日	本科	研发专员	研发	,500
21	1993年5月16日	大专	销售专员	市场	,500
22	1994年6月25日	大专	销售专员	市场	,500
23	1995年6月18日	本科	销售专员	市场	,800
24	1996年3月24日	大专	销售专员	市场	,800
25	1998年5月13日	大专	销售专员	市场	,800

提示

也可以按【Delete】键清除单元格内容。选择包含错误数据的单元格，直接输入正确的数据，也可以完成修改数据的操作。

至此，就完成了制作公司员工信息统计表的操作。

技巧 1：删除最近使用过的工作簿记录

Excel 2021 可以记录最近使用过的 Excel 工作簿，用户也可以将这些记录信息删除，具体操作步骤如下。

第1步 在 Excel 2021 中，选择【文件】选项卡，在弹出的下拉列表中选择【打开】选项，即可看到右侧【工作簿】选项列表中显示了最近打开的工作簿信息，右击要删除的工作簿记录信息，在弹出的快捷菜单中选择【从列表中删除】选项，如下图所示，即可将该记录信息删除。

第2步 如果用户要删除全部打开的信息，可选择【清除已取消固定的项目】选项，在弹出的提示框中单击【是】按钮，即可快速删除全部最近使用的信息，如下图所示。

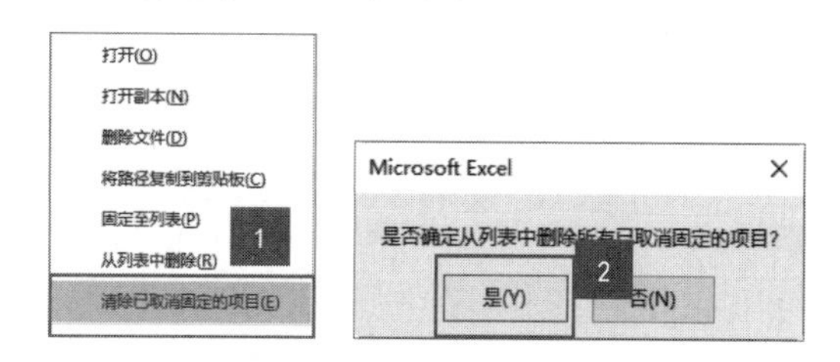

技巧 2：保护工作表的安全

为了保证 Excel 文件中的数据安全，防止其他人员对工作表进行编辑和修改，可以对工作表添加密码，进行保护，具体操作步骤如下。

第1步 选择需要保护的工作表，单击【审阅】选项卡下【保护】组中的【保护工作表】按钮，如下图所示。

第2步 弹出【保护工作表】对话框，在【取消工作表保护时使用的密码】文本框中输入密码，如输入“123456”，在【允许此工作表的所有用户进行】列表框中选择可允许的操作，单击【确定】按钮，如下图所示。

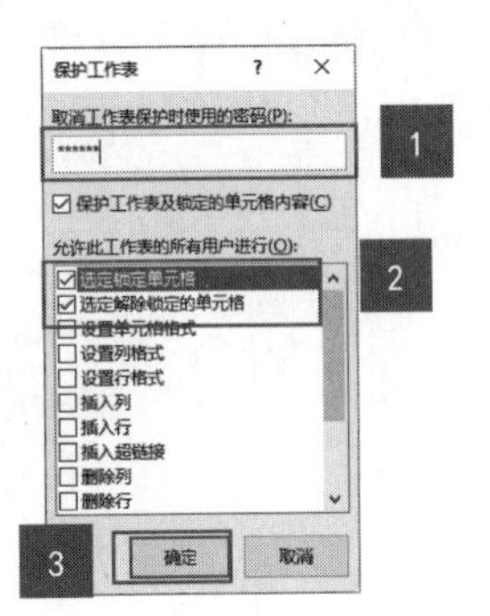

第3步 弹出【确认密码】对话框，输入设置的密码“123456”，单击【确定】按钮，如下图所示。

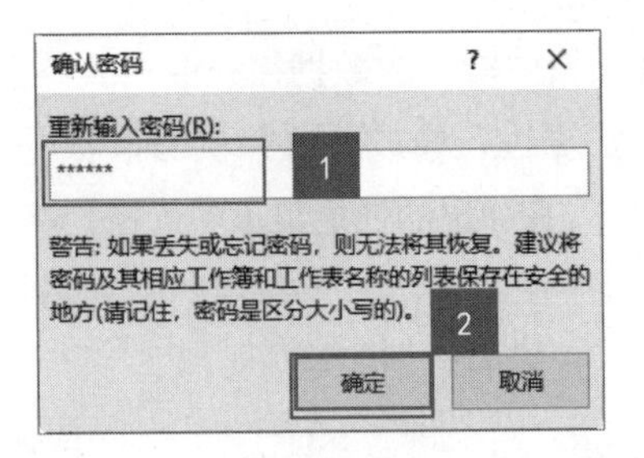

第4步 当对工作表进行操作时，即会弹出如下图所示的提示。如果要撤销密码，可以单击【审阅】选项卡下【保护】组中的【撤销工作表保护】按钮，输入设置的密码，撤销保护即可。

第 2 章

管理和美化工作表

学习内容

工作表的管理和美化操作，可以通过设置表格文本和单元格的样式，使表格层次分明、结构清晰、重点突出。本章主要介绍设置字体、设置对齐方式、设置边框、设置表格样式、套用单元格样式及突出显示单元格效果等操作。

学习效果

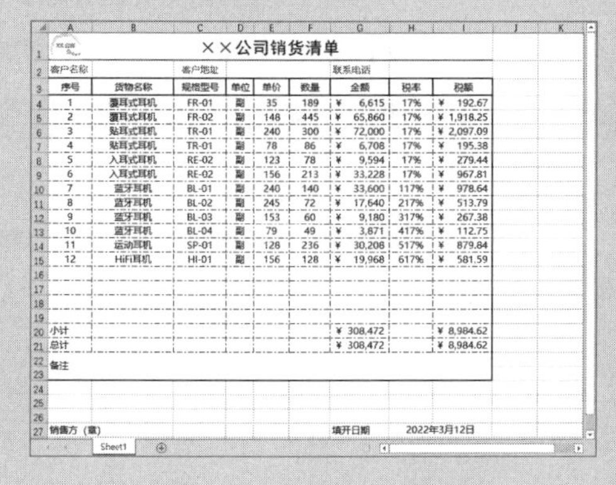

××公司销货清单

客户名称		客户地址				联系电话		
序号	货物名称	规格型号	单位	单价	数量	金额	税率	税额
1	覆耳式耳机	FR-01	副	35	189	¥ 6,615	17%	¥ 192.67
2	覆耳式耳机	FR-02	副	148	445	¥ 65,860	17%	¥ 1,918.25
3	贴耳式耳机	TR-01	副	240	300	¥ 72,000	17%	¥ 2,097.09
4	贴耳式耳机	TR-01	副	78	86	¥ 6,708	17%	¥ 195.38
5	入耳式耳机	RE-02	副	123	78	¥ 9,594	17%	¥ 279.44
6	入耳式耳机	RE-02	副	156	213	¥ 33,228	17%	¥ 967.81
7	蓝牙耳机	BL-01	副	240	140	¥ 33,600	117%	¥ 978.64
8	蓝牙耳机	BL-02	副	245	72	¥ 17,640	217%	¥ 513.79
9	蓝牙耳机	BL-03	副	153	60	¥ 9,180	317%	¥ 267.38
10	蓝牙耳机	BL-04	副	79	49	¥ 3,871	417%	¥ 112.75
11	运动耳机	SP-01	副	128	236	¥ 30,208	517%	¥ 879.84
12	HiFi耳机	HI-01	副	156	128	¥ 19,968	617%	¥ 581.59
小计						¥ 308,472		¥ 8,984.62
总计						¥ 308,472		¥ 8,984.62
备注								
销售方（章）						填开日期	2022年3月12日	

产品销量清单

品种	产地	单位	价格	涨跌幅度	销量（kg）	销售额	备注
荔枝	广西	元/公斤	¥ 19.80	0.23%	650	¥ 12,870	暂缺
蓝莓	黑龙江	元/公斤	¥ 19.19	0.00%	430	¥ 8,252	缺货
樱桃	河南	元/公斤	¥ 17.80	-0.12%	750	¥ 13,350	缺货
苹果	山东	元/公斤	¥ 18.64	0.00%	1000	¥ 18,640	充足
葡萄	河南	元/公斤	¥ 21.12	0.04%	290	¥ 6,125	缺货
鸭梨	北京	元/公斤	¥ 15.20	0.06%	450	¥ 6,840	充足
火龙果	海南	元/公斤	¥ 10.24	-0.06%	1200	¥ 12,288	货少
黑木耳	吉林	元/公斤	¥198.00	-0.12%	120	¥ 23,760	货少
板栗	山东	元/公斤	¥ 14.00	0.08%	2400	¥ 33,600	货少
香蕉	广西	元/公斤	¥ 12.50	0.00%	2600	¥ 32,500	充足
蜜桔	江西	元/公斤	¥ 9.80	0.13%	1800	¥ 17,640	充足
猕猴桃	吉林	元/公斤	¥ 24.86	-0.14%	680	¥ 16,905	货少
杨梅	江苏	元/公斤	¥ 15.80	0.02%	240	¥ 3,792	缺货
榛子	辽宁	元/公斤	¥186.00	0.00%	190	¥ 35,340	货少

产品销量清单

2.1 美化公司销货清单

在Excel 2021中，设置字体格式、对齐方式、设置边框及插入图片等操作，可以达到美化表格的目的。本节以美化公司销货清单为例，介绍工作表的美化方法。

2.1.1 设置字体

在Excel 2021中，用户可以根据需要设置输入数据的字体、字号等，具体操作步骤如下。

第1步 打开“素材\ch02\公司销货清单.xlsx”文件，选择A1:I1单元格区域，单击【开始】选项卡下【对齐方式】组中的【合并后居中】下拉按钮，在弹出的下拉列表中选择【合并单元格】选项，如下图所示。

第2步 选择合并后的A1单元格，单击【开始】选项卡下【字体】组中的【字体】下拉按钮，在弹出的下拉列表中选择需要的字体，这里选择【黑体】选项，如下图所示。

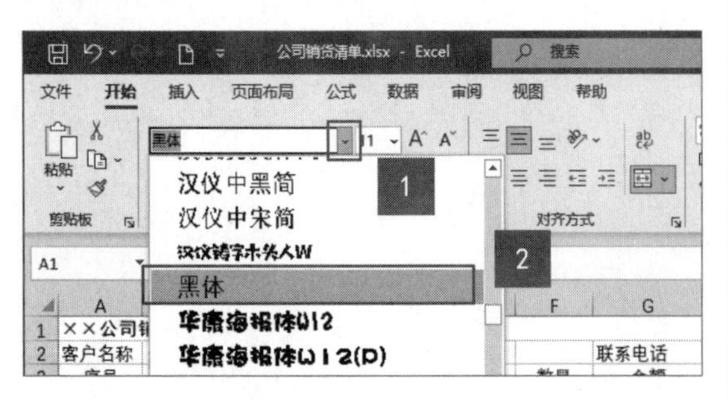

第3步 设置字体后的效果如下图所示。

第4步 选择A1单元格，单击【开始】选项卡下【字体】组中的【字号】下拉按钮，在弹出的下拉列表中选择【20】选项，如下图所示。

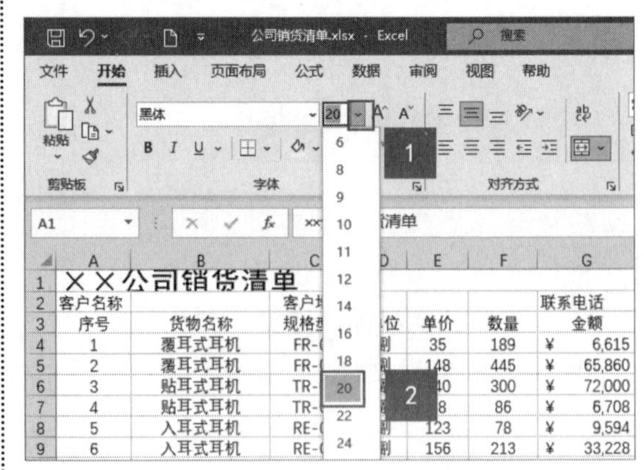

第5步 完成字号的设置，并根据情况调整行高，效果如下图所示。

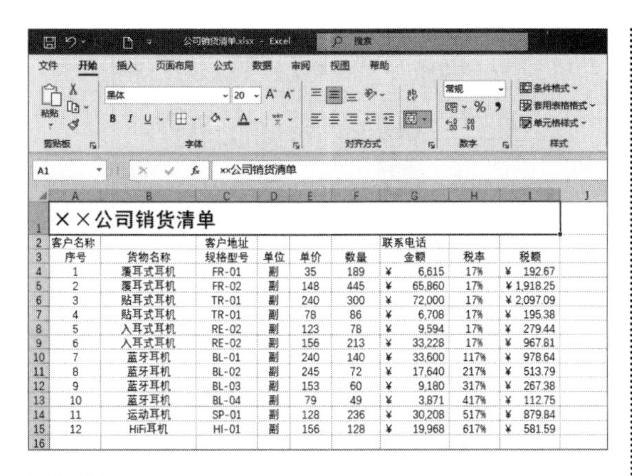

第6步 根据需要，合并其他单元格，并设置其他单元格中的字体和字号，最终效果如下图所示。

	A	B	C	D	E	F	G	H	I
1	××公司销货清单								
2	客户名称		客户地址				联系电话		
3	序号	货物名称	规格型号	单位	单价	数量	金额	税率	税额
4	1	覆耳式耳机	FR-01	副	35	189	¥ 6,615	17%	¥ 192.67
5	2	覆耳式耳机	FR-02	副	148	445	¥ 65,860	17%	¥ 1,918.25
6	3	贴耳式耳机	TR-01	副	240	300	¥ 72,000	17%	¥ 2,097.09
7	4	贴耳式耳机	TR-01	副	78	86	¥ 6,708	17%	¥ 195.38
8	5	入耳式耳机	RE-02	副	123	78	¥ 9,594	17%	¥ 279.44
9	6	入耳式耳机	RE-02	副	156	213	¥ 33,228	17%	¥ 967.81
10	7	蓝牙耳机	BL-01	副	240	140	¥ 33,600	117%	¥ 978.64
11	8	蓝牙耳机	BL-02	副	245	72	¥ 17,640	217%	¥ 513.79
12	9	蓝牙耳机	BL-03	副	153	60	¥ 9,180	317%	¥ 267.38
13	10	蓝牙耳机	BL-04	副	79	49	¥ 3,871	417%	¥ 112.75
14	11	运动耳机	SP-01	副	128	236	¥ 30,208	517%	¥ 879.84
15	12	HiFi耳机	HI-01	副	156	128	¥ 19,968	617%	¥ 581.59
16									
17									
18									
19									
20	小计						¥ 308,472		¥ 8,984.62
21	总计						¥ 308,472		¥ 8,984.62
22	备注								
23									
24									
25									
26									
27	销售方（章）						填开日期	2022年3月12日	

第7步 按住【Ctrl】键，选择A2、C2、G2单元格，单击【开始】选项卡下【字体】组中的【字体颜色】下拉按钮，在弹出的下拉列表中选择【蓝色】选项，如下图所示。

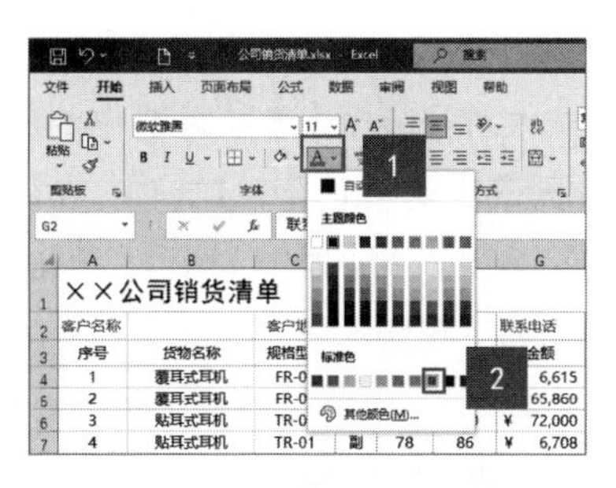

第8步 设置字体后的最终效果如下图所示。

2.1.2 设置对齐方式

Excel 2021允许为单元格数据设置的对齐方式有左对齐、右对齐和合并居中对齐等。设置数据对齐方式的具体操作步骤如下。

在打开的素材文件中，选择A1单元格，单击【开始】选项卡下【对齐方式】组中的【垂直居中】按钮和【水平居中】按钮，设置对齐后的效果如下图所示。

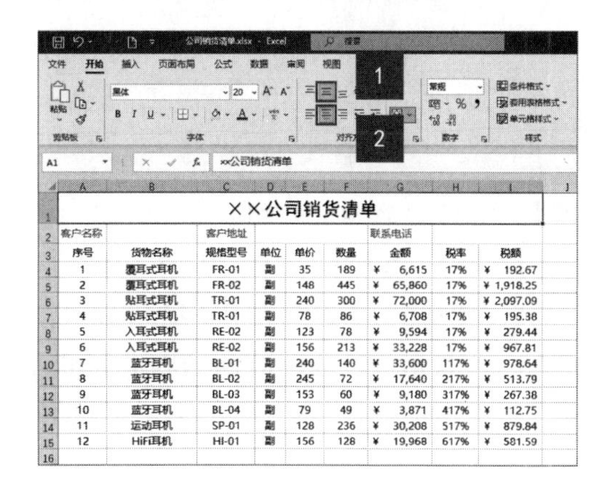

此外，还可以通过【设置单元格格式】对话框设置对齐方式。选择要设置对齐方式的其他单元格区域，在【开始】选项卡中单击【对齐方式】组右下角的【对齐设置】按钮，在弹出的【设置单元格格式】对话框中选择【对齐】选项卡，在【文本对齐方式】选项区域中的【水平对齐】下拉列表中选择【居中】选项，在【垂直对齐】下拉列表中选择【居中】选项，单击【确定】按钮即可，如下图所示。

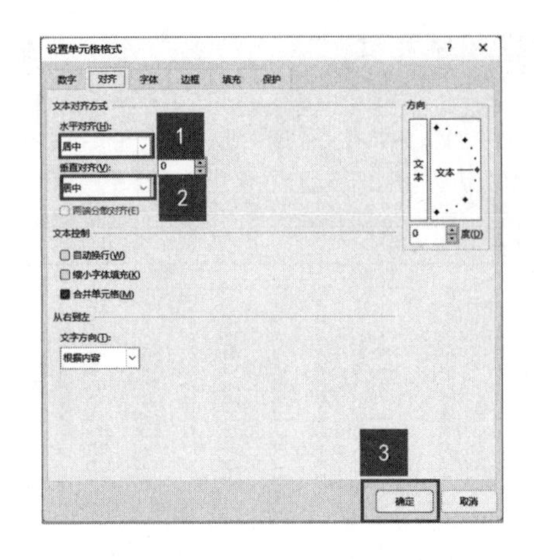

2.1.3 设置边框

在Excel 2021中，单元格四周的灰色网格线默认是不能被打印出来的。为了使表格更加规范、美观，可以为表格设置边框。使用对话框设置边框的具体操作步骤如下。

第1步 选中要添加边框的单元格区域A4:I23，单击【开始】选项卡下【字体】组右下角的【字体设置】按钮，如下图所示。

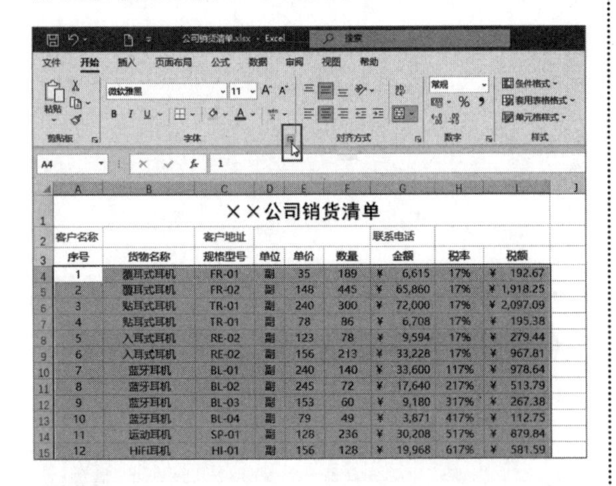

第2步 弹出【设置单元格格式】对话框，选择【边框】选项卡，在【样式】列表框中选择一种样式，然后在【颜色】下拉列表中选择“黑色”，在【预置】选项区域中单击【外边框】图标，如下图所示。

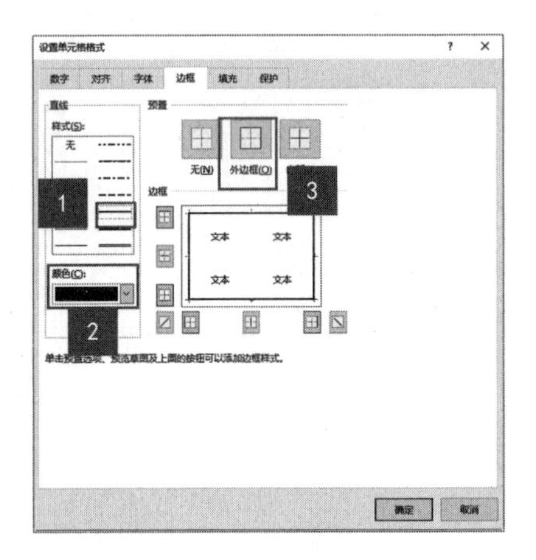

第3步 再次在【样式】列表框中选择一种样式，然后在【颜色】下拉列表中选择“黑色,文本1,浅色50%”，在【预置】选项区域中单击【内部】图标，单击【确定】按钮，如下图所示。

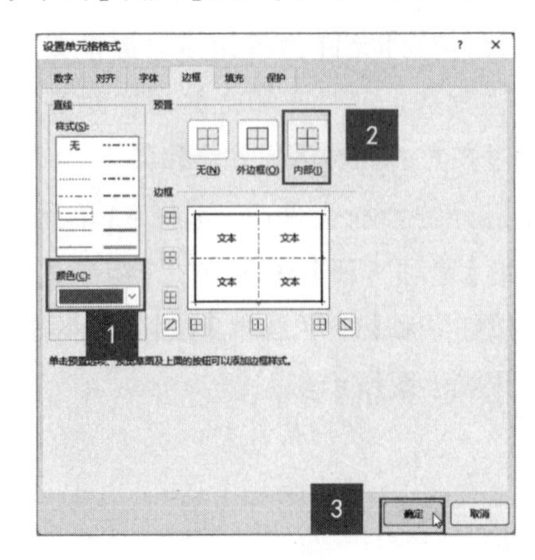

第4步 添加边框后，最终效果如下图所示。

	A	B	C	D	E	F	G	H	I
1	××公司销货清单								
2	客户名称		客户地址				联系电话		
3	序号	货物名称	规格型号	单位	单价	数量	金额	税率	税额
4	1	覆耳式耳机	FR-01	副	35	189	¥ 6,615	17%	¥ 192.67
5	2	覆耳式耳机	FR-02	副	148	445	¥ 65,860	17%	¥ 1,918.25
6	3	贴耳式耳机	TR-01	副	240	300	¥ 72,000	17%	¥ 2,097.09
7	4	贴耳式耳机	TR-01	副	78	86	¥ 6,708	17%	¥ 195.38
8	5	入耳式耳机	RE-02	副	123	78	¥ 9,594	17%	¥ 279.44
9	6	入耳式耳机	RE-02	副	156	213	¥ 33,228	17%	¥ 967.81
10	7	蓝牙耳机	BL-01	副	240	140	¥ 33,600	117%	¥ 978.64
11	8	蓝牙耳机	BL-02	副	245	72	¥ 17,640	217%	¥ 513.79
12	9	蓝牙耳机	BL-03	副	153	60	¥ 9,180	317%	¥ 267.38
13	10	蓝牙耳机	BL-04	副	79	49	¥ 3,871	417%	¥ 112.75
14	11	运动耳机	SP-01	副	128	236	¥ 30,208	517%	¥ 879.84
15	12	HiFi耳机	HI-01	副	156	128	¥ 19,968	617%	¥ 581.59
16									
17									
18									
19									
20	小计						¥ 308,472		¥ 8,984.62
21	总计						¥ 308,472		¥ 8,984.62
22	备注								
23									
24									
25									
26									
27	销售方（章）						填开日期	2022年3月12日	

Sheet1

第5步 选择A3:I3单元格区域，打开【设置单元格格式】对话框，在【样式】列表框中选择一种样式，然后在【颜色】下拉列表中选择“黑色”，在【预置】选项区域中单击【外边框】和【内部】图标，单击【确定】按钮，如下图所示。

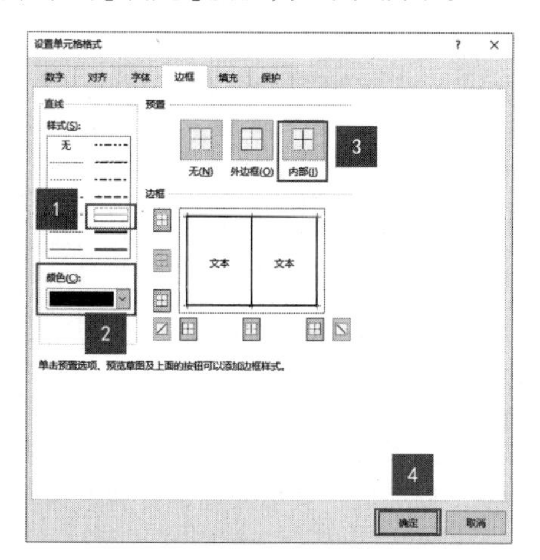

第6步 选择A2:I2单元格区域，打开【设置单元格格式】对话框，在【样式】列表框中选择一种样式，然后在【颜色】下拉列表中选择“蓝色”，在【边框】选项区域中单击【上边框】图标，单击【确定】按钮，如下图所示。

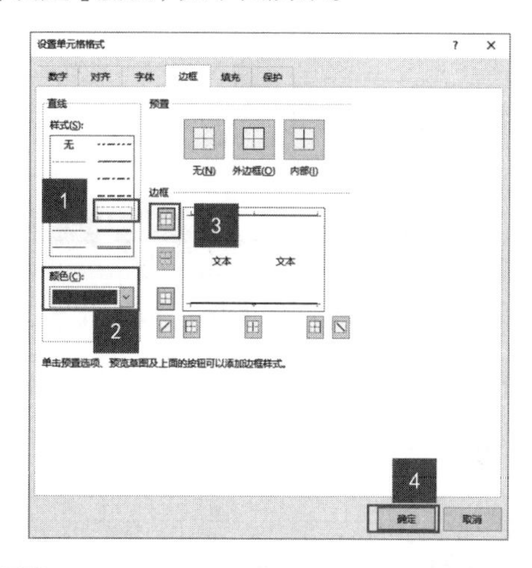

第7步 设置边框后的最终效果如下图所示。

	A	B	C	D	E	F	G	H	I
1	××公司销货清单								
2	客户名称		客户地址				联系电话		
3	序号	货物名称	规格型号	单位	单价	数量	金额	税率	税额
4	1	覆耳式耳机	FR-01	副	35	189	¥ 6,615	17%	¥ 192.67
5	2	覆耳式耳机	FR-02	副	148	445	¥ 65,860	17%	¥ 1,918.25
6	3	贴耳式耳机	TR-01	副	240	300	¥ 72,000	17%	¥ 2,097.09
7	4	贴耳式耳机	TR-01	副	78	86	¥ 6,708	17%	¥ 195.38
8	5	入耳式耳机	RE-02	副	123	78	¥ 9,594	17%	¥ 279.44
9	6	入耳式耳机	RE-02	副	156	213	¥ 33,228	17%	¥ 967.81
10	7	蓝牙耳机	BL-01	副	240	140	¥ 33,600	117%	¥ 978.64
11	8	蓝牙耳机	BL-02	副	245	72	¥ 17,640	217%	¥ 513.79
12	9	蓝牙耳机	BL-03	副	153	60	¥ 9,180	317%	¥ 267.38
13	10	蓝牙耳机	BL-04	副	79	49	¥ 3,871	417%	¥ 112.75
14	11	运动耳机	SP-01	副	128	236	¥ 30,208	517%	¥ 879.84
15	12	HiFi耳机	HI-01	副	156	128	¥ 19,968	617%	¥ 581.59
16									
17									
18									
19									
20	小计						¥ 308,472		¥ 8,984.62
21	总计						¥ 308,472		¥ 8,984.62
22	备注								
23									
24									
25									
26									
27	销售方（章）						填开日期	2022年3月12日	

Sheet1

2.1.4 在 Excel 中插入公司 Logo

在Excel工作表中插入图片可以使工作表更美观。下面以插入公司Logo为例，介绍插入图片的方法，具体操作步骤如下。

第1步 在打开的素材文件中，单击【插入】选项卡下【插图】组中的【图片】下拉按钮，在弹出的下拉列表中选择【此设备】选项，如下图所示。

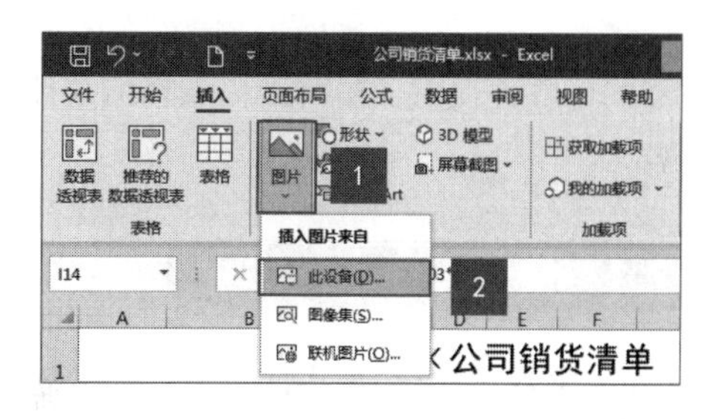

第2步 弹出【插入图片】对话框，选择插入图片存储的位置，并选择要插入的公司Logo图片，单击【插入】按钮，如下图所示。

第3步 此时即可将选择的图片插入工作表中，如下图所示。

	A	B	C	D	E	F	G	H	I
1	××公司销货清单								
2	客户名称		客户地址				联系电话		
3	序号	货物名称	规格型号	单位	单价	数量	金额	税率	税额
4	1	覆耳式耳机	FR-01	副	35	189	¥ 6,615	17%	¥ 192.67
5	2	[illegible]	[illegible]	副	148	445	¥ 65,860	17%	¥ 1,918.25
6	3	[illegible]	[illegible]	[illegible]	240	300	¥ 72,000	17%	¥ 2,097.09
7	4	[illegible]	[illegible]	[illegible]	78	86	¥ 6,708	17%	¥ 195.38
8	5	入耳式耳机	RE-02	副	123	78	¥ 9,594	17%	¥ 279.44
9	6	入耳式耳机	[illegible]	副	156	213	¥ 33,228	17%	¥ 967.81
10	7	蓝牙耳机	[illegible]	副	240	140	¥ 33,600	117%	¥ 978.64
11	8	蓝牙耳机	[illegible]	[illegible]	[illegible]	72	¥ 17,640	217%	¥ 513.79
12	9	蓝牙耳机	BL-03	[illegible]	153	60	¥ 9,180	317%	¥ 267.38
13	10	蓝牙耳机	BL-04	副	79	49	¥ 3,871	417%	¥ 112.75
14	11	运动耳机	SP-01	副	128	236	¥ 30,208	517%	¥ 879.84
15	12	HiFi耳机	HI-01	副	156	128	¥ 19,968	617%	¥ 581.59
16									
17									
18									
19									
20	小计						¥ 308,472		¥ 8,984.62
21	总计						¥ 308,472		¥ 8,984.62
22	备注								
23									

第4步 将鼠标指针放在图片4个角的控制点上，当鼠标指针变为↘形状时，按住鼠标左键并拖曳鼠标至合适大小后释放鼠标左键，即可调整插入的公司Logo图片的大小，如下图所示。

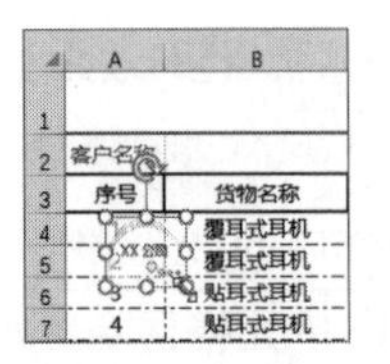

	A	B
1		
2	客户名称	
3	序号	货物名称
4		覆耳式耳机
5		覆耳式耳机
6		贴耳式耳机
7	4	贴耳式耳机

第5步 将鼠标指针放在图片上，当鼠标指针变为✥形状时，按住鼠标左键并拖曳鼠标至合适位置处释放鼠标左键，就可以调整图片的位置，如下图所示。

	A	B
1		
2	客户名称	
3	序号	货物名称
4	1	覆耳式耳机
5	2	覆耳式耳机

第6步 选择插入的图片，在【图片格式】选项卡下【调整】和【图片样式】组中还可以根据需要调整图片的样式，最终效果如下图所示。

	A	B	C	D	E	F	G	H	I
1		××公司销货清单							
2	客户名称		客户地址				联系电话		
3	序号	货物名称	规格型号	单位	单价	数量	金额	税率	税额
4	1	覆耳式耳机	FR-01	副	35	189	¥ 6,615	17%	¥ 192.67
5	2	覆耳式耳机	FR-02	副	148	445	¥ 65,860	17%	¥ 1,918.25
6	3	贴耳式耳机	TR-01	副	240	300	¥ 72,000	17%	¥ 2,097.09
7	4	贴耳式耳机	TR-01	副	78	86	¥ 6,708	17%	¥ 195.38
8	5	入耳式耳机	RE-02	副	123	78	¥ 9,594	17%	¥ 279.44
9	6	入耳式耳机	RE-02	副	156	213	¥ 33,228	17%	¥ 967.81
10	7	蓝牙耳机	BL-01	副	240	140	¥ 33,600	117%	¥ 978.64
11	8	蓝牙耳机	BL-02	副	245	72	¥ 17,640	217%	¥ 513.79
12	9	蓝牙耳机	BL-03	副	153	60	¥ 9,180	317%	¥ 267.38
13	10	蓝牙耳机	BL-04	副	79	49	¥ 3,871	417%	¥ 112.75
14	11	运动耳机	SP-01	副	128	236	¥ 30,208	517%	¥ 879.84
15	12	HiFi耳机	HI-01	副	156	128	¥ 19,968	617%	¥ 581.59
16									
17									

至此，就完成了美化公司销货清单的操作。

2.2 美化产品销量清单

Excel 2021提供了多种美化表格的功能，而且通过美化表格，可以更好地帮助用户进行表格数据分析。

2.2.1 快速设置表格样式

Excel预置有60种常用的样式，分为浅色、中等色和深色3组，用户可以直接套用这些预先

定义好的样式来美化表格，以提高工作效率。套用表格样式的具体操作步骤如下。

第1步 打开“素材\ch02\产品销量清单.xlsx”工作簿，选择B2:I16单元格区域，如下图所示。

产品销量清单

品种	产地	单位	价格	涨跌幅度	销量（kg）	销售额	备注
荔枝	广西	元/公斤	¥ 19.80	0.23%	650	¥ 12,870	暂缺
蓝莓	黑龙江	元/公斤	¥ 19.19	0.00%	430	¥ 8,252	缺货
樱桃	河南	元/公斤	¥ 17.80	-0.12%	750	¥ 13,350	缺货
苹果	山东	元/公斤	¥ 18.64	0.00%	1000	¥ 18,640	充足
葡萄	河南	元/公斤	¥ 21.12	0.04%	290	¥ 6,125	缺货
鸭梨	北京	元/公斤	¥ 15.20	0.06%	450	¥ 6,840	充足
火龙果	海南	元/公斤	¥ 10.24	-0.06%	1200	¥ 12,288	货少
黑木耳	吉林	元/公斤	¥198.00	-0.12%	120	¥ 23,760	货少
板栗	山东	元/公斤	¥ 14.00	0.08%	2400	¥ 33,600	货少
香蕉	广西	元/公斤	¥ 12.50	0.00%	2600	¥ 32,500	充足
蜜桔	江西	元/公斤	¥ 9.80	0.13%	1800	¥ 17,640	充足
猕猴桃	吉林	元/公斤	¥ 24.86	-0.14%	680	¥ 16,905	货少
杨梅	江苏	元/公斤	¥ 15.80	0.02%	240	¥ 3,792	缺货
榛子	辽宁	元/公斤	¥186.00	0.00%	190	¥ 35,340	货少

第2步 单击【开始】选项卡下【样式】组中的【套用表格格式】下拉按钮 套用表格格式，在弹出的下拉列表中选择要套用的表格样式，如这里选择【中等色】选项区域中的【绿色，表样式中等深浅 7】样式，如下图所示。

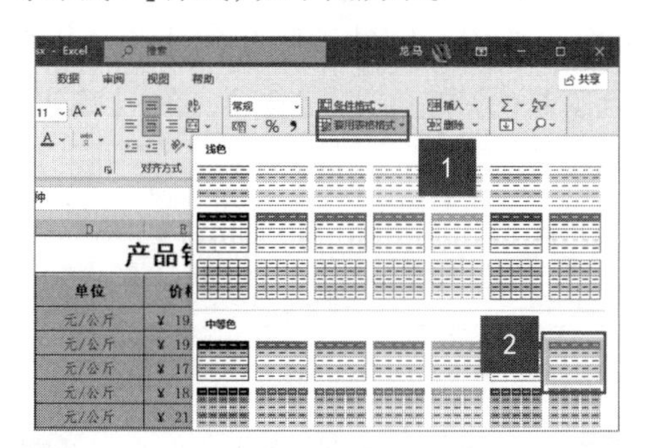

第3步 弹出【套用表格式】对话框，单击【确定】按钮，如下图所示。

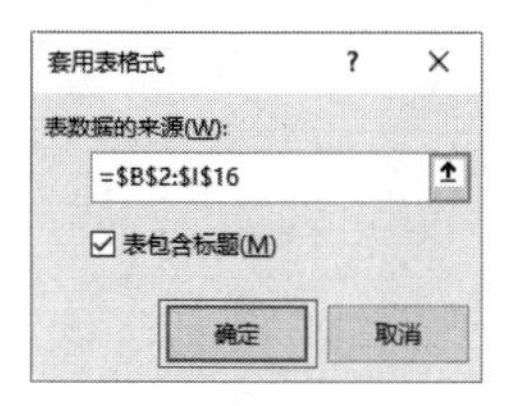

第4步 完成表格样式的套用，选择第2行的任意单元格并右击，在弹出的快捷菜单中选择【表格】→【转换为区域】选项，如下图所示。

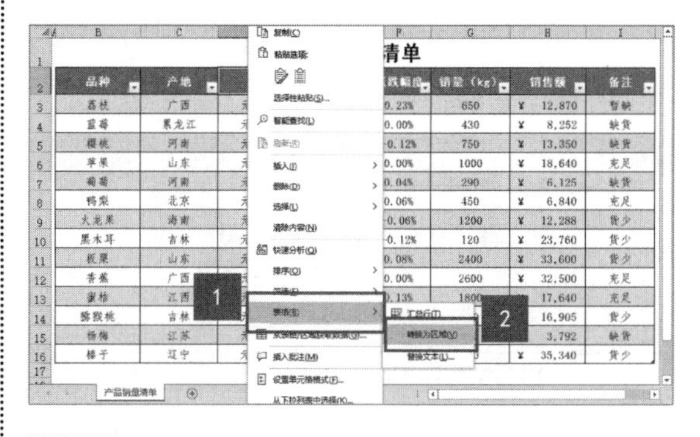

第5步 在弹出的提示框中单击【是】按钮，如下图所示。

第6步 即可取消表格的筛选状态，最终效果如下图所示。

产品销量清单

品种	产地	单位	价格	涨跌幅度	销量（kg）	销售额	备注
荔枝	广西	元/公斤	¥ 19.80	0.23%	650	¥ 12,870	暂缺
蓝莓	黑龙江	元/公斤	¥ 19.19	0.00%	430	¥ 8,252	缺货
樱桃	河南	元/公斤	¥ 17.80	-0.12%	750	¥ 13,350	缺货
苹果	山东	元/公斤	¥ 18.64	0.00%	1000	¥ 18,640	充足
葡萄	河南	元/公斤	¥ 21.12	0.04%	290	¥ 6,125	缺货
鸭梨	北京	元/公斤	¥ 15.20	0.06%	450	¥ 6,840	充足
火龙果	海南	元/公斤	¥ 10.24	-0.06%	1200	¥ 12,288	货少
黑木耳	吉林	元/公斤	¥198.00	-0.12%	120	¥ 23,760	货少
板栗	山东	元/公斤	¥ 14.00	0.08%	2400	¥ 33,600	货少
香蕉	广西	元/公斤	¥ 12.50	0.00%	2600	¥ 32,500	充足
蜜桔	江西	元/公斤	¥ 9.80	0.13%	1800	¥ 17,640	充足
猕猴桃	吉林	元/公斤	¥ 24.86	-0.14%	680	¥ 16,905	货少
杨梅	江苏	元/公斤	¥ 15.80	0.02%	240	¥ 3,792	缺货
榛子	辽宁	元/公斤	¥186.00	0.00%	190	¥ 35,340	货少

2.2.2 套用单元格样式

Excel 2021中内置了“好、差和适中”“数据和模型”“标题”“主题单元格样式”“数字格式”等多种单元格样式，用户可以根据需要选择要套用的单元格样式，具体操作步骤如下。

第1步 在打开的素材文件中，选择A1单元格，单击【开始】选项卡下【样式】组中的【单元格样式】下拉按钮单元格样式，在弹出的下拉列表中选择要套用的单元格样式，如这里选择【标题】选项区域中的【标题1】选项，如下图所示。

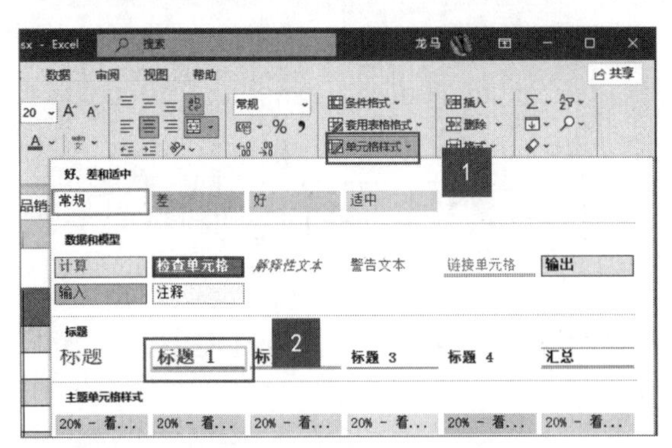

第2步 套用单元格样式后，最终效果如下图所示。

产品销量清单							
品种	产地	单位	价格	涨跌幅度	销量（kg）	销售额	备注
荔枝	广西	元/公斤	¥ 19.80	0.23%	650	¥ 12,870	暂缺
蓝莓	黑龙江	元/公斤	¥ 19.19	0.00%	430	¥ 8,252	缺货
樱桃	河南	元/公斤	¥ 17.80	-0.12%	750	¥ 13,350	缺货
苹果	山东	元/公斤	¥ 18.64	0.00%	1000	¥ 18,640	充足
葡萄	河南	元/公斤	¥ 21.12	0.04%	290	¥ 6,125	缺货
鸭梨	北京	元/公斤	¥ 15.20	0.06%	450	¥ 6,840	充足
火龙果	海南	元/公斤	¥ 10.24	-0.06%	1200	¥ 12,288	货少
黑木耳	吉林	元/公斤	¥198.00	-0.12%	120	¥ 23,760	货少
板栗	山东	元/公斤	¥ 14.00	0.08%	2400	¥ 33,600	货少
香蕉	广西	元/公斤	¥ 12.50	0.00%	2600	¥ 32,500	充足
蜜桔	江西	元/公斤	¥ 9.80	0.13%	1800	¥ 17,640	充足
猕猴桃	吉林	元/公斤	¥ 24.86	-0.14%	680	¥ 16,905	货少
杨梅	江苏	元/公斤	¥ 15.80	0.02%	240	¥ 3,792	缺货
榛子	辽宁	元/公斤	¥186.00	0.00%	190	¥ 35,340	货少

2.2.3 突出显示单元格效果

使用突出显示单元格效果可以突出显示大于、小于、介于、等于、文本包含和发生日期在某一值或值区间的单元格，也可以突出显示重复值。在产品销量清单中突出显示“缺货”的单元格的具体操作步骤如下。

第1步 在打开的素材文件中选择I3:I16单元格区域，单击【开始】选项卡下【样式】组中的【条件格式】下拉按钮，在弹出的下拉列表中选择【突出显示单元格规则】→【文本包含】选项，如下图所示。

第2步 在弹出的【文本中包含】对话框的文本框中输入“缺货”，在【设置为】下拉列表中选择【浅红填充色深红色文本】选项，单击【确定】按钮，如下图所示。

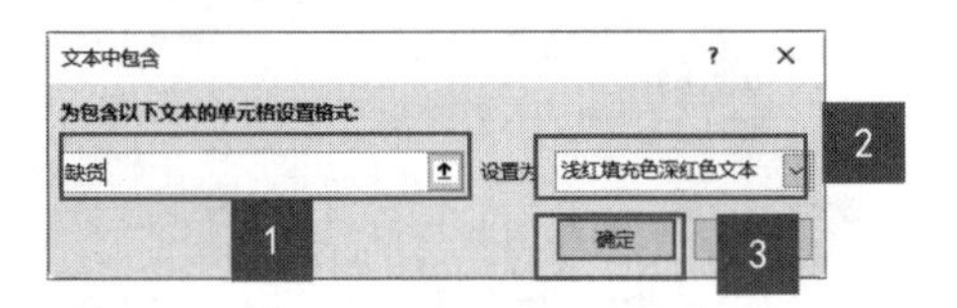

第3步 突出显示备注是“缺货”的产品的效果如下图所示。

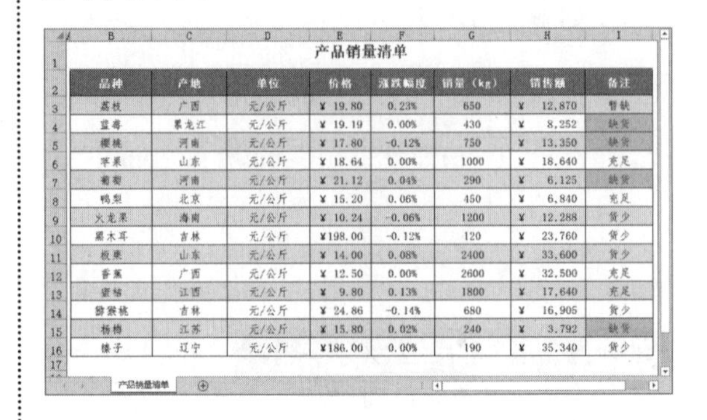

产品销量清单							
品种	产地	单位	价格	涨跌幅度	销量（kg）	销售额	备注
荔枝	广西	元/公斤	¥ 19.80	0.23%	650	¥ 12,870	暂缺
蓝莓	黑龙江	元/公斤	¥ 19.19	0.00%	430	¥ 8,252	缺货
樱桃	河南	元/公斤	¥ 17.80	-0.12%	750	¥ 13,350	缺货
苹果	山东	元/公斤	¥ 18.64	0.00%	1000	¥ 18,640	充足
葡萄	河南	元/公斤	¥ 21.12	0.04%	290	¥ 6,125	缺货
鸭梨	北京	元/公斤	¥ 15.20	0.06%	450	¥ 6,840	充足
火龙果	海南	元/公斤	¥ 10.24	-0.06%	1200	¥ 12,288	货少
黑木耳	吉林	元/公斤	¥198.00	-0.12%	120	¥ 23,760	货少
板栗	山东	元/公斤	¥ 14.00	0.08%	2400	¥ 33,600	货少
香蕉	广西	元/公斤	¥ 12.50	0.00%	2600	¥ 32,500	充足
蜜桔	江西	元/公斤	¥ 9.80	0.13%	1800	¥ 17,640	充足
猕猴桃	吉林	元/公斤	¥ 24.86	-0.14%	680	¥ 16,905	货少
杨梅	江苏	元/公斤	¥ 15.80	0.02%	240	¥ 3,792	缺货
榛子	辽宁	元/公斤	¥186.00	0.00%	190	¥ 35,340	货少

2.2.4 使用小图标显示销售额情况

使用图标集可以对数据进行注释，并且可以按阈值将数据分为3~5个类别，每个图标代表一个值的范围。使用“三向箭头”显示涨跌幅度的具体操作步骤如下。

第1步 在打开的素材文件中选择F3:F16单元格区域。单击【开始】选项卡下【样式】组中的【条件格式】下拉按钮，在弹出的下拉列表中选择【图标集】→【方向】→【三向箭头（彩色）】选项，如下图所示。

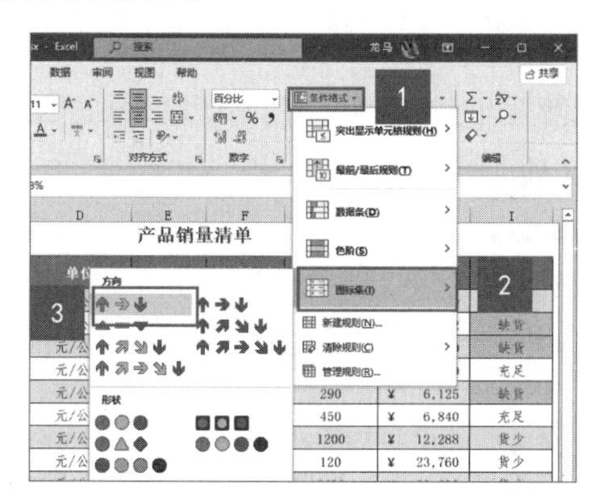

第2步 使用小图标显示销售额，效果如下图所示。

产品销量清单

品种	产地	单位	价格	涨跌幅度	销量（kg）	销售额	备注
荔枝	广西	元/公斤	¥ 19.80	0.23%	650	¥ 12,870	暂缺
蓝莓	黑龙江	元/公斤	¥ 19.19	0.00%	430	¥ 8,252	缺货
樱桃	河南	元/公斤	¥ 17.80	-0.12%	750	¥ 13,350	缺货
苹果	山东	元/公斤	¥ 18.64	0.00%	1000	¥ 18,640	充足
葡萄	河南	元/公斤	¥ 21.12	0.04%	290	¥ 6,125	缺货
鸭梨	北京	元/公斤	¥ 15.20	0.06%	450	¥ 6,840	充足
火龙果	海南	元/公斤	¥ 10.24	-0.06%	1200	¥ 12,288	货少
黑木耳	吉林	元/公斤	¥198.00	-0.12%	120	¥ 23,760	货少
板栗	山东	元/公斤	¥ 14.00	0.08%	2400	¥ 33,600	货少
香蕉	广西	元/公斤	¥ 12.50	0.00%	2600	¥ 32,500	充足
蜜橘	江西	元/公斤	¥ 9.80	0.13%	1800	¥ 17,640	充足
猕猴桃	吉林	元/公斤	¥ 24.86	-0.14%	680	¥ 16,905	货少
杨梅	江苏	元/公斤	¥ 15.80	0.02%	240	¥ 3,792	缺货
榛子	辽宁	元/公斤	¥186.00	0.00%	190	¥ 35,340	货少

提示

此外，还可以使用项目选取规则、数据条和色阶等突出显示数据，操作方法类似，这里就不再赘述了。

技巧 1：批量删除空行

表格中的空行不仅影响表格的美观，在执行某些操作（如排序）时，空行还会影响结果，一行行删除，费时又费力，下面介绍如何批量删除空行。

第1步 打开“素材\ch02\技巧1.xlsx”工作簿，按【Ctrl+G】组合键，打开【定位】对话框，单击【定位条件】按钮，如下图所示。

第2步 弹出【定位条件】对话框，选中【空值】单选按钮，单击【确定】按钮，如下图所示。

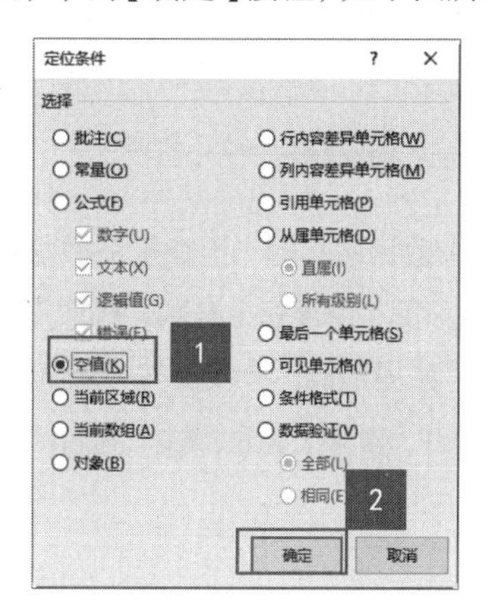

第3步 可以看到选中了数据区域中的所有空行，在任意空行上右击，在弹出的快捷菜单中选择【删除】选项，如下图所示。

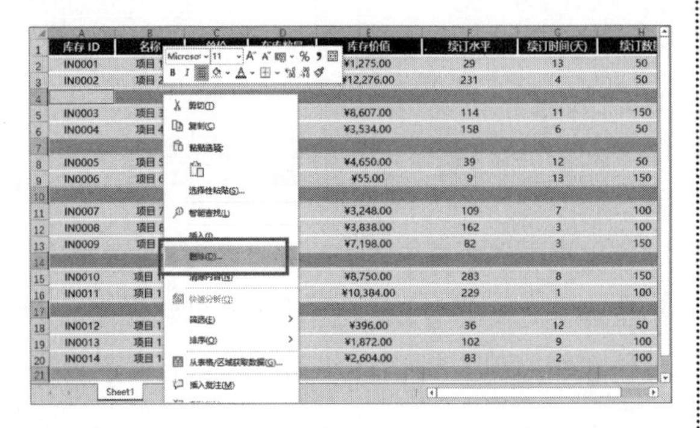

第4步 弹出【删除】对话框，选中【整行】单选按钮，单击【确定】按钮，如下图所示。

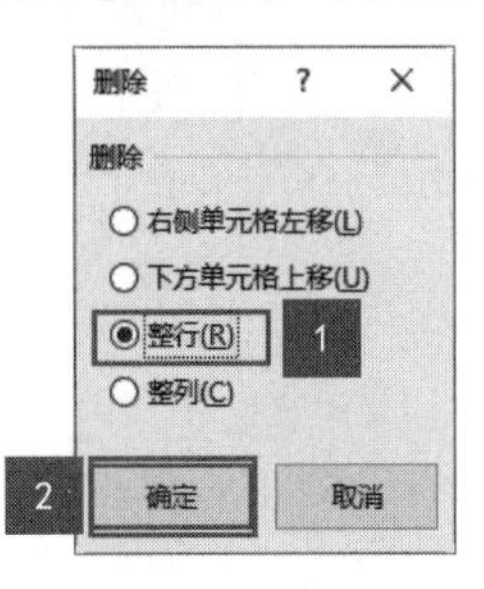

第5步 删除所有空行后的效果如下图所示。

技巧2：重复数据一次清除

表格中数据较多时，检查重复数据的难度会大大增加，可以使用Excel的【删除重复值】命令，将重复数据清除，具体操作步骤如下。

第1步 打开“素材\ch02\技巧2.xlsx”工作簿，单击【数据】选项卡下【数据工具】组中的【删除重复值】按钮，如下图所示。

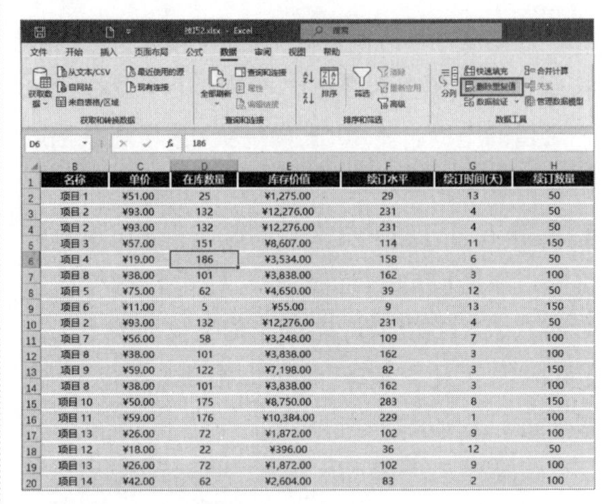

第2步 弹出【删除重复值】对话框，单击【确定】按钮，如下图所示。

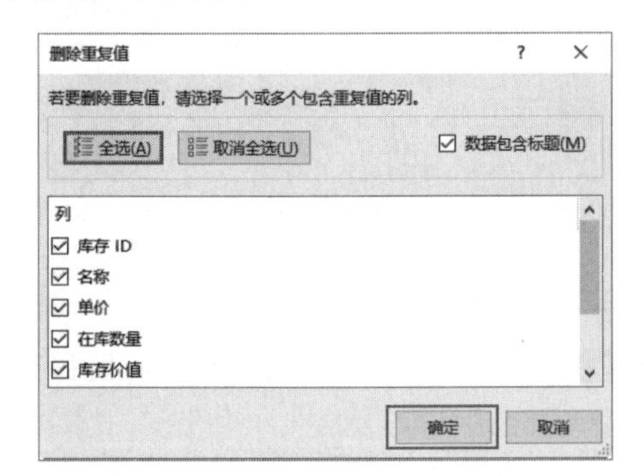

第3步 弹出【Microsoft Excel】提示框，提示发现的重复值数量，并自动将重复值删除，如下图所示。

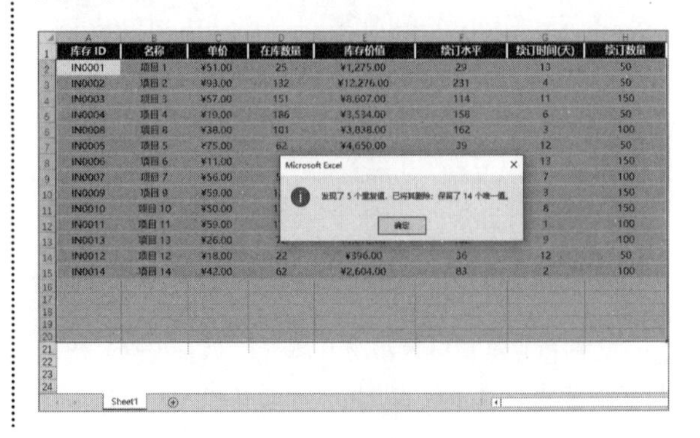

第3章 数据的基本分析

学习内容

数据分析是 Excel 的重要功能，通过 Excel 的排序功能可以按照特定的规则排序数据表中的内容，便于用户观察数据的规律；使用筛选功能可以“过滤”数据，单独显示满足用户条件的数据；使用分类显示和分类汇总功能可以分类数据；使用合并计算功能可以汇总单独区域中的数据，或者在输出区域中合并计算结果等。

学习效果

员工编号	员工姓名	所在部门	1月份	2月份	3月份	总销售额
bh009	金××	销售2部	¥ 68,970	¥ 71,230	¥ 61,890	¥ 202,090
bh003	胡××	销售1部	¥ 75,600	¥ 62,489	¥ 78,950	¥ 217,039
bh002	李××	销售1部	¥ 73,560	¥ 65,760	¥ 96,000	¥ 235,320
bh001	王××	销售1部	¥ 66,500	¥ 67,890	¥ 78,980	¥ 213,370
bh014	阮××	销售3部	¥ 94,860	¥ 89,870	¥ 82,000	¥ 266,730
bh010	冯××	销售2部	¥ 59,480	¥ 62,350	¥ 78,560	¥ 200,390
bh007	张××	销售2部	¥ 87,890	¥ 68,950	¥ 95,000	¥ 251,840
bh012	薛××	销售3部	¥ 84,970	¥ 85,249	¥ 86,500	¥ 256,719
bh005	刘××	销售1部	¥ 82,050	¥ 68,080	¥ 75,000	¥ 225,130
bh008	于××	销售2部	¥ 79,851	¥ 66,850	¥ 74,200	¥ 220,901
bh004	马××	销售1部	¥ 79,500	¥ 59,800	¥ 84,500	¥ 223,800
bh015	孙××	销售3部	¥ 78,500	¥ 69,800	¥ 76,500	¥ 224,800
bh006	陈××	销售2部	¥ 93,650	¥ 79,850	¥ 87,000	¥ 260,500
bh011	钱××	销售3部	¥ 59,879	¥ 68,520	¥ 68,150	¥ 196,549
bh013	秦××	销售3部	¥ 54,970	¥ 49,890	¥ 62,690	¥ 167,550

销售日期	购货单位	产品	数量	单价	合计
2022/7/25	AA数码店	AI音箱	260	¥ 199.00	¥ 51,740.00
		AI音箱 汇总			¥ 51,740.00
2022/7/5	AA数码店	VR眼镜	100	¥ 213.00	¥ 21,300.00
2022/7/15	AA数码店	VR眼镜	50	¥ 213.00	¥ 10,650.00
		VR眼镜 汇总			¥ 31,950.00
2022/7/15	AA数码店	蓝牙音箱	60	¥ 78.00	¥ 4,680.00
		蓝牙音箱 汇总			¥ 4,680.00
2022/7/30	AA数码店	平衡车	30	¥ 999.00	¥ 29,970.00
		平衡车 汇总			¥ 29,970.00
2022/7/16	AA数码店	智能手表	60	¥ 399.00	¥ 23,940.00
		智能手表 汇总			¥ 23,940.00
AA数码店 汇总	0				
2022/7/15	BB数码店	AI音箱	300	¥ 199.00	¥ 59,700.00
		AI音箱 汇总			¥ 59,700.00
2022/7/25	BB数码店	VR眼镜	190	¥ 213.00	¥ 40,470.00
		VR眼镜 汇总			¥ 40,470.00
2022/7/4	BB数码店	蓝牙音箱	50	¥ 78.00	¥ 3,900.00
		蓝牙音箱 汇总			¥ 3,900.00
2022/7/30	BB数码店	智能手表	150	¥ 399.00	¥ 59,850.00
2022/7/8	BB数码店	智能手表	150	¥ 399.00	¥ 59,850.00
		智能手表 汇总			¥ 119,700.00
BB数码店 汇总	0				
		总计			¥ 366,050.00
总计	0				

销售情况表

3.1 制作销售业绩统计表

制作销售业绩统计表需要使用Excel表格分析公司员工的总销售额情况。在Excel 2021中，设置数据的有效性可以帮助分析工作表中的数据，例如，对数值进行排序、筛选等。本节以制作销售业绩统计表为例介绍数据的基本分析方法。

3.1.1 设置数据的有效性

在工作表中输入数据时，为了避免输入错误的数据，可以为单元格设置有效的数据范围，限制用户只能输入指定范围内的数据，这样可以减小数据输入操作的复杂性，具体操作步骤如下。

第1步 打开“素材\ch03\销售业绩统计表.xlsx”工作簿，选择A2:A16单元格区域，在【数据】选项卡中单击【数据工具】组中的【数据验证】按钮，如下图所示。

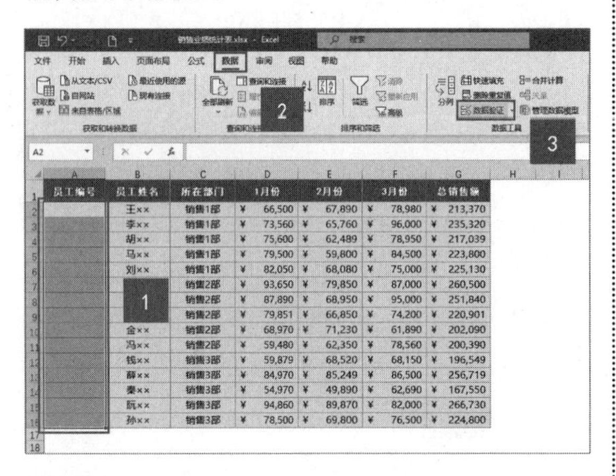

第2步 弹出【数据验证】对话框，选择【设置】选项卡，在【允许】下拉列表中选择【文本长度】选项，在【数据】下拉列表中选择【等于】选项，在【长度】文本框中输入“5”，如下图所示。

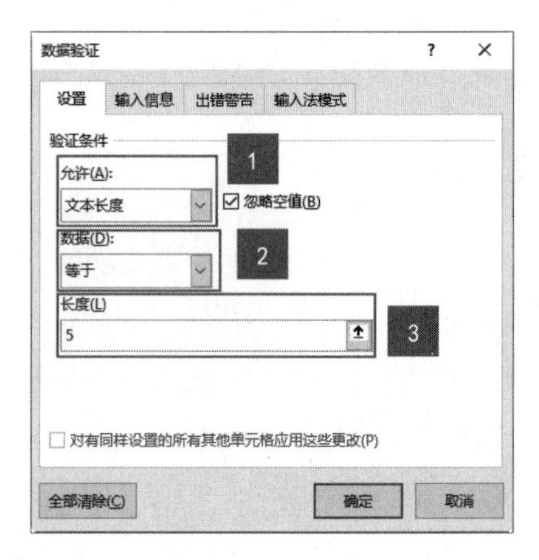

第3步 选择【输入信息】选项卡，在【标题】和【输入信息】文本框中输入如下图所示的内容。

第4步 选择【出错警告】选项卡，在【样式】下拉列表中选择【停止】选项，在【标题】和【错误信息】文本框中输入警告信息，单击【确定】按钮，如下图所示。

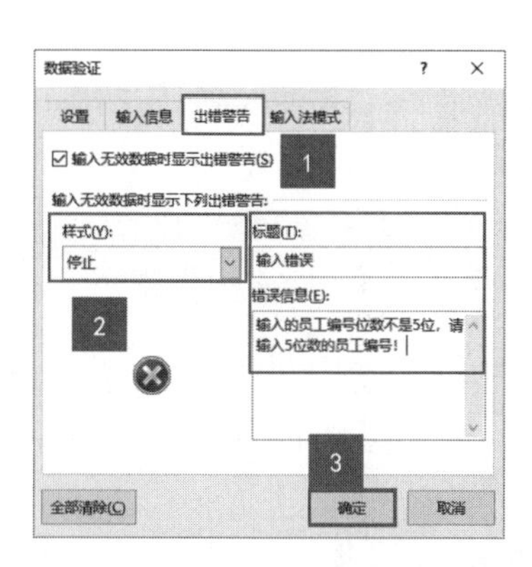

第5步 返回工作表，选择A3:A13单元格区域任意一个单元格，会显示提示信息，在A3:A13单元格中输入不符合要求的数字时，会弹出【输入错误】提示框，单击【重试】按钮，如下图所示。

输入员工编号
员工编号的位数是5位

输入错误
输入的员工编号位数不是5位，请输入5位数的员工编号！
重试(R) 取消 帮助(H)

第6步 返回工作簿中，并填充正确的员工编号，如下图所示。

员工编号	员工姓名	所在部门	1月份	2月份	3月份	总销售额
bh001	王××	销售1部	¥ 66,500	¥ 67,890	¥ 78,980	¥ 213,370
bh002	李××	销售1部	¥ 73,560	¥ 65,760	¥ 96,000	¥ 235,320
bh003	胡××	销售1部	¥ 75,600	¥ 62,489	¥ 78,950	¥ 217,039
bh004	马××	销售1部	¥ 79,500	¥ 59,800	¥ 84,500	¥ 223,800
bh005	刘××	销售1部	¥ 82,050	¥ 68,080	¥ 75,000	¥ 225,130
bh006	陈××	销售2部	¥ 93,650	¥ 79,850	¥ 87,000	¥ 260,500
bh007	张××	销售2部	¥ 87,890	¥ 68,950	¥ 95,000	¥ 251,840
bh008	于××	销售2部	¥ 79,851	¥ 66,850	¥ 74,200	¥ 220,901
bh009	金××	销售2部	¥ 68,970	¥ 71,230	¥ 61,890	¥ 202,090
bh010	冯××	销售2部	¥ 59,480	¥ 62,350	¥ 78,560	¥ 200,390
bh011	钱××	销售3部	¥ 59,879	¥ 68,520	¥ 68,150	¥ 196,549
bh012	薛××	销售3部	¥ 84,970	¥ 85,249	¥ 86,500	¥ 256,719

3.1.2 按照总销售额排序

用户可以按照总销售额进行排序，下面介绍自动排序、多条件排序和自定义排序的操作。

1. 自动排序

Excel 2021提供了多种排序方法，用户可以在销售业绩统计表中根据总销售额进行单条件排序，具体操作步骤如下。

第1步 接上节的操作，如果要按照总销售额由高到低进行排序，选择总销售额所在的G列的任意一个单元格，单击【数据】选项卡下【排序和筛选】组中的【降序】按钮，如下图所示。

第2步 按照员工总销售额由高到低的顺序显示数据，如下图所示。

员工编号	员工姓名	所在部门	1月份	2月份	3月份	总销售额
bh014	阮××	销售3部	¥ 94,860	¥ 89,870	¥ 82,000	¥ 266,730
bh006	陈××	销售2部	¥ 93,650	¥ 79,850	¥ 87,000	¥ 260,500
bh012	薛××	销售3部	¥ 84,970	¥ 85,249	¥ 86,500	¥ 256,719
bh007	张××	销售2部	¥ 87,890	¥ 68,950	¥ 95,000	¥ 251,840
bh002	李××	销售1部	¥ 73,560	¥ 65,760	¥ 96,000	¥ 235,320
bh005	刘××	销售1部	¥ 82,050	¥ 68,080	¥ 75,000	¥ 225,130
bh015	孙××	销售3部	¥ 78,500	¥ 69,800	¥ 76,500	¥ 224,800
bh004	马××	销售1部	¥ 79,500	¥ 59,800	¥ 84,500	¥ 223,800
bh008	于××	销售2部	¥ 79,851	¥ 66,850	¥ 74,200	¥ 220,901
bh003	胡××	销售1部	¥ 75,600	¥ 62,489	¥ 78,950	¥ 217,039
bh001	王××	销售1部	¥ 66,500	¥ 67,890	¥ 78,980	¥ 213,370
bh009	金××	销售2部	¥ 68,970	¥ 71,230	¥ 61,890	¥ 202,090
bh010	冯××	销售2部	¥ 59,480	¥ 62,350	¥ 78,560	¥ 200,390
bh011	钱××	销售3部	¥ 59,879	¥ 68,520	¥ 68,150	¥ 196,549
bh013	秦××	销售3部	¥ 54,970	¥ 49,890	¥ 62,690	¥ 167,550

第3步 单击【数据】选项卡下【排序和筛选】组中的【升序】按钮，即可按照员工销售业绩由低到高的顺序显示数据，如下图所示。

员工编号	员工姓名	所在部门	1月份	2月份	3月份	总销售额
bh013	秦××	销售3部	¥ 54,970	¥ 49,890	¥ 62,690	¥ 167,550
bh011	钱××	销售3部	¥ 59,879	¥ 68,520	¥ 68,150	¥ 196,549
bh010	冯××	销售2部	¥ 59,480	¥ 62,350	¥ 78,560	¥ 200,390
bh009	金××	销售2部	¥ 68,970	¥ 71,230	¥ 61,890	¥ 202,090
bh001	王××	销售1部	¥ 66,500	¥ 67,890	¥ 78,980	¥ 213,370
bh003	胡××	销售1部	¥ 75,600	¥ 62,489	¥ 78,950	¥ 217,039
bh008	于××	销售2部	¥ 79,851	¥ 66,850	¥ 74,200	¥ 220,901
bh004	马××	销售1部	¥ 79,500	¥ 59,800	¥ 84,500	¥ 223,800
bh015	孙××	销售3部	¥ 78,500	¥ 69,800	¥ 76,500	¥ 224,800
bh005	刘××	销售1部	¥ 82,050	¥ 68,080	¥ 75,000	¥ 225,130
bh002	李××	销售1部	¥ 73,560	¥ 65,760	¥ 96,000	¥ 235,320
bh007	张××	销售2部	¥ 87,890	¥ 68,950	¥ 95,000	¥ 251,840
bh012	薛××	销售3部	¥ 84,970	¥ 85,249	¥ 86,500	¥ 256,719
bh006	陈××	销售2部	¥ 93,650	¥ 79,850	¥ 87,000	¥ 260,500
bh014	阮××	销售3部	¥ 94,860	¥ 89,870	¥ 82,000	¥ 266,730

2. 多条件排序

如果需要按照所在部门由销售1部到销售3部进行升序排序，当所在部门相同时，按照总销售额由高到低排序，此时就可以通过多条件排序功能实现，具体操作步骤如下。

第1步 接上节的操作，选择C列的任意一个单元格，单击【数据】选项卡下【排序和筛选】组中的【排序】按钮，如下图所示。

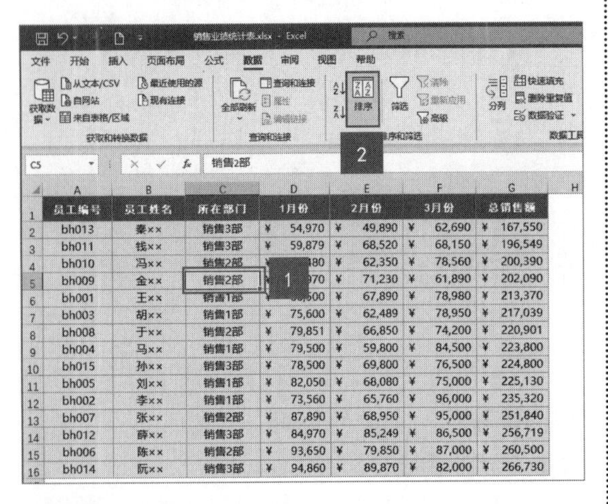

第2步 弹出【排序】对话框，设置【主要关键字】的【列】为“所在部门”，【次序】为“升序”，单击【添加条件】按钮，添加【次要关键字】列，设置【列】为“总销售额”，【次序】为“降序”，单击【确定】按钮，如下图所示。

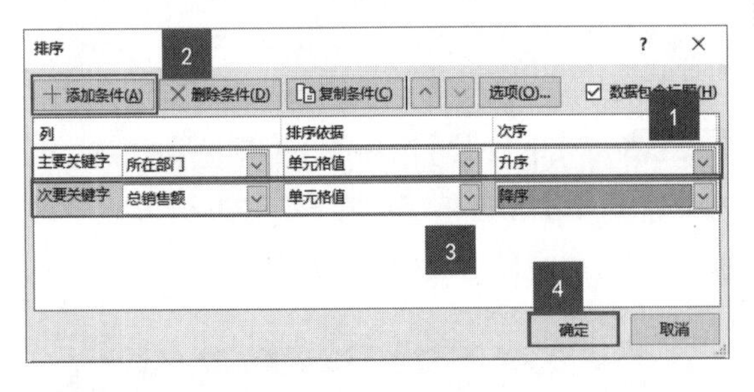

第3步 可以看到数据会先按所在部门排序，当所在部门相同时，会按照总销售额由高到低排序，如下图所示。

	A	B	C	D	E	F	G
1	员工编号	员工姓名	所在部门	1月份	2月份	3月份	总销售额
2	bh002	李××	销售1部	¥ 73,560	¥ 65,760	¥ 96,000	¥ 235,320
3	bh005	刘××	销售1部	¥ 82,050	¥ 68,080	¥ 75,000	¥ 225,130
4	bh004	马××	销售1部	¥ 79,500	¥ 59,800	¥ 84,500	¥ 223,800
5	bh003	胡××	销售1部	¥ 75,600	¥ 62,489	¥ 78,950	¥ 217,039
6	bh001	王××	销售1部	¥ 66,500	¥ 67,890	¥ 78,980	¥ 213,370
7	bh006	陈××	销售2部	¥ 93,650	¥ 79,850	¥ 87,000	¥ 260,500
8	bh007	张××	销售2部	¥ 87,890	¥ 68,950	¥ 95,000	¥ 251,840
9	bh008	于××	销售2部	¥ 79,851	¥ 66,850	¥ 74,200	¥ 220,901
10	bh009	金××	销售2部	¥ 68,970	¥ 71,230	¥ 61,890	¥ 202,090
11	bh010	冯××	销售2部	¥ 59,480	¥ 62,350	¥ 78,560	¥ 200,390
12	bh014	阮××	销售3部	¥ 94,860	¥ 89,870	¥ 82,000	¥ 266,730
13	bh012	薛××	销售3部	¥ 84,970	¥ 85,249	¥ 86,500	¥ 256,719
14	bh015	孙××	销售3部	¥ 78,500	¥ 69,800	¥ 76,500	¥ 224,800
15	bh011	钱××	销售3部	¥ 59,879	¥ 68,520	¥ 68,150	¥ 196,549
16	bh013	秦××	销售3部	¥ 54,970	¥ 49,890	¥ 62,690	¥ 167,550

3. 自定义排序

在“销售业绩统计表.xlsx”工作簿中，用户可以根据需要设置自定义排序，如按照员工的姓名进行排序时就可以使用自定义排序的方式，具体操作步骤如下。

第1步 接上节的操作，选择B列的任意一个单元格，单击【数据】选项卡下【排序和筛选】组中的【排序】按钮，如下图所示。

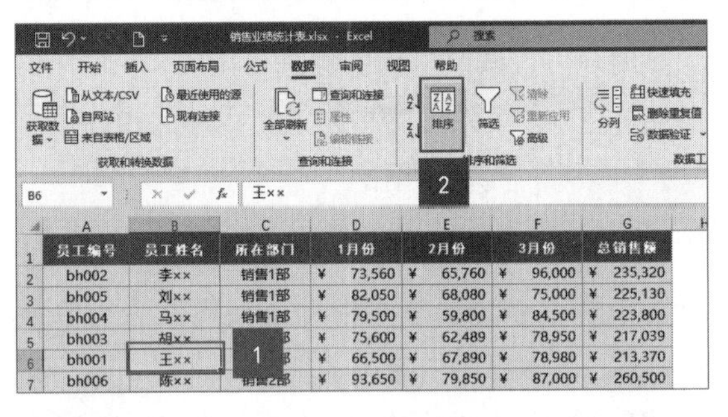

第2步 弹出【排序】对话框，在【主要关键字】下拉列表中选择【员工姓名】选项，在【次序】下拉列表中选择【自定义序列】选项，如下图所示。

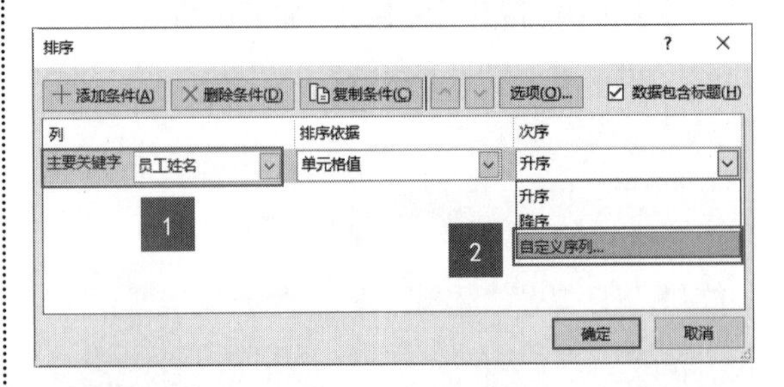

第3步 弹出【自定义序列】对话框，在【输入序列】列表框中输入排序文本，单击【添加】按钮，将自定义序列添加至【自定义序列】列表框，单

击【确定】按钮，如下图所示。

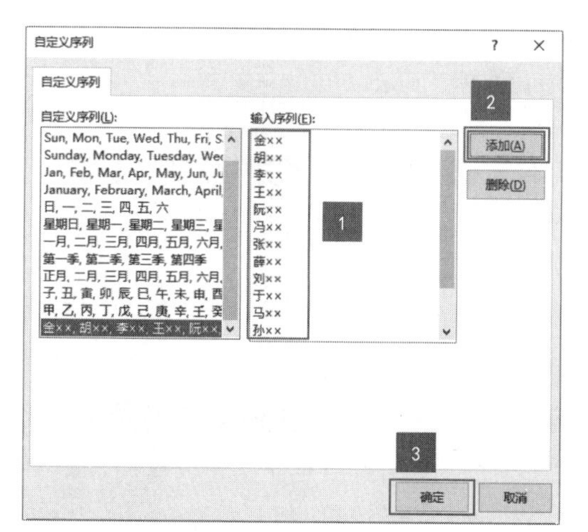

第4步 返回【排序】对话框，即可看到【次序】列表框中显示的为自定义的序列，单击【确定】按钮，如下图所示。

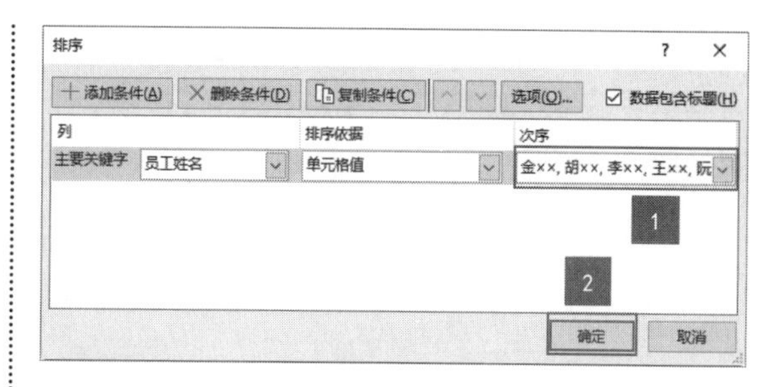

第5步 此时，即可看到自定义排序后的结果，如下图所示。

	A	B	C	D	E	F	G
1	员工编号	员工姓名	所在部门	1月份	2月份	3月份	总销售额
2	bh009	金××	销售2部	¥ 68,970	¥ 71,230	¥ 61,890	¥ 202,090
3	bh003	胡××	销售1部	¥ 75,600	¥ 62,489	¥ 78,950	¥ 217,039
4	bh002	李××	销售1部	¥ 73,560	¥ 65,760	¥ 96,000	¥ 235,320
5	bh001	王××	销售1部	¥ 66,500	¥ 67,890	¥ 78,980	¥ 213,370
6	bh014	阮××	销售3部	¥ 94,860	¥ 89,870	¥ 82,000	¥ 266,730
7	bh010	冯××	销售2部	¥ 59,480	¥ 62,350	¥ 78,560	¥ 200,390
8	bh007	张××	销售2部	¥ 87,890	¥ 68,950	¥ 95,000	¥ 251,840
9	bh012	薛××	销售3部	¥ 84,970	¥ 85,249	¥ 86,500	¥ 256,719
10	bh005	刘××	销售1部	¥ 82,050	¥ 68,080	¥ 75,000	¥ 225,130
11	bh008	于××	销售2部	¥ 79,851	¥ 66,850	¥ 74,200	¥ 220,901
12	bh004	马××	销售1部	¥ 79,500	¥ 59,800	¥ 84,500	¥ 223,800
13	bh015	孙××	销售3部	¥ 78,500	¥ 69,800	¥ 76,500	¥ 224,800
14	bh006	陈××	销售2部	¥ 93,650	¥ 79,850	¥ 87,000	¥ 260,500
15	bh011	钱××	销售3部	¥ 59,879	¥ 68,520	¥ 68,150	¥ 196,549
16	bh013	秦××	销售3部	¥ 54,970	¥ 49,890	¥ 62,690	¥ 167,550

3.1.3 对数据进行筛选

Excel提供了数据的筛选功能，可以准确、方便地找出符合要求的数据。

1. 单条件筛选

Excel 2021中的单条件筛选，就是将符合一种条件的数据筛选出来，例如，将总销售额大于等于220000的数据筛选出来，具体操作步骤如下。

第1步 接上节的操作，在打开的工作簿中，选择数据区域内的任一单元格，在【数据】选项卡中单击【排序和筛选】组中的【筛选】按钮，如下图所示。

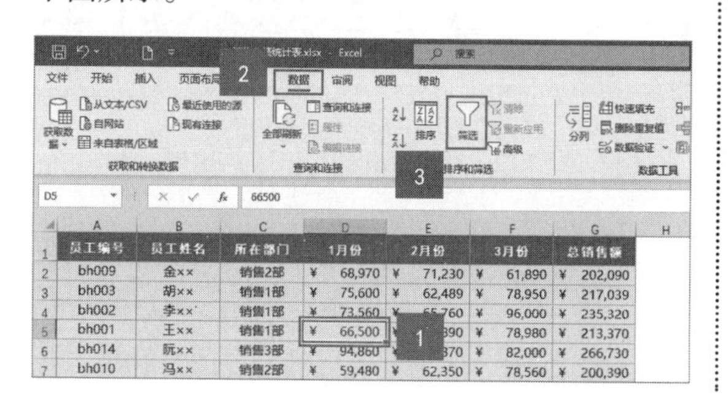

第2步 进入【自动筛选】状态，此时在标题行每列的右侧出现一个下拉按钮，如下图所示。

	A	B	C	D	E	F	G
1	员工编号	员工姓名	所在部门	1月份	2月份	3月份	总销售额
2	bh009	金××	销售2部	¥ 68,970	¥ 71,230	¥ 61,890	¥ 202,090
3	bh003	胡××	销售1部	¥ 75,600	¥ 62,489	¥ 78,950	¥ 217,039
4	bh002	李××	销售1部	¥ 73,560	¥ 65,760	¥ 96,000	¥ 235,320
5	bh001	王××	销售1部	¥ 66,500	¥ 67,890	¥ 78,980	¥ 213,370

第3步 单击【总销售额】列右侧的下拉按钮，在弹出的下拉列表中选择【数字筛选】→【大于或等于】选项，如下图所示。

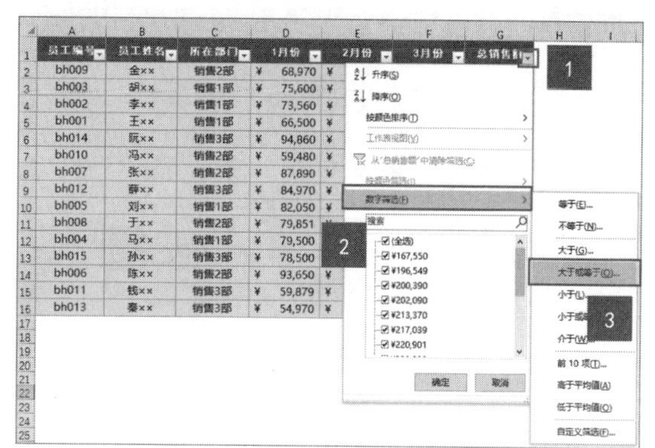

第4步 弹出【自定义自动筛选方式】对话框，在文本框中输入“220000”，单击【确定】按钮，如下图所示。

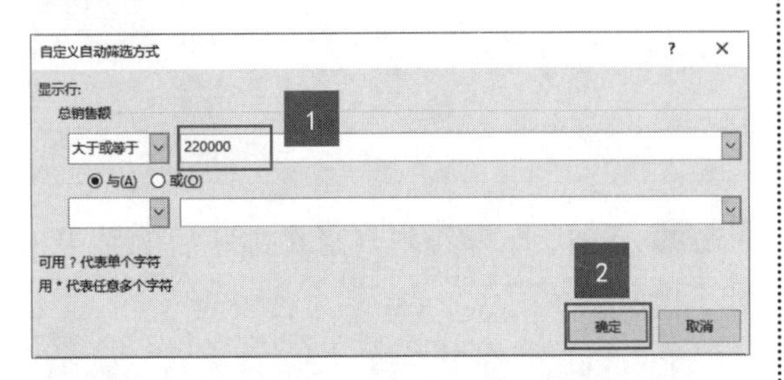

第5步 经过筛选后的数据清单如下图所示，可以看出仅显示了总销售额大于等于220000的数据。

	员工编号	员工姓名	所在部门	1月份	2月份	3月份	总销售额
4	bh002	李××	销售1部	¥ 73,560	¥ 65,760	¥ 96,000	¥ 235,320
6	bh014	阮××	销售3部	¥ 94,860	¥ 89,870	¥ 82,000	¥ 266,730
8	bh007	张××	销售2部	¥ 87,890	¥ 68,950	¥ 95,000	¥ 251,840
9	bh012	薛××	销售3部	¥ 84,970	¥ 85,249	¥ 86,500	¥ 256,719
10	bh005	刘××	销售1部	¥ 82,050	¥ 68,080	¥ 75,000	¥ 225,130
11	bh008	于××	销售2部	¥ 79,851	¥ 66,850	¥ 74,200	¥ 220,901
12	bh004	马××	销售1部	¥ 79,500	¥ 59,800	¥ 84,500	¥ 223,800
13	bh015	孙××	销售3部	¥ 78,500	¥ 69,800	¥ 76,500	¥ 224,800
14	bh006	陈××	销售2部	¥ 93,650	¥ 79,850	¥ 87,000	¥ 260,500

2. 多条件筛选

在工作簿中可以进行多条件筛选，将满足多个条件的数据筛选出来，例如，在上面的工作簿中筛选出姓“冯”和姓“金”的员工的销售情况，具体操作步骤如下。

第1步 接上节的操作，单击【总销售额】列右侧的下拉按钮，在弹出的下拉列表中选中【全选】复选框，单击【确定】按钮，将所有员工的销售业绩显示出来，如下图所示。

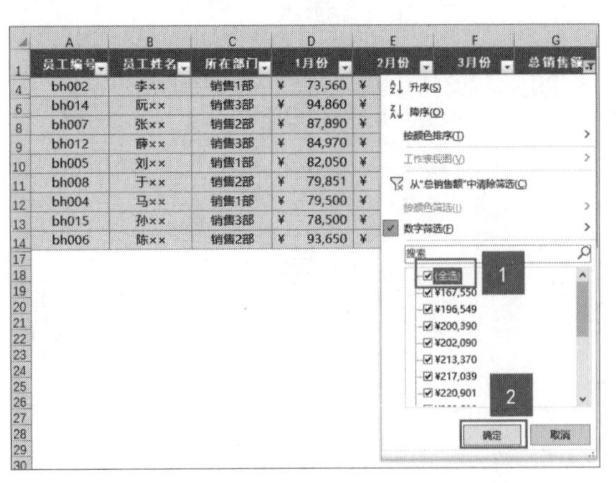

第2步 单击【员工姓名】列右侧的下拉按钮，在弹出的下拉列表中选择【文本筛选】→【开头是】选项，如下图所示。

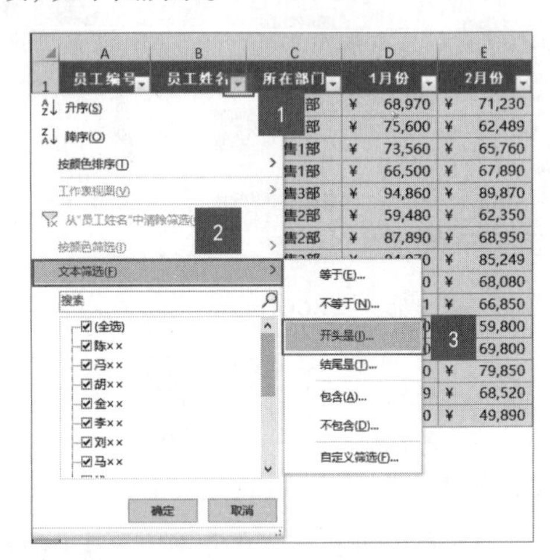

第3步 弹出【自定义自动筛选方式】对话框，在【开头是】后面的文本框中输入“冯”，选中【或】单选按钮，并在下方的选择框中选择【开头是】选项，在其后的文本框中输入“金”，单击【确定】按钮，如下图所示。

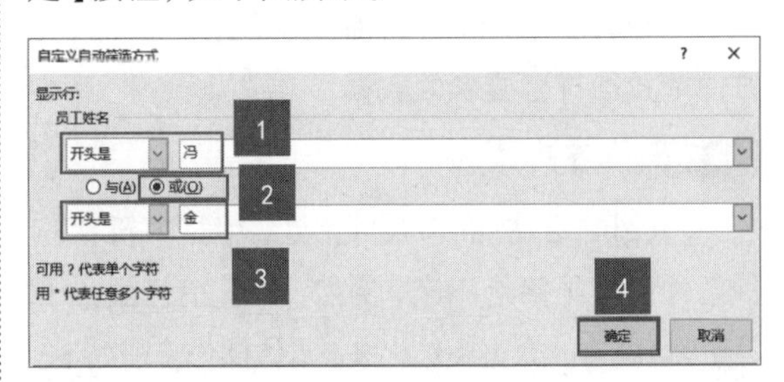

第4步 筛选出姓“冯”和姓“金”员工的销售情况，如下图所示。

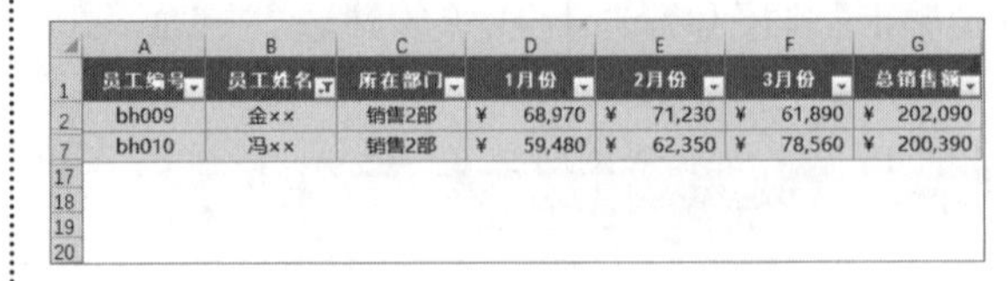

	员工编号	员工姓名	所在部门	1月份	2月份	3月份	总销售额
2	bh009	金××	销售2部	¥ 68,970	¥ 71,230	¥ 61,890	¥ 202,090
7	bh010	冯××	销售2部	¥ 59,480	¥ 62,350	¥ 78,560	¥ 200,390

3.2 制作汇总销售记录表

汇总销售记录表主要是使用分类汇总功能，将大量的数据分类后进行汇总计算，并显示各级别的汇总信息。本节以制作汇总销售记录表为例介绍汇总功能的使用。

3.2.1 建立分类显示

为了便于管理Excel中的数据，可以建立分类显示，分级最多为8个级别，每组1级。每个内部级别在分级显示符号中由较大的数字表示，它们分别显示其前一外部级别的明细数据，这些外部级别在分级显示符号中均由较小的数字表示。使用分级显示可以对数据分组并快速显示汇总行或汇总列，或者显示每组的明细数据。可创建行的分级显示、列的分级显示或行和列的分级显示，具体操作步骤如下。

第1步 打开“素材\ch03\汇总销售记录表.xlsx”文件，选择A1:F1单元格区域，如下图所示。

	A	B	C	D	E	F
1	销售日期	购货单位	产品	数量	单价	合计
2	2022/7/5	AA数码店	VR眼镜	100	¥ 213.00	¥ 21,300.00
3	2022/7/15	AA数码店	VR眼镜	50	¥ 213.00	¥ 10,650.00
4	2022/7/16	AA数码店	智能手表	60	¥ 399.00	¥ 23,940.00
5	2022/7/30	AA数码店	平衡车	30	¥ 999.00	¥ 29,970.00
6	2022/7/15	AA数码店	蓝牙音箱	60	¥ 78.00	¥ 4,680.00
7	2022/7/25	AA数码店	AI音箱	260	¥ 199.00	¥ 51,740.00
8	2022/7/25	BB数码店	VR眼镜	190	¥ 213.00	¥ 40,470.00
9	2022/7/30	BB数码店	智能手表	150	¥ 399.00	¥ 59,850.00
10	2022/7/15	BB数码店	AI音箱	300	¥ 199.00	¥ 59,700.00
11	2022/7/4	BB数码店	蓝牙音箱	50	¥ 78.00	¥ 3,900.00
12	2022/7/8	BB数码店	智能手表	150	¥ 399.00	¥ 59,850.00

第2步 单击【数据】选项卡下【分级显示】组中的【组合】按钮，在弹出的下拉列表中选择【组合】选项，如下图所示。

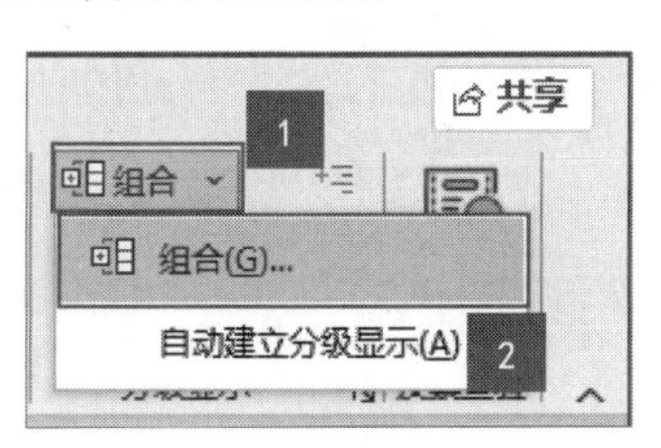

第3步 弹出【组合】对话框，选中【行】单选按钮，单击【确定】按钮，如下图所示。

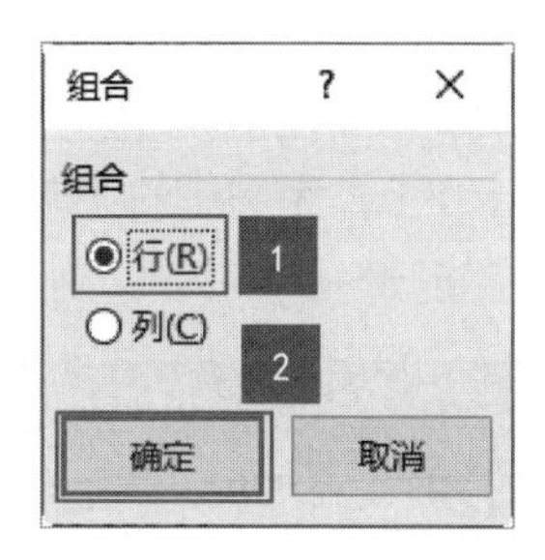

第4步 将单元格区域A1:F1设置为一个组类，如下图所示。

	A	B	C	D	E	F
1	销售日期	购货单位	产品	数量	单价	合计
2	2022/7/5	AA数码店	VR眼镜	100	¥ 213.00	¥ 21,300.00
3	2022/7/15	AA数码店	VR眼镜	50	¥ 213.00	¥ 10,650.00
4	2022/7/16	AA数码店	智能手表	60	¥ 399.00	¥ 23,940.00
5	2022/7/30	AA数码店	平衡车	30	¥ 999.00	¥ 29,970.00
6	2022/7/15	AA数码店	蓝牙音箱	60	¥ 78.00	¥ 4,680.00
7	2022/7/25	AA数码店	AI音箱	260	¥ 199.00	¥ 51,740.00
8	2022/7/25	BB数码店	VR眼镜	190	¥ 213.00	¥ 40,470.00
9	2022/7/30	BB数码店	智能手表	150	¥ 399.00	¥ 59,850.00
10	2022/7/15	BB数码店	AI音箱	300	¥ 199.00	¥ 59,700.00
11	2022/7/4	BB数码店	蓝牙音箱	50	¥ 78.00	¥ 3,900.00
12	2022/7/8	BB数码店	智能手表	150	¥ 399.00	¥ 59,850.00

第5步 使用同样的方法设置A2:F12单元格区域，设置后的效果如下图所示。

	A	B	C	D	E	F
1	销售日期	购货单位	产品	数量	单价	合计
2	2022/7/5	AA数码店	VR眼镜	100	¥ 213.00	¥ 21,300.00
3	2022/7/15	AA数码店	VR眼镜	50	¥ 213.00	¥ 10,650.00
4	2022/7/16	AA数码店	智能手表	60	¥ 399.00	¥ 23,940.00
5	2022/7/30	AA数码店	平衡车	30	¥ 999.00	¥ 29,970.00
6	2022/7/15	AA数码店	蓝牙音箱	60	¥ 78.00	¥ 4,680.00
7	2022/7/25	AA数码店	AI音箱	260	¥ 199.00	¥ 51,740.00
8	2022/7/25	BB数码店	VR眼镜	190	¥ 213.00	¥ 40,470.00
9	2022/7/30	BB数码店	智能手表	150	¥ 399.00	¥ 59,850.00
10	2022/7/15	BB数码店	AI音箱	300	¥ 199.00	¥ 59,700.00
11	2022/7/4	BB数码店	蓝牙音箱	50	¥ 78.00	¥ 3,900.00
12	2022/7/8	BB数码店	智能手表	150	¥ 399.00	¥ 59,850.00

第6步 单击1图标，即可将分组后的区域折叠显示，如下图所示。

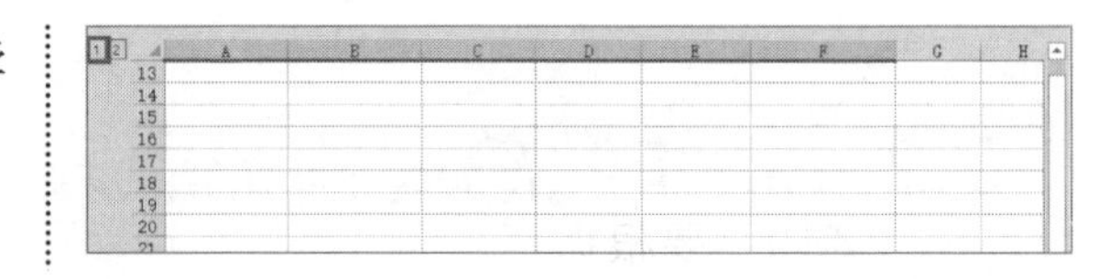

3.2.2 创建简单分类汇总

使用分类汇总的数据列表，每一列数据都要有列标题。Excel使用列标题来决定如何创建数据组及如何计算总和。在“汇总销售记录表”中，创建简单分类汇总的具体操作步骤如下。

第1步 打开“素材\ch03\汇总销售记录表.xlsx”文件，单击F列数据区域内的任一单元格，单击【数据】选项卡下【排序和筛选】组中的【降序】按钮，如下图所示。

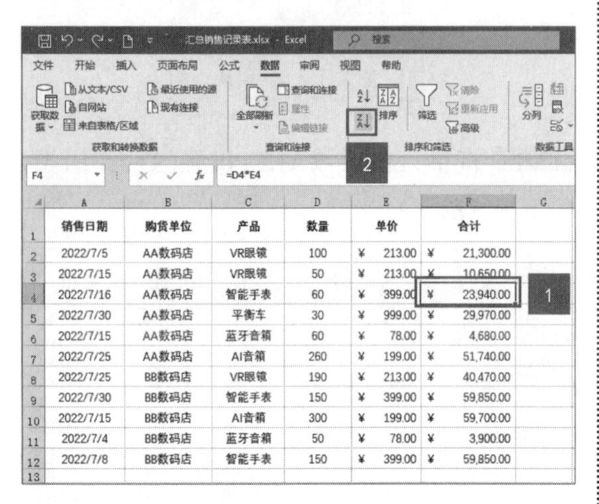

销售日期	购货单位	产品	数量	单价	合计
2022/7/5	AA数码店	VR眼镜	100	¥ 213.00	¥ 21,300.00
2022/7/15	AA数码店	VR眼镜	50	¥ 213.00	¥ 10,650.00
2022/7/16	AA数码店	智能手表	60	¥ 399.00	¥ 23,940.00
2022/7/30	AA数码店	平衡车	30	¥ 999.00	¥ 29,970.00
2022/7/15	AA数码店	蓝牙音箱	60	¥ 78.00	¥ 4,680.00
2022/7/25	AA数码店	AI音箱	260	¥ 199.00	¥ 51,740.00
2022/7/25	BB数码店	VR眼镜	190	¥ 213.00	¥ 40,470.00
2022/7/30	BB数码店	智能手表	150	¥ 399.00	¥ 59,850.00
2022/7/15	BB数码店	AI音箱	300	¥ 199.00	¥ 59,700.00
2022/7/4	BB数码店	蓝牙音箱	50	¥ 78.00	¥ 3,900.00
2022/7/8	BB数码店	智能手表	150	¥ 399.00	¥ 59,850.00

第2步 F列降序排序后的效果如下图所示。

销售日期	购货单位	产品	数量	单价	合计
2022/7/30	BB数码店	智能手表	150	¥ 399.00	¥ 59,850.00
2022/7/8	BB数码店	智能手表	150	¥ 399.00	¥ 59,850.00
2022/7/15	BB数码店	AI音箱	300	¥ 199.00	¥ 59,700.00
2022/7/25	AA数码店	AI音箱	260	¥ 199.00	¥ 51,740.00
2022/7/25	BB数码店	VR眼镜	190	¥ 213.00	¥ 40,470.00
2022/7/30	AA数码店	平衡车	30	¥ 999.00	¥ 29,970.00
2022/7/16	AA数码店	智能手表	60	¥ 399.00	¥ 23,940.00
2022/7/5	AA数码店	VR眼镜	100	¥ 213.00	¥ 21,300.00
2022/7/15	AA数码店	VR眼镜	50	¥ 213.00	¥ 10,650.00
2022/7/15	AA数码店	蓝牙音箱	60	¥ 78.00	¥ 4,680.00
2022/7/4	BB数码店	蓝牙音箱	50	¥ 78.00	¥ 3,900.00

第3步 在【数据】选项卡中单击【分级显示】组中的【分类汇总】按钮，如下图所示。

第4步 弹出【分类汇总】对话框，在【分类字段】下拉列表框中选择【产品】选项，表示以“产品”字段进行分类汇总，在【汇总方式】下拉列表框中选择【求和】选项，在【选定汇总项】下拉列表框中选中【合计】复选框，并选中【汇总结果显示在数据下方】复选框，如下图所示，单击【确定】按钮。

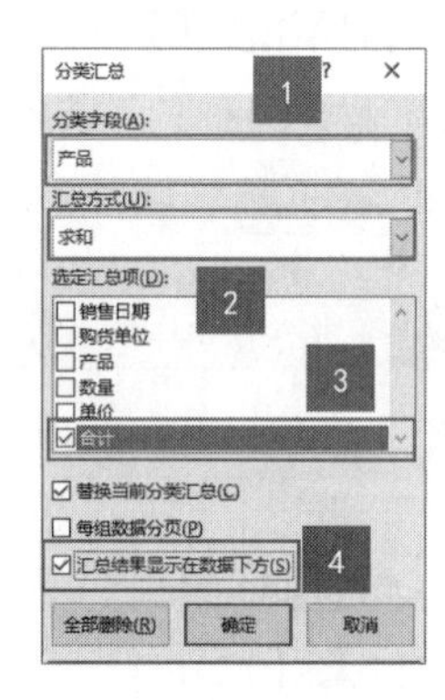

第5步 进行分类汇总后的效果如下图所示。

销售日期	购货单位	产品	数量	单价	合计
2022/7/30	BB数码店	智能手表	150	¥ 399.00	¥ 59,850.00
2022/7/8	BB数码店	智能手表	150	¥ 399.00	¥ 59,850.00
		智能手表 汇总			¥ 119,700.00
2022/7/15	BB数码店	AI音箱	300	¥ 199.00	¥ 59,700.00
2022/7/25	AA数码店	AI音箱	260	¥ 199.00	¥ 51,740.00
		AI音箱 汇总			¥ 111,440.00
2022/7/25	BB数码店	VR眼镜	190	¥ 213.00	¥ 40,470.00
		VR眼镜 汇总			¥ 40,470.00
2022/7/30	AA数码店	平衡车	30	¥ 999.00	¥ 29,970.00
		平衡车 汇总			¥ 29,970.00
2022/7/16	AA数码店	智能手表	60	¥ 399.00	¥ 23,940.00
		智能手表 汇总			¥ 23,940.00
2022/7/5	AA数码店	VR眼镜	100	¥ 213.00	¥ 21,300.00
2022/7/15	AA数码店	VR眼镜	50	¥ 213.00	¥ 10,650.00
		VR眼镜 汇总			¥ 31,950.00
2022/7/15	AA数码店	蓝牙音箱	60	¥ 78.00	¥ 4,680.00
2022/7/4	BB数码店	蓝牙音箱	50	¥ 78.00	¥ 3,900.00
		蓝牙音箱 汇总			¥ 8,580.00
		总计			¥ 366,050.00

3.2.3 创建多重分类汇总

在Excel中，要根据两个或多个分类项对工作表中的数据进行分类汇总，可以使用以下方法。

先按分类项的优先级对相关字段排序，再按分类项的优先级多次执行分类汇总，后面执行分类汇总时，需取消选中【分类汇总】对话框中的【替换当前分类汇总】复选框，具体操作步骤如下。

第1步 打开“素材\ch03\汇总销售记录表.xlsx”工作簿，选择数据区域中的任一单元格，单击【数据】选项卡【排序和筛选】组中的【排序】按钮，如下图所示。

	A	B	C	D	E	F
1	销售日期	购货单位	产品	数量	单价	合计
2	2022/7/30	BB数码店	智能手表	150	¥ 399.00	¥ 59,850.00
3	2022/7/8	BB数码店	智能手表	150	¥ 399.00	¥ 59,850.00
4	2022/7/15	BB数码店	AI音箱	300	¥ 199.00	¥ 59,700.00
5	2022/7/25	AA数码店	AI音箱	260	¥ 199.00	¥ 51,740.00
6	2022/7/25	BB数码店	VR眼镜	190	¥ 213.00	¥ 40,470.00

第2步 弹出【排序】对话框，设置【主要关键字】为【购货单位】，【次序】为【升序】，然后单击【添加条件】按钮，设置【次要关键字】为【产品】，【次序】为【升序】，单击【确定】按钮，如下图所示。

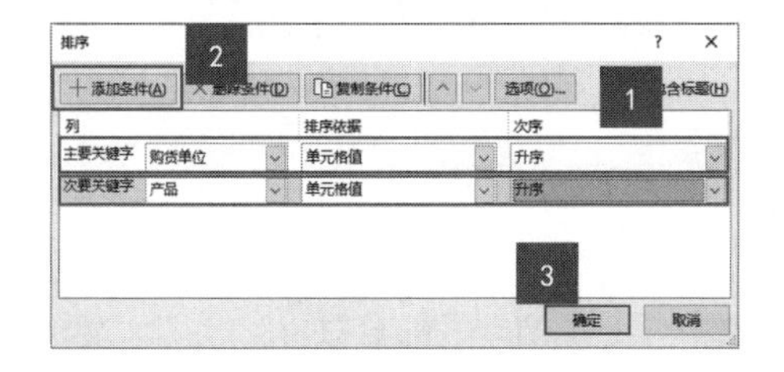

第3步 排序后的工作表如下图所示。

	A	B	C	D	E	F
1	销售日期	购货单位	产品	数量	单价	合计
2	2022/7/25	AA数码店	AI音箱	260	¥ 199.00	¥ 51,740.00
3	2022/7/5	AA数码店	VR眼镜	100	¥ 213.00	¥ 21,300.00
4	2022/7/15	AA数码店	VR眼镜	50	¥ 213.00	¥ 10,650.00
5	2022/7/15	AA数码店	蓝牙音箱	60	¥ 78.00	¥ 4,680.00
6	2022/7/30	AA数码店	平衡车	30	¥ 999.00	¥ 29,970.00
7	2022/7/16	AA数码店	智能手表	60	¥ 399.00	¥ 23,940.00
8	2022/7/15	BB数码店	AI音箱	300	¥ 199.00	¥ 59,700.00
9	2022/7/25	BB数码店	VR眼镜	190	¥ 213.00	¥ 40,470.00
10	2022/7/4	BB数码店	蓝牙音箱	50	¥ 78.00	¥ 3,900.00
11	2022/7/30	BB数码店	智能手表	150	¥ 399.00	¥ 59,850.00
12	2022/7/8	BB数码店	智能手表	150	¥ 399.00	¥ 59,850.00

第4步 单击【分级显示】组中的【分类汇总】按钮，如下图所示。

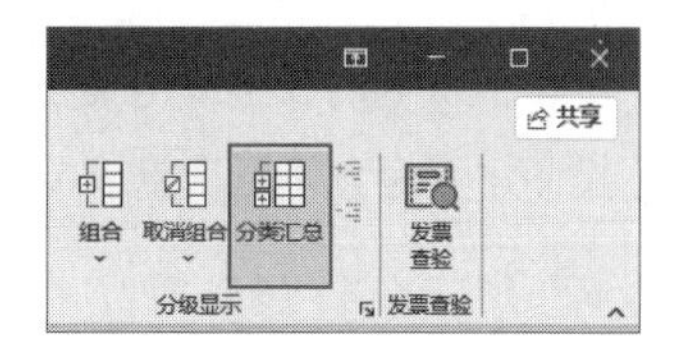

第5步 弹出【分类汇总】对话框，在【分类字段】下拉列表框中选择【购货单位】选项，在【汇总方式】下拉列表框中选择【求和】选项，在【选定汇总项】列表框中选中【购货单位】复选框，并选中【汇总结果显示在数据下方】复选框，如下图所示。

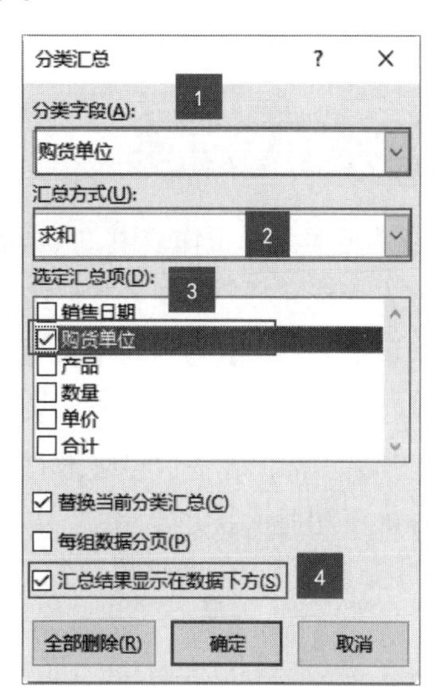

第6步 单击【确定】按钮，分类汇总后的工作表如下图所示。

	A	B	C	D	E	F
1	销售日期	购货单位	产品	数量	单价	合计
2	2022/7/25	AA数码店	AI音箱	260	¥ 199.00	¥ 51,740.00
3	2022/7/5	AA数码店	VR眼镜	100	¥ 213.00	¥ 21,300.00
4	2022/7/15	AA数码店	VR眼镜	50	¥ 213.00	¥ 10,650.00
5	2022/7/15	AA数码店	蓝牙音箱	60	¥ 78.00	¥ 4,680.00
6	2022/7/30	AA数码店	平衡车	30	¥ 999.00	¥ 29,970.00
7	2022/7/16	AA数码店	智能手表	60	¥ 399.00	¥ 23,940.00
8	AA数码店 汇总	0				
9	2022/7/15	BB数码店	AI音箱	300	¥ 199.00	¥ 59,700.00
10	2022/7/25	BB数码店	VR眼镜	190	¥ 213.00	¥ 40,470.00
11	2022/7/4	BB数码店	蓝牙音箱	50	¥ 78.00	¥ 3,900.00
12	2022/7/30	BB数码店	智能手表	150	¥ 399.00	¥ 59,850.00
13	2022/7/8	BB数码店	智能手表	150	¥ 399.00	¥ 59,850.00
14	BB数码店 汇总	0				
15	总计	0				

第7步 再次单击【分类汇总】按钮，在【分类字段】下拉列表框中选择【产品】选项，在【汇总方式】下拉列表框中选择【求和】选项，在【选定汇总项】列表框中选中【合计】复选框，取消选中【替换当前分类汇总】复选框，单击【确定】按钮，如下图所示。

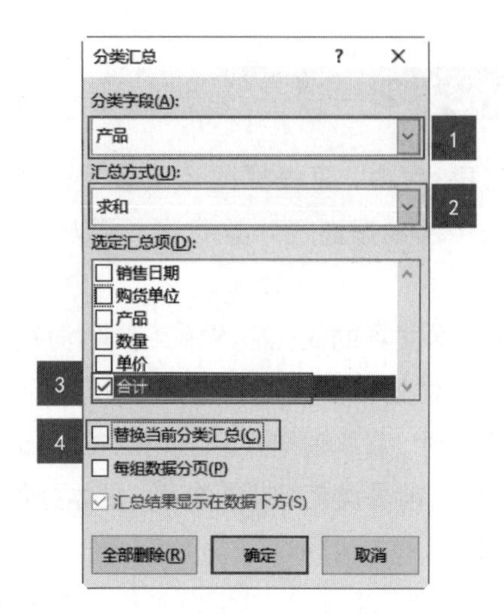

第8步 此时，即建立了两重分类汇总，如下图所示。

	A	B	C	D	E	F	G
1	销售日期	购货单位	产品	数量	单价	合计	
2	2022/7/25	AA数码店	AI音箱	260	¥ 199.00	¥ 51,740.00	
3			AI音箱 汇总			¥ 51,740.00	
4	2022/7/5	AA数码店	VR眼镜	100	¥ 213.00	¥ 21,300.00	
5	2022/7/15	AA数码店	VR眼镜	50	¥ 213.00	¥ 10,650.00	
6			VR眼镜 汇总			¥ 31,950.00	
7	2022/7/15	AA数码店	蓝牙音箱	60	¥ 78.00	¥ 4,680.00	
8			蓝牙音箱 汇总			¥ 4,680.00	
9	2022/7/30	AA数码店	平衡车	30	¥ 999.00	¥ 29,970.00	
10			平衡车 汇总			¥ 29,970.00	
11	2022/7/16	AA数码店	智能手表	60	¥ 399.00	¥ 23,940.00	
12			智能手表 汇总			¥ 23,940.00	
13	AA数码店 汇总	0					
14	2022/7/15	BB数码店	AI音箱	300	¥ 199.00	¥ 59,700.00	
15			AI音箱 汇总			¥ 59,700.00	
16	2022/7/25	BB数码店	VR眼镜	190	¥ 213.00	¥ 40,470.00	
17			VR眼镜 汇总			¥ 40,470.00	
18	2022/7/4	BB数码店	蓝牙音箱	50	¥ 78.00	¥ 3,900.00	
19			蓝牙音箱 汇总			¥ 3,900.00	
20	2022/7/30	BB数码店	智能手表	150	¥ 399.00	¥ 59,850.00	
21	2022/7/8	BB数码店	智能手表	150	¥ 399.00	¥ 59,850.00	
22			智能手表 汇总			¥ 119,700.00	
23	BB数码店 汇总	0					
24			总计			¥ 366,050.00	
25	总计	0					

3.2.4 分级显示数据

在建立的分类汇总工作表中，数据是分级显示的，并在左侧显示级别，如多重分类汇总后的“汇总销售记录表”的左侧列表中就显示了4级分类。

第1步 单击1图标，则显示一级数据，即汇总项的总和，如下图所示。

	A	B	C	D	E	F	G	H
1	销售日期	购货单位	产品	数量	单价	合计		
24			总计			¥ 366,050.00		
25	总计	0						
26								

第2步 单击2图标，则显示一级和二级数据，即总计和购货单位汇总，如下图所示。

	A	B	C	D	E	F	G	H
1	销售日期	购货单位	产品	数量	单价	合计		
13	AA数码店 汇总	0						
23	BB数码店 汇总	0						
24			总计			¥ 366,050.00		
25	总计	0						
26								

第3步 单击3图标，则显示一、二、三级数据，即总计、购货单位和产品汇总，如下图所示。

销售日期	购货单位	产品	数量	单价	合计
		AI音箱 汇总			¥ 51,740.00
		VR眼镜 汇总			¥ 31,950.00
		蓝牙音箱 汇总			¥ 4,680.00
		平衡车 汇总			¥ 29,970.00
		智能手表 汇总			¥ 23,940.00
AA数码店 汇总	0				
		AI音箱 汇总			¥ 59,700.00
		VR眼镜 汇总			¥ 40,470.00
		蓝牙音箱 汇总			¥ 3,900.00
		智能手表 汇总			¥ 119,700.00
BB数码店 汇总	0				
		总计			¥ 366,050.00
总计	0				

销售情况表

第4步 单击4图标，则显示所有汇总的详细信息，如下图所示。

销售日期	购货单位	产品	数量	单价	合计
2022/7/25	AA数码店	AI音箱	260	¥ 199.00	¥ 51,740.00
		AI音箱 汇总			¥ 51,740.00
2022/7/5	AA数码店	VR眼镜	100	¥ 213.00	¥ 21,300.00
2022/7/15	AA数码店	VR眼镜	50	¥ 213.00	¥ 10,650.00
		VR眼镜 汇总			¥ 31,950.00
2022/7/15	AA数码店	蓝牙音箱	60	¥ 78.00	¥ 4,680.00
		蓝牙音箱 汇总			¥ 4,680.00
2022/7/30	AA数码店	平衡车	30	¥ 999.00	¥ 29,970.00
		平衡车 汇总			¥ 29,970.00
2022/7/16	AA数码店	智能手表	60	¥ 399.00	¥ 23,940.00
		智能手表 汇总			¥ 23,940.00
AA数码店 汇总	0				
2022/7/15	BB数码店	AI音箱	300	¥ 199.00	¥ 59,700.00
		AI音箱 汇总			¥ 59,700.00
2022/7/25	BB数码店	VR眼镜	190	¥ 213.00	¥ 40,470.00
		VR眼镜 汇总			¥ 40,470.00
2022/7/4	BB数码店	蓝牙音箱	50	¥ 78.00	¥ 3,900.00
		蓝牙音箱 汇总			¥ 3,900.00
2022/7/30	BB数码店	智能手表	150	¥ 399.00	¥ 59,850.00
2022/7/8	BB数码店	智能手表	150	¥ 399.00	¥ 59,850.00
		智能手表 汇总			¥ 119,700.00
BB数码店 汇总	0				
		总计			¥ 366,050.00
总计	0				

销售情况表

3.2.5 清除分类汇总

如果不再需要分类汇总，可以将其清除，其操作步骤如下。

第1步 接上节的操作，选择分类汇总后的工作表数据区域内的任一单元格，在【数据】选项卡中单击【分级显示】组中的【分类汇总】按钮 分类汇总，弹出【分类汇总】对话框，单击【全部删除】按钮，如下图所示。

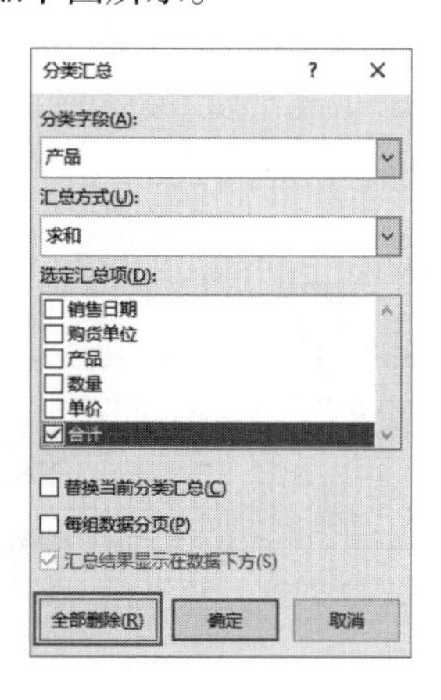

第2步 在【分类汇总】对话框中即可清除分类汇总，效果如下图所示。

销售日期	购货单位	产品	数量	单价	合计
2022/7/25	AA数码店	AI音箱	260	¥ 199.00	¥ 51,740.00
2022/7/5	AA数码店	VR眼镜	100	¥ 213.00	¥ 21,300.00
2022/7/15	AA数码店	VR眼镜	50	¥ 213.00	¥ 10,650.00
2022/7/15	AA数码店	蓝牙音箱	60	¥ 78.00	¥ 4,680.00
2022/7/30	AA数码店	平衡车	30	¥ 999.00	¥ 29,970.00
2022/7/16	AA数码店	智能手表	60	¥ 399.00	¥ 23,940.00
2022/7/15	BB数码店	AI音箱	300	¥ 199.00	¥ 59,700.00
2022/7/25	BB数码店	VR眼镜	190	¥ 213.00	¥ 40,470.00
2022/7/4	BB数码店	蓝牙音箱	50	¥ 78.00	¥ 3,900.00
2022/7/30	BB数码店	智能手表	150	¥ 399.00	¥ 59,850.00
2022/7/8	BB数码店	智能手表	150	¥ 399.00	¥ 59,850.00

销售情况表

3.3 合并计算销售报表

本节介绍使用合并计算生成汇总表，将多个分开的数据合并为一个报表，帮助用户了解使用合并计算的方法。

3.3.1 在同一工作表中按照位置合并计算

按位置进行合并计算就是按同样的顺序排列所有工作表中的数据，将它们放在同一位置中，具体操作步骤如下。

第1步 打开“素材\ch03\数码产品销售报表.xlsx”工作簿。选择“四月报表”工作表的A1:C5单元格区域，在【公式】选项卡中单击【定义的名称】组中的【定义名称】按钮定义名称，如下图所示。

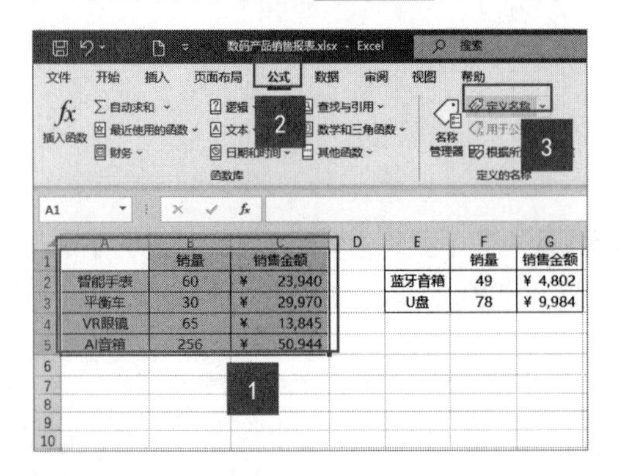

第2步 弹出【新建名称】对话框，在【名称】文本框中输入“四月报表1”，单击【确定】按钮，如下图所示。

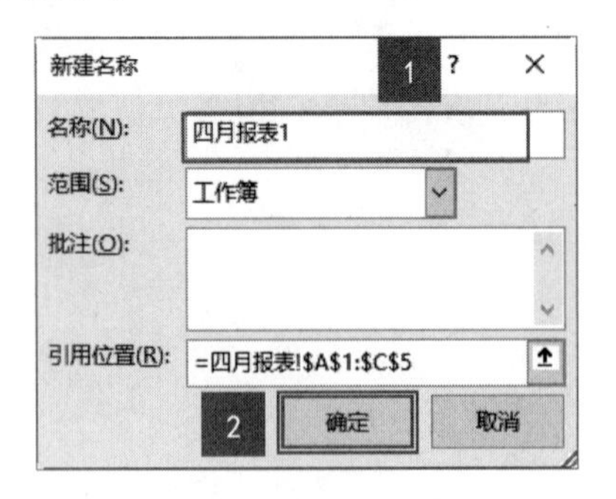

第3步 选择当前工作表的E1:G3单元格区域，使用同样的方法打开【新建名称】对话框，在【名称】文本框中输入“四月报表2”，单击【确定】按钮，如下图所示。

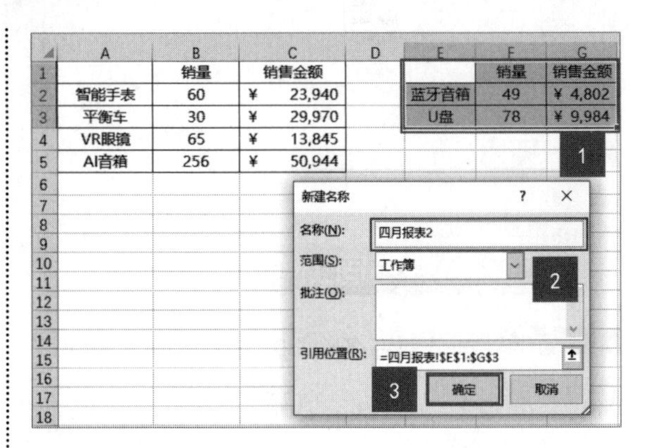

第4步 选择工作表中的A6单元格，在【数据】选项卡中单击【数据工具】组中的【合并计算】按钮合并计算，如下图所示。

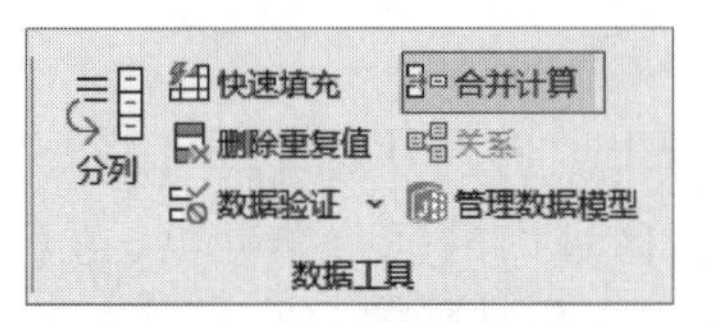

第5步 在弹出的【合并计算】对话框的【引用位置】文本框中输入“四月报表2”，单击【添加】按钮，把“四月报表2”添加到【所有引用位置】列表框中，选中【最左列】复选框，单击【确定】按钮，如下图所示。

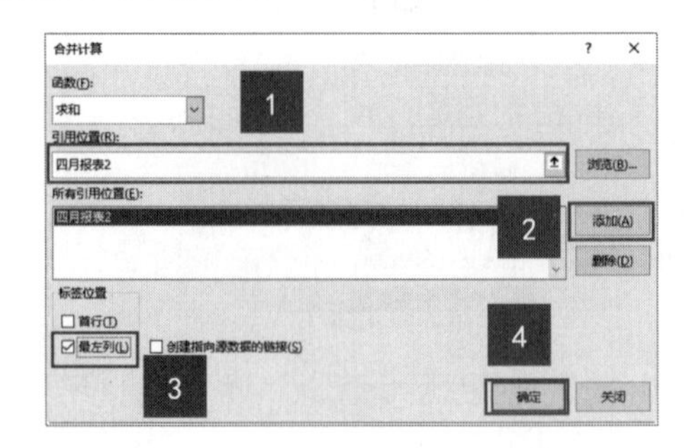

第6步 把名称为“四月报表2”的区域合并到“四月报表1”区域后的效果如下图所示。

	销量	销售金额		销量	销售金额
智能手表	60	¥ 23,940	蓝牙音箱	49	¥ 4,802
平衡车	30	¥ 29,970	U盘	78	¥ 9,984
VR眼镜	65	¥ 13,845			
AI音箱	256	¥ 50,944			
蓝牙音箱	49	¥ 4,802			
U盘	78	¥ 9,984			

第二季度销售报表 | 四月报表 | 五月 ...

提示

合并前要确保每个数据区域都采用列表格式，第一行中的每列都有标签，同一列中包含相似的数据，并且在列表中没有空行或空列。

3.3.2 合并不同工作表中的数据生成汇总表

如果数据分散在各个明细表中，需要将这些数据汇总到一个总表中，也可以使用合并计算，具体操作步骤如下。

第1步 接上节的操作，单击“第二季度销售报表”工作表的A1单元格，如下图所示。

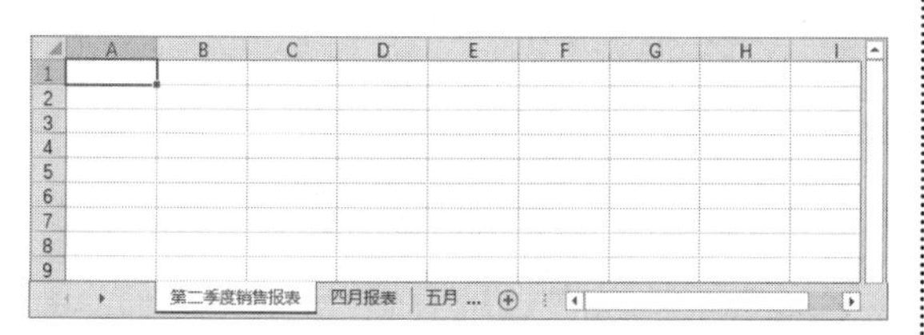

第2步 在【数据】选项卡中单击【数据工具】组中的【合并计算】按钮，弹出【合并计算】对话框，将光标定位在“引用位置”文本框中，然后选择“四月报表”工作表中的A1:C7单元格区域，单击【添加】按钮，如下图所示。

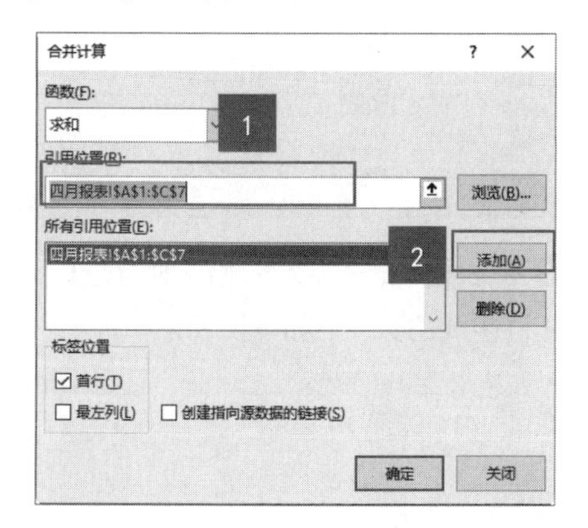

第3步 重复此操作，依次添加五月报表、六月报表的数据区域，并选中【首行】和【最左列】复选框，单击【确定】按钮，如下图所示。

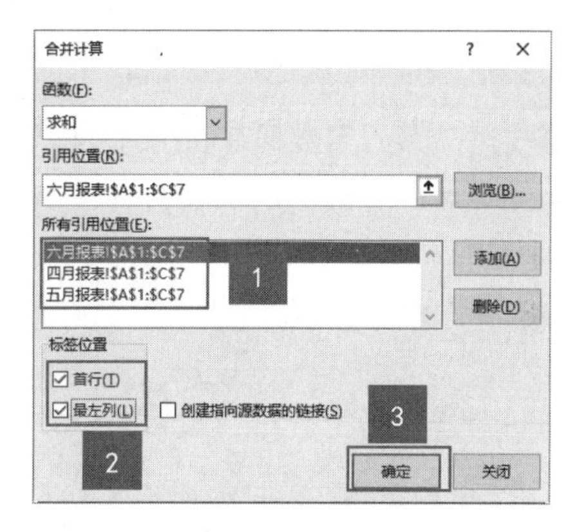

第4步 合并计算后的数据如下图所示。

	销量	销售金额
智能手表	192	¥ 76,608
平衡车	101	¥ 100,899
VR眼镜	146	¥ 31,098
AI音箱	650	¥ 129,350
蓝牙音箱	179	¥ 17,542
U盘	282	¥ 36,096

第二季度销售报表 | 四月报 ...

技巧 1：复制数据有效性

反复设置数据有效性不免有些麻烦，为了节省时间，可以选择只复制数据有效性的设置，具体操作步骤如下。

第1步 选中设置有数据有效性的单元格或单元

格区域，按【Ctrl+C】组合键进行复制，如下图所示。

	A	B	C	D	E	F	G
1	员工编号	员工姓名	所在部门	1月份	2月份	3月份	总销售额
2	bh009	金××	销售2部	¥ 68,970	¥ 71,230	¥ 61,890	¥ 202,090
3	bh003	胡××	销售1部	¥ 75,600	¥ 62,489	¥ 78,950	¥ 217,039
4	bh002	李××	销售1部	¥ 73,560	¥ 65,760	¥ 96,000	¥ 235,320
5	bh001	王××	销售1部	¥ 66,500	¥ 67,890	¥ 78,980	¥ 213,370
6	bh014	阮××	销售3部	¥ 94,860	¥ 89,870	¥ 82,000	¥ 266,730
7	bh010	冯××	销售2部	¥ 59,480	¥ 62,350	¥ 78,560	¥ 200,390
8	bh007	张××	销售2部	¥ 87,890	¥ 68,950	¥ 95,000	¥ 251,840
9	bh[illegible]	[illegible]×	销售3部	¥ 84,970	¥ 85,249	¥ 86,500	¥ 256,719
10	bh[illegible]	[illegible]×	销售1部	¥ 82,050	¥ 68,080	¥ 75,000	¥ 225,130
11	bh[illegible]	[illegible]×	销售2部	¥ 79,851	¥ 66,850	¥ 74,200	¥ 220,901
12	bh004	马××	销售1部	¥ 79,500	¥ 59,800	¥ 84,500	¥ 223,800
13	bh015	孙××	销售3部	¥ 78,500	¥ 69,800	¥ 76,500	¥ 224,800
14	bh006	陈××	销售2部	¥ 93,650	¥ 79,850	¥ 87,000	¥ 260,500
15	bh011	钱××	销售3部	¥ 59,879	¥ 68,520	¥ 68,150	¥ 196,549
16	bh013	秦××	销售3部	¥ 54,970	¥ 49,890	¥ 62,690	¥ 167,550

输入员工编号
员工编号的位数是5位

销售业绩统计表

第2步 选中需要设置数据有效性的目标单元格或单元格区域并右击，在弹出的快捷菜单中选择【选择性粘贴】选项，如下图所示。

	A	B	C	D
10	bh005	刘××	销售1部	¥ 82,050
11	bh008	于××	销售2部	¥ 79,851
12	bh004	马××	销售1部	¥ 79,500
13	bh[illegible]			78,500
14	bh[illegible]			93,650
15	bh011	钱××	销售3部	¥ 59,879
16	bh[illegible]		[illegible]3部	¥ 54,970

等线 11
剪切(T)
复制(C)
粘贴选项:
选择性粘贴(S)...
智能查找(L)

第3步 弹出【选择性粘贴】对话框，在【粘贴】选项区域中选中【验证】单选按钮，单击【确定】按钮，如下图所示。

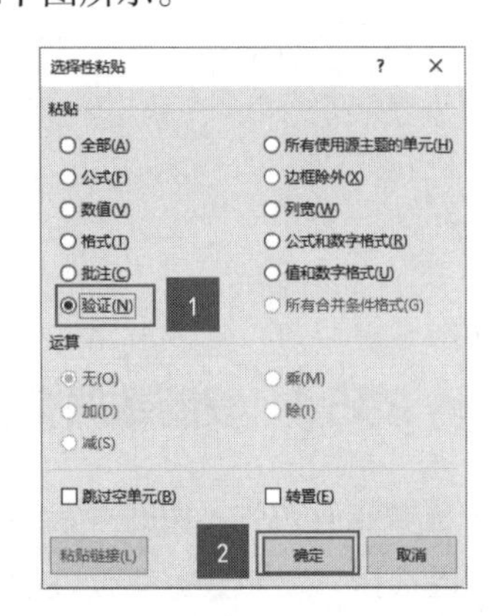

第4步 此时，即可将数据验证设置复制至选中的单元格或单元格区域，如下图所示。

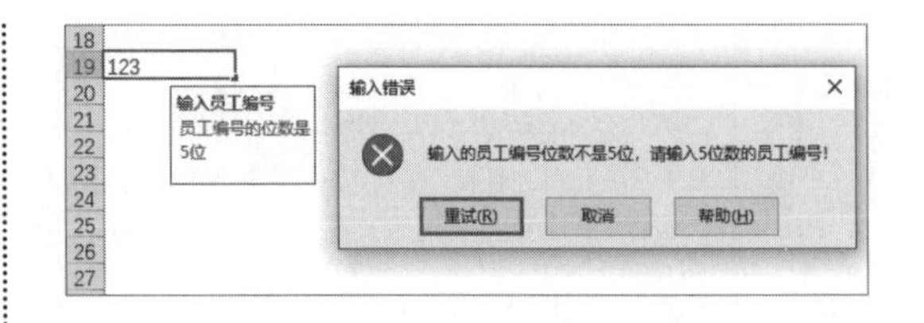

技巧2：通过辅助列返回排序前的状态

排序表格中的数据后，表格的顺序将被打乱。虽然使用撤销功能可以取消最近操作，但是这个操作在执行某些功能后会失效。此时，就可以借助辅助列来记录原有的数据次序，下图所示为源数据。

	A	B	C
1	员工编号	员工姓名	销售额（单位：万元）
2	A1001	王××	87
3	B1002	李××	158
4	C1003	胡××	58
5	B1004	马××	224
6	A1005	刘××	86
7	C1006	陈××	90
8	B1007	张××	110
9	A1008	于××	342
10	A1009	金××	69
11	C1010	冯××	174
12	B1011	钱××	82

按照销售额排序后的效果如下图所示，员工编号顺序会被打乱。

	A	B	C
1	员工编号	员工姓名	销售额（单位：万元）
2	A1008	于××	342
3	B1004	马××	224
4	C1010	冯××	174
5	B1002	李××	158
6	B1007	张××	110
7	C1006	陈××	90
8	A1001	王××	87
9	A1005	刘××	86
10	B1011	钱××	82
11	A1009	金××	69
12	C1003	胡××	58

第1步 在表格的左侧或右侧添加一空白列，并填充一组连续的数字，如下图所示。

	A	B	C	D
1	员工编号	员工姓名	销售额（单位：万元）	辅助列
2	A1001	王××	87	1
3	B1002	李××	158	2
4	C1003	胡××	58	3
5	B1004	马××	224	4
6	A1005	刘××	86	5
7	C1006	陈××	90	6
8	B1007	张××	110	7
9	A1008	于××	342	8
10	A1009	金××	69	9
11	C1010	冯××	174	10
12	B1011	钱××	82	11

第2步 当对数据按照销售额降序进行排序后，辅助列序号也会发生变化，如下图所示。不管后续进行任何操作，哪怕是保存或关闭工作簿，如果需要恢复排序前状态，对辅助列进行再次升序排序即可。

	A	B	C	D	E
1	员工编号	员工姓名	销售额（单位：万元）	辅助列	
2	A1008	于××	342	8	
3	B1004	马××	224	4	
4	C1010	冯××	174	10	
5	B1002	李××	158	2	
6	B1007	张××	110	7	
7	C1006	陈××	90	6	
8	A1001	王××	87	1	
9	A1005	刘××	86	5	
10	B1011	钱××	82	11	
11	A1009	金××	69	9	
12	C1003	胡××	58	3	
13					

Sheet1

第 4 章

数据的高级分析

学习内容

利用各种图表类型，清晰、直观地展示数据，数据透视表和数据透视图可以清晰地展示出数据的汇总情况，对于数据的分析、决策也起着至关重要的作用。

学习效果

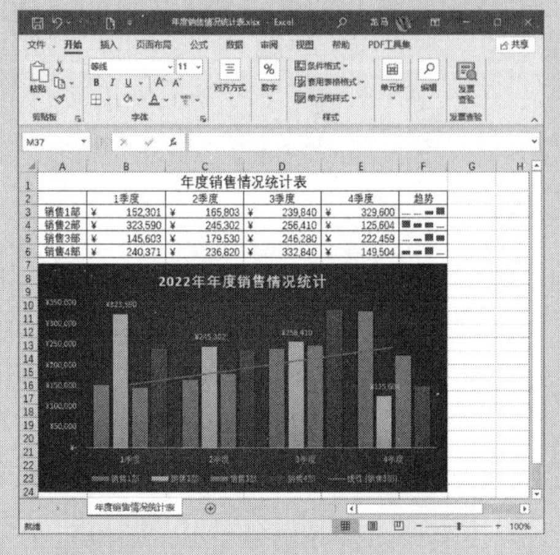

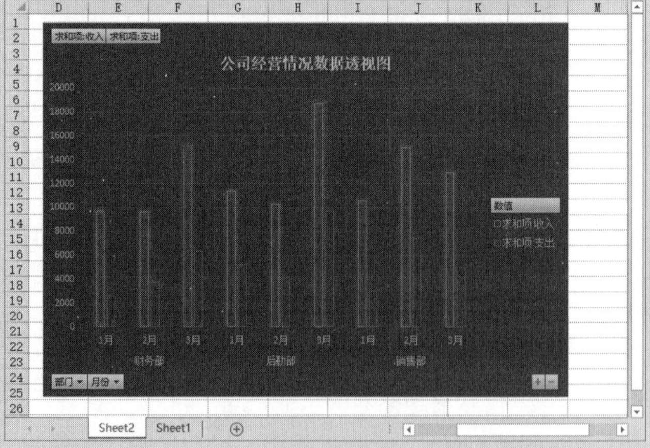

4.1 制作年度销售情况统计图表

制作年度销售情况统计图表主要是计算公司的年利润。在Excel 2021中，创建图表可以帮助分析工作表中的数据。本节以制作年度销售情况统计图表为例介绍图表的创建方法。

4.1.1 认识图表的构成元素

图表主要由图表标题、图表区、绘图区、数据标签、坐标轴、图例、背景和数据表组成，如下图所示。

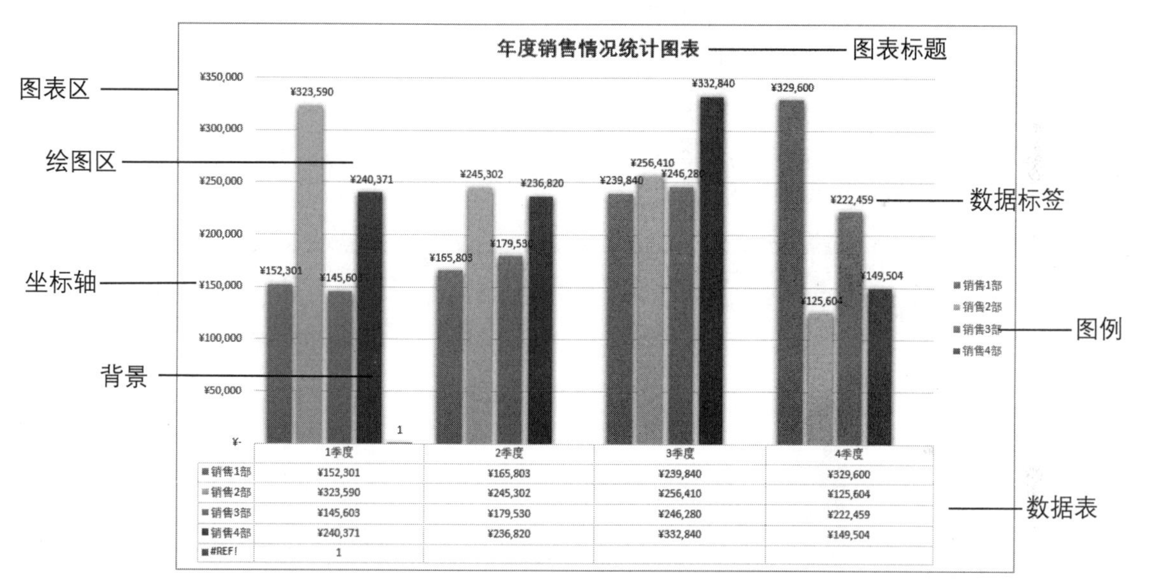

（1）图表标题。创建图表后，图表中会自动创建标题文本框，只需在文本框中输入标题即可。

（2）图表区。整个图表及图表中的所有数据称为图表区。在图表区内，当鼠标指针停留在图表元素上方时，Excel 会显示元素的名称，从而方便用户查找图表元素。

（3）绘图区。绘图区主要显示数据表中的数据，数据随着工作表中数据的更新而更新。

（4）数据标签。图表中绘制的相关数据点的数据来自数据的行和列。如果要快速标识图表中的数据，可以为图表的数据添加数据标签，在数据标签中可以显示系列名称、类别名称和百分比。

（5）坐标轴。默认情况下，Excel会自动确定图表坐标轴中图表的刻度值，也可以自定义刻度，以满足使用需要。当在图表中绘制的数值涵盖范围较大时，可以将垂直坐标轴改为对数刻度。

（6）图例。图例用方框表示，用于标识图表中的数据系列所指定的颜色或图案。创建图表后，图例以默认的颜色来显示图表中的数据系列。

（7）背景。背景主要用于衬托图表，可以使图表更加美观。

（8）数据表。数据表是反映图表中源数据的表格，默认的图表一般都不显示数据表。

4.1.2 创建图表的3种方法

创建图表的方法有3种，分别是使用快捷键创建图表、使用功能区创建图表和使用图表向导创建图表。

1. 使用快捷键创建图表

按【Alt+F1】组合键或按【F11】键可以快速创建图表。按【Alt+F1】组合键可以创建嵌入式图表，此时图表和数据在同一个工作表中；按【F11】键可以创建工作表图表，会在新工作表中创建图表。打开“素材\ch04\年度销售情况统计表.xlsx”文件，选中A2:E6单元格区域，按【Alt+F1】组合键，创建的图表如下图所示。

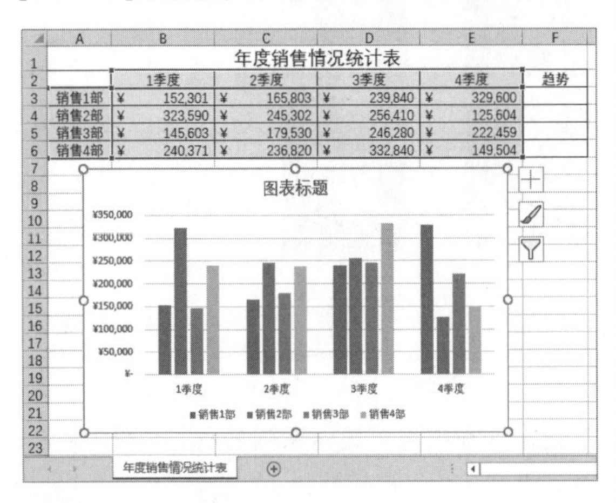

2. 使用功能区创建图表

Excel 2021将常用的图表类型以按钮的形式显示在【插入】选项卡下【图表】组中，选择创建图表的数据后，单击相应的图表按钮即可创建图表，具体操作步骤如下。

第1步 打开素材文件，选中A2:E6单元格区域，单击【插入】选项卡下【图表】组中的【插入柱形图或条形图】按钮，从弹出的下拉列表中选择【二维柱形图】选项区域内的【簇状柱形图】选项，如下图所示。

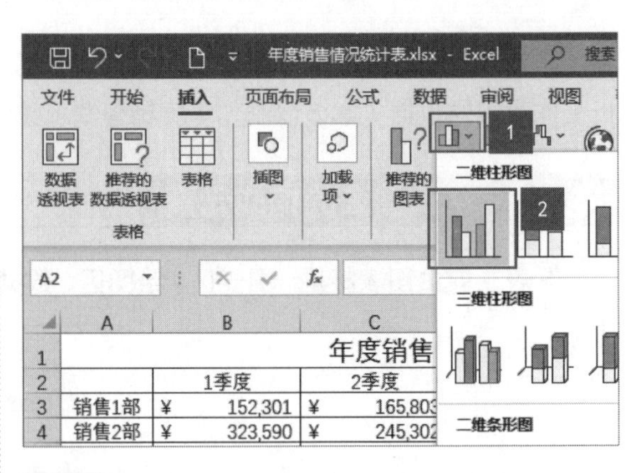

第2步 在该工作表中生成一个柱形图表，如下图所示。

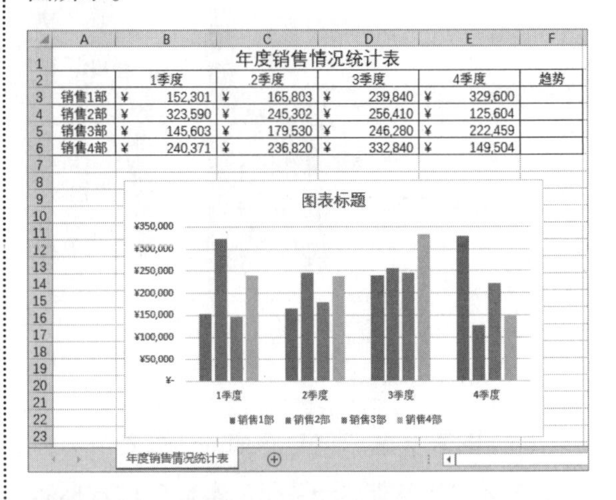

3. 使用图表向导创建图表

使用图表向导也可以创建图表，单击【插入】选项卡下【图表】组中的【查看所有图表】按钮，打开【插入图表】对话框，默认显示为【推荐的图表】选项卡，这里选择【所有图表】选项卡，然后选择左侧的【柱形图】选项，再选择【簇状柱形图】选项，在右侧选择合适的图表类型，单击【确定】按钮即可。

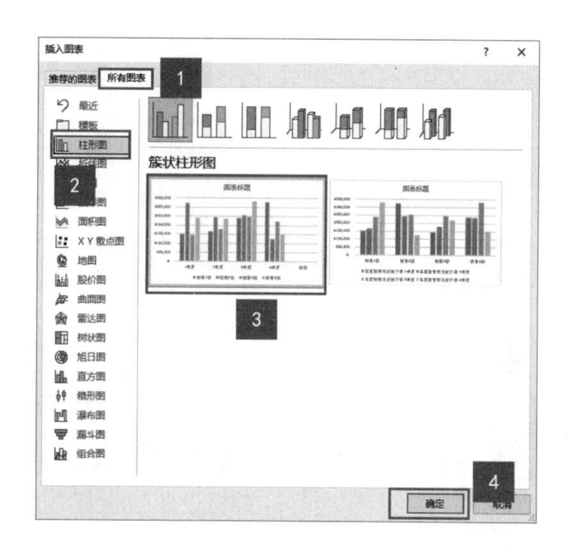

4.1.3 编辑图表

创建图表后，可以通过调整图表的位置和大小，调整图例位置，还可以添加网格线、数据标签、数据表等，达到更好展示数据的目的。

1. 调整图表的大小和位置

第1步 打开“素材\ch04\年度销售情况统计表.xlsx”工作簿，选择A2:E6单元格区域，并创建柱形图，如下图所示。

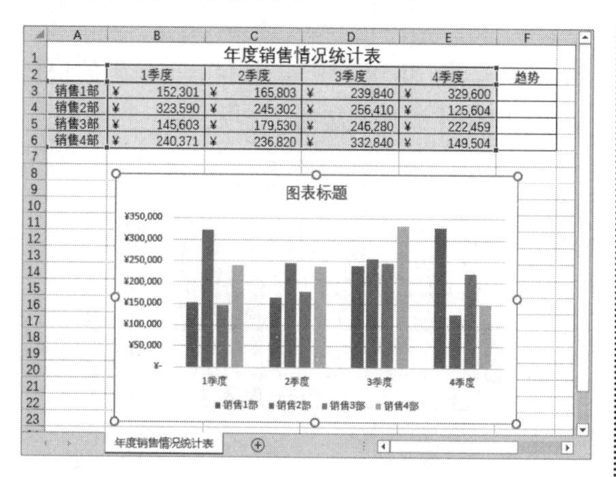

	1季度	2季度	3季度	4季度	趋势
销售1部	¥ 152,301	¥ 165,803	¥ 239,840	¥ 329,600	
销售2部	¥ 323,590	¥ 245,302	¥ 256,410	¥ 125,604	
销售3部	¥ 145,603	¥ 179,530	¥ 246,280	¥ 222,459	
销售4部	¥ 240,371	¥ 236,820	¥ 332,840	¥ 149,504	

第2步 将鼠标指针移至柱形图的四个角的控制点上，当鼠标指针变为↘形状时，如下图所示。

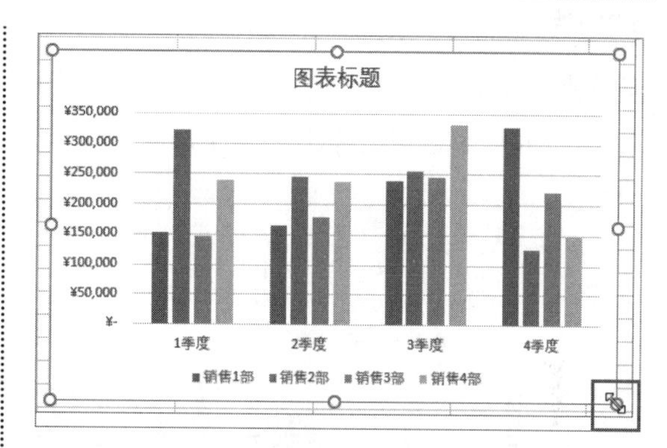

第3步 按住鼠标左键拖曳，即可调整柱形图的大小，效果如下图所示。

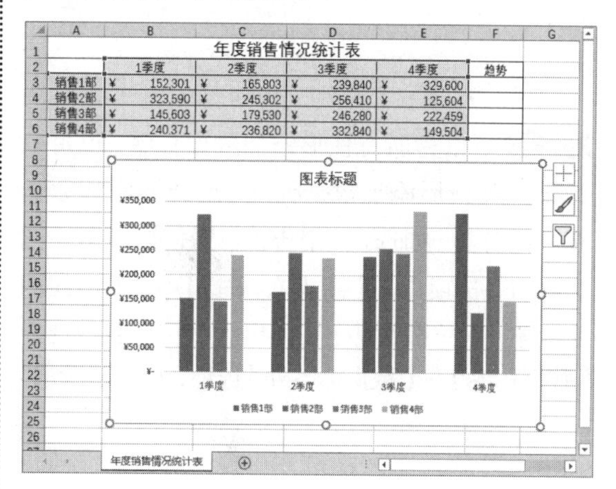

	1季度	2季度	3季度	4季度	趋势
销售1部	¥ 152,301	¥ 165,803	¥ 239,840	¥ 329,600	
销售2部	¥ 323,590	¥ 245,302	¥ 256,410	¥ 125,604	
销售3部	¥ 145,603	¥ 179,530	¥ 246,280	¥ 222,459	
销售4部	¥ 240,371	¥ 236,820	¥ 332,840	¥ 149,504	

第4步 将鼠标指针放在图表上，鼠标指针变为✥形状，按住鼠标左键拖曳，即可调整图表的位置，效果如下图所示。

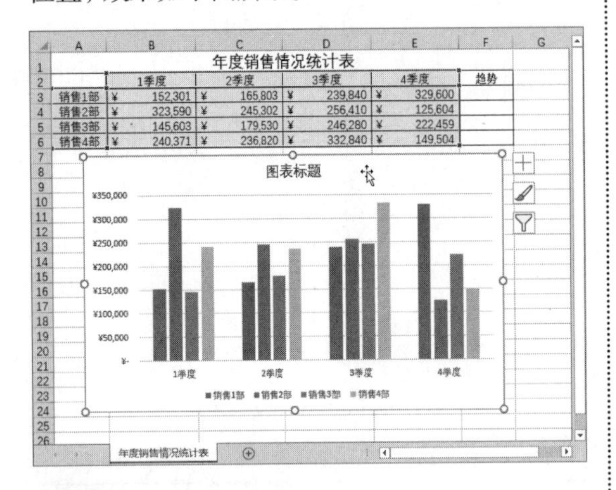

2. 设置图表元素

第1步 选择图表，在“图表标题”文本框中输入“2022年年度销售情况统计”，如下图所示。

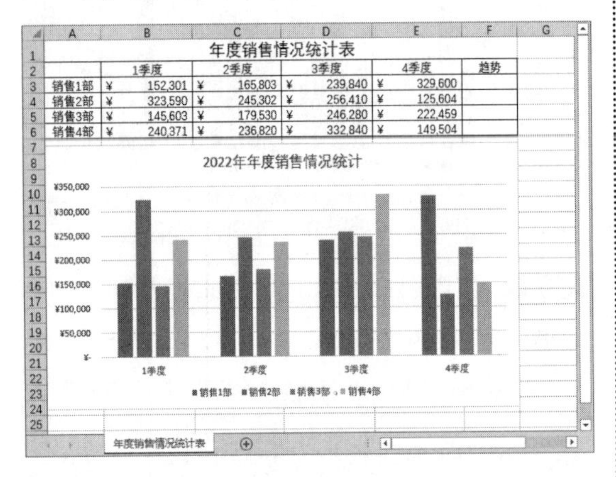

第2步 可以为所有柱形添加数据标签，也可以为某一类柱形添加数据标签，选择要添加数据标签的分类，如选择“销售2部”柱体，单击【图表设计】选项卡下【图表布局】组中的【添加图表元素】下拉按钮，在弹出的下拉列表中选择【数据标签】→【数据标签外】选项，如下图所示。

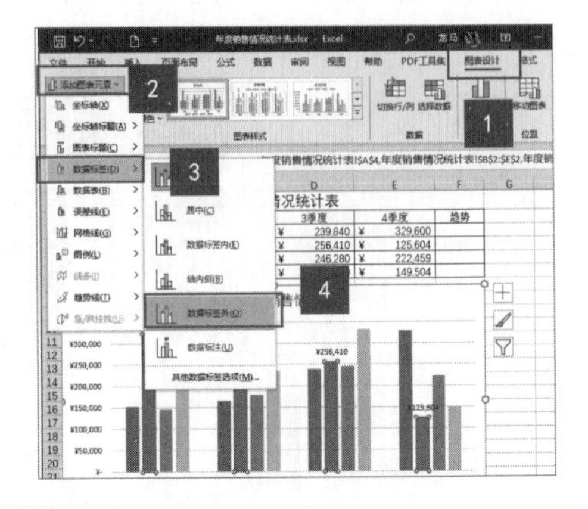

第3步 选择添加的数据标签后，还可以根据需要设置数据标签的字体和字号，效果如下图所示。

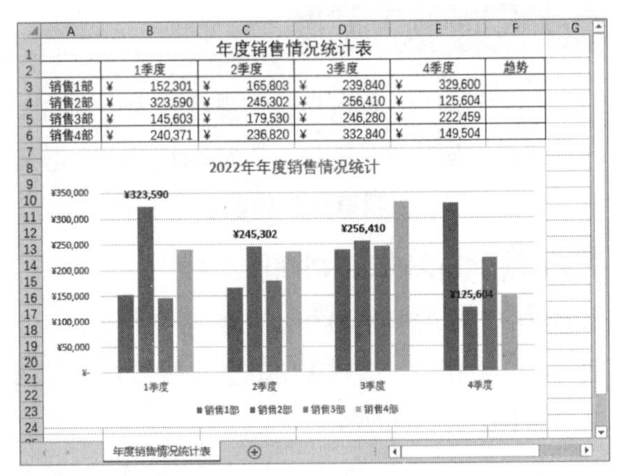

第4步 右击“销售3部”的柱体，在弹出的快捷菜单中选择【添加趋势线】选项，如下图所示。

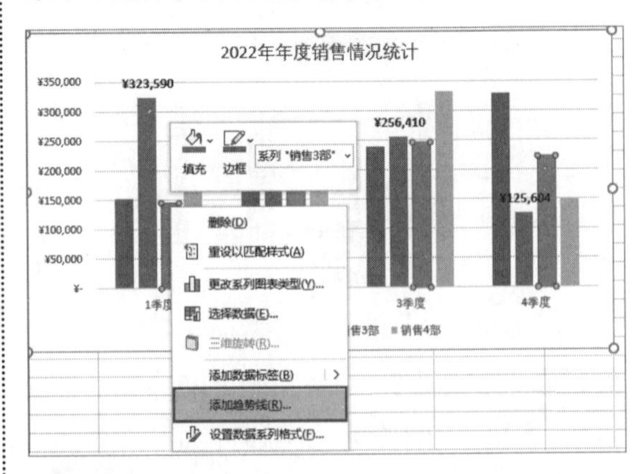

第5步 此时即可添加趋势线，并显示【设置趋势线格式】任务窗格，在【填充与线条】选项卡

下将【短划线类型】设置为“长划线”，如下图所示。

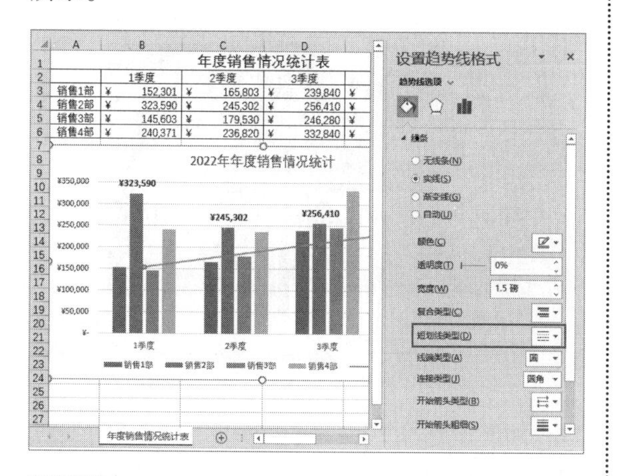

第6步 完成趋势线的添加，最终效果如下图所示。

提示

此外，还可以根据需要设置坐标轴、数据表、误差线和图例等，操作方法类似，这里不再赘述。

4.1.4 美化图表

在Excel 2021中创建图表后，系统会根据创建的图表提供多种图表样式，应用图表样式对图表可以起到美化的作用。

第1步 选中图表，在【图表设计】选项卡下单击【图表样式】组中的【其他】按钮，在弹出的样式列表中选择任意一个样式即可套用，如这里选择“样式8”，如下图所示。

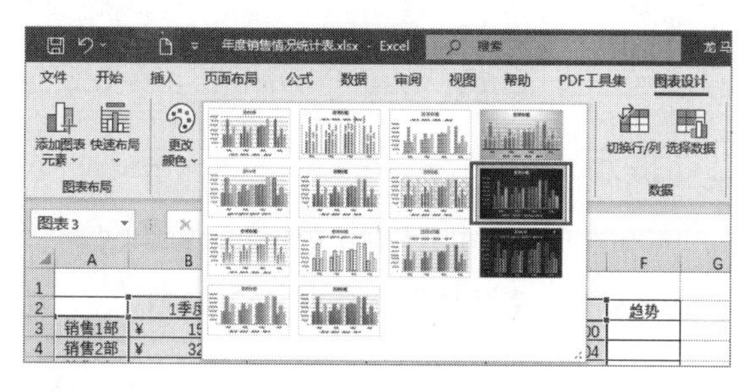

第2步 此时即可应用图表样式，效果如下图所示。

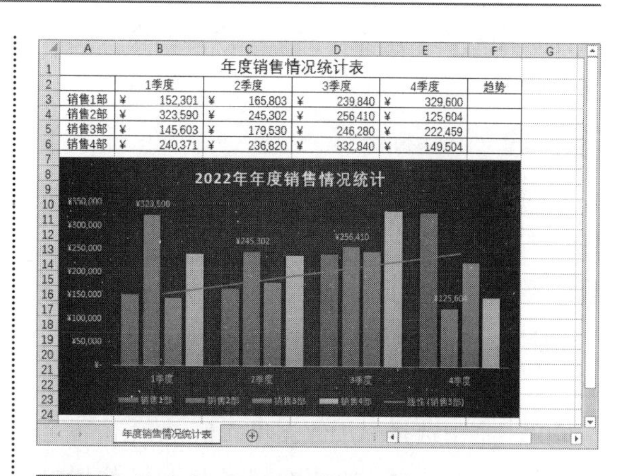

第3步 单击【更改颜色】按钮，可以为图表应用不同的颜色，如下图所示。

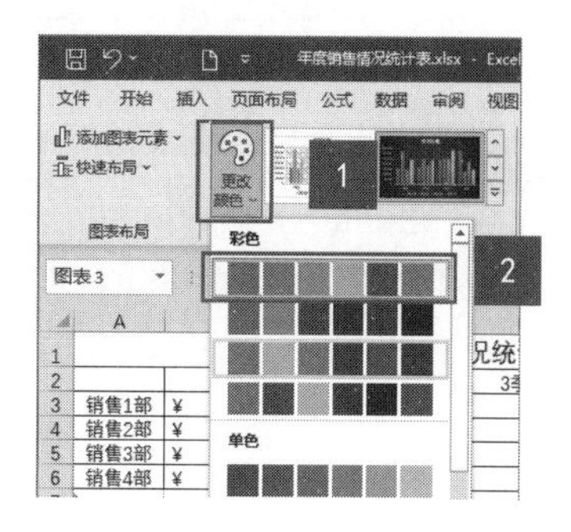

第4步 最终修改后的图表如下图所示。

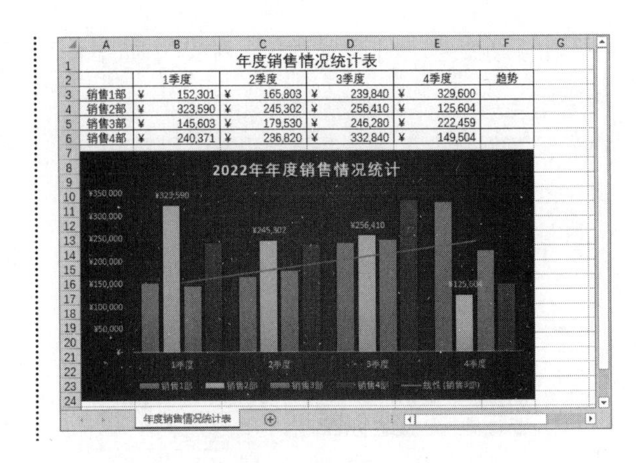

4.1.5 创建和编辑迷你图

迷你图是一种小型图表，可放在工作表内的单个单元格中，能够以简明且非常直观的方式显示大量数据集所反映出的图形。使用迷你图可以显示一系列数值的趋势，如季节性增长或降低、经济周期或突出显示最大值和最小值。将迷你图放在它所表示的数据附近时会产生明显的效果。

1. 创建迷你图

在单元格中创建折线迷你图的具体操作步骤如下。

第1步 在打开的素材中，选择F3单元格，单击【插入】选项卡下【迷你图】组中的【折线】按钮，弹出【创建迷你图】对话框，在【数据范围】文本框中选择引用数据单元格，在【位置范围】文本框中选择插入折线迷你图目标位置单元格，然后单击【确定】按钮，如下图所示。

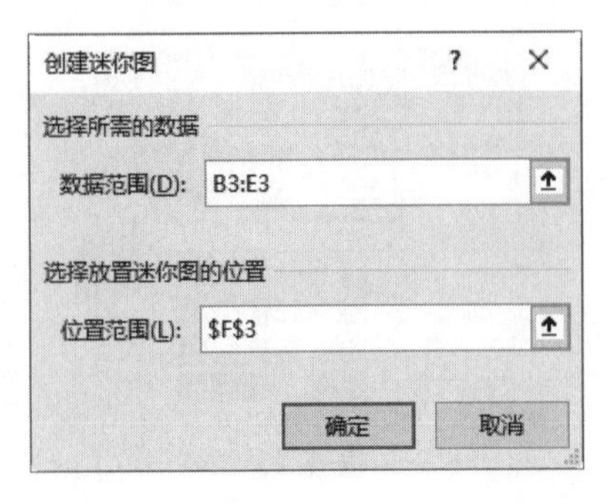

第2步 此时即可创建折线迷你图，如下图所示。

	A	B	C	D	E	F
1	年度销售情况统计表					
2		1季度	2季度	3季度	4季度	趋势
3	销售1部	¥ 152,301	¥ 165,803	¥ 239,840	¥ 329,600	
4	销售2部	¥ 323,590	¥ 245,302	¥ 256,410	¥ 125,604	
5	销售3部	¥ 145,603	¥ 179,530	¥ 246,280	¥ 222,459	
6	销售4部	¥ 240,371	¥ 236,820	¥ 332,840	¥ 149,504	

第3步 使用同样的方法，创建其他员工的折线迷你图。另外，也可以把鼠标指针放在创建好折线迷你图的单元格右下角，待鼠标指针变为+形状时，拖曳鼠标创建其他员工的折线迷你图，如下图所示。

	A	B	C	D	E	F
1	年度销售情况统计表					
2		1季度	2季度	3季度	4季度	趋势
3	销售1部	¥ 152,301	¥ 165,803	¥ 239,840	¥ 329,600	
4	销售2部	¥ 323,590	¥ 245,302	¥ 256,410	¥ 125,604	
5	销售3部	¥ 145,603	¥ 179,530	¥ 246,280	¥ 222,459	
6	销售4部	¥ 240,371	¥ 236,820	¥ 332,840	¥ 149,504	

提示

如果使用填充方式创建迷你图，修改其中一个迷你图时，其他迷你图也随之改变。

2. 编辑迷你图

创建迷你图后还可以对迷你图进行编辑。

（1）更改迷你图的类型。接上一节操作，选中插入的迷你图，单击【迷你图】选项卡下【类型】组中的【柱形】按钮，即可快速更改为柱形

图，如下图所示。

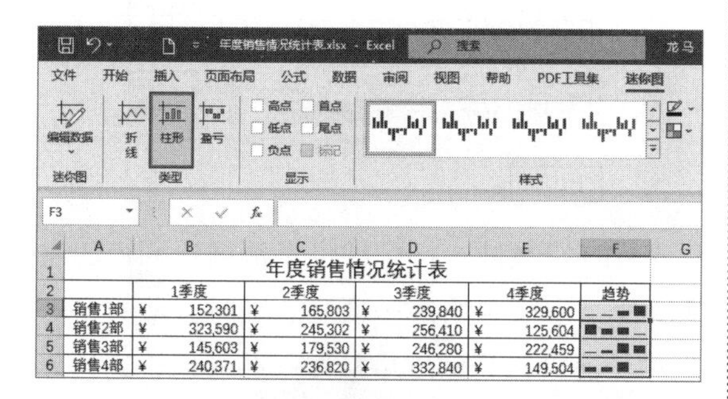

	1季度	2季度	3季度	4季度	趋势
销售1部	¥ 152,301	¥ 165,803	¥ 239,840	¥ 329,600	
销售2部	¥ 323,590	¥ 245,302	¥ 256,410	¥ 125,604	
销售3部	¥ 145,603	¥ 179,530	¥ 246,280	¥ 222,459	
销售4部	¥ 240,371	¥ 236,820	¥ 332,840	¥ 149,504	

（2）标注显示迷你图。选中插入的迷你图，在【迷你图】选项卡下，在【显示】组中选中要突出显示的点，如选中【高点】复选框，则以红色突出显示迷你图的最高点，如下图所示。

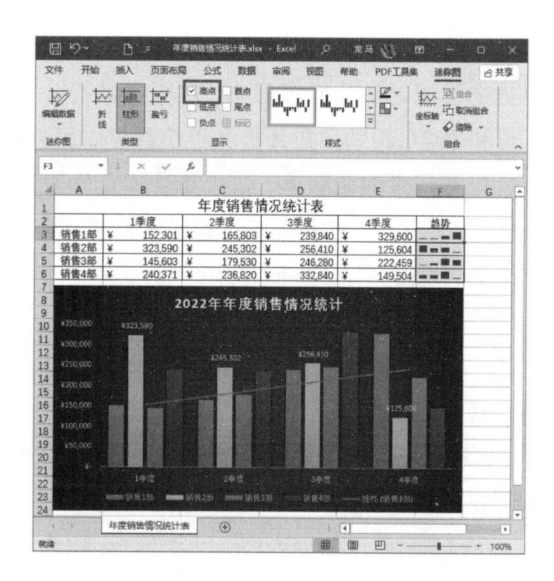

	1季度	2季度	3季度	4季度	趋势
销售1部	¥ 152,301	¥ 165,803	¥ 239,840	¥ 329,600	
销售2部	¥ 323,590	¥ 245,302	¥ 256,410	¥ 125,604	
销售3部	¥ 145,603	¥ 179,530	¥ 246,280	¥ 222,459	
销售4部	¥ 240,371	¥ 236,820	¥ 332,840	¥ 149,504	

提示

用户也可以单击【更改颜色】按钮，在弹出的下拉列表中设置标记的颜色。

4.2 制作销售业绩透视表

销售业绩透视表可以清晰地展示出数据的汇总情况，对于数据的分析、决策起着至关重要的作用。在Excel 2021中，使用数据透视表可以深入分析数值数据。创建数据透视表以后，就可以对它进行编辑了。对数据透视表的编辑包括修改布局、添加或删除字段、格式化表中的数据，以及对透视表进行复制和删除等操作。本节以制作销售业绩透视表为例介绍透视表的相关操作。

4.2.1 认识数据透视表

数据透视表是一种对大量数据快速汇总和建立交叉列表的交互式动态表格，能帮助用户分析、组织既有数据，是Excel中的数据分析利器。下图所示为数据透视表。

季度	(全部)			
求和项:销售额	列标签			
行标签	家电	日用品	食品	总计
销售1部	2110000	2030000	2030000	6170000
销售2部	2080000	2270000	2120000	6470000
销售3部	1540000	1280000	1320000	4140000
总计	5730000	5580000	5470000	16780000

数据透视表的主要用途是从数据库的大量数据中生成动态的数据报告，对数据进行分类汇总和聚合，帮助用户分析和组织数据。另外，还可以对记录数量较多、结构复杂的工作表进行筛选、排序、分组和有条件地设置格式，显示数据中的规律。

（1）可以使用多种方式查询大量数据。

（2）按分类和子分类对数据进行分类汇总和计算。

（3）展开或折叠要关注结果的数据级别，查看部分区域汇总数据的明细。

（4）将行移动到列或将列移动到行，以查看源数据的不同汇总方式。

（5）对最有用和最关注的数据子集进行筛选、排序、分组和有条件地设置格式，使用户能够关注所需的信息。

（6）提供简明、有吸引力并且带有批注的联机报表或打印报表。

对于任何一个数据透视表来说，可以将其整体结构划分为四大区域，分别是行区域、列区域、值区域和筛选器，如下图所示。

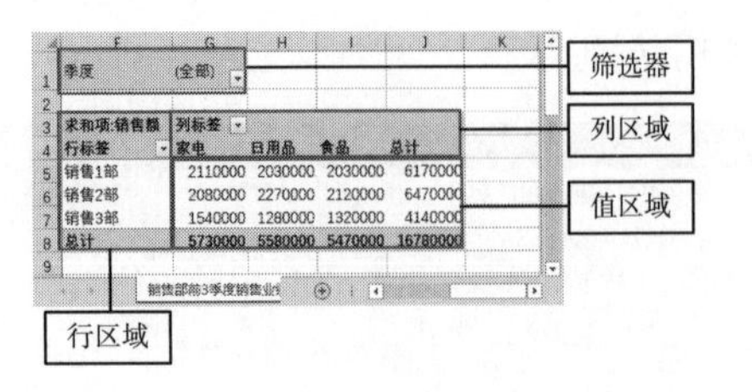

（1）行区域。行区域位于数据透视表的左侧，每个字段中的每一项显示在行区域的每一行中。通常在行区域中放置一些可用于进行分组或分类的内容，例如销售1部和销售2部等。

（2）列区域。列区域由数据透视表各列顶端的标题组成，每个字段中的每一项显示在列区域的每一列中，例如家电、日用品等。通常在列区域中放置一些可以随时间变化的内容，可以很明显地看出数据随时间变化的趋势。

（3）值区域。在数据透视表中，包含数值的大面积区域就是值区域。值区域中的数据是对数据透视表中行字段和列字段数据的计算和汇总，该区域中的数据一般都是可以进行运算的。默认情况下，Excel对值区域中的数值型数据进行求和，对文本型数据进行计数。

（4）筛选器。筛选器位于数据透视表的最上方，由一个或多个下拉列表组成，通过选择下拉列表中的选项，可以一次性对整个数据透视表中的数据进行筛选。

4.2.2 创建数据透视表

创建数据透视表时，需要注意几点：①数据区域的第一行为标题（字段名称）且不能出现空白字段；②各列数据的数据类型保持一致；③源数据中不能出现合并的单元格。创建数据透视表的具体操作步骤如下。

第1步 打开“素材\ch04\销售业绩透视表.xlsx”文件，单击【插入】选项卡下【表格】组中的【数据透视表】按钮，如下图所示。

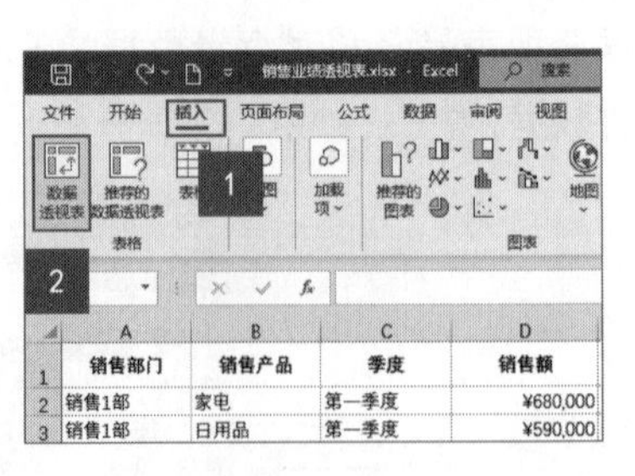

第2步 弹出【创建数据透视表】对话框，在【表/区域】文本框中设置数据透视表的数据源，单击其后的按钮，如下图所示。

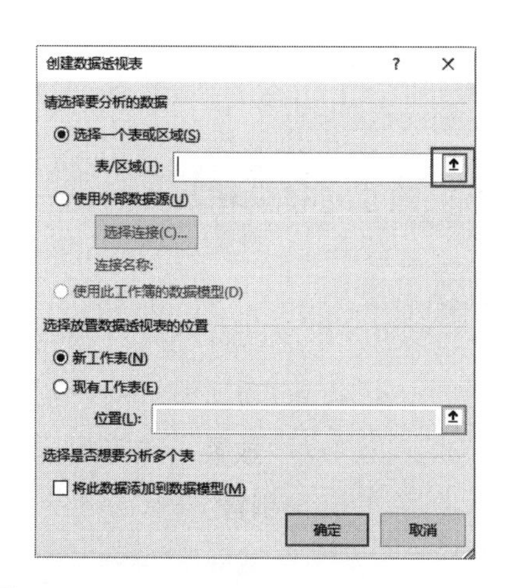

第3步 用鼠标拖曳选择A1:D28单元格区域，然后单击▣按钮，如下图所示。

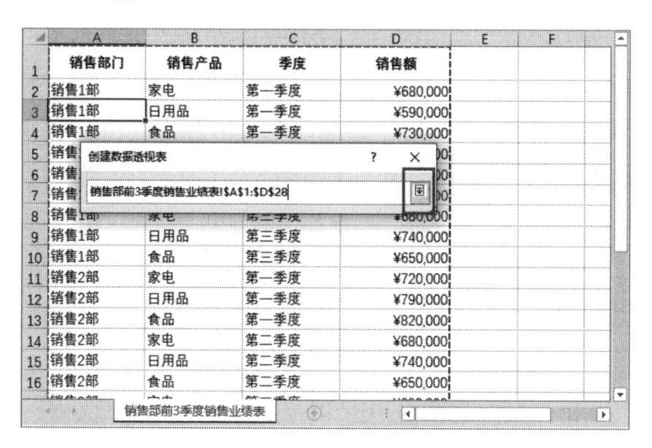

第4步 返回【创建数据透视表】对话框，在【选择放置数据透视表的位置】选项区域中选中【现有工作表】单选按钮，并选择一个单元格，单击【确定】按钮。

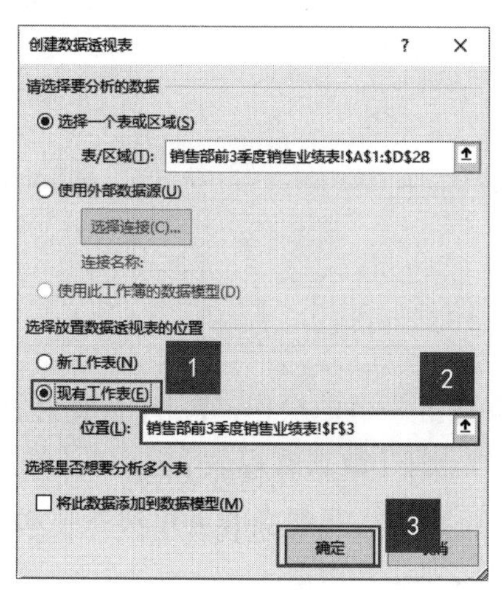

第5步 弹出数据透视表的编辑界面，工作表中会出现数据透视表，在其右侧是【数据透视表字段】任务窗格。在【数据透视表字段】任务窗格中选择要添加到报表的字段，即可完成数据透视表的创建。此外，在功能区会出现【数据透视表分析】和【设计】两个选项卡，如下图所示。

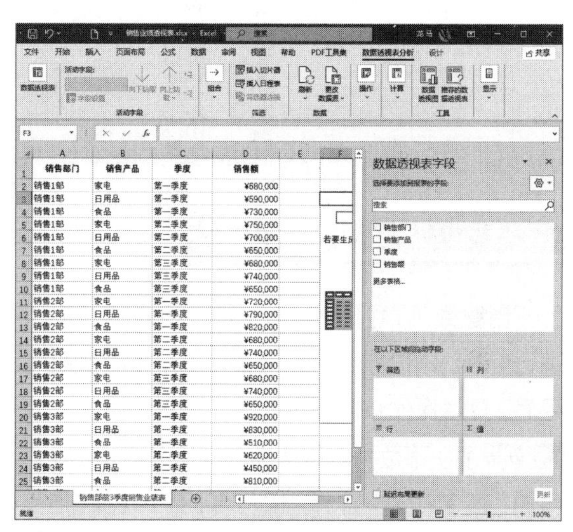

第6步 将“销售额”字段拖曳到【Σ值】区域中，将“销售部门”拖曳至【列】区域中，将“销售产品”拖曳至【行】区域中，将“季度”拖曳至【筛选】区域中，如下图所示。

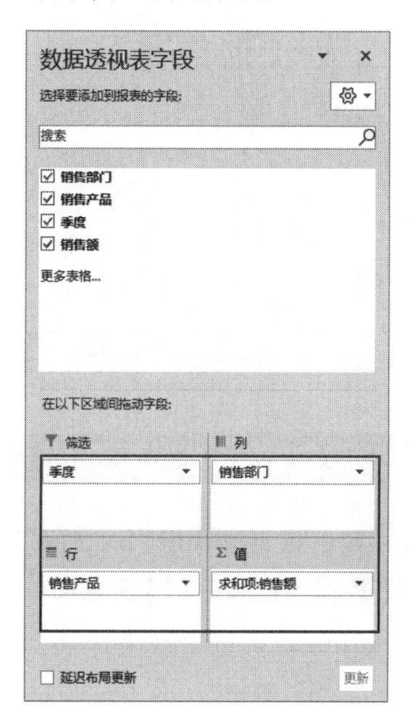

第7步 关闭【数据透视表字段】任务窗格，创建的数据透视表如下图所示。

4.2.3 修改数据透视表

创建数据透视表后可以对透视表的行和列进行互换，修改数据透视表的布局，重组数据透视表，具体操作步骤如下。

第1步 打开【数据透视表字段】任务窗格，在右侧的【列】区域中选择“销售部门”并将其拖曳到【行】区域中，效果如下图所示。

提示

如果【数据透视表字段】任务窗格关闭，可单击【数据透视表分析】选项卡下【显示】组中的【字段列表】按钮，打开该任务窗格。

第2步 将“销售产品”拖曳到【列】区域中，此时左侧的数据透视表如下图所示。

4.2.4 设置数据透视表选项

选择创建的数据透视表，Excel在功能区将自动激活【数据透视表分析】选项卡，用户可以在该选项卡中设置数据透视表选项，具体操作步骤如下。

第1步 接上一节的操作，单击【数据透视表分析】选项卡下【数据透视表】组中的【选项】下拉按钮 选项，在弹出的下拉列表中选择【选项】选项，如下图所示。

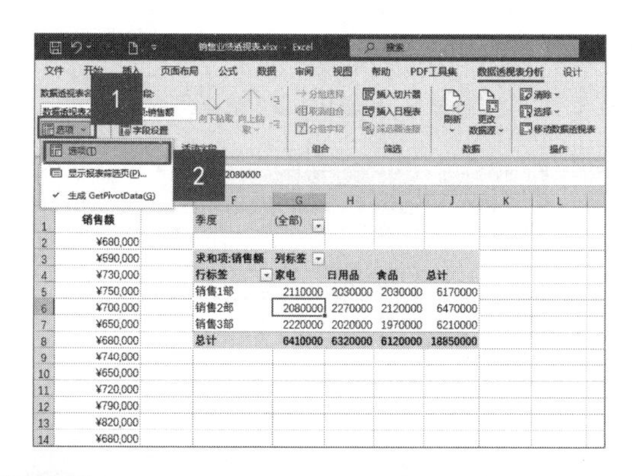

第2步 弹出【数据透视表选项】对话框，在该对话框中可以设置数据透视表的布局和格式、汇总和筛选、显示等，如下图所示。设置完成后单击【确定】按钮即可。

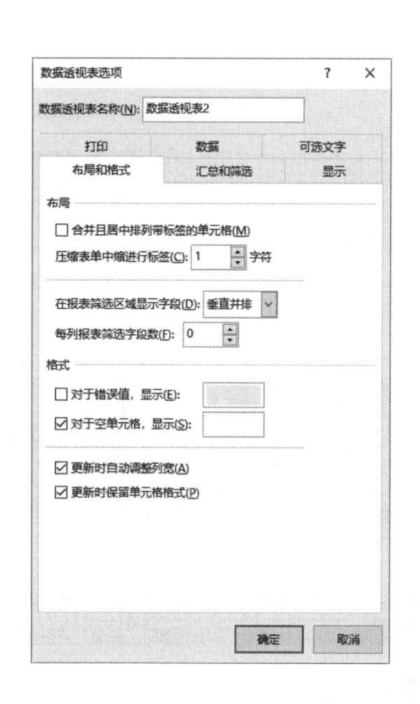

4.2.5 改变数据透视表的布局

改变数据透视表的布局包括设置分类汇总、总计、报表布局和空行等，具体操作步骤如下。

第1步 选择上节创建的数据透视表，单击【设计】选项卡下【布局】组中的【报表布局】按钮，在弹出的下拉列表中选择【以表格形式显示】选项，如下图所示。

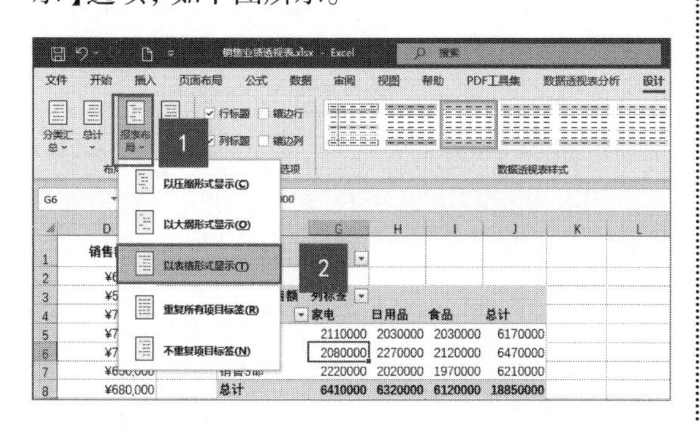

第2步 该数据透视表即以表格形式显示，效果如下图所示。

F	G	H	I	J	K
季度	(全部)				
求和项:销售额	销售产品				
销售部门	家电	日用品	食品	总计	
销售1部	2110000	2030000	2030000	6170000	
销售2部	2080000	2270000	2120000	6470000	
销售3部	2220000	2020000	1970000	6210000	
总计	6410000	6320000	6120000	18850000	

提示

此外，还可以在下拉列表中选择以压缩形式显示、以大纲形式显示、重复所有项目标签和不重复项目标签等选项。

4.2.6 设置数据透视表的样式

创建数据透视表后，还可以对其格式进行设置，使数据透视表更加美观。Excel 中内置了85种数据表样式，分为浅色、中等色、深色3类，用户可以根据需要选择合适的样式，具体操作步骤如下。

第1步 接上一节的操作，选择透视表区域，单击【设计】选项卡下【数据透视表样式】组中的【其他】按钮，在弹出的下拉列表中选择一种样式，如下图所示。

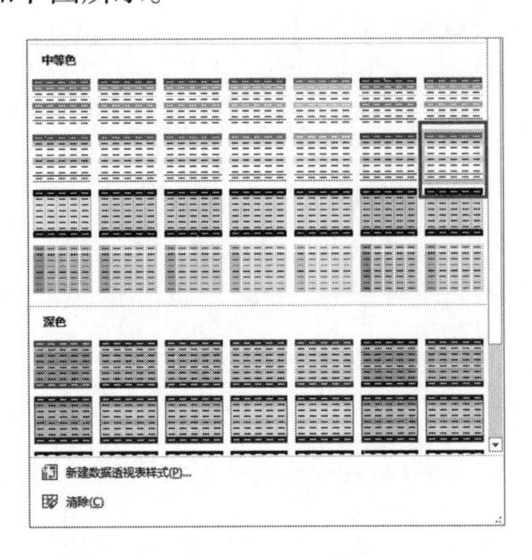

第2步 更改数据透视表的样式，如下图所示。

季度	(全部)			
求和项:销售额	列标签			
行标签	家电	日用品	食品	总计
销售1部	2110000	2030000	2030000	6170000
销售2部	2080000	2270000	2120000	6470000
销售3部	2220000	2020000	1970000	6210000
总计	6410000	6320000	6120000	18850000

4.2.7 数据透视表中的数据操作

用户修改数据源中的数据时，数据透视表不会自动更新，用户需要执行数据操作才能刷新数据透视表。刷新数据透视表有两种方法。

方法1：单击【数据透视表分析】选项卡下【数据】组中的【刷新】下拉按钮，或者在弹出的下拉列表中选择【刷新】或【全部刷新】选项，如下图所示。

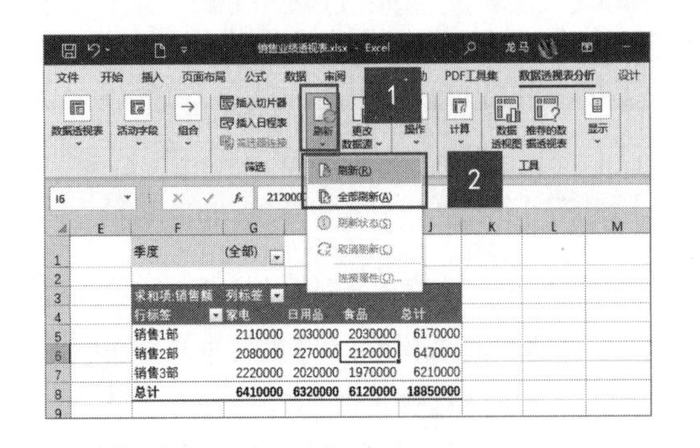

方法2：在数据透视表数据区域中的任意一个单元格上右击，在弹出的快捷菜单中选择【刷新】选项，如下图所示。

4.3 制作公司经营情况明细表数据透视图

公司经营情况明细表中通常列举了公司的经营情况明细，但这类数据并不便于直观分析。在Excel 2021中，制作数据透视图可以快速对比分析工作表中的明细，让公司领导对公司的经营收支情况一目了然，减少查看表格的时间。本节以制作“公司经营情况明细表”透视图为例介绍数据透视图的使用。

4.3.1 数据透视图与标准图表之间的区别

数据透视图是数据透视表中数据的图形表示形式。与数据透视表一样，数据透视图也是交互式的。相关联的数据透视表中的任何字段布局更改和数据更改将立即在数据透视图中反映出来。数据透视图中的大多数操作与标准图表中的一样，但是二者之间也存在以下区别，如下图所示。

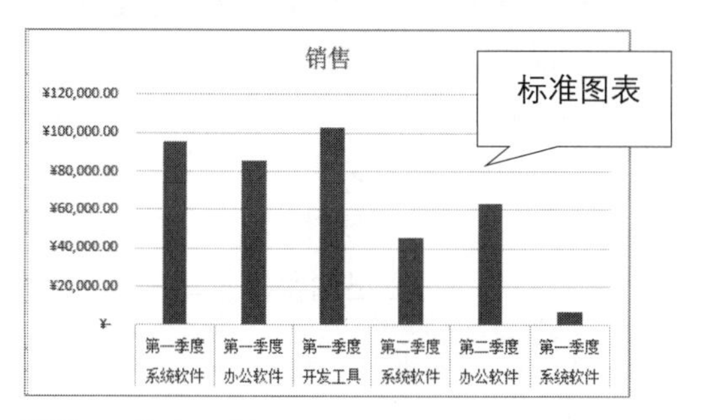

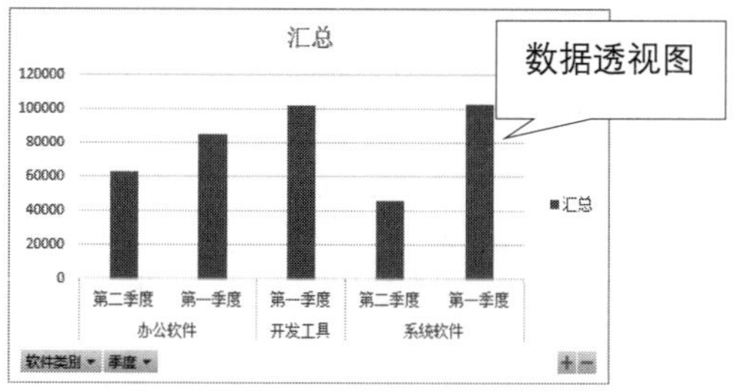

（1）交互：对于标准图表，需要为查看的每个数据视图创建一张图表，它们不交互；而对于数据透视图，只要创建单张图表就可通过更改报表布局或显示的明细数据以不同的方式交互查看数据。

（2）源数据：标准图表可直接链接到工作表单元格中，数据透视图可以基于相关联的数据透视表中的几种不同数据类型创建。

（3）图表元素：数据透视图除包含与标准图表相同的元素外，还包括字段和项，可以添加、旋转或删除字段和项来显示数据的不同视图；标准图表中的分类、系列和数据分别对应数据透视图中的分类字段、系列字段和值字段，而这些字段中都包含项，这些项在标准图表中显示为图例中的分类标签或系列名称；数据透视图中还包含报表筛选。

（4）图表类型：标准图表的默认图表类型为簇状柱形图，它按分类比较值；数据透视图的默认图表类型为堆积柱形图，它比较各个值在整个分类总计中所占的比例；用户可以将数据透视图的类型更改为柱形图、折线图、饼图、条形图、面积图和雷达图。

（5）格式：刷新数据透视图时，会保留大多数格式（包括元素、布局和样式），但是不保留趋势线、数据标签、误差线及对数据系列的其他更改；标准图表只要应用了这些格式，就不会消失。

（6）移动或调整项的大小：在数据透视图中，即使可为图例选择一个预设位置并可更改标题的字体大小，也无法移动或重新调整绘图区、图例、图表标题或坐标轴标题的大小；而在标准图表中，可移动和重新调整这些元素的大小。

（7）图表位置：默认情况下，标准图表是嵌入在工作表中的；而数据透视图默认情况下是创建在工作表上的；数据透视图创建后，还可将其重新定位到工作表上。

4.3.2 创建数据透视图

在工作簿中，用户可以使用两种方法创建数据透视图：一种是通过已有的数据透视表创建数据透视图，另一种是直接通过数据表中的数据区域创建数据透视图。

1. 通过数据透视表创建数据透视图

在工作簿中，用户可以先创建数据透视表，再选择数据透视表内的任意单元格，单击【数据透视表分析】选项卡下【工具】组中的【数据透视图】按钮，如下图所示。弹出【插入图表】对话框，选择一种图表类型，单击【确定】按钮即可。

2. 通过数据区域创建数据透视图

在工作表中，通过数据区域创建数据透视图的具体操作步骤如下。

第1步 打开“素材\ch04\公司经营情况明细表.xlsx”文件，选择数据区域中的一个单元格，单击【插入】选项卡下【图表】组中的【数据透视图】下拉按钮，在弹出的下拉列表中选择【数据透视图】选项，如下图所示。

公司经营情况明细表

部门	月份	收入	支出
销售部	1月	¥10,600.00	¥3,000.00
财务部	1月	¥9,700.00	¥2,560.00
后勤部	1月	¥11,384.00	¥5,280.00
销售部	2月	¥15,028.00	¥7,430.00
财务部	2月	¥9,640.00	¥3,706.00
后勤部	2月	¥10,276.00	¥4,114.00
销售部	3月	¥12,964.00	¥4,966.00
财务部	3月	¥15,160.00	¥6,318.00
后勤部	3月	¥18,690.00	¥9,724.00

第2步 弹出【创建数据透视图】对话框，选择数据区域和图表位置，单击【确定】按钮，如下图所示。

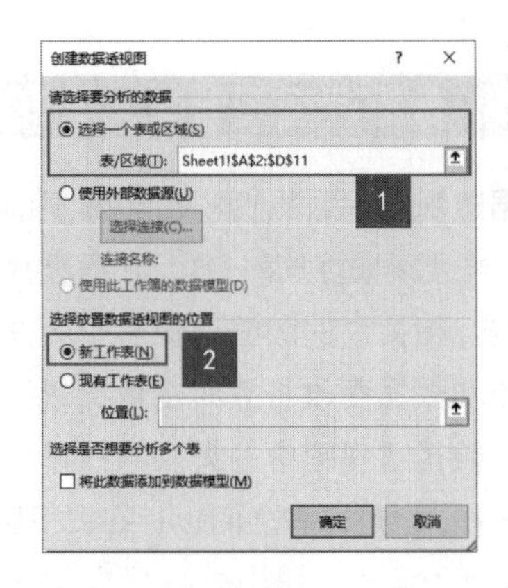

第3步 弹出数据透视图的编辑界面，工作表中会出现数据透视表和图表，在其右侧出现的是【数据透视图字段】任务窗格，在【数据透视图字段】任务窗格中选择要添加到视图的字段，如下图所示。

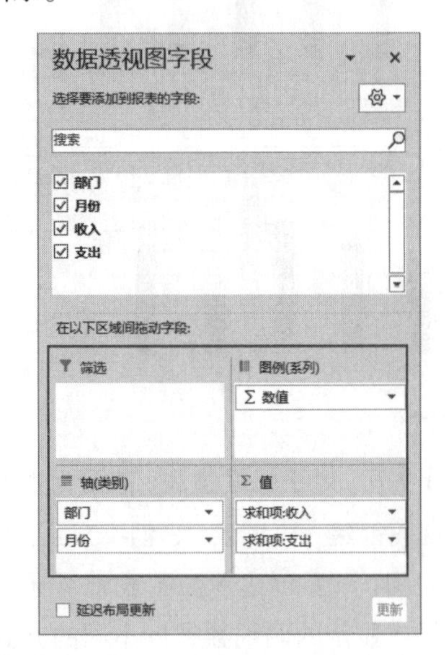

第4步 完成数据透视图的创建，适当调整数据透视图的位置和大小，效果如下图所示。

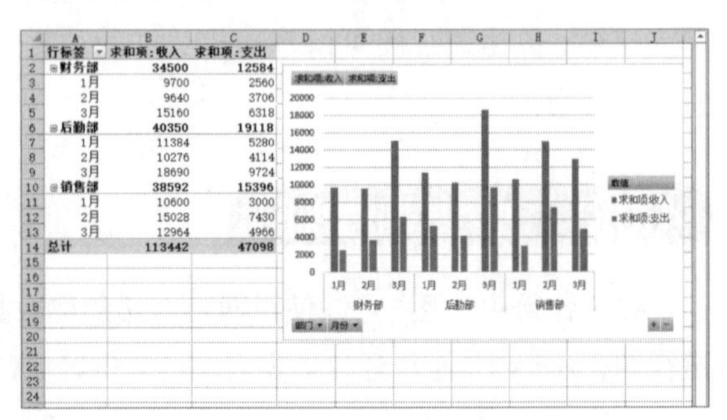

4.3.3 美化数据透视图

数据透视图和图表一样，都可以对其进行美化，使其呈现出更好的效果，如添加元素、应用布局、更改颜色及应用图表样式等，具体操作步骤如下。

第1步 选择数据透视图，单击【设计】选项卡下【图表布局】组中的【添加图表元素】按钮，在弹出的下拉列表中选择【图表标题】→【图表上方】选项，如下图所示。

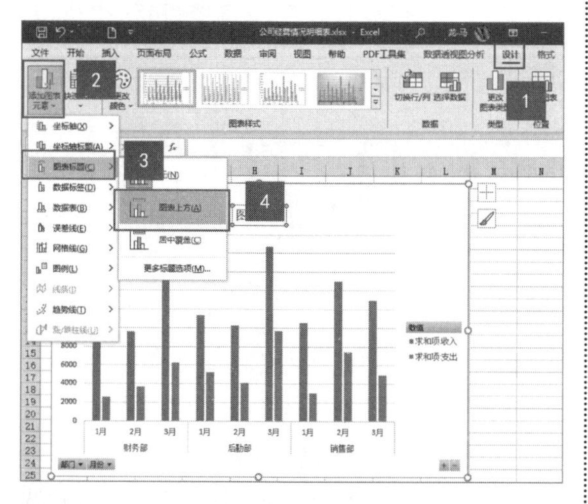

第2步 此时，即可添加标题文本框，输入标题文字，并根据需要设置标题样式，如下图所示。

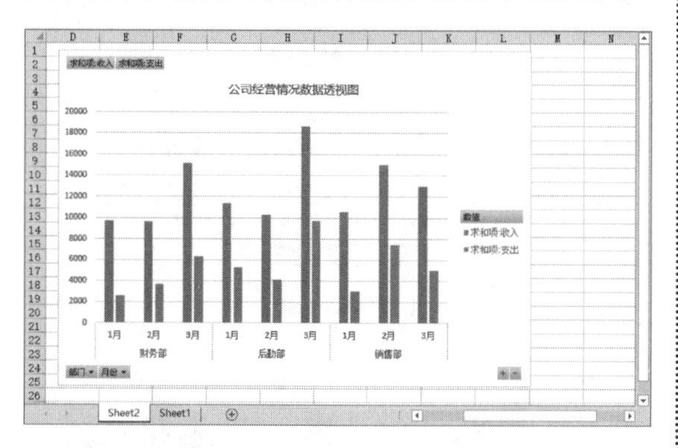

第3步 单击【设计】选项卡下【图表样式】组中的【更改颜色】按钮，在弹出的下拉列表中选择要应用的颜色，如下图所示。

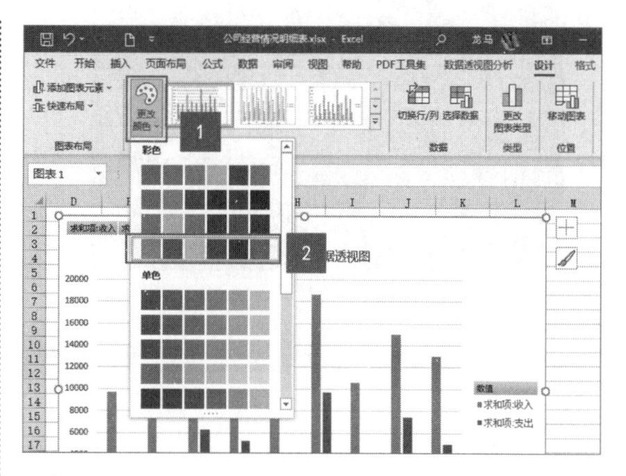

第4步 更改图表颜色后的效果如下图所示。

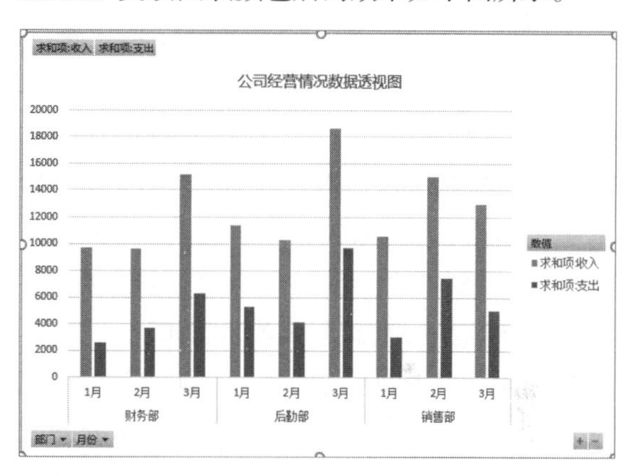

第5步 单击【设计】选项卡下【图表样式】组中的【其他】按钮，在弹出的样式列表中选择一种样式，如下图所示。

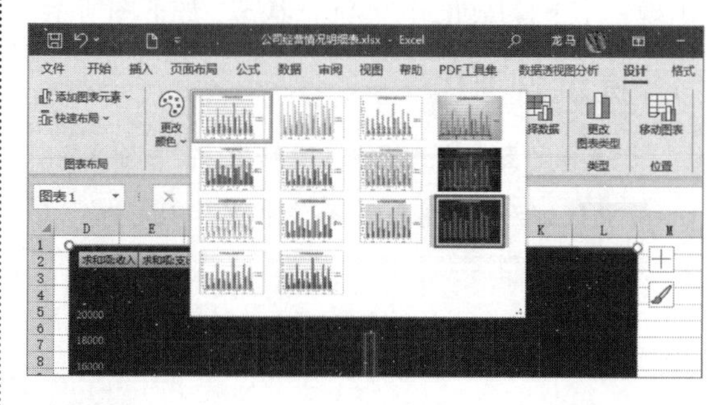

第6步 为数据透视图应用新样式后的效果如下图所示。

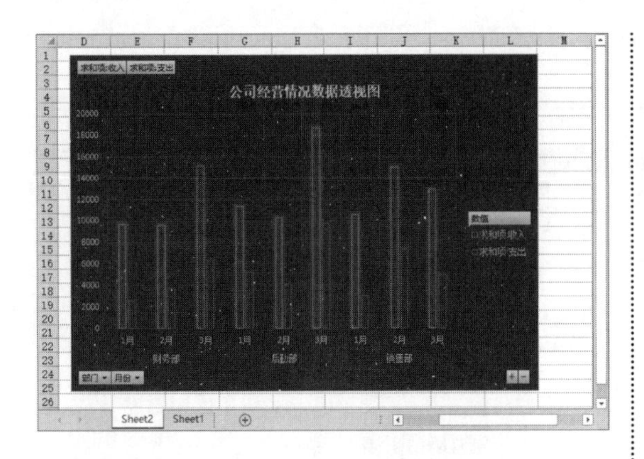

技巧1：如何在Excel中制作动态图表

动态图表可以根据选项的变化，显示不同数据源的图表。一般制作动态图表主要采用筛选、公式及窗体控件等方法，下面以筛选的方法制作动态图表为例，具体操作步骤如下。

第1步 打开“素材\ch04\技巧1.xlsx”工作簿，选择B2:E14单元格区域，插入柱形图，并将其放置在数据区域下方。然后选择数据区域的任一单元格，单击【数据】选项卡下【排序和筛选】组中的【筛选】按钮，此时在标题行每列的右侧出现一个下拉按钮，进入筛选状态，如下图所示。

提示

插入的图表应放置在源数据下方，并排放置时，筛选后会导致图表变形，数据显示不完整。

皮鞋销售情况表

（单位：双）

月份	筒靴	高腰鞋	低腰鞋
1月份	5244	3899	1200
2月份	2598	3902	1042
3月份	3854	4600	2800
4月份	2600	4400	3200
5月份	2210	3205	8023
6月份	1002	1700	7530
7月份	507	608	6730
8月份	580	1023	7300
9月份	428	1589	5947
10月份	850	1800	4012
11月份	3208	2800	2456
12月份	6587	3208	1986

皮鞋销售情况表

第2步 单击B2单元格右侧的筛选按钮，在弹出的下拉列表中取消选中【（全选）】复选框，如选中【1月】【2月】【3月】复选框，单击【确定】按钮，则数据区域和图表区域都只显示筛选的结果，如下图所示。

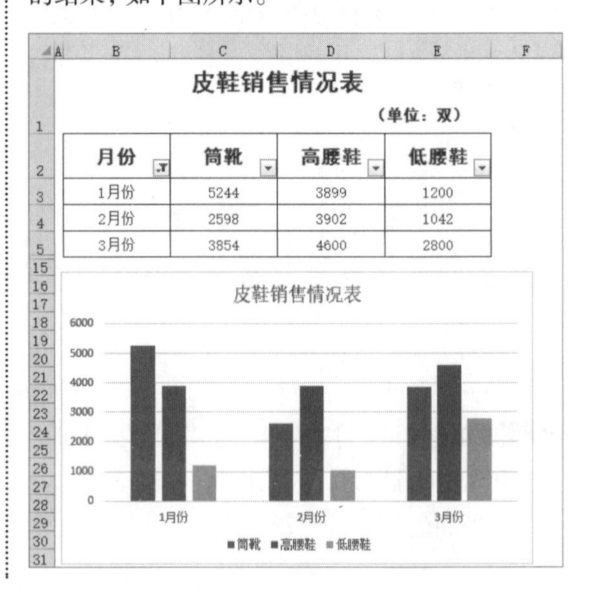
皮鞋销售情况表

（单位：双）

月份	筒靴	高腰鞋	低腰鞋
1月份	5244	3899	1200
2月份	2598	3902	1042
3月份	3854	4600	2800

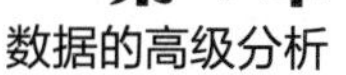

技巧 2：更改数据透视表的汇总方式

在 Excel 数据透视表中，默认的值的汇总方式是“求和”，不过用户可以根据需求，将值的汇总方式修改为计数、平均值、最大值等，以满足不同的数据分析要求，具体操作步骤如下。

第1步 在创建的数据透视表中，显示【数据透视表字段】任务窗格，单击【求和项：销售额】按钮，在弹出的下拉列表中选择【值字段设置】选项，如下图所示。

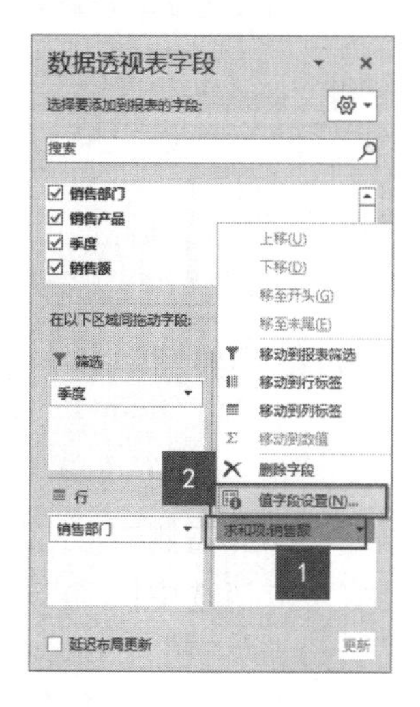

第2步 弹出【值字段设置】对话框，在【值汇总方式】选项卡下的【计算类型】列表中选择要设置的汇总方式，如选择【平均值】选项，单击【确定】按钮，如下图所示。

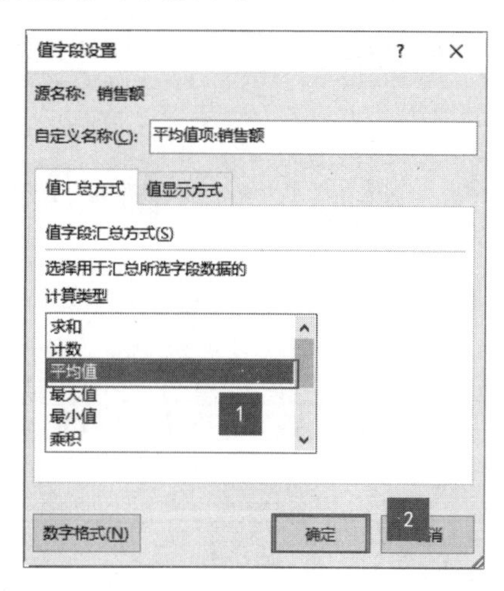

第3步 此时，即可更改数据透视表值的汇总方式，效果如下图所示。

第 5 章

Excel 公式和函数

学习内容

公式和函数是 Excel 的重要组成部分，它们使 Excel 拥有了强大的计算能力，为用户分析和处理工作表中的数据提供了很大的方便。使用公式和函数可以节省处理数据的时间，降低在处理大量数据时的出错率。用好公式和函数，是在 Excel 中高效、便捷地处理数据的保证。

学习效果

家庭个人日常支出明细表

固定支出小计： ¥2,752.34　食品支出小计： ¥888.68　不固定开支小计： ¥1,234.88

2022年6月总支出：¥4,875.90

固定支出

序号	消费内容	支付方式	支出金额	支出日期	备注
1	房贷	银行卡	¥1,980.00	6月15日	
2	水、电费	支付宝	¥256.78	6月17日	
3	天然气费	支付宝	¥65.56	6月24日	
4	手机话费	支付宝	¥150.00	6月27日	
5	宽带费	微信	¥60.00	6月28日	
6	保险	银行卡	¥240.00	6月30日	

食品开支

序号	消费内容	支付方式	支出金额	支出日期	备注
1	蔬菜	微信	¥356.50	月度累计	
2	肉类	支付宝	¥225.15	月度累计	
3	调料	支付宝	¥45.50	月度累计	
4	奶制品	支付宝	¥89.50	月度累计	
5	水果类	支付宝	¥76.35	月度累计	
6	零食饮品	微信	¥95.68	月度累计	

不固定开支

序号	消费内容	支付方式	支出金额	支出日期	备注
1	外出就餐	银行卡	¥278.00	6月7日	
2	人情往来	现金	¥500.00	6月14日	
3	卫生用品	支付宝	¥72.00	6月18日	
4	衣服类	银行卡	¥215.00	6月25日	
5	书籍采购	支付宝	¥169.88	6月27日	

家庭开支明细

员工工资条

序号	员工编号	员工姓名	工龄	工龄工资	应发工资	个人所得税	实发工资
1	101001	张XX	15	1500	12020	488.5	11531.5
序号	员工编号	员工姓名	工龄	工龄工资	应发工资	个人所得税	实发工资
2	101002	王XX	14	1400	9164	202.2	8961.8
序号	员工编号	员工姓名	工龄	工龄工资	应发工资	个人所得税	实发工资
3	101003	李XX	14	1400	14804	766.2	14037.8
序号	员工编号	员工姓名	工龄	工龄工资	应发工资	个人所得税	实发工资
4	101004	赵XX	12	1200	10100	295.2	9804.8
序号	员工编号	员工姓名	工龄	工龄工资	应发工资	个人所得税	实发工资
5	101005	钱XX	12	1200	9924	722.6	9201.4
序号	员工编号	员工姓名	工龄	工龄工资	应发工资	个人所得税	实发工资
6	101006	孙XX	10	1000	14496	542.5	13953.5
序号	员工编号	员工姓名	工龄	工龄工资	应发工资	个人所得税	实发工资
7	101007	李XX	8	800	6420	281.2	6138.8
序号	员工编号	员工姓名	工龄	工龄工资	应发工资	个人所得税	实发工资
8	101008	胡XX	8	800	6524	95.6	6428.4
序号	员工编号	员工姓名	工龄	工龄工资	应发工资	个人所得税	实发工资
9	101009	马XX	8	800	4688	156.3	4531.7
序号	员工编号	员工姓名	工龄	工龄工资	应发工资	个人所得税	实发工资
10	101010	刘XX	7	700	3516	241.6	3274.4

销售奖金表　业绩奖金标准　个人所得税表　员工工资条

5.1 制作家庭开支明细表

家庭开支明细表主要是计算家庭的日常开支情况，是日常生活中最常用的统计表格。

在Excel 2021中，公式可以帮助用户分析工作表中的数据，例如，对数值进行加、减、乘、除等运算。本节以制作家庭开支明细表为例介绍公式的使用。

5.1.1 认识公式

公式就是一个等式，是由一组数据和运算符组成的序列。使用公式时必须以“=”（等号）开头，后面紧接着运算数和运算符。下面为应用公式的几个例子。

```
=2022+1
=SUM（A1:A9）
= 现金收入 - 支出
```

上面的例子体现了Excel公式的语法，即公式以“=”（等号）开头，后面紧接着运算数和运算符，运算数可以是常数、单元格引用、单元格名称和工作表函数等。

在单元格中输入公式，可以进行计算，然后返回结果。公式使用数学运算符来处理数值、文本、工作表函数及其他函数，在一个单元格中计算出一个数值。数值和文本可以位于其他的单元格中，这样可以方便地更改数据，赋予工作表动态特征。在更改工作表中数据的同时让公式来做这个工作，用户可以快速地查看多种结果。

> **提示**
>
> 函数是Excel软件内置的一段程序，完成预定的计算功能，或者说是一种内置的公式。公式是用户根据数据统计、处理和分析的实际需要，利用函数式、引用、常量等参数，通过运算符号连接起来，完成用户需求的计算功能的一种表达式。

输入单元格中的数据由下列几个元素组成。

（1）运算符，如“+”（相加）或“*”（相乘）。

（2）单元格引用（包含了定义名称的单元格和区域）。

（3）数值和文本。

（4）工作表函数（如SUM函数或AVERAGE函数）。

在单元格中输入公式后，单元格中会显示公式计算的结果。当选中单元格的时候，公式本身会出现在编辑栏里。下面给出了几个公式的例子。

=2022*0.5	公式只使用了数值且不是很有用，建议使用单元格与单元格相乘
=A1+A2	把单元格A1和A2中的数相加
=Income-Expenses	用单元格Income（收入）的值减去单元格Expenses（支出）的值
=SUM(A1:A12)	从A1到A12所有单元格中的数值相加
=A1=C12	比较单元格A1和C12的值。如果相等，公式返回值为TRUE；反之则为FALSE

5.1.2 输入公式

在单元格中输入公式的方法可分为手动输入和单击输入两种。

1. 手动输入

在选定的单元格中输入“=3+5”。输入时字符会同时出现在单元格和编辑栏中，按【Enter】键后该单元格会显示出运算结果“8”。

2. 单击输入

单击输入公式更简单快捷，也不容易出错，具体操作步骤如下。

第1步 打开“素材\ch05\家庭开支明细表.xlsx”工作簿，选择B2单元格，输入“=”，如下图所示。

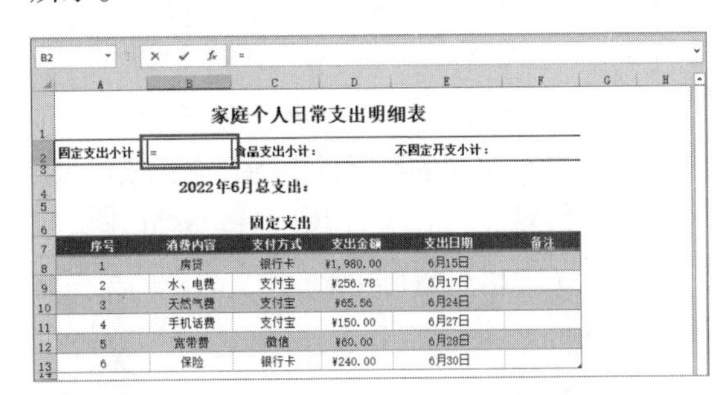

第2步 单击D8单元格，单元格周围会显示一个活动虚框，同时单元格引用会出现在B2单元格和编辑栏中，如下图所示。

第3步 输入“+”（加号），单击D9单元格，D8单元格的虚线边框会变为实线边框，依次输入“+”后，依次选择D10、D11、D12、D13单元格，效果如下图所示。

第4步 按【Enter】键或单击【输入】按钮✓，即可计算出结果，如下图所示。

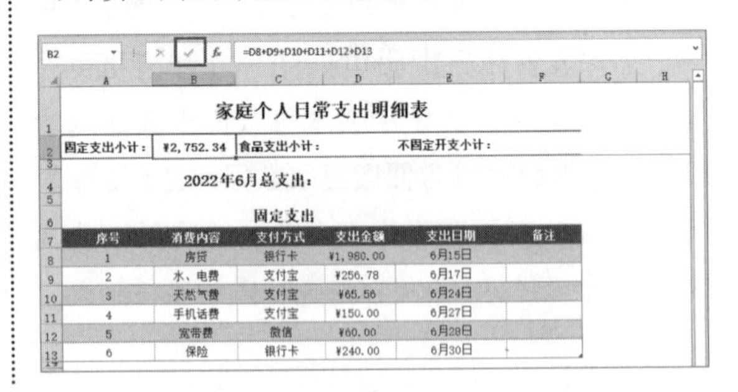

5.1.3 自动求和

在Excel 2021中不使用功能区中的选项也可以快速地完成单元格的计算。

1. 自动显示计算结果

自动计算的功能就是对选定的单元格区域查看各种汇总数值，包括平均值、包含数据的单元格计数、求和、最大值和最小值等。例如，在打开的素材文件中，选择D17:D22单元格区域，在状态栏中即可看到计算结果，如下图所示。

食品开支

序号	消费内容	支付方式	支出金额	支出日期	备注
1	蔬菜	微信	¥356.50	月度累计	
2	肉类	支付宝	¥225.15	月度累计	
3	调料	支付宝	¥45.50	月度累计	
4	奶制品	支付宝	¥89.50	月度累计	
5	水果类	支付宝	¥76.35	月度累计	
6	零食饮品	微信	¥95.68	月度累计	

平均值: ¥148.11 计数: 6 求和: ¥888.68

若未显示计算结果，则可在状态栏上右击，在弹出的快捷菜单中选择要计算的选项，如求和、平均值等，如下图所示。

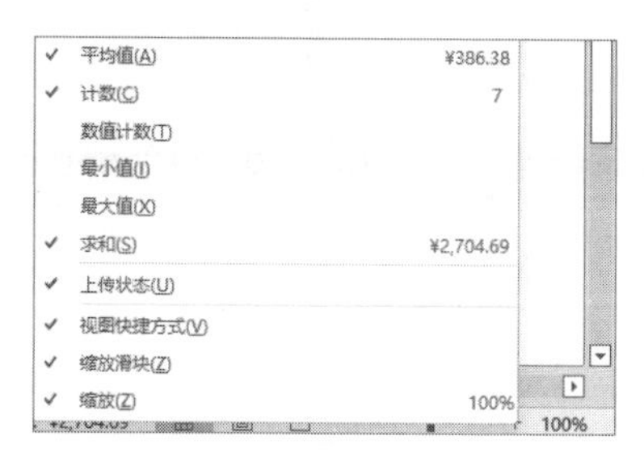

2. 自动求和

在日常工作中，最常用的计算是求和，Excel将它设定成工具按钮，位于【开始】选项卡下【编辑】组中，该按钮可以自动设定对应的单元格区域的引用地址。另外，在【公式】选项卡下的【函数库】组中也集成了【自动求和】按钮。自动求和的具体操作步骤如下。

第1步 在打开的素材文件中，选择D2单元格，在【公式】选项卡中单击【函数库】组中的【自动求和】按钮，如下图所示。

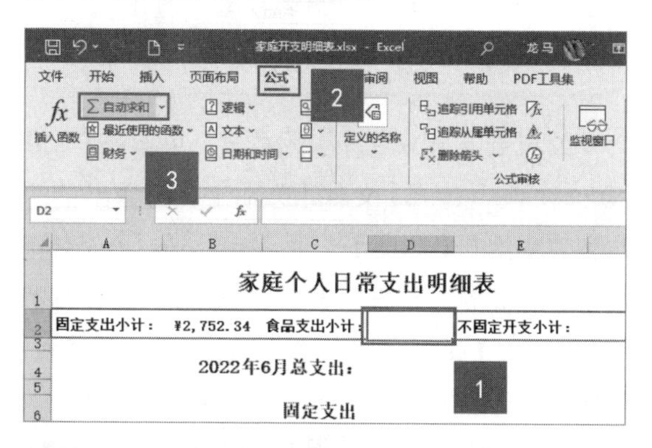

第2步 求和函数“=SUM(B2:C2)”即会出现在D2单元格中，表示求该区域的数据总和，如下图所示。

=SUM(B2:C2)

家庭个人日常支出明细表

固定支出小计： ¥2,752.34 食品支出小计： =SUM(B2:C2)

2022年6月总支出：

固定支出

序号	消费内容	支付方式	支出金额	支出日期	备注
1	房贷	银行卡	¥1,980.00	6月15日	
2	水、电费	支付宝	¥256.78	6月17日	
3	天然气费	支付宝	¥65.56	6月24日	
4	手机话费	支付宝	¥150.00	6月27日	
5	宽带费	微信	¥60.00	6月28日	
6	保险	银行卡	¥240.00	6月30日	

提示

如果要快速自动求和，需要注意以下两点：一是不能有合并的单元格；二是行或列中的数据格式要一致。选择要求和的数据后，按【Alt+=】组合键即可。

第3步 更改参数为D17:D22单元格区域，单击编辑栏上的【输入】按钮✓，或者按【Enter】键，即可在D2单元格中计算出D17:D22单元格区域中数值的和，如下图所示。

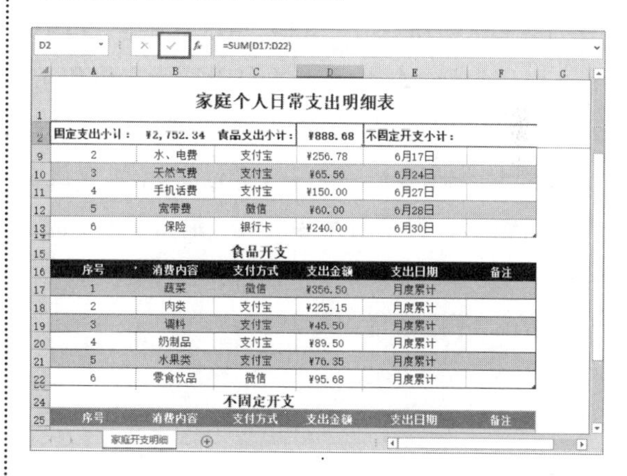

提示

【自动求和】按钮Σ，不仅可以一次求出一组数据的总和，而且可以在多组数据中自动求出每组的总和。

5.1.4 使用单元格引用计算开支

单元格引用就是引用单元格的地址，即把单元格的数据和公式联系起来。

1. 单元格引用与引用样式

单元格引用有不同的表示方法，既可以直接使用相应的地址表示，又可以用单元格的名称表示。用地址来表示单元格引用有两种样式，一种是A1引用样式，如下图所示。

另一种是R1C1样式，如下图所示。

（1）A1引用样式。A1引用样式是Excel的默认引用类型。这种类型的引用是用字母表示列（从A到XFD，共16384列），用数字表示行（从1到1048576）。引用的时候先写列字母，再写行数字。若要引用单元格，输入列标和行号即可。例如，B2引用了B列和2行交叉处的单元格，如下图所示。

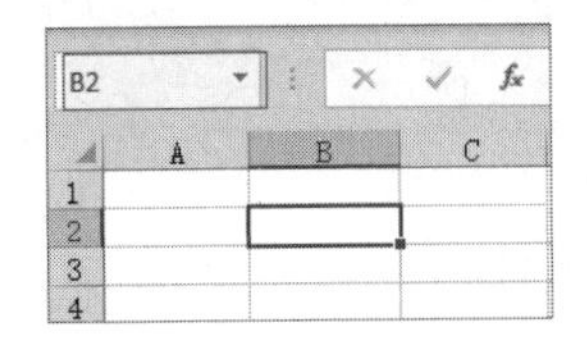

如果要引用单元格区域，可以输入该区域左上角单元格的地址、比例号（:）和该区域右下角单元格的地址。例如，在“家庭开支明细表.xlsx”工作簿中，在D2单元格的公式中引用了D17:D22单元格区域，如下图所示。

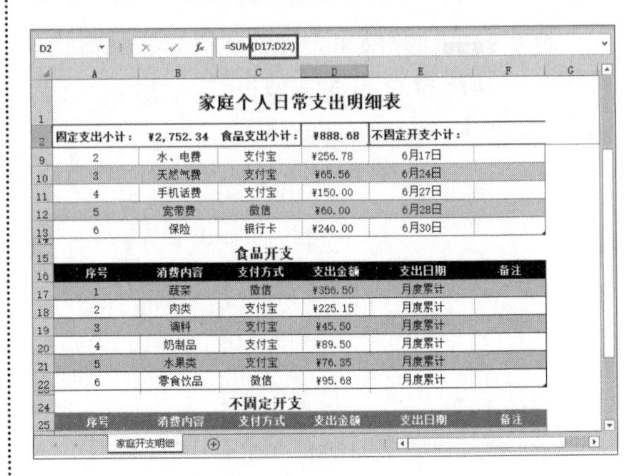

2	水、电费	支付宝	¥256.78	6月17日	
3	天然气费	支付宝	¥65.56	6月24日	
4	手机话费	支付宝	¥150.00	6月27日	
5	宽带费	微信	¥60.00	6月28日	
6	保险	银行卡	¥240.00	6月30日	

食品开支

序号	消费内容	支付方式	支出金额	支出日期	备注
1	蔬菜	微信	¥356.50	月度累计	
2	肉类	支付宝	¥225.15	月度累计	
3	调料	支付宝	¥45.50	月度累计	
4	奶制品	支付宝	¥89.50	月度累计	
5	水果类	支付宝	¥76.35	月度累计	
6	零食饮品	微信	¥95.68	月度累计	

不固定开支

序号	消费内容	支付方式	支出金额	支出日期	备注

（2）R1C1引用样式。在R1C1引用样式中，用R加行数字和C加列数字来表示单元格的位置。若表示相对引用，行数字和列数字都用中括号“[]”括起来；若不加中括号，则表示绝对引用。如当前单元格是A1，则单元格引用为R1C1；加中括号R[1]C[1]则表示引用下面一行和右边一列的单元格，即B2。

提示

R代表Row，是行的意思；C代表Column，是列的意思。R1C1引用样式与A1引用样式中的绝对引用等价。

如果要启用R1C1引用样式，可以在Excel 2021软件中选择【文件】选项卡，在弹出的下拉列表中选择【选项】选项，在弹出的【Excel选项】对话框的左侧选择【公式】选项，在右侧的【使用公式】选项区域中选中【R1C1引用样式】复选框，单击【确定】按钮即可，如下图所示。

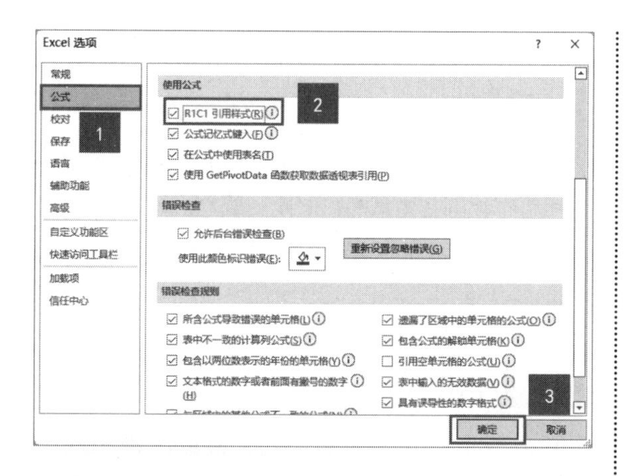

2. 相对引用

相对引用是指单元格的引用会随公式所在单元格的位置的变更而改变。复制公式时，系统不是把原来的单元格地址原样照搬，而是根据公式原来的位置和复制的目标位置来推算出公式中单元格地址相对原来位置的变化。默认的情况下，公式使用的是相对引用。

3. 绝对引用

绝对引用是指在复制公式时，无论如何改变公式的位置，其引用单元格的地址都不会改变。绝对引用的表示形式是在普通地址的前面加“$”，如C1单元格的绝对引用形式是$C$1。绝对引用的具体操作步骤如下。

第1步 在打开的素材文件中，选择F2单元格，输入“=$D$26+$D$27+$D$28+$D$29+$D$30”，如下图所示。

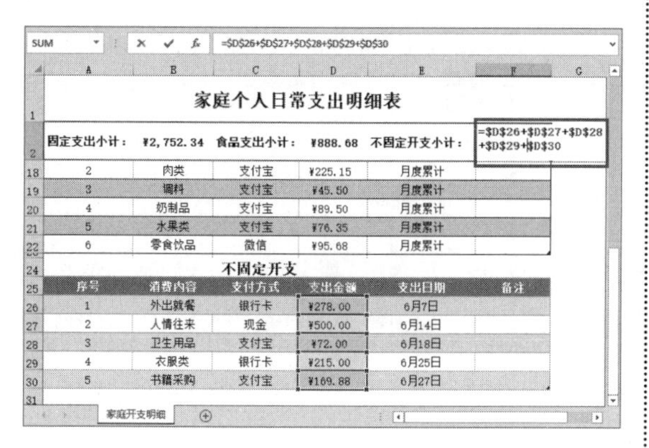

SUM =$D$26+$D$27+$D$28+$D$29+$D$30

家庭个人日常支出明细表

固定支出小计： ¥2,752.34 食品支出小计： ¥888.68 不固定开支小计： =$D$26+$D$27+$D$28+$D$29+$D$30

行	A	B	C	D	E	F
18	2	肉类	支付宝	¥225.15	月度累计	
19	3	调料	支付宝	¥45.50	月度累计	
20	4	奶制品	支付宝	¥89.50	月度累计	
21	5	水果类	支付宝	¥76.35	月度累计	
22	6	零食饮品	微信	¥95.68	月度累计	
24			不固定开支			
25	序号	消费内容	支付方式	支出金额	支出日期	备注
26	1	外出就餐	银行卡	¥278.00	6月7日	
27	2	人情往来	现金	¥500.00	6月14日	
28	3	卫生用品	支付宝	¥72.00	6月18日	
29	4	衣服类	银行卡	¥215.00	6月25日	
30	5	书籍采购	支付宝	¥169.88	6月27日	

家庭开支明细

第2步 按【Enter】键，即可使用绝对引用计算出不固定开支小计，如下图所示。

F2 =$D$26+$D$27+$D$28+$D$29+$D$30

家庭个人日常支出明细表

固定支出小计： ¥2,752.34 食品支出小计： ¥888.68 不固定开支小计： ¥1,234.88

行	A	B	C	D	E	F
17	1	蔬菜	微信	¥356.50	月度累计	
18	2	肉类	支付宝	¥225.15	月度累计	
19	3	调料	支付宝	¥45.50	月度累计	
20	4	奶制品	支付宝	¥89.50	月度累计	
21	5	水果类	支付宝	¥76.35	月度累计	
22	6	零食饮品	微信	¥95.68	月度累计	
24			不固定开支			
25	序号	消费内容	支付方式	支出金额	支出日期	备注
26	1	外出就餐	银行卡	¥278.00	6月7日	
27	2	人情往来	现金	¥500.00	6月14日	
28	3	卫生用品	支付宝	¥72.00	6月18日	
29	4	衣服类	银行卡	¥215.00	6月25日	
30	5	书籍采购	支付宝	¥169.88	6月27日	

家庭开支明细

4. 混合引用

除了相对引用和绝对引用，还有混合引用，也就是相对引用和绝对引用的共同引用。当需要固定行引用而改变列引用，或者固定列引用而改变行引用时，就要用到混合引用，即相对引用部分发生改变，绝对引用部分不变。例如$B5、B$5都是混合引用。其中$B5表示B列固定，B$5表示第5行固定。混合引用的具体操作步骤如下。

第1步 在打开的素材文件中选择D4单元格，输入“=B2+$D$2+F$2”，如下图所示。

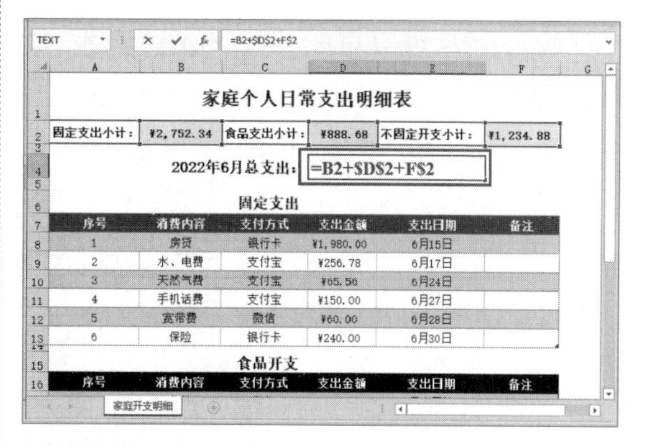

TEXT =B2+$D$2+F$2

家庭个人日常支出明细表

固定支出小计： ¥2,752.34 食品支出小计： ¥888.68 不固定开支小计： ¥1,234.88

2022年6月总支出： =B2+$D$2+F$2

固定支出

行	A	B	C	D	E	F
7	序号	消费内容	支付方式	支出金额	支出日期	备注
8	1	房贷	银行卡	¥1,980.00	6月15日	
9	2	水、电费	支付宝	¥256.78	6月17日	
10	3	天然气费	支付宝	¥65.56	6月24日	
11	4	手机话费	支付宝	¥150.00	6月27日	
12	5	宽带费	微信	¥60.00	6月28日	
13	6	保险	银行卡	¥240.00	6月30日	
15			食品开支			
16	序号	消费内容	支付方式	支出金额	支出日期	备注

家庭开支明细

第2步 按【Enter】键，即可使用相对引用、绝对引用和混合引用的方式计算出6月总支出，如下图所示。

序号	消费内容	支付方式	支出金额	支出日期	备注
1	房贷	银行卡	¥1,980.00	6月15日	
2	水、电费	支付宝	¥256.78	6月17日	
3	天然气费	支付宝	¥65.56	6月24日	
4	手机话费	支付宝	¥150.00	6月27日	
5	宽带费	微信	¥60.00	6月28日	
6	保险	银行卡	¥240.00	6月30日	

5. 三维引用

三维引用是对跨工作表或工作簿中的两个工作表或多个工作表中的单元格或单元格区域的引用。三维引用的形式为“[工作簿名]工作表名!单元格地址”。

提示

跨工作簿引用单元格或单元格区域时，引用对象的前面必须用“!”作为工作表分隔符，用中括号作为工作簿分隔符，其一般形式为“[工作簿名]工作表名!单元格地址”。

6. 循环引用

当一个单元格内的公式直接或间接地应用了这个公式本身所在的单元格时，就称为循环引用。在工作簿中使用循环引用时，在状态栏中会显示“循环引用”字样，并显示循环引用的单元格地址。

5.2 制作员工工资明细表

员工工资明细表由工资表、员工基本信息表、销售奖金表、业绩奖金标准和税率表组成，每个工作表里的数据都需要经过大量的运算，各个工作表之间也需要使用函数相互调用，最后由各个工作表共同组成一个“企业员工工资明细表”工作簿。

5.2.1 输入函数

输入函数的方法很多，可以根据需要进行选择，但要做到准确快速输入，具体操作步骤如下。

第1步 打开“素材\ch05\企业员工工资明细表.xlsx”文件，选择“员工基本信息”工作表，并选中E2单元格，单击【插入函数】按钮 fx，如下图所示。

员工编号	员工姓名	入职日期	基本工资	五险一金
101001	张XX	2007/1/20	¥6,500.0	
101002	王XX	2008/5/10	¥5,800.0	
101003	李XX	2008/6/25	¥5,800.0	
101004	赵XX	2010/2/3	¥5,000.0	
101005	钱XX	2010/8/5	¥4,800.0	
101006	孙XX	2012/4/20	¥4,200.0	
101007	李XX	2013/10/20	¥4,000.0	
101008	胡XX	2014/6/5	¥3,800.0	
101009	马XX	2014/7/20	¥3,600.0	
101010	刘XX	2015/6/20	¥3,200.0	

第2步 弹出【插入函数】对话框，在【或选择类别】下拉列表中选择【数学与三角函数】选项，在【选择函数】列表框中选择【PRODUCT】选项，单击【确定】按钮，如下图所示。

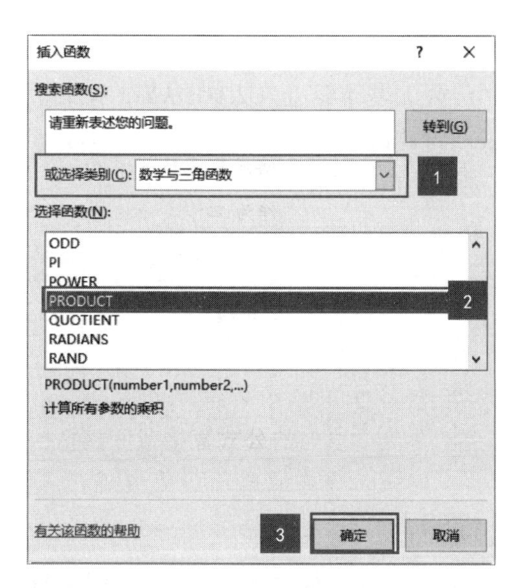

第3步 弹出【函数参数】对话框，在【Number1】文本框中输入“D2”，在【Number2】文本框中输入“12%”，单击【确定】按钮，如下图所示。

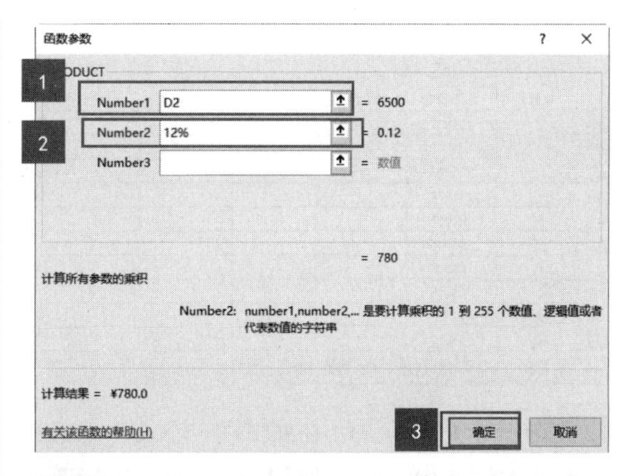

第4步 在E2单元格中即可显示应缴的五险一金金额。使用填充功能，填充至E11单元格，计算出所有员工的五险一金金额，如下图所示。

E11　=PRODUCT(D11,12%)

	A	B	C	D	E	F
1	员工编号	员工姓名	入职日期	基本工资	五险一金	
2	101001	张XX	2007/1/20	¥6,500.0	¥780.0	
3	101002	王XX	2008/5/10	¥5,800.0	¥696.0	
4	101003	李XX	2008/6/25	¥5,800.0	¥696.0	
5	101004	赵XX	2010/2/3	¥5,000.0	¥600.0	
6	101005	钱XX	2010/8/5	¥4,800.0	¥576.0	
7	101006	孙XX	2012/4/20	¥4,200.0	¥504.0	
8	101007	李XX	2013/10/20	¥4,000.0	¥480.0	
9	101008	胡XX	2014/6/5	¥3,800.0	¥456.0	
10	101009	马XX	2014/7/20	¥3,600.0	¥432.0	
11	101010	刘XX	2015/6/20	¥3,200.0	¥384.0	
12						

工资表　员工基本信息　销售奖金表　业绩奖金标准　...

5.2.2 自动更新员工基本信息及工龄工资

企业员工工资明细表中的最终数据都将显示在“工资表”工作表中，如果“员工基本信息”工作表中的基本信息发生改变，那么“工资表”工作表中的相应数据也要随之改变。自动更新员工基本信息的具体操作步骤如下。

第1步 选择“工资表”工作表，选中B2单元格。在编辑栏中输入公式“=TEXT(员工基本信息!A2,0)”，按【Enter】键确认，即可将“员工基本信息”工作表相应单元格的工号引用至B2单元格，如下图所示。

B2　=TEXT(员工基本信息!A2,0)

	A	B	C	D	E	F
1	编号	员工编号	员工姓名	工龄	工龄工资	应发工资
2	1	101001				
3	2					
4	3					
5	4					
6	5					
7	6					
8	7					
9	8					
10	9					
11	10					

工资表　员工基本信息　销售奖金表　业绩奖金标准　...

第2步 使用快速填充功能可以将公式填充在B3至B11单元格中，效果如下图所示。

B11 =TEXT(员工基本信息!A11,0)

编号	员工编号	员工姓名	工龄	工龄工资	应发工资
1	101001				
2	101002				
3	101003				
4	101004				
5	101005				
6	101006				
7	101007				
8	101008				
9	101009				
10	101010				

工资表 | 员工基本信息 | 销售奖金表 | 业绩奖金标准

第3步 选中C2单元格，在编辑栏中输入“=TEXT(员工基本信息!B2,0)”。按【Enter】键确认，即可在C2单元格中显示员工姓名，如下图所示。

C2 =TEXT(员工基本信息!B2,0)

编号	员工编号	员工姓名	工龄	工龄工资	应发工资
1	101001	张XX			
2	101002				
3	101003				
4	101004				
5	101005				
6	101006				
7	101007				
8	101008				
9	101009				
10	101010				

工资表 | 员工基本信息 | 销售奖金表 | 业绩奖金标准

提示

公式“=TEXT(员工基本信息!B2,0)”用于显示“员工基本信息”工作表中B2单元格中的员工姓名。

第4步 使用快速填充功能可以将公式填充在C3至C11单元格中，效果如下图所示。

C11 =TEXT(员工基本信息!B11,0)

编号	员工编号	员工姓名	工龄	工龄工资	应发工资
1	101001	张XX			
2	101002	王XX			
3	101003	李XX			
4	101004	赵XX			
5	101005	钱XX			
6	101006	孙XX			
7	101007	李XX			
8	101008	胡XX			
9	101009	马XX			
10	101010	刘XX			

工资表 | 员工基本信息 | 销售奖金表 | 业绩奖金标准

第5步 选中D2单元格，在编辑栏中输入“=DATEDIF(员工基本信息!C2,TODAY(), "y")”。按【Enter】键确认，即可在D2单元格中计算出员工的工龄，如下图所示。

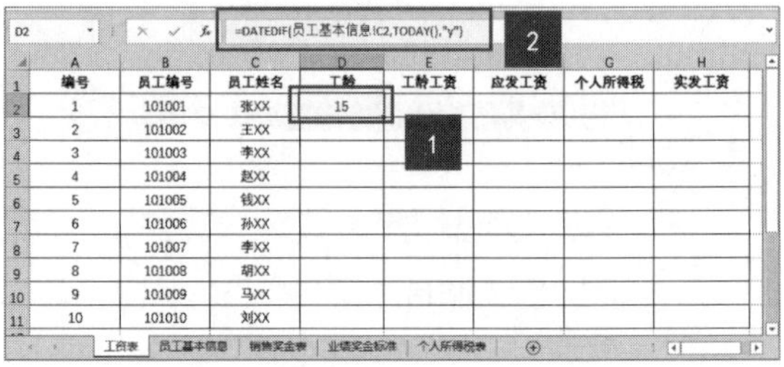

D2 =DATEDIF(员工基本信息!C2,TODAY(),"y")

编号	员工编号	员工姓名	工龄	工龄工资	应发工资	个人所得税	实发工资
1	101001	张XX	15				
2	101002	王XX					
3	101003	李XX					
4	101004	赵XX					
5	101005	钱XX					
6	101006	孙XX					
7	101007	李XX					
8	101008	胡XX					
9	101009	马XX					
10	101010	刘XX					

工资表 | 员工基本信息 | 销售奖金表 | 业绩奖金标准 | 个人所得税表

提示

公式“=DATEDIF(员工基本信息!C2,TODAY(), "y")”用于返回员工的工龄，“员工基本信息!C2”是员工入职日期，“TODAY()”是当前日期，"y"表示返回整年数。

第6步 选中E2单元格，在编辑栏中输入“=D2*100”。按【Enter】键确认，即可在E2单元格中计算出员工的工龄工资，如下图所示。

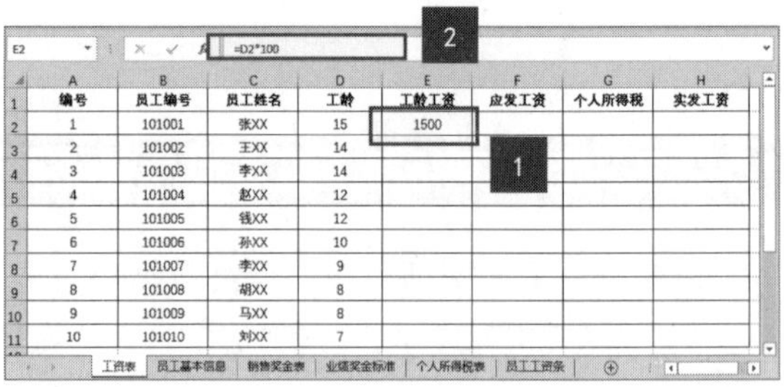

E2 =D2*100

编号	员工编号	员工姓名	工龄	工龄工资	应发工资	个人所得税	实发工资
1	101001	张XX	15	1500			
2	101002	王XX	14				
3	101003	李XX	14				
4	101004	赵XX	12				
5	101005	钱XX	12				
6	101006	孙XX	10				
7	101007	李XX	9				
8	101008	胡XX	8				
9	101009	马XX	8				
10	101010	刘XX	7				

工资表 | 员工基本信息 | 销售奖金表 | 业绩奖金标准 | 个人所得税表 | 员工工资条

提示

公式“=D2*100”表示每年的工龄工资为100，可根据需要调整工龄工资。

第7步 选择D2:E2单元格区域，向下填充，完成工龄和工龄工资的计算，如下图所示。

E11 =D11*100

	A	B	C	D	E	F	G	H
1	编号	员工编号	员工姓名	工龄	工龄工资	应发工资	个人所得税	实发工资
2	1	101001	张XX	15	1500			
3	2	101002	王XX	14	1400			
4	3	101003	李XX	14	1400			
5	4	101004	赵XX	12	1200			
6	5	101005	钱XX	12	1200			
7	6	101006	孙XX	10	1000			
8	7	101007	李XX	8	800			
9	8	101008	胡XX	8	800			
10	9	101009	马XX	8	800			
11	10	101010	刘XX	7	700			

工资表 | 员工基本信息 | 销售奖金表 | 业绩奖金标准 | 个人所得税表

5.2.3 计算销售奖金及应发工资

业绩奖金是企业员工工资的重要构成部分，在“业绩奖金标准”工作表中根据员工的业绩划分为几个等级，每个等级奖金的奖金比例也不同，如下图所示。

	A	B	C	D	E	F
1	销售额分层	10,000以下	10,000～25,000	25,000～40,000	40,000～50,000	50,000以上
2	销售额基数	0	10000	25000	40000	50000
3	百分比	0	0.03	0.07	0.1	0.15
4						

... | 员工基本信息 | 销售奖金表 | 业绩奖金标准 | 个人所得税表

根据“业绩奖金标准”工作表中的标准计算销售奖金的具体操作步骤如下。

第1步 切换至“销售奖金表”工作表，选中D2单元格，在单元格中输入公式“=HLOOKUP (C2,业绩奖金标准!$B$2:$F$3,2)”，按【Enter】键确认，即可得出奖金比例，如下图所示。

D2 =HLOOKUP(C2,业绩奖金标准!$B$2:$F$3,2)

	A	B	C	D	E	F
1	员工编号	员工姓名	销售额	奖金比例	奖金	
2	101001	张XX	¥48,000.0	0.1		
3	101002	王XX	¥38,000.0			
4	101003	李XX	¥52,000.0			
5	101004	赵XX	¥45,000.0			
6	101005	钱XX	¥45,000.0			
7	101006	孙XX	¥62,000.0			
8	101007	李XX	¥30,000.0			
9	101008	胡XX	¥34,000.0			
10	101009	马XX	¥24,000.0			
11	101010	刘XX	¥8,000.0			

工资表 | 员工基本信息 | 销售奖金表 | 业绩奖金标 ...

第2步 选中E2单元格，在单元格中输入公式“=IF(C2<50000,C2*D2,C2*D2+500)”，按【Enter】键确认，即可计算出该员工的奖金数目，如下图所示。

E2 =IF(C2<50000,C2*D2,C2*D2+500)

	A	B	C	D	E	F
1	员工编号	员工姓名	销售额	奖金比例	奖金	
2	101001	张XX	¥48,000.0	0.1	¥4,800.0	
3	101002	王XX	¥38,000.0			
4	101003	李XX	¥52,000.0			
5	101004	赵XX	¥45,000.0			
6	101005	钱XX	¥45,000.0			
7	101006	孙XX	¥62,000.0			
8	101007	李XX	¥30,000.0			
9	101008	胡XX	¥34,000.0			
10	101009	马XX	¥24,000.0			
11	101010	刘XX	¥8,000.0			

工资表 | 员工基本信息 | 销售奖金表 | 业绩奖金标 ...

第3步 选择D2:E2单元格区域，使用快速填充功能得出其余员工的奖金比例和奖金数目，效果如下图所示。

D2 =HLOOKUP(C2,业绩奖金标准!$B$2:$F$3,2)

	A	B	C	D	E	F
1	员工编号	员工姓名	销售额	奖金比例	奖金	
2	101001	张XX	¥48,000.0	0.1	¥4,800.0	
3	101002	王XX	¥38,000.0	0.07	¥2,660.0	
4	101003	李XX	¥52,000.0	0.15	¥8,300.0	
5	101004	赵XX	¥45,000.0	0.1	¥4,500.0	
6	101005	钱XX	¥45,000.0	0.1	¥4,500.0	
7	101006	孙XX	¥62,000.0	0.15	¥9,800.0	
8	101007	李XX	¥30,000.0	0.07	¥2,100.0	
9	101008	胡XX	¥34,000.0	0.07	¥2,380.0	
10	101009	马XX	¥24,000.0	0.03	¥720.0	
11	101010	刘XX	¥8,000.0	0	¥0.0	

工资表 | 员工基本信息 | 销售奖金表 | 业绩奖金标 ...

第4步 选择G3单元格，输入公式“=MAX(员工销售额)”，按【Enter】键确认，即可计算出所有员工的最高销售额，如下图所示。

员工编号	员工姓名	销售额	奖金比例	奖金
101001	张XX	¥48,000.0	0.1	¥4,800.0
101002	王XX	¥38,000.0	0.07	¥2,660.0
101003	李XX	¥52,000.0	0.15	¥8,300.0
101004	赵XX	¥45,000.0	0.1	¥4,500.0
101005	钱XX	¥45,000.0	0.1	¥4,500.0
101006	孙XX	¥62,000.0	0.15	¥9,800.0
101007	李XX	¥30,000.0	0.07	¥2,100.0
101008	胡XX	¥34,000.0	0.07	¥2,380.0
101009	马XX	¥24,000.0	0.03	¥720.0
101010	刘XX	¥8,000.0	0	¥0.0

第5步 选择H3单元格，输入公式“=INDEX(B2:B11,MATCH(G3,C2:C11,))”，按【Enter】键确认，即可计算出销售额最高的员工姓名，如下图所示。

员工编号	员工姓名	销售额	奖金比例	奖金
101001	张XX	¥48,000.0	0.1	¥4,800.0
101002	王XX	¥38,000.0	0.07	¥2,660.0
101003	李XX	¥52,000.0	0.15	¥8,300.0
101004	赵XX	¥45,000.0	0.1	¥4,500.0
101005	钱XX	¥45,000.0	0.1	¥4,500.0
101006	孙XX	¥62,000.0	0.15	¥9,800.0
101007	李XX	¥30,000.0	0.07	¥2,100.0
101008	胡XX	¥34,000.0	0.07	¥2,380.0
101009	马XX	¥24,000.0	0.03	¥720.0
101010	刘XX	¥8,000.0	0	¥0.0

=INDEX(B2:B11,MATCH(G3,C2:C11,))

最高销售业绩	
销售额	姓名
¥62,000.0	孙XX

第6步 切换至“工资表”工作表，选择F2单元格，输入公式“=员工基本信息!D2-员工基本信息!E2+工资表!E2+销售奖金表!E2”，按【Enter】键确认，计算出当前员工的应发工资，使用填充功能完成其他员工应发工资的计算，效果如下图所示。

=员工基本信息!D2-员工基本信息!E2+工资表!E2+销售奖金表!E2

编号	员工编号	员工姓名	工龄	工龄工资	应发工资	个人所得税	实发工资
1	101001	张XX	15	1500	12020		
2	101002	王XX	14	1400	9164		
3	101003	李XX	14	1400	14804		
4	101004	赵XX	12	1200	10100		
5	101005	钱XX	12	1200	9924		
6	101006	孙XX	10	1000	14496		
7	101007	李XX	8	800	6420		
8	101008	胡XX	8	800	6524		
9	101009	马XX	8	800	4688		
10	101010	刘XX	7	700	3516		

提示

应发工资由基本工资、五险一金扣除、工龄工资和奖金4项构成。

5.2.4 计算个人所得税和实发工资

个人所得税根据个人收入的不同，实行阶梯形式的征收税率。因此直接计算起来比较复杂。在本案例中，给出了当月应缴税额，直接使用函数引用即可。实发工资由应发工资减去个人所得税组成。具体操作步骤如下。

第1步 在“工资表”工作表中选择G2单元格。在单元格中输入公式“=VLOOKUP(B2,个人所得税表!$A$3:$C$12,3,0)”，按【Enter】键，即可得出员工“张××”应缴纳的个人所得税数目，如下图所示。

=VLOOKUP(B2,个人所得税表!$A$3:$C$12,3,0)

编号	员工编号	员工姓名	工龄	工龄工资	应发工资	个人所得税	实发工资
1	101001	张XX	16	1600	12120	488.5	
2	101002	王XX	14	1400	9164		
3	101003	李XX	14	1400	14804		
4	101004	赵XX	13	1300	10200		
5	101005	钱XX	12	1200	9924		
6	101006	孙XX	10	1000	14496		
7	101007	李XX	9	900	6520		
8	101008	胡XX	8	800	6524		
9	101009	马XX	8	800	4688		
10	101010	刘XX	7	700	3516		

提示

公式“=VLOOKUP(B2,个人所得税表!$A$3:$C$12,3,0)”是指在“个人所得税表”的A3:C12单元格区域中，查找与B2单元格相同的值，并返回第3列数据，0表示精确查找。

第2步 单击H2单元格，输入公式“=F2-G2”。按【Enter】键确认，即可得出当前员工的实发工资数目，如下图所示。

=F2-G2

编号	员工编号	员工姓名	工龄	工龄工资	应发工资	个人所得税	实发工资
1	101001	张XX	15	1500	12020	488.5	11531.5
2	101002	王XX	14	1400	9164		
3	101003	李XX	14	1400	14804		
4	101004	赵XX	12	1200	10100		
5	101005	钱XX	12	1200	9924		
6	101006	孙XX	10	1000	14496		
7	101007	李XX	8	800	6420		
8	101008	胡XX	8	800	6524		
9	101009	马XX	8	800	4688		
10	101010	刘XX	7	700	3516		

第3步 选择G2:H2单元格区域，使用快速填充功能得出其余员工的个人所得税和实发工资，效果如下图所示。

	员工编号	员工姓名	工龄	工龄工资	应发工资	个人所得税	实发工资
2	101001	张XX	15	1500	12020	488.5	11531.5
3	101002	王XX	14	1400	9164	202.2	8961.8
4	101003	李XX	14	1400	14804	766.2	14037.8
5	101004	赵XX	12	1200	10100	295.2	9804.8
6	101005	钱XX	12	1200	9924	722.6	9201.4
7	101006	孙XX	10	1000	14496	542.5	13953.5
8	101007	李XX	8	800	6420	281.2	6138.8
9	101008	胡XX	8	800	6524	95.6	6428.4
10	101009	马XX	8	800	4688	156.3	4531.7
11	101010	刘XX	7	700	3516	241.6	3274.4

5.2.5 生成工资条

工资条是员工所在单位在发工资时，给员工反映工资的纸条，可以是纸质的，也可以是电子版的，制作完工资表后，就可以生成工资条，具体操作步骤如下。

第1步 在工作表最后位置新建工作表，命名为“员工工资条”，输入如下图所示的内容，并根据需要设置字体格式。

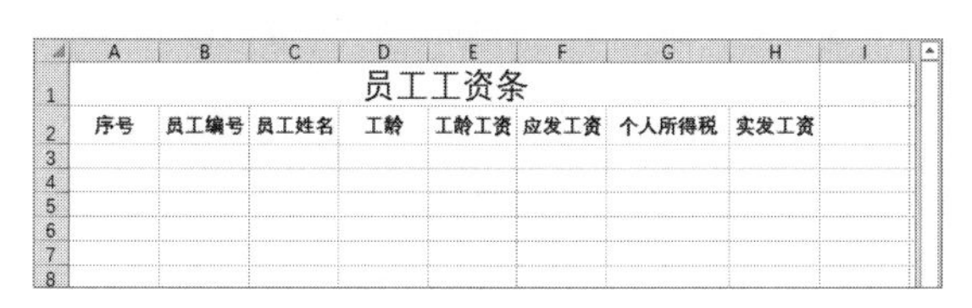

第2步 在A3单元格中输入“1”，选择B3单元格，输入公式“=VLOOKUP($A3,工资表!$A$2:$H$11,COLUMN(),0)”，按【Enter】键确认，如下图所示。

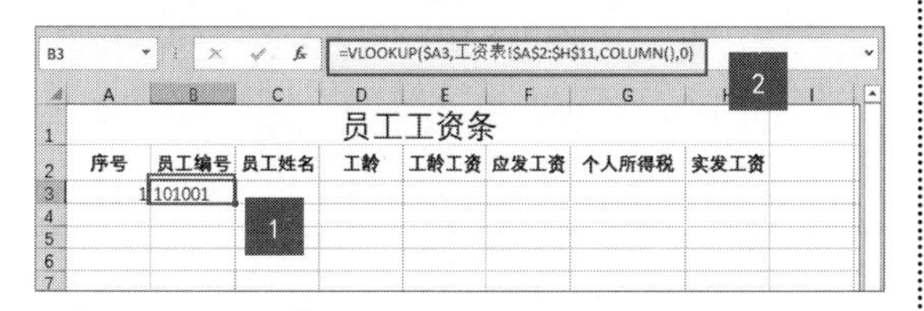

第3步 选择B3单元格，向右填充至H3单元格，效果如下图所示。

序号	员工编号	员工姓名	工龄	工龄工资	应发工资	个人所得税	实发工资
1	101001	张XX	15	1500	12020	488.5	11531.5

第4步 选择A2:H3单元格区域，添加边框线，并根据需要设置字体样式，如下图所示。

员工工资条

序号	员工编号	员工姓名	工龄	工龄工资	应发工资	个人所得税	实发工资
1	101001	张XX	15	1500	12020	488.5	11531.5

第5步 选择A2:H4单元格区域，向下填充至第30行，完成工资条的制作，最终效果如下图所示。

员工工资条

序号	员工编号	员工姓名	工龄	工龄工资	应发工资	个人所得税	实发工资
1	101001	张XX	15	1500	12020	488.5	11531.5
序号	员工编号	员工姓名	工龄	工龄工资	应发工资	个人所得税	实发工资
2	101002	王XX	14	1400	9164	202.2	8961.8
序号	员工编号	员工姓名	工龄	工龄工资	应发工资	个人所得税	实发工资
3	101003	李XX	14	1400	14804	766.2	14037.8
序号	员工编号	员工姓名	工龄	工龄工资	应发工资	个人所得税	实发工资
4	101004	赵XX	12	1200	10100	295.2	9804.8
序号	员工编号	员工姓名	工龄	工龄工资	应发工资	个人所得税	实发工资
5	101005	钱XX	12	1200	9924	722.6	9201.4
序号	员工编号	员工姓名	工龄	工龄工资	应发工资	个人所得税	实发工资
6	101006	孙XX	10	1000	14496	542.5	13953.5
序号	员工编号	员工姓名	工龄	工龄工资	应发工资	个人所得税	实发工资
7	101007	李XX	8	800	6420	281.2	6138.8
序号	员工编号	员工姓名	工龄	工龄工资	应发工资	个人所得税	实发工资
8	101008	胡XX	8	800	6524	95.6	6428.4
序号	员工编号	员工姓名	工龄	工龄工资	应发工资	个人所得税	实发工资
9	101009	马XX	8	800	4688	156.3	4531.7
序号	员工编号	员工姓名	工龄	工龄工资	应发工资	个人所得税	实发工资
10	101010	刘XX	7	700	3516	241.6	3274.4

至此，就完成了企业员工工资明细表的制作。

5.3 其他常用函数

本节介绍几种常用函数的使用方法。

5.3.1 逻辑函数：使用IF函数判断应发的奖金

IF函数是Excel中常用的逻辑函数，它可以对某个值与期待值进行比较。当内容为TRUE，则执行某些操作，否则执行其他操作。IF函数具体的功能、格式和参数如下。

IF函数

功能	IF函数根据指定的条件来判断其“真”（TRUE）、“假”（FALSE），从而返回其相对应的内容
格式	IF(logical_test,value_if_true,[value_if_false])
参数	logical_test：必需参数。表示逻辑判断要测试的条件
	value_if_true：必需参数。表示当判断条件为逻辑“真”（TRUE）时，显示该处给定的内容，如果忽略，返回“TRUE”
	value_if_false：可选参数。表示当判断条件为逻辑“假”（FALSE）时，显示该处给定的内容，如果忽略，返回“FALSE”

IF函数可以嵌套64层关系式，用参数value_if_true和value_if_false构造复杂的判断条件进行综合评测。不过，在实际工作中，不建议这样做，由于多个IF语句要求大量的条件，不容易确保逻辑完全正确。

在对员工进行绩效考核评定时，可以根据员工的业绩来分配奖金。例如，当业绩大于或等于10000时，给予奖金2000元，否则给予奖金1000元。

第1步 打开“素材\ch05\判断应发的奖金.xlsx”文件，在C2单元格中输入公式“=IF(B2>=10000,2000,1000)”，按【Enter】键即可计算出该员工的奖金，如下图所示。

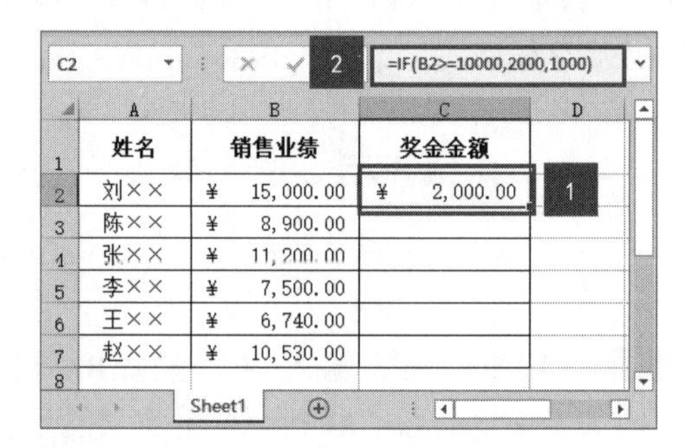

第2步 利用填充功能，填充其他单元格，计算其他员工的奖金，如下图所示。

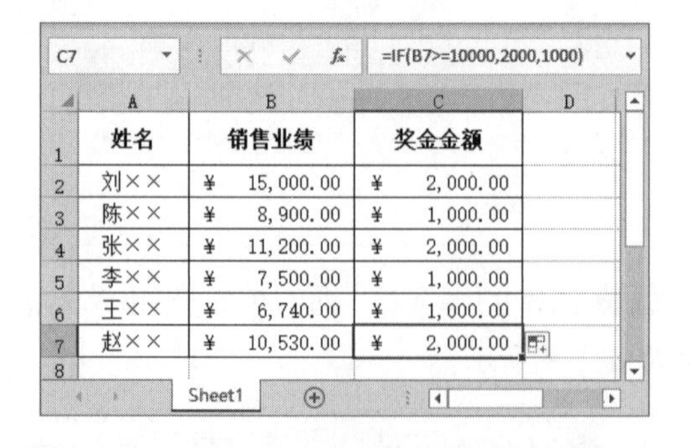

5.3.2 逻辑函数：使用OR函数根据员工性别和年龄判断员工是否退休

OR函数是较为常用的逻辑函数，即表示“或”的逻辑关系。当一个参数的逻辑值为真时，返回

TRUE；当所有参数都为假时，则返回FALSE。

OR函数具体的功能、格式、参数和说明如下。

OR函数

功能	OR函数用于在其参数组中，任何一个参数的逻辑值为TRUE，即返回TRUE；任何一个参数的逻辑值为FALSE，即返回FALSE
格式	OR(logical1, [logical2], …)
参数	logical1, logical2,…：logical1是必需的，后续逻辑值是可选的。这些是1~255个需要进行测试的条件，测试结果可以为TRUE或FALSE
说明	参数必须计算为逻辑值，如TRUE或FALSE，或者为包含逻辑值的数组或引用。如果数组或引用参数中包含文本或空白单元格，那么这些值将被忽略；如果指定的区域中不包含逻辑值，那么OR返回错误值#VALUE!；可以使用OR数组公式以查看数组中是否出现了某个值。若要输入数组公式，按【Ctrl+Shift+Enter】组合键

例如，对员工信息进行统计记录后，需要根据年龄判断职工退休与否，这里可以使用OR结合AND函数来实现。首先根据相关规定设定退休条件为男员工60岁，女员工55岁，具体操作步骤如下。

第1步 打开“素材\ch05\判断员工是否退休.xlsx”文件，选择D2单元格，在公式编辑栏中输入公式“=OR(AND(B2="男",C2>60), AND(B2="女",C2>55))”，按【Enter】键即可根据该员工的年龄判断其是否退休。如果是，显示“TRUE”；反之，则显示“FALSE”，如下图所示。

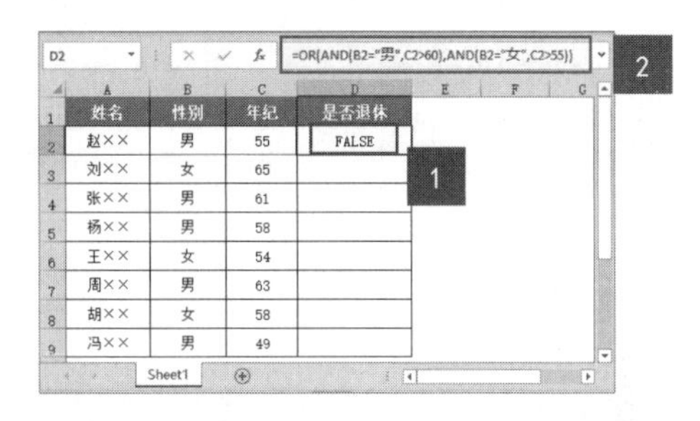

姓名	性别	年纪	是否退休
赵××	男	55	FALSE
刘××	女	65	
张××	男	61	
杨××	男	58	
王××	女	54	
周××	男	63	
胡××	女	58	
冯××	男	49	

第2步 利用填充功能，填充其他单元格，判断其他职工是否退休，如下图所示。

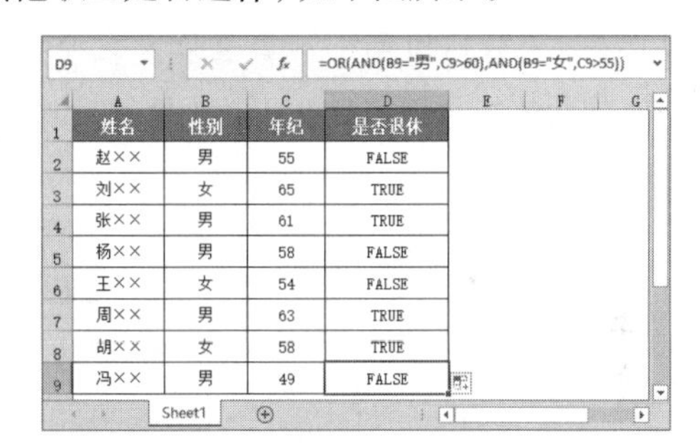

姓名	性别	年纪	是否退休
赵××	男	55	FALSE
刘××	女	65	TRUE
张××	男	61	TRUE
杨××	男	58	FALSE
王××	女	54	FALSE
周××	男	63	TRUE
胡××	女	58	TRUE
冯××	男	49	FALSE

5.3.3 日期与时间函数：使用HOUR函数计算停车费用

HOUR函数用于返回时间值的小时数，具体的功能、格式和参数如下。

HOUR函数

功能	HOUR函数用于返回时间值的小时数。计算某个时间值或代表时间的序列编号对应的小时数，该值指定0和23之间（包括0和23）的整数（表示一天中某个小时）
格式	HOUR(serial_number)
参数	serial_number：表示需要计算小时数的时间。这个参数的数据格式是所有Excel可以识别的时间格式

例如，停车费用是2.5元/小时，可以使用HOUR函数计算某辆车的停车费，具体操作步骤如下。

第1步 打开“素材\ch05\计算停车费用.xlsx”文件，在D2单元格中输入公式“=HOUR (C2-B2)*2.5”，按【Enter】键，得出计算结果，如下图所示。

D2　=HOUR(C2-B2)*2.5

	A	B	C	D
1	车牌号	停车开始时间	离开时间	停车费用
2	京A11Y11	8:35	14:20	¥12.50
3	京A11Y12	8:40	13:10	
4	京A11Y13	9:10	15:25	
5	京A11Y14	10:50	15:55	
6	京A11Y15	10:20	14:15	
7	京A11Y16	11:00	18:05	

第2步 利用快速填充功能，完成其他车辆停车费用的计算，如下图所示。

D7　=HOUR(C7-B7)*2.5

	A	B	C	D
1	车牌号	停车开始时间	离开时间	停车费用
2	京A11Y11	8:35	14:20	¥12.50
3	京A11Y12	8:40	13:10	¥10.00
4	京A11Y13	9:10	15:25	¥15.00
5	京A11Y14	10:50	15:55	¥12.50
6	京A11Y15	10:20	14:15	¥7.50
7	京A11Y16	11:00	18:05	¥17.50

5.3.4 数学与三角函数：使用SUMIFS函数统计某段日期内的销售金额

SUMIF函数是仅对满足一个条件的值相加，而SUMIFS函数可以用于计算其满足多个条件的全部参数的综合。SUMIFS函数具体的功能、格式和参数如下。

SUMIFS函数

功能	对一组给定条件指定的单元格求和
格式	SUMIFS(Sum_range, Criteria_range1, Criteria1, [Criteria_range2, Criteria2], …)
参数	Sum_range：必需参数。表示对一个或多个单元格求和，包括数字名称、区域或单元格引用，空值和文本值将被忽略
	Criteria_range1：必需参数。表示在其中计算关联条件的第一个区域
	Criteria1：必需参数。表示条件的形式为数字、表达式、单元格引用或文本，可用来定义单元格求和的范围
	Criteria_range2, Criteria2, …：可选参数。附加的区域及其关联条件。 最多可以输入127个区域/条件对

例如，如果需要对区域A1:A20中的单元格的数值求和，且需符合以下条件：B1:B20中的相应数值大于零(0)且C1:C20中的相应数值小于10，就可以采用如下公式。

```
=SUMIFS(A1:A20,B1:B20,">0",C1:C20,
"<10")
```

例如，如果想要在销售统计表中统计出一定日期区域内的销售金额，可以使用SUMIFS函数来实现。比如想要计算2022年7月1日到2022年7月10日的销售金额，具体操作步骤如下。

第1步 打开“素材\ch05\统计某段日期内的销售金额.xlsx”文件，选择C10单元格，单击【插入函数】按钮f_x，如下图所示。

	A	B	C	D	E
1	日期	产品名称	产品类型	销售量	销售金额
2	2022/7/2	洗衣机	电器	15	¥12,000.00
3	2022/7/22	冰箱	电器	3	¥15,000.00
4	2022/7/3	衣柜	家居	8	¥7,200.00
5	2022/7/24	跑步机	健身器材	2	¥4,600.00
6	2022/7/5	双人床	家居	5	¥4,500.00
7	2022/7/26	空调	电器	7	¥21,000.00
8	2022/7/10	哑铃	健身器材	16	¥3,200.00
10	7月1日至7月10日销售金额：				

第2步 弹出【插入函数】对话框，单击【或选择

类别】下拉按钮，在弹出的下拉列表中选择【数学与三角函数】选项，在【选择函数】列表框中选择【SUMIFS】函数，单击【确定】按钮，如下图所示。

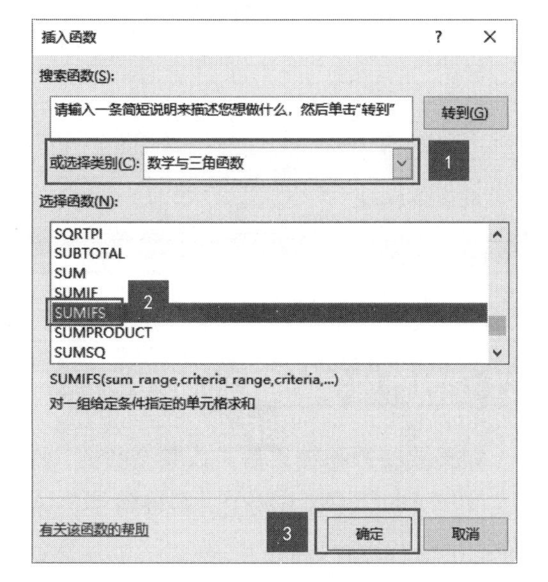

第3步 弹出【函数参数】对话框，单击【Sum_range】文本框右侧的按钮，如下图所示。

第4步 返回工作表，选择E2:E8单元格区域，单击【函数参数】文本框右侧的按钮，如下图所示。

第5步 返回【函数参数】对话框，使用同样的方法设置参数【Criteria_range1】的数据区域为A2:A8单元格区域，如下图所示。

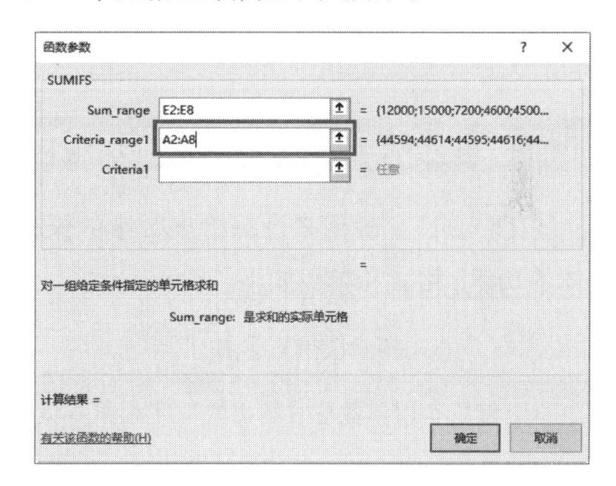

第6步 在【Criteria1】文本框中输入""">=2022-7-1""，设置区域1的条件参数为""">=2022-7-1""，如下图所示。

第7步 使用同样的方法设置区域2为"A2:A8"，条件参数为""<=2022-7-10""，单击【确定】按钮，如下图所示。

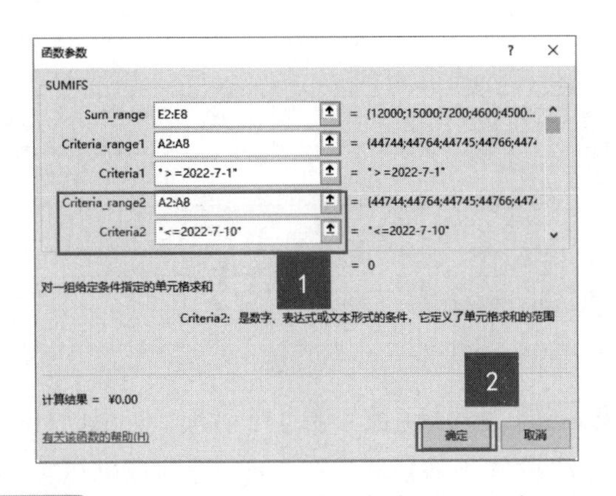

第8步 返回工作表，即可计算出2022年7月1日到2022年7月10日的销售金额，在公式编辑栏中显示出计算公式为“=SUMIFS(E2:E8,A2:A8,">=2022-7-1",A2:A8,"<=2022-7-10")”，如下图所示。

C10 =SUMIFS(E2:E8,A2:A8,">=2022-7-1",A2:A8,"<=2022-7-10")

	A	B	C	D	E
1	日期	产品名称	产品类型	销售量	销售金额
2	2022/7/2	洗衣机	电器	15	¥12,000.00
3	2022/7/22	冰箱	电器	3	¥15,000.00
4	2022/7/3	衣柜	家居	8	¥7,200.00
5	2022/7/24	跑步机	健身器材	2	¥4,600.00
6	2022/7/5	双人床	家居	5	¥4,500.00
7	2022/7/26	空调	电器	7	¥21,000.00
8	2022/7/10	哑铃	健身器材	16	¥3,200.00
9					
10	7月1日至7月10日销售金额:		¥26,900.00		

5.3.5 数学与三角函数：使用PRODUCT函数计算每种商品的销售金额

PRODUCT函数用来计算给出数字的乘积，具体的功能、格式和参数如下。

PRODUCT函数

功能	使所有以参数形式给出的数字相乘并返回乘积
格式	PRODUCT(number1,[number2],…)
参数	number1：必需参数。要相乘的第一个数字或区域
	number2,…：可选参数。要相乘的其他数字或单元格区域，最多可以使用255个参数

例如，如果单元格A1和A2中包含数字，那么可以使用公式“=PRODUCT(A1,A2)”将这两个数字相乘。也可以通过使用乘(*)数学运算符（如“=A1*A2”）执行相同的操作。

当需要使很多单元格相乘时，PRODUCT函数很有用。例如，公式“=PRODUCT(A1:A3,C1:C3)”等价于“=A1*A2*A3*C1*C2*C3”。

如果要在乘积结果后乘以某个数值，如公式“=PRODUCT(A1:A2,2)”，则等价于“=A1*A2*2”。

例如，一些公司的商品会不定时做促销活动，需要根据商品的单价、数量及折扣来计算每种商品的金额，使用【PRODUCT】函数可以实现这一操作，具体操作步骤如下。

第1步 打开“素材\ch05\计算每种商品的销售金额.xlsx”文件，选择E2单元格，在编辑栏中输入公式“=PRODUCT(B2,C2,D2)”，按【Enter】键，即可计算出该产品的金额，如下图所示。

E2 =PRODUCT(B2,C2,D2)

	A	B	C	D	E
1	产品	单价	销售数量	折扣	销售金额
2	产品A	¥80.00	200	0.8	¥12,800.00
3	产品B	¥180.00	140	0.75	
4	产品C	¥19.50	200	0.9	
5	产品D	¥25.00	150	0.65	
6	产品E	¥60.00	80	0.85	

第2步 利用快速填充功能，完成其他产品金额的计算，如下图所示。

E6 =PRODUCT(B6,C6,D6)

产品	单价	销售数量	折扣	销售金额
产品A	¥80.00	200	0.8	¥12,800.00
产品B	¥180.00	140	0.75	¥18,900.00
产品C	¥19.50	200	0.9	¥3,510.00
产品D	¥25.00	150	0.65	¥2,437.50
产品E	¥60.00	80	0.85	¥4,080.00

5.3.6 文本函数：使用 FIND 函数根据编号判断商品的类型

FIND函数是用于查找文本字符串的函数，具体功能、格式和参数如下。

FIND函数

功能	FIND函数用于查找文本字符串。以字符为单位，查找一个文本字符串在另一个字符串中出现的起始位置编号
格式	FIND(find_text, within_text, start_num)
参数	find_text：必需参数。表示要查找的文本或文本所在的单元格。输入要查找的文本需要用双引号引起来。find_text不允许包含通配符，否则返回错误值#VALUE!
	within_text：必需参数。包含要查找的文本或文本所在的单元格。within_text中没有find_text，FIND则返回错误值#VALUE!
	start_num：必需参数。指定开始搜索的字符。若省略start_num，则其值为1；若start_num不大于0，FIND函数则返回错误值#VALUE!
备注	若find_text为空文本("")，则FIND会匹配搜索字符串中的首字符（编号为start_num或1的字符），find_text不能包含任何通配符；若within_text中没有find_text，则FIND和FINDB返回错误值#VALUE!；若start_num不大于0，则FIND和FINDB返回错误值#VALUE!；若start_num大于within_text的长度，则FIND和FINDB返回错误值#VALUE!

例如，仓库中有两种商品，假设商品编号以A开头的为生活用品，以B开头的为办公用品。使用FIND函数可以判断商品的类型，商品编号以A开头的商品显示为“生活用品”，否则显示为“办公用品”。下面通过FIND函数来判断商品的类型。

第1步 打开“素材\ch05\根据编号判断商品的类型.xlsx”文件，选择B2单元格，在其中输入公式“=IF(ISERROR(FIND("A",A2)),IF(ISERROR(FIND("B",A2)),"","办公用品"),"生活用品")”，按【Enter】键，即可显示该商品的类型，如下图所示。

B2 =IF(ISERROR(FIND("A",A2)),IF(ISERROR(FIND("B",A2)),"","办公用品"),"生活用品")

商品编号	商品类型
B0112	办公用品
A0152	
A0128	
B0159	
B0371	
A0453	
A0478	

第2步 利用快速填充功能，完成其他单元格的填充，如下图所示。

B8 =IF(ISERROR(FIND("A",A8)),IF(ISERROR(FIND("B",A8)),"","办公用品"),"生活用品")

商品编号	商品类型
B0112	办公用品
A0152	生活用品
A0128	生活用品
B0159	办公用品
B0371	办公用品
A0453	生活用品
A0478	生活用品

5.3.7 查找与引用函数：使用 LOOKUP 函数计算多人的销售业绩总和

LOOKUP函数可以从单行或单列区域或数组返回值。LOOKUP函数两种语法形式如下。

LOOKUP函数

向量形式	在单行区域或单列区域(称为“向量”)中查找值，然后返回第二个单行区域或单列区域中相同位置的值	当要查询的值列表较大或值可能会随时间而改变时，使用该向量形式
数组形式	在数组的第一行或第一列中查找指定的值，然后返回数组的最后一行或最后一列中相同位置的值	当要查询的值列表较小或值在一段时间内保持不变时，使用该数组形式

(1)向量形式。向量是只含一行或一列的区域。LOOKUP函数的向量形式在单行区域或单列区域(称为“向量”)中查找值，然后返回第二个单行区域或单列区域中相同位置的值。当用户要指定包含要匹配的值的区域时，使用LOOKUP函数的这种形式。LOOKUP函数的另一种形式将自动在第一行或第一列中进行查找。

LOOKUP函数：向量形式

功能	LOOKUP函数可从单行或单列区域或从一个数组返回值
格式	LOOKUP(lookup_value, lookup_vector, [result_vector])
参数	lookup_value：必需参数。LOOKUP函数在第一个向量中搜索的值。lookup_value可以是数字、文本、逻辑值、名称或对值的引用
参数	lookup_vector：必需参数。只包含一行或一列的区域。lookup_vector的值可以是文本、数字或逻辑值
参数	result_vector：可选参数。只包含一行或一列的区域。result_vector参数必须与lookup_vector大小相同
说明	若LOOKUP函数找不到lookup_value，则该函数会与lookup_vector中小于或等于lookup_value的最大值进行匹配；若lookup_value小于lookup_vector中的最小值，则LOOKUP会返回#N/A错误值

(2)数组形式。LOOKUP函数的数组形式在数组的第一行或第一列中查找指定的值，并返回数组最后一行或最后一列中同一位置的值。当要匹配的值位于数组的第一行或第一列中时，使用LOOKUP的这种形式。当要指定列或行的位置时，使用LOOKUP的另一种形式。

LOOKUP函数的数组形式与HLOOKUP函数和VLOOKUP函数非常相似。区别在于：HLOOKUP函数在第一行中搜索lookup_value的值，VLOOKUP函数在第一列中搜索，而LOOKUP函数根据数组维度进行搜索。一般情况下，最好使用HLOOKUP函数或VLOOKUP函数，而不是LOOKUP函数的数组形式。LOOKUP函数的这种形式是为了与其他电子表格程序兼容而提供的。

LOOKUP函数：数组形式

功能	LOOKUP函数的数组形式在数组的第一行或第一列中查找指定的值，并返回数组最后一行或最后一列中同一位置的值
格式	LOOKUP(lookup_value,array)

参数	lookup_value：必需参数。LOOKUP函数在数组中搜索的值。lookup_value可以是数字、文本、逻辑值、名称或对值的引用
	array：必需参数。包含要与lookup_value进行比较的数字、文本或逻辑值的单元格区域
说明	如果数组包含宽度比高度大的区域（列数多于行数）LOOKUP函数会在第一行中搜索lookup_value的值；如果数组是正方的或高度大于宽度（行数多于列数），LOOKUP函数会在第一列中进行搜索。使用HLOOKUP函数和VLOOKUP函数，可以通过索引以向下或遍历的方式搜索，但是LOOKUP函数始终选择行或列中的最后一个值

例如，使用LOOKUP函数，在选中区域处于升序条件下查找多个值，具体操作步骤如下。

第1步 打开“素材\ch05\计算多人的销售业绩总和.xlsx”文件，选中A3:A8单元格区域，单击【数据】选项卡下【排序与筛选】组中的【升序】按钮进行排序，效果如下图所示。

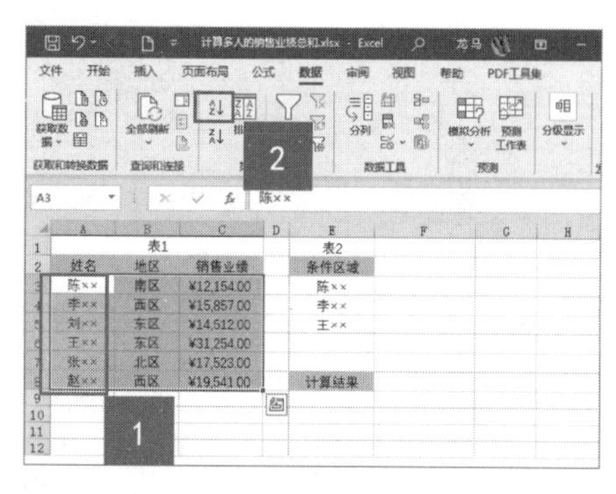

第2步 选中F8单元格，输入公式“=SUM (LOOKUP (E3:E5,A3:C8))”，按【Ctrl+Shift+Enter】组合键，即可计算出结果，如下图所示。

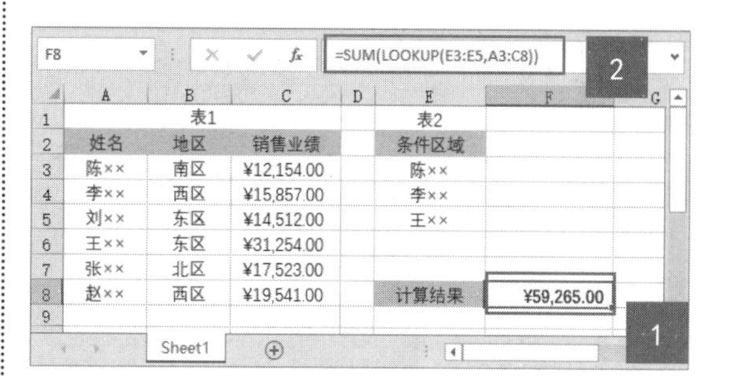

5.3.8 统计函数：使用 COUNTIF 函数查询重复的访客记录

COUNTIF函数是一个统计函数，用于统计满足某个条件的单元格的数量。COUNTIF函数的具体功能、格式和参数如下。

COUNTIF 函数

功能	对区域中满足单个指定条件的单元格进行计数
格式	COUNTIF（range,criteria）
参数	range：必需参数。要对其进行计数的一个或多个单元格，其中包括数字或名称、数组或包含数字的引用，空值或文本值将被忽略
	criteria：必需参数。用来确定将对哪些单元格进行计数，可以是数字、表达式、单元格引用或文本字符串

例如，通过使用IF函数和COUNTIF函数，可以轻松统计出重复数据，具体的操作步骤如下。

第1步 打开“素材\ch05\查询重复的访客记录.xlsx”文件，在D3单元格中输入公式“=IF((COUNTIF($C$3:$C$10,C3))>1,"重复","")”，按【Enter】键，即可计算出是否存在重复，如下图所示。

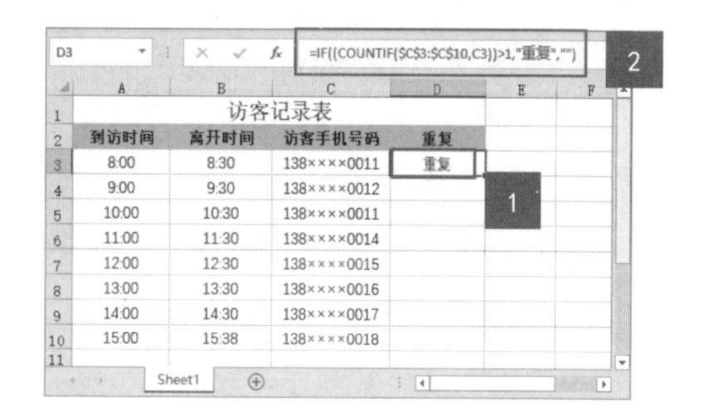

第2步 使用填充柄快速填充D4:D10单元格区域，最终计算结果如下图所示。

D5 =IF((COUNTIF($C$3:$C$10,C5))>1,"重复","")

	A	B	C	D
1	访客记录表			
2	到访时间	离开时间	访客手机号码	重复
3	8:00	8:30	138××××0011	重复
4	9:00	9:30	138××××0012	
5	10:00	10:30	138××××0011	重复
6	11:00	11:30	138××××0014	
7	12:00	12:30	138××××0015	
8	13:00	13:30	138××××0016	
9	14:00	14:30	138××××0017	
10	15:00	15:38	138××××0018	

技巧1：同时计算多个单元格数值

在Excel 2021中，当对某行或某列进行相同公式计算时，除了计算某个单元格数值，然后对其他单元格进行填充，还有一种快捷的计算方法，可以同时计算多个单元格数值，具体操作步骤如下。

第1步 打开“素材\ch05\技巧1.xlsx”文件，选择要计算的单元格区域E2:E6，然后输入公式“=PRODUCT(B2,C2,D2)”，如下图所示。

TEXT =PRODUCT(B2,C2,D2)

	A	B	C	D	E
1	产品	单价	销售数量	折扣	销售金额
2	产品A	¥80.00	200	0.8	=PRODUCT(B2,C2,D2)
3	产品B	¥180.00	140	0.75	
4	产品C	¥19.50	200	0.9	
5	产品D	¥25.00	150	0.65	
6	产品E	¥60.00	80	0.85	

第2步 按【Ctrl+Enter】组合键，即可计算出所选单元格区域的数值，如下图所示。

E6 =PRODUCT(B6,C6,D6)

	A	B	C	D	E
1	产品	单价	销售数量	折扣	销售金额
2	产品A	¥80.00	200	0.8	¥12,800.00
3	产品B	¥180.00	140	0.75	¥18,900.00
4	产品C	¥19.50	200	0.9	¥3,510.00
5	产品D	¥25.00	150	0.65	¥2,437.50
6	产品E	¥60.00	80	0.85	¥4,080.00

技巧2：查看部分公式的运算结果

如果一个公式过于复杂，可以查看各部分公式的运算结果，具体的操作步骤如下。

第1步 在工作表中输入如下图所示的内容，并在B5单元格中输入“=A1+A3-A2+A4”，按【Enter】键，即可在B5中显示运算结果，如下图所示。

B5 =A1+A3-A2+A4

	A	B
1	123	
2	456	
3	2	
4	2022	
5		1691

第2步 在编辑栏的公式中选择“A1+A3-A2”，按【F9】键，即可显示此公式的部分运算结果，如下图所示。

SUM =-331+A4

	A	B
1	123	
2	456	
3	2	
4	2022	
5		=-331+A4

第2篇

PPT 办公篇

第 6 章

制作 PowerPoint 演示文稿

学习内容

使用 PowerPoint 可以制作出有声有色、图文并茂的演示文稿。此外，适当编辑文字与图片也可以突出报告的重点内容，使观众快速把握重点内容，最终使报告达到最佳效果。

学习效果

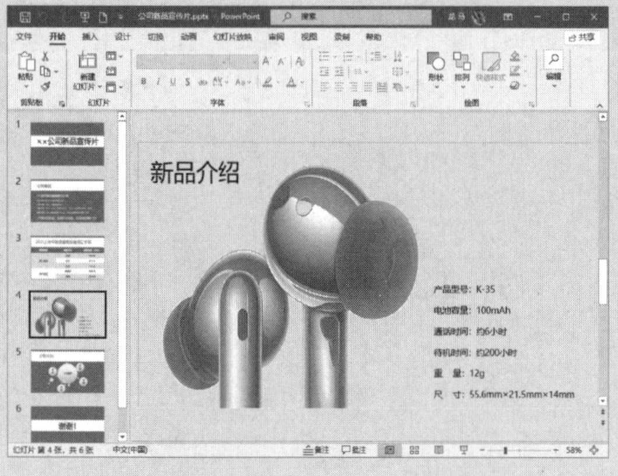

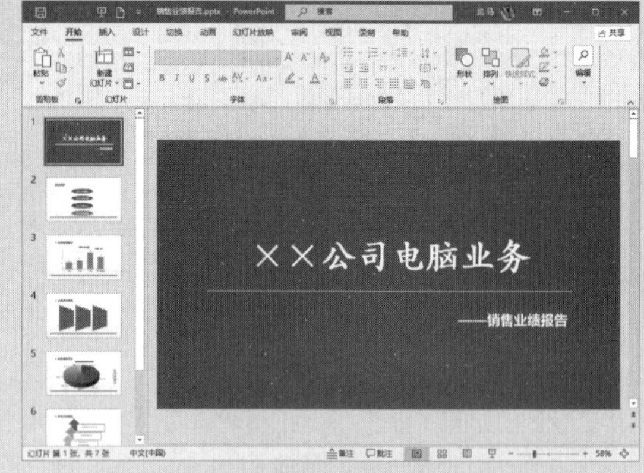

6.1 制作岗位竞聘报告演示文稿

岗位竞聘报告需要竞聘者在竞聘会议上向与会者发表阐述自己的条件、优势、对竞聘岗位的认识等，其作用主要是在岗位竞聘中获得心仪的岗位。在竞聘演讲时可以借助演示文稿，传递准确的信息，使报告内容更为生动。本节以制作岗位竞聘报告演示文稿为例介绍幻灯片的制作方法。

6.1.1 添加、修改幻灯片的主题

新建演示文稿后，用户可以选择要应用的主题，并且可以对选择的幻灯片的主题进行修改，具体操作步骤如下。

第1步 创建演示文稿后，单击【设计】选项卡下【主题】组中的【其他】按钮，在弹出的下拉列表中选择【画廊】选项，如下图所示。

第2步 此时即可将选择的主题应用到幻灯片中，选择【变体】组中的第4种变体样式，效果如下图所示。

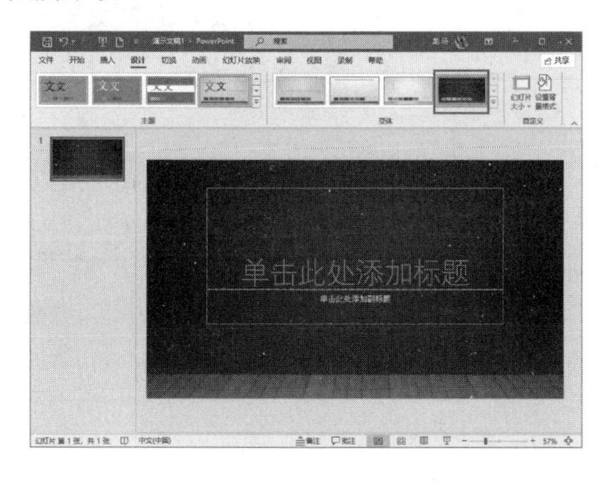

第3步 单击【变体】组中的【其他】按钮，在弹出的下拉列表中可以设置幻灯片的颜色、字体、效果和背景样式等，如下图所示。

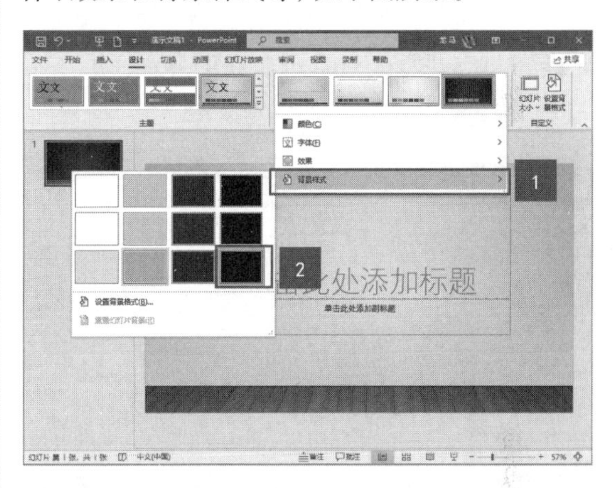

第4步 将样式重新更改为第1种变体，更改【变体】下的【字体】为“微软雅黑”，完成修改幻灯片的主题后的效果如下图所示。

6.1.2 编辑母版

在幻灯片母版视图下可以修改演示文稿的整体版式，如为整个演示文稿设置相同的颜色、字体、背景样式和效果等，具体操作步骤如下。

第1步 单击【视图】选项卡下【母版视图】组中的【幻灯片母版】按钮，如下图所示。

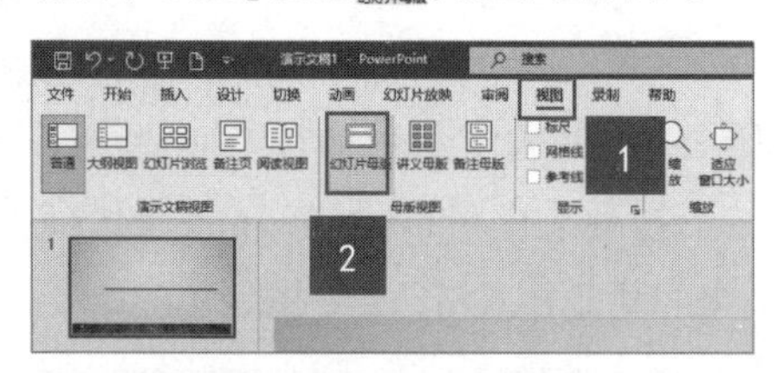

第2步 即可进入幻灯片母版视图界面，并打开【幻灯片母版】选项卡，如下图所示。

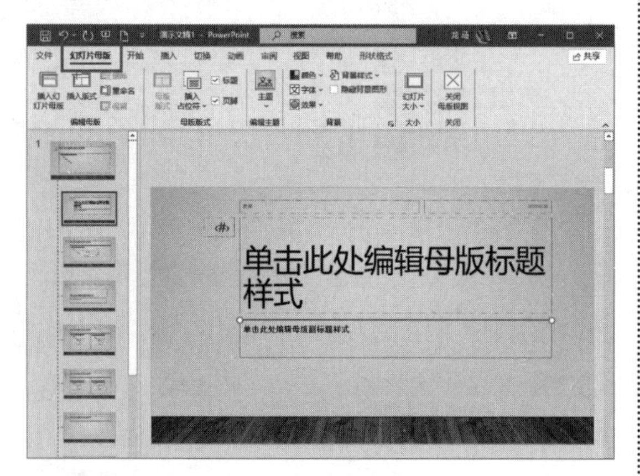

第3步 用户选择第2张幻灯片中的文本占位符，在【开始】选项卡下，设置标题文本的【字号】为"88"，设置副标题文本的【字号】为"28"，如下图所示。

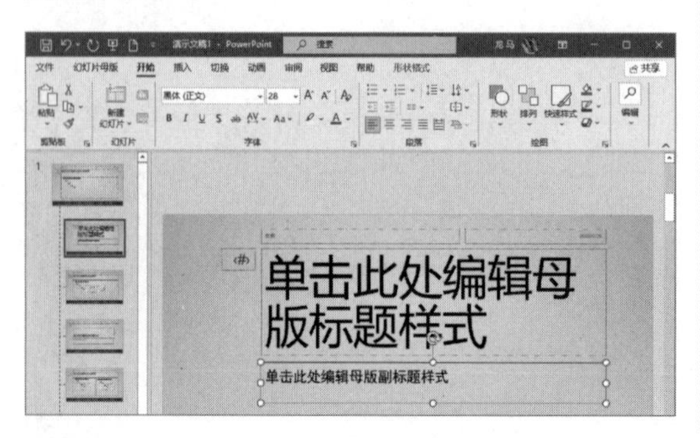

第4步 选择第1张幻灯片，设置标题文本的【字号】为"36"，添加【加粗】效果，单击【幻灯片母版】选项卡下【背景】组中的【背景样式】下拉按钮，在弹出的下拉列表中选择一种样式，如下图所示。

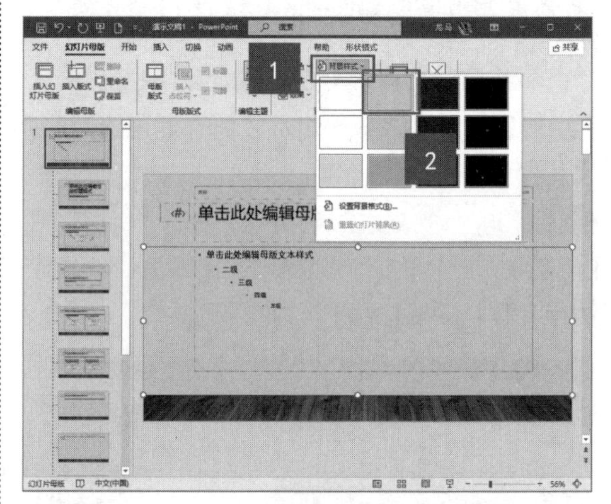

第5步 编辑母版后，单击【幻灯片母版】选项卡下【关闭】组中的【关闭母版视图】按钮，关闭母版视图，设置母版后的效果如下图所示。

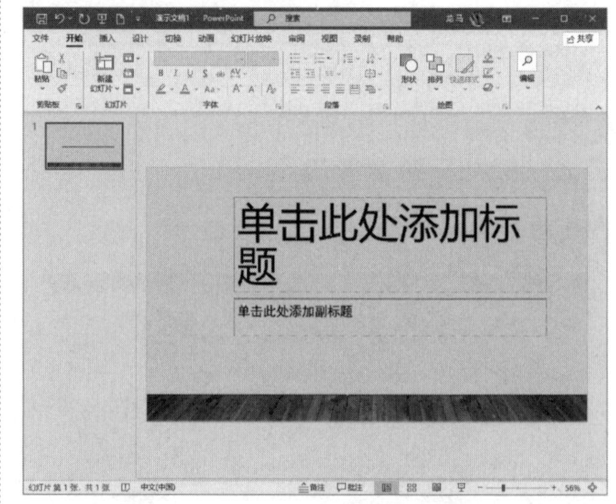

6.1.3 制作幻灯片首页

设置母版样式后，就可以开始制作岗位竞聘报告演示文稿，首先要制作幻灯片首页，具体操作步骤如下。

第1步 单击幻灯片中的文本占位符，添加幻灯片标题“岗位竞聘”，在【开始】选项卡下可以看到字体已经被设置为“微软雅黑”，【字号】为“88”，单击【字体】组中的【加粗】按钮，设置后的效果如下图所示。

第2步 重复上面的操作步骤，在副标题文本框中输入副标题文本，并设置文本格式，调整文本框的位置，最终效果如下图所示。

6.1.4 新建幻灯片

幻灯片首页制作完成后，需要新建幻灯片完成岗位竞聘报告的主要内容，具体操作步骤如下。

第1步 单击【开始】选项卡下【幻灯片】组中的【新建幻灯片】下拉按钮，在弹出的下拉列表中选择【标题和内容】选项，如下图所示。

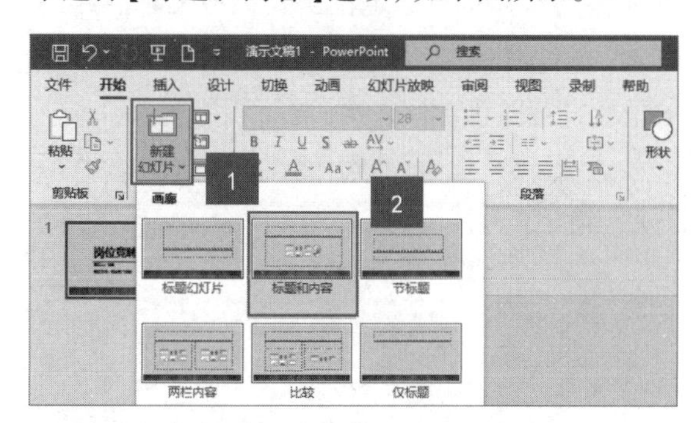

第2步 新建的幻灯片即显示在左侧的【幻灯片】窗格中，效果如下图所示。

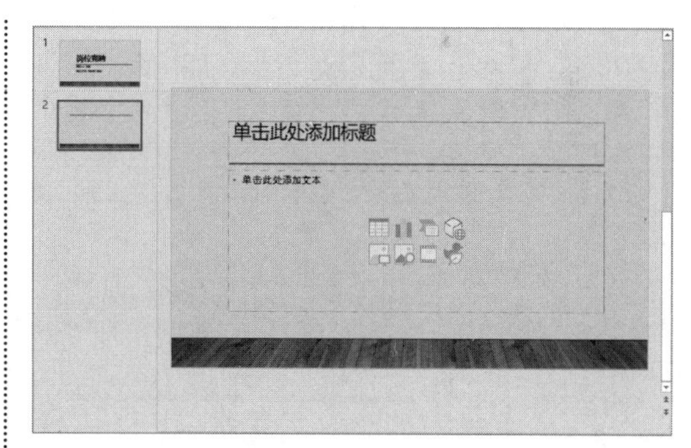

提示

在【幻灯片】窗格中右击，在弹出的快捷菜单中选择【新建幻灯片】选项，也可以快速新建幻灯片，如下图所示。

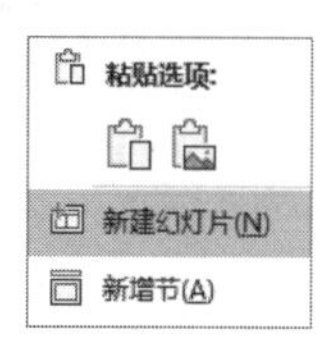

6.1.5 为内容页添加和编辑文本格式

新建幻灯片后，即可添加文本内容，如果要修改或设置文本格式，需要选择文本。此外，还可以根据需要调整文本框的位置。

1. 输入文本

在普通视图中，幻灯片中会出现"单击此处添加标题""单击此处添加副标题""单击此处添加文本"等提示文本框，这种文本框统称为"文本占位符"。

在文本占位符中输入文本是最基本、最方便的一种输入方式。在文本占位符上单击即可输入文本，同时输入的文本会自动替换文本占位符中的提示性文字。

第1步 选择【标题和内容】幻灯片，单击"单击此处添加标题"文本框，输入标题"个人资料"，如下图所示。

提示

另外，也可以单击【插入】选项卡下【文本】组中的【文本框】按钮，绘制文本框并输入文本内容。

第2步 在【单击此处添加文本】文本框中单击，可直接输入文字，例如，将"素材\ch06\竞聘报告.txt"中的内容复制到幻灯片中，如下图所示。

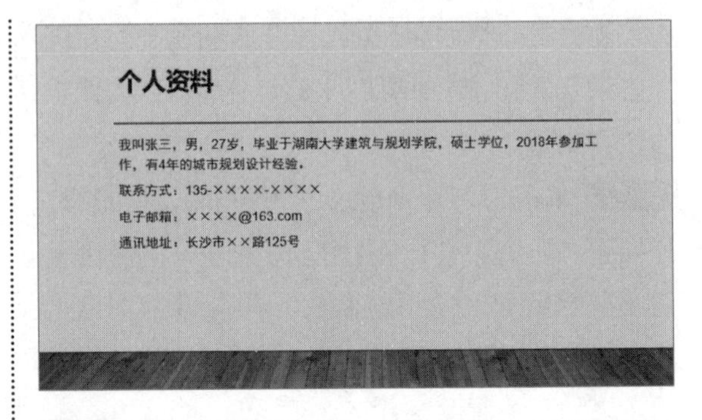

第3步 使用同样的方法，新建幻灯片，将"素材\ch06\竞聘报告.txt"中的内容复制到对应的幻灯片中，如下图所示。

2. 选择文本

如果要更改文本或设置文本的字体样式，可以选择文本。将光标定位至要选择文本的起始位置，按住鼠标左键并拖曳鼠标，选择结束，释放鼠标左键即可选择文本，如下图所示。

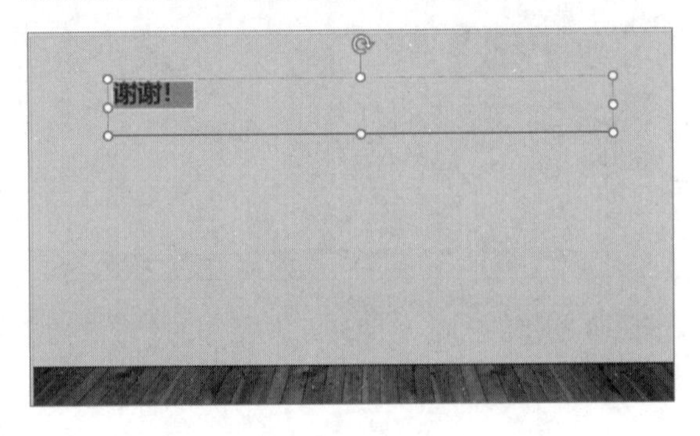

3. 调整文本框的大小

选择文本框后，将鼠标指针放在文本框四周的控制点上，按住鼠标左键拖曳鼠标，即可调整文本框的大小，如下图所示。

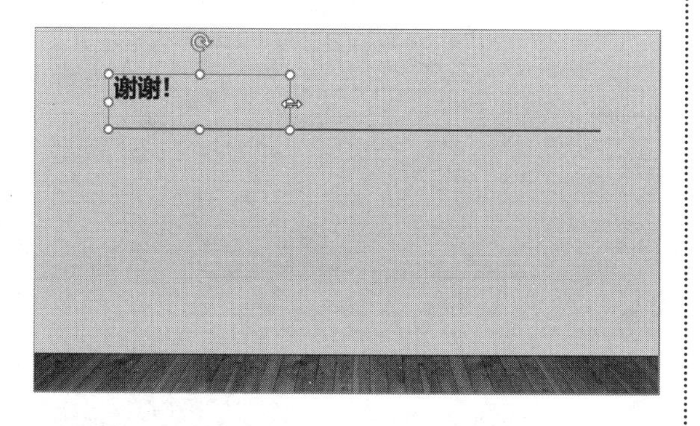

4. 移动文本

在PowerPoint 2021中的文本都是在占位符或文本框中显示的，可以根据需要移动文本的位置。选择要移动文本的占位符或文本框，按住鼠标左键并拖曳鼠标至合适位置，释放鼠标左键，即可完成移动文本的操作，如下图所示。

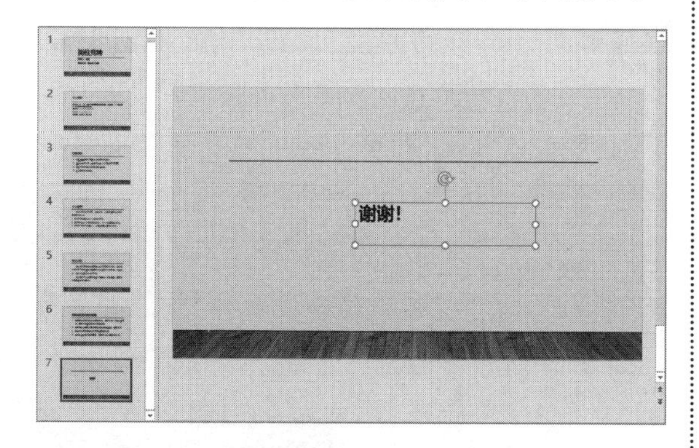

5. 设置字体格式

第1步 选择第2张幻灯片，在【开始】选项卡下【字体】组中，将【字体】设置为“华文楷体”，【字号】设置为“28”，如下图所示。

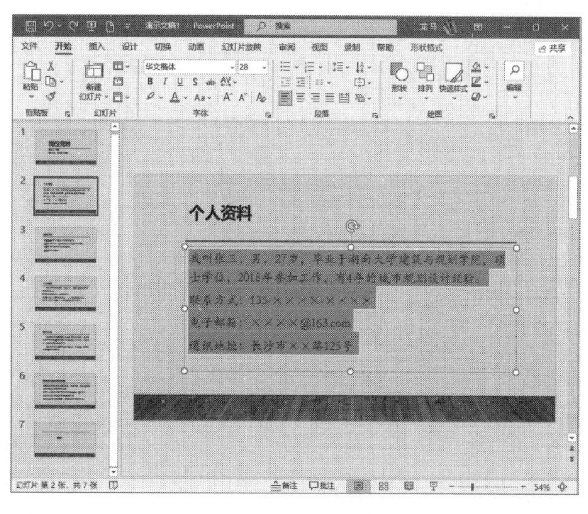

第2步 选择“张三”文本，在【开始】选项卡下【字体】组中，单击【加粗】按钮，设置加粗效果，突出显示重点内容，并根据需要为其他重点内容设置加粗效果，如下图所示。

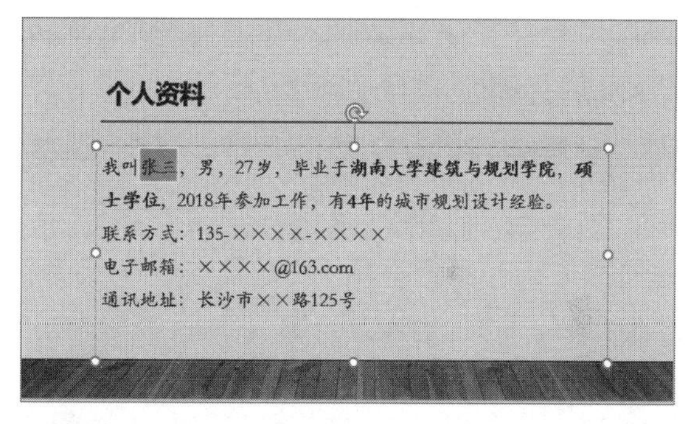

第3步 选择其7张幻灯片中的文本，单击【形状格式】选项卡下的【艺术字样式】组中的【其他】按钮，在弹出的艺术字样式列表中选择要应用的艺术字效果，如下图所示。

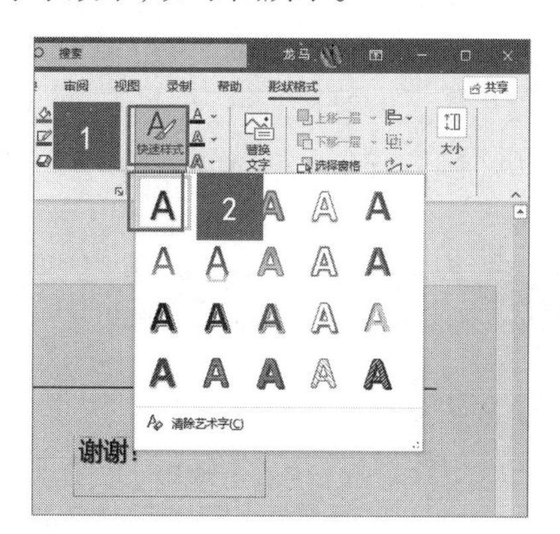

第4步 此时即可为选择的文本应用该效果，设置【字号】为“88”，如下图所示。

6. 设置段落格式

段落格式主要包括缩进、间距与行距等。对段落格式的设置主要是通过【开始】选项卡下【段落】组中的各命令按钮来进行的。

第1步 选择第2张幻灯片，选中要设置格式的段落，单击【开始】选项卡下【段落】组右下角的【段落】按钮，如下图所示。

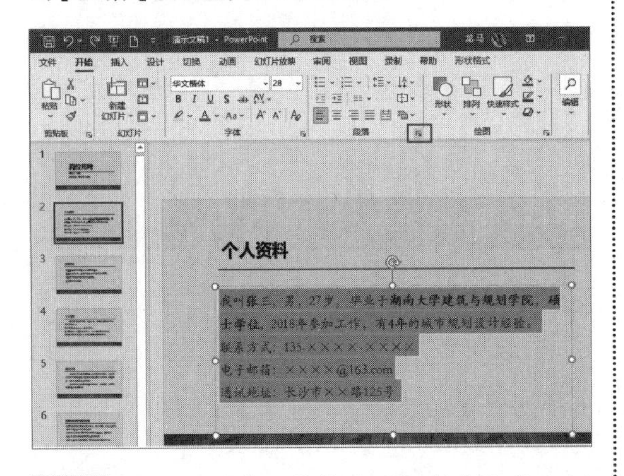

第2步 在弹出的【段落】对话框的【缩进和间距】选项卡中，设置【首行】缩进为“2厘米”，【行距】为【多倍行距】，其值为“1.4”，单击【确定】按钮，如下图所示。

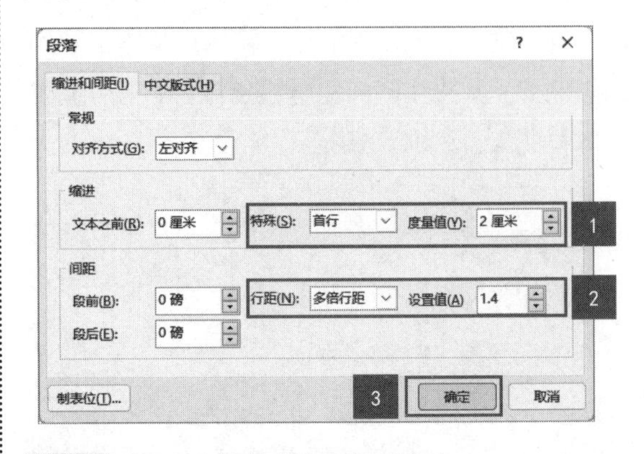

第3步 设置后的效果如下图所示。

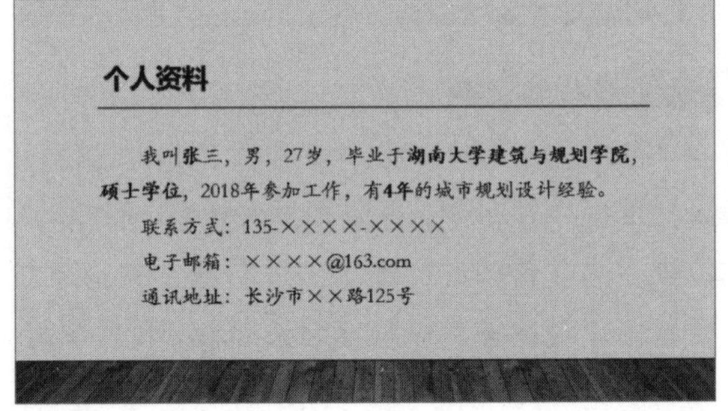

第4步 使用同样的方法，设置其他幻灯片的段落格式，如首行缩进、段间距及居中方式等，如下图所示。

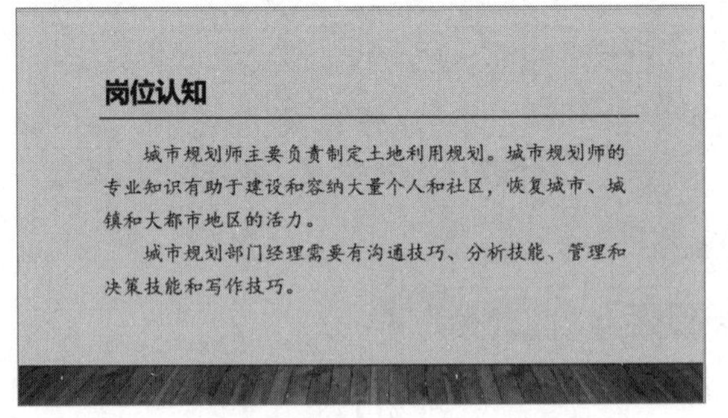

6.1.6 复制和移动幻灯片

1. 复制幻灯片

（1）选中幻灯片，单击【开始】选项卡下【剪贴板】组中的【复制】下拉按钮，在弹出的下拉列表中选择【复制】选项，即可复制所选幻灯片，如下图所示。

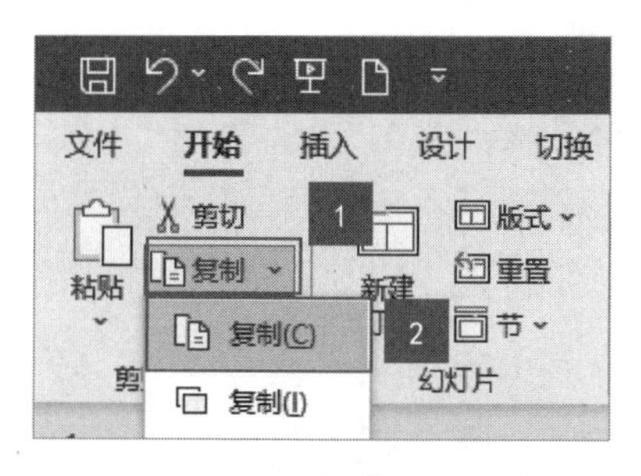

（2）在要复制的幻灯片上右击，在弹出的快捷菜单中选择【复制】选项，即可复制所选幻灯片，如下图所示。

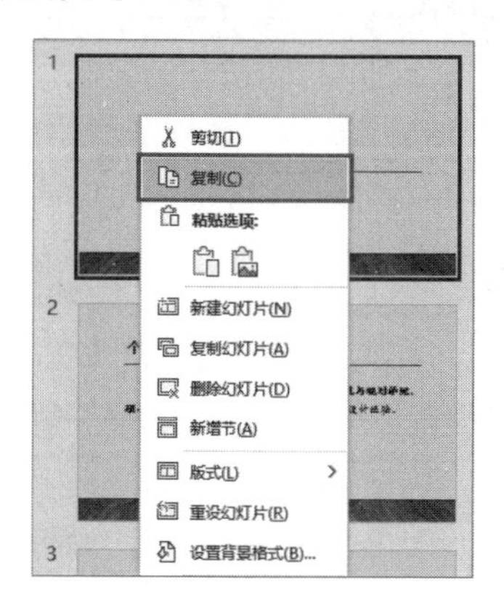

提示

选择【复制幻灯片】选项，可以快速在当前所选幻灯片下方复制出一张相同的幻灯片。

2. 移动幻灯片

选择需要移动的幻灯片并按住鼠标左键，拖曳幻灯片至目标位置，松开鼠标左键即可。此外，通过剪切并粘贴的方式也可以移动幻灯片，如下图所示。

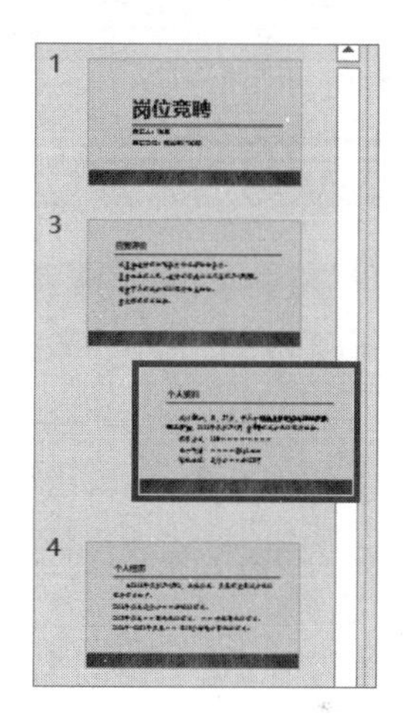

6.1.7 添加项目编号和项目符号

在PowerPoint 2021演示文稿中，添加项目符号或编号不仅可以美化幻灯片，使用项目编号还可以显示大量文本或顺序的流程。精美的项目符号、统一的编号样式可以使单调的文本内容变得更生动、更专业。

第1步 选中第3张幻灯片需要添加项目编号的文本内容，单击【开始】选项卡下【段落】组中的【编号】下拉按钮☰ˇ，在弹出的下拉列表中选择相应的编号，即可将其添加到文本中，如下图所示。

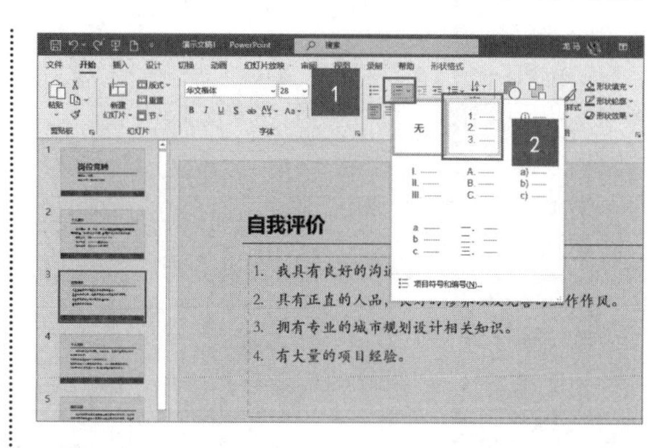

第2步 选中第4张幻灯片需要添加项目符号的文本内容，单击【开始】选项卡下【段落】组中的【项目符号】下拉按钮，在弹出的下拉列表中选择相应的项目符号，即可将其添加到文本中，如下图所示。

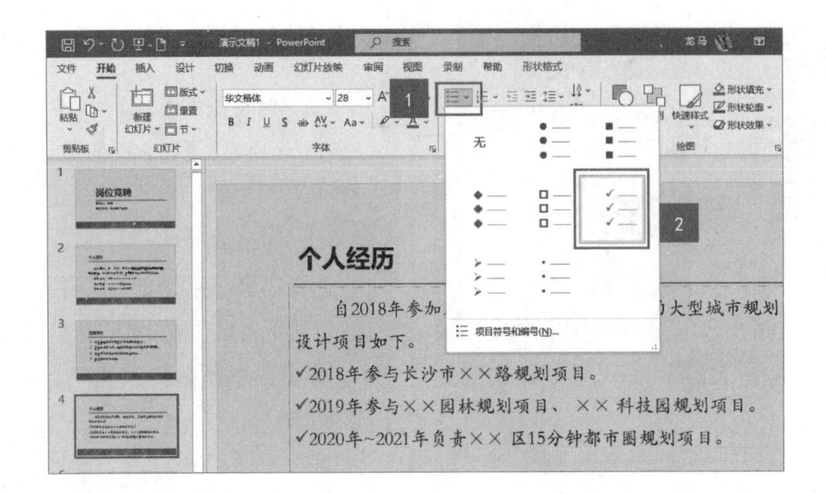

6.1.8 保存演示文稿

编辑完演示文稿后，需要将演示文稿保存起来，以便以后使用。保存演示文稿的具体操作步骤如下。

第1步 编辑完演示文稿后，单击快速访问工具栏上的【保存】按钮，或选择【文件】选项卡，在打开的列表中选择【保存】选项，在右侧的【另存为】区域中单击【浏览】按钮，如下图所示。

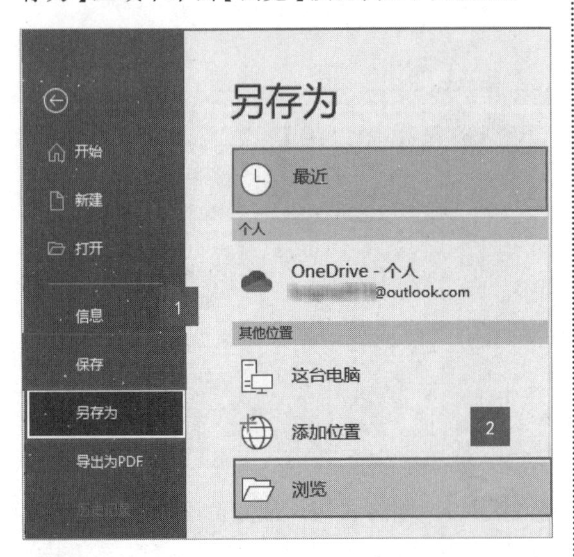

第2步 弹出【另存为】对话框，选择演示文稿的保存位置，在【文件名】文本框中输入演示文稿的名称，单击【保存】按钮即可，如下图所示。

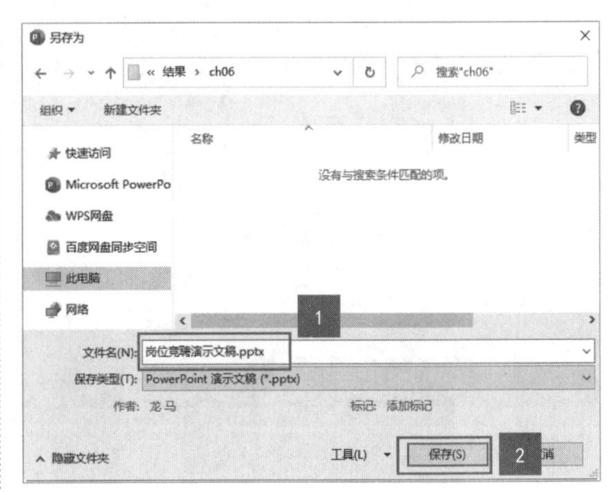

提示

如果用户需要为当前演示文稿重命名、更换保存位置或改变演示文稿类型，可以选择【文件】→【另存为】选项，在【另存为】设置界面中单击【浏览】按钮，将弹出【另存为】对话框。在【另存为】对话框中选择演示文稿的保存位置、文件名和保存类型后，单击【保存】按钮即可另存演示文稿。

6.2 制作公司新品宣传片演示文稿

公司宣传演示文稿的形式多样，包括企业文化、企业形象、企业历史等，本节制作的公司新品宣传片主要用于推广企业的新产品，此外，还可以介绍公司的基本情况、销售渠道和企业文化，达到宣传新产品、提高企业知名度的目的。

6.2.1 创建表格

销售渠道数据较多时，可以使用表格来展示数据内容，还可以通过设置特殊颜色来突出数据，具体操作步骤如下。

第1步 打开“素材\ch06\公司新品宣传片.pptx”演示文稿，在第3张幻灯片页面上方新建“标题和内容”幻灯片，然后输入该幻灯片的标题“2022上半年各渠道销售情况汇总表”，并设置标题字体格式，如下图所示。

第2步 单击幻灯片中的【插入表格】按钮，如下图所示。

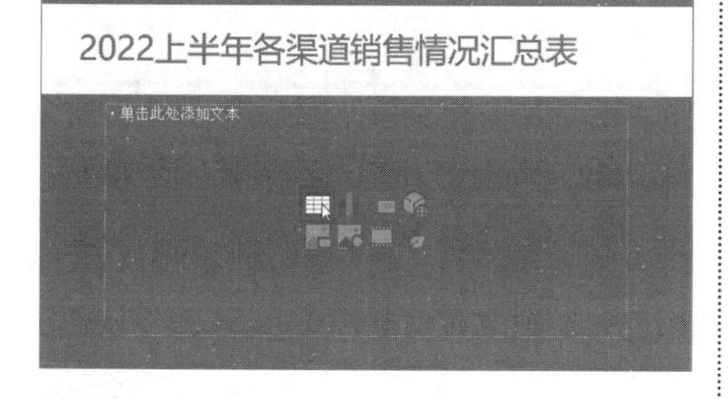

第3步 弹出【插入表格】对话框，分别在【行数】和【列数】微调框中输入行数和列数，单击【确定】按钮，如下图所示。

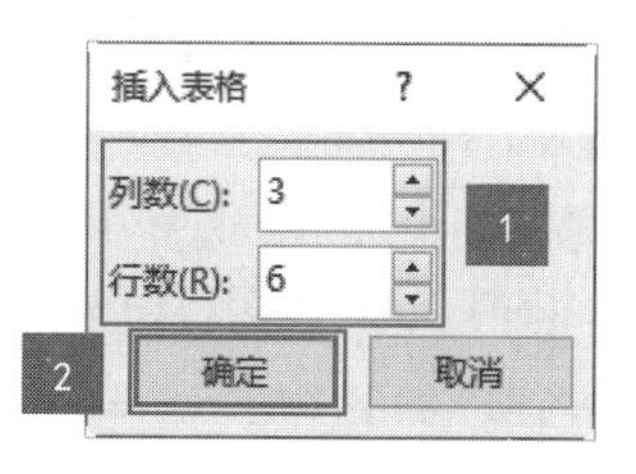

第4步 此时即可创建一个表格，如下图所示。

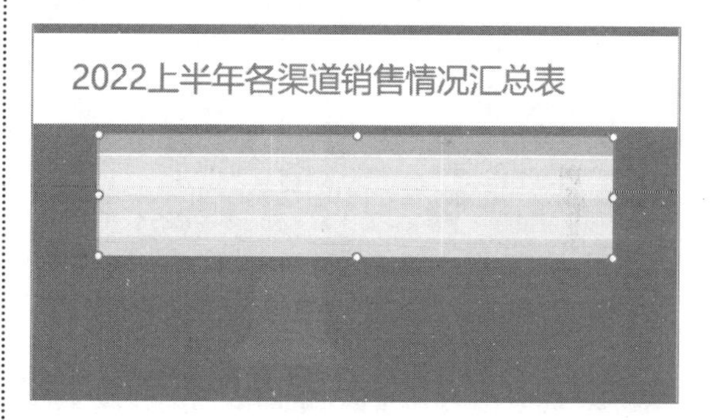

> **提示**
>
> 除了上述方法，还可以单击【插入】选项卡下【表格】组中的【表格】按钮创建表格。

第5步 选中要输入文字的单元格，在表格中输入相应的内容，如下图所示。

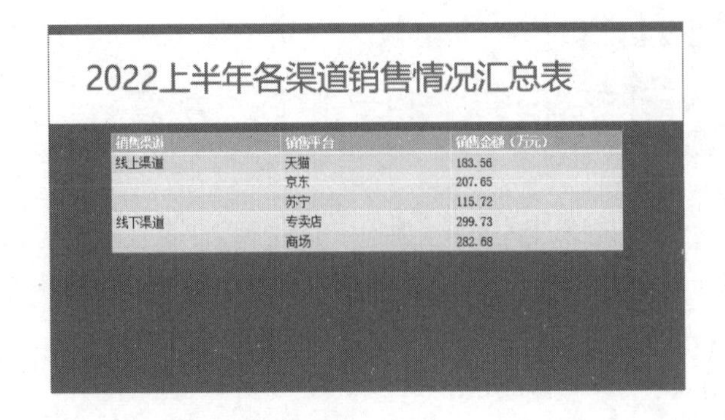

6.2.2 调整与编辑表格的行高与列宽

在表格中输入文字后，可以通过合并单元格、调整表格的行高与列宽等操作，使表格中的文字显示合理，具体操作步骤如下。

第1步 用鼠标拖曳选中第一列第二行到第四行的单元格并右击，在弹出的快捷菜单中选择【合并单元格】选项，如下图所示。

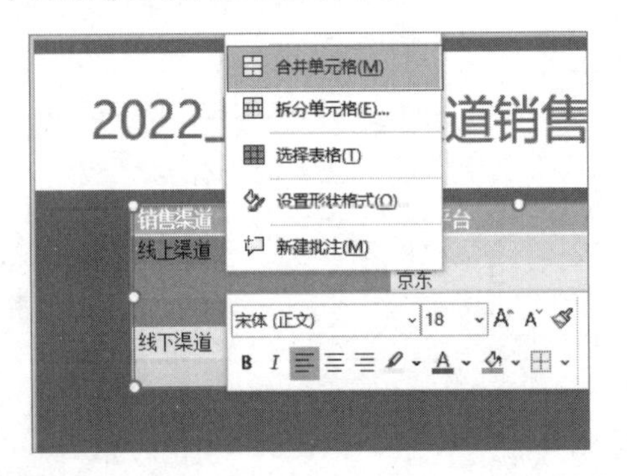

第2步 此时即可合并选中的单元格，重复上面的操作，合并需要合并的单元格，最终效果如下图所示。

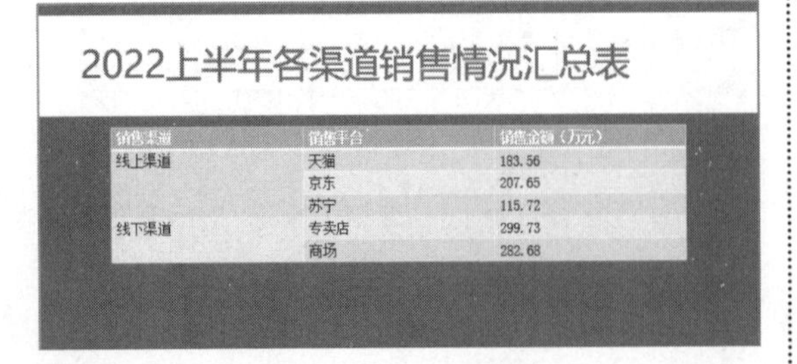

第3步 选择表格，单击【布局】选项卡下【对齐方式】组中的【居中】和【垂直居中】按钮，将文本居中显示，效果如下图所示。

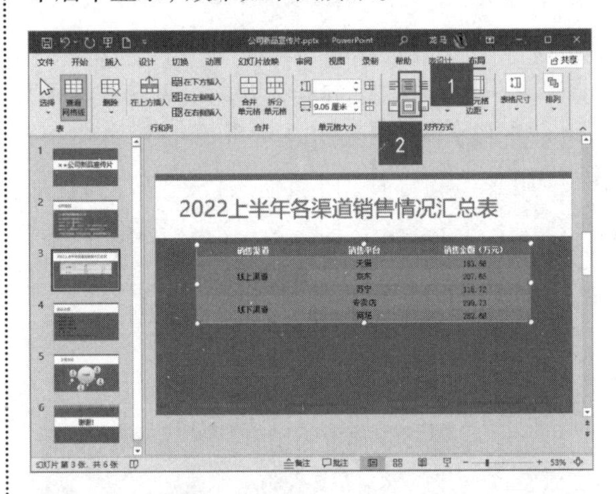

第4步 选择表格，单击【布局】选项卡下【表格尺寸】组中的【高度】文本框后的微调按钮，或直接在【高度】文本框中输入新的高度值，这里设置【高度】为“14.07厘米”，适当调整表格的位置，效果如下图所示。

第5步 再次单击【布局】选项卡下【表格尺寸】组中的【宽度】文本框后的微调按钮，或直接在【宽度】文本框中输入新的宽度值，这里设置【宽度】为“33.87厘米”，效果如下图所示。

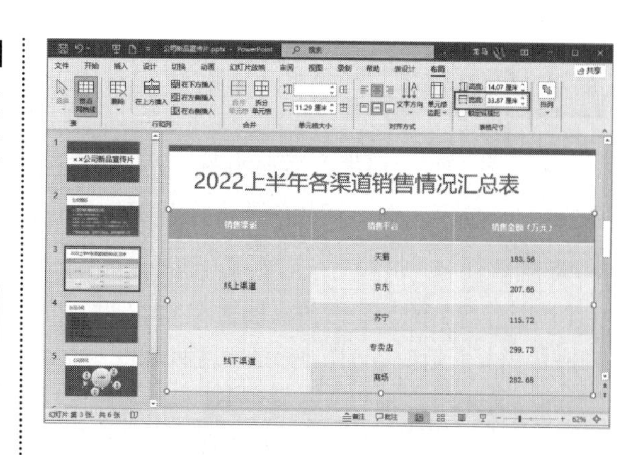

提示

用户也可以把鼠标指针放在要调整的单元格边框线上，当鼠标指针变成÷或+||+形状时，按住鼠标左键拖曳，即可调整表格的行高与列宽。

6.2.3 设置表格样式

调整表格的行高与列宽之后，用户还可以设置表格的样式，使表格看起来更加美观，具体操作步骤如下。

第1步 选中表格，单击【表设计】选项卡下【表格样式】组中的【其他】按钮▽，在弹出的下拉列表中选择一种表格样式，如下图所示。

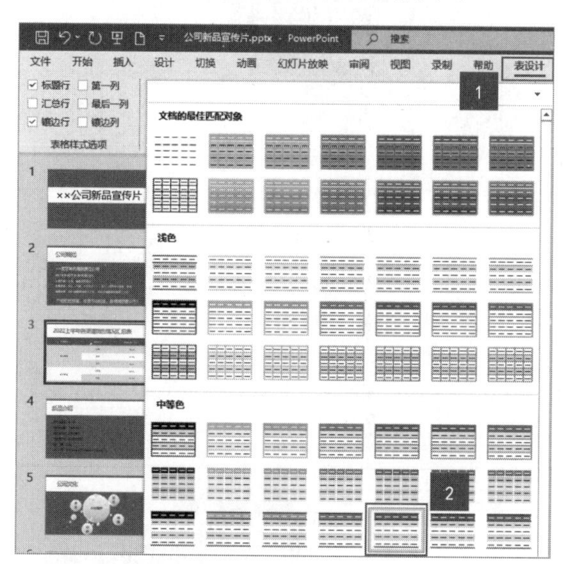

第2步 选择表格标题行，单击【表设计】选项卡下【表格样式】组中的【底纹】按钮，在弹出的下拉列表中选择【蓝色，背景2】颜色，如下图所示。

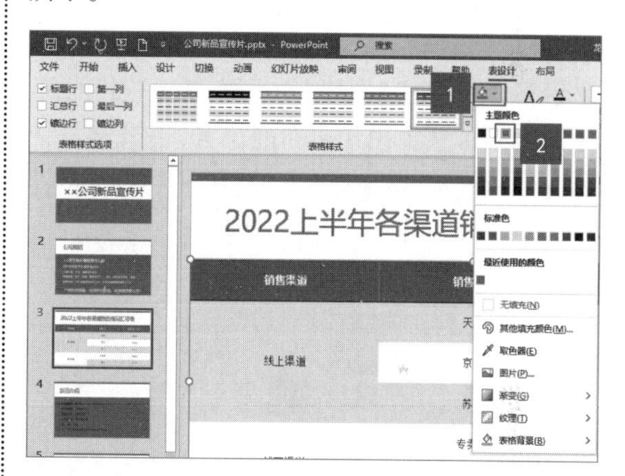

第3步 根据需要设置表格中文字的【字体】为“微软雅黑”，【字号】为“28”，将第3行第3列的数据【字体颜色】设置为红色，最终效果如下图所示。

2022上半年各渠道销售情况汇总表

销售渠道	销售平台	销售金额（万元）
线上渠道	天猫	183.56
	京东	207.65
	苏宁	115.72
线下渠道	专卖店	299.73
	商场	282.68

6.2.4 插入图片

在制作幻灯片时插入适当的图片，可以达到图文并茂的效果。插入图片的具体操作步骤如下。

第1步 选择第4张幻灯片，单击【插入】选项卡下【图像】组中的【图片】按钮，在弹出的下拉列表中选择【此设备】选项，如下图所示。

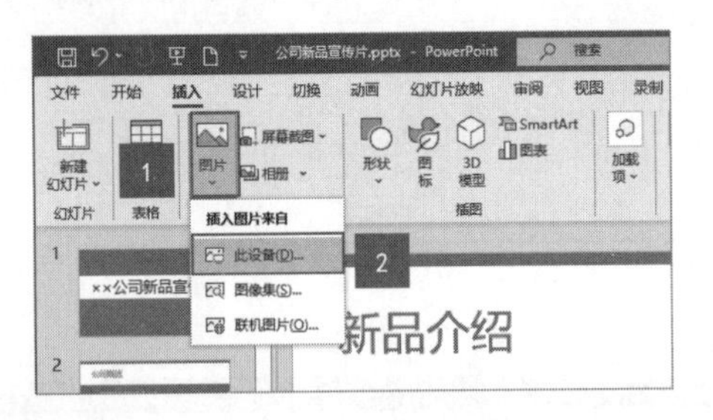

第2步 弹出【插入图片】对话框，在【查找范围】下拉列表中选择图片所在的位置，选择要插入幻灯片的图片，单击【插入】按钮，如下图所示。

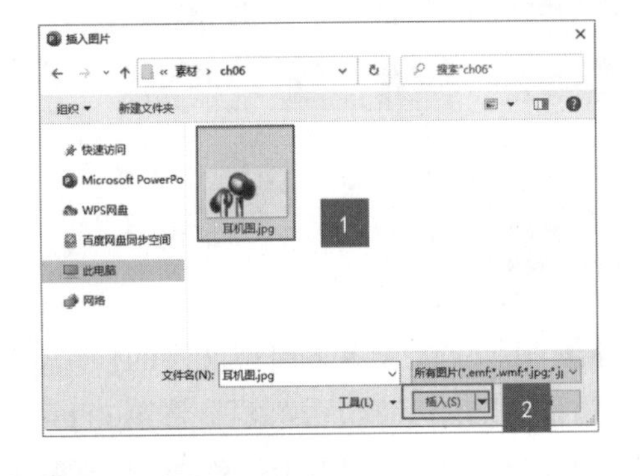

第3步 将图片插入幻灯片中，效果如下图所示。

第4步 选中图片，将鼠标指针放在图片4个角的控制点上，按住鼠标左键调整图片的大小，并移动图片到合适位置，如下图所示。

6.2.5 编辑图片

插入图片后，用户可以对图片进行编辑，使图片满足相应的需要，具体操作步骤如下。

第1步 选中插入的图片并右击，在弹出的快捷菜单中选择【置于底层】→【置于底层】选项，如下图所示。

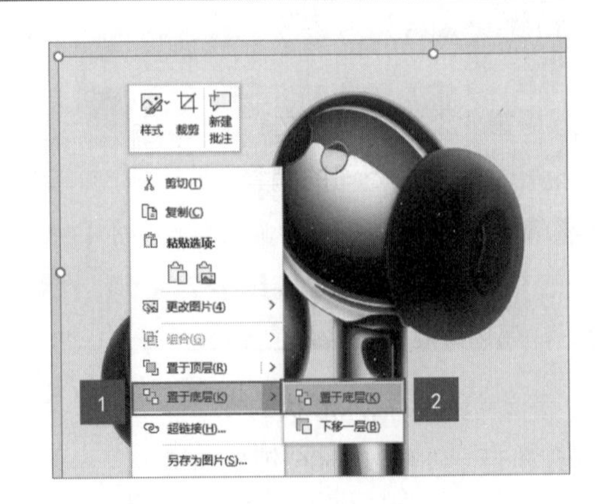

第2步 将图片置于底层后，调整文字的颜色、字体和位置，效果如下图所示。

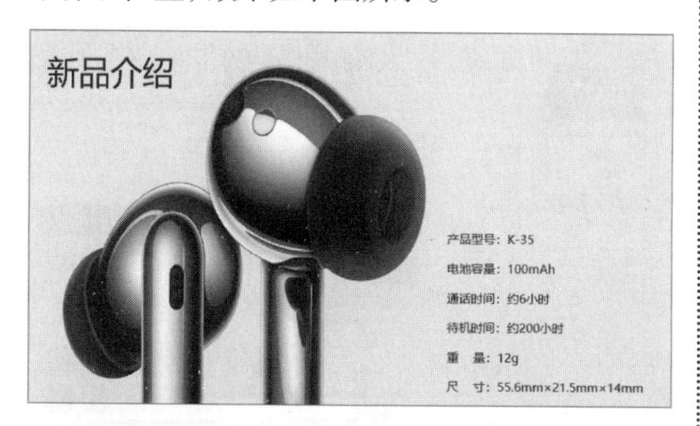

第3步 选择图片，单击【图片格式】选项卡下【调整】组中的【校正】按钮，在弹出的下拉列表中选择相应的选项，可以校正图片的锐化和亮度，如下图所示。

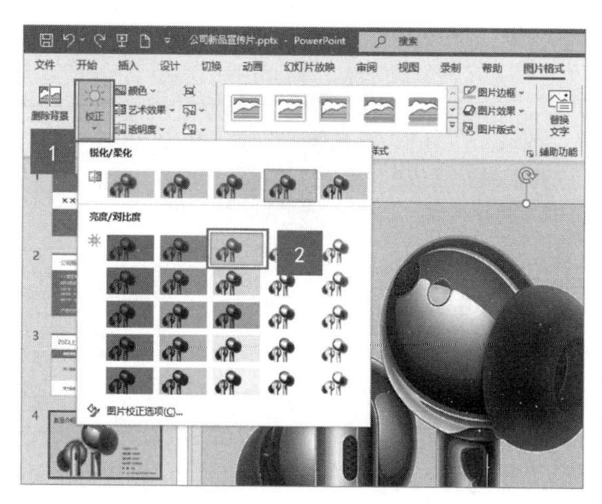

第4步 选择图片，单击【图片格式】选项卡下【调整】组中的【颜色】按钮，在弹出的下拉列表中选择相应的选项，可以调整图片的颜色，如下图所示。

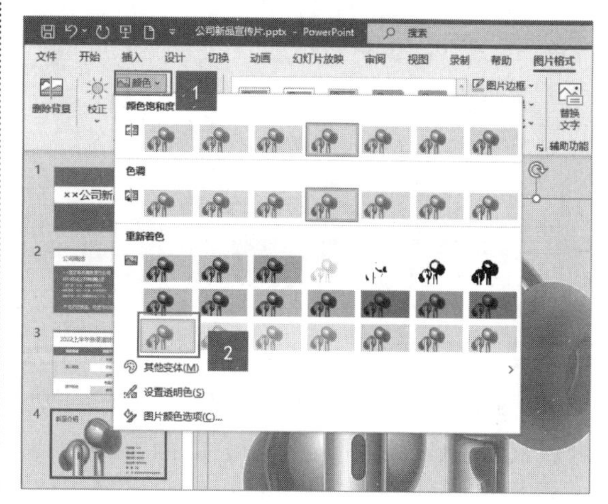

第5步 此外，还可以根据需要调整图片的艺术效果和透明度，调整后的最终效果如下图所示。

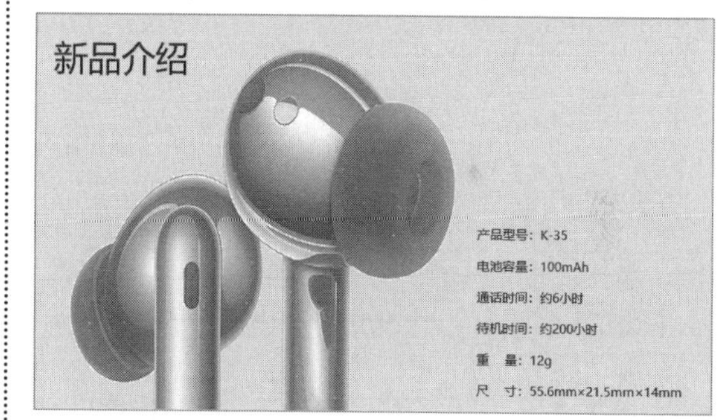

6.3 制作销售业绩报告演示文稿

销售业绩报告演示文稿主要用于展示公司的销售业绩情况。在PowerPoint 2021中，可以使用图形图表来表达公司的销售业绩，例如，在演示文稿中插入图形、SmartArt图形等。本节以制作销售业绩报告演示文稿为例介绍各种图形的使用方法。

6.3.1 插入形状

在幻灯片中插入形状的具体操作步骤如下。

第1步 打开“素材\ch06\销售业绩报告.pptx”演示文稿，选择第2张幻灯片。单击【插入】选项卡下【插图】组中的【形状】按钮，在弹出的下

拉列表中选择【基本形状】选项区域中的【椭圆】形状，如下图所示。

第2步 此时鼠标指针在幻灯片中的形状显示为“+”，按住鼠标左键不放并拖曳到适当位置处释放鼠标左键，绘制的椭圆形状如下图所示。

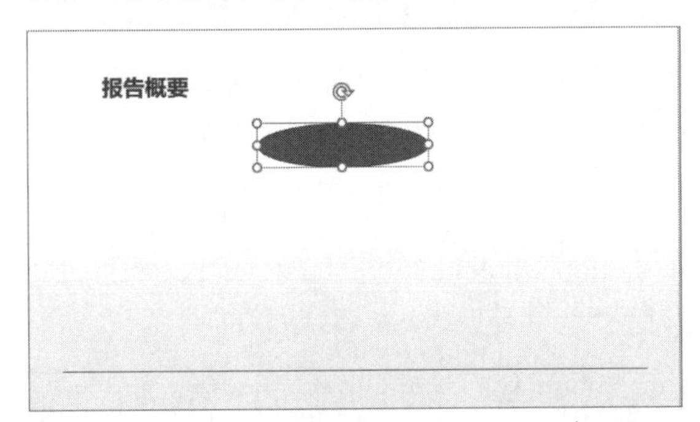

提示

选择【椭圆】形状后，按住【Shift】键，按住鼠标左键不放并拖曳到适当位置处释放鼠标左键，可以绘制圆形形状。

第3步 单击【形状格式】选项卡下【形状样式】组中的【形状填充】下拉按钮，在弹出的下拉列表中选择【渐变】→【深色变体】选项区域中的【线性向下】样式，如下图所示。

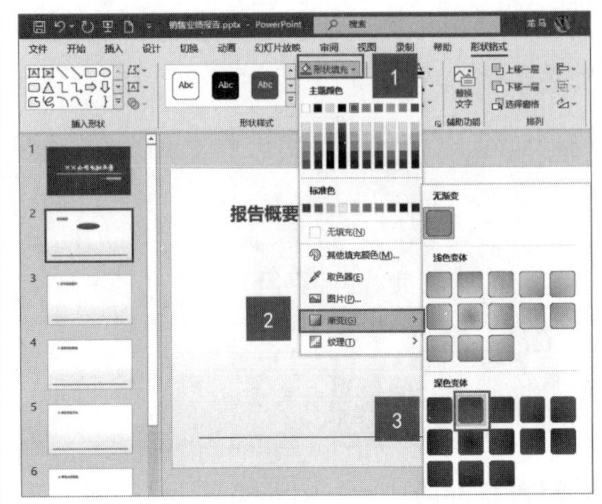

第4步 再次单击【形状样式】组中的【形状轮廓】下拉按钮，在弹出的下拉列表中选择【无轮廓】选项，如下图所示。

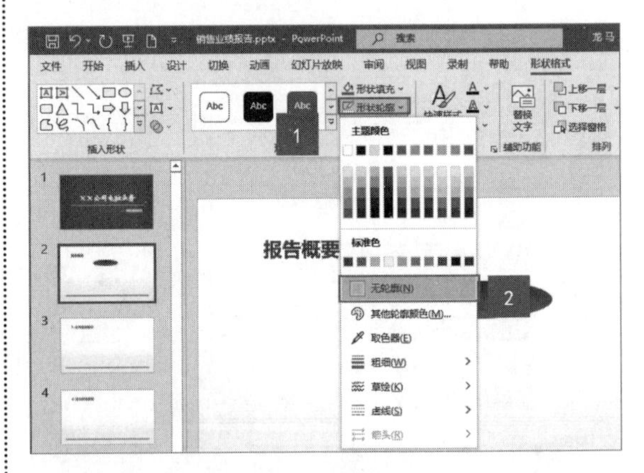

第5步 选择绘制的形状并右击，在弹出的快捷菜单中选择【编辑文字】选项，如下图所示。

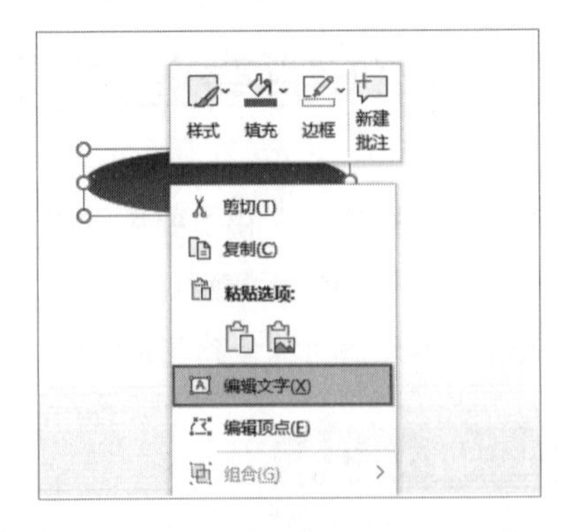

第6步 输入文本“近年业绩展示”，并调整文本与形状的大小，效果如下图所示。

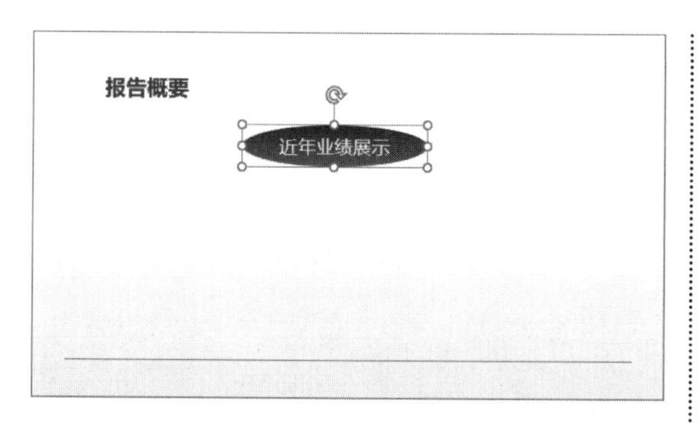

第7步 按【Ctrl+C】组合键复制选择的图形，再按【Ctrl+V】组合键复制3组图形，并调整最后一次复制的图形的位置，如下图所示。

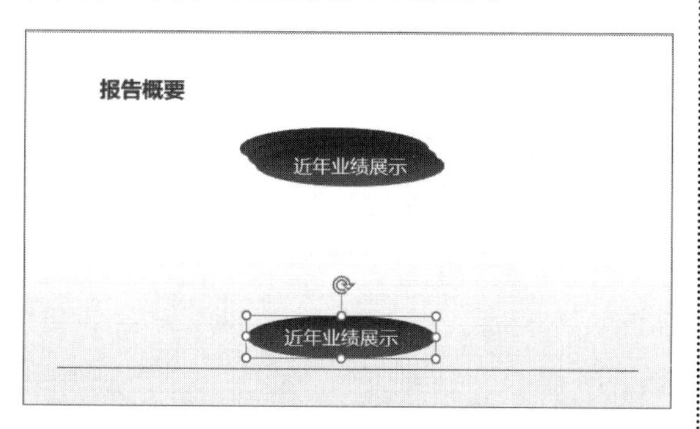

第8步 选择绘制的4个椭圆形状，单击【形状格式】选项卡下【排列】组中的【对齐对象】按钮，在弹出的下拉列表中分别选择【左对齐】【纵向分布】选项，如下图所示。

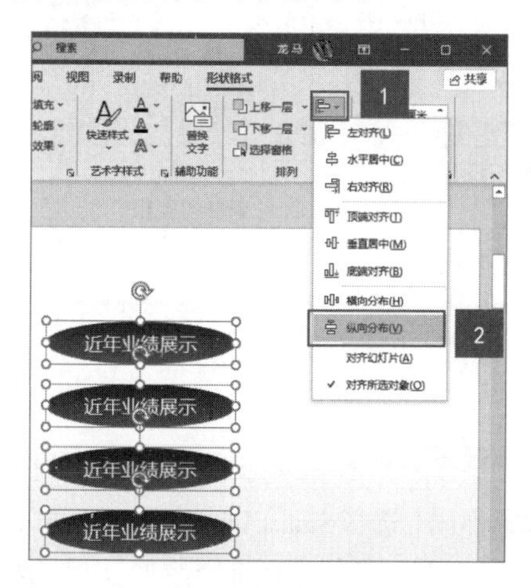

第9步 更改另外3个形状中的内容，并调整颜色，最终效果如下图所示。

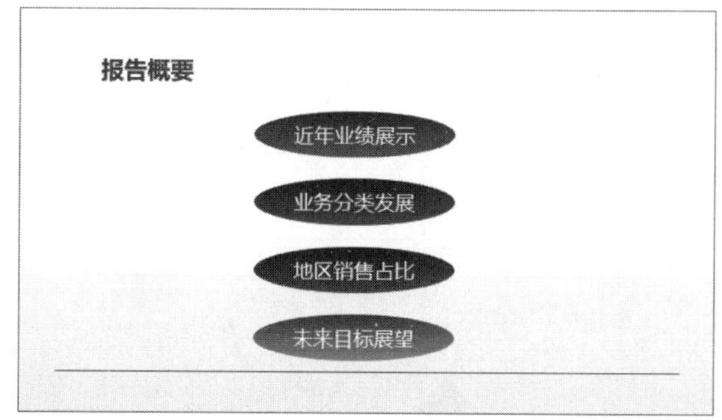

第10步 选择第6张幻灯片，单击【插入】选项卡下【插图】组中的【形状】按钮，在弹出的下拉列表中选择【箭头总汇】选项区域中的【箭头：上】形状，如下图所示。

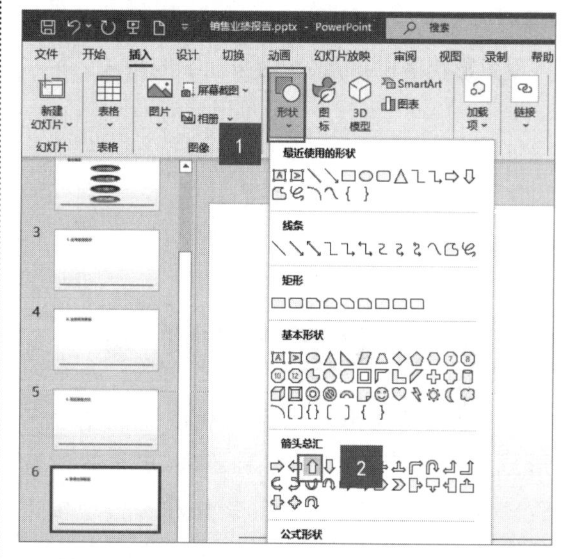

第11步 在幻灯片空白位置处单击，按住鼠标左键并拖曳到适当位置处释放鼠标左键，绘制的“箭头：上”形状如下图所示。

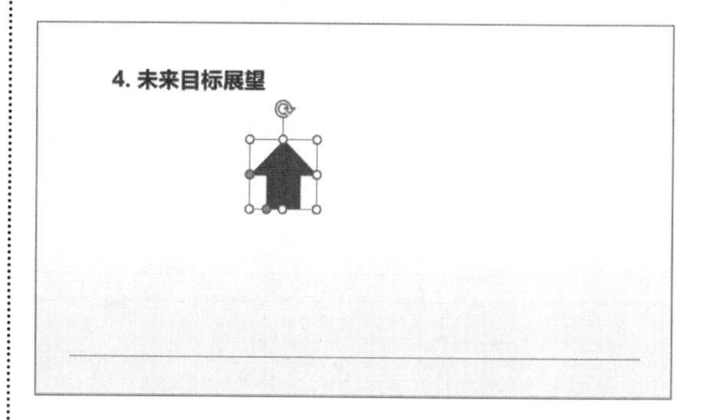

第12步 单击【形状格式】选项卡下【形状样式】组中的【其他】按钮，在弹出的下拉列表中选择一种主题填充，即可应用该样式，并设置【形状轮廓】为“无轮廓”，如下图所示。

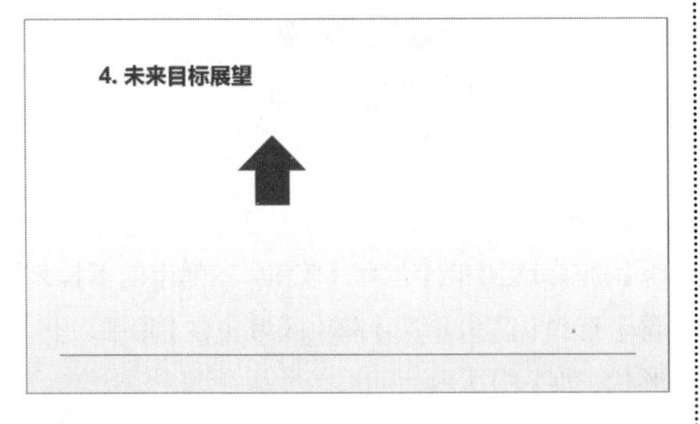

第13步 重复上面的操作步骤，插入矩形形状，并设置形状格式和大小，效果如下图所示。

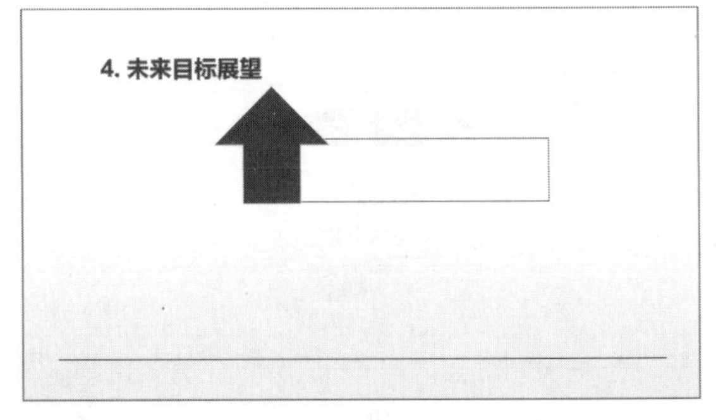

第14步 选择插入的图形并复制粘贴2次，然后调整图形的位置，在图形中输入文字，并根据需要设置文字样式，最终效果如下图所示。

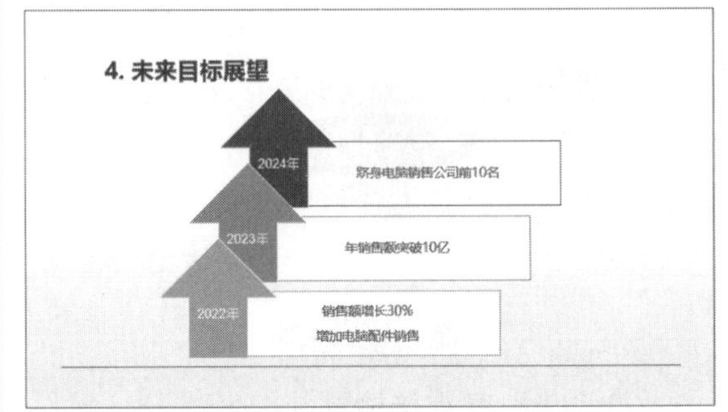

6.3.2 插入SmartArt图形

SmartArt图形是信息和观点的视觉表示形式。用户可以选择多种不同布局来创建SmartArt图形，从而快速、轻松和有效地传达信息。

1. 创建SmartArt图形

利用SmartArt图形，可以创建具有设计师水准的插图。创建SmartArt图形的具体操作步骤如下。

第1步 选择第4张幻灯片，单击【插入】选项卡下【插图】组中的【SmartArt】按钮，如下图所示。

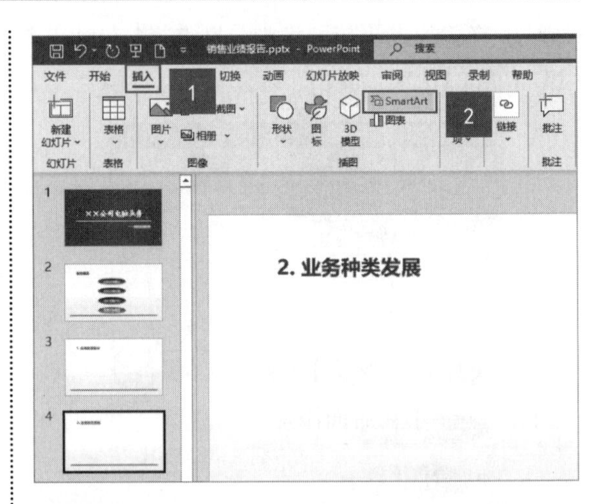

第2步 弹出【选择SmartArt图形】对话框，左侧选择【列表】选项，在中间的图形区域选择【梯形列表】图形，然后单击【确定】按钮，如下图所示。

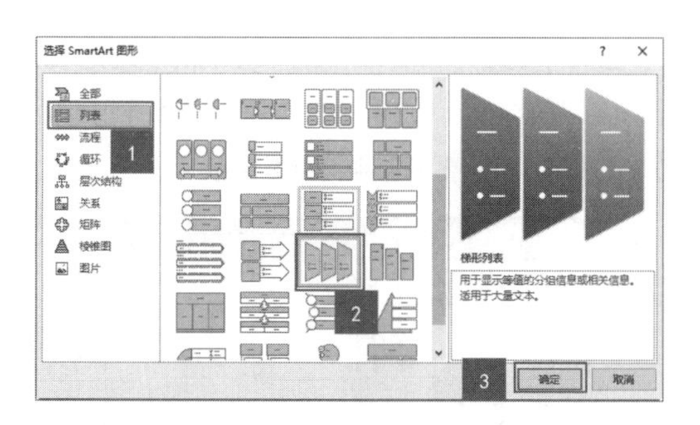

第3步 在幻灯片中创建一个列表图形，并适当调整其大小，如下图所示。

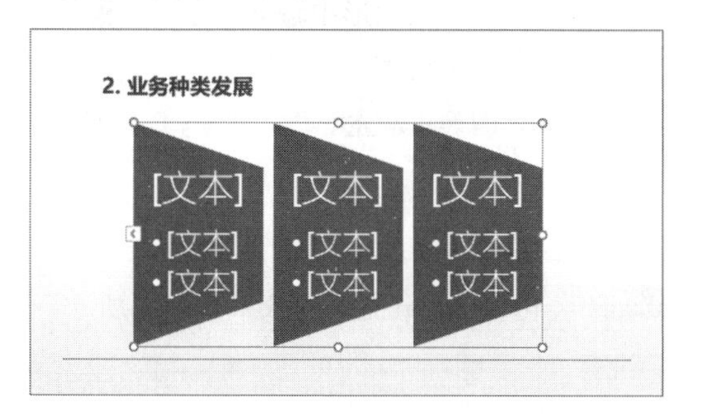

第4步 SmartArt图形创建完成后，单击图形中的“文本”字样可直接输入文字内容，如下图所示。

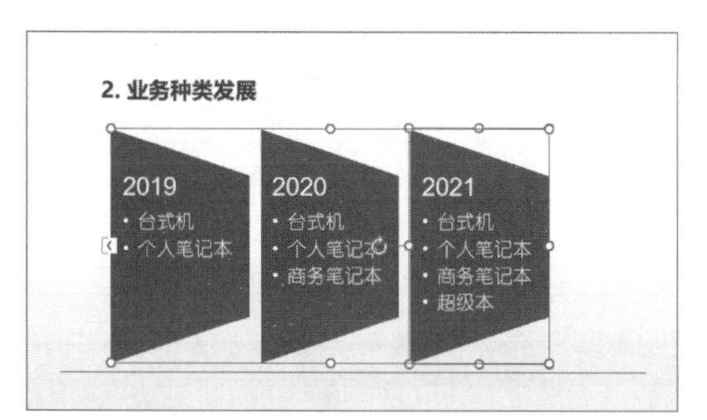

第5步 单击【SmartArt设计】选项卡下【创建图形】组中的【添加形状】下拉按钮，在弹出的下拉列表中选择【在后面添加形状】选项，如下图所示。

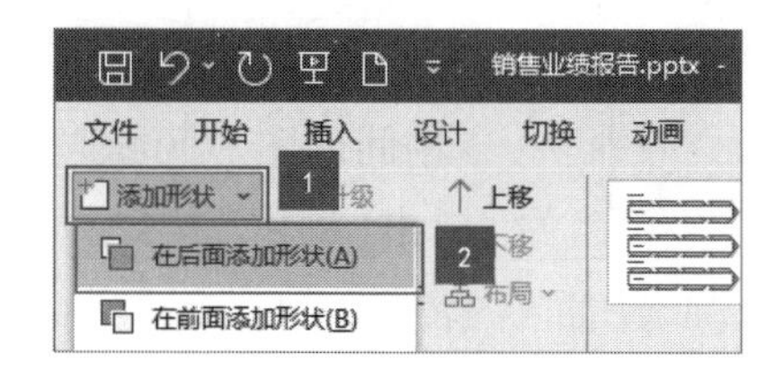

第6步 在插入的SmartArt图形中添加一个形状，并调整其大小，效果如下图所示。

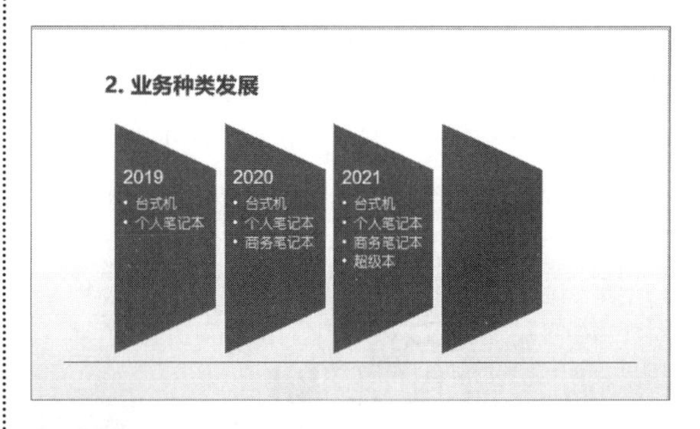

第7步 单击【SmartArt设计】选项卡下【创建图形】组中的【文本窗格】按钮，如下图所示。

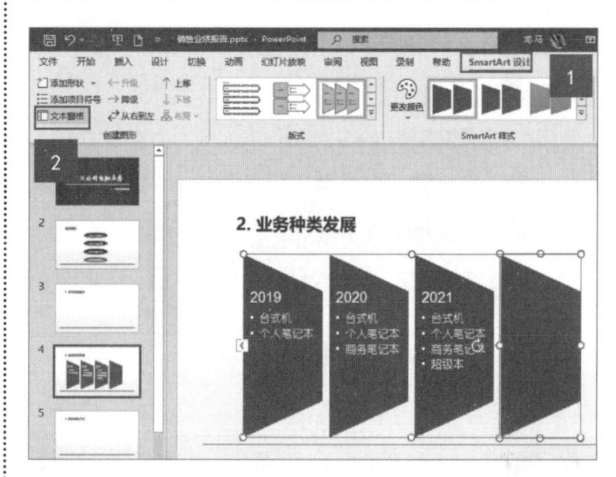

第8步 弹出【在此处键入文字】窗口，在窗口输入文字，右侧会同时显示输入的文字，在图形中输入文字后，效果如下图所示。

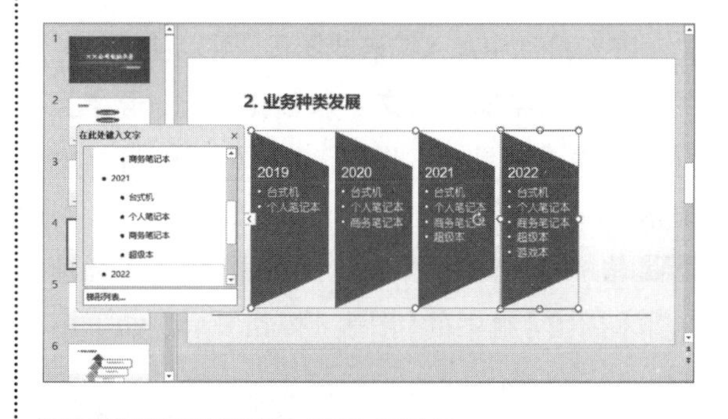

2. 美化 SmartArt 图形

创建SmartArt图形后，可以更改图形中的一个或多个形状的颜色和轮廓等，使SmartArt

图形看起来更美观。

第1步 选择SmartArt图形，然后单击【SmartArt设计】选项卡下【SmartArt样式】组中的【更改颜色】按钮，在弹出的下拉列表中选择【彩色】选项区域中的【彩色-个性色】选项，如下图所示。

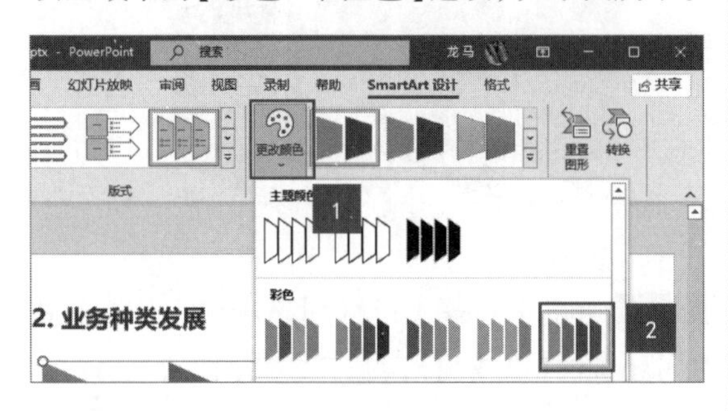

第2步 更改颜色样式后的效果如下图所示。

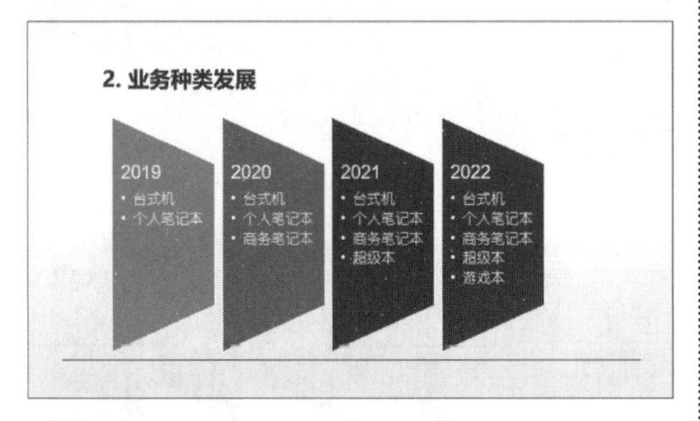

第3步 按【Ctrl+Z】组合键撤销更改颜色的操作，之后单击【SmartArt样式】组中的【其他】按钮，在弹出的下拉列表中选择【三维】选项区域中的【砖块场景】选项，如下图所示。

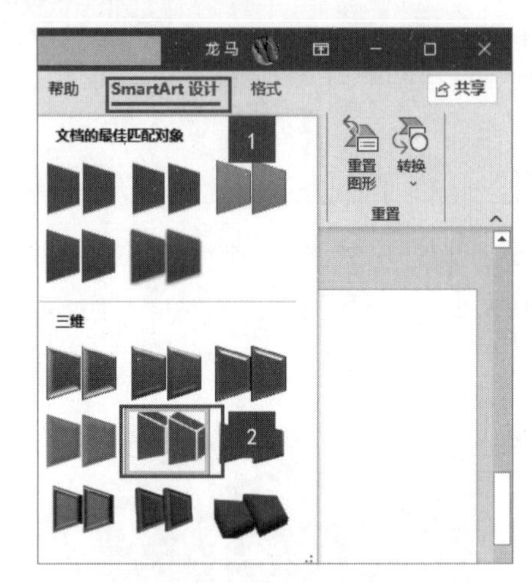

第4步 美化SmartArt图形的效果如下图所示。

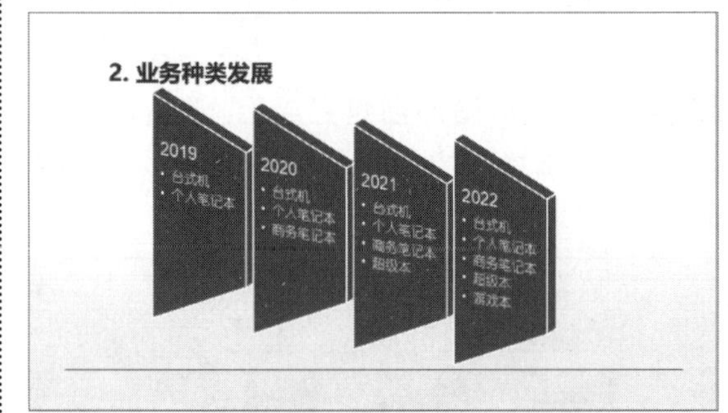

6.3.3 使用图表展示数据

在幻灯片中加入图表或图形，可以使幻灯片的内容更为丰富。与文字和数据相比，形象直观的图表更容易让人理解，也可以使幻灯片的显示效果更加清晰。

第1步 选择第3张幻灯片，单击【插入】选项卡下【插图】组中的【图表】按钮，如下图所示。

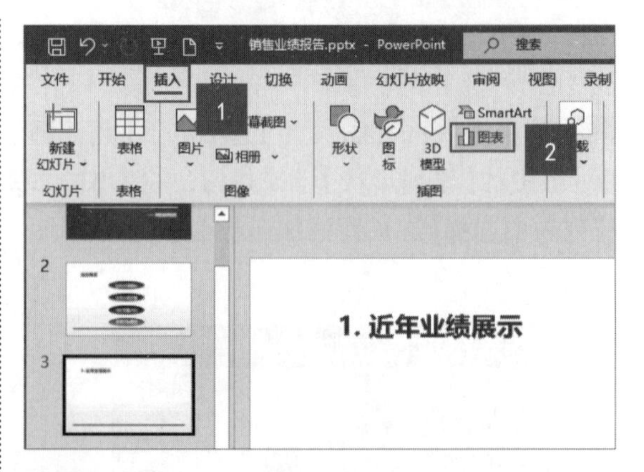

第2步 弹出【插入图表】对话框，在【所有图表】

选项卡中选择【柱形图】中的【簇状柱形图】选项，单击【确定】按钮，如下图所示。

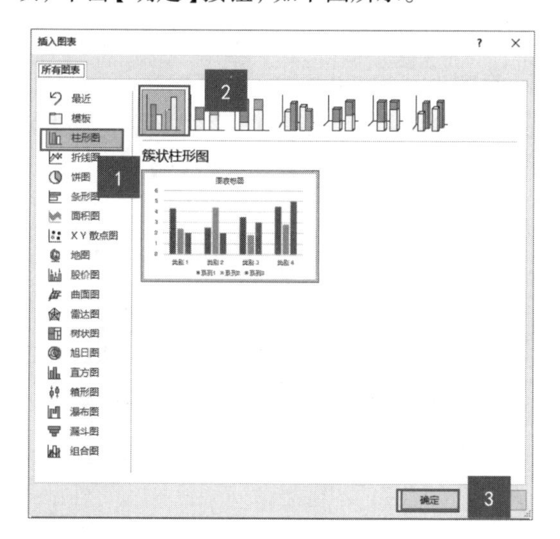

第3步 PowerPoint会自动弹出Excel工作表，在表格中输入需要显示的数据，输入完毕后关闭Excel表格，如下图所示。

Microsoft PowerPoint 中的图表

	A	B	C	D
1		销售业绩（亿元）		
2	2019年	1.7		
3	2020年	2.1		
4	2021年	3.9		
5	2022年上半年	2.9		

第4步 在演示文稿中插入一个图表，调整图表的大小，如下图所示。

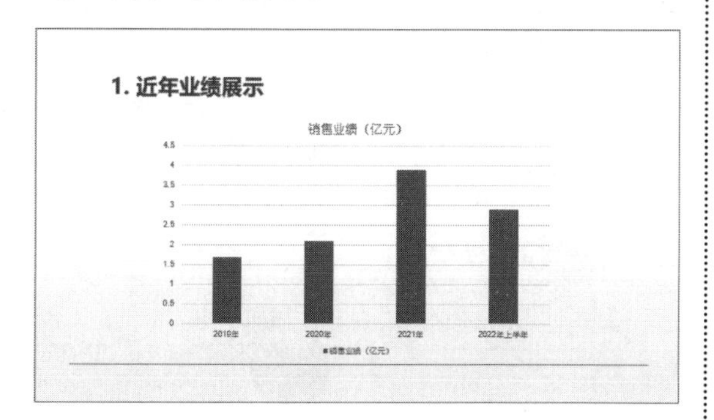

第5步 选择插入的图表，单击【图表设计】选项卡下【图表样式】组中的【其他】按钮，在弹出的下拉列表中选择【样式13】选项，如下图所示。

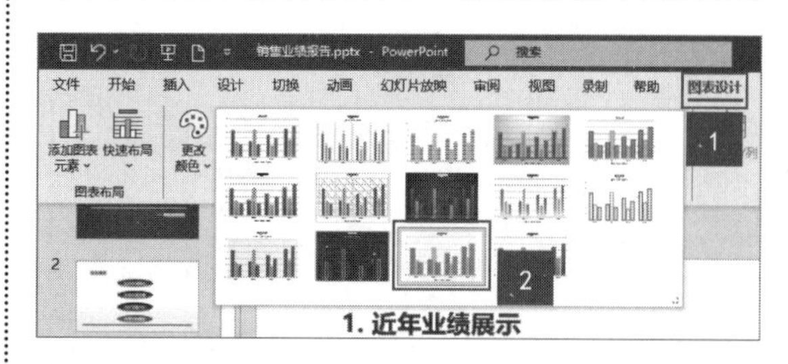

第6步 此时即可应用图表效果，修改图表标题为“销售业绩图表”，之后设置其他文字的字体，效果如下图所示。

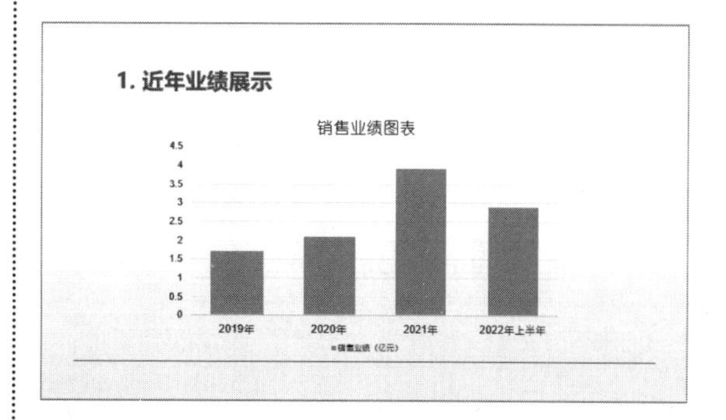

第7步 单击【图表设计】选项卡下【图表布局】组中的【添加图表元素】按钮，在弹出的下拉列表中选择【数据标签】→【数据标签外】选项，如下图所示。

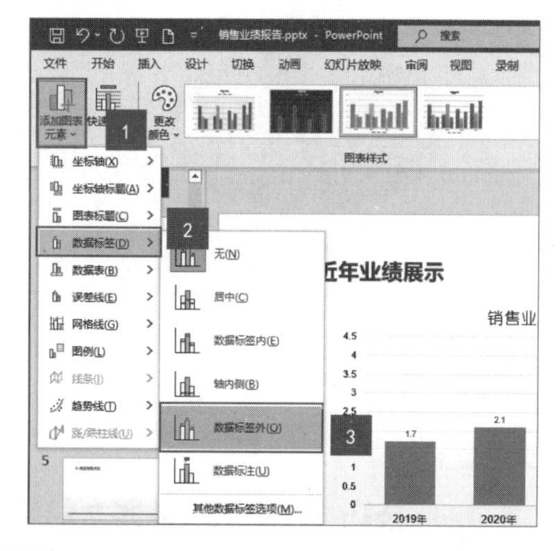

第8步 插入数据标签后，选择数据标签，调整数据标签的大小，最终效果如下图所示。

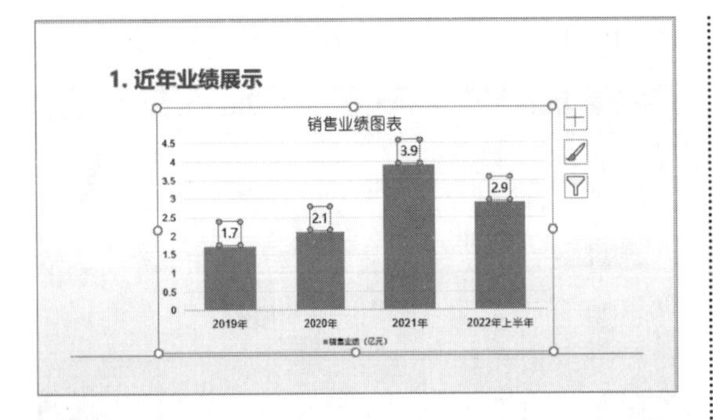

第9步 拖曳下方的图例至上方右侧，改变图例的位置，效果如下图所示。

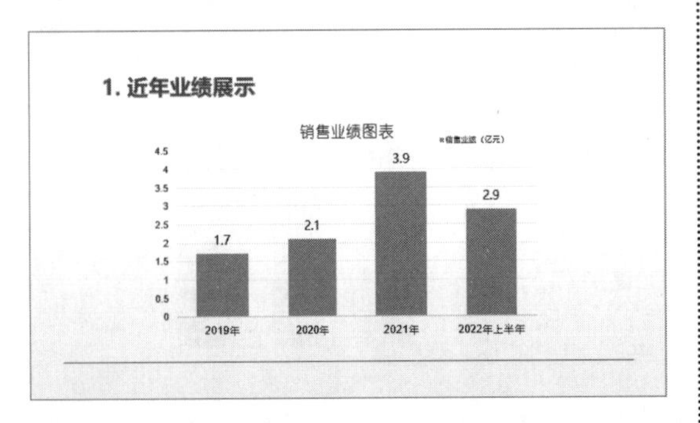

第10步 使用同样的方法，在第5张幻灯片中插入饼图图表，并根据需要设置图表样式，最终效果如下图所示。

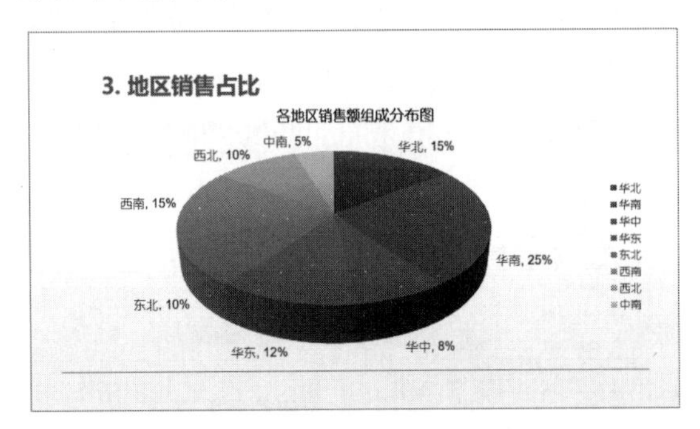

技巧1：使用取色器为幻灯片配色

PowerPoint 2021可以对图片的任何颜色进行取色，以更好地搭配文稿颜色，遇到好看的颜色时，截取图片并粘贴至幻灯片中，也可以使用取色器获取该颜色。使用取色器取色的具体操作步骤如下。

第1步 打开PowerPoint 2021软件，并应用任意一种主题，在标题文本框输入任意文字，如下图所示。

第2步 选择输入的文字，单击【开始】选项卡下【字体】组中的【字体颜色】下拉按钮，在弹出的下拉列表中选择【取色器】选项，如下图所示。

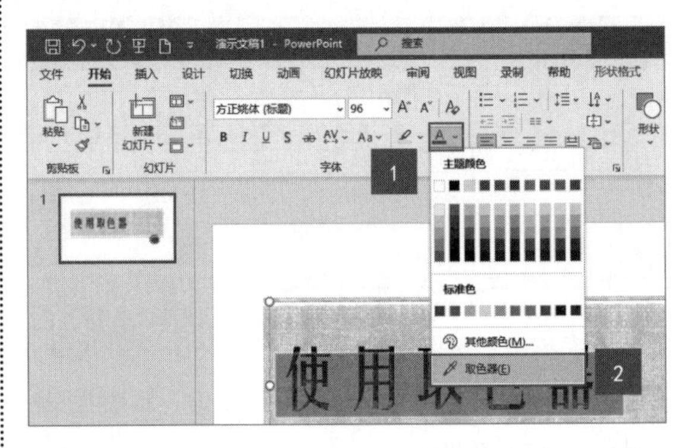

第3步 在幻灯片上任意一点单击，即可拾取颜色，并显示其颜色值，如下图所示。

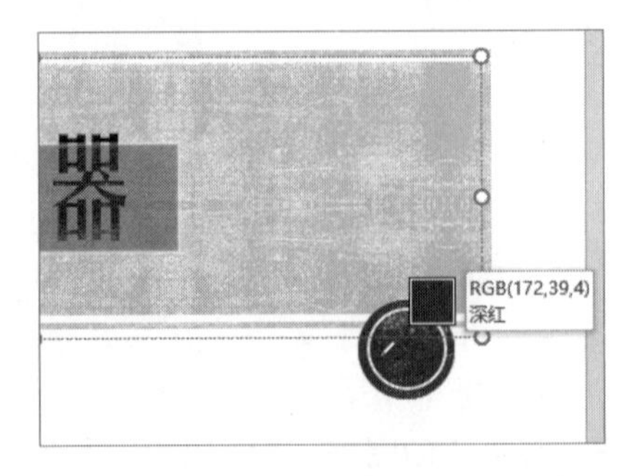

第4步 单击即可应用选中的颜色，如下图所示。

技巧 2：统一替换幻灯片中使用的字体

在制作演示文稿时，如果希望将演示文稿中的某个字体替换为其他字体时，不需要逐一替换，可统一替换幻灯片中的字体，具体操作步骤如下。

第1步 单击【开始】选项卡下【编辑】组中的【替换】下拉按钮，在弹出的下拉列表中选择【替换字体】选项，如下图所示。

第2步 弹出【替换字体】对话框，在【替换】下拉列表中选择要替换掉的字体，在【替换为】下拉列表中选择要替换为的字体，单击【替换】按钮，如下图所示，即可将演示文稿中的所有“微软雅黑”字体替换为“黑体”。

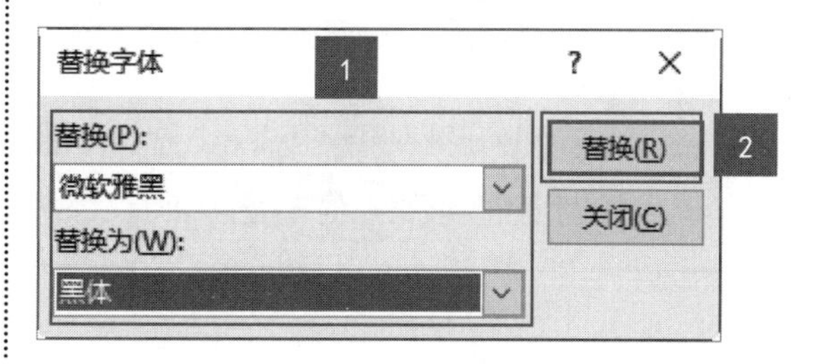

第 7 章

演示文稿动画及放映的设置

学习内容

动画及放映效果设置是 PowerPoint 2021 的重要功能，可以使幻灯片的过渡和显示带给观众绚丽多彩的视觉享受。

学习效果

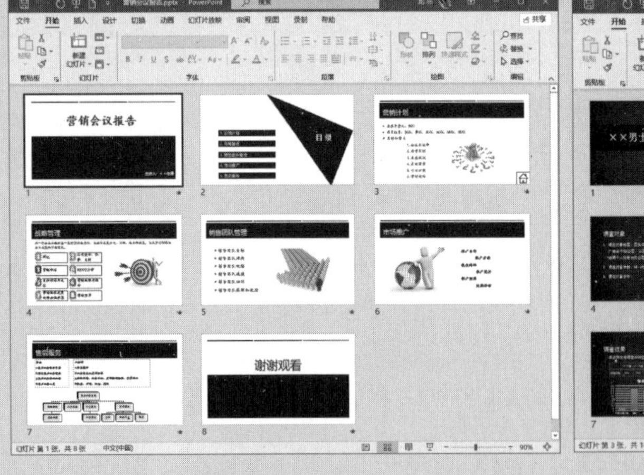

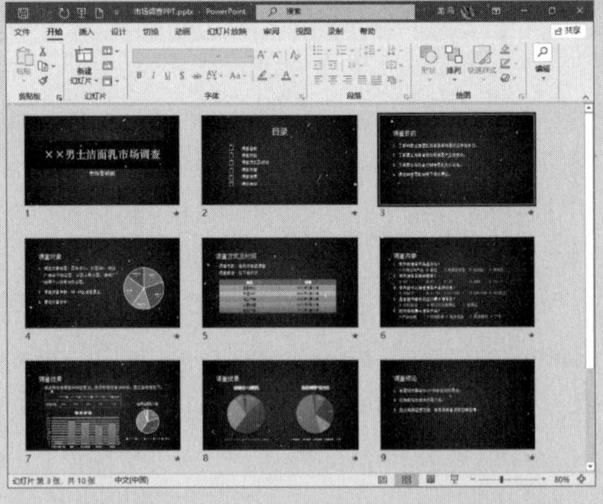

7.1 修饰工作总结演示文稿

工作总结演示文稿文字内容制作完成后，在PowerPoint 2021中，可以通过创建并设置切换效果、动画等操作进行修饰，加深观众对幻灯片的印象。本节以修饰工作总结演示文稿为例介绍切换效果及动画的创建和设置方法。

7.1.1 设置页面切换效果

幻灯片切换时产生的类似动画的效果，可以使幻灯片在放映时更加生动形象。可以为每张幻灯片添加不同的切换效果，也可以为一张幻灯片添加切换效果后，直接应用于所有幻灯片。

> **提示**
>
> 在正式场合中，不建议为每张幻灯片页面添加不同的切换效果，也不建议设置过于华丽的切换效果，会显得不严肃，影响观众的评价。

1. 添加切换效果

幻灯片切换效果是在演示期间从一张幻灯片移到下一张幻灯片时，在【幻灯片放映】视图中出现的动画效果。添加切换效果的具体操作步骤如下。

第1步 打开"素材\ch07\工作总结.pptx"演示文稿，选择要添加切换效果的幻灯片，这里选择第1张幻灯片。单击【切换】选项卡下【切换到此幻灯片】组中的【其他】按钮，在弹出的下拉列表中选择【细微】选项区域中的【推入】切换效果，如下图所示。

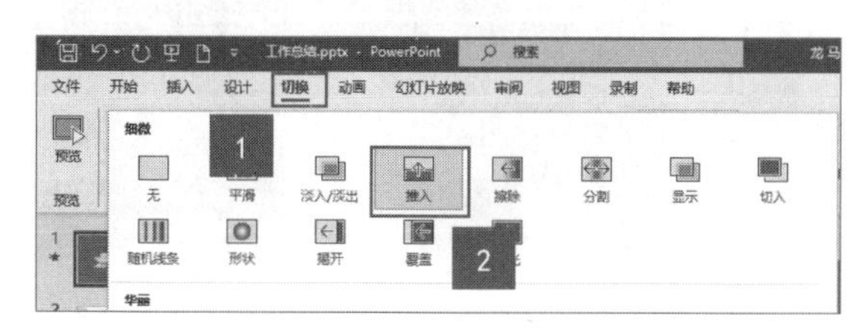

第2步 添加推入效果的幻灯片在放映时即可显示此切换效果，下图是推入效果的部分截图。

> **提示**
>
> 使用同样的方法，可以为其他幻灯片添加切换效果。

2. 设置切换效果的属性

PowerPoint 2021中的部分切换效果具有可自定义的属性，可以对这些属性进行自定义设置，具体操作步骤如下。

第1步 添加切换效果后，单击【切换】选项卡下【切换到此幻灯片】组中的【效果选项】按钮，在弹出的下拉列表中选择【自左侧】选项，如下图所示。

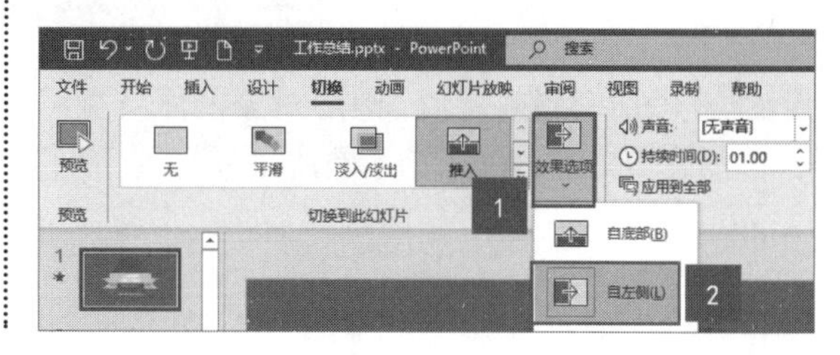

第2步 效果属性更改后，单击【切换】选项卡下【预览】组中的【预览】按钮，显示如下图所示。

提示

为幻灯片添加的切换效果不同，【效果选项】下拉列表中的选项也是不相同的。

第3步 单击【切换】选项卡下【计时】组中的【应用到全部】按钮，如下图所示，即可将添加的切换效果应用至所有幻灯片。

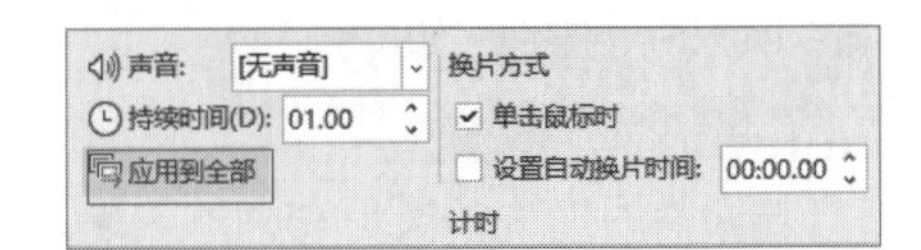

7.1.2 创建动画

在幻灯片中，可以为对象创建进入动画。例如，可以使对象逐渐淡入焦点、从边缘飞入幻灯片或跳入视图中。创建进入动画的具体操作步骤如下。

第1步 选择幻灯片中要创建进入动画效果的文字或图形，这里选择第1张幻灯片中的圆形形状，单击【动画】选项卡下【动画】组中的【其他】按钮，在下拉列表的【进入】选项区域中选择【飞入】选项，创建动画效果，如下图所示。

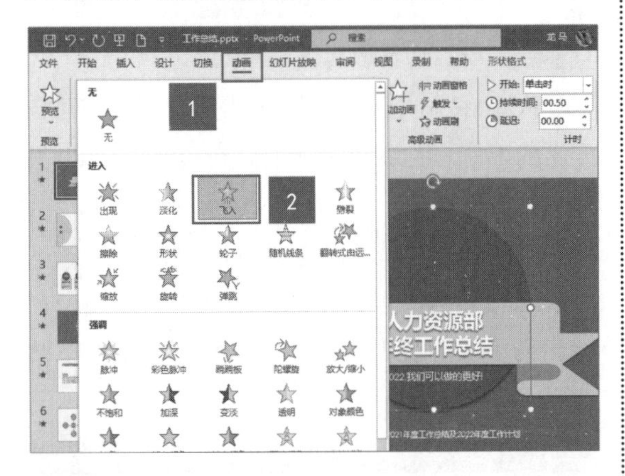

第2步 添加动画效果后，图形对象前面将显示一个动画编号标记1，如下图所示。

第3步 单击【动画】选项卡下【动画】组中的【效果选项】按钮，在弹出的下拉列表中可以改变动画的效果，这里选择【自左上部】选项，如下图所示。

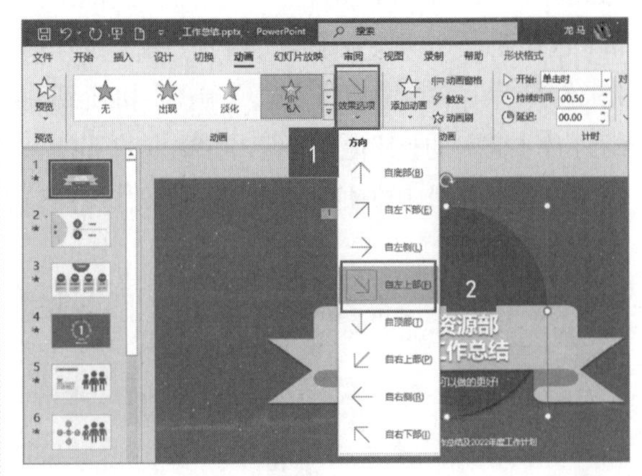

提示

创建动画后，幻灯片中的动画编号标记在打印时不会被打印出来。

第4步 重复上面的操作步骤，为黄色形状添加【飞入】动画，为最上方的文字添加【出现】动画，选择该动画，双击【动画】选项卡下【高级动画】组中的【动画刷】按钮，如下图所示。

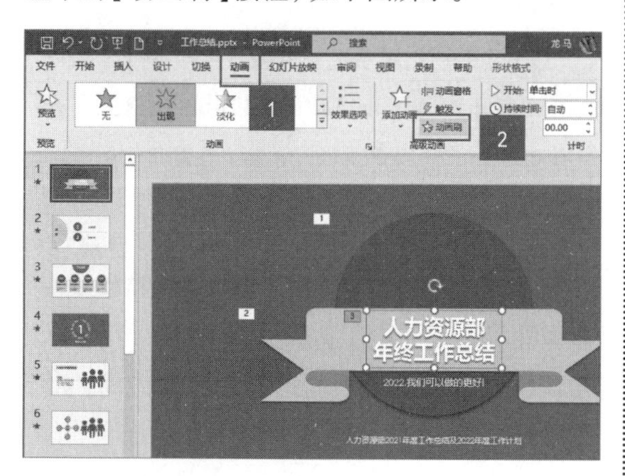

第5步 此时，鼠标指针变为“刷子”形状，在其他要应用该动画的图形或文字上单击，即可快速完成动画效果的复制，如下图所示。

提示

按【Esc】键，可结束动画刷。

7.1.3 设置动画

在幻灯片中创建动画后，可以对动画进行设置，包括调整动画顺序、设置动画计时等。

1. 调整动画顺序

在放映幻灯片的过程中，可以对动画播放的顺序进行调整，具体操作步骤如下。

第1步 选择要调整动画顺序的幻灯片，单击【动画】选项卡下【高级动画】组中的【动画窗格】按钮，弹出【动画窗格】任务窗格，如下图所示。

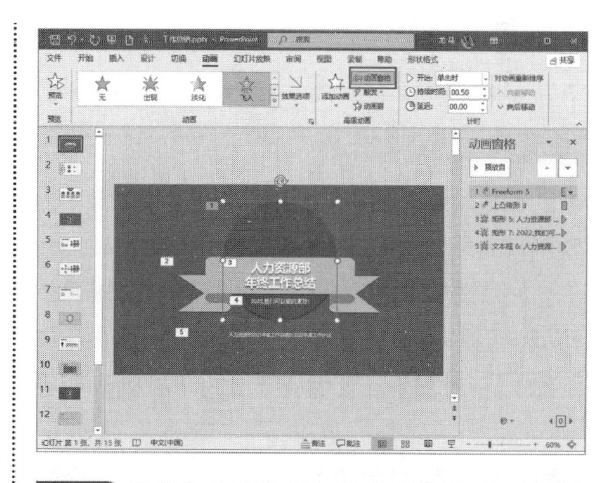

第2步 选择【动画窗格】任务窗格中需要调整顺序的动画，如选择动画2，然后单击【动画窗格】任务窗格上方的【向上】按钮或【向下】按钮进行调整，这里单击【向上】按钮，如下图所示。

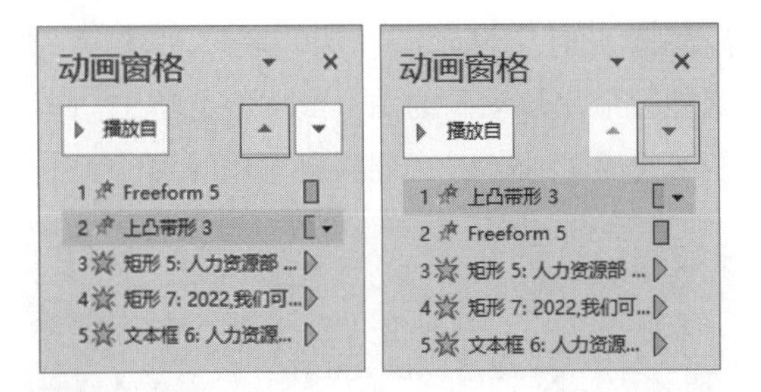

第3步 动画序号也会随之变化，调整后的效果如下图所示。

提示

也可以先选中要调整顺序的动画，然后按住鼠标左键不放并拖曳到适当位置，再释放鼠标即可把动画重新排序。此外，还可以通过【动画】选项卡调整动画顺序。

2. 设置动画计时

创建动画之后，可以在【动画】选项卡中为动画设置开始时间、持续时间或延迟计时。

（1）设置开始时间。若要为动画设置开始时间，可以在【动画】选项卡下【计时】组中单击【开始】下拉按钮，然后从弹出的下拉列表中选择所需的计时。该下拉列表包括【单击时】【与上一动画同时】【上一动画之后】3个选项，如下图所示。

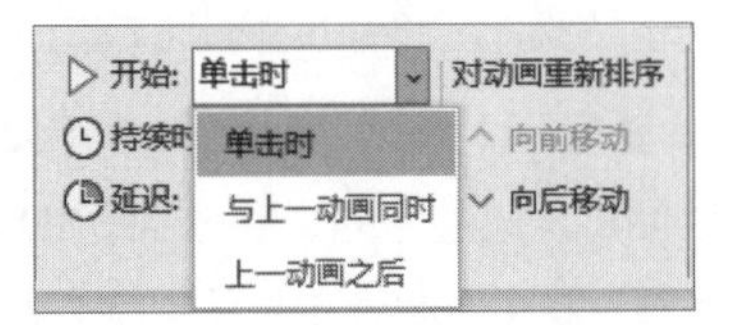

提示

【单击时】：单击鼠标时播放该动画；【与上一动画同时】：与上一动画效果同时播放；【上一动画之后】：上一动画效果结束后，再播放该动画。

（2）设置持续时间。若要设置动画运行的持续时间，可以在【计时】组中的【持续时间】微调框中输入所需的秒数，或者单击【持续时间】微调按钮来调整动画要运行的持续时间，如下图所示。

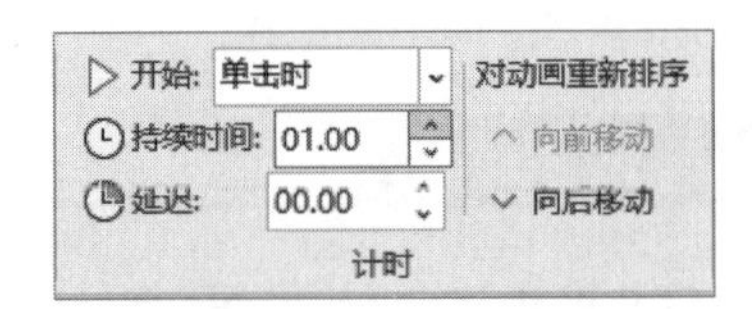

（3）设置延迟时间。若要设置动画开始前的延时，可以在【计时】组中的【延迟】微调框中输入所需的秒数，或者使用微调按钮来调整，如下图所示。

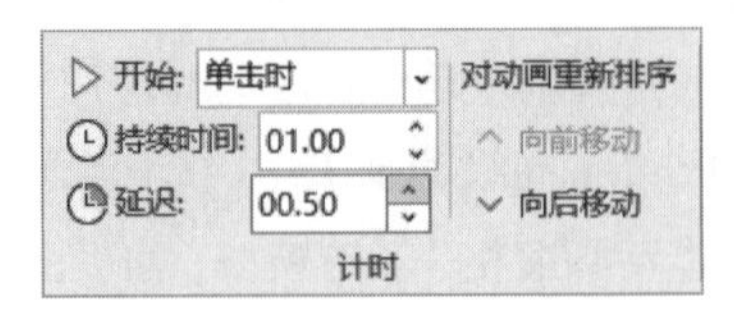

7.1.4 触发动画

创建并设置动画后，用户可以设置动画的触发方式，只有执行某一个设定的操作，才会播放该动画，具体操作步骤如下。

第1步 选择创建的动画，单击【动画】选项卡下【高级动画】组中的【触发】按钮，在弹出的下拉列表中选择【通过单击】→【上凸带形 3】选项，如下图所示。

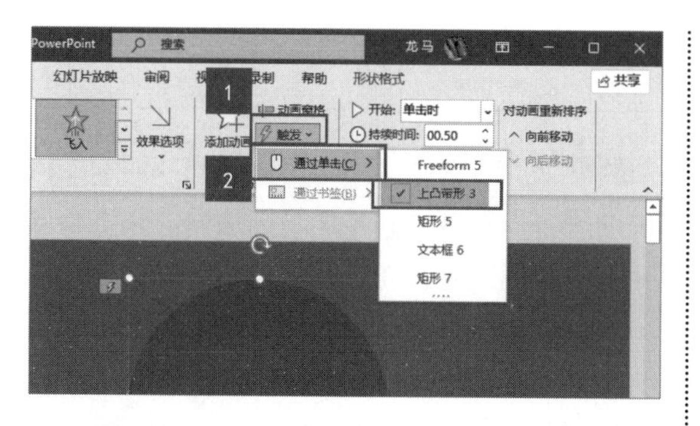

提示

"上凸带形 3"是该页面中黄色图形的名称。

第2步 在放映幻灯片时，则不会播放蓝色圆形的动画效果，只有单击黄色形状，才会播放蓝色圆形的动画效果，如下图所示。

7.1.5 删除动画

为对象创建动画效果后，也可以根据需要删除动画。删除动画的方法有以下3种。

（1）单击【动画】选项卡下【动画】组中的【其他】按钮，在弹出的下拉列表的【无】区域中选择【无】选项，如下图所示。

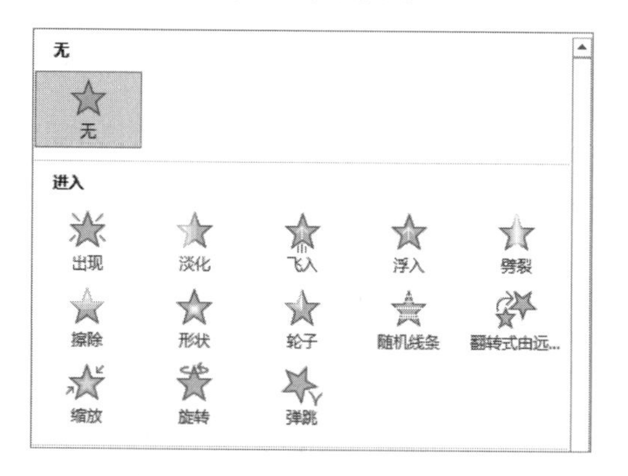

（2）单击【动画】选项卡下【高级动画】组中的【动画窗格】按钮，在弹出的【动画窗格】任务窗格中选择要移除动画的选项，然后单击菜单图标（向下按钮），在弹出的下拉列表中选择【删除】选项即可，如下图所示。

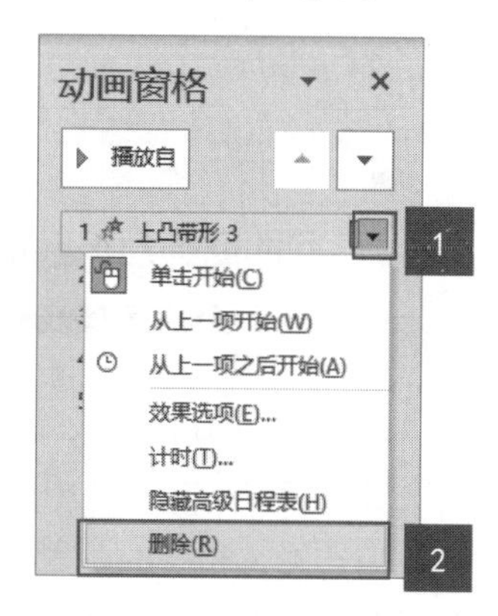

（3）选择添加动画的对象前的图标，按【Delete】键，也可删除添加的动画效果。

7.2 完善营销会议报告演示文稿

本节主要是在PowerPoint 2021中，通过添加超链接、设置按钮的交互效果等操作，完善营销会议报告演示文稿，从而使幻灯片更加绚丽多彩。

7.2.1 添加和编辑超链接

在PowerPoint 2021中，超链接可以是从一张幻灯片到同一演示文稿中另一张幻灯片的链接，也可以是从一张幻灯片到不同演示文稿中另一张幻灯片、电子邮件地址、网页或文件的链接等。可以从文本或对象创建超链接。

1. 为文本创建超链接

在幻灯片中为文本创建超链接的具体操作步骤如下。

第1步 打开“素材\ch07\营销会议报告.pptx”演示文稿，选择第2张幻灯片中的“1.营销计划”文本，单击【插入】选项卡下【链接】组中的【链接】按钮，如下图所示。

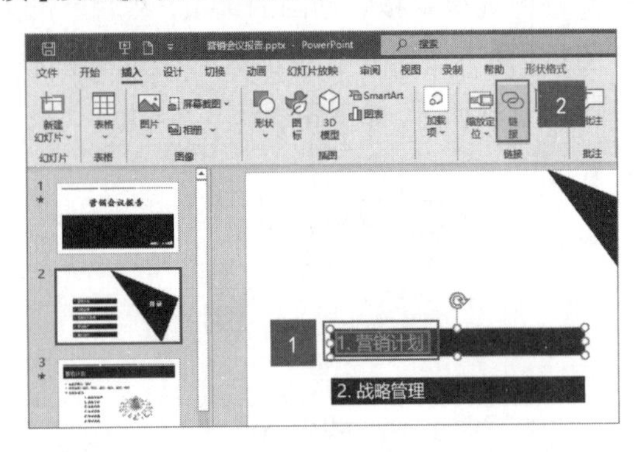

第2步 在弹出的【插入超链接】对话框左侧的【链接到】列表框中选择【本文档中的位置】选项，在右侧的【请选择文档中的位置】列表框中选择【3.营销计划】选项，单击【确定】按钮，如下图所示。

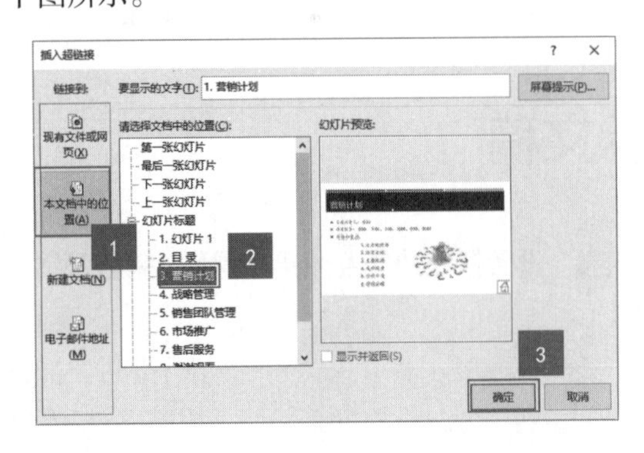

第3步 此时，选中的文本链接到同一演示文稿中的另一张幻灯片。添加超链接后的文本会改变字体颜色，并添加下划线，在放映幻灯片时，单击创建超链接后的文本“1.营销计划”，即可将幻灯片链接到另一张幻灯片。也可以按住【Ctrl】键并单击超链接文本，实现快速跳转，如下图所示。

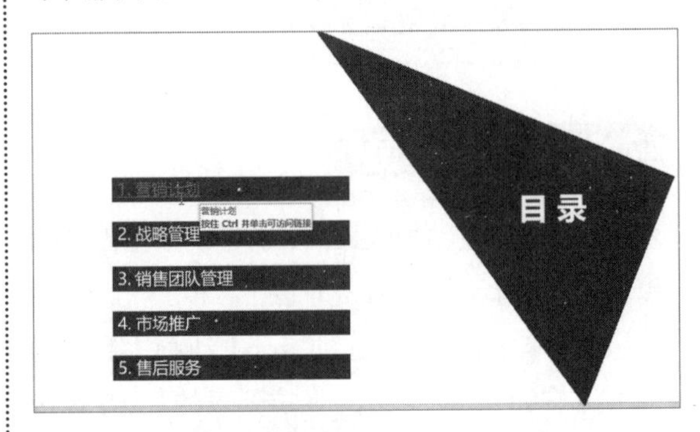

2. 编辑超链接

创建超链接后，用户还可以根据需要更改超链接或取消超链接。

第1步 在要更改的超链接对象上右击，在弹出的快捷菜单中选择【编辑链接】选项，如下图所示。

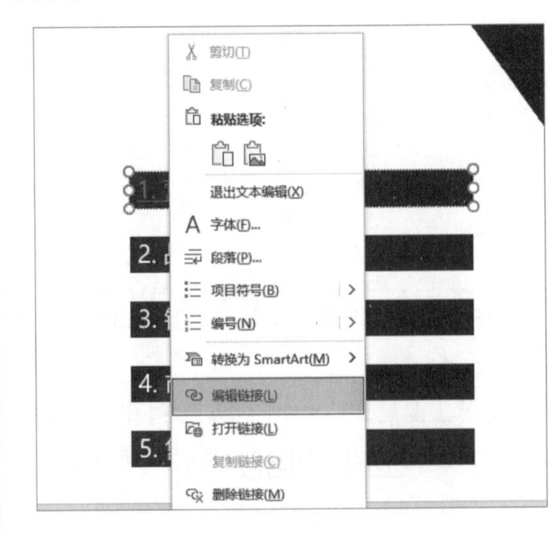

第2步 弹出【编辑超链接】对话框，在【请选择文档中的位置】列表框中选择其他选项，单击【确定】按钮，即可更改超链接，如下图所示。

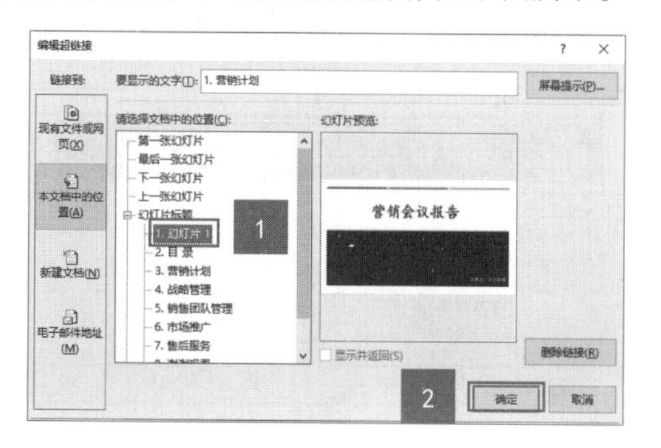

提示

如果当前幻灯片不需要再使用超链接，在要取消的超链接对象上右击，在弹出的快捷菜单中选择【删除链接】选项即可。

第3步 使用同样的方法，为其他标题添加超链接，并更改字体的颜色，把设置超链接后自动添加的下划线取消，如下图所示。

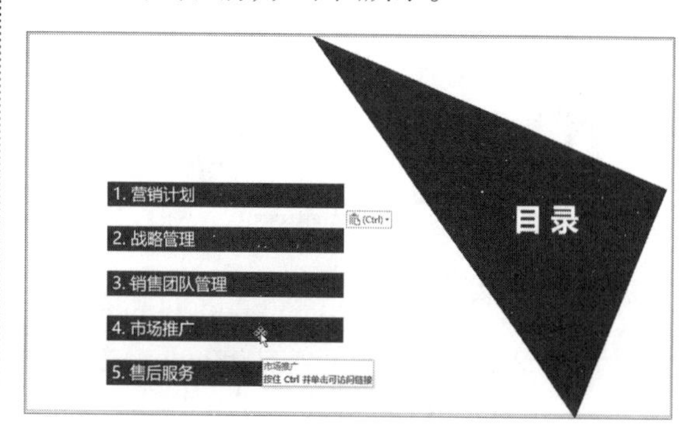

7.2.2 设置按钮的交互效果

在PowerPoint 2021中，可以为幻灯片、幻灯片中的文本或对象创建超链接到幻灯片中，也可以使用动作按钮设置交互效果。动作按钮是预先设置好的带有特定动作的图形按钮，可以实现在放映幻灯片时跳转的目的。设置按钮交互的具体操作步骤如下。

第1步 选择第3张幻灯片，单击【插入】选项卡下【插图】组中的【形状】下拉按钮，在弹出的下拉列表中选择【动作按钮】选项区域中的【动作按钮：转到主页】形状，如下图所示。

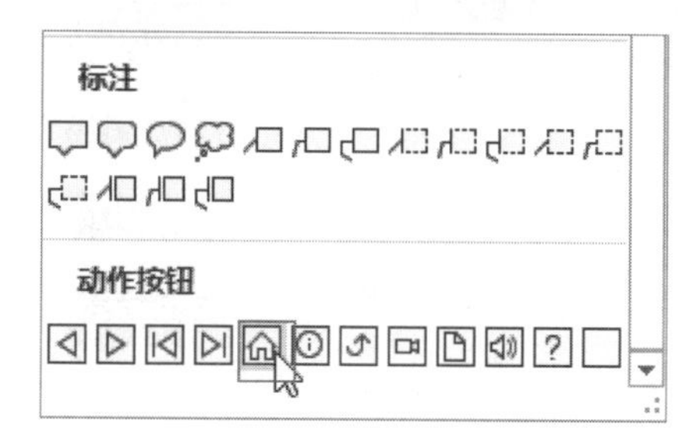

第2步 在幻灯片上拖曳鼠标绘制该形状，随即弹出【操作设置】对话框，选中【超链接到】单选按钮，单击下拉列表框右侧的下拉按钮，在弹出的下拉列表中选择【幻灯片】选项，如下图所示。

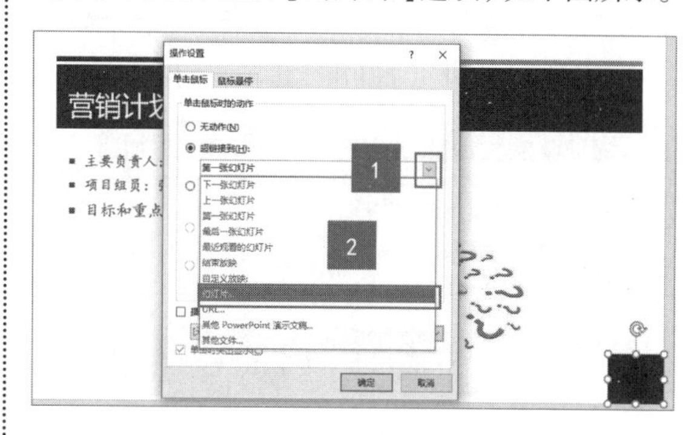

提示

在【操作设置】对话框中，可以根据需要直接选择要跳转到的位置，如【上一张幻灯片】【第一张幻灯片】等。

第3步 弹出【超链接到幻灯片】对话框，选择【2.目录】选项，单击【确定】按钮，如下图所示。返回【操作设置】对话框，单击【确定】按钮。

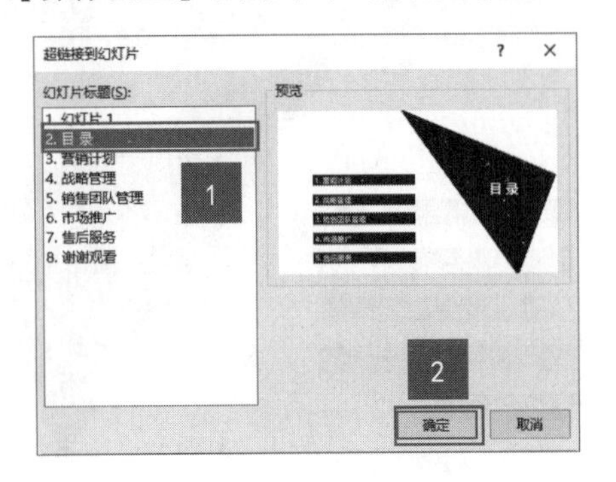

第4步 返回幻灯片，可以看到在幻灯片中出现的形状，设置【形状填充】为"无填充"，在放映幻灯片时，单击该按钮，即可转到第2张幻灯片，如下图所示。

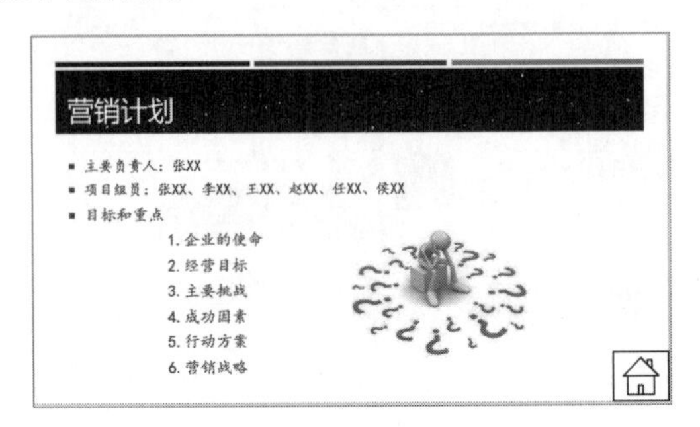

7.3 放映市场调查幻灯片

市场调查幻灯片制作完成后，为了在放映过程中更好地呈现内容，需要设置幻灯片的放映方式，并且在放映时，还可以为幻灯片添加注释，突出重要的内容。

7.3.1 浏览幻灯片

用户可以通过缩略图的形式浏览幻灯片，具体操作步骤如下。

第1步 打开"素材\ch07\市场调查PPT.pptx"演示文稿，单击【视图】选项卡下【演示文稿视图】组中的【幻灯片浏览】按钮，如下图所示。

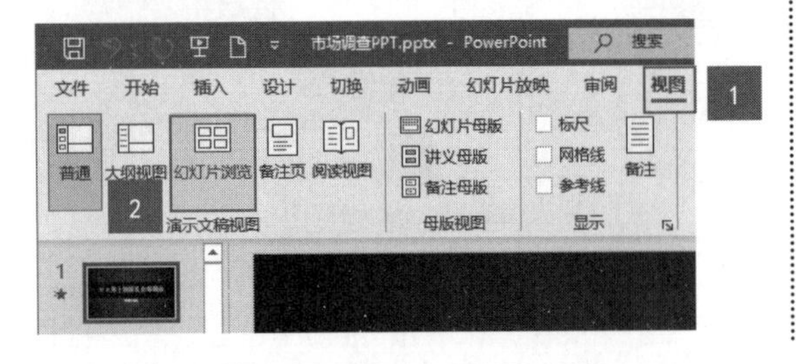

第2步 系统会自动打开【幻灯片浏览】视图，如下图所示。

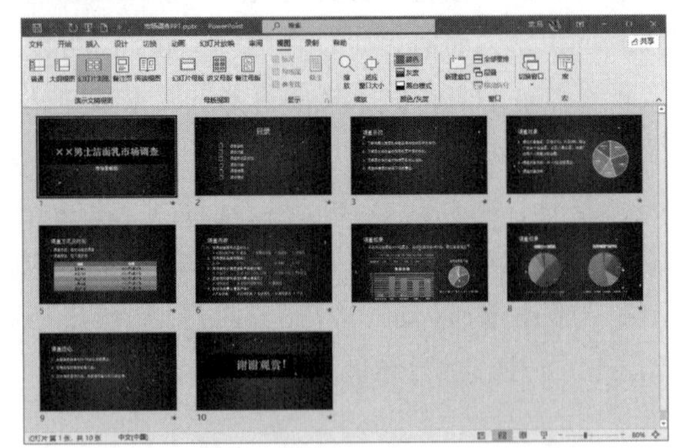

7.3.2 幻灯片的3种放映方式

在PowerPoint 2021中，演示文稿的放映方式包括演讲者放映、观众自行浏览和在展台浏览3种。可以通过单击【幻灯片放映】选项卡下【设置】组中的【设置幻灯片放映】按钮，然后在弹出的【设置放映方式】对话框中对放映类型和放映选项等进行具体设置。

（1）演讲者放映。演示文稿放映方式中的演讲者放映是指由演讲者一边讲解一边放映幻灯片，此演示方式一般用于比较正式的场合，如专题讲座、学术报告等。

将演示文稿的放映方式设置为演讲者放映的具体操作步骤如下。

第1步 单击【幻灯片放映】选项卡下【设置】组中的【设置幻灯片放映】按钮，如下图所示。

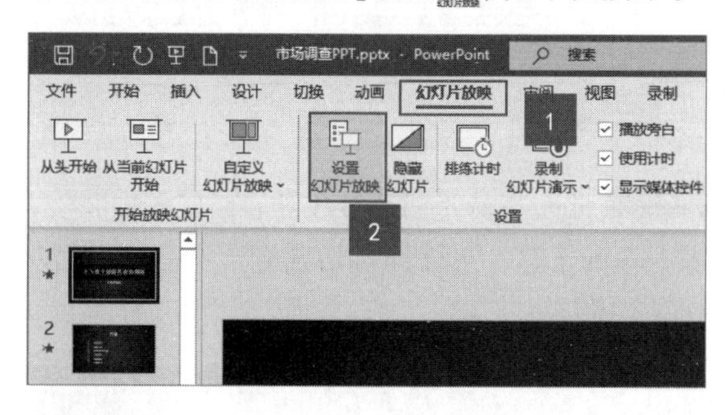

第2步 弹出【设置放映方式】对话框，默认设置即为演讲者放映方式，如下图所示。

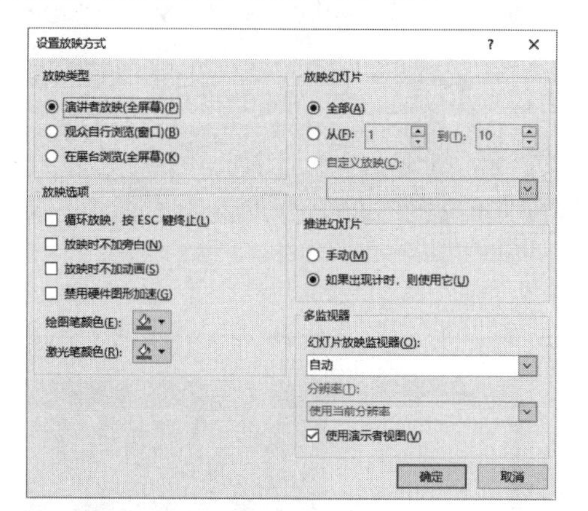

（2）观众自行浏览。观众自行浏览是指由观众自己动手使用计算机观看幻灯片。如果希望让观众自己浏览多媒体幻灯片，可以将多媒体演讲的放映方式设置成观众自行浏览，如下图所示。

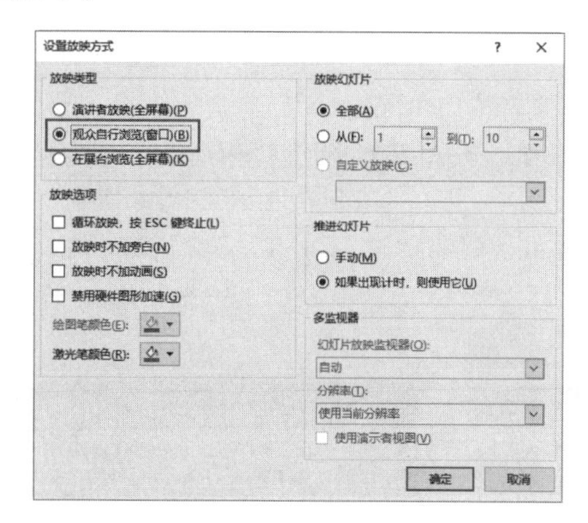

（3）在展台浏览。在展台浏览这一放映方式可以让多媒体幻灯片自动放映而不需要演讲者操作。例如，放映展览会的产品展示等。

打开演示文稿后，在【幻灯片放映】选项卡下【设置】组中单击【设置幻灯片放映】按钮，在弹出的【设置放映方式】对话框的【放映类型】选项区域中选中【在展台浏览（全屏幕）】单选按钮，单击【确定】按钮即可将演示方式设置为在展台浏览，如下图所示。

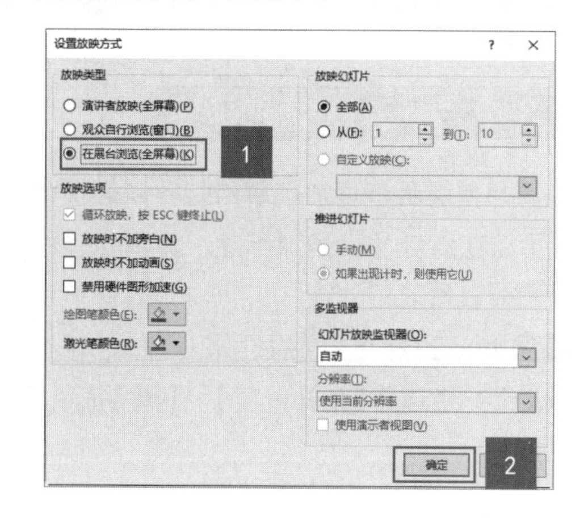

7.3.3 放映幻灯片

默认情况下，幻灯片的放映方式为普通手动放映。用户可以根据实际需要，设置幻灯片的放映方式，如从头开始放映、从当前幻灯片开始放映等。

1. 从头开始放映

第1步 单击【幻灯片放映】选项卡下【开始放映幻灯片】组中的【从头开始】按钮，如下图所示，或者按【F5】键。

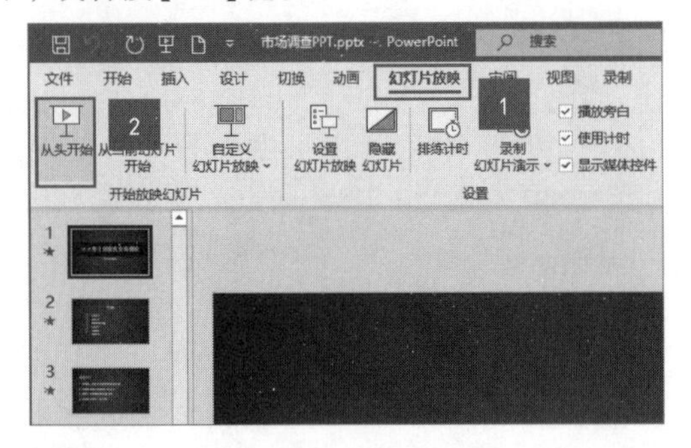

第2步 此时即可从头开始播放演示文稿，如下图所示。

2. 从当前幻灯片开始放映

第1步 放映演示文稿时也可以从选定的幻灯片开始放映，单击【幻灯片放映】选项卡下【开始放映幻灯片】组中的【从当前幻灯片开始】按钮，如下图所示，或者按【Shift+F5】组合键。

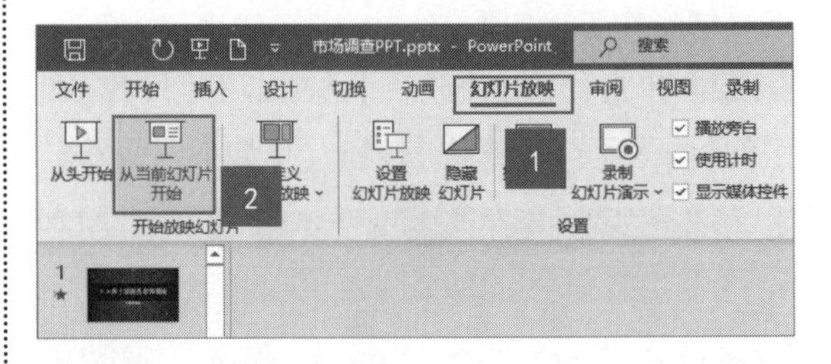

第2步 此时将从当前幻灯片开始播放演示文稿，按【Enter】键或空格键可切换到下一张幻灯片，如下图所示。

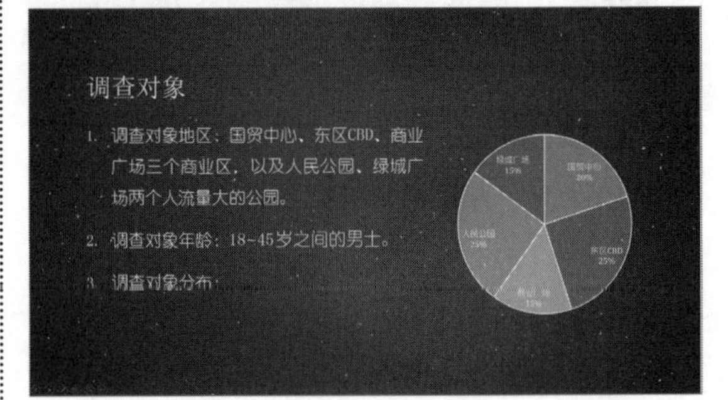

7.3.4 为幻灯片添加标注

要想使观看者更加了解幻灯片所表达的意思，可以在幻灯片中添加标注。添加标注的具体操作步骤如下。

第1步 放映幻灯片，在幻灯片上右击，在弹出的快捷菜单中选择【指针选项】→【笔】选项，如下图所示。

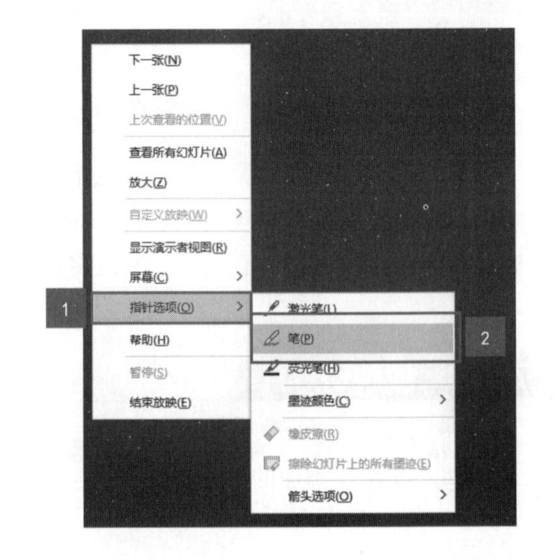

第2步 鼠标指针即会变为一个点，此时即可在幻灯片中添加标注，如下图所示。

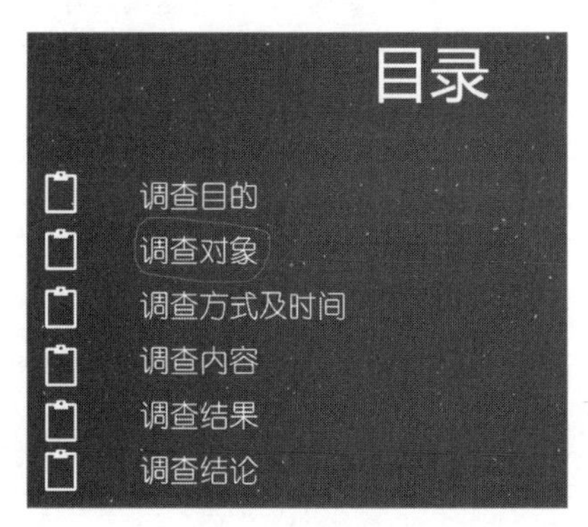

第3步 单击鼠标右键，在弹出的快捷菜单中选择【指针选项】→【荧光笔】选项，然后选择【指针选项】→【墨迹颜色】选项，在【墨迹颜色】列表中选择一种颜色，如“紫色”，如下图所示。

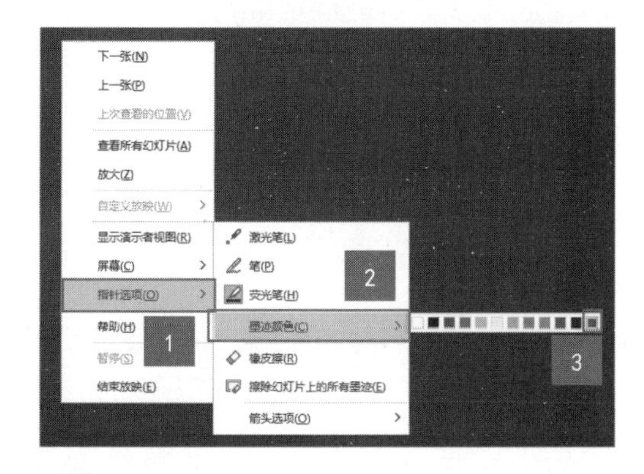

第4步 使用绘图笔在幻灯片中标注，此时绘图笔颜色即变为蓝色，如下图所示。

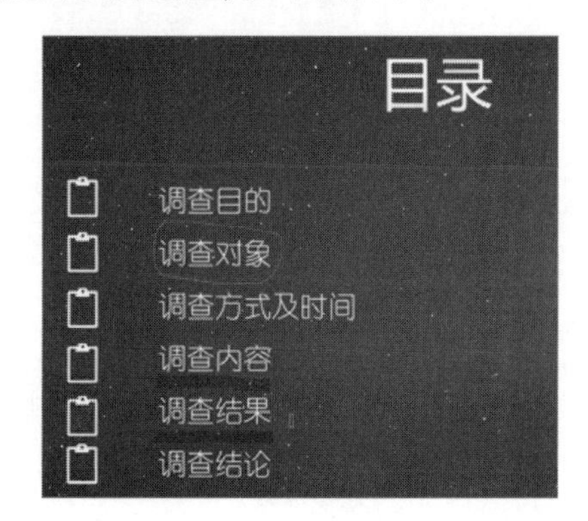

第5步 如果要删除添加的标注，单击幻灯片左下角的按钮，在弹出的菜单中选择【橡皮擦】选项，如下图所示。

第6步 此时鼠标指针变为形状，将其移至要清除的标注上，单击即可清除，如下图所示。

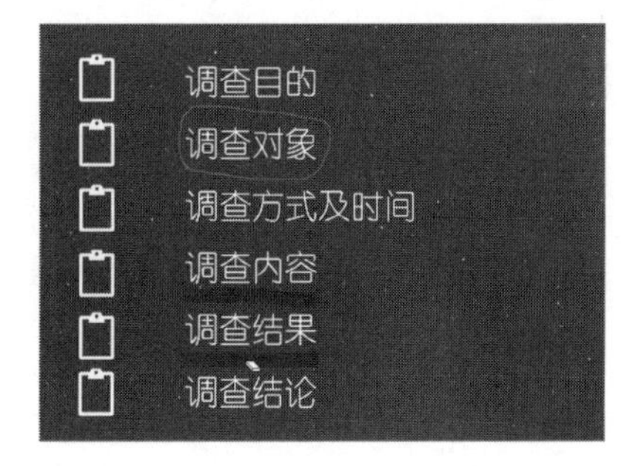

技巧1：快速定位幻灯片

在播放PowerPoint演示文稿时，如果要快进到或退回到第6张幻灯片，可以先按数字【6】键，再按【Enter】键。

技巧2：放映幻灯片时隐藏鼠标指针

在放映幻灯片时可以隐藏鼠标指针，其操作方法为：放映幻灯片时，在幻灯片上右击，在弹出的快捷菜单中选择【指针选项】→【箭头选项】→【永远隐藏】选项，如下图所示，即可在放映幻灯片时隐藏鼠标指针。

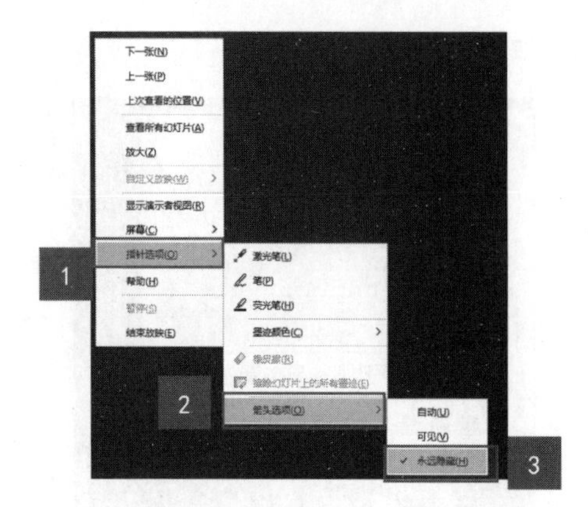

提示

按【Ctrl+H】组合键，也可以隐藏鼠标指针。

第3篇

Word 办公篇

第 8 章

Word 文档的基本编辑

学习内容

在文档中插入文本并进行简单的设置是 Word 2021 的基本编辑操作。本章主要介绍 Word 文档的创建、在文档中输入文本内容、文本的选取、字体和段落格式的设置，以及检查、批注和审阅文档的方法等。

学习效果

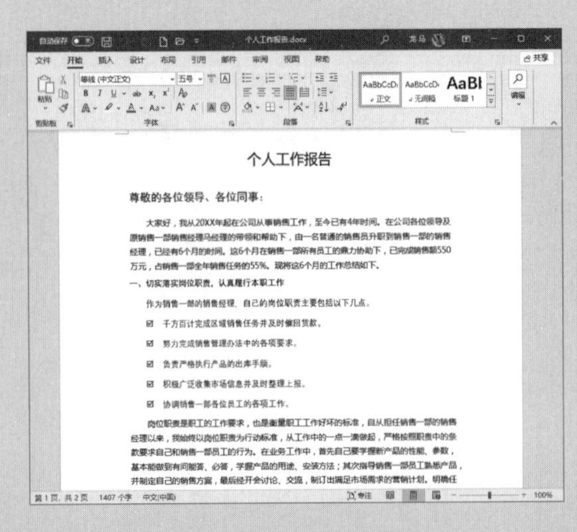

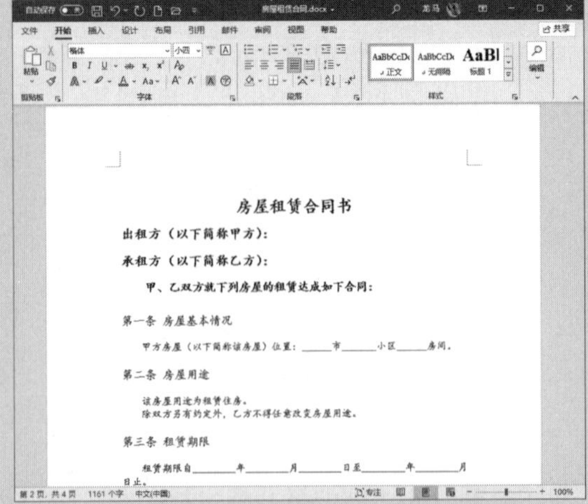

8.1 制作工作报告文档

工作报告是一种较为常见的公文形式，常用于下级向上级反馈工作情况、提出意见或建议，需要文档层次结构清晰，通常会涉及设置字体和字号、设置段落缩进、添加项目符号和编号等操作。

8.1.1 新建文档

在使用Word 2021制作文档之前，需要先创建一个空白文档。创建空白文档有以下几种方法。

1. 启动时创建

打开Word 2021的初始界面，在Word【开始】界面选择【空白文档】选项，如下图所示。此时即可创建一个名称为“文档1”的空白文档。

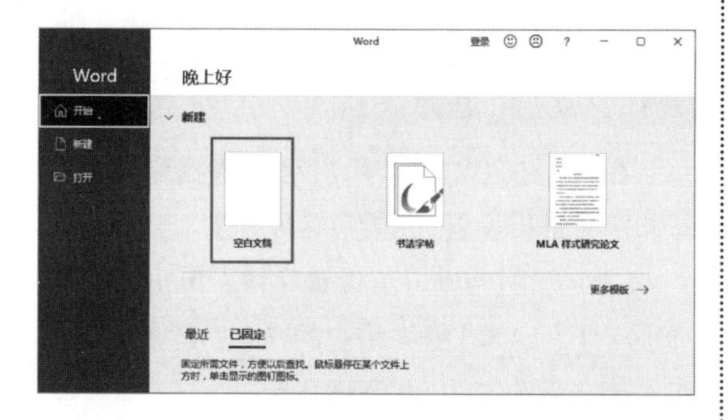

提示

在桌面上右击，在弹出的快捷菜单中选择【新建】→【Microsoft Word 文档】选项，也可在桌面上新建一个Word文档，双击新建的Word图标即可打开该文档。

2. 启动软件后创建

启动软件后，有以下3种方法可以创建空白文档。

（1）在【文件】选项卡下选择【新建】选项，在右侧【新建】区域选择【空白文档】选项。

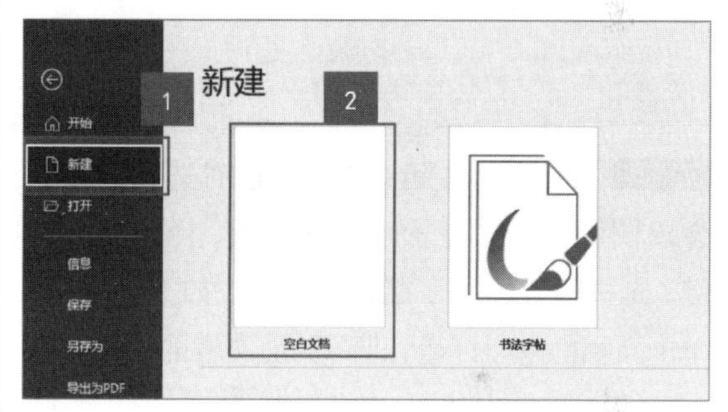

（2）单击快速访问工具栏中的【新建空白文档】按钮，即可快速创建空白文档。

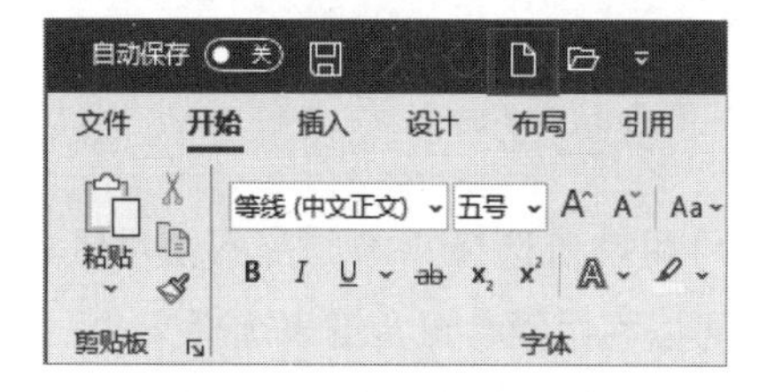

（3）按【Ctrl+N】组合键，也可以快速创建空白文档。

8.1.2 编辑文本

编辑文本主要是设置文本的字体、字号、字体颜色、加粗等文字效果，在编辑文本前首先需要选择文本，合适的选择文本的方法可以提高编辑文本的效率。

1. 使用鼠标和键盘选择文本

选择文本时既可以选择单个字符，也可以选择整篇文档。选择文本的方法主要有以下两种。

（1）拖曳鼠标选择文本。选择文本最常用的方法就是拖曳鼠标选择。采用这种方法可以选择文档中的任意文字，该方法是最基本和最灵活的选择方法。

第1步 打开"素材\ch08\个人工作报告.docx"文件，将光标定位在要选择的文本的开始位置，如定位在第4行的中间位置，如下图所示。

个人工作报告
尊敬的各位领导、各位同事：
大家好，我从20XX年起在公司从事销售工作，至今已有4年时间。在公司各位领导及原销售一部销售经理马经理的带领和帮助下，由一名普通的销售员升职到销售一部的销售经理，已经有6个月的时间。这6个月在销售一部所有员工的鼎力协助下，已完成销售额550万元，占销售一部全年销售任务的55%。现将这6个月的工作总结如下。
切实落实岗位职责，认真履行本职工作。
作为销售一部的销售经理，自己的岗位职责主要包括以下几点。
千方百计完成区域销售任务并及时催回货款。
努力完成销售管理条例中的各项要求。

第2步 按住鼠标左键并拖曳，这时选择的文本会以阴影的形式显示。选择完成，释放鼠标左键，光标经过的文字就被选择了，如下图所示。单击文档的空白区域，即可取消文本的选择。

个人工作报告
尊敬的各位领导、各位同事：
大家好，我从20XX年起在公司从事销售工作，至今已有4年时间。在公司各位领导及原销售一部销售经理马经理的带领和帮助下，由一名普通的销售员升职到销售一部的销售经理，已经有6个月的时间。这6个月在销售一部所有员工的鼎力协助下，已完成销售额550万元，占销售一部全年销售任务的55%。现将这6个月的工作总结如下。
切实落实岗位职责，认真履行本职工作。
作为销售一部的销售经理，自己的岗位职责主要包括以下几点。
千方百计完成区域销售任务并及时催回货款。
努力完成销售管理条例中的各项要求。

（2）用键盘选择文本。在不使用鼠标的情况下，可以利用键盘组合键来选择文本，如下所示。使用键盘选择文本时，需先将插入点移动到待选文本的开始位置，然后按相关的组合键即可。

续表

组合键	功能
【Shift+←】	选择光标左边的一个字符
【Shift+→】	选择光标右边的一个字符
【Shift+↑】	选择至光标上一行同一位置之间的所有字符
【Shift+↓】	选择至光标下一行同一位置之间的所有字符
【Shift+Home】	选择至当前行的开始位置
【Shift+End】	选择至当前行的结束位置
【Ctrl+A】/【Ctrl+5】	选择全部文档
【Ctrl+Shift+↑】	选择至当前段落的开始位置
【Ctrl+Shift+↓】	选择至当前段落的结束位置
【Ctrl+Shift+Home】	选择至文档的开始位置
【Ctrl+Shift+End】	选择至文档的结束位置

2. 设置字体和字号

在Word 2021中，用户可以根据需要对字体和字号进行设置，主要有3种方法。

（1）使用【字体】组设置字体。单击【开始】选项卡下【字体】组中相应的按钮，是修改字体格式最常用的方法，如下图所示。

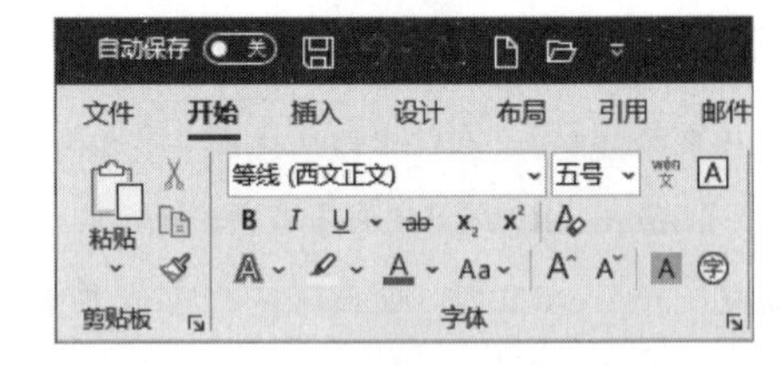

（2）使用【字体】对话框设置字体。选择要设置的文本，单击【开始】选项卡下【字体】组右下角的按钮或单击鼠标右键，在弹出的快捷菜单中选择【字体】选项，都会弹出【字体】对话框，在对话框中可以设置字体的格式，如下图所示。

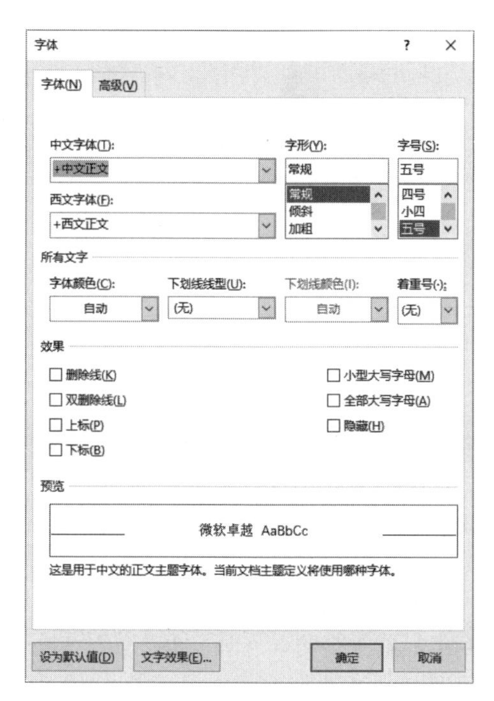

（3）使用浮动工具栏设置字体。选择要设置字体格式的文本，此时选择的文本区域右上角弹出一个浮动工具栏，单击相应的按钮即可修改字体格式，如下图所示。

下面以使用【字体】对话框设置字体和字号为例进行介绍，具体操作步骤如下。

第1步 在打开的素材文件中选择第1行标题文本，单击【开始】选项卡下【字体】组中的【字体】按钮，如下图所示。

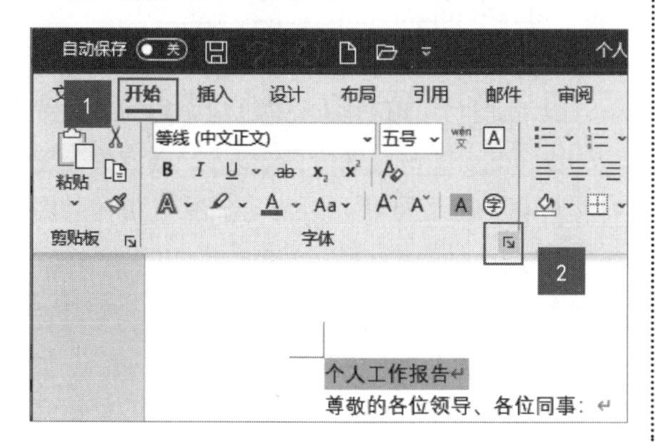

第2步 打开【字体】对话框，在【字体】选项卡下单击【中文字体】下拉按钮，在弹出的下拉列表中选择【微软雅黑】选项，在【字形】列表框中选择【常规】选项，在【字号】列表框中选择【小二】选项，单击【确定】按钮，如下图所示。

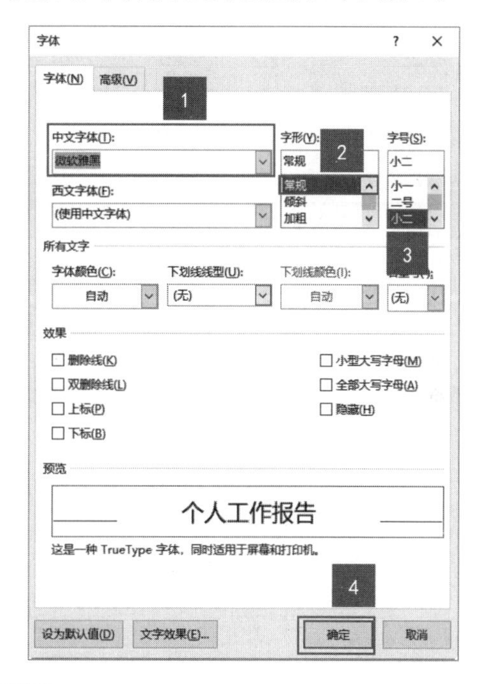

第3步 设置第1行字体后的效果如下图所示。

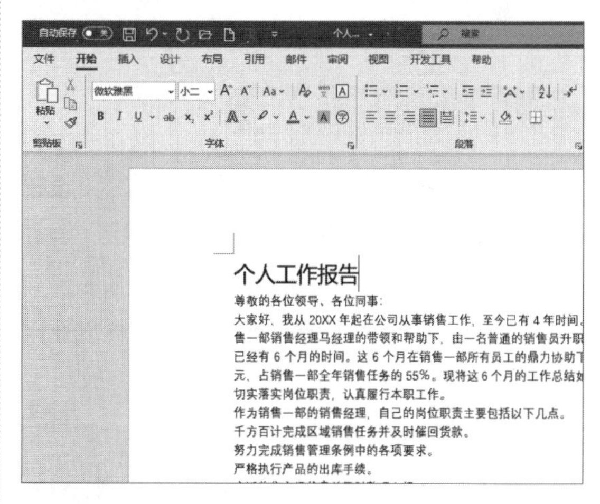

第4步 选择第2行，设置【字体】为【黑体】，【字号】为【四号】，单击【确定】按钮，如下图所示。

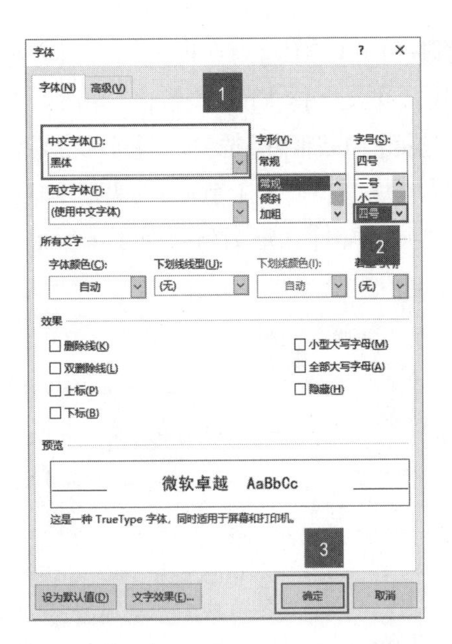

第5步 选择第7行，设置【字体】为【黑体】，【字号】为【五号】，如下图所示。

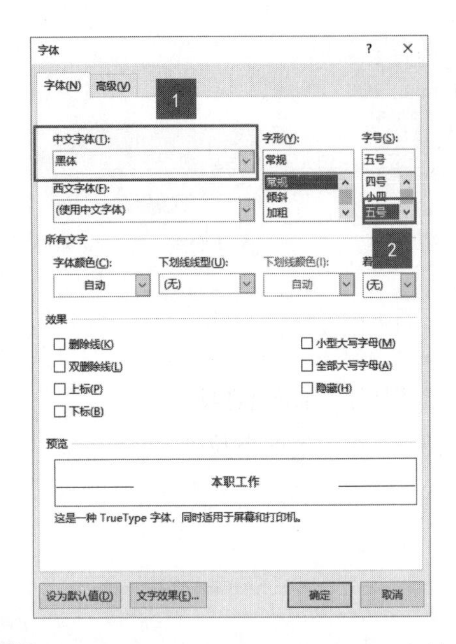

第6步 根据需要设置其他相同级别的字体和字号，效果如下图所示。

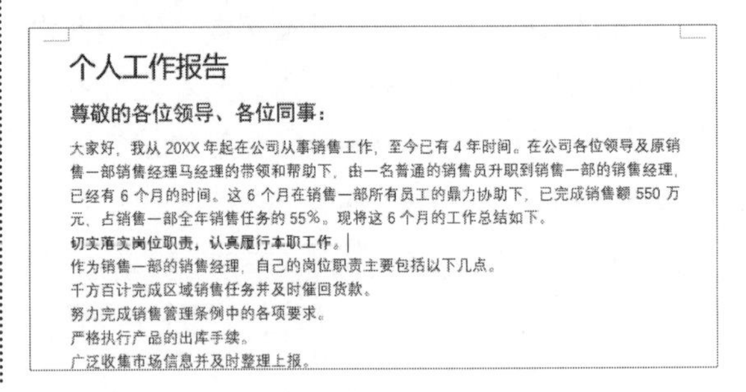
个人工作报告

尊敬的各位领导、各位同事：

大家好，我从 20XX 年起在公司从事销售工作，至今已有 4 年时间。在公司各位领导及原销售一部销售经理马经理的带领和帮助下，由一名普通的销售员升职到销售一部的销售经理，已经有 6 个月的时间。这 6 个月在销售一部所有员工的鼎力协助下，已完成销售额 550 万元，占销售一部全年销售任务的 55%。现将这 6 个月的工作总结如下。

切实落实岗位职责，认真履行本职工作。

作为销售一部的销售经理，自己的岗位职责主要包括以下几点。

千方百计完成区域销售任务并及时催回货款。

努力完成销售管理条例中的各项要求。

严格执行产品的出库手续。

广泛收集市场信息并及时整理上报。

8.1.3 设置文本段落

设置文本段落主要包括设置对齐方式、设置段落缩进和行间距、设置段前和段后间距、添加项目符号和编号等，设置一段文本的段落样式时，不需要选中整个段落，只需要将光标放在段落内即可。

1. 设置对齐方式

整齐的排版效果可以使文本更为美观，对齐方式就是段落中文本的排列方式。Word 中提供了5种常用的对齐方式，分别为左对齐、右对齐、居中对齐、两端对齐和分散对齐，如下图所示。

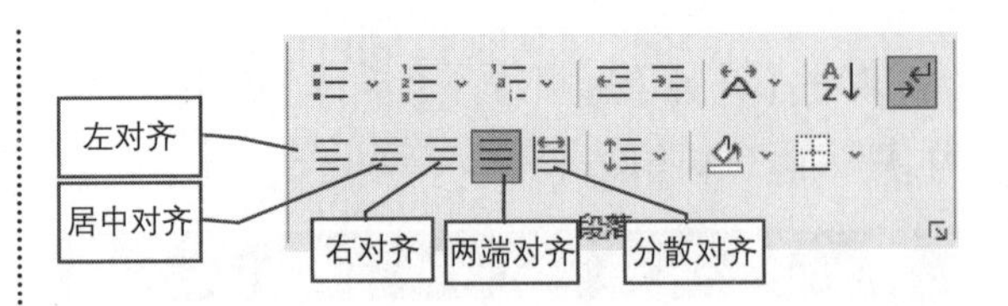

除了通过功能区中【段落】组中的对齐方式按钮来设置，还可以通过【段落】对话框来设置对齐方式。设置段落对齐方式的具体操作步骤如下。

第1步 将光标放在标题段落内，单击【开始】选项卡下【段落】组中的【段落设置】按钮，如下图所示。

第2步 打开【段落】对话框，在【缩进和间距】选项卡下单击【常规】选项区域中的【对齐方式】下拉按钮，在弹出的下拉列表中选择【居中】选项，单击【确定】按钮，如下图所示。

第3步 设置对齐方式为居中后的效果如下图所示。

个人工作报告

尊敬的各位领导、各位同事：

大家好，我从 20XX 年起在公司从事销售工作，至今已有 4 年时间。在公司各位领导及原销售一部销售经理马经理的带领和帮助下，由一名普通的销售员升职到销售一部的销售经理，已经有 6 个月的时间。这 6 个月在销售一部所有员工的鼎力协助下，已完成销售额 550 万元，占销售一部全年销售任务的 55%。现将这 6 个月的工作总结如下。

切实落实岗位职责，认真履行本职工作。

作为销售一部的销售经理，自己的岗位职责主要包括以下几点。

2. 设置段落缩进和间距

缩进和间距是以段落为单位的设置，下面就来介绍在“个人工作报告”文档中设置段落缩进和间距的方法。

（1）设置段落缩进。段落缩进是指段落到左右页边距的距离。根据中文的书写形式，通常情况下，正文中的每个段落都会首行缩进两个字符。设置段落缩进的具体操作步骤如下。

第1步 在打开的素材文件中，选中要设置缩进的正文文本，单击【段落】组右下角的【段落】按钮，在弹出的【段落】对话框中单击【特殊】下拉按钮，在弹出的下拉列表中选择【首行】选项，在【缩进值】微调框中输入“2字符”，单击【确定】按钮，如下图所示。

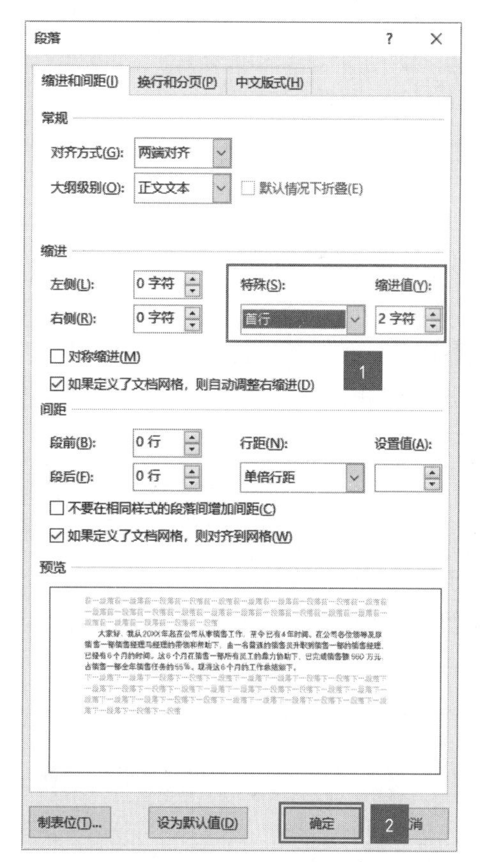

第2步 设置正文文本首行缩进2字符后的效果如下图所示。

个人工作报告

尊敬的各位领导、各位同事：

大家好，我从20XX年起在公司从事销售工作，至今已有4年时间。在公司各位领导及原销售一部销售经理马经理的带领和帮助下，由一名普通的销售员升职到销售一部的销售经理，已经有6个月的时间。这6个月在销售一部所有员工的鼎力协助下，已完成销售额550万元，占销售一部全年销售任务的55%。现将这6个月的工作总结如下。

切实落实岗位职责，认真履行本职工作。

作为销售一部的销售经理，自己的岗位职责主要包括以下几点。

第3步 使用同样的方法，为其他正文内容设置首行缩进2字符，如下图所示。

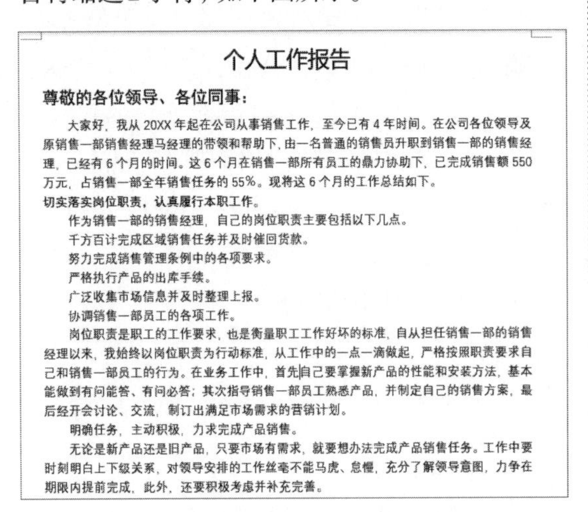

个人工作报告

尊敬的各位领导、各位同事：

大家好，我从20XX年起在公司从事销售工作，至今已有4年时间。在公司各位领导及原销售一部销售经理马经理的带领和帮助下，由一名普通的销售员升职到销售一部的销售经理，已经有6个月的时间。这6个月在销售一部所有员工的鼎力协助下，已完成销售额550万元，占销售一部全年销售任务的55%。现将这6个月的工作总结如下。

切实落实岗位职责，认真履行本职工作。

作为销售一部的销售经理，自己的岗位职责主要包括以下几点。

千方百计完成区域销售任务并及时催回货款。

努力完成销售管理条例中的各项要求。

严格执行产品的出库手续。

广泛收集市场信息并及时整理上报。

协调销售一部员工的各项工作。

岗位职责是职工的工作要求，也是衡量职工工作好坏的标准，自从担任销售一部的销售经理以来，我始终以岗位职责为行动标准，从工作中的一点一滴做起，严格按照职责要求自己和销售一部员工的行为。在业务工作中，首先自己要掌握新产品的性能和安装方法，基本能做到有问能答、有问必答；其次指导销售一部员工熟悉产品，并制定自己的销售方案，最后经开会讨论、交流，制订出满足市场需求的营销计划。

明确任务，主动积极，力求完成产品销售。

无论是新产品还是旧产品，只要市场有需求，就要想办法完成产品销售任务。工作中要时刻明白上下级关系，对领导安排的工作丝毫不能马虎、怠慢，充分了解领导意图，力争在期限内提前完成，此外，还要积极考虑并补充完善。

（2）设置段落间距及行距。段落间距是指文档中段落与段落之间的距离，行距是指行与行之间的距离。

第1步 在打开的素材文件中，选中标题文本并右击，在弹出的快捷菜单中选择【段落】选项，如下图所示。

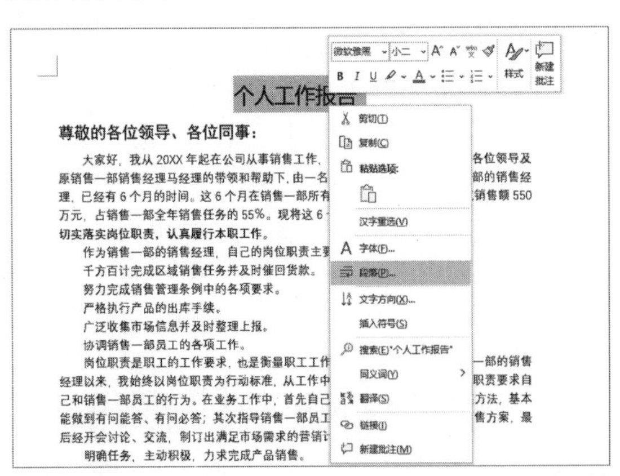

第2步 弹出【段落】对话框，选择【缩进和间距】选项卡。在【间距】选项区域中分别设置【段前】和【段后】为“1行”，在【行距】下拉列表中选择【单倍行距】选项，单击【确定】按钮，如下图所示。

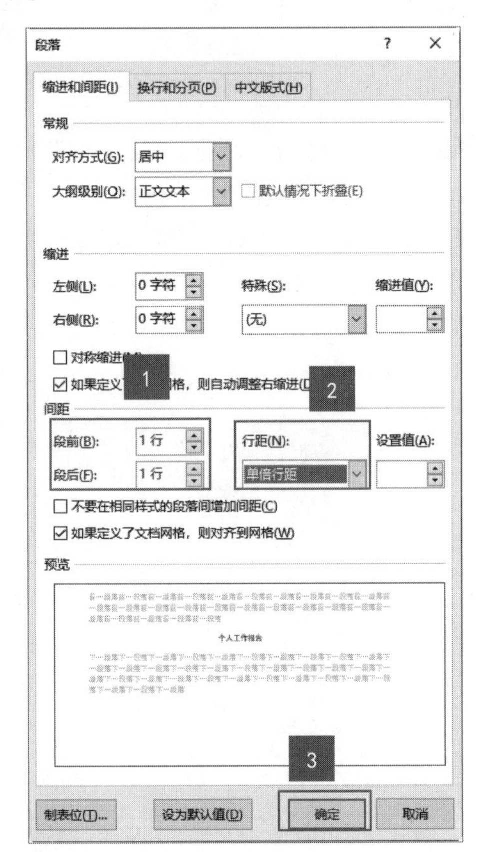

第3步 此时即可看到段落间距及行距设置后的效果，如下图所示。

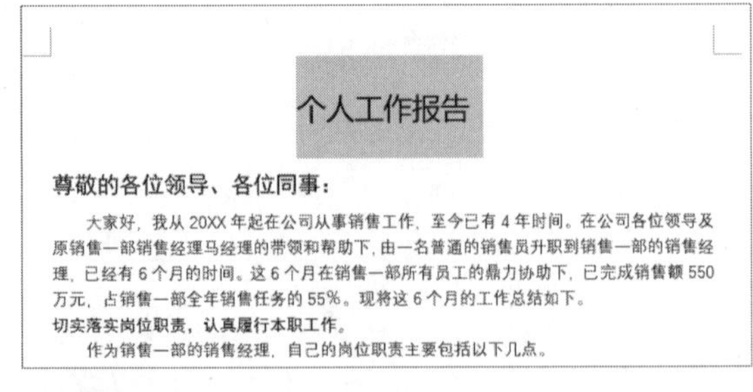

个人工作报告

尊敬的各位领导、各位同事：

大家好，我从20XX年起在公司从事销售工作，至今已有4年时间。在公司各位领导及原销售一部销售经理马经理的带领和帮助下，由一名普通的销售员升职到销售一部的销售经理，已经有6个月的时间。这6个月在销售一部所有员工的鼎力协助下，已完成销售额550万元，占销售一部全年销售任务的55%。现将这6个月的工作总结如下。

切实落实岗位职责，认真履行本职工作。

作为销售一部的销售经理，自己的岗位职责主要包括以下几点。

第4步 根据需要将第2行的【段前】【段后】的间距设置为“0.5行”，行距为“多倍行距”，【设置值】为“1.1”，效果如下图所示。

第5步 设置其他标题及正文的【段前】【段后】的间距为“0.5行”，行距为“多倍行距”，【设置值】为“1.1”，设置后的效果如下图所示。

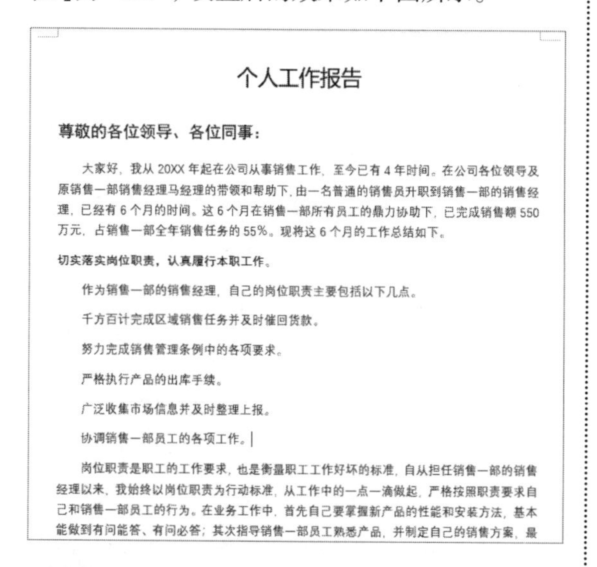

个人工作报告

尊敬的各位领导、各位同事：

大家好，我从 20XX 年起在公司从事销售工作，至今已有 4 年时间。在公司各位领导及原销售一部销售经理马经理的带领和帮助下，由一名普通的销售员升职到销售一部的销售经理，已经有 6 个月的时间。这 6 个月在销售一部所有员工的鼎力协助下，已完成销售额 550 万元，占销售一部全年销售任务的 55%。现将这 6 个月的工作总结如下。

切实落实岗位职责，认真履行本职工作。

作为销售一部的销售经理，自己的岗位职责主要包括以下几点。

千方百计完成区域销售任务并及时催回货款。

努力完成销售管理条例中的各项要求。

严格执行产品的出库手续。

广泛收集市场信息并及时整理上报。

协调销售一部员工的各项工作。

岗位职责是职工的工作要求，也是衡量职工工作好坏的标准，自从担任销售一部的销售经理以来，我始终以岗位职责为行动标准，从工作中的一点一滴做起，严格按照职责要求自己和销售一部员工的行为。在业务工作中，首先自己要掌握新产品的性能和安装方法，基本能做到有问能答、有问必答；其次指导销售一部员工熟悉产品，并制定自己的销售方案，最

3. 添加项目符号和编号

项目符号和编号可以美化文档，精美的项目符号、统一的编号样式可以使单调的文本内容变得更生动、更专业。

（1）添加项目符号。添加项目符号就是在一些段落的前面加上完全相同的符号。在文档中添加项目符号的具体操作步骤如下。

第1步 在打开的素材文件中，选中要添加项目符号的文本内容，如下图所示。

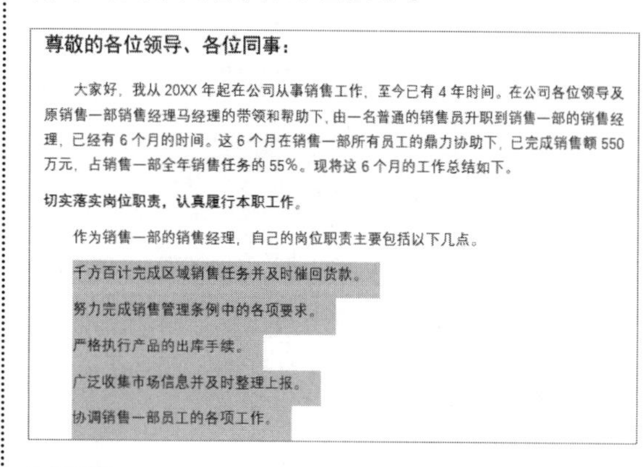

尊敬的各位领导、各位同事：

大家好，我从 20XX 年起在公司从事销售工作，至今已有 4 年时间。在公司各位领导及原销售一部销售经理马经理的带领和帮助下，由一名普通的销售员升职到销售一部的销售经理，已经有 6 个月的时间。这 6 个月在销售一部所有员工的鼎力协助下，已完成销售额 550 万元，占销售一部全年销售任务的 55%。现将这 6 个月的工作总结如下。

切实落实岗位职责，认真履行本职工作。

作为销售一部的销售经理，自己的岗位职责主要包括以下几点。

千方百计完成区域销售任务并及时催回货款。

努力完成销售管理条例中的各项要求。

严格执行产品的出库手续。

广泛收集市场信息并及时整理上报。

协调销售一部员工的各项工作。

第2步 单击【开始】选项卡下【段落】组中的【项目符号】下拉按钮，在弹出的下拉列表中选择项目符号的样式，如下图所示。

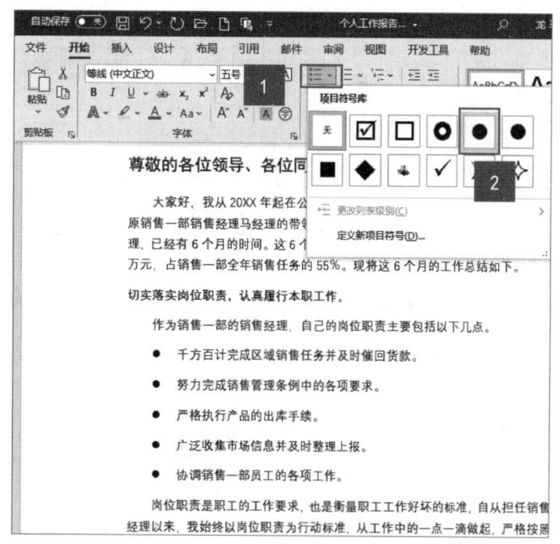

第3步 如果要自定义项目符号，可以在【项目符号】下拉列表中选择【定义新项目符号】选项，打开【定义新项目符号】对话框，单击【符号】按钮，如下图所示。

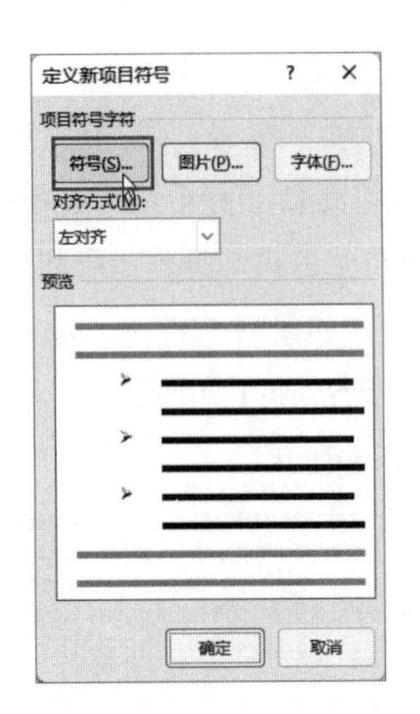

第4步 打开【符号】对话框，选择要设置为项目符号的符号，单击【确定】按钮，如下图所示。返回【定义新项目符号】对话框，单击【确定】按钮。

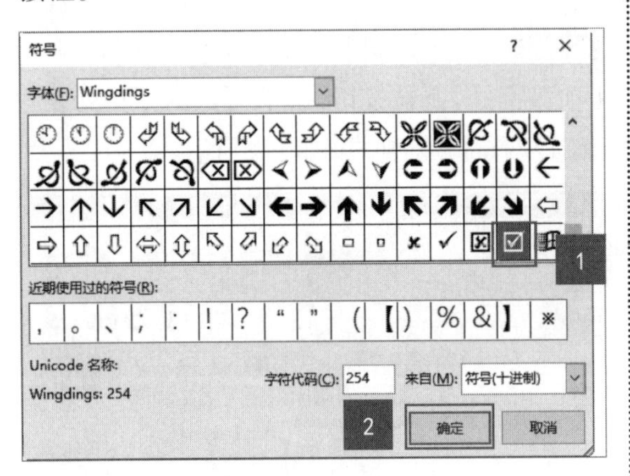

第5步 此时即可看到添加自定义项目符号后的效果，如下图所示。

切实落实岗位职责，认真履行本职工作。

作为销售一部的销售经理，自己的岗位职责主要包括以下几点。

☑ 千方百计完成区域销售任务并及时催回货款。

☑ 努力完成销售管理条例中的各项要求。

☑ 严格执行产品的出库手续。

☑ 广泛收集市场信息并及时整理上报。

☑ 协调销售一部员工的各项工作。

（2）添加编号。添加编号是按照大小顺序为文档中的行或段落编号。在文档中添加编号的具体操作步骤如下。

第1步 在打开的素材文件中选中要添加编号的文本内容，单击【开始】选项卡下【段落】组中的【编号】下拉按钮，在弹出的下拉列表中选择编号的样式，即可看到添加编号后的预览效果，如下图所示。

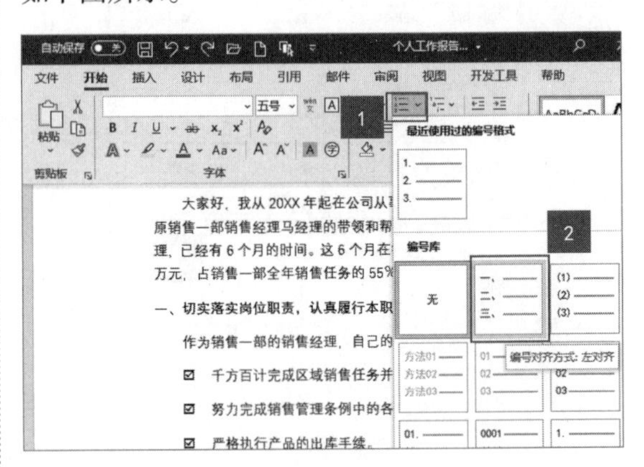

第2步 使用同样的方法，选择其他段落，重复第1步的操作，依次为其他不连贯的段落添加编号，效果如下图所示。

岗位职责是职工的工作要求，也是衡量职工工作好坏的标准，自从担任销售一部的销售经理以来，我始终以岗位职责为行动标准，从工作中的一点一滴做起，严格按照职责要求自己和销售一部员工的行为。在业务工作中，首先自己要掌握新产品的性能和安装方法，基本能做到有问能答、有问必答；其次指导销售一部员工熟悉产品，并制定自己的销售方案，最后经开会讨论、交流，制订出满足市场需求的销售计划。

二、明确任务，主动积极，力求完成产品销售。

无论是新产品还是旧产品，只要市场有需求，就要想办法完成产品销售任务。工作中要时刻明白上下级关系，对领导安排的工作丝毫不能马虎、怠慢，充分了解领导意图，力争在期限内提前完成，此外，还要积极考虑并补充完善。

三、正确对待客户投诉并妥善解决

销售是一种长期循序渐进的工作，所以员工应正确对待客户的投诉，并及时解决。在产品销售的过程中，严格按照销售服务承诺执行，在接到客户投诉时，首先应认真做好客户投诉记录并口头做出承诺，其次应及时汇报领导及相关部门，在接到领导的指示后会同相关部门人员制订应对方案，同时应及时与客户沟通，使客户满意处理方案。

四、市场分析

随着产品的改进，新产品已经可以广泛应用于小城镇甚至是农村地区。本省小城镇和农村人口占总人口的70%以上，因此具有广阔的市场前景，现就该新市场分析如下。

第1页，共2页　1344个字　中文(中国)

提示

将光标放在设置好段落样式的段落内，双击【开始】选项卡下【剪贴板】组中的【格式刷】按钮，在其他段落中单击，即可快速将设置好的段落样式应用至其他段落中。

8.1.4 复制与移动文本

复制与移动文本是编辑文档过程中的常用操作，可以节省大量操作重复文本的时间。

1. 复制文本

对于需要重复输入的文本，可以使用复制功能，快速粘贴要复制的内容。

第1步 选择要复制的文本内容，单击【开始】选项卡下【剪贴板】组中的【复制】按钮，如下图所示。

第2步 将光标定位在要粘贴到的位置，单击【开始】选项卡下【剪贴板】组中的【粘贴】下拉按钮，在弹出的下拉列表中选择【保留源格式】选项，如下图所示。

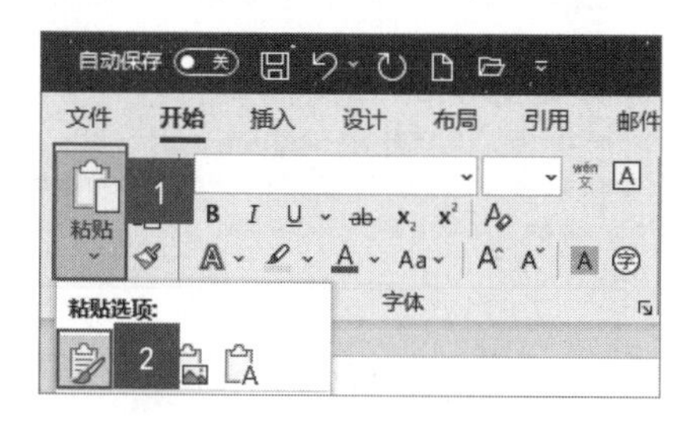

提示

在【粘贴选项】中，用户可以根据需要选择文本格式的设置方式，各选项的功能如下。

【保留源格式】选项：选择该选项后，保留应用于复制文本的格式。

【合并格式】选项：选择该选项后，将丢弃直接应用于复制文本的大部分格式，但在仅应用于所选内容一部分时保留被视为强调效果的格式，如加粗、斜体等。

【图片】选项：选择该选项后，复制的对象将会转换为图片并粘贴该图片，文本转换为图片将无法更改。

【只保留文本】选项：选择该选项后，复制对象的格式和非文本对象，如表格、图片、图形等，不会被复制到目标位置，仅保留文本内容。

另外，用户也可以按【Ctrl+C】组合键复制文本，然后在要粘贴到的位置按【Ctrl+V】组合键粘贴文本。

2. 移动文本

在输入文本内容时，使用剪切功能移动文本可以大大缩短工作时间，提高工作效率。

第1步 在打开的素材文件中，选中第1段文本内容，单击【开始】选项卡下【剪贴板】组中的【剪切】按钮，如下图所示，或者按【Ctrl+X】组合键。

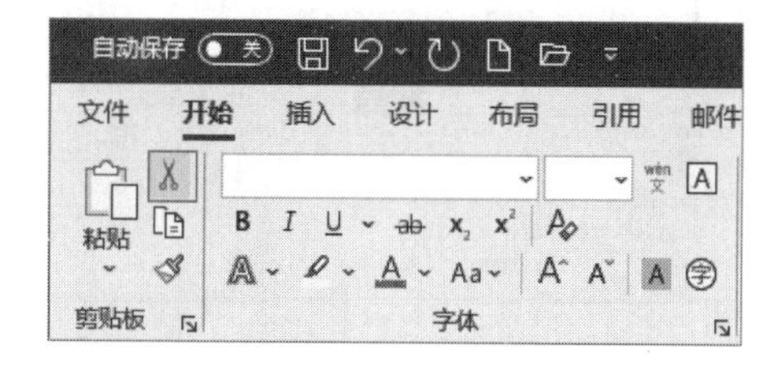

第2步 将光标定位在文本内容最后，单击【开始】选项卡下【剪贴板】组中的【粘贴】下拉按钮，在弹出的下拉列表中选择【保留源格式】选项即可完成文本的移动操作，如下图所示。也可以按【Ctrl+V】组合键粘贴文本。

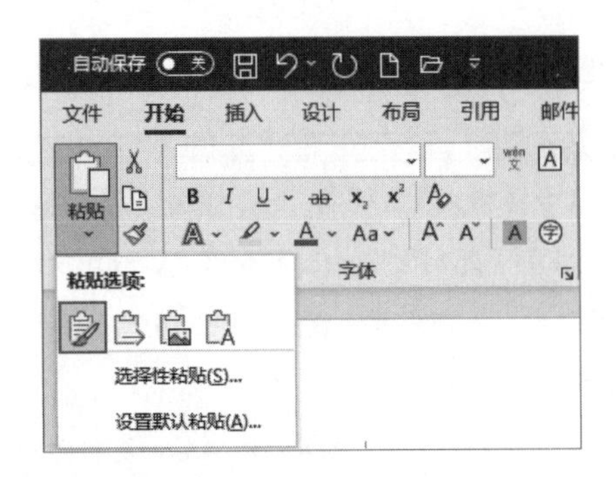

另外，选择要移动的文本，按住鼠标左键并拖曳鼠标至要移动到的位置，释放鼠标左键，也可以完成移动文本的操作。

8.1.5 输入日期

在文档中可以方便地输入当前的日期和时间，具体操作步骤如下。

第1步 将光标定位到文档最后，按【Enter】键换行，单击【插入】选项卡下【文本】组中的【日期和时间】按钮，如下图所示。

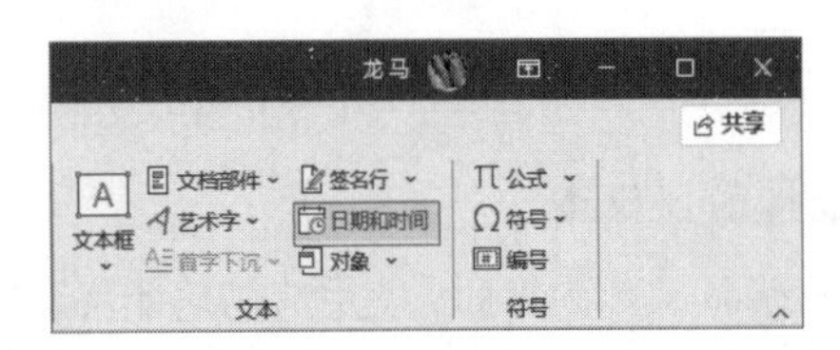

第2步 弹出【日期和时间】对话框，设置【语言】为“中文”，然后在【可用格式】列表框中选择一种日期格式，单击【确定】按钮，如下图所示。

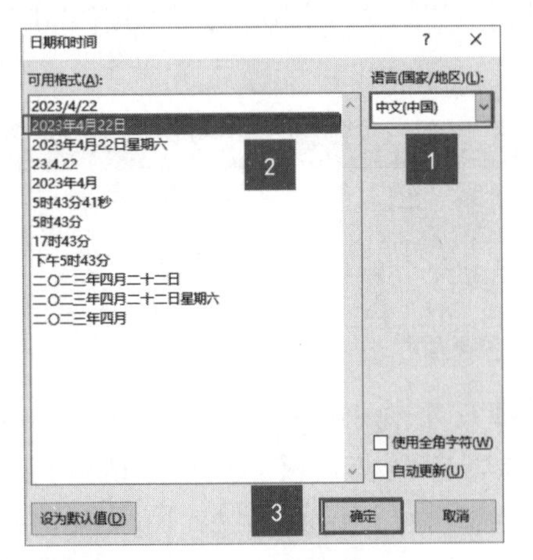

> **提示**
>
> 如果要插入时间，可以在【可用格式】列表框下方选择时间格式；如果要插入的时间和日期能自动更新，可以选中【自动更新】复选框。

第3步 此时即可将日期插入文档中，将最后两行设置为“右对齐”，最终效果如下图所示。

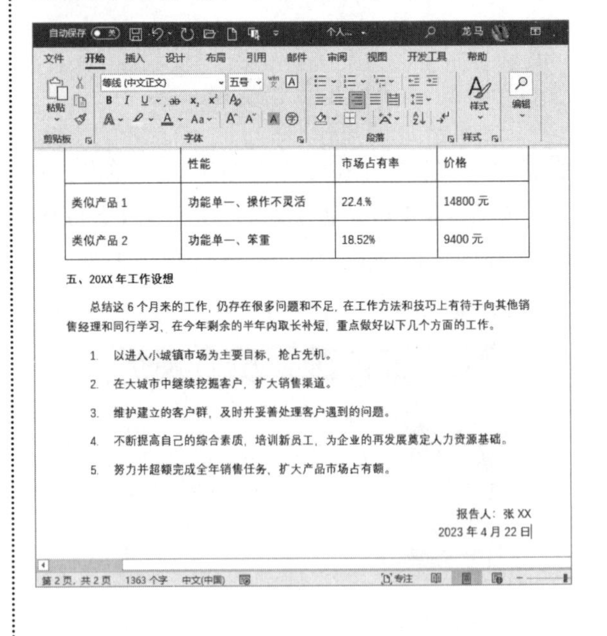

	性能	市场占有率	价格
类似产品1	功能单一、操作不灵活	22.4%	14800元
类似产品2	功能单一、笨重	18.52%	9400元

五、20XX年工作设想

总结这6个月来的工作，仍存在很多问题和不足，在工作方法和技巧上有待于向其他销售经理和同行学习，在今年剩余的半年内取长补短，重点做好以下几个方面的工作。

1. 以进入小城镇市场为主要目标，抢占先机。
2. 在大城市中继续挖掘客户，扩大销售渠道。
3. 维护建立的客户群，及时并妥善处理客户遇到的问题。
4. 不断提高自己的综合素质，培训新员工，为企业的再发展奠定人力资源基础。
5. 努力并超额完成全年销售任务，扩大产品市场占有额。

报告人：张XX
2023年4月22日

8.1.6 保存和关闭文档

文档的保存和导出是非常重要的。在使用Word 2021编辑文档时，文档以临时文件的形

式保存在计算机中，如果意外退出Word 2021，那么很容易造成工作成果的丢失。只有保存或导出文档后才能确保文档的安全。

1. 保存新建文档

保存新建文档的具体操作步骤如下。

第1步 Word文档编辑完成后，选择【文件】选项卡，在左侧的列表中选择【保存】选项，如下图所示。

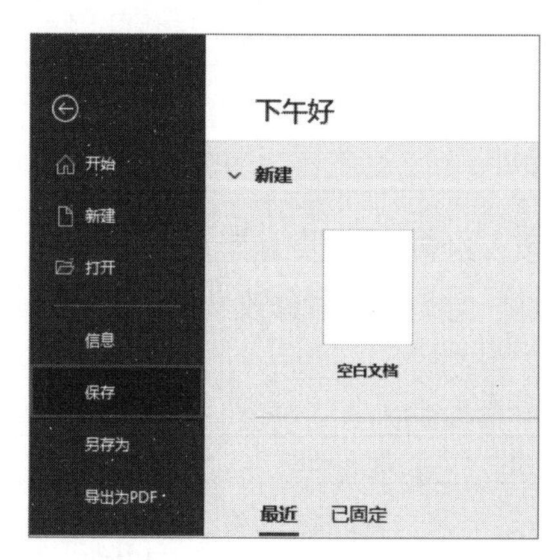

第2步 此时为第一次保存文档，系统会显示【另存为】区域，在【另存为】界面中单击【浏览】按钮，如下图所示。

第3步 打开【另存为】对话框，选择文件保存的位置，在【文件名】文本框中输入要保存文档的名称，在【保存类型】下拉列表框中选择【Word文档(*.docx)】选项，单击【保存】按钮，即可完成保存文档的操作，如下图所示。

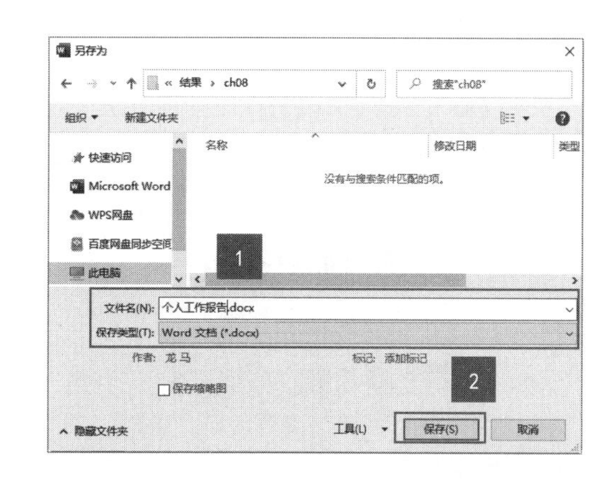

提示

在对文档进行“另存为”操作时，可以按【F12】键，直接打开【另存为】对话框。

2. 保存已有文档

对已存在文档有3种方法可以保存更新。

(1)选择【文件】选项卡，在左侧的列表中选择【保存】选项，如下图所示。

(2)单击快速访问工具栏中的【保存】按钮，如下图所示。

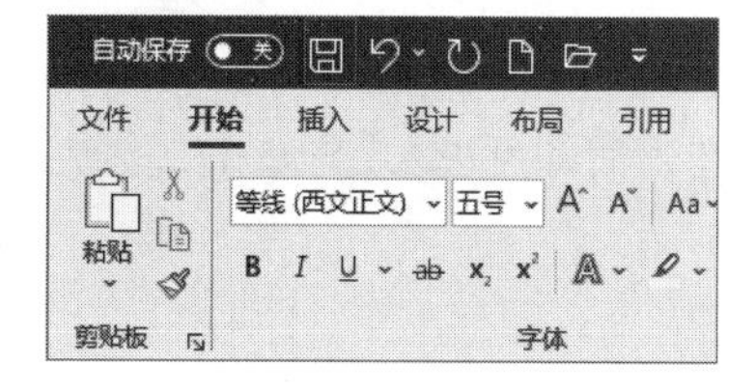

(3)使用【Ctrl+S】组合键可以实现快速保存。

3. 关闭文档

关闭Word 2021文档有以下4种方法。

（1）单击窗口右上角的【关闭】按钮，如下图所示。

（2）在标题栏上右击，在弹出的快捷菜单中选择【关闭】选项，如下图所示。

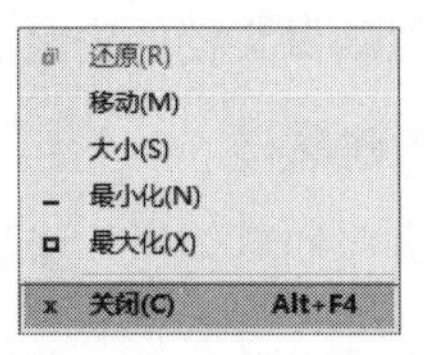

（3）选择【文件】选项卡下【关闭】选项。

（4）直接按【Alt+F4】组合键。

8.2 审阅房屋租赁合同文档

房屋租赁合同是一种合同文本，不仅需要满足双方当事人的意愿，更要做到表达、内容无歧义。因此，制作房屋租赁合同时必须准确无误，可以通过多人批注、修订的形式修改文档。

8.2.1 像翻书一样“翻页”查看文档

在Word 2021中，默认的阅读模式是“垂直”，在阅读长文档时，如果使用鼠标拖曳滑块进行浏览，难免会效率低下。为了更好地阅读，用户可以使用“翻页”阅读模式查看长文档。

第1步 打开“素材\ch08\房屋租赁合同.docx”文件，单击【视图】选项卡下【页面移动】组中的【翻页】按钮，如下图所示。

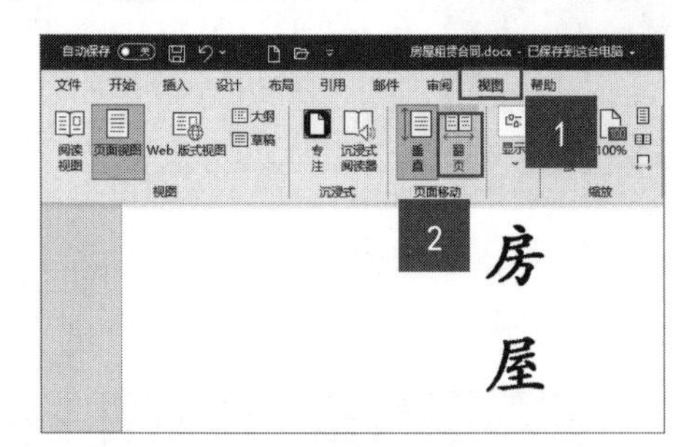

第2步 单击后即可进入【翻页】阅读模式，效果如下图所示。

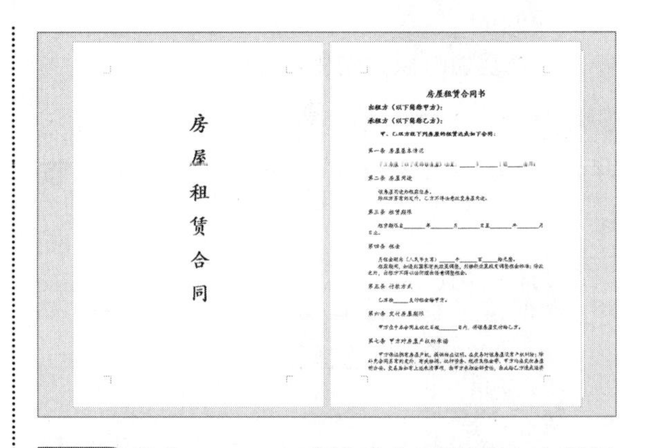

第3步 按【Page Down】键或向下滚动一次鼠标滚轮即可向后翻页，如下图所示。

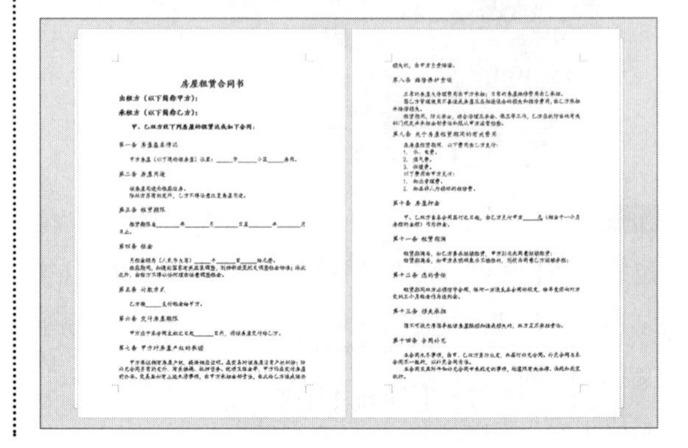

第4步 单击【垂直】按钮，即会退出【翻页】模式，如下图所示。

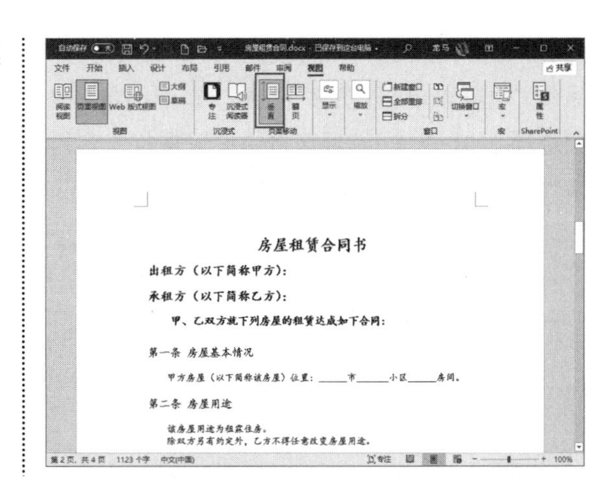

8.2.2 查找与替换文本

查找功能可以帮助用户定位所需的内容，用户也可以使用替换功能将查找到的文本或文本格式替换为新的文本或文本格式。

1. 查找

查找功能可以帮助用户定位目标位置，以便快速找到想要的信息。查找分为查找和高级查找两种。

（1）查找。

第1步 在打开的素材文件中单击【开始】选项卡下【编辑】组中的【查找】下拉按钮查找，在弹出的下拉列表中选择【查找】选项，如下图所示。

提示

用户也可以按【Ctrl+F】组合键执行【查找】命令。

第2步 左侧打开【导航】任务窗格，在文本框中输入要查找的内容，这里输入“租赁”，文本框的下方提示“13个结果”，在文档中查找到的内容都会以黄色背景显示，如下图所示。

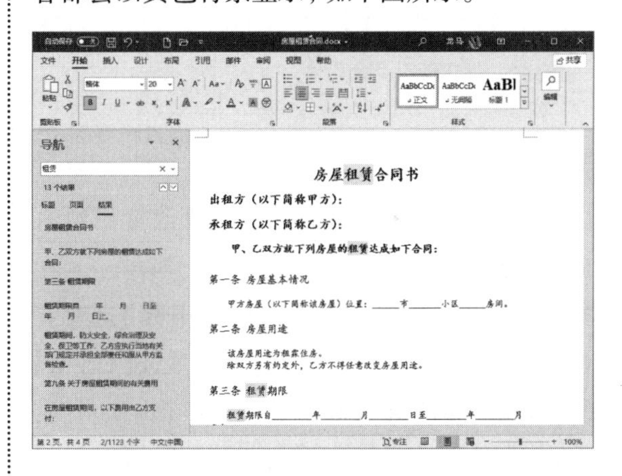

提示

单击任务窗格中的【下一条】按钮，则定位到下一条匹配项。

（2）高级查找。使用【高级查找】命令会打开【查找和替换】对话框来查找内容。

单击【开始】选项卡下【编辑】组中的【查找】下拉按钮查找，在弹出的下拉列表中选择【高级查找】选项，弹出【查找和替换】对话框，用户可以在【查找内容】文本框中输入要查找的内容，单击【查找下一处】按钮，查找相关内容。另外，也可以单击【更多】按钮，在弹出的【搜索选项】和【查找】选项区域中设置查找内容的条件，以快速定位查找的内容，如下图所示。

2. 替换

替换功能可以帮助用户快速更改查找到的文本或批量修改相同的文本。

第1步 在打开的素材文件中单击【开始】选项卡下【编辑】组中的【替换】按钮，或按【Ctrl+H】组合键，弹出【查找和替换】对话框，如下图所示。

第2步 在【替换】选项卡中的【查找内容】文本框中输入需要被替换的内容（这里输入“租霖”），在【替换为】文本框中输入要替换的新内容（这里输入“租赁”），如下图所示。

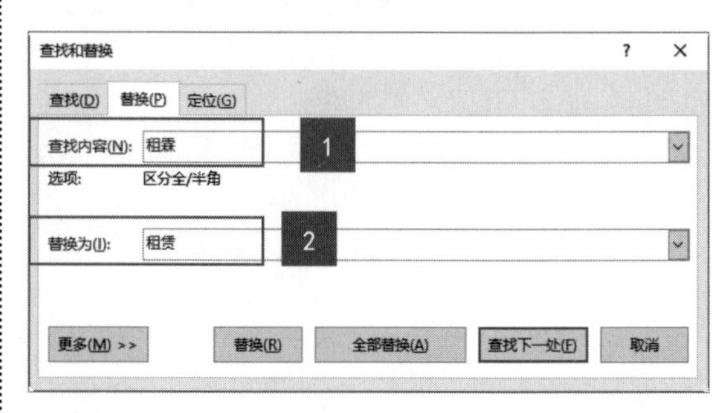

第3步 单击【查找下一处】按钮，定位到从当前光标所在位置起，第一个满足查找条件的文本位置，并以灰色背景显示，如下图所示，单击【替换】按钮就可以将查找到的内容替换为新内容，并跳转至查找到的第二个内容。

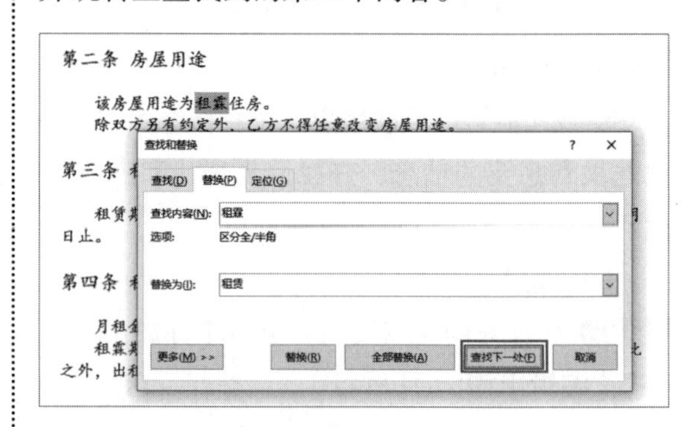

第4步 如果用户需要将文档中所有相同的内容都替换掉，单击【全部替换】按钮，Word就会自动将整个文档内查找到的所有内容替换为新的内容，并弹出提示框显示完成替换的数量，如下图所示。单击【确定】按钮关闭提示框。

8.2.3 添加批注和修订

批注和修订可以让文档制作者修改文档，以改正错误，从而使制作的文档更专业。

1. 批注

批注是文档的审阅者为文档添加的注释、说明、建议和意见等信息，是对文档的特殊说明，添加批注的对象是包括文本、表格或图片在内的文档内的所有内容。

（1）添加批注。Word 以有颜色的括号将批注的内容括起来，背景色也将变为相同的颜色。默认情况下，批注显示在文档外的标记区，批注与被批注的文本使用与批注颜色相同的线连接。添加批注的具体操作步骤如下。

第1步 在打开的素材文件中选中要添加批注的文本，单击【审阅】选项卡下【批注】组中的【新建批注】按钮，如下图所示。

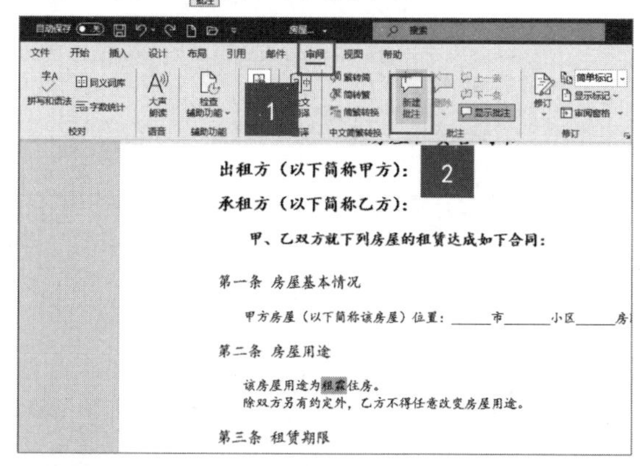

第2步 在右侧会出现批注框，在批注框中输入批注的内容即可。

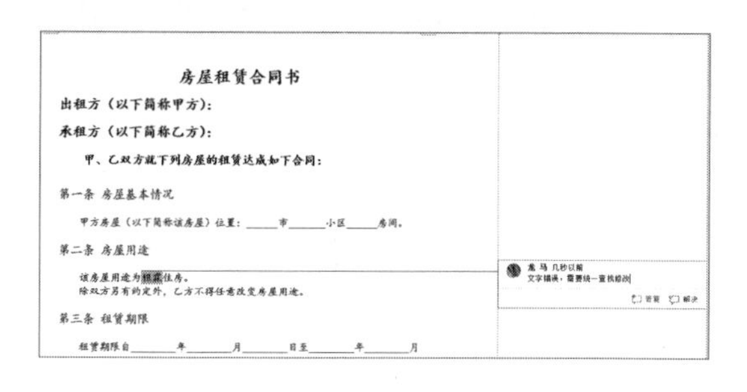

第3步 使用同样的方法，在其他需要修改的位置添加批注，如下图所示。

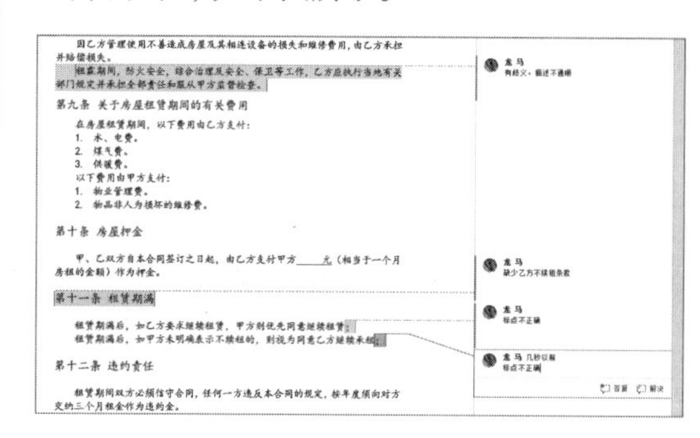

（2）答复和编辑批注。修改对应的内容后，单击【答复】按钮可以答复批注，单击【解决】按钮可以显示批注完成，如下图所示。

如果对批注的内容不满意，可以直接单击需要修改的批注，即可编辑批注，如下图所示。

（3）删除批注。当不需要文档中的批注时，用户可以将其删除，删除批注常用的方法有以下3种。

方法1：选中要删除的批注，此时【审阅】选项卡下【批注】组中的【删除】按钮处于可用状态，单击该下拉按钮，在弹出的下拉列表中选择【删除】选项，即可将选中的批注删除，如

下图所示。删除之后，【删除】按钮处于不可用状态。

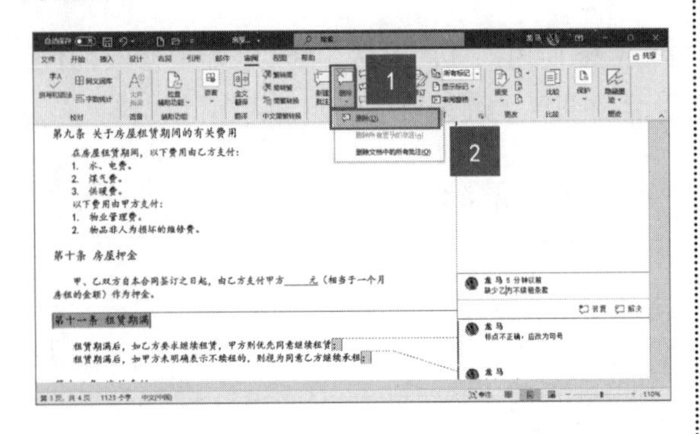

提示

单击【批注】组中的【上一条】按钮和【下一条】按钮，可快速找到要删除的批注。

方法2：右击需要删除的批注或批注文本，在弹出的快捷菜单中选择【删除批注】选项，如下图所示。

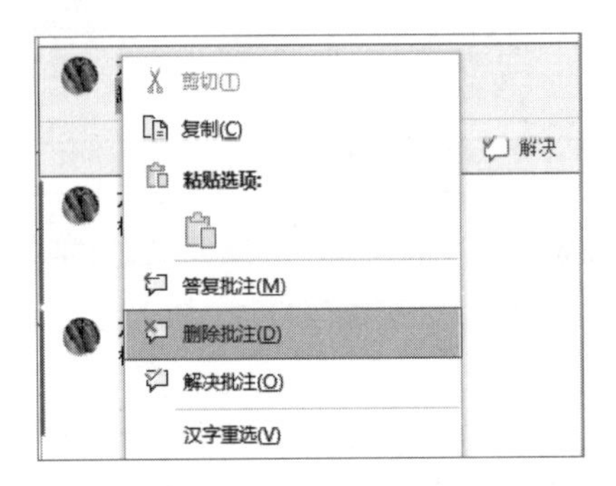

方法3：如果要删除所有批注，可以单击【审阅】选项卡下【批注】组中的【删除】下拉按钮，在弹出的下拉列表中选择【删除文档中的所有批注】选项即可，如下图所示。

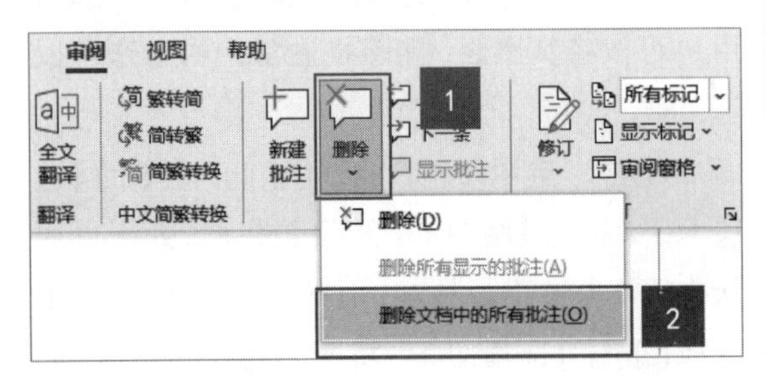

2. 使用修订

启用修订功能，审阅者的每一次插入、删除或是格式更改操作都会被标记出来。这样能够让文档作者跟踪多位审阅者对文档做的修改，并可选择接受或拒绝这些修改。

（1）修订文档。修订文档首先需要使文档处于修订状态。

第1步 打开素材文件，单击【审阅】选项卡下【修订】组中的【修订】按钮，如下图所示，即可使文档处于修订状态。

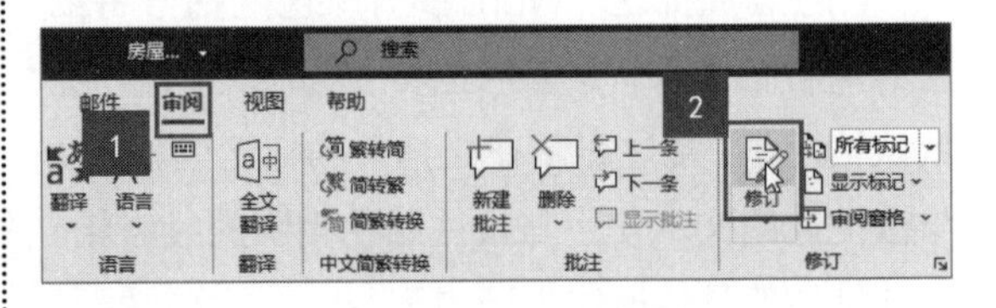

第2步 对处于修订状态的文档所做的所有修改都将被记录下来，如下图所示。

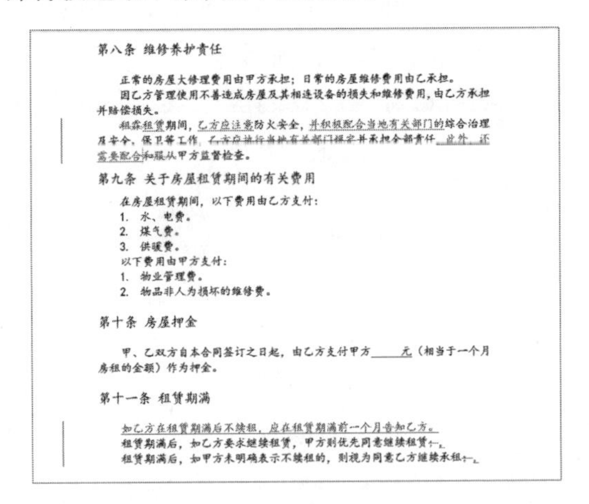

第八条 维修养护责任

正常的房屋大修理费用由甲方承担；日常的房屋维修费用由乙承担。

因乙方管理使用不善造成房屋及其相连设备的损失和维修费用，由乙方承担并赔偿损失。

租赁期间，乙方应注意防火安全，并积极配合当地有关部门的综合治理及安全、保卫等工作，此外，还需要配合和服从甲方监督检查。

第九条 关于房屋租赁期间的有关费用

在房屋租赁期间，以下费用由乙方支付：

1. 水、电费。
2. 煤气费。
3. 供暖费。

以下费用由甲方支付：

1. 物业管理费。
2. 物品非人为损坏的维修费。

第十条 房屋押金

甲、乙双方自本合同签订之日起，由乙方支付甲方_____元（相当于一个月房租的金额）作为押金。

第十一条 租赁期满

如乙方在租赁期满后不续租，应在租赁期满前一个月告知乙方。

租赁期满后，如乙方要求继续租赁，甲方则优先同意继续租赁。

租赁期满后，如甲方未明确表示不续租的，则视为同意乙方继续承租。

（2）接受修订。如果修订是正确的，就可以接受修订。将光标放在需要接受修订的内容处，然后单击【审阅】选项卡下【更改】组中的【接受】按钮，即可接受该修订，如下图所示。然后系统将选中下一条修订。

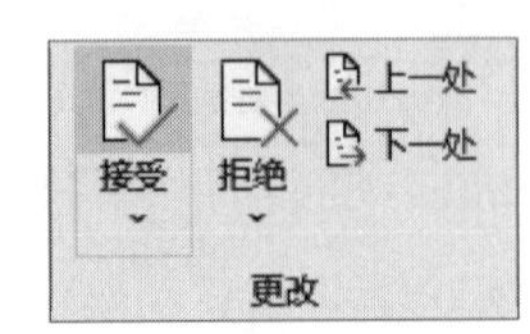

如果要接受并停止修订，可以单击【接受】下拉按钮，在弹出的下拉列表中选择【接受所有更改并停止修订】选项，如下图所示。

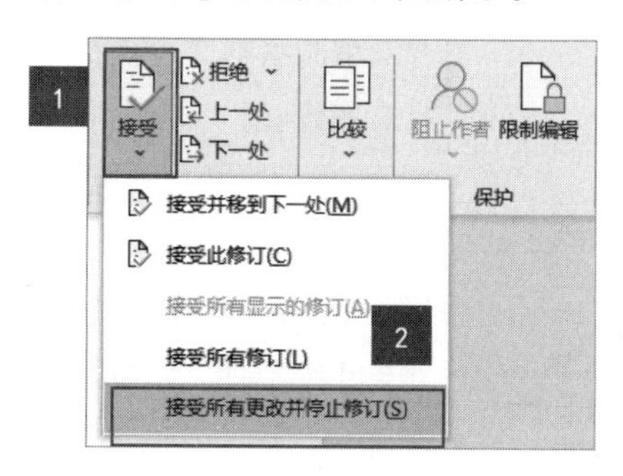

（3）拒绝修订。如果要拒绝修订，可以将光标放在需要拒绝修订的内容处，单击【审阅】选项卡下【更改】组中的【拒绝】下拉按钮，在弹出的下拉列表中选择【拒绝并移到下一处】选项，如下图所示，即可拒绝修订。然后系统将选中下一条修订。

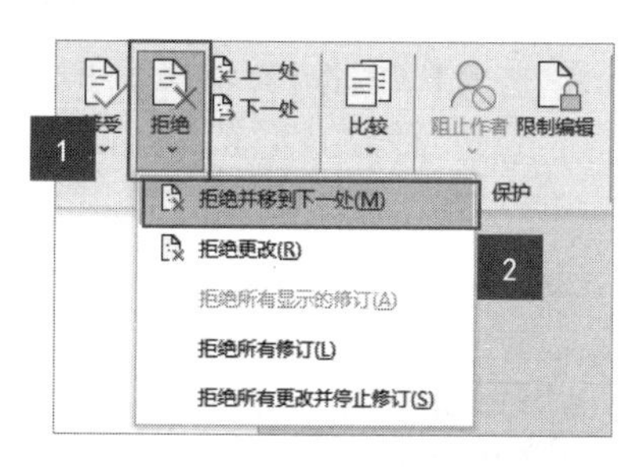

（4）删除所有修订。单击【审阅】选项卡下【更改】组中的【拒绝】下拉按钮，在弹出的下拉列表中选择【拒绝所有修订】选项，如下图所示，即可删除文档中的所有修订。

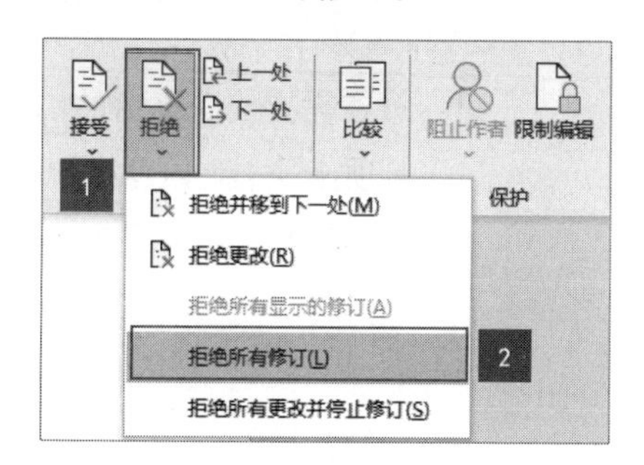

技巧 1：更改大小写字母

Word 2021提供了更多的单词拼写检查模式，如句首字母大写、全部小写、全部大写、半角和全角等检查更改模式。

第1步 选中需要更改大小写的单词、句子或段落，在【开始】选项卡下【字体】组中单击【更改大小写】按钮，在弹出的下拉列表中选择需要的选项即可，如下图所示。

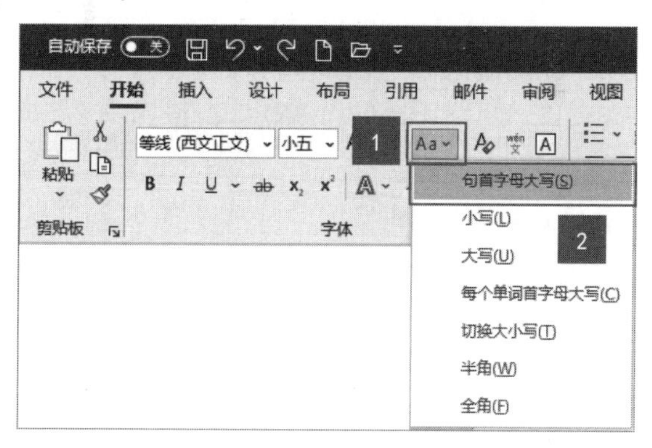

第2步 更改前后的效果如下图所示。

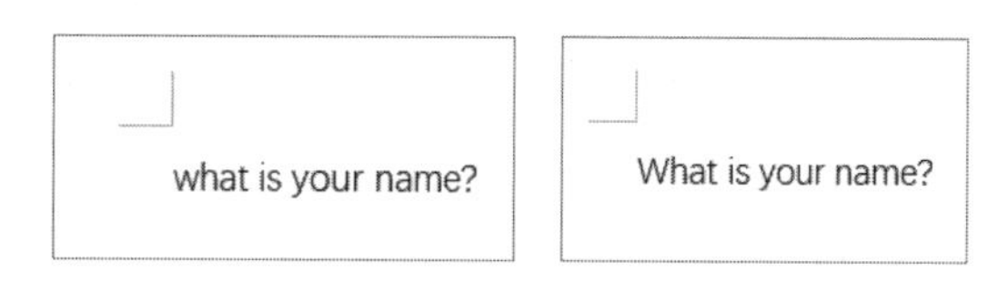

技巧 2：使用快捷键插入特殊符号

在使用某一个特殊符号比较频繁的情况下，每次都通过对话框来添加比较麻烦，此时如果在键盘中添加该符号的快捷键，那么用起来就会很方便了。

第1步 打开任意文档，单击【插入】选项卡下【符号】组中的【符号】下拉按钮，在弹出的下拉列表中选择【其他符号】选项，如下图所示。

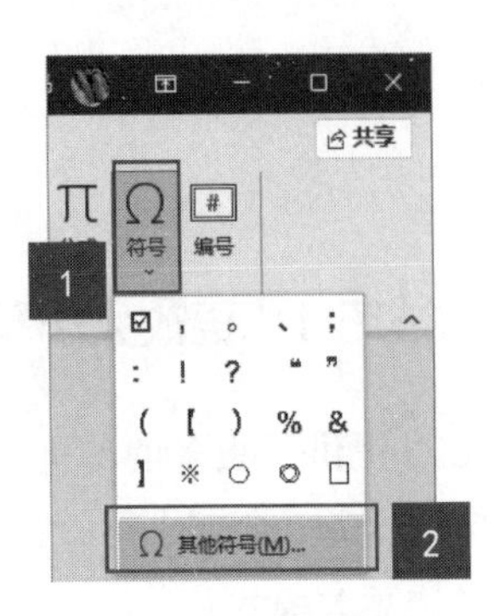

第2步 在弹出的【符号】对话框中选择要设置的特殊符号，单击【快捷键】按钮，如下图所示。

第3步 弹出【自定义键盘】对话框，将光标定位在【请按新快捷键】文本框中，按要指定的快捷键，如按【Alt+Q】快捷键，然后单击【指定】按钮，即可在【当前快捷键】列表框中出现此快捷键，如下图所示。

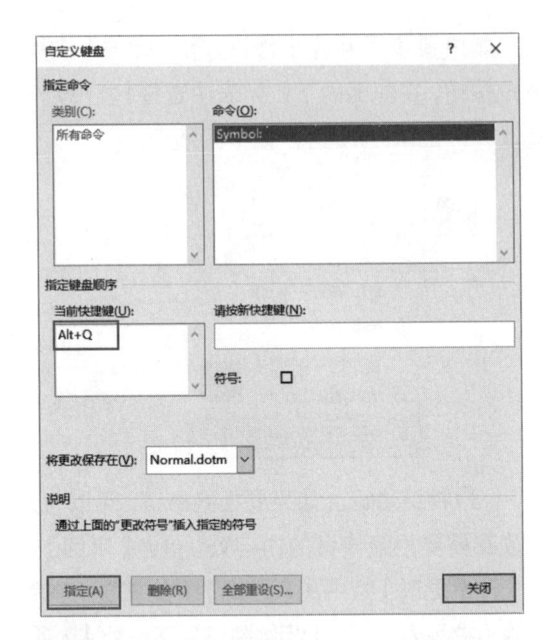

第4步 单击【关闭】按钮，返回【符号】对话框，即可看到指定符号的快捷键已添加成功。最后单击【关闭】按钮，如下图所示，关闭【符号】对话框。之后按【Alt+Q】快捷键，即可插入该符号。

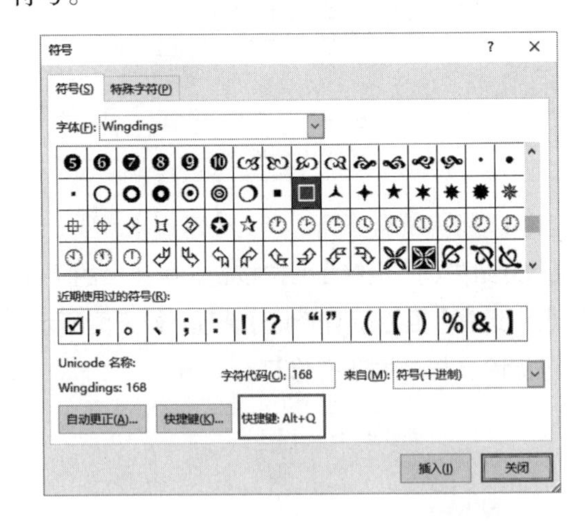

第 9 章

Word 文档的美化处理

学习内容

一篇图文并茂的文档，不仅看起来内容丰富、生动形象，而且可以让文档更美观、充满活力。设置页面、插入艺术字、插入图片、插入表格、插入形状、插入图标、插入 SmartArt 图形及插入图表等，都是美化文档的常用操作。

学习效果

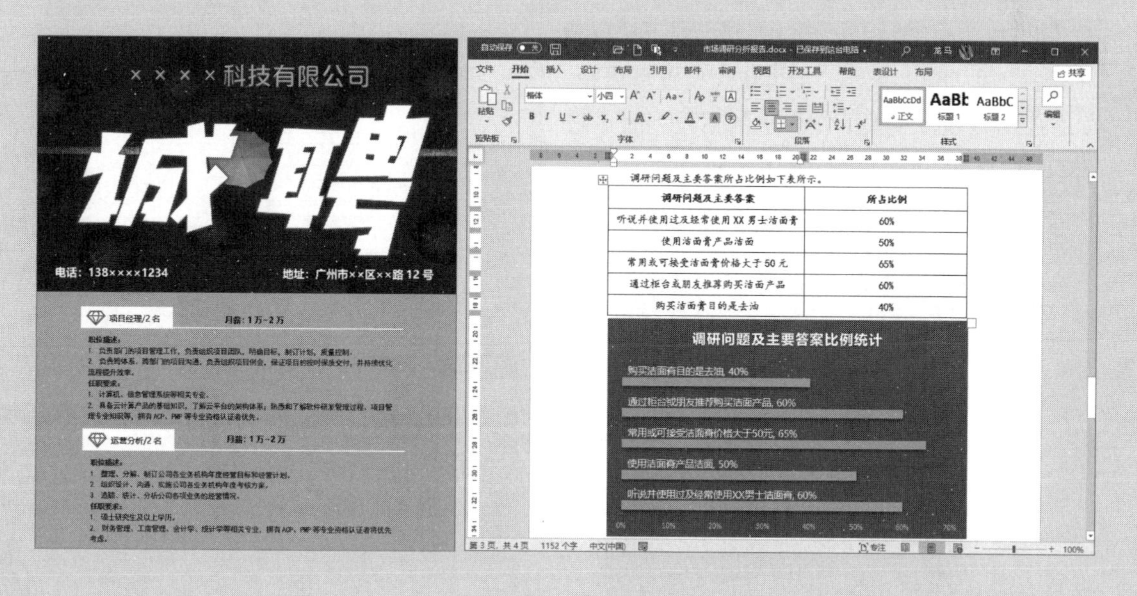

9.1 制作招聘海报

制作招聘海报要注意以下几点：①要突出整体的视觉效果，可以使用图片增加层次感；②使用大量的元素丰富页面，让整个版面有张力；③重要信息要突出，这样才更能突出主题、吸引应聘者。

9.1.1 纸张设置

纸张设置相关按钮在【布局】选项卡下【页面设置】组中，包括设置页边距、纸张方向、纸张大小等，新建Word文档后，默认的纸张大小是A4，页边距【上】【下】是2.54厘米，【左】【右】是3.18厘米，页面背景是白色。

1. 设置页边距

页边距有两个作用：一是便于装订，二是可使文档更加美观。页边距包括上、下、左、右边距及页眉和页脚距页边界的距离，使用该功能设置的页边距十分精确。

第1步 新建空白Word文档，并将其另存为“招聘海报.docx”，单击【布局】选项卡下【页面设置】组中的【页边距】按钮，在弹出的下拉列表中选择一种页边距样式，即可快速设置页边距。如果要自定义页边距，在弹出的下拉列表中选择【自定义页边距】选项，如下图所示。

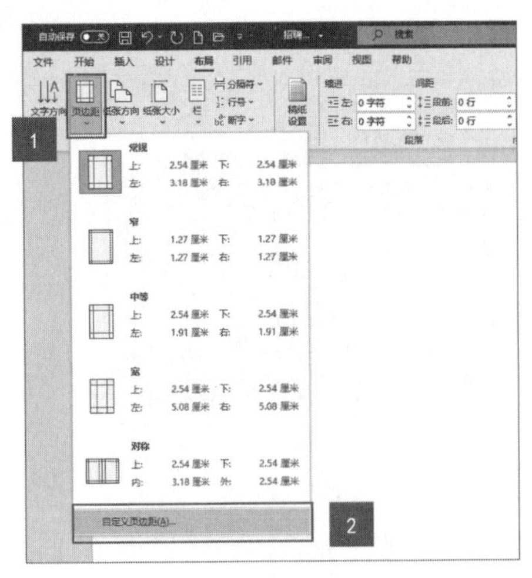

第2步 弹出【页面设置】对话框，在【页边距】选项卡下【页边距】选项区域中可以自定义【上】【下】【左】【右】的页边距，如将【上】【下】页边距设置为“2厘米”，【左】【右】页边距设置为“1.5厘米”，单击【确定】按钮，如下图所示。

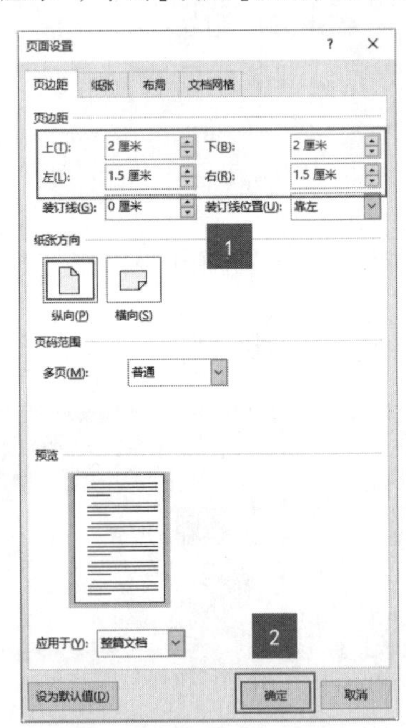

第3步 设置页边距后的页面效果如下图所示。

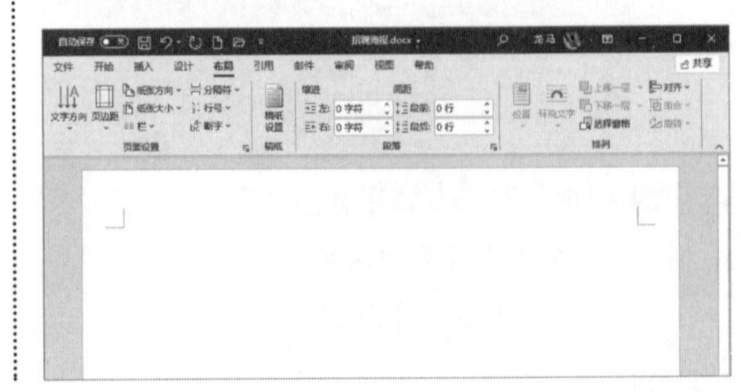

2. 设置纸张的方向和大小

纸张的方向决定了页面的布局，纸张的大小决定了每一页包含的内容。因此，设置恰当的纸张方向和大小，可以让文档更加美观。设置纸张方向和大小的具体操作步骤如下。

第1步 单击【布局】选项卡下【页面设置】组中的【纸张方向】按钮，在弹出的下拉列表中可以设置纸张方向为“横向”或“纵向”，如下图所示。

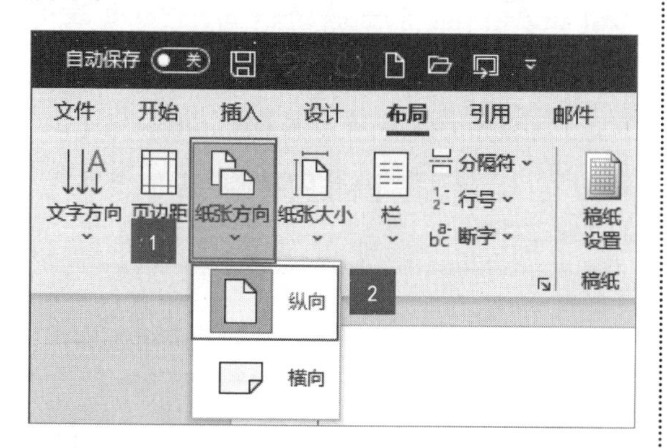

第2步 单击【布局】选项卡下【页面设置】组中的【纸张大小】按钮，在弹出的下拉列表中可以选择纸张的大小。如果要将纸张设置为其他大小，可选择【其他纸张大小】选项，如下图所示。

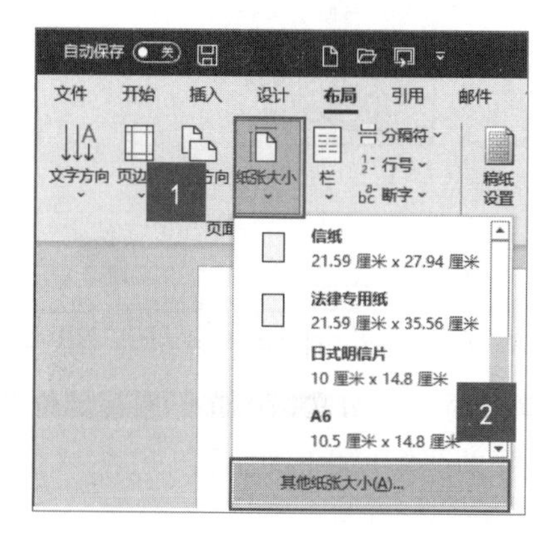

第3步 弹出【页面设置】对话框，在【纸张】选项卡下【纸张大小】选项区域中选择【自定义大小】选项，并将【宽度】设置为“22厘米”，【高度】设置为“27厘米”，单击【确定】按钮，如下图所示，完成纸张的方向和大小的设置。

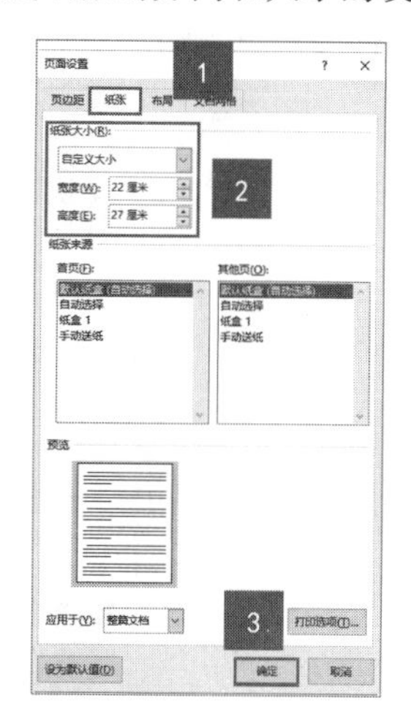

3. 设置页面背景

Word 2021中可以设置页面背景，使文档更加美观，如设置纯色背景填充、填充效果、水印填充及图片填充等，具体操作步骤如下。

第1步 单击【设计】选项卡下【页面背景】组中的【页面颜色】按钮，在下拉列表中选择背景颜色，即可看到预览效果，如下图所示。

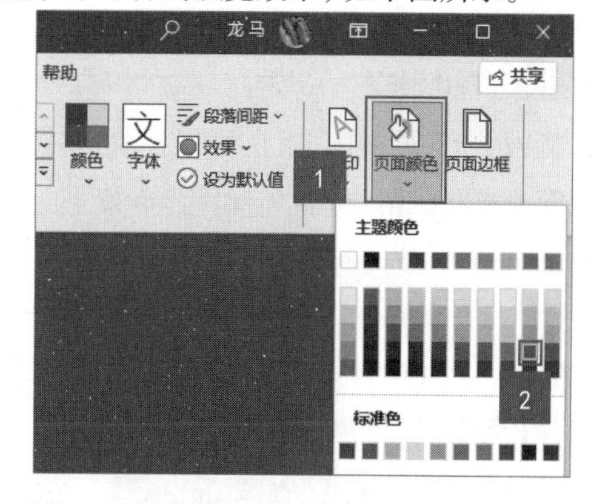

第2步 在【页面颜色】下拉列表中选择【填充效果】选项，弹出【填充效果】对话框，选择【双色】单选按钮，分别设置右侧的【颜色1】和【颜色2】的颜色，这里将【颜色1】设置为“蓝色，个性色5，淡色80%”，【颜色2】设置为“白色”，在下方的【底纹样式】选项区域中选择【角部辐射】单选

按钮，然后单击【确定】按钮，如下图所示。

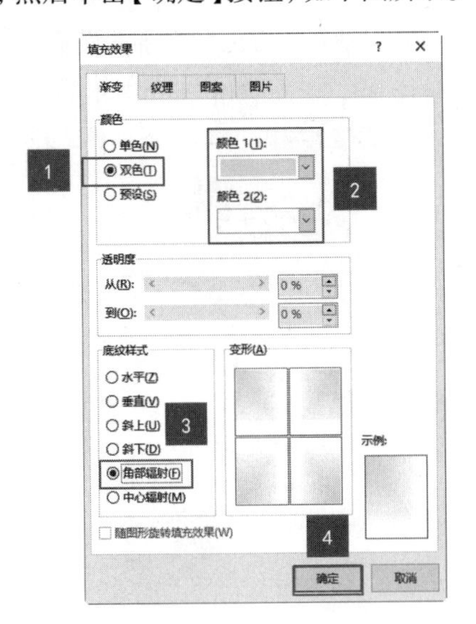

第3步 设置渐变填充后的页面效果如下图所示。

提示

设置纹理填充、图案填充和图片填充的操作与上述操作类似，这里不再赘述。此外，在【页面颜色】下拉列表中选择【无颜色】选项，即可取消背景颜色。

9.1.2 插入与美化图片

图片可以丰富文档内容，使文档更加美观。此外，还可以将插入的图片设置为文档的背景，并且插入图片后，还可以根据需要设置图片的格式。

1. 插入图片

在Word 2021中，用户可以在文档中插入本地图片或联机图片，具体操作步骤如下。

第1步 取消设置的页面背景颜色，将光标定位于要插入图片的位置，单击【插入】选项卡下【插图】组中的【图片】按钮，在弹出的下拉列表中选择【此设备】选项，如下图所示。

第2步 在弹出的【插入图片】对话框中选择需要插入的图片，这里选择“素材\ch09”中的“海报.jpg”，单击【插入】按钮，如下图所示。

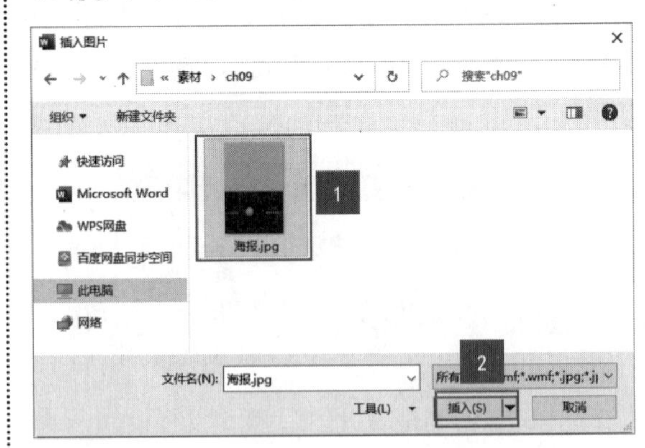

第3步 此时，Word文档中光标所在的位置就插入了选择的图片，如下图所示。

2. 调整图片的大小及位置

插入图片后可以根据需要调整图片的大小及位置，具体操作步骤如下。

第1步 选中插入的图片，单击【图片格式】选项卡下【排列】组中的【旋转对象】按钮，在弹出的下拉列表中选择【垂直翻转】选项，如下图所示。

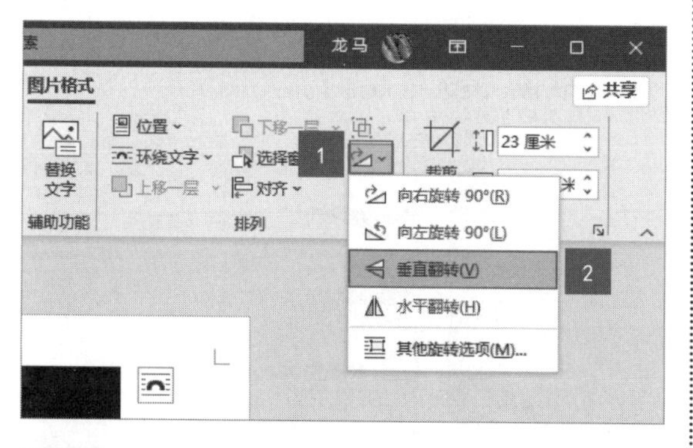

第2步 选中插入的图片，在【图片格式】选项卡下【大小】组中设置【形状高度】为“37.94 厘米”，【形状宽度】为“25 厘米”，如下图所示。

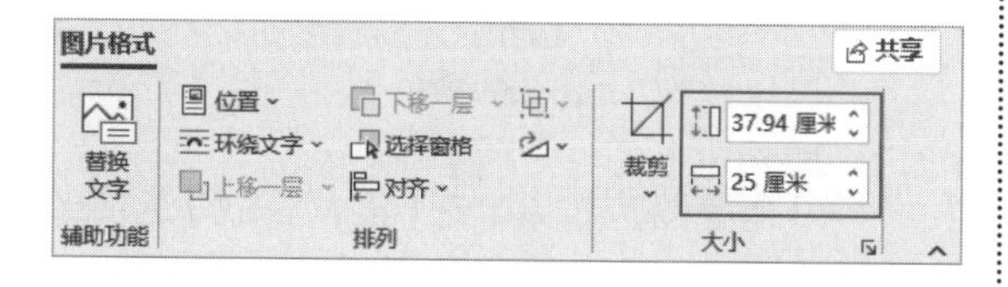

第3步 单击【图片格式】选项卡下【排列】组中的【环绕文字】按钮，在弹出的下拉列表中选择【衬于文字下方】选项，如下图所示。

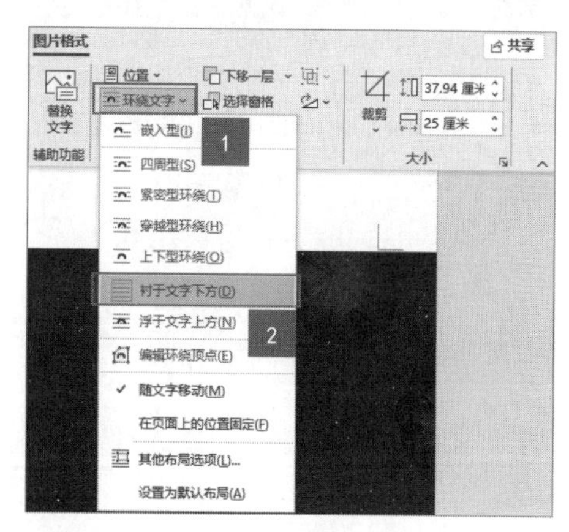

第4步 设置后的效果如下图所示。

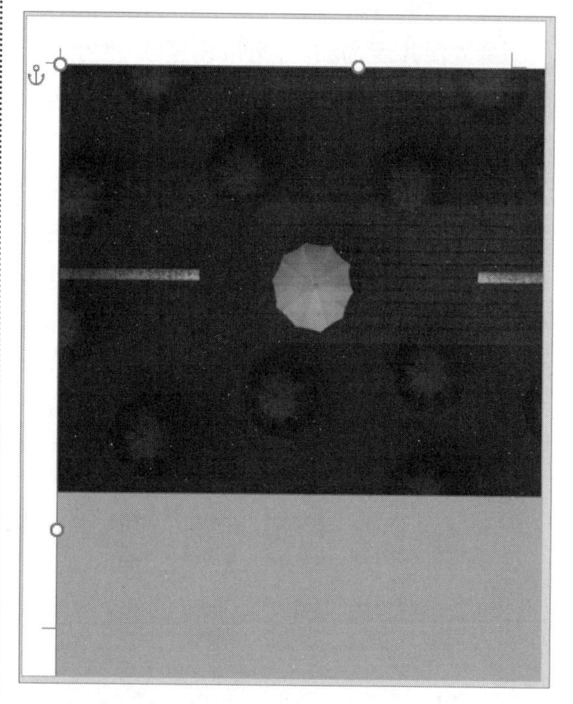

第5步 选中插入的图片，当鼠标指针变为形状时，按住鼠标左键并拖曳，即可调整图片的位置，调整至合适位置后释放鼠标左键，完成调整图片位置的操作，如下图所示。

3. 美化图片

插入图片后，用户还可以调整图片的颜色、设置艺术效果、修改图片的样式，使图片与页面背景相协调。

（1）设置图片样式。Word 2021内置了28种图片样式，选中要编辑的图片，单击【图片格式】选项卡下【图片样式】组中的【其他】按钮，在弹出的下拉列表中选择一种样式，即可改变图片样式，如下图所示。

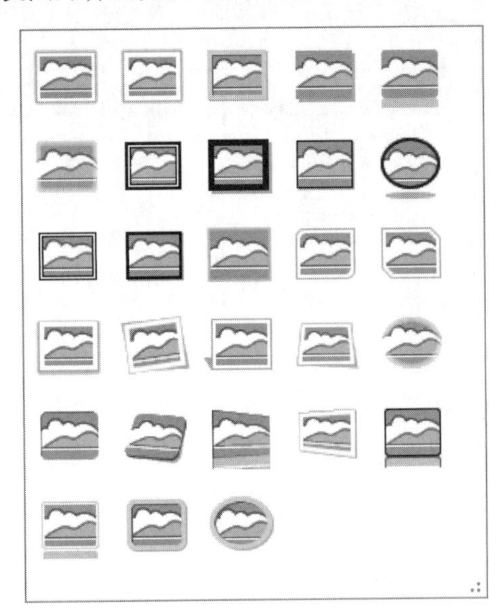

（2）设置图片边框。单击【图片格式】选项卡下【图片样式】组中的【图片边框】按钮，在弹出的下拉列表中可以设置图片的边框颜色、线条粗细和线条类型等，如下图所示。

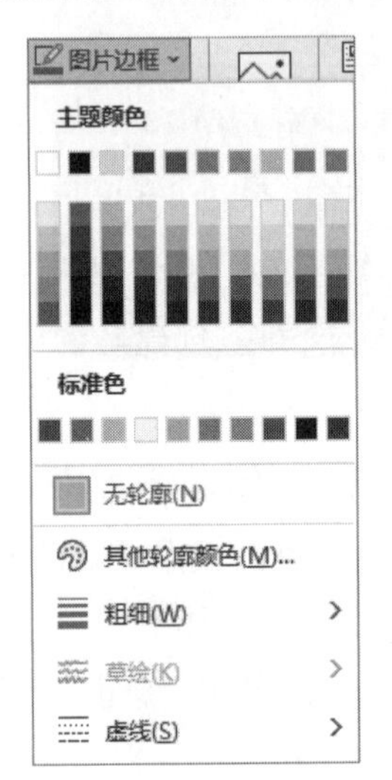

（3）设置图片效果。单击【图片格式】选项卡下【图片样式】组中的【图片效果】按钮，在弹出的下拉列表中可以设置图片的效果，如阴影、映像、发光等效果，如下图所示。

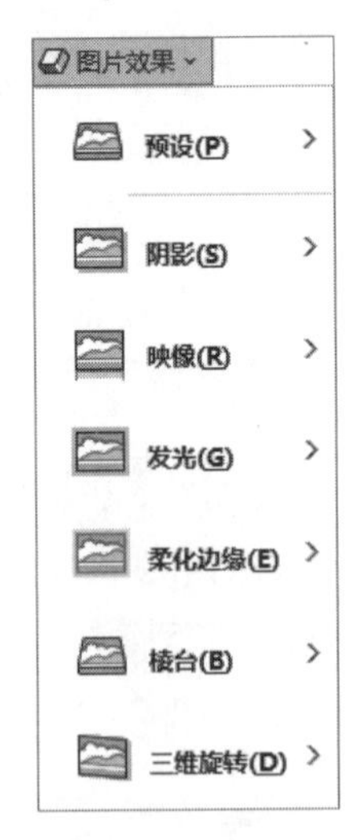

（4）调整图片效果。在【图片格式】选项卡下【调整】组中单击【校正】【颜色】【艺术效果】等按钮，可以设置图片的亮度/对比度、更改图片的色调及添加艺术效果等，如下图所示。

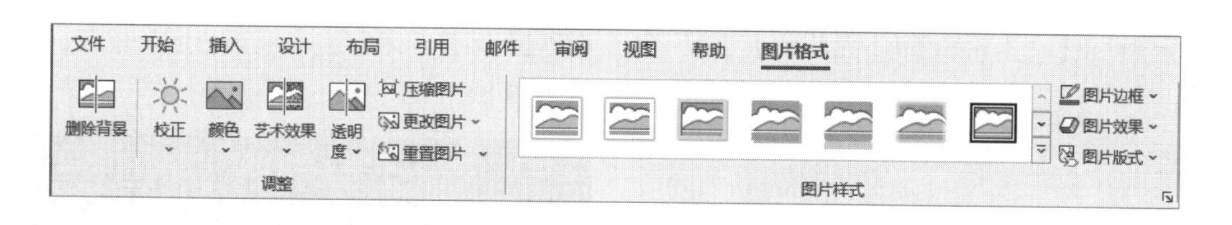

9.1.3 使用艺术字美化海报

艺术字是具有特殊效果的字体，不是普通的文字，而是图形对象，用户可以像处理其他图形那样对其进行处理。创建与编辑艺术字的具体操作步骤如下。

第1步 单击【插入】选项卡下【文本】组中的【艺术字】按钮，在弹出的下拉列表中选择一种艺术字样式，如下图所示。

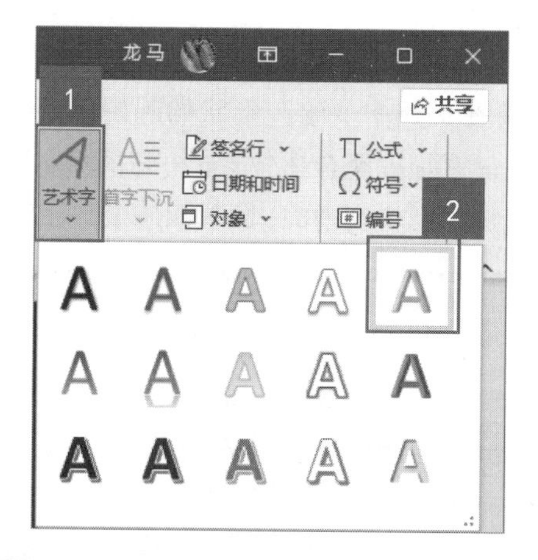

第2步 在文档中插入“请在此放置您的文字”艺术字文本框，如下图所示。

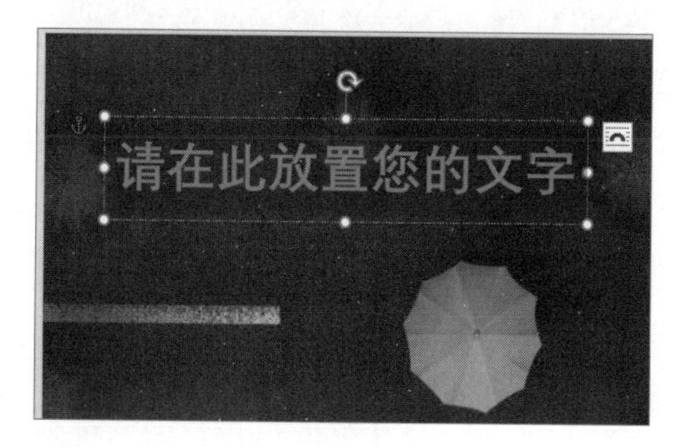

第3步 在艺术字文本框中输入“××××科技有限公司”，即可完成艺术字的创建，如下图所示。

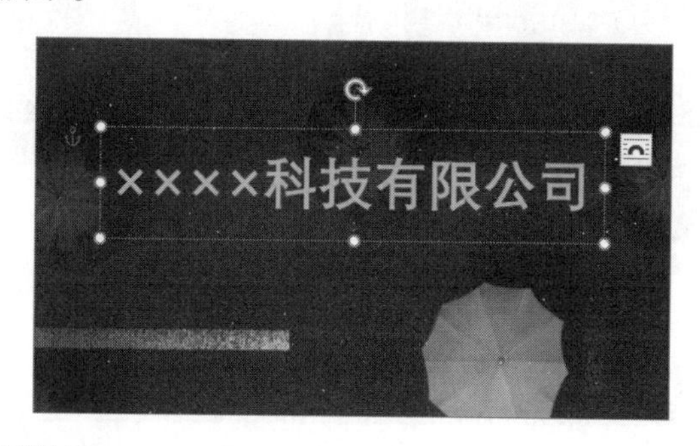

第4步 根据需要更改艺术字的字体和字号，并将艺术字文本框调整至合适的位置，最终效果如下图所示。

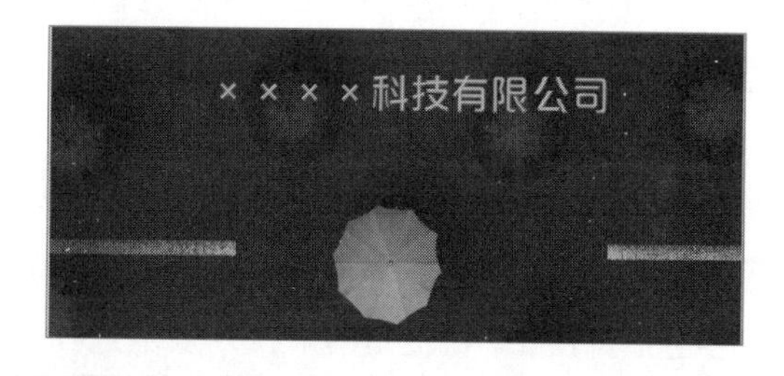

第5步 再次选择一种艺术字样式，如下图所示。

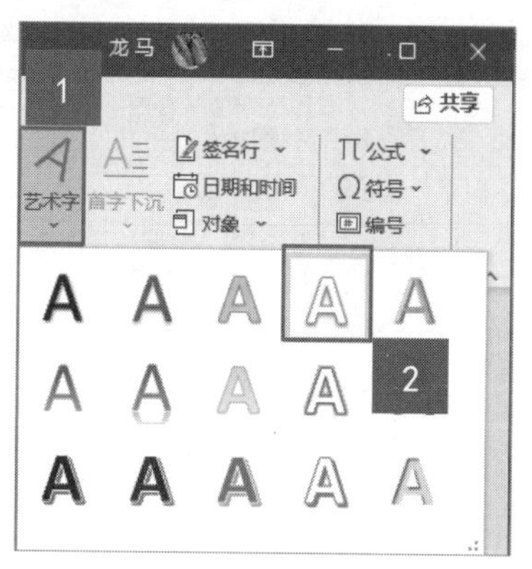

第6步 输入“诚聘”文字，根据需要设置字体和字号，并在【形状格式】选项卡下【艺术字样

式】组中设置【文本轮廓】为【无轮廓】，如下图所示。

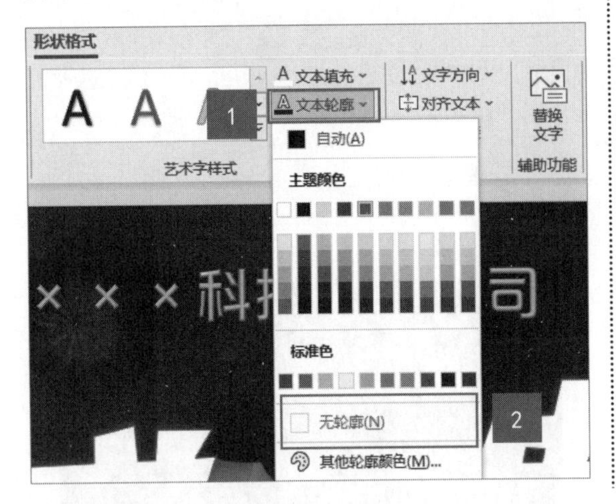

第7步 调整艺术字文本框至合适的位置，最终效果如下图所示。

9.1.4 插入与设置形状

Word 2021提供了线条、矩形、基本形状、箭头总汇、流程图等8类基本形状，使用形状可以起到美化文档、划分区域、突出重点等作用。

1. 插入形状

在Word 2021中，插入形状的具体操作步骤如下。

第1步 单击【插入】选项卡下【插图】组中的【形状】下拉按钮，在弹出的下拉列表中选择矩形形状，如下图所示。

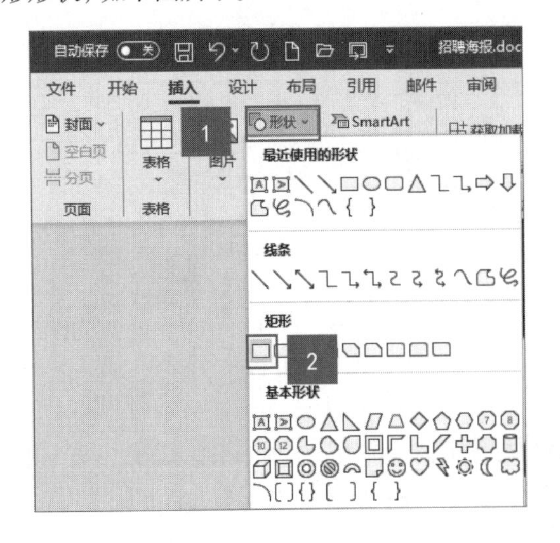

第2步 在文档中要绘制形状的起始位置，按住鼠标左键并拖曳至合适位置，松开鼠标左键，即可完成矩形形状的绘制，如下图所示。

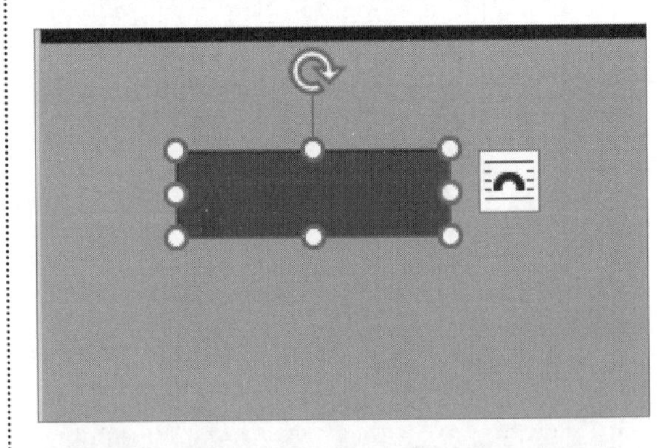

第3步 单击【插入】选项卡下【插图】组中的【形状】下拉按钮，在弹出的下拉列表中选择直线形状，并在矩形后方绘制一条直线，如下图所示。

2. 设置形状样式

插入形状后，可以根据需要调整形状的大

小、位置、形状填充颜色、形状轮廓等，调整形状大小和位置的方法与调整图片类似，调整形状填充颜色、形状轮廓的具体操作步骤如下。

第1步 选择矩形形状，单击【形状格式】选项卡下【形状样式】组中的【形状填充】按钮，在弹出的下拉列表中选择【白色】选项，如下图所示。

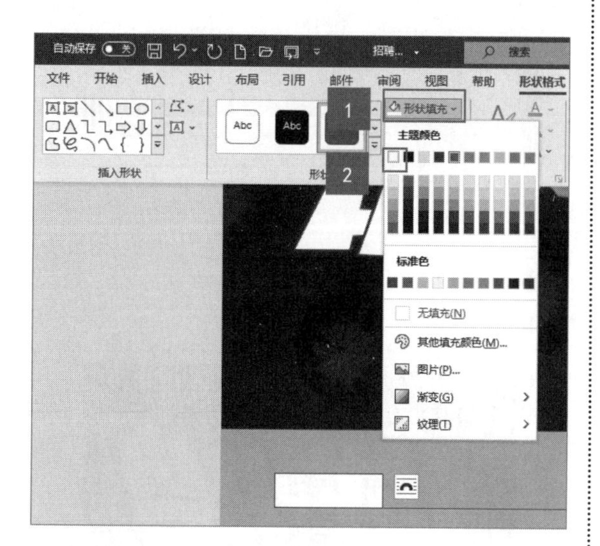

第2步 选择矩形形状，单击【形状格式】选项卡下【形状样式】组中的【形状轮廓】按钮，在弹出的下拉列表中选择【无轮廓】选项，如下图所示。

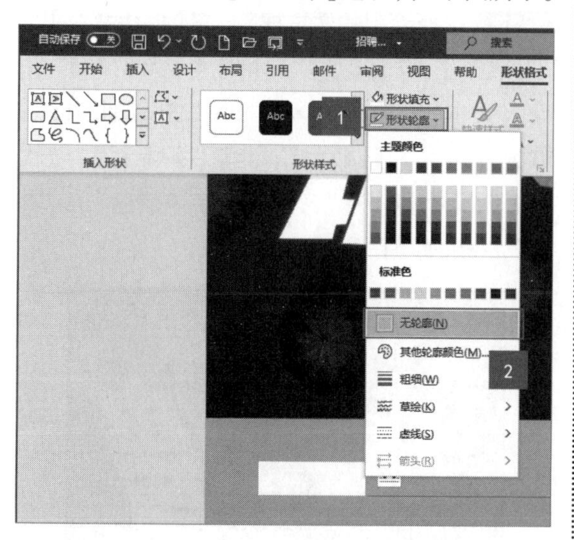

第3步 选择直线形状，设置【形状轮廓】的颜色为“白色”，设置【粗细】为【1.5磅】，如下图所示。

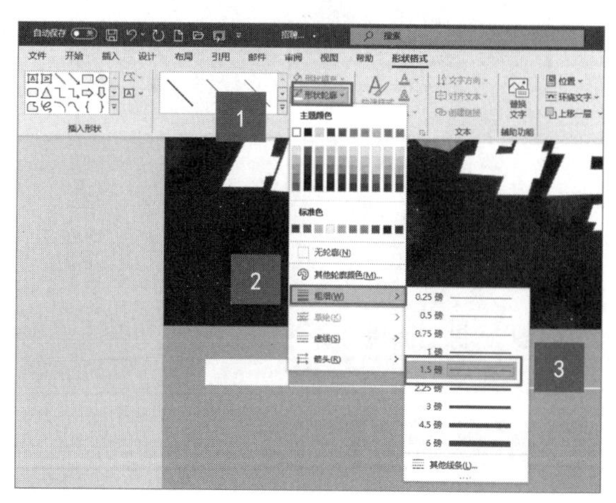

第4步 调整矩形和直线的大小和位置，效果如下图所示。

第5步 选择矩形形状并右击，在弹出的快捷菜单中选择【编辑文字】选项，如下图所示。

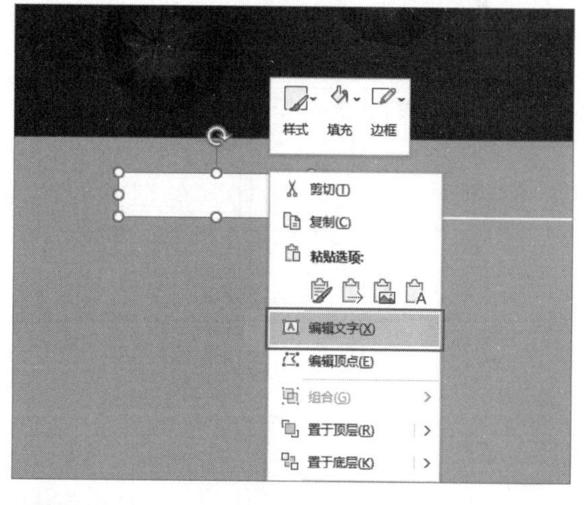

第6步 输入“项目经理/2名”文本，如下图所示，设置【字体】为“微软雅黑”，【字号】为“小四”。

第7步 复制上面的矩形和直线形状并粘贴，修改文字为"运营分析/2名"，并调整至合适的位置，效果如下图所示。

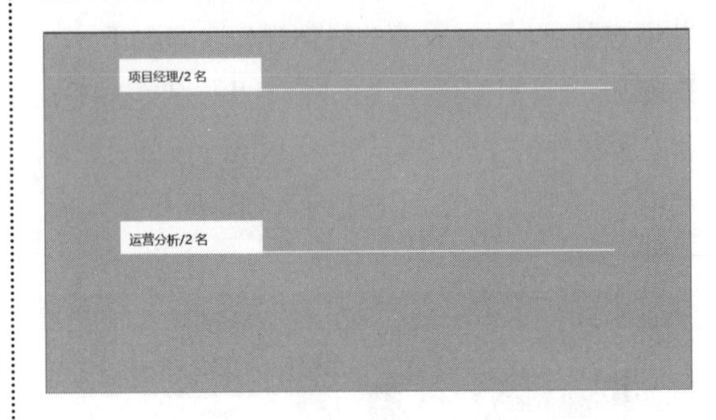

9.1.5 插入文本框

Word 2021中的文字会按照段落显示，如果需要在文档任意位置放置文字，可以使用文本框，文本框有横排文本框和竖排文本框。使用文本框的具体操作步骤如下。

第1步 单击【插入】选项卡下【文本】组中的【文本框】按钮，在弹出的下拉列表中选择【绘制横排文本框】选项，如下图所示。

第2步 在文档中合适的位置绘制文本框，效果如下图所示。

第3步 选择绘制的文本框，设置【形状填充】为【无填充】，设置【形状轮廓】为【无轮廓】，并输入文本"电话：138××××1234地址：广州市××区××路12号"，设置【字体】为"微软雅黑"，【字号】为"三号"，【字体颜色】为"白色"，效果如下图所示。

第4步 根据需要在其他位置绘制横排文本框，

并输入“素材\ch09\海报内容.docx”文档中相关的内容，效果如下图所示。

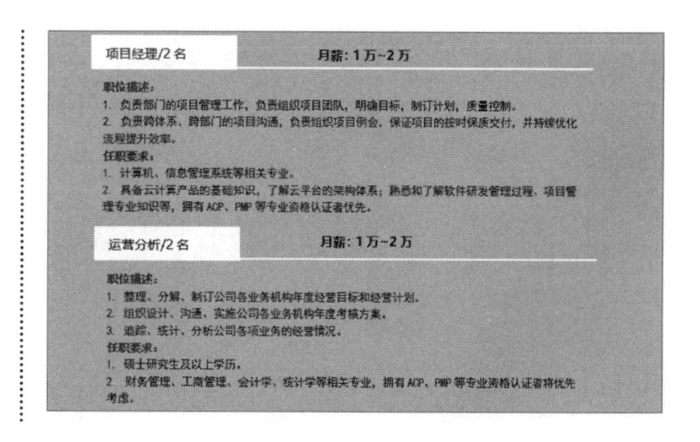

9.1.6 插入图标

在 Word 2021 中，系统自带了任务、交通工具、图形、流程、符号和标志等丰富的图标类型，用户可以根据需要选择图标并插入文档中，具体操作步骤如下。

第1步 将光标定位在标题前的位置，单击【插入】选项卡下【插图】组中的【图标】按钮，如下图所示。

第2步 在弹出的对话框中，上方选择图标的分类，下方则显示对应分类的图标，如这里选择“商务”分类后，搜索框中会自动显示“商务”，并且搜索框下方的“商务”标签会显示为蓝色，然后单击【插入】按钮，如下图所示。

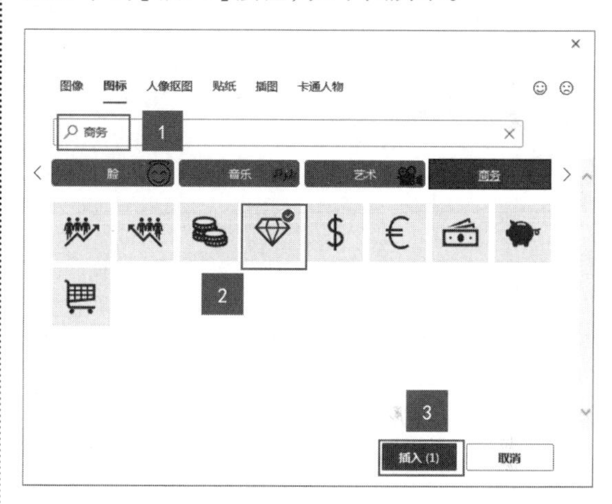

第3步 在光标位置即插入所选图标，效果如下图所示。

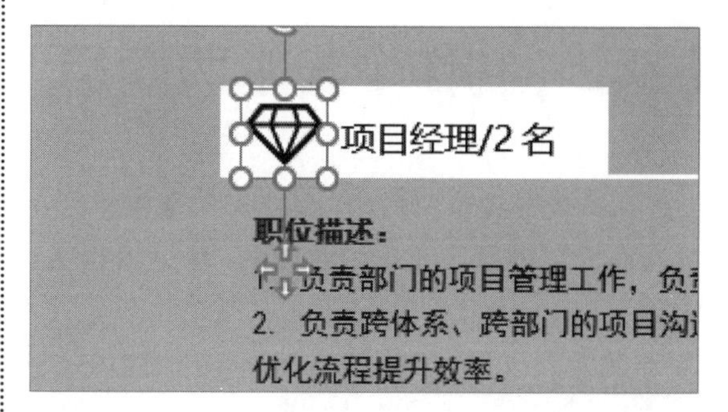

第4步 选中插入的图标，单击【图形格式】选项卡下【图形样式】组中的【图形填充】按钮，在弹出的下拉列表中选择“红色”，如下图所示。

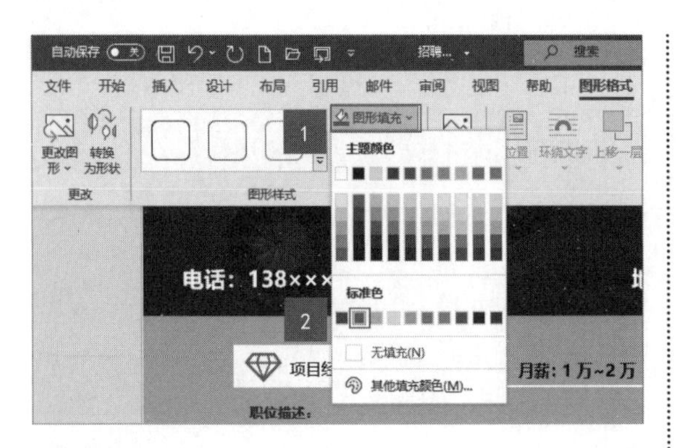

第5步 使用同样的方法，在其他位置插入图标，如下图所示。

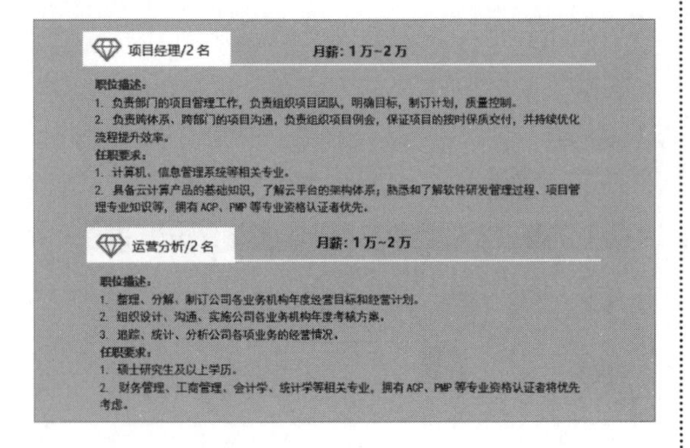

提示

调整图标大小和位置的方法与调整图片的方法相同，这里不再赘述。

第6步 根据需要调整整个页面的布局，使其更协调，至此，就完成了招聘海报的制作，最终效果如下图所示。

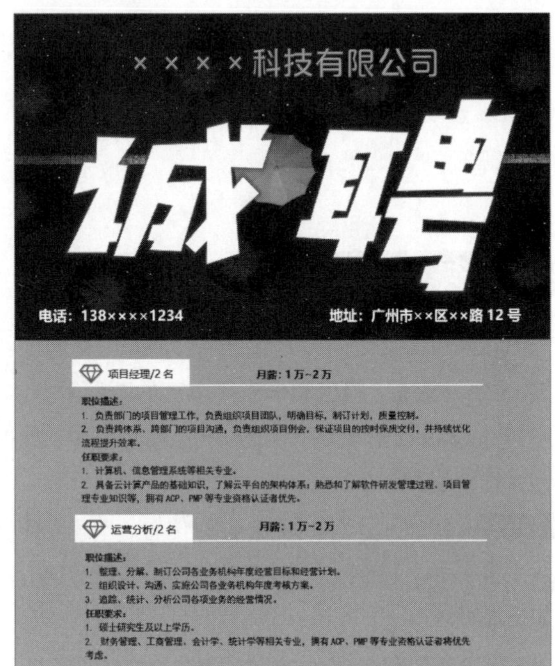

9.2 制作个人求职简历

用表格制作求职简历，可以简明扼要地展示个人的求职信息和个人能力，在制作简历时，可以将所有介绍内容放在一个表格中，也可以根据实际需要用多张表将基本信息分为不同的模块分别制作。

9.2.1 快速插入表格

表格是由多个行或列的单元格组成的，用户可以在单元格中添加文字或图片。下面介绍快速插入表格的方法。

1. 快速插入10列8行以内的表格

在Word 2021的【表格】下拉列表中可以快速创建10列8行以内的表格，具体操作步骤

如下。

第1步 新建Word文档，并将其另存为“个人简历.docx”，输入标题“个人简历”，设置其【字体】为“微软雅黑”，【字号】为“小一”，并设置其“居中”对齐，然后按两次【Enter】键换行，并清除格式，如下图所示。

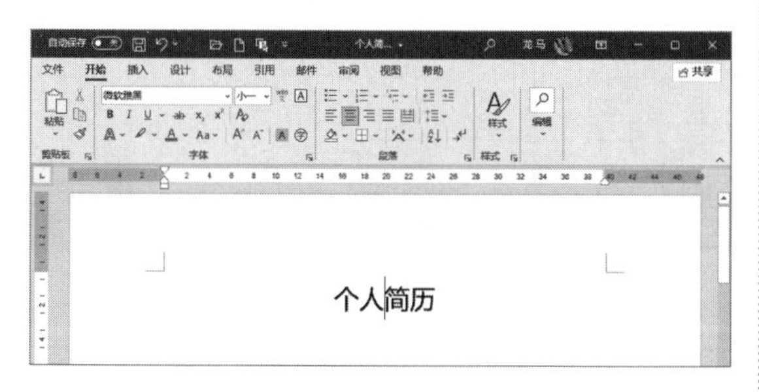

第2步 将光标定位到需要插入表格的位置，单击【插入】选项卡下【表格】组中的【表格】下拉按钮，在弹出的下拉列表中拖曳选择插入的行数和列数。在网格顶部会显示被选中的表格的行数和列数，同时在鼠标指针所在区域也可以预览到所要插入的表格，如下图所示。

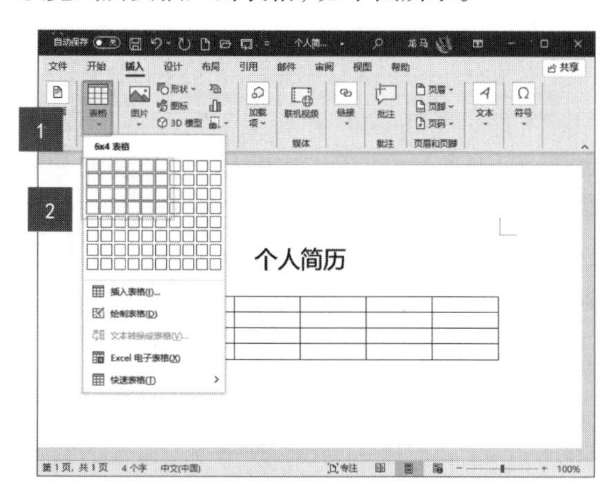

第3步 单击即可插入表格，如下图所示。

2. 插入指定行列的表格

使用上述方法，虽然可以快速创建表格，但是只能创建10列8行以内的表格且不方便插入指定行列数的表格，而通过【插入表格】对话框，则可不受行数和列数的限制，并且可以对表格的宽度进行调整，具体操作步骤如下。

第1步 删除上一节创建的表格，将文本插入点定位到需要插入表格的位置，在【表格】下拉列表中选择【插入表格】选项，弹出【插入表格】对话框，在【表格尺寸】选项区域中设置【列数】为“5”，【行数】为“9”，单击【确定】按钮，如下图所示。

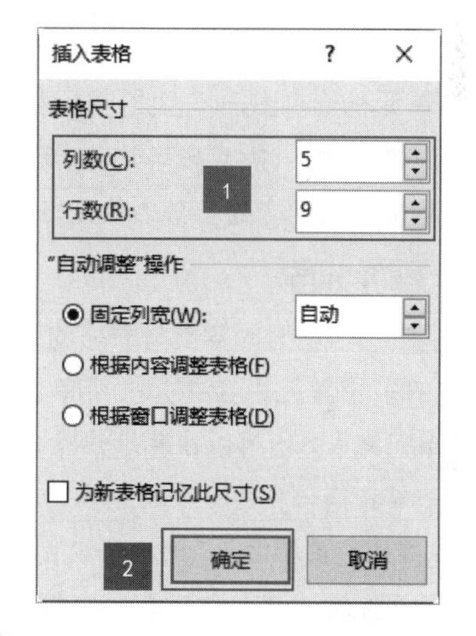

第2步 在文档中插入一个9行5列的表格，如下图所示。

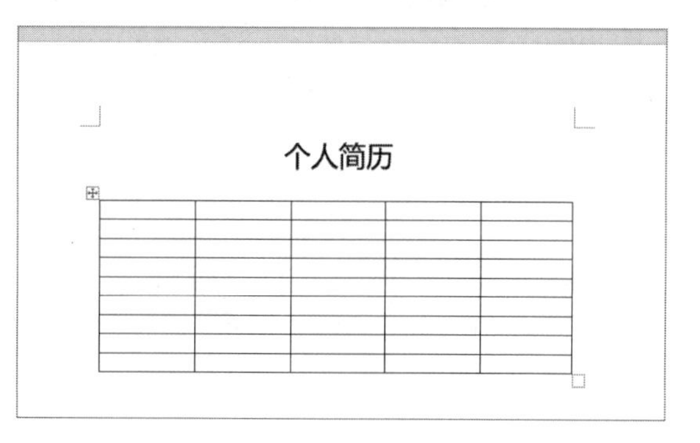

提示

另外，当用户需要创建不规则的表格时，可以使用表格绘制工具来创建表格，其方法为：单击【插入】选项卡下【表格】组中的【表格】下拉按钮，在其下拉列表中选择【绘制表格】选项，如左下图所示。当鼠标指针变为铅笔形状时，在需要绘制表格的地方单击并拖曳鼠标绘制出表格的外边界，形状为矩形。在该矩形中绘制行线、列线和斜线，直至满意为止，如右下图所示。按【Esc】键退出表格绘制模式。

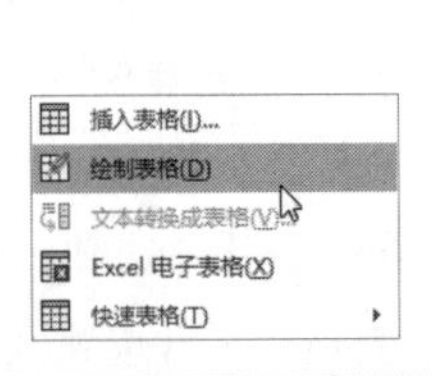

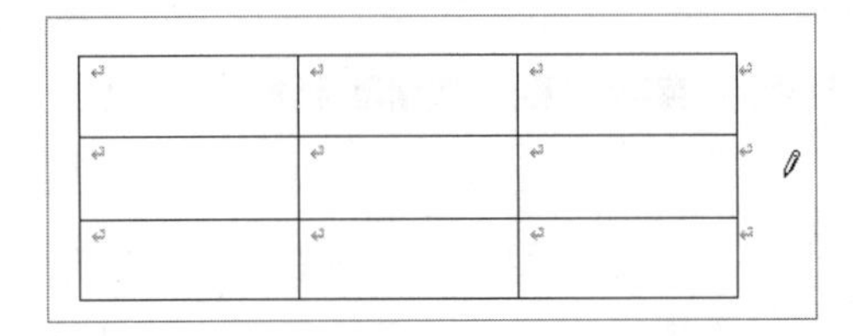

9.2.2 合并和拆分单元格

把相邻单元格之间的边线擦除，就可以将两个或多个单元格合并成一个大的单元格。而在一个单元格中添加一条或多条边线，就可以将一个单元格拆分成两个或多个小单元格。

1. 合并单元格

在实际操作中，有时需要将表格的某一行或某一列中的多个单元格合并为一个单元格。使用【合并单元格】选项可以快速地清除多余的线条，使多个单元格合并成一个单元格。

第1步 在创建的表格中，选择要合并的单元格，单击【布局】选项卡下【合并】组中的【合并单元格】按钮，如下图所示。

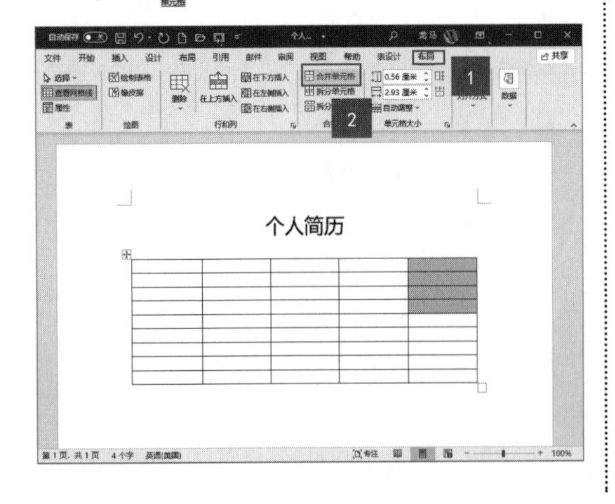

第2步 所选单元格区域合并，形成一个新的单元格，如下图所示。

第3步 选择其他要合并的单元格并右击，在弹出的快捷菜单中选择【合并单元格】选项，如下图所示。

第4步 完成单元格的合并，使用同样的方法，合并其他单元格区域，合并后的效果如下图所示。

2. 拆分单元格

拆分单元格就是将选中的单元格拆分成等宽的多个小单元格。可以同时对多个单元格进行拆分。拆分单元格的具体操作步骤如下。

第1步 选中要拆分的单元格或将光标定位到要拆分的单元格中，这里选择第6行第2列单元格，单击【布局】选项卡下【合并】组中的【拆分单元格】按钮，如下图所示。

第2步 弹出【拆分单元格】对话框，单击【列数】和【行数】微调按钮，分别调节单元格要拆分成的列数和行数，还可以直接在微调框中输入数值。这里设置【列数】为“2”，【行数】为“4”，单击【确定】按钮，如下图所示。

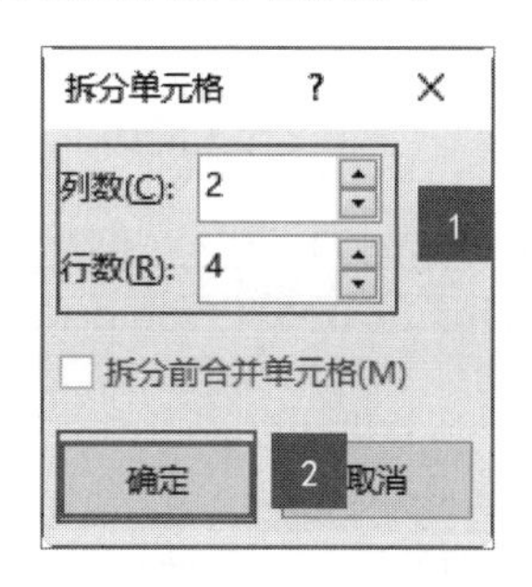

第3步 此时将选中单元格拆分成4行2列的单元格，效果如下图所示。

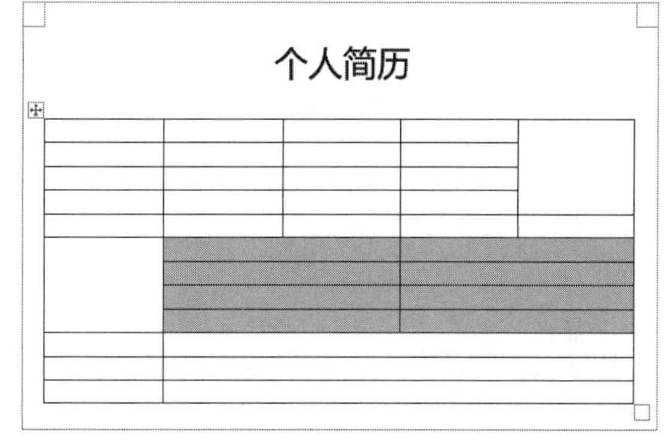

9.2.3 调整表格的行与列

在Word中插入表格后，还可以对表格进行编辑，如添加、删除行或列及设置行高和列宽等。

1. 添加、删除行和列

使用表格时，经常会出现行数、列数或单元格不够用或多余的情况。Word 2021提供了多种添加或删除行、列及单元格的方法。

（1）插入行或列。在表格中插入行或列的常用方法有以下3种。

方法1：其具体操作步骤如下。

第1步 将文本插入点定位在某个单元格，切换到【布局】选项卡，在【行和列】组中选择相对于当前单元格将要插入的新行的位置，这里单

击【在上方插入】按钮，如下图所示。

第2步 此时即可在选择行的上方插入新行，效果如下图所示。插入列的操作与此类似。

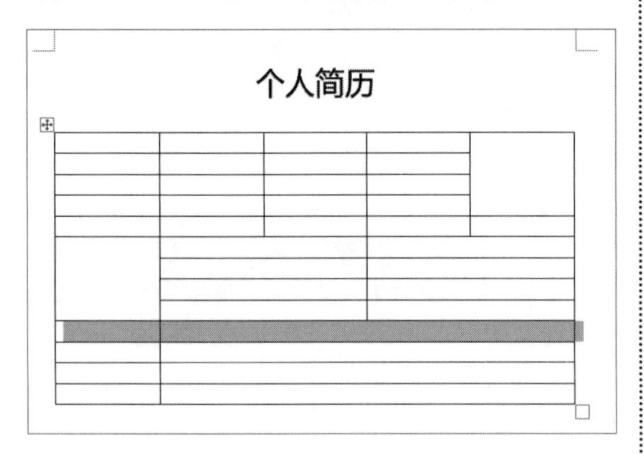

方法2：使用快捷菜单。在要添加行或列的单元格上右击，在弹出的快捷菜单中选择【插入】选项，在级联菜单中选择插入命令即可，如下图所示。

方法3：使用【插入】标记。在表格的左侧或顶端，将鼠标指针指向行与行或列与列之间，将显示⊕标记，单击⊕标记，即可在该标记下方插入行或列。

提示

将文本插入点定位在某行最后一个单元格的外边，按【Enter】键，即可快速添加新行。

（2）删除行或列。删除行或列有以下两种方法。

方法1：使用快捷键。选择需要删除的行或列，按【Backspace】键，如下图所示。

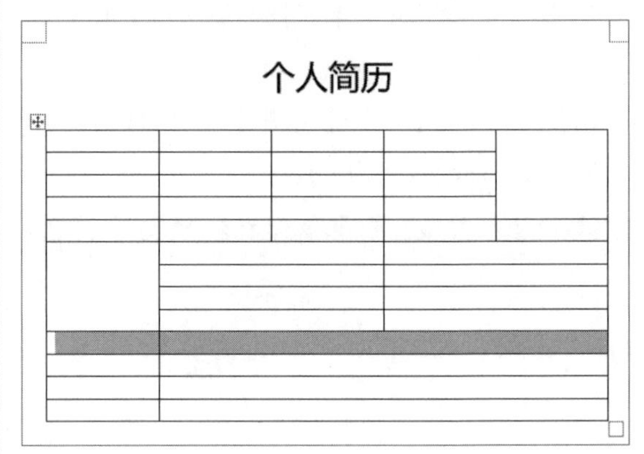

在使用该方法时，应选中整行或整列，然后按【Backspace】键方可删除，否则会弹出【删除单元格】对话框，询问删除哪些单元格，如下图所示。

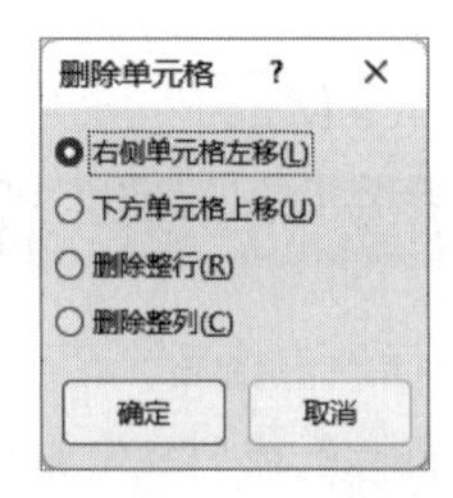

方法2：使用功能区。选择需要删除的行或列，单击【布局】选项卡下【行和列】组中的【删除】按钮，在弹出的下拉列表中选择【删除列】或【删除行】选项，即可将选择的列或行删除，

如下图所示。

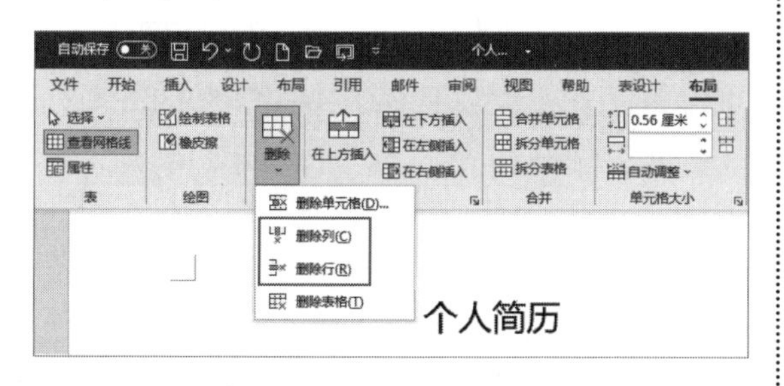

2. 设置行高和列宽

在Word中可以为不同的行设置不同的高度，但一行中的所有单元格必须具有相同的高度。一般情况下，向表格中输入文本时，Word 2021会自动调整行高以适应输入的内容。如果觉得列宽或行高太大或太小，也可以手动进行调整。

拖曳鼠标手动调整表格的方法比较直观，但不够精确，其具体操作步骤如下。

第1步 将鼠标指针移动到要调整行高的行线上，鼠标指针会变为形状，按住鼠标左键向上或向下拖曳，此时会显示一条虚线来指示新的行高，如下图所示。

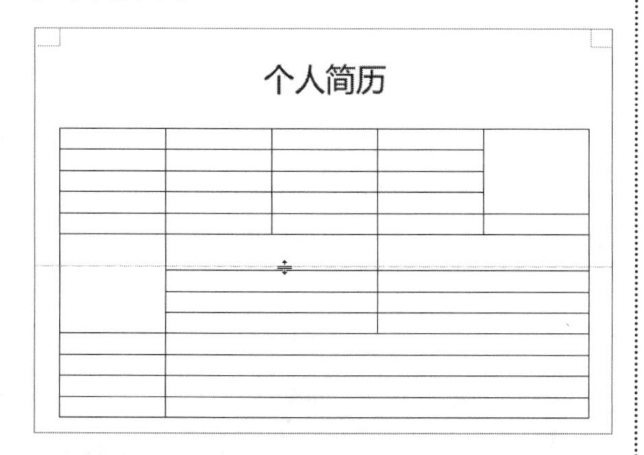

第2步 选择第6~9行后两列单元格，然后将鼠标指针放在中间的列线上，鼠标指针将变为形状，按住鼠标左键向左或向右拖曳，即可改变所选单元格区域的列宽，如下图所示。

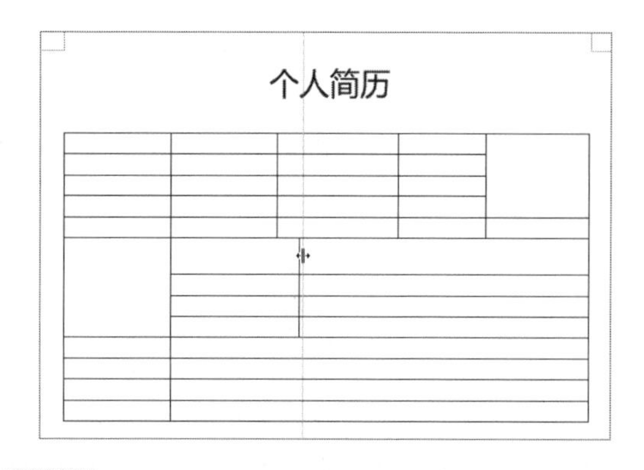

第3步 拖曳至合适位置处释放鼠标左键，即可完成调整列宽的操作，如下图所示。

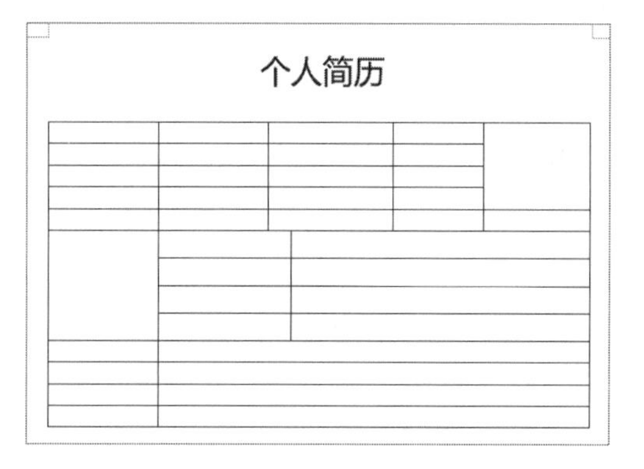

第4步 使用同样的方法，根据需要调整文档中表格的行高及列宽，最终效果如下图所示。

此外，在【表格工具-布局】选项卡下【单元格大小】组中单击【表格行高】和【表格列宽】微调按钮或直接输入数据，即可精确调整行高及列宽，如下图所示。

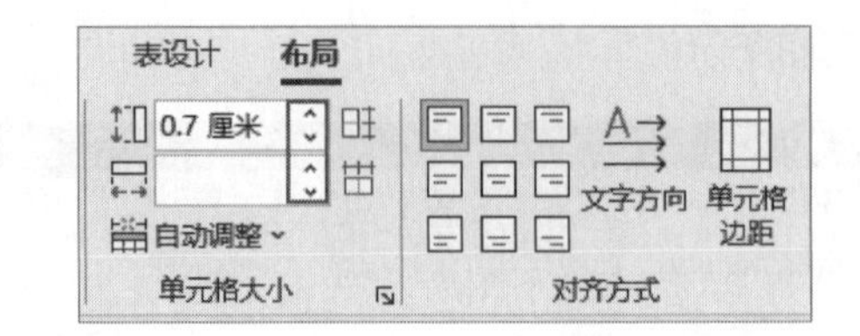

9.2.4 编辑表格内容的格式

表格创建完成后，即可在表格中输入内容并设置内容的格式，具体操作步骤如下。

第1步 根据需要在表格中输入内容，并合并第5行的第4列和第5列的单元格，效果如下图所示。

姓名		性别		照片
出生年月		民族		
学历		专业		
电话		电子邮箱		
籍贯		联系地址		
求职意向	目标职位			
	期望薪资			
	期望工作地区			
	到岗时间			
教育履历				
工作经历/社会实践				
个人评价				

第2步 选择前5行，设置文本【字体】为"微软雅黑"，【字号】为"12"，效果如下图所示。

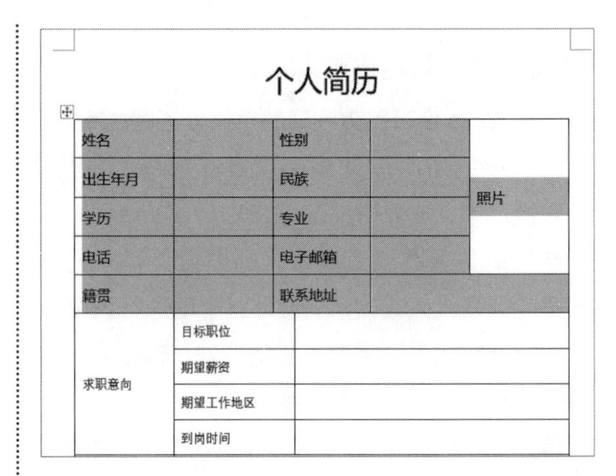

个人简历

姓名		性别		照片
出生年月		民族		
学历		专业		
电话		电子邮箱		
籍贯		联系地址		
求职意向	目标职位			
	期望薪资			
	期望工作地区			
	到岗时间			

第3步 单击【布局】选项卡下【对齐方式】组中的【水平居中】按钮，将文本水平居中对齐，如下图所示。

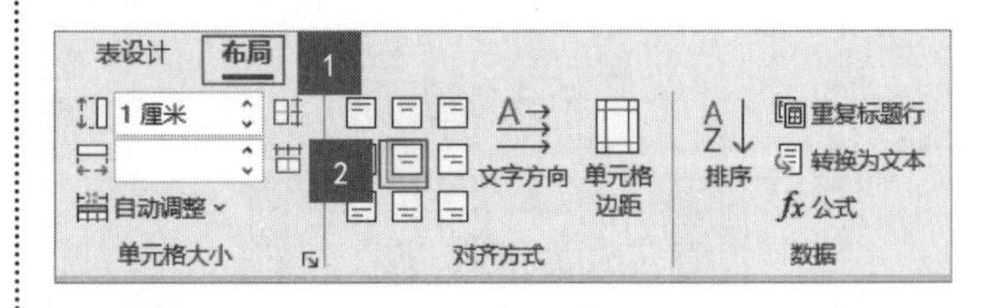

第4步 设置对齐后的效果如下图所示。

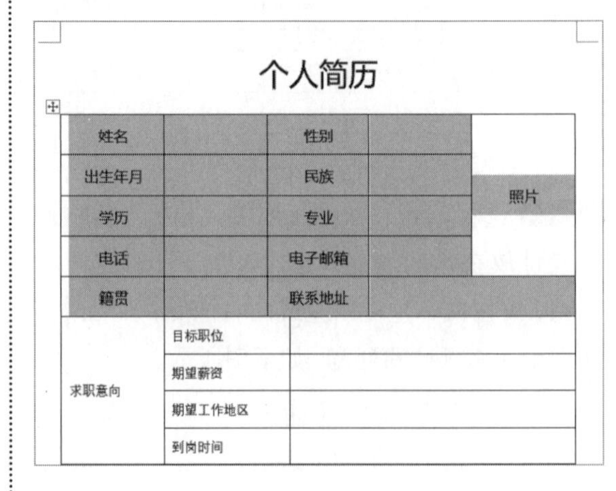

个人简历

姓名		性别		照片
出生年月		民族		
学历		专业		
电话		电子邮箱		
籍贯		联系地址		
求职意向	目标职位			
	期望薪资			
	期望工作地区			
	到岗时间			

第5步 使用同样的方法，根据需要设置“求职意向”后单元格文本的【字体】为“微软雅黑”，【字号】为“12”，并设置【对齐方式】为“中部两端对齐”，效果如下图所示。

个人简历

姓名		性别		照片
出生年月		民族		
学历		专业		
电话		电子邮箱		
籍贯		联系地址		
求职意向	目标职位			
	期望薪资			
	期望工作地区			
	到岗时间			

第6步 根据需要设置其他文本的【字体】为“微软雅黑”，【字号】为“14”，添加【加粗】效果，并设置【对齐方式】为“水平居中”，至此，就完成了个人简历的制作，最终效果如下图所示。

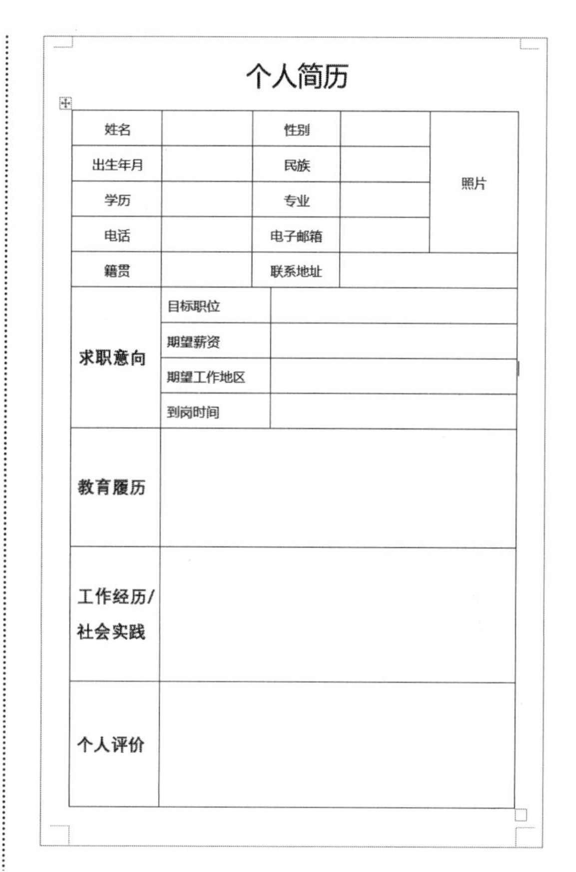
个人简历

姓名		性别		照片
出生年月		民族		
学历		专业		
电话		电子邮箱		
籍贯		联系地址		
求职意向	目标职位			
	期望薪资			
	期望工作地区			
	到岗时间			
教育履历				
工作经历/社会实践				
个人评价				

9.3 制作公司组织结构图

要展示包含大量并列、递进、循环、流程等关系的文本时，可以借助SmartArt图形。下面就使用SmartArt图形来制作公司组织结构图。

9.3.1 插入组织结构图

Word 2021提供了列表、流程、循环、层次结构、关系、矩阵、棱锥图、图片等多种SmartArt图形样式，方便用户根据需要选择。插入组织结构图的具体操作步骤如下。

第1步 新建空白Word文档，将【纸张方向】设置为“横向”，并将其另存为“公司组织结构图.docx”文件。单击【插入】选项卡下【插图】组中的【SmartArt】按钮 SmartArt ，如下图所示。

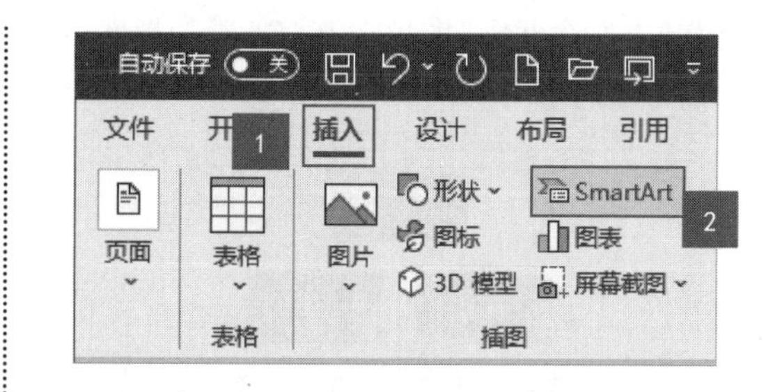

第2步 弹出【选择SmartArt图形】对话框，在左侧选择【层次结构】选项，在中间列表框中选择【组

织结构图】类型，单击【确定】按钮，如下图所示。

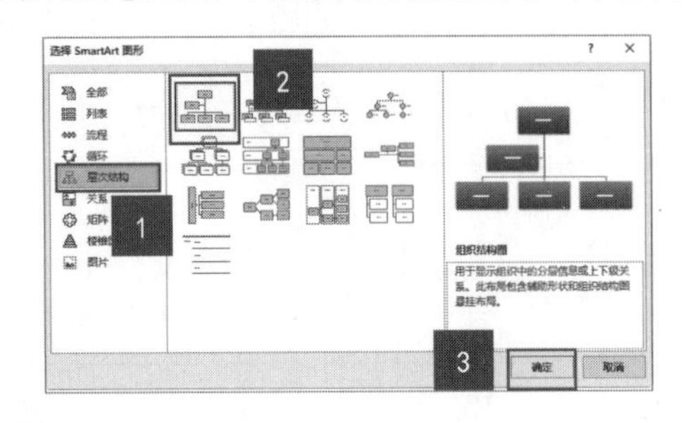

第3步 完成组织结构图图形的插入，在左侧的【在此处键入文字】任务窗格中输入文字，或者在图形中直接输入文字，就完成了插入公司组织结构图的操作，如下图所示。

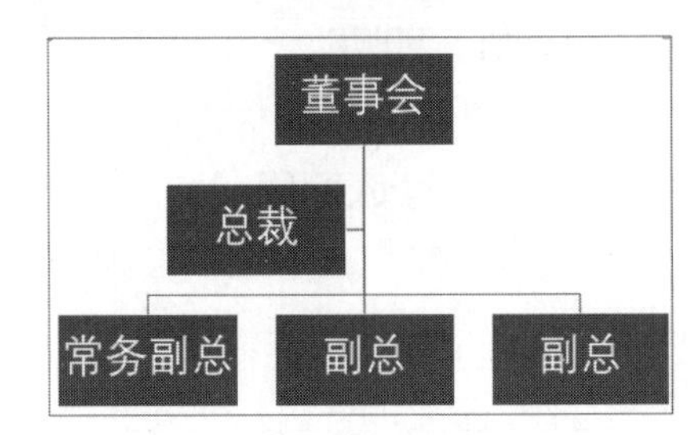

9.3.2 增加组织结构项目

插入组织结构图之后，如果图形不能完整显示公司的组织结构，还可以根据需要新增组织结构项目，具体操作步骤如下。

第1步 选择【董事会】图形，单击【SmartArt设计】选项卡下【创建图形】组中的【添加形状】下拉按钮，在弹出的下拉列表中选择【添加助理】选项，如下图所示。

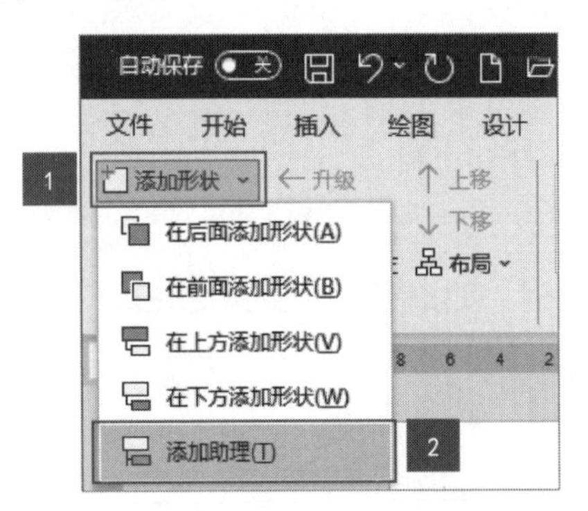

第2步 在【董事会】图形下方添加新的形状，效果如下图所示。

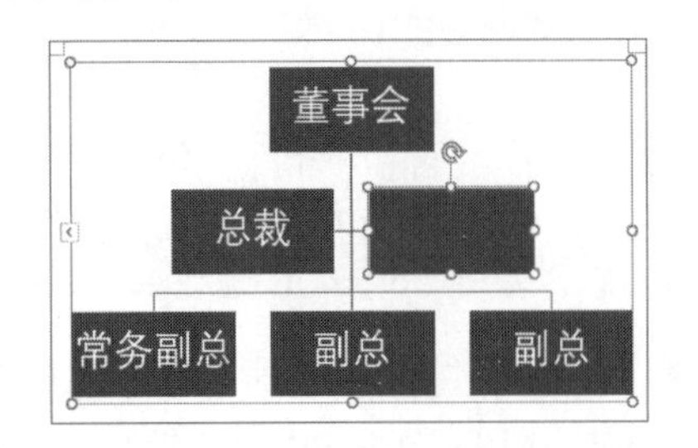

第3步 选择【常务副总】形状，单击【SmartArt设计】选项卡下【创建图形】组中的【添加形状】下拉按钮，在弹出的下拉列表中选择【在下方添加形状】选项，如下图所示。

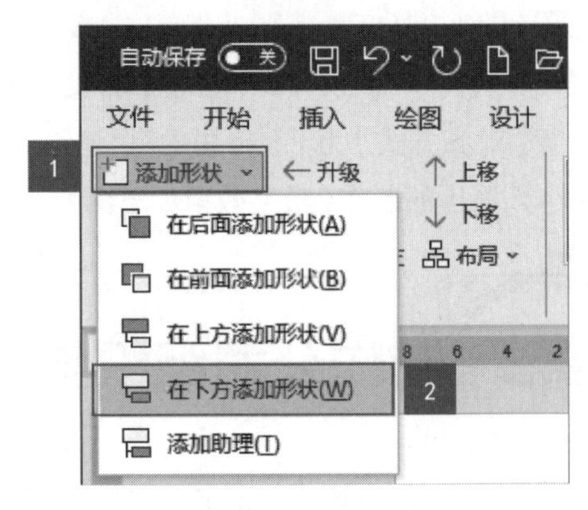

第4步 在选择形状的下方添加新的形状，如下图所示。

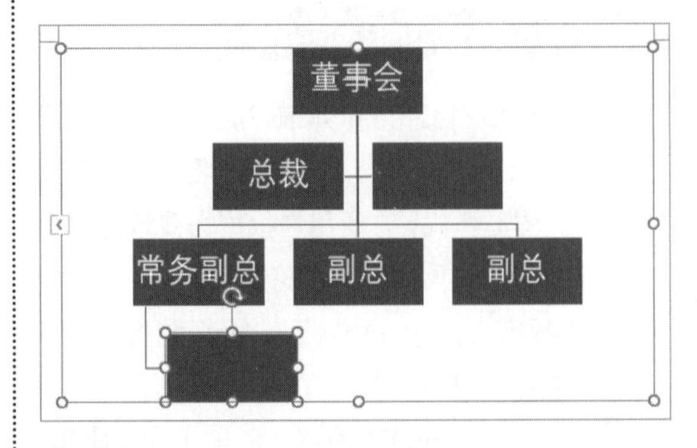

第5步 重复第3步的操作，在【常务副总】形状下方再次添加形状，如下图所示。

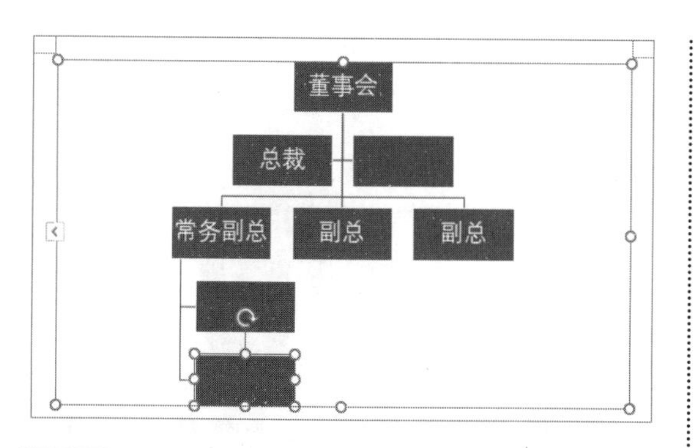

第6步 重复上面的操作，根据需要添加其他形状，增加组织结构项目后的效果如下图所示。

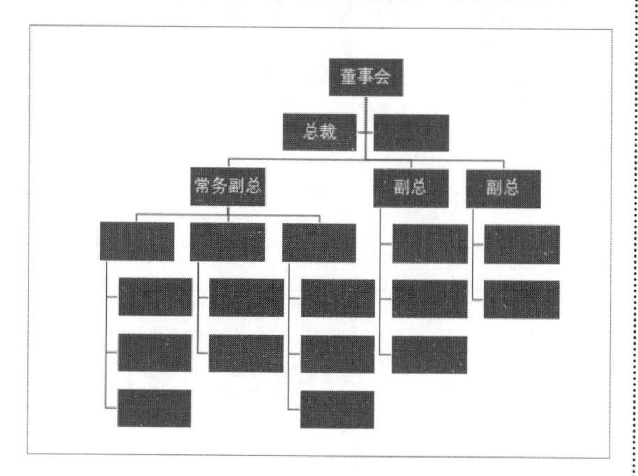

第7步 根据需要在新添加的形状中输入相关文字内容，如下图所示。

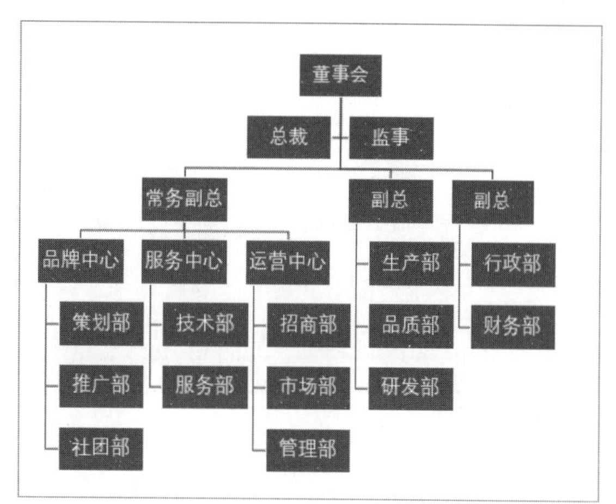

提示

如果要删除形状，只需要选择要删除的形状，在键盘上按【Delete】键即可。

9.3.3 改变组织结构图的版式

创建公司组织结构图后，还可以根据需要更改组织结构图的版式，具体操作步骤如下。

第1步 选择创建的组织结构图，将鼠标指针放在图形边框右下角的控制点上，当鼠标指针变为⤡形状时，按住鼠标左键并拖曳鼠标，即可调整组织结构图的大小，如下图所示。

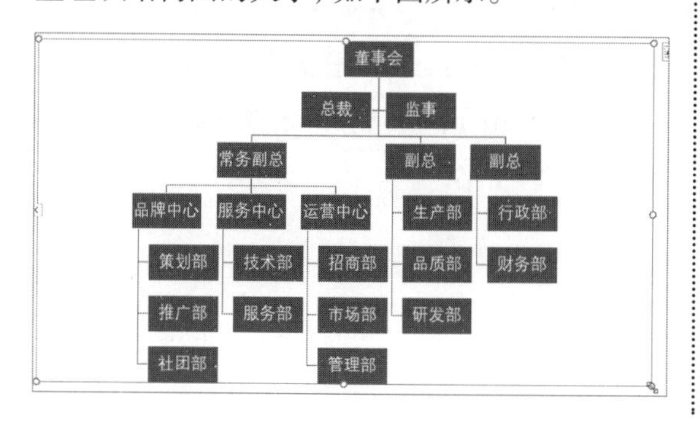

第2步 单击【SmartArt设计】选项卡下【版式】组中的【其他】按钮，在弹出的下拉列表中选择【半圆组织结构图】版式，如下图所示。

第3步 更改组织结构图版式后的效果如下图所示。

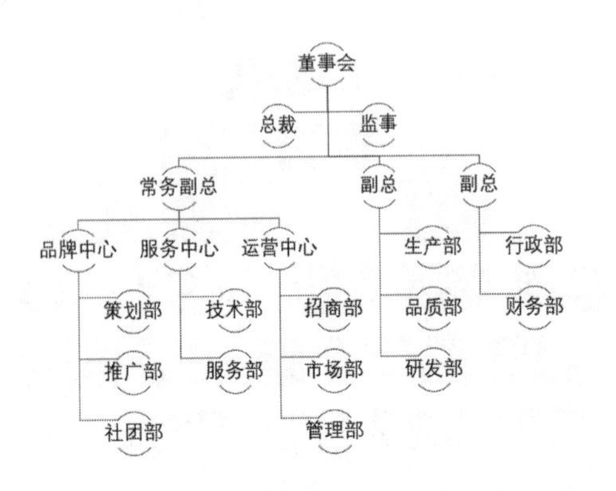

第4步 如果对更改后的版式不满意，还可以根据需要再次改变组织结构图的版式，如下图所示。

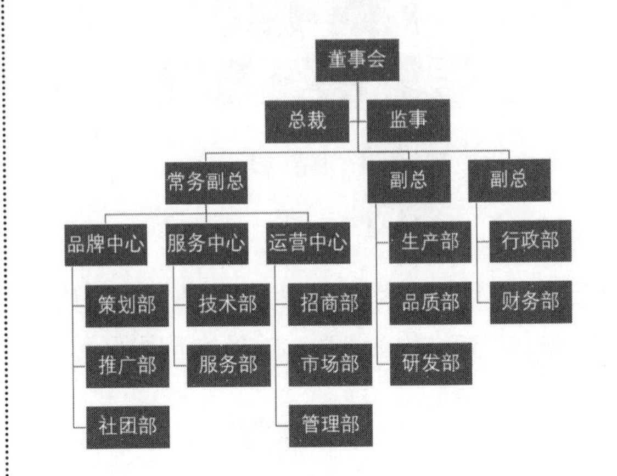

9.3.4 设置组织结构图的格式

绘制组织结构图并修改版式之后，就可以根据需要设置组织结构图的格式，使其更美观，具体操作步骤如下。

第1步 选择组织结构图，单击【SmartArt设计】选项卡下【SmartArt样式】组中的【更改颜色】按钮，在弹出的下拉列表中选择一种彩色样式，如下图所示。

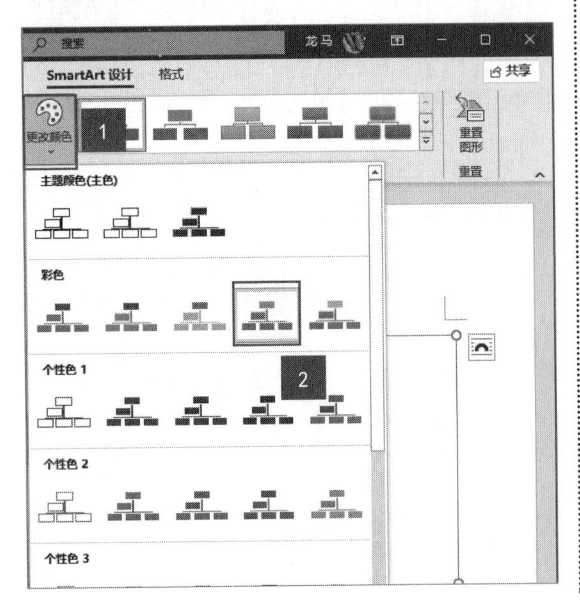

第2步 更改颜色后的效果如下图所示。

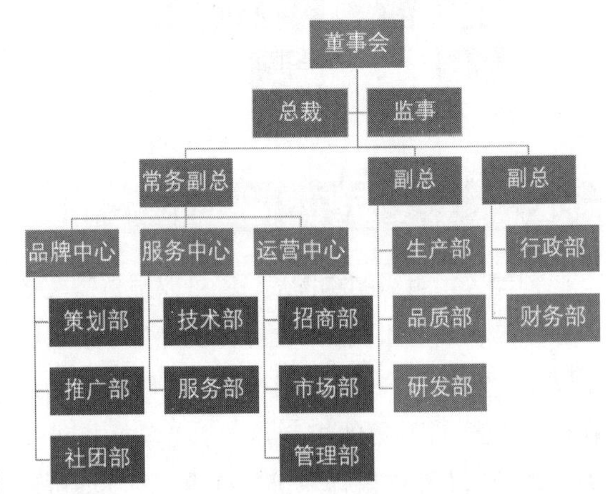

第3步 选择SmartArt图形，单击【SmartArt设计】选项卡下【SmartArt样式】组中的【其他】按钮▽，在弹出的下拉列表中选择一种SmartArt样式，如下图所示。

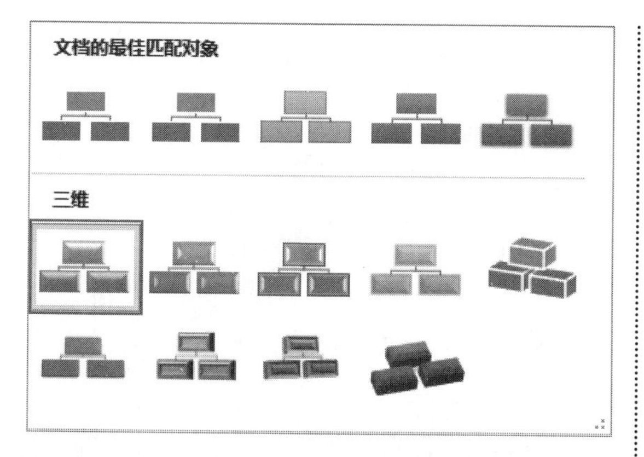

第4步 更改SmartArt图形样式后，图形中文字的样式会随之发生改变，用户需要重新设置文字的样式，至此，就完成了公司组织结构图的制作，最终效果如下图所示。

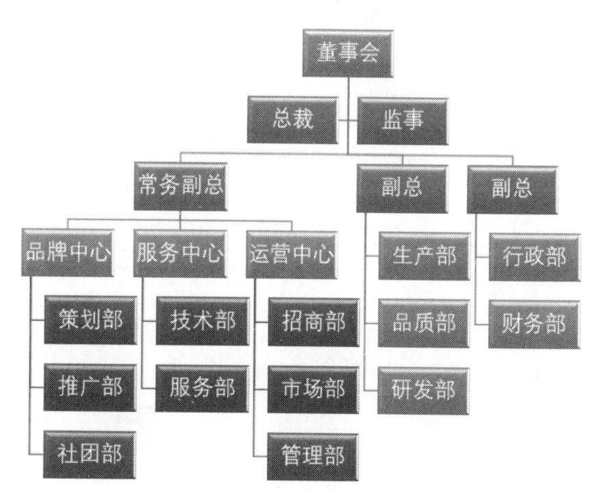

9.4 制作市场调研分析报告

制作市场调研分析报告，需要展示各种数据，Word 2021提供了插入图表的功能，可以对数据进行简单分析，从而清楚地表达数据的变化关系，分析数据的规律。本节就以在Word 2021中制作市场调研分析报告中的图表为例，介绍在Word 2021中使用图表的方法。

9.4.1 插入图表

Word 2021提供了柱形图、折线图、饼图、条形图、面积图、XY散点图、地图、股价图、曲面图、雷达图、树状图、旭日图、直方图、箱形图、瀑布图、漏斗图和组合图17种图表类型，用户可以根据需要创建图表。插入图表的具体操作步骤如下。

第1步 打开“素材\ch09\市场调研分析报告.docx”文件，然后将光标定位至要插入图表的位置，单击【插入】选项卡下【插图】组中的【图表】按钮，如下图所示。

第2步 弹出【插入图表】对话框，选择要创建的图表类型，如选择【条形图】中的【簇状条形图】选项，单击【确定】按钮，如下图所示。

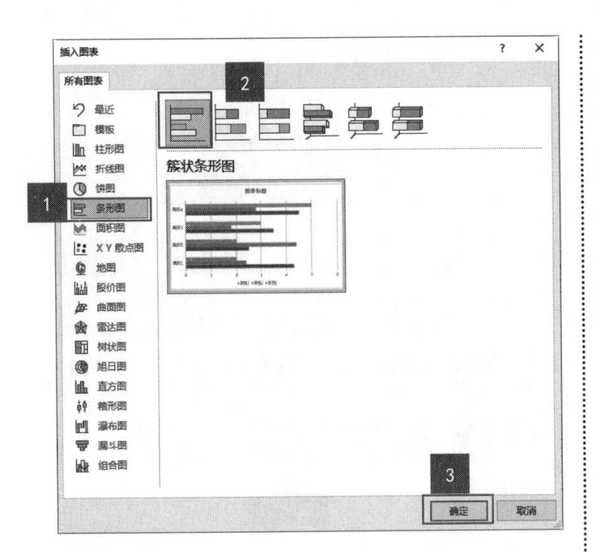

第3步 弹出【Microsoft Word中的图表】工作表，将要创建图表的数据输入工作表中，如下图所示，然后关闭【Microsoft Word中的图表】工作表。

Microsoft Word 中的图表

	A	B	C
1	调研问题及答案	所占比例	
2	听说并使用过及经常使用XX男士洁面膏	60%	
3	使用洁面膏产品洁面	50%	
4	常用或可接受洁面膏价格大于50元	65%	
5	通过柜台或朋友推荐购买洁面产品	60%	
6	购买洁面膏目的是去油	40%	

第4步 即可完成创建图表的操作，图表效果如下图所示。

调研问题及主要答案	所占比例
听说并使用过及经常使用 XX 男士洁面膏	60%
使用洁面膏产品洁面	50%
常用或可接受洁面膏价格大于 50 元	65%
通过柜台或朋友推荐购买洁面产品	60%
购买洁面膏目的是去油	40%

所占比例
购买洁面膏目的是去油
通过柜台或朋友推荐购买洁面产品
常用或可接受洁面膏价格大于50元
使用洁面膏产品洁面
听说并使用过及经常使用XX男士洁面膏
0% 10% 20% 30% 40% 50% 60% 70%
■所占比例

9.4.2 编辑图表中的数据

创建图表后，不仅可以修改错误的数据，还可以将不需要显示的数据隐藏起来。

1. 修改图表中的数据

创建图表后，如果发现数据输入有误或需要修改数据，只要在工作表中对数据进行修改，图表的显示会自动发生变化，具体操作步骤如下。

第1步 在创建的图表上右击，在弹出的快捷菜单中选择【编辑数据】→【编辑数据】选项，如下图所示。

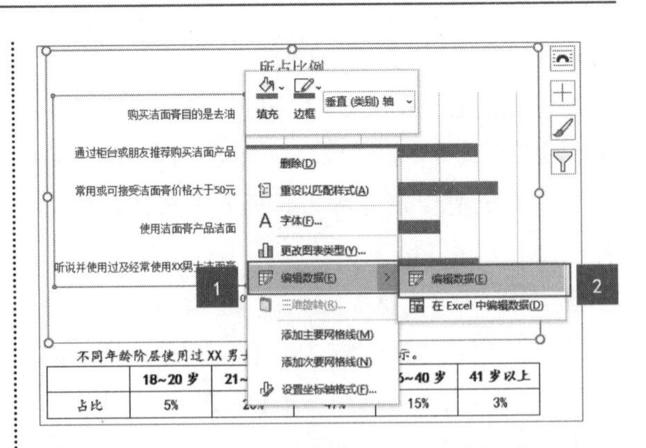

第2步 弹出【Microsoft Word中的图表】工作表，在C列输入下图所示的数据。

Microsoft Word 中的图表

	A	B	C	D
1	调研问题及答案	所占比例	辅助列	
2	听说并使用过及经常使用XX男士洁面膏	60%	60%	
3	使用洁面膏产品洁面	50%	50%	
4	常用或可接受洁面膏价格大于50元	65%	65%	
5	通过柜台或朋友推荐购买洁面产品	60%	60%	
6	购买洁面膏目的是去油	40%	40%	
7				

第3步 关闭【Microsoft Word中的图表】工作表，即可看到图表中显示的数据也会随之发生变化，如下图所示。

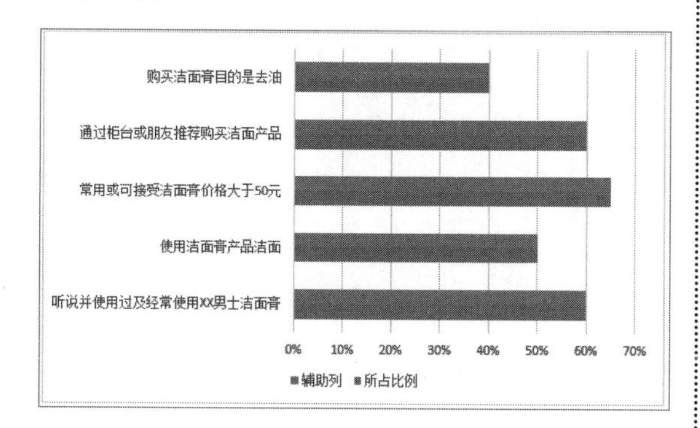

2. 隐藏 / 显示图表中的数据

如果在图表中不需要显示某一行或某一列的数据内容，但又不能删除该行或列时，可以将数据隐藏起来，需要显示时再显示该数据，具体操作步骤如下。

第1步 在图表上右击，在弹出的快捷菜单中选择【编辑数据】→【在Excel中编辑数据】选项，如下图所示。

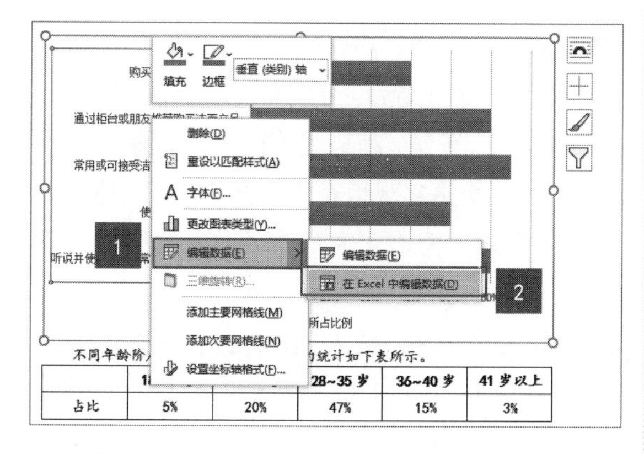

第2步 弹出【Microsoft Word中的图表】工作表，选择C列并右击，在弹出的快捷菜单中选择【隐藏】选项，如下图所示。

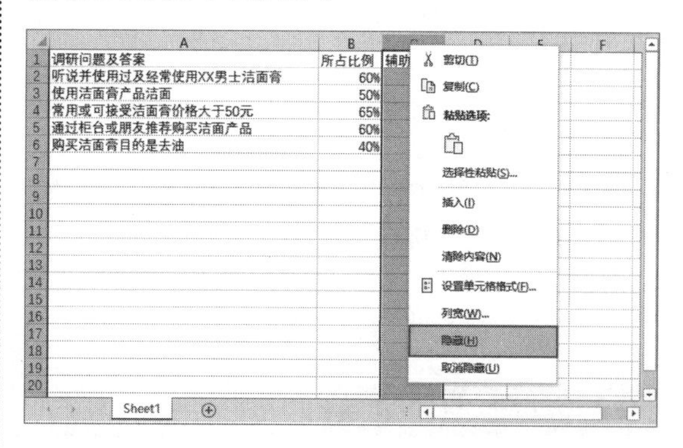

第3步 可以看到C列已被隐藏，如下图所示，然后关闭【Microsoft Word中的图表】工作表。

	A	B	D	E
1	调研问题及答案	所占比例		
2	听说并使用过及经常使用XX男士洁面膏	60%		
3	使用洁面膏产品洁面	50%		
4	常用或可接受洁面膏价格大于50元	65%		
5	通过柜台或朋友推荐购买洁面产品	60%		
6	购买洁面膏目的是去油	40%		
7				
8				
9				

Sheet1

第4步 可以看到图表中已经将有关辅助列的数据隐藏起来了，如下图所示。

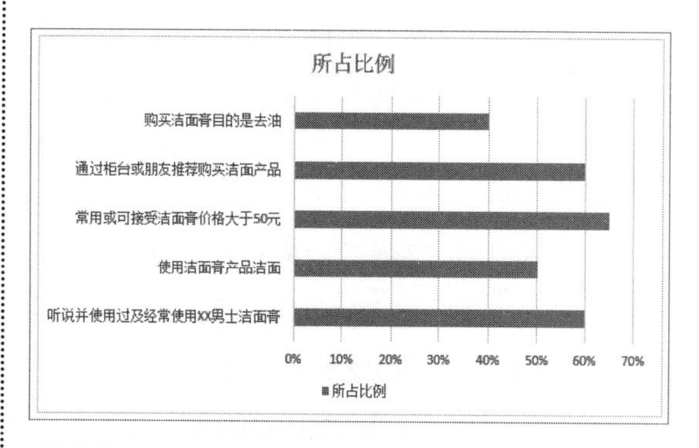

第5步 如果要重新显示有关“辅助列”的数据，重复第1步，选择B列或D列并右击，在弹出的快捷菜单中选择【取消隐藏】选项，将第C列数据显示出来，如下图所示。

	A	B	C	D
1	调研问题及答案	所占比例	辅助列	
2	听说并使用过及经常使用XX男士洁面膏	60%	60%	
3	使用洁面膏产品洁面	50%	50%	
4	常用或可接受洁面膏价格大于50元	65%	65%	
5	通过柜台或朋友推荐购买洁面产品	60%	60%	
6	购买洁面膏目的是去油	40%	40%	
7				

第6步 关闭【Microsoft Word中的图表】工作表，即可在图表中重新显示有关“辅助列”的数据，如下图所示。

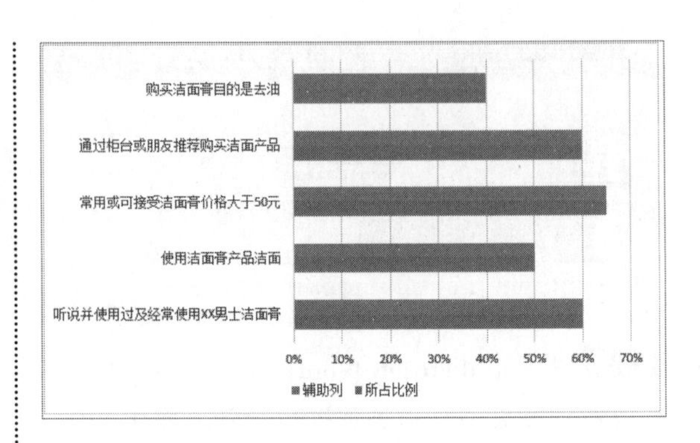

9.4.3 美化图表

完成图表的编辑后，用户可以对图表进行美化操作，如设置图表标题、更改图表布局、添加图表元素、更改图表样式等。

1. 调整图表的大小

插入图表后，如果对图表的位置和大小不满意，可以根据需要调整图表。用户根据需要既可以手动调整图表的大小，也可以精确调整。

（1）手动调整。具体操作步骤如下。

选择图表，将鼠标指针放在4个角的控制点上，当鼠标指针变为↘形状时，按住鼠标左键并拖曳，即可完成手动调整图表大小的操作，如下图所示。

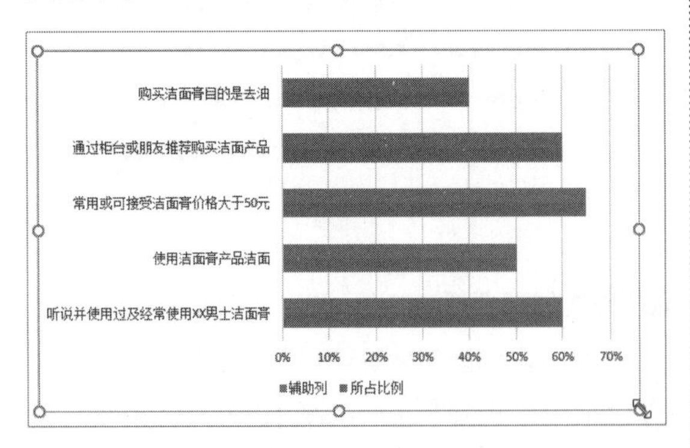

（2）精确调整。具体操作步骤如下。

第1步 选择图表，单击【格式】选项卡下【大小】组中的【形状高度】和【形状宽度】后的微调按钮，如设置【形状高度】为“8.55厘米”，设置【形状宽度】为“14.65厘米”，如下图所示。

第2步 设置形状高度和宽度后的效果如下图所示。

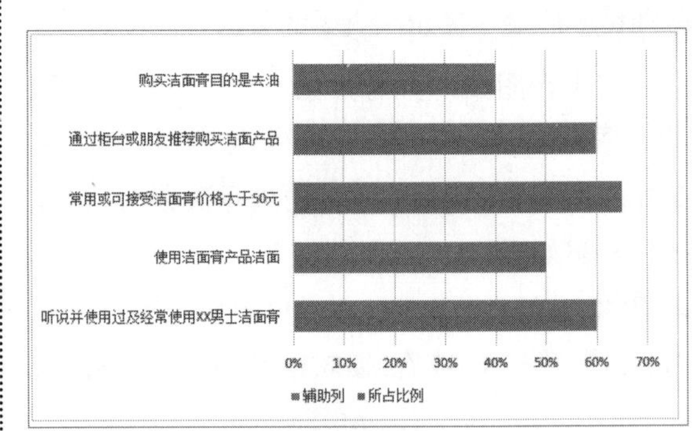

2. 设置图表元素

更改图表布局后，可以将图表标题、数据标签、数据表、图例、趋势线等图表元素添加至图表中，以便能更直观地查看数据，也可以删除图表元素或改变图表元素的位置，具体操作步骤如下。

第1步 选择图表，单击【图表设计】选项卡下【图表布局】组中的【添加图表元素】下拉按钮，在弹出的下拉列表中选择【图表标题】→【图表上方】选项，如下图所示。

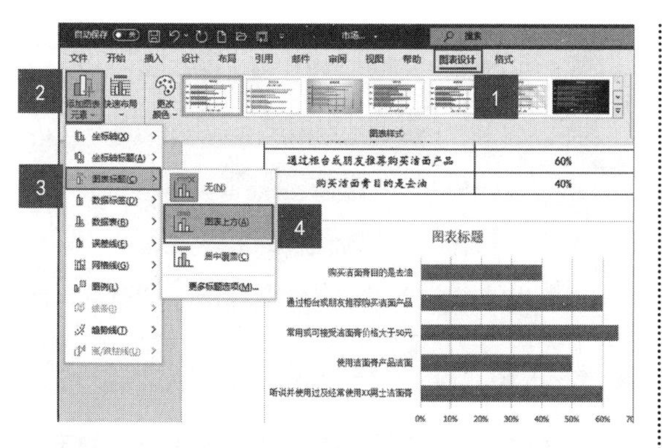

第2步 即可在图表上方显示【图表标题】文本框，如下图所示。

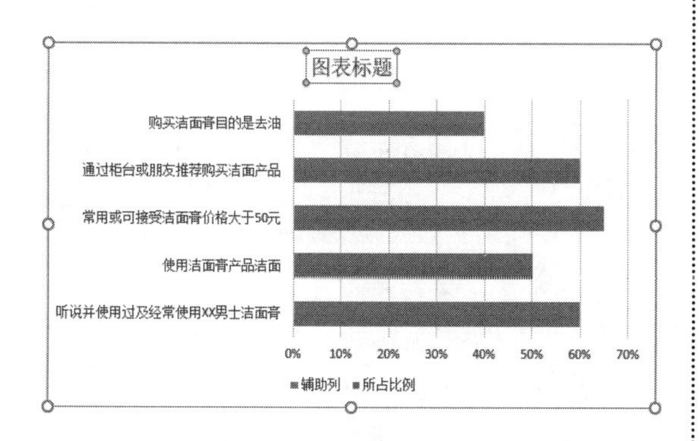

第3步 删除【图表标题】文本框中的内容，并输入需要的标题“调研问题及主要答案比例统计”，就完成了添加图表标题的操作，效果如下图所示。

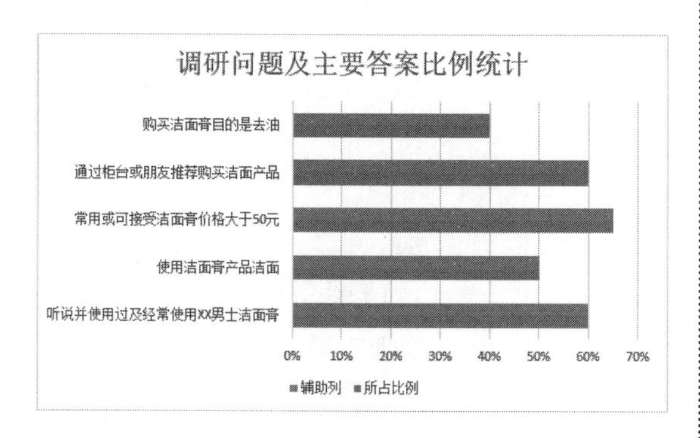

第4步 再次选择图表，单击【图表设计】选项卡下【图表布局】组中的【添加图表元素】下拉按钮，在弹出的下拉列表中选择【图例】→【无】选项，如下图所示。

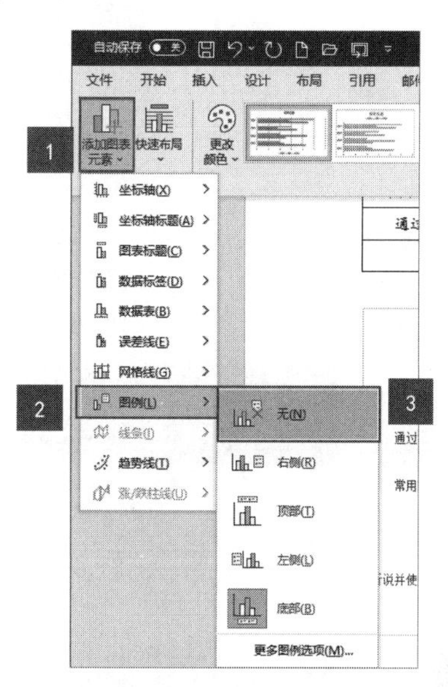

第5步 即可在图表中删除图例，效果如下图所示。

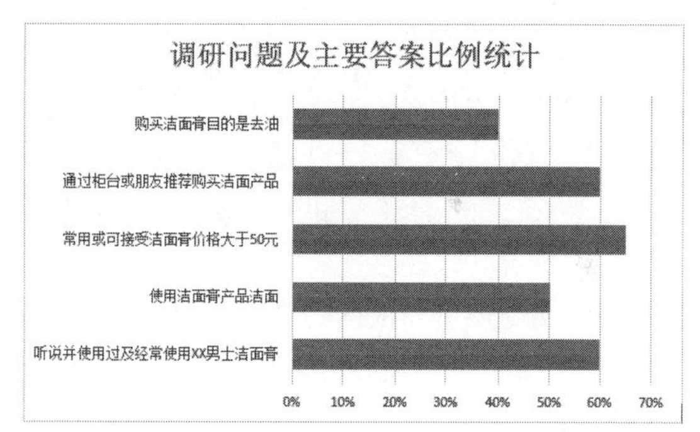

3. 更改图表样式

添加图表元素之后，就完成了创建并编辑图表的操作，如果对图表的样式不满意，还可以更改图表的样式。

（1）使用内置样式更改图表样式。具体操作步骤如下。

第1步 选择创建的图表，单击【图表设计】选项卡下【图表样式】组中的【其他】按钮，在弹出的下拉列表中选择一种图表样式，如下图所示。

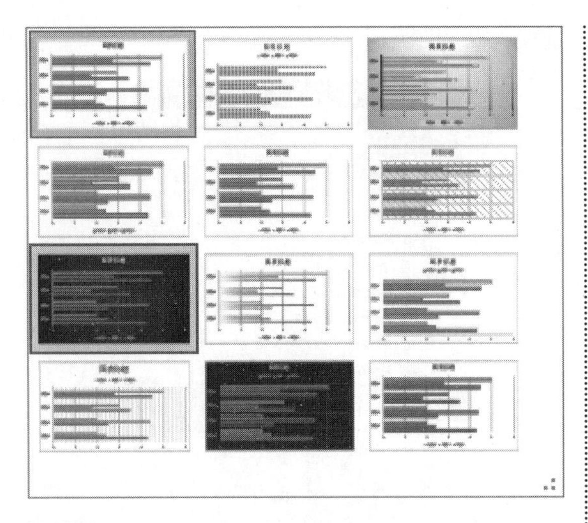

第2步 即可看到更改图表样式后的效果，如下图所示。

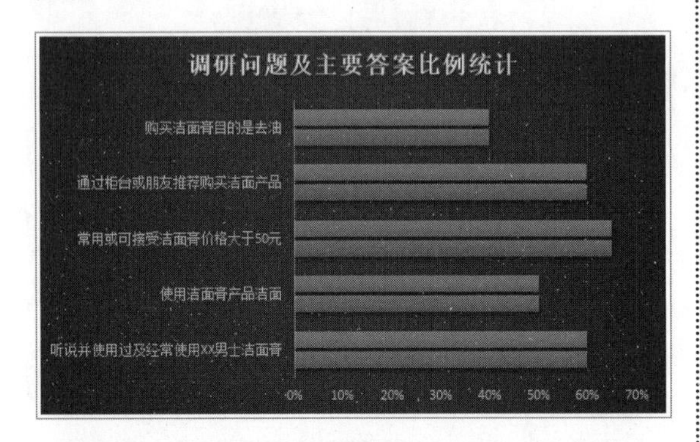

第3步 此外，还可以根据需要更改图表的颜色。选择图表，单击【图表设计】选项卡下【图表样式】组中的【更改颜色】下拉按钮，在弹出的下拉列表中选择一种颜色，如下图所示。

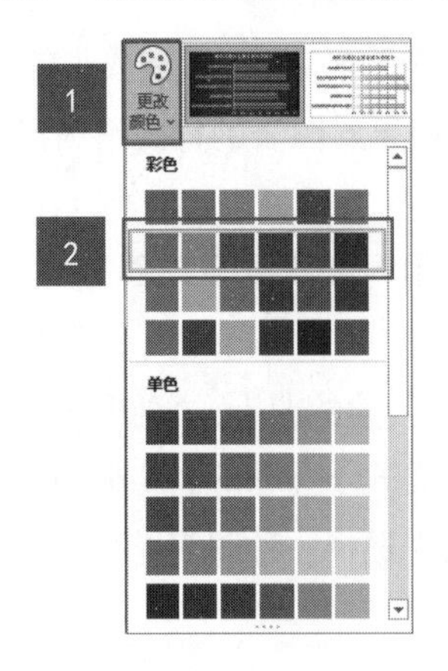

第4步 更改颜色后的效果如下图所示。

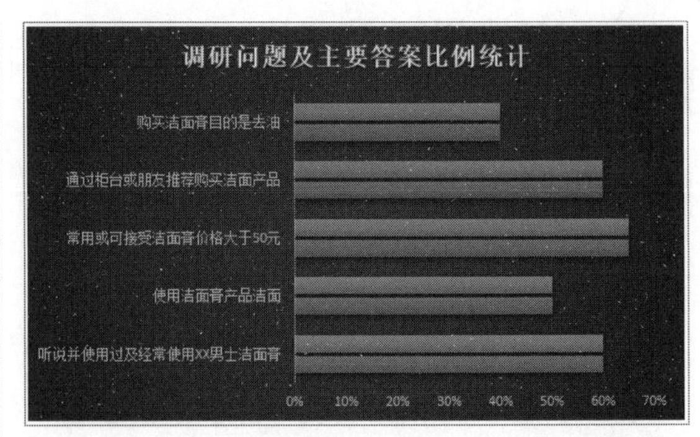

（2）自定义修改样式。具体操作步骤如下。

第1步 选择“辅助列”系列并右击，在弹出的快捷菜单中选择【设置数据系列格式】选项，如下图所示。

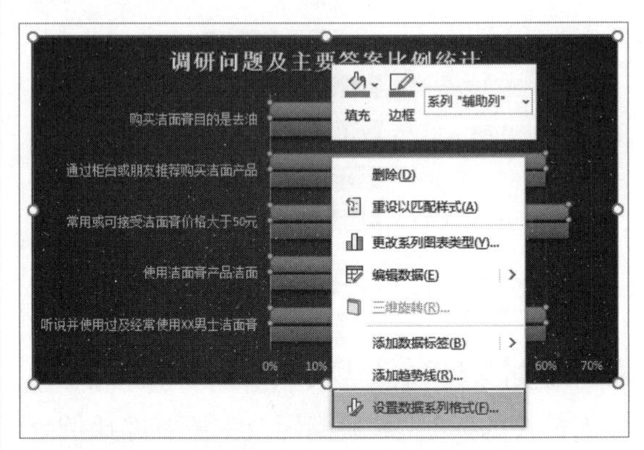

第2步 弹出【设置数据系列格式】任务窗格，在【填充与线条】下设置【填充】为“无填充”，设置【边框】为“无线条”，如下图所示。

第3步 设置边框和线条后的效果如下图所示。

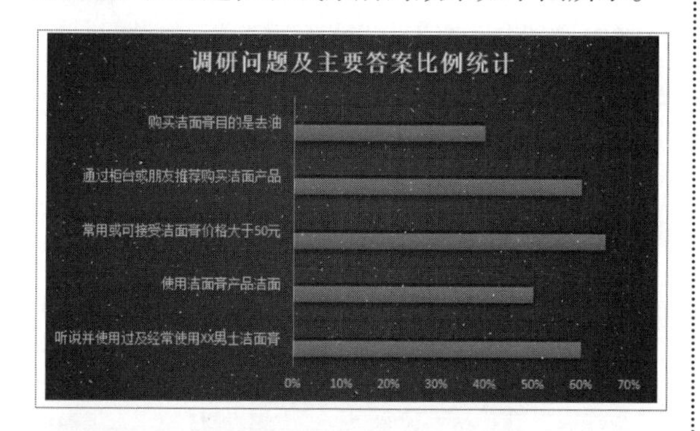

第4步 选择“辅助列”系列，单击【图表设计】选项卡下【图表布局】组中的【添加图表元素】下拉按钮，在弹出的下拉列表中选择【数据标签】→【轴内侧】选项，如下图所示。

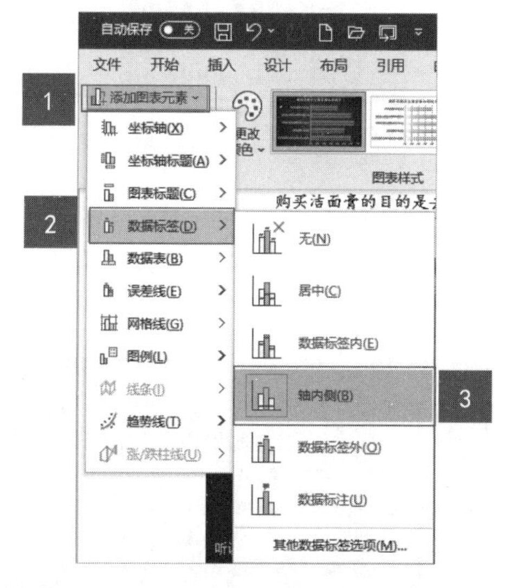

第5步 添加“轴内侧”数据标签后的效果如下图所示。

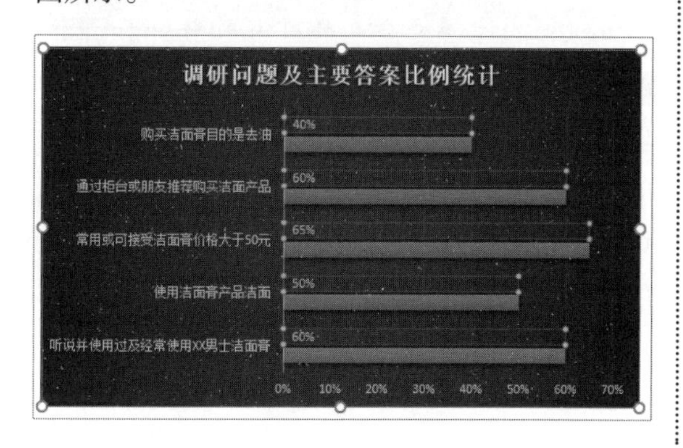

第6步 选择添加的数据标签，可以看到【设置数据系列格式】任务窗格会自动显示为【设置数据标签格式】任务窗格，在【标签选项】下选中【类别名称】复选框，取消选中【值】和【显示引导线】复选框，如下图所示。

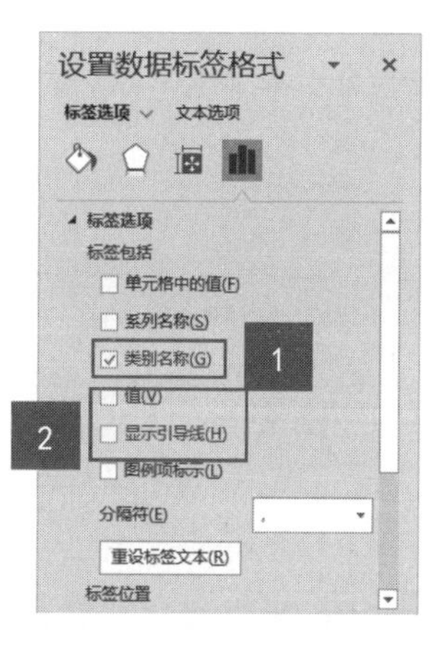

第7步 设置数据标签后的效果如下图所示。

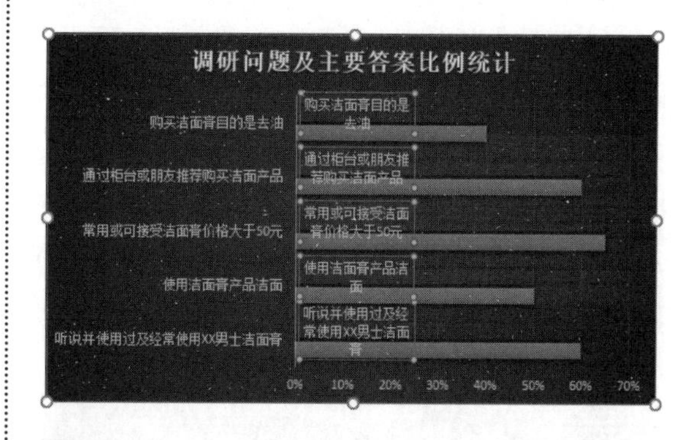

第8步 再次选择“辅助列”系列，弹出【设置数据系列格式】任务窗格，在【系列选项】选项卡下设置【系列重叠】为“-20%”，如下图所示。

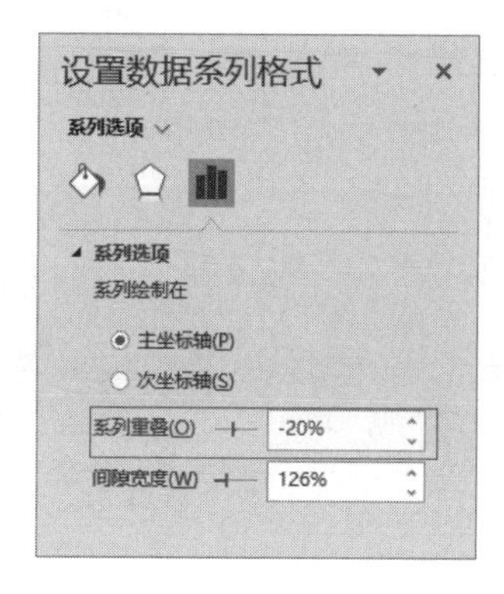

第9步 再次选择数据标签，在【设置数据标签格式】任务窗格【布局属性】选项卡下取消选中【形状中的文字自动换行】复选框，如下图所示。

第10步 更改数据标签文字的【字体】为“微软雅黑”，【字号】为“11”，效果如下图所示。

第11步 选择图表左侧的文字，按【Delete】键将其删除，效果如下图所示。

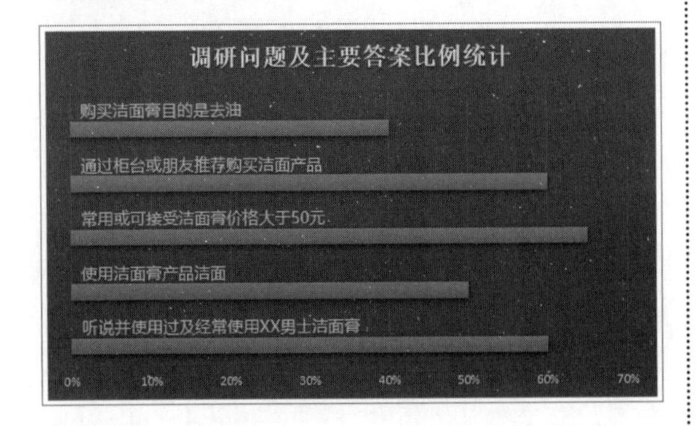

第12步 选择图表区，在【设置图表区格式】任务窗格中设置【填充】为“纯色填充”，并设置【颜色】为“蓝色”，如下图所示。

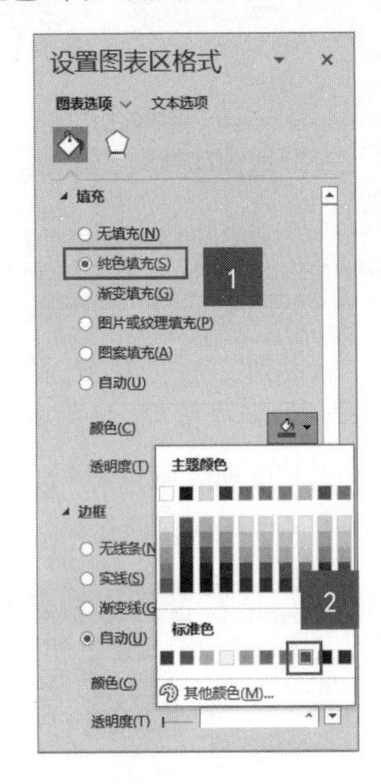

第13步 选择数据标签文本框，在【开始】选项卡下【字体】组中更改其【字体颜色】为“白色”，效果如下图所示。

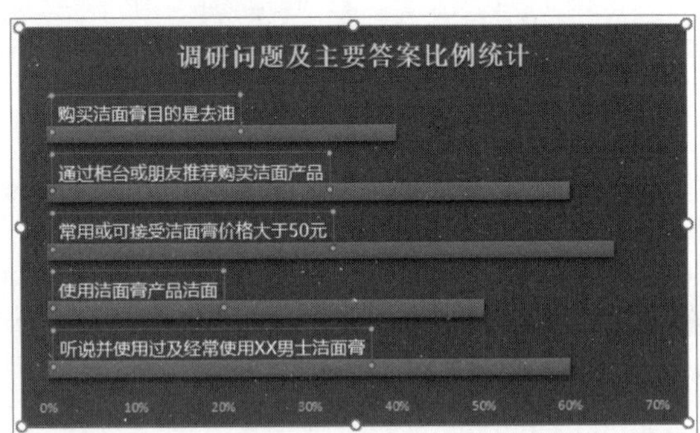

第14步 使用同样的方法，更改“所占比例”系列的填充颜色为“浅绿色”，并根据需要更改图表中其他字体的格式。如果要显示值，选中【值】复选框，最终效果如下图所示。

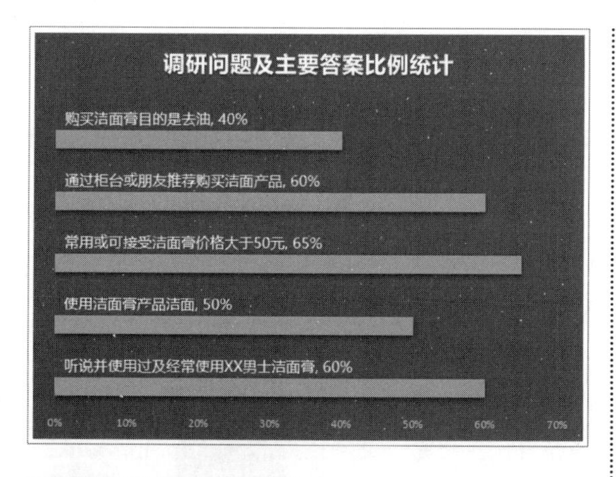

4. 更改图表类型

选择合适的图表类型，能够更直观、形象地展示数据，如果对创建的图表类型不满意，可以使用Word 2021提供的更改图表类型的操作更改图表的类型，具体操作步骤如下。

第1步 在“不同年龄阶层使用过××男士洁面膏统计”表格下方创建柱形图，如下图所示。

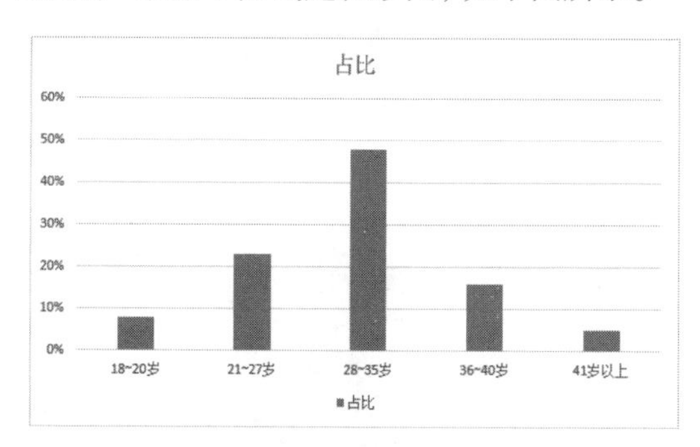

第2步 选择创建的图表，单击【图表设计】选项卡下【类型】组中的【更改图表类型】按钮，如下图所示。

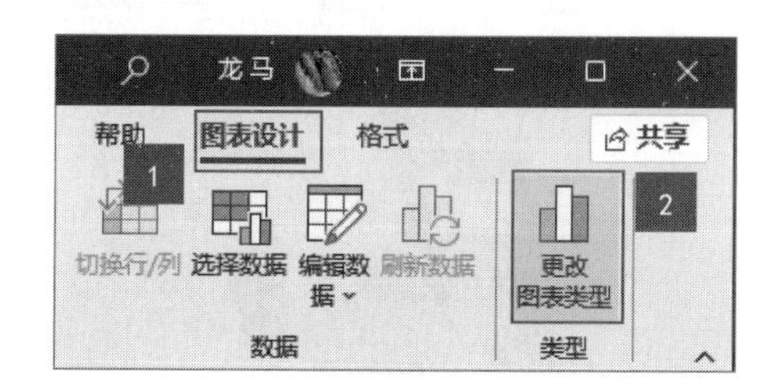

第3步 弹出【更改图表类型】对话框，选择要更改的图表类型，如选择【饼图】中的【圆环图】选项，单击【确定】按钮，如下图所示。

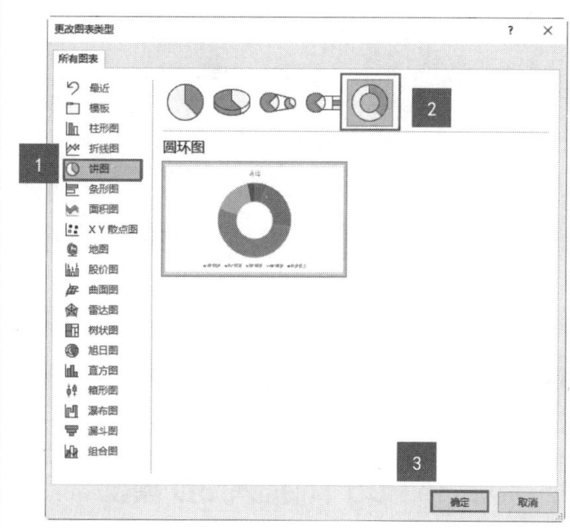

第4步 即可完成更改图表类型的操作，效果如下图所示。

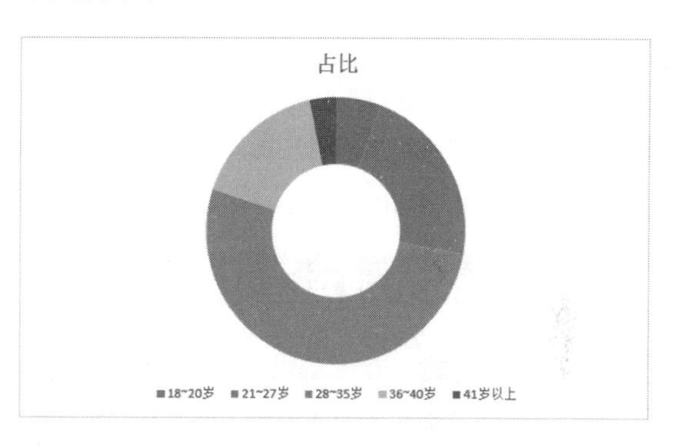

第5步 根据需要对图表进行美化，效果如下图所示。

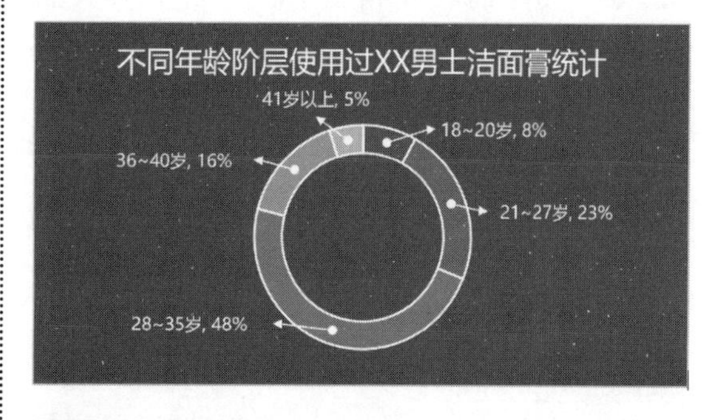

第6步 重复创建图表及美化图表的操作，再次创建图表，效果如下图所示。

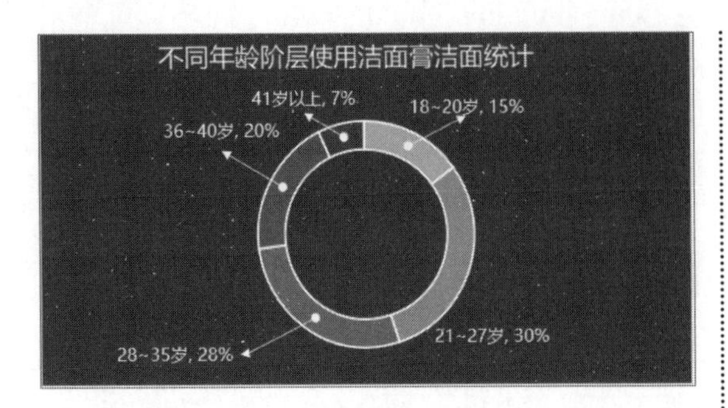

技巧1：插入3D模型

Office 2021不仅新增了插入图标的功能，还支持插入3D模型。利用这些新增功能，可以提升整个文件的水平和质量。下面以Word为例，介绍插入3D模型的方法。

第1步 新建一个空白文档，单击【插入】选项卡下【插图】组中的【3D模型】按钮，如下图所示。

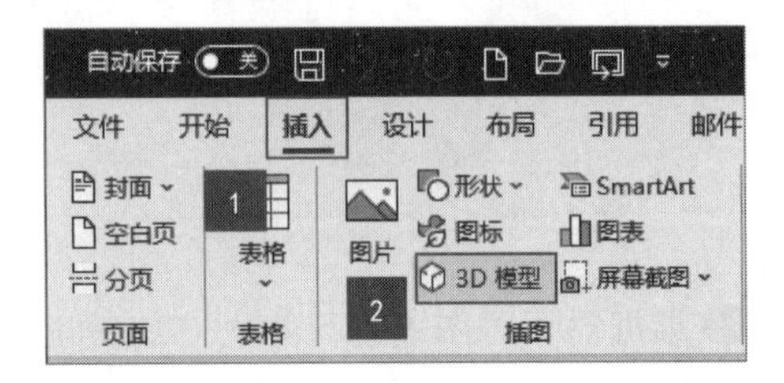

第2步 弹出【插入3D模型】对话框，选择要插入的3D模型，单击【插入】按钮，如下图所示。

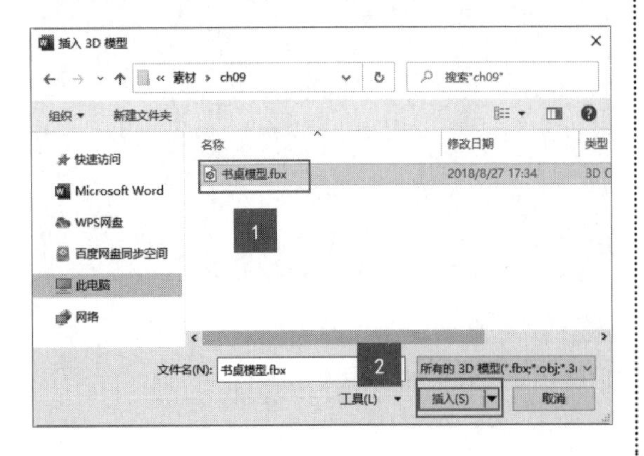

第3步 即可将选择的3D模型插入Word文档中，将鼠标指针放在3D模型中间的图形上，按住鼠标左键拖曳，即可旋转图形，如下图所示。

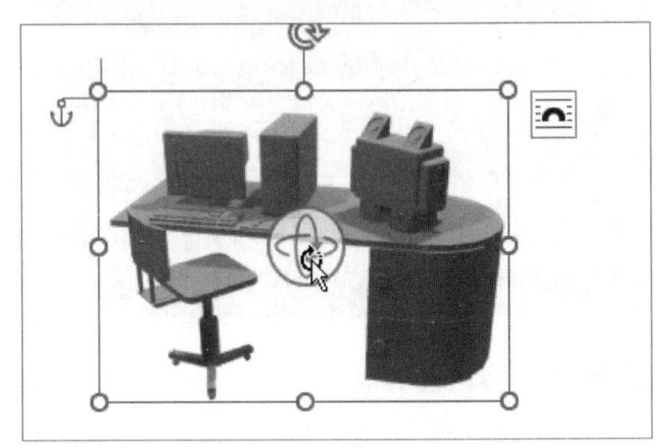

第4步 选中插入的3D模型，则会弹出【3D模型】选项卡，选择【3D模型】选项卡下【3D模型视图】组中的【上左视图】选项，如下图所示。

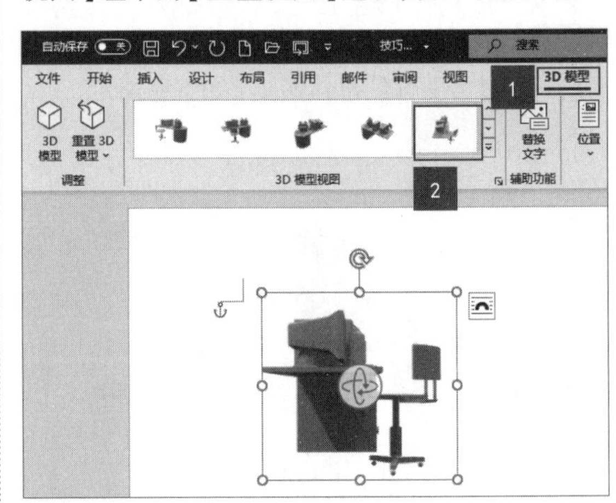

第5步 即可更改3D模型的视图，效果如下图所示。

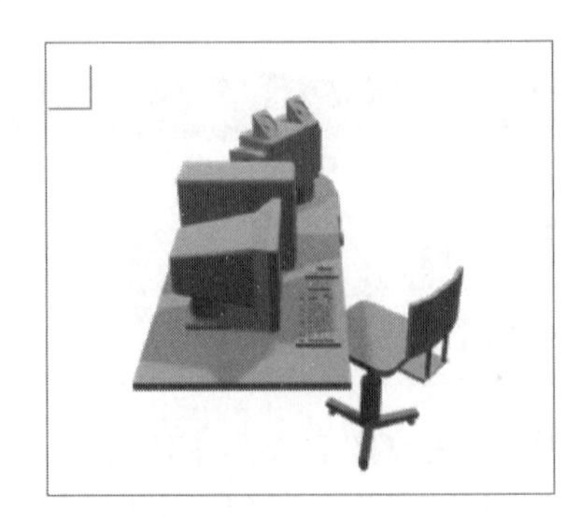

技巧 2：为跨页表格自动添加表头

如果表格行较多，会自动显示在下一页中，默认情况下，下一页的表格是没有表头的。用户可以根据需要为跨页的表格自动添加表头，具体操作步骤如下。

第1步 打开“素材\ch09\技巧2.docx”文件，可以看到第2页上方没有显示表头，如下图所示。

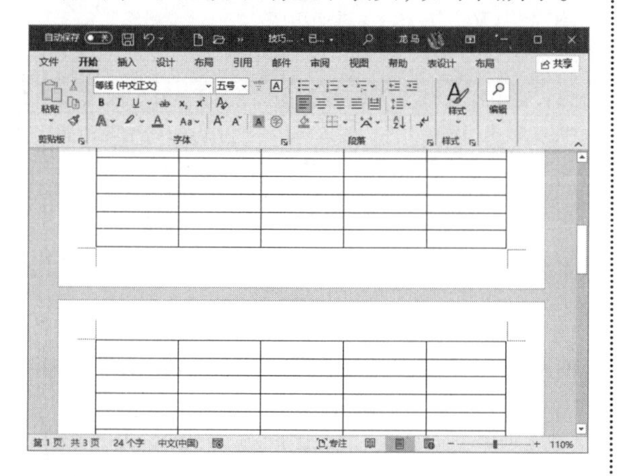

第2步 选择第1页的表头，单击【布局】选项卡下【数据】组中的【重复标题行】按钮 重复标题行，如下图所示。

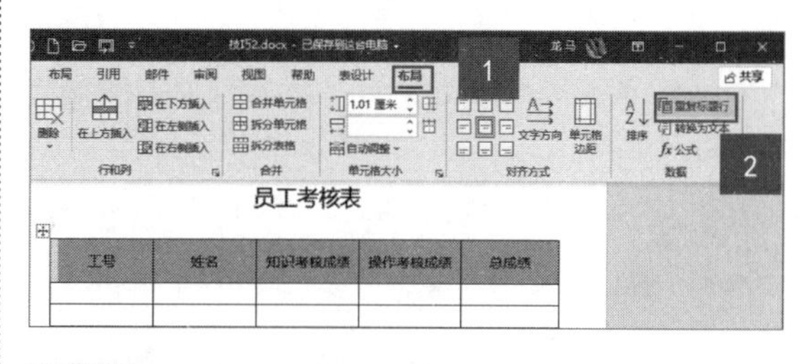

第3步 此时即可在之后每一页的表格首行添加跨页表头，效果如下图所示。

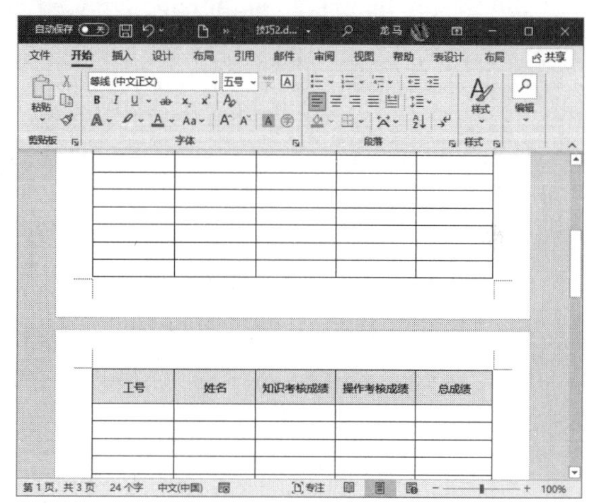

第 10 章

长文档的排版与处理

学习内容

在办公与学习中，经常会遇到包含大量文字的长文档，如公司内部培训资料、个人合同、公司合同、企业管理制度、产品说明书等。Word 2021 具有强大的文字排版功能，对于一些长文档，为其设置高级版式，可以使文档看起来更专业。本章需要读者掌握样式、页眉和页脚、页码、分节符、目录及打印文档的相关操作。

学习效果

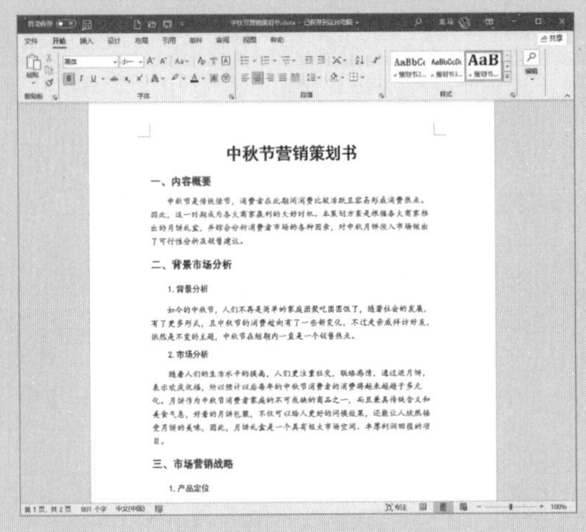

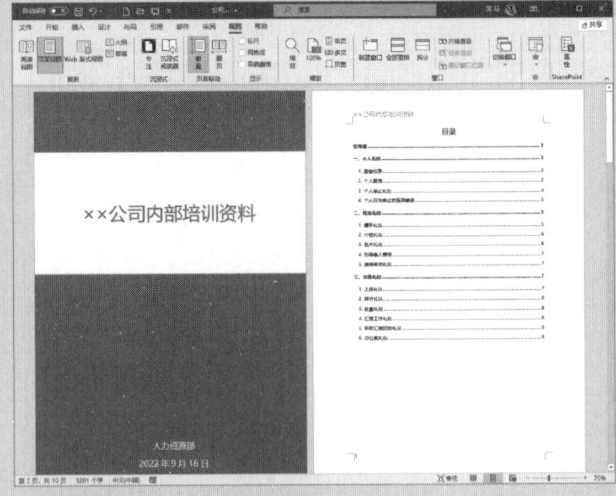

10.1 制作中秋节营销策划书模板

在制作某一类格式统一的长文档，或者是需要使用同一格式的大量文档时，可以先制作一份完整的文档，然后将其存储为模板形式，在制作其他文档时，就可以直接套用该模板，不仅节约时间，还能减少错误。

10.1.1 应用内置样式

样式包含字符样式和段落样式，字符样式的设置以单个字符为单位，段落样式的设置以段落为单位。样式是特定格式的集合，它规定了文本和段落的格式，并以不同的样式名称标记。通过样式可以简化操作、节约时间，还有助于保持整篇文档的一致性。Word 2021 中内置了多种标题和正文样式，用户可以根据需要应用这些内置的样式，具体操作步骤如下。

第1步 打开“素材\ch10\中秋节营销策划书.docx”文件，选择要应用样式的文本，或者将光标定位至要应用样式的段落内，这里选择标题段落文本，如下图所示。

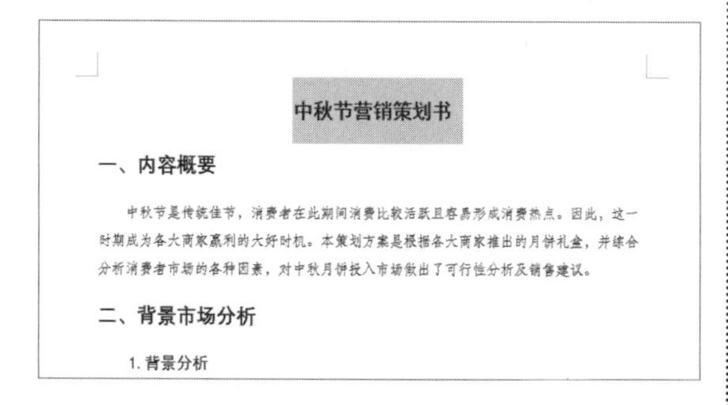

第2步 单击【开始】选项卡下【样式】组右下角的【其他】按钮，从弹出的【样式】下拉列表中选择“标题”样式，如下图所示。

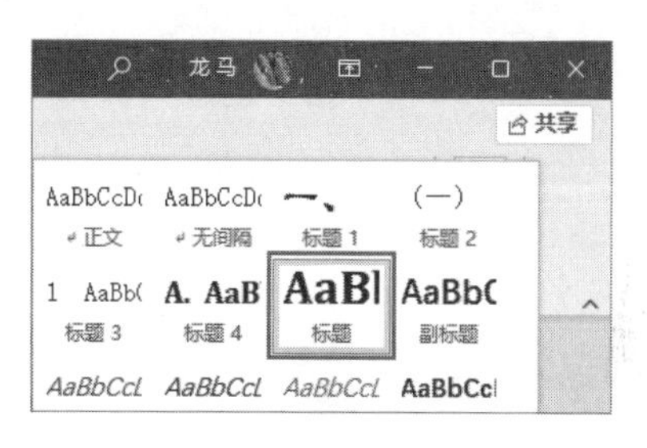

第3步 此时即可将“标题”样式应用至所选的段落中，如下图所示。

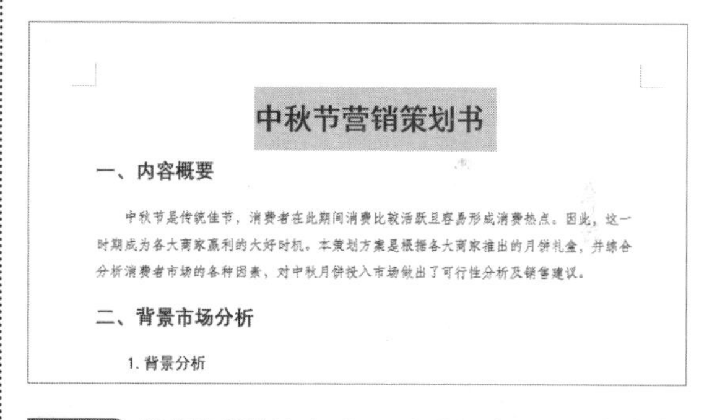

第4步 使用同样的方法，还可以为“一、内容概要”段落应用“要点”样式，如下图所示。

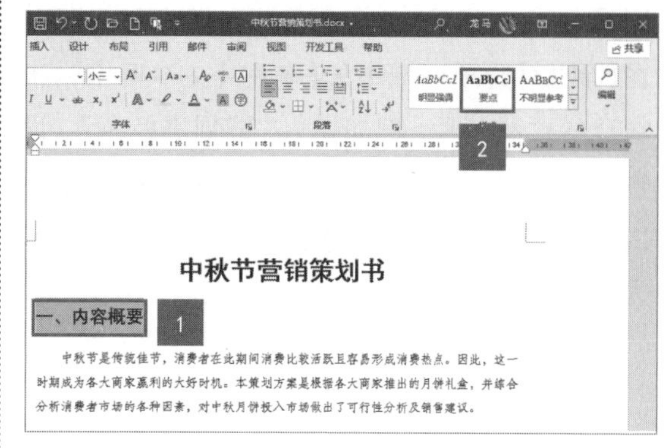

10.1.2 自定义样式

当系统内置的样式不能满足需求时，用户还可以自行创建样式，具体操作步骤如下。

第1步 在打开的素材文件中选中标题文本，然后在【开始】选项卡下【样式】组中单击【样式】按钮，如下图所示。

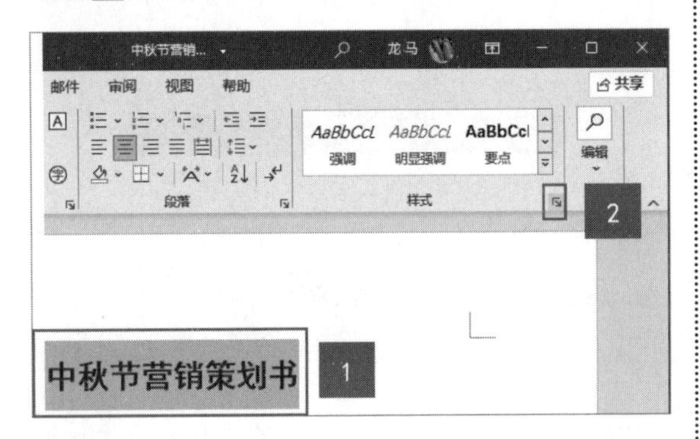

第2步 弹出【样式】任务窗格，单击【新建样式】按钮，如下图所示。

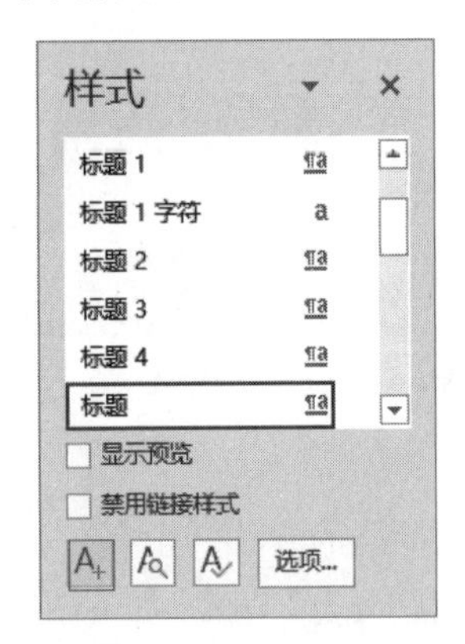

第3步 弹出【根据格式化创建新样式】对话框，在【属性】选项区域中的【名称】文本框中输入新建样式的名称，例如输入“策划书标题”，设置【样式基准】为“（无样式）”，在【格式】选项区域中根据需要设置【字体】为“黑体”，【字号】为“小一”，如下图所示。

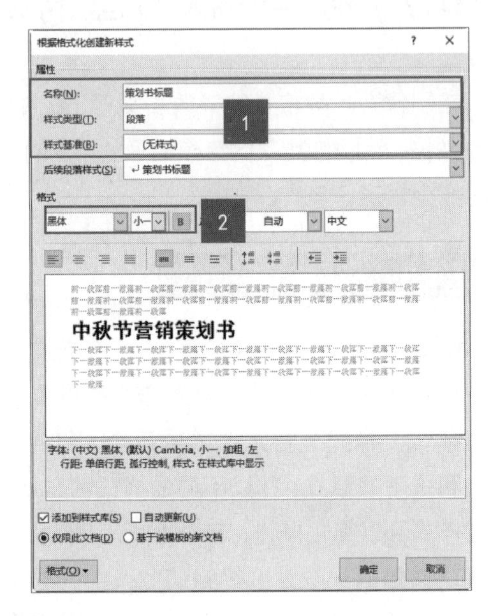

第4步 单击左下角的【格式】下拉按钮，在弹出的列表中选择【段落】选项，如下图所示。

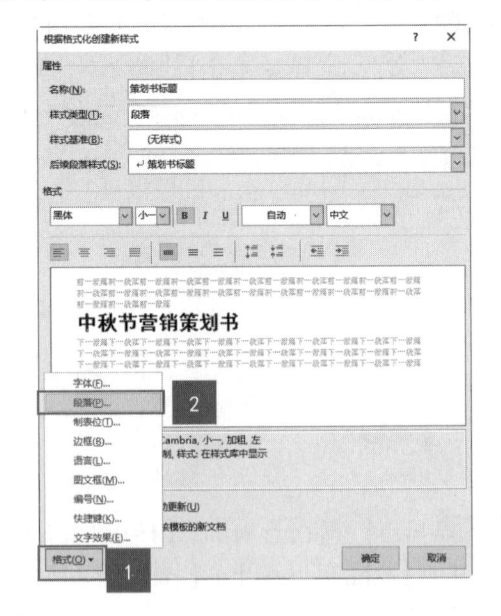

第5步 弹出【段落】对话框，在【常规】选项区域中设置【对齐方式】为“居中”，【大纲级别】为“1级”，在【间距】选项区域中分别设置【段前】和【段后】均为“0.5行”，单击【确定】按钮，

如下图所示。

第6步 返回【根据格式化创建新样式】对话框，在中间区域浏览效果，单击【确定】按钮，在【样式】任务窗格中可以看到创建的新样式，在文档中显示设置后的效果，如下图所示。

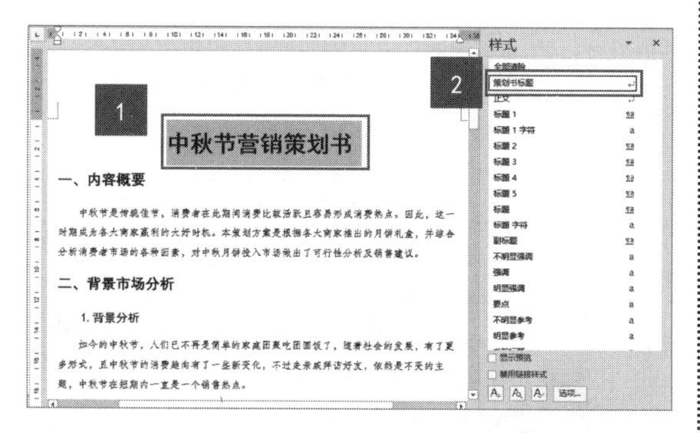

第7步 使用同样的方法，选中“一、内容概要”文本，创建“策划书2级标题”样式，设置【字体】为“等线”“加粗”，【字号】为“小三”，段落【对齐方式】为“左对齐”，【大纲级别】为“2级”，在【间距】选项区域中分别设置【段前】和【段后】均为“0.5行”，效果如下图所示。

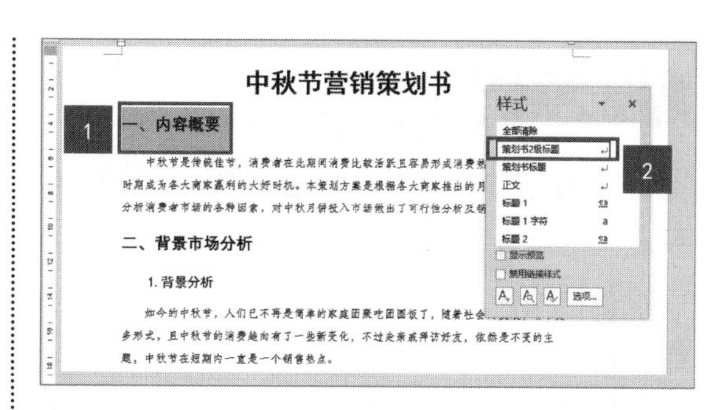

第8步 选择“1.背景分析”文本，创建“策划书3级标题”样式，设置【字体】为“黑体”，【字号】为“小四”，【首行缩进】为“2字符”，【大纲级别】为“3级”，在【间距】选项区域中分别设置【段前】和【段后】均为“0.5行”，【行距】设置为“多倍行距”，【设置值】为“1.3”，效果如下图所示。

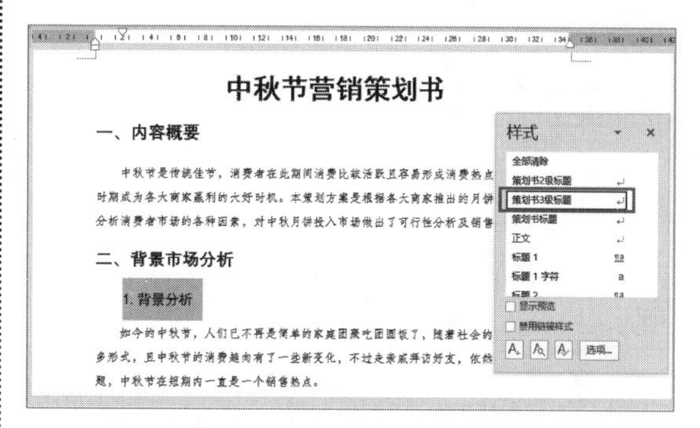

第9步 选择正文，创建“策划书正文”样式，设置【字体】为“楷体”，【字号】为“五号”，【首行缩进】为“2字符”，在【间距】选项区域中设置【行距】为“固定值”，【设置值】为“18”，效果如下图所示。

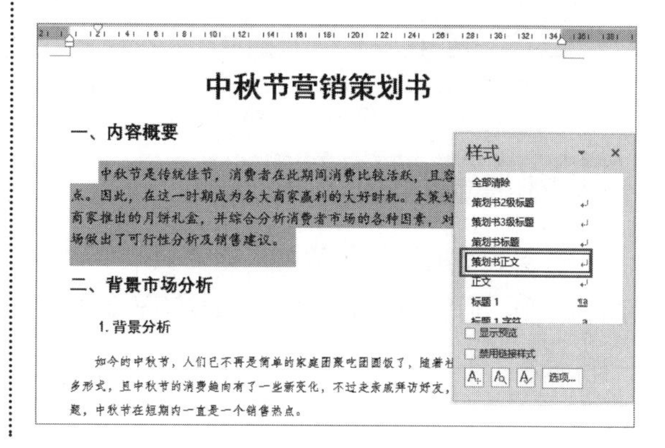

10.1.3 应用样式

创建自定义样式后，用户就可以根据需要将自定义的样式应用至其他段落中，具体操作步骤如下。

第1步 选择“二、背景市场分析”文本，在【样式】任务窗格中选择“策划书2级标题”样式，即可将自定义的样式应用至所选段落中，如下图所示。

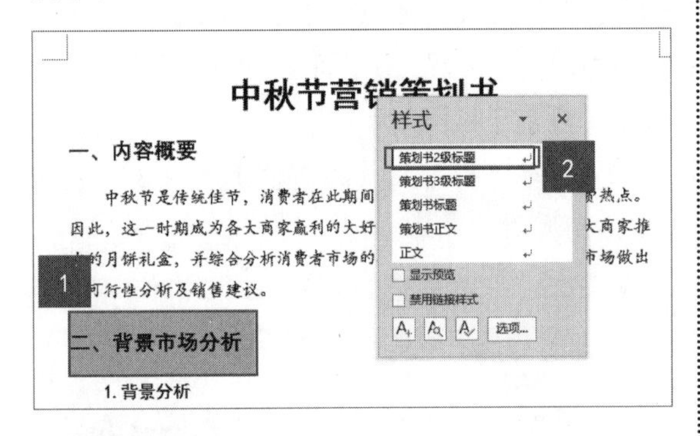

第2步 使用同样的方法，为其他需要应用“策划书2级标题”样式的段落应用该样式，如下图所示。

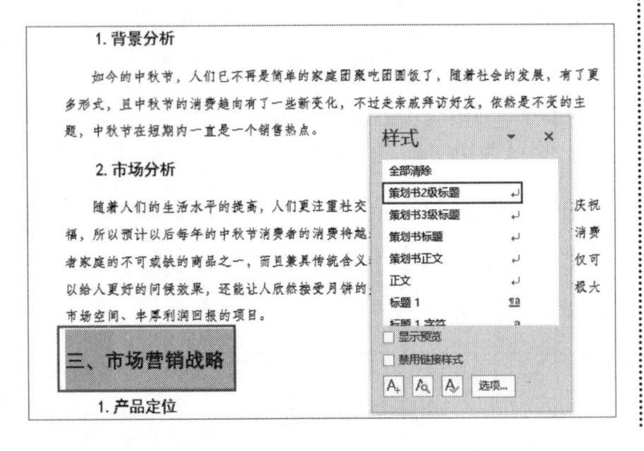

第3步 选择其他标题内容，在【样式】任务窗格中选择“策划书3级标题”样式，即可将自定义的样式应用至所选段落中，如下图所示。

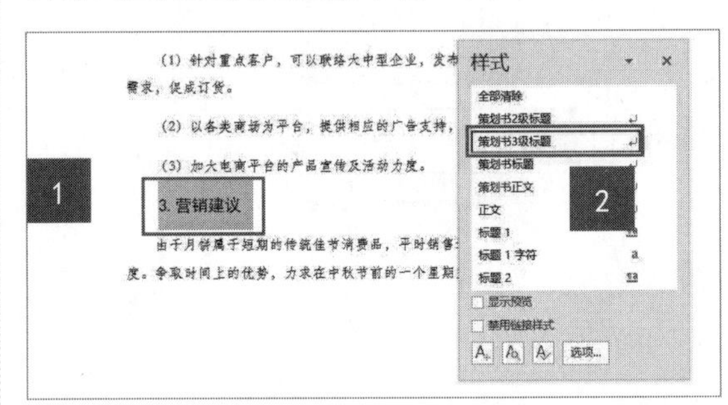

第4步 使用同样的方法，为正文应用“策划书正文”样式，如下图所示。

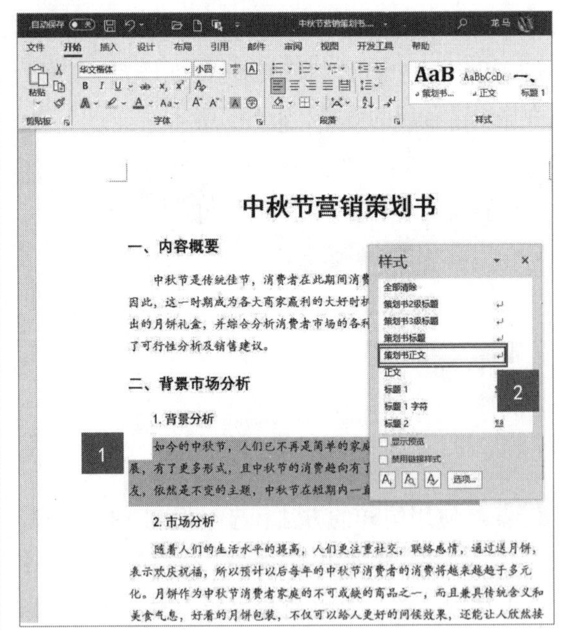

10.1.4 修改和删除样式

当样式不能满足编辑需求或需要改变文档的样式时，则可以修改样式。如果不再需要某一个样式，可以将其删除。

1. 修改样式

修改样式的具体操作步骤如下。

第1步 在【样式】任务窗格中单击所要修改样式右侧的下拉按钮，这里单击“策划书正文”样

式右侧的下拉按钮▾，在弹出的下拉列表中选择【修改】选项，如下图所示。

第2步 弹出【修改样式】对话框，这里将【字体】更改为"华文楷体"，如下图所示。

第3步 单击左下角的【格式】下拉按钮 格式(O)▾，在弹出的下拉列表中选择【段落】选项。打开【段落】对话框，在【间距】选项区域中将【段前】和【段后】设置为"0.2行"，设置【行距】为"多倍行距"，【设置值】为"1.2"，单击【确定】按钮，如下图所示。

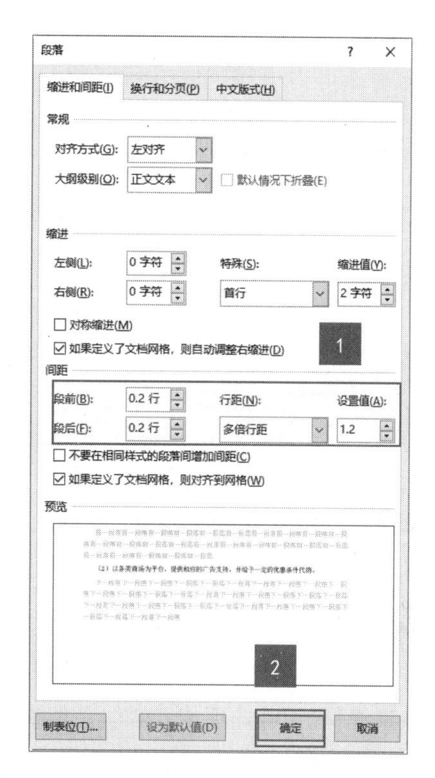

第4步 返回【修改样式】对话框，单击【确定】按钮，即可看到修改样式的效果，所有应用该样式的段落都将自动更改为修改后的样式，如下图所示。

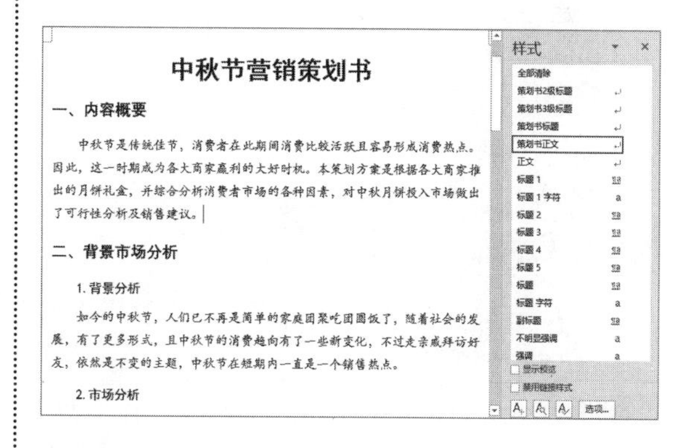

2. 删除样式

删除样式的具体操作步骤如下。

第1步 选择一个要删除的样式，如"策划书正文"样式，在【样式】任务窗格中单击该样式右侧的下拉按钮▾，在弹出的下拉列表中选择【删除"策划书正文"】选项，如下图所示。

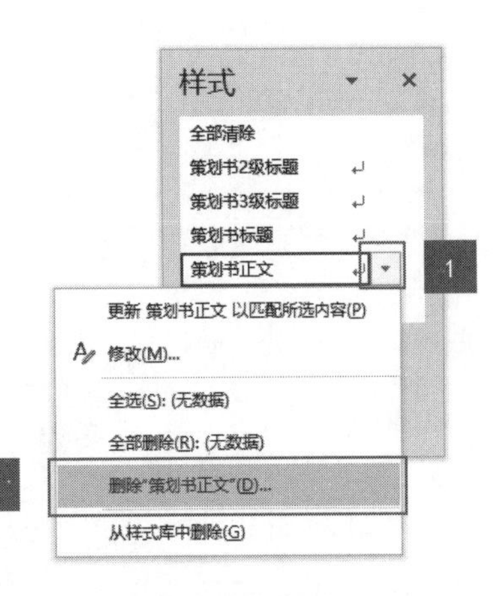

第2步 弹出【Microsoft Word】对话框，单击【是】按钮，如下图所示，即可将选择的样式删除。

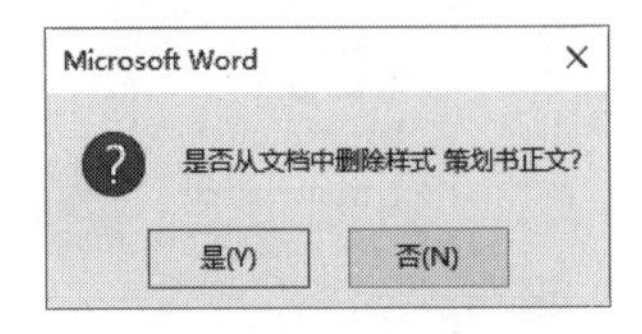

10.1.5 保存模板文档

文档制作完成后，可以将其另存为模板格式。制作同类的文档时，直接打开模板并编辑文本即可，保存模板文档的具体操作步骤如下。

第1步 选择【文件】选项卡，在左侧选择【另存为】选项，在右侧【另存为】选项区域中单击【浏览】按钮，如下图所示。

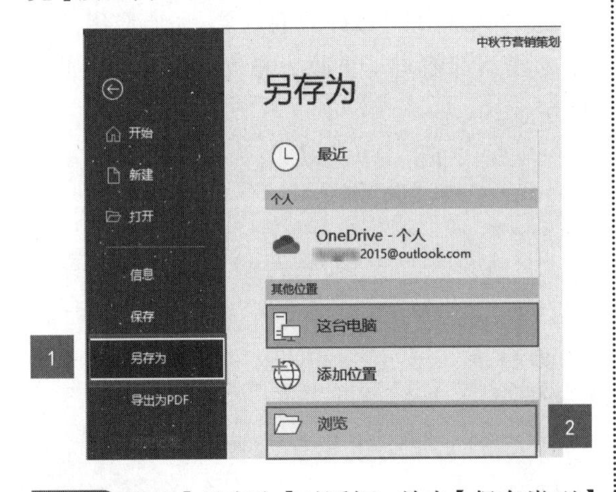

第2步 弹出【另存为】对话框，单击【保存类型】下拉按钮，选择【Word模板（*.dotx）】选项，选择模板存储的位置，单击【保存】按钮，如下图所示。

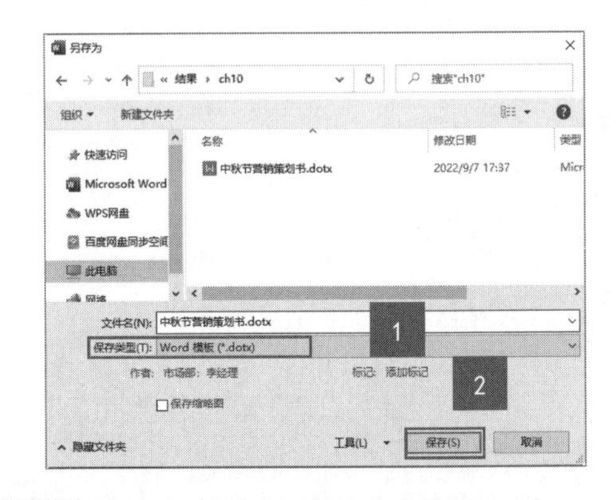

第3步 此时，即可看到文档的标题已经更改为“中秋节营销策划书.dotx”，表明此时的文档格式为模板格式，如下图所示。

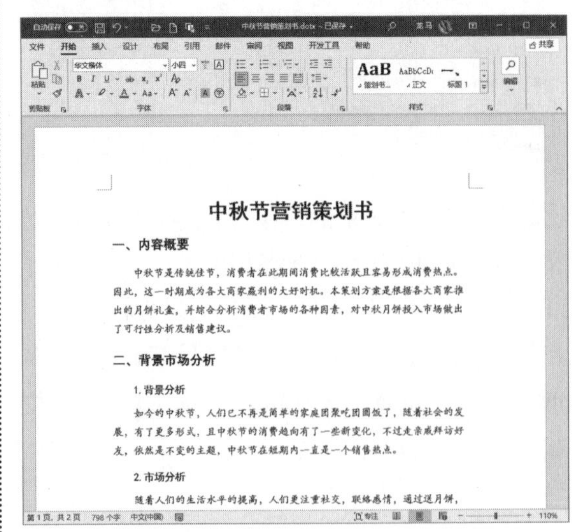

10.2 排版公司内部培训资料

企业培训资料是为了提高员工素质、能力，对员工进行培养和训练所需的文档，需要每位员工学习。因此，制作一份格式统一、工整的公司内部培训资料，不仅能使培训资料专业、美观，还方便培训者查看，达到让受训人员快速把握培训重点，掌握培训内容的目的。

10.2.1 设计公司内部培训资料封面

在排版公司内部培训资料前，需要为其设计封面，直观的封面可以快速向用户展示培训内容，让用户明确培训目的，添加封面的具体操作步骤如下。

第1步 打开“素材\ch10\公司内部培训资料.docx”文件，将光标定位至文档的最前面，单击【插入】选项卡下【页面】组中的【封面】下拉按钮，在弹出的下拉列表中选择【镶边】选项，如下图所示。

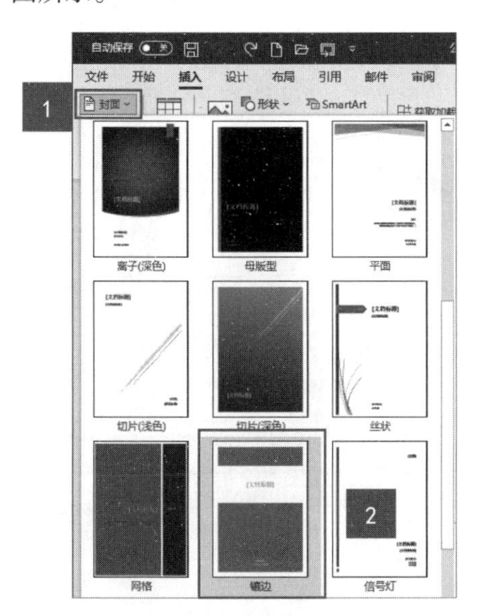

第2步 插入封面后，输入相关的内容，并根据需要设置字体样式，效果如下图所示。

10.2.2 为标题和正文应用样式

公司内部培训资料要求格式统一、工整，用户可以使用样式功能来快速设置，具体操作步骤如下。

第1步 选中需要应用样式的文本，单击【开始】

选项卡下【样式】组中的【样式】按钮，如下图所示。

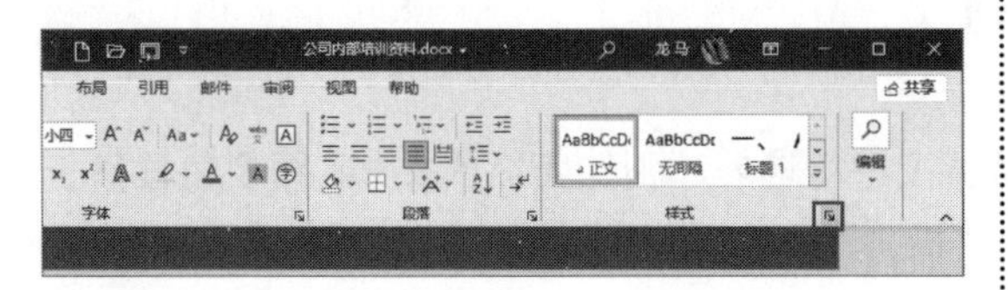

第2步 弹出【样式】任务窗格，单击【新建样式】按钮，如下图所示。

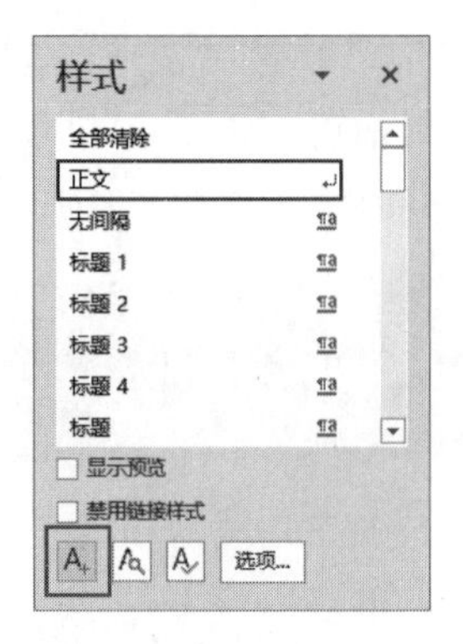

第3步 弹出【根据格式化创建新样式】对话框，在【名称】文本框中输入新建样式的名称，例如输入“内部资料标题1”，在【格式】选项区域中根据需要设置字体样式，如下图所示。

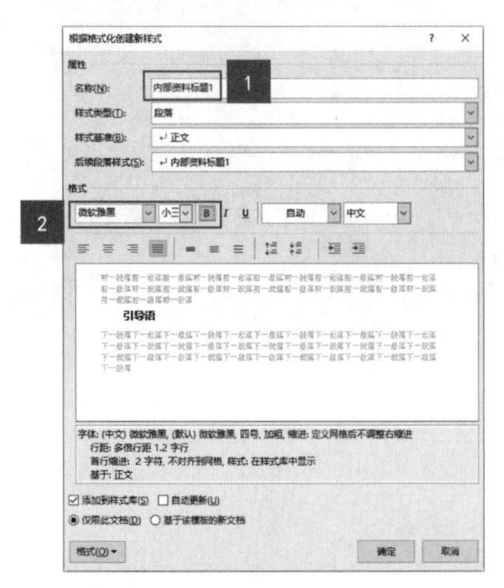

第4步 单击左下角的【格式】按钮，在弹出的下拉列表中选择【段落】选项，如下图所示。

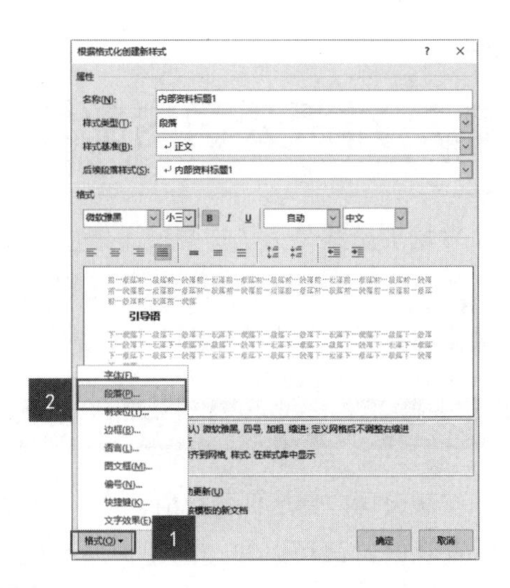

第5步 打开【段落】对话框，在【缩进和间距】选项卡下【常规】选项区域中设置【大纲级别】为“1级”，然后根据需要设置段落样式，设置【缩进】选项区域中的【特殊】为“(无)”，设置【间距】选项区域中的【段前】【段后】为“0.5行”，【行距】为“多倍行距”，【设置值】为“1.2”，单击【确定】按钮，如下图所示。

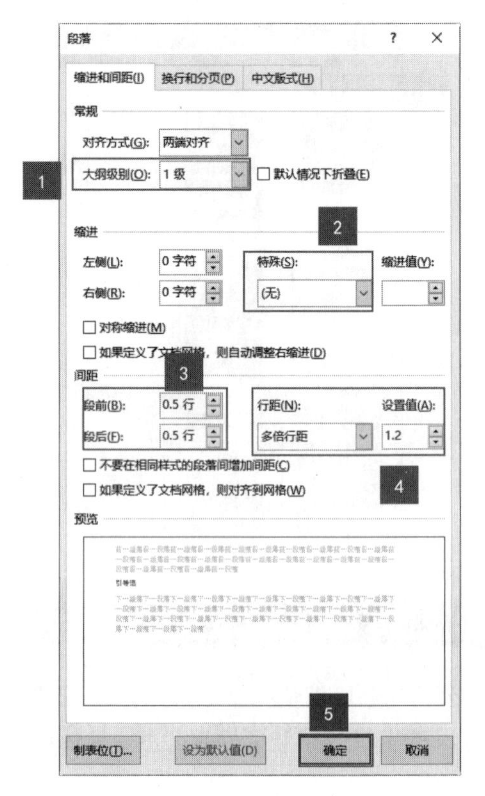

第6步 返回【根据格式化创建新样式】对话框，单击【确定】按钮，在【样式】任务窗格中可以看到创建的新样式，Word文档中会显示设置后的效果，如下图所示。

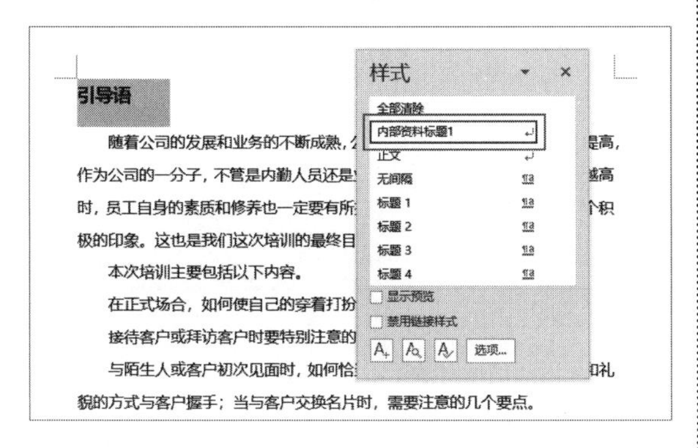

第7步 新建"内部资料标题2"样式，设置【字体】为"微软雅黑"，【字号】为"四号"，设置【加粗】效果，设置【大纲级别】为"2级"，设置【缩进】选项区域中的【特殊】为"无"，设置【间距】选项区域中的【段前】【段后】为"13磅"，【行距】为"多倍行距"，【设置值】为"1.73"，效果如下图所示。

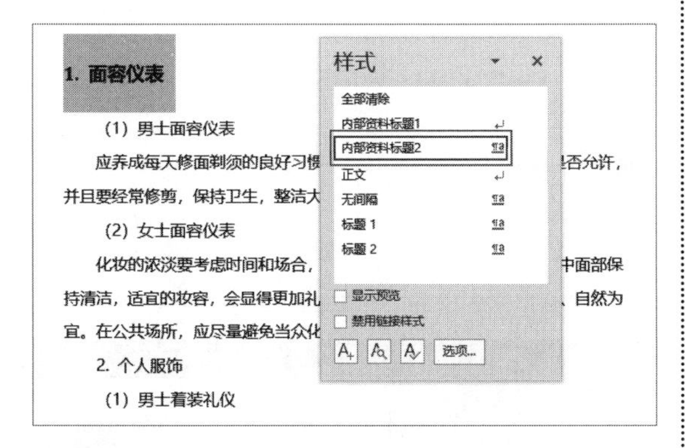

第8步 新建"内部资料标题3"样式，设置【字体】为"微软雅黑"，【字号】为"小四"，设置【加粗】效果，设置【大纲级别】为"3级"，设置【缩进】选项区域中的【特殊】为"首行缩进"，【缩进值】为"2字符"，设置【间距】选项区域中的【段前】【段后】为"13磅"，【行距】为"多倍行距"，【设置值】为"1.73"，效果如下图所示。

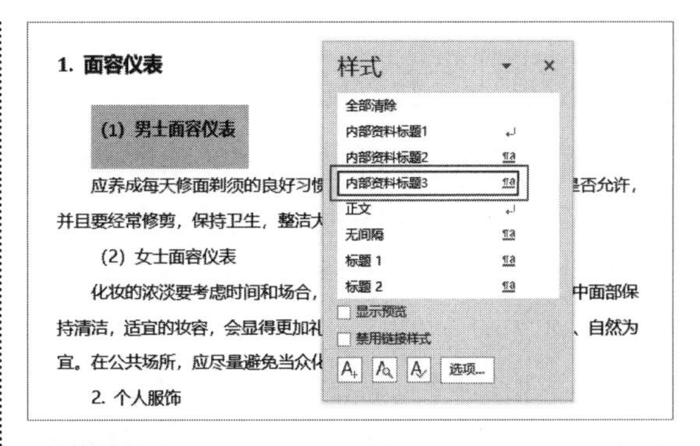

第9步 新建"内部资料正文"样式，设置【字体】为"微软雅黑"，【字号】为"小四"，设置【缩进】选项区域中的【特殊】为"首行缩进"，【缩进值】为"2字符"，设置【间距】选项区域中的【行距】为"多倍行距"，【设置值】为"1.2"，效果如下图所示。

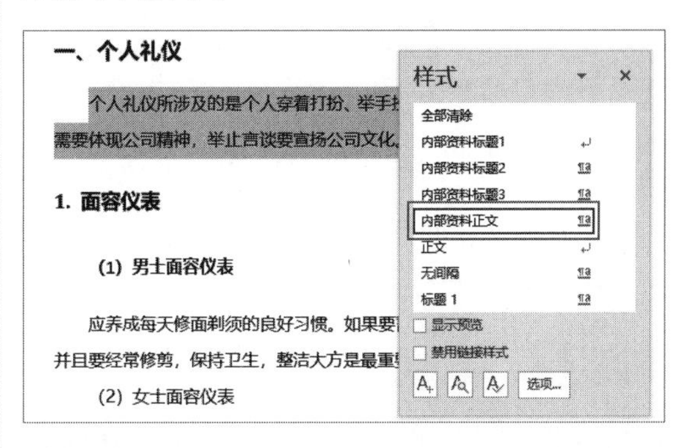

第10步 选择其他段落，依次根据需要应用设置后的段落样式，最终效果如下图所示。

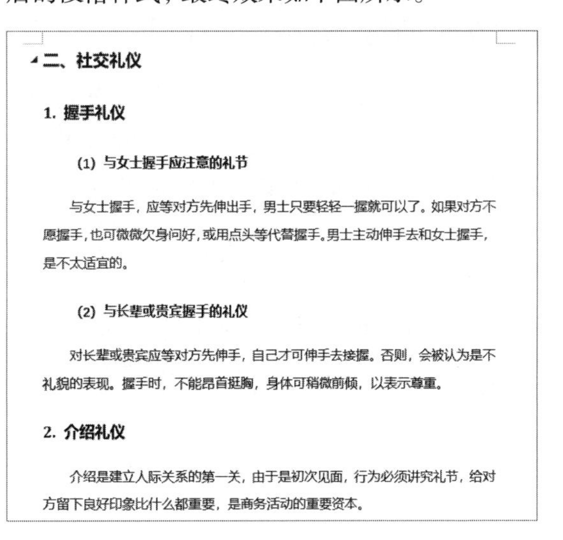

10.2.3 插入分页符

在排版公司内部培训资料时，有些内容需要另起一页显示，如引导语页面，这可以通过插入分页符的方法实现，具体操作步骤如下。

第1步 将光标放在“一、个人礼仪”前，单击【布局】选项卡下【页面设置】组中的【分隔符】按钮 分隔符，在弹出的下拉列表中选择【分页符】选项，如下图所示。

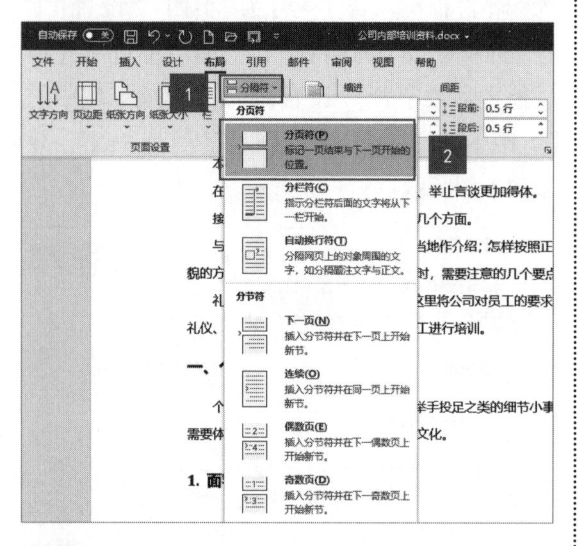

第2步 引导语会单独显示在一页，并且在内容下方会看到“分页符”标记，如下图所示。

提示

按【Ctrl+Enter】组合键，也可以快速插入分页符。

10.2.4 设置页眉和页码

公司内部培训资料可能需要插入页眉，用于显示附加信息和文档名称。如果要生成目录，还需要在文档中插入页码。设置页眉和页码的具体操作步骤如下。

第1步 单击【插入】选项卡下【页眉和页脚】组中的【页眉】按钮，在弹出的【页眉】下拉列表中选择【空白】页眉样式，如下图所示。

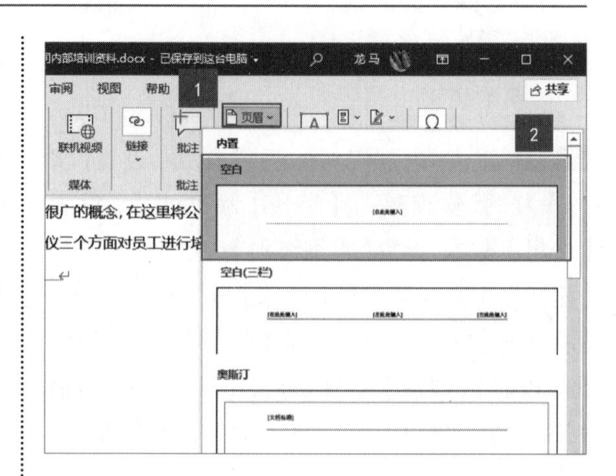

第2步 在【页眉和页脚】选项卡下【选项】组中选中【首页不同】和【奇偶页不同】复选框，如下图所示。

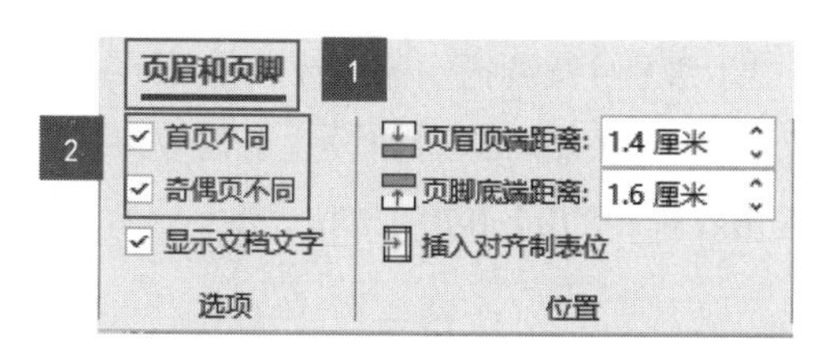

第3步 在奇数页页眉中输入内容，并根据需要设置字体样式，如下图所示。

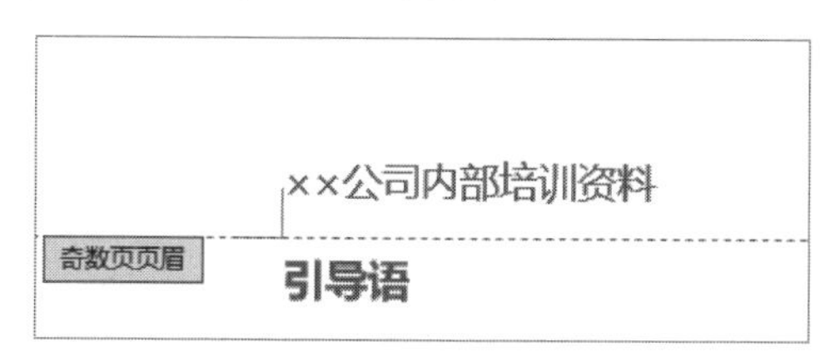

第4步 创建偶数页页眉，并设置字体样式，如下图所示。

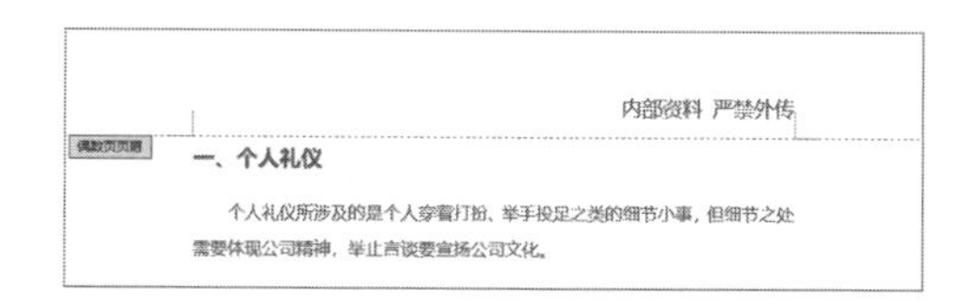

第5步 选择奇数页页脚，单击【页眉和页脚】选项卡下【页眉和页脚】组中的【页码】按钮，在弹出的下拉列表中选择【页面底端】选项，在其下一级列表中选择一种页码样式，这里选择【普通数字1】选项，如下图所示。

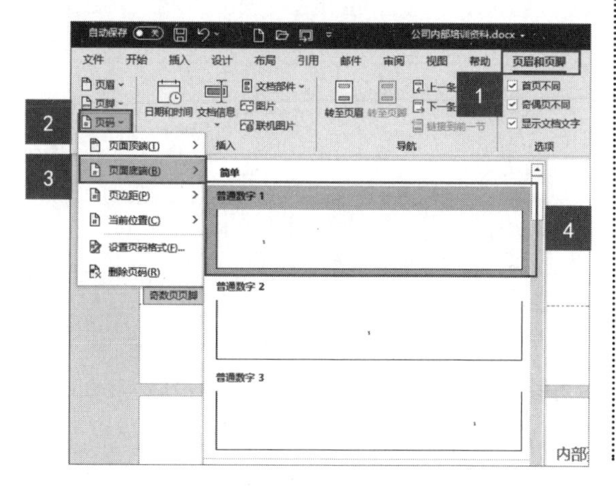

第6步 选择偶数页页脚，单击【页眉和页脚】选项卡下【页眉和页脚】组中的【页码】按钮，在弹出的下拉列表中选择【页面底端】选项，在其下一级列表中选择一种页码样式，这里选择【普通数字3】选项，如下图所示。

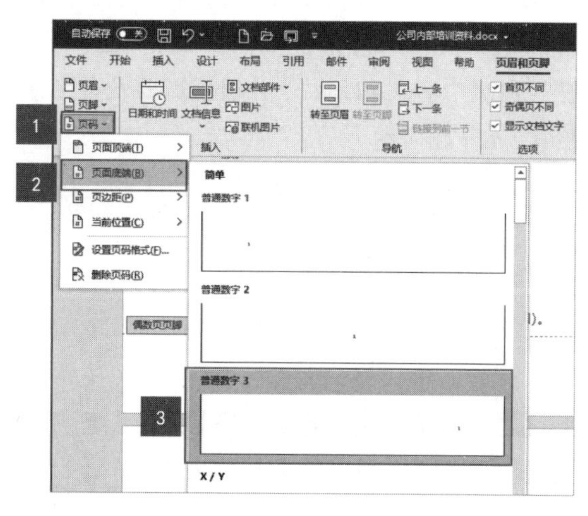

第7步 根据需要设置页码格式，单击【关闭页眉和页脚】按钮，完成页码的插入，效果如下图所示。

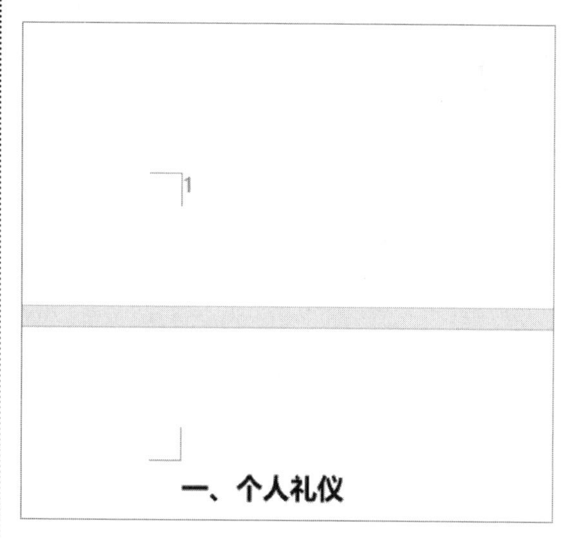

10.2.5 生成并编辑目录

格式设置完后，即可生成目录，具体操作步骤如下。

第1步 将光标定位至文档引导语页面前面的位置，按【Ctrl+Enter】组合键，添加一页空白页，在空白页中输入"目录"，并根据需要设置字体格式，如下图所示。

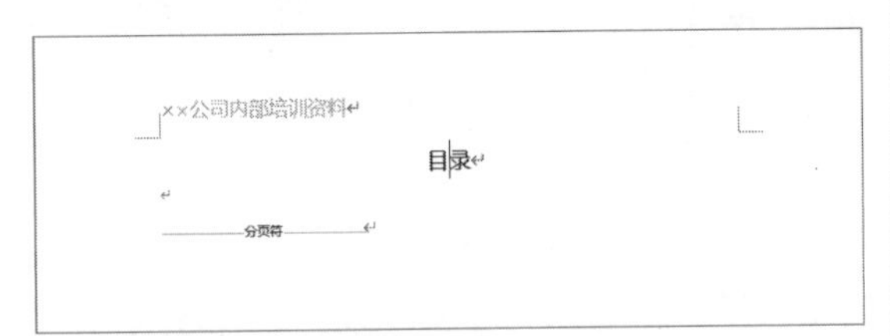

第2步 单击【引用】选项卡下【目录】组中的【目录】按钮，在弹出的下拉列表中选择【自定义目录】选项，如下图所示。

第3步 弹出【目录】对话框，在【常规】选项区域中的【格式】下拉列表中选择【正式】选项，在【显示级别】微调框中输入或调整显示级别为"2"，在预览区域可以看到设置后的效果，各项设置完成后，单击【确定】按钮，如下图所示。

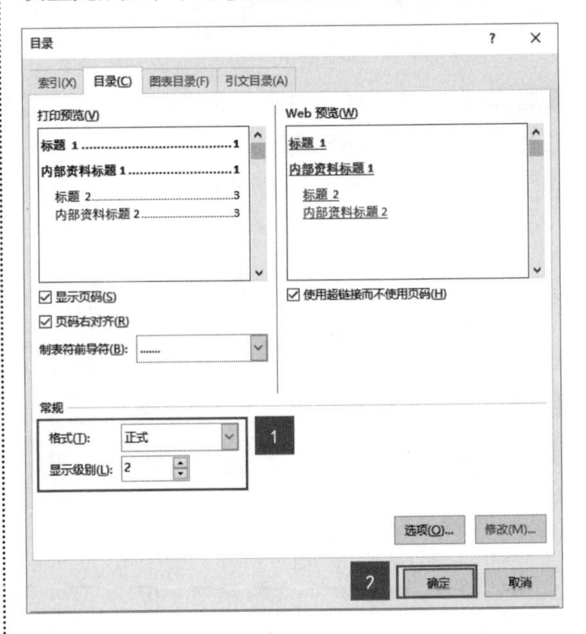

第4步 单击后就会在指定的位置生成目录，效果如下图所示。

目录

引导语……2
一、个人礼仪……3
1. 面容仪表……3
2. 个人服饰……3
3. 个人举止礼仪……4
4. 个人行为举止的各种禁忌……5
二、社交礼仪……5
1. 握手礼仪……5
2. 介绍礼仪……6
3. 名片礼仪……6
4. 引导客人要领……7
5. 接待来访礼仪……7
三、公务礼仪……7
1. 上岗礼仪……7
2. 拜访礼仪……8
3. 赴宴礼仪……8
4. 汇报工作礼仪……8
5. 听取汇报时的礼仪……8
6. 办公室礼仪……9

第5步 选中目录文本，根据需要设置目录的字体格式，效果如下图所示。

目录

第6步 完成公司内部培训资料的排版操作，最终效果如下图所示。

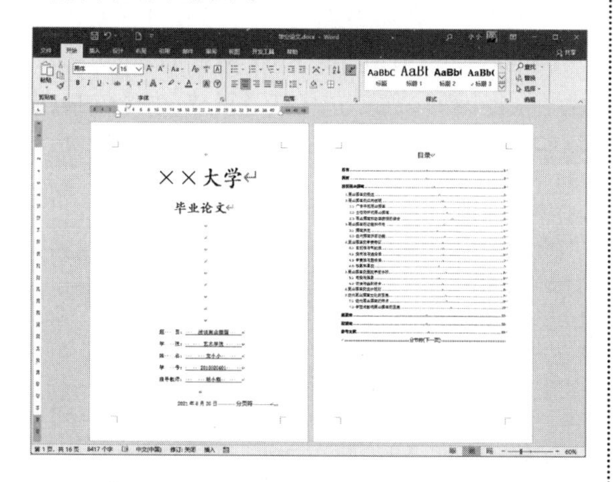

技巧1：去除页眉中的横线

在添加页眉时，经常会看到自动添加的分隔线，该分隔线可以删除，具体操作步骤如下。

第1步 双击页眉位置，进入页眉编辑状态，将光标定位在页眉处，单击【开始】选项卡下【样式】组中的【其他】按钮，在弹出的下拉列表中选择【清除格式】选项，如下图所示。

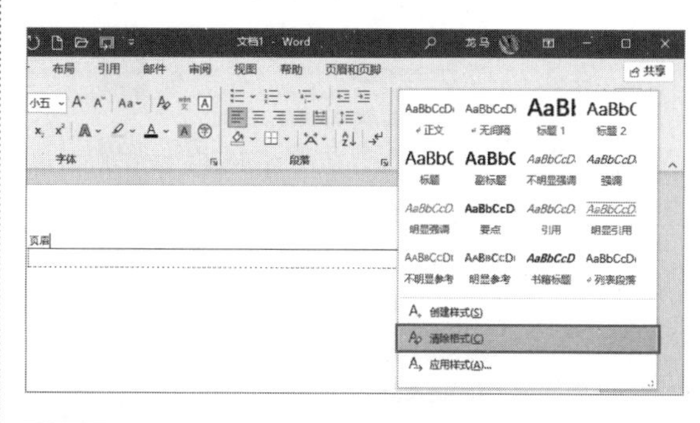

第2步 删除页眉中的分隔线后的效果如下图所示。

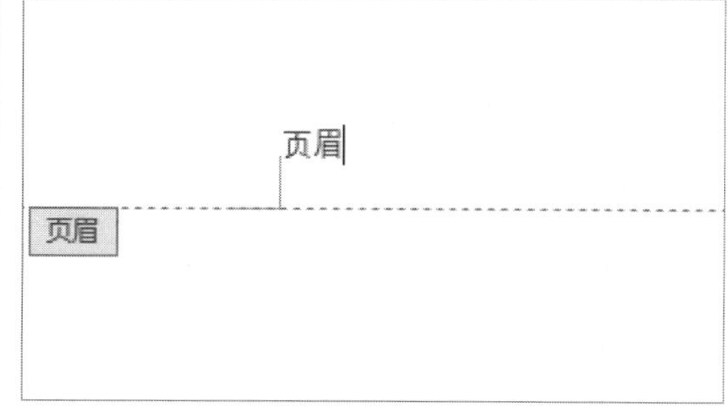

提示

进入页眉编辑状态，并将光标置于页眉处。单击【开始】选项卡下【样式】组中的【正文】样式，也可以去除页眉中的横线。

技巧2：为样式设置快捷键

创建样式后，可以为样式设置快捷键，选择要应用样式的段落，直接按快捷键即可应用样式，从而提高工作效率。具体操作步骤如下。

第1步 在【样式】任务窗格中单击“内部资料标题2”右侧的下拉按钮，在弹出的菜单中选择【修改】选项，如下图所示。

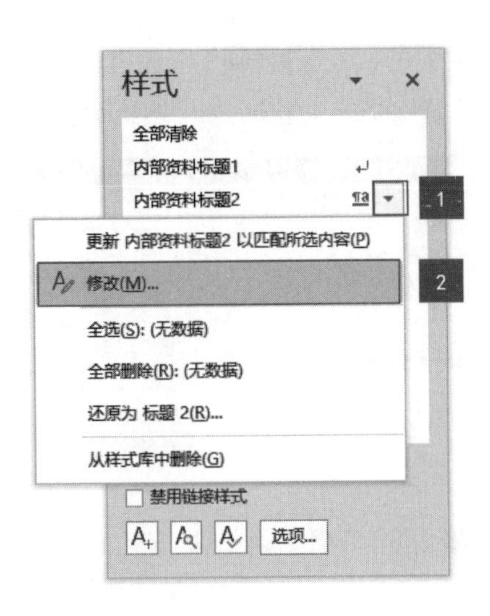

第2步 打开【修改样式】对话框，单击【格式】下拉按钮，在弹出的列表中选择【快捷键】选项，如下图所示。

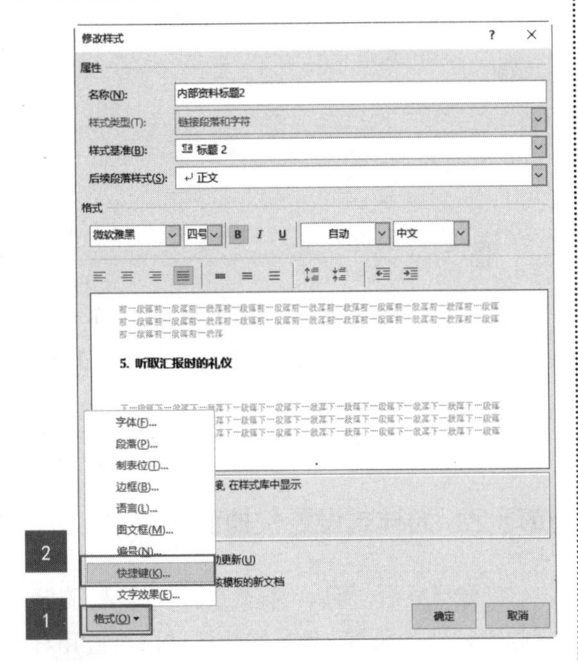

第3步 弹出【自定义键盘】对话框，将光标定位在【请按新快捷键】文本框中，同时按【Ctrl】键和小键盘中的【1】键，单击【指定】按钮，如下图所示。

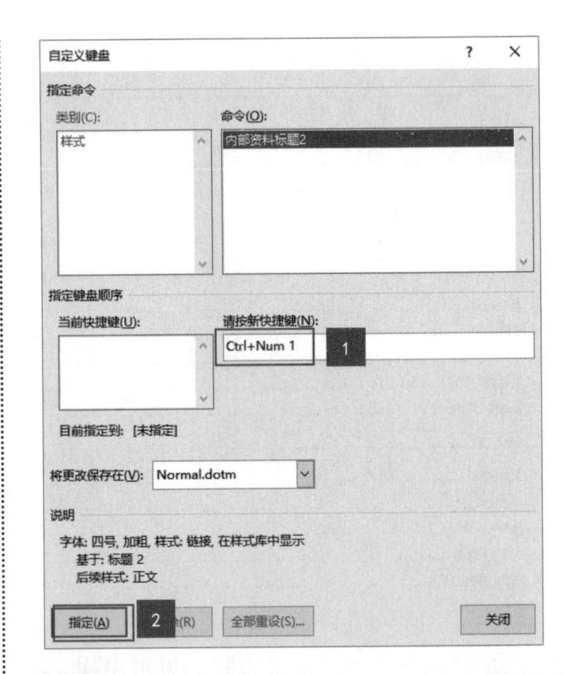

第4步 设置的快捷键将添加至【当前快捷键】列表框中，单击【关闭】按钮，如下图所示。返回【修改样式】对话框，单击【确定】按钮。就完成了快捷键的设置，选择任意段落，按【Ctrl+1】组合键，即可快速应用“内部资料标题2”样式。

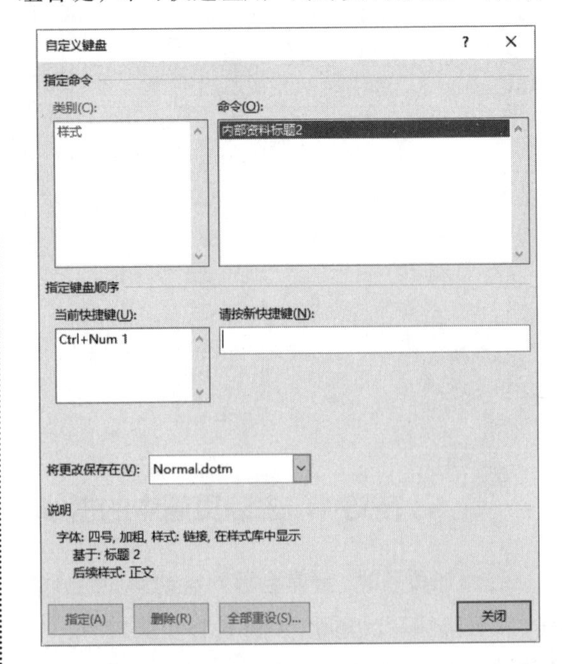

第4篇

PS办公篇

第 11 章

Photoshop 基础技能

学习内容

在 Photoshop 中不论是调整画布、选区操作、绘图还是图像处理，图像的选取都是这些操作的基础。本章将针对 Photoshop 中常用基础技能进行详细讲解。

学习效果

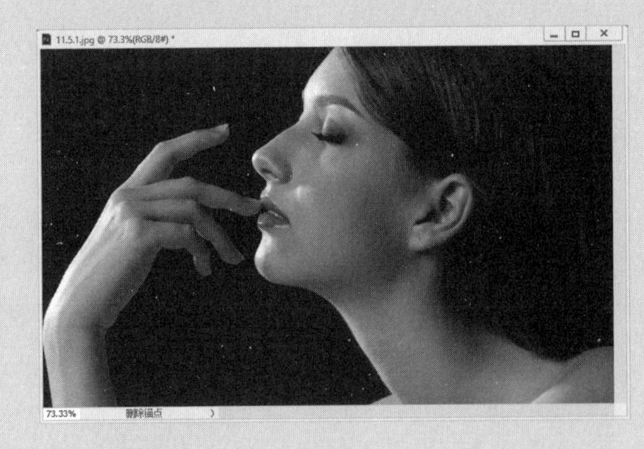

11.1 认识 Photoshop 界面

启动Adobe Photoshop 2022后，即可进入Photoshop 2022的工作界面，它的工作界面主要由标题栏、菜单栏、工具箱、面板、工作区和状态栏等几个部分组成。

（1）标题栏：显示了文档的名称、文件格式、窗口缩放比例和色彩模式等信息，如下图所示。如果文档中包含多个图层，标题栏中还会显示当前图层的名称。

11.3.jpg @ 90.9%(RGB/8#) ×

（2）菜单栏：Adobe Photoshop 2022 的菜单栏中包含 12 组主菜单，分别是文件、编辑、图像、图层、文字、选择、滤镜、3D、视图、增效工具、窗口和帮助，如下图所示，每个菜单内都包含一系列的命令。菜单栏中包含可以执行任务的各种命令，单击菜单名称即可打开相应的菜单。有的菜单命令右侧标有三角形符号，表示该菜单命令下还有子菜单。

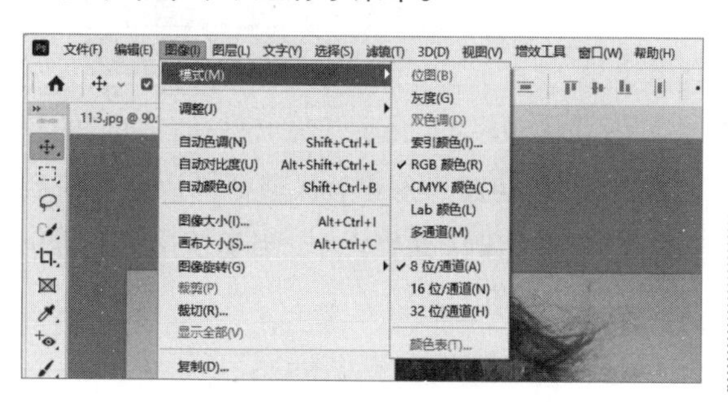

（3）工具箱：集合了图像处理过程中使用最频繁的工具，也是 Adobe Photoshop 2022 中文版中比较重要的功能。执行【窗口】→【工具】命令可以隐藏和打开工具箱。默认情况下，工具箱在屏幕的左侧，用户可通过拖曳工具箱的标题栏来移动它。工具箱如右图所示。

工具箱中的某些工具可以出现在相关工具选项栏中。通过这些工具，可以进行添加文字、选择、绘画、绘制、取样、编辑、移动、添加注释和查看图像等操作。通过工具箱中的工具，还可以更改前景色和背景色，以及在不同的模式下工作。

单击工具箱上方的双箭头按钮 » 可以双排显示工具箱；再单击 « 按钮，恢复工具箱单行显示。

将鼠标指针放在任何工具上，可以查看该工具的名称及其对应的快捷键，如下图所示。

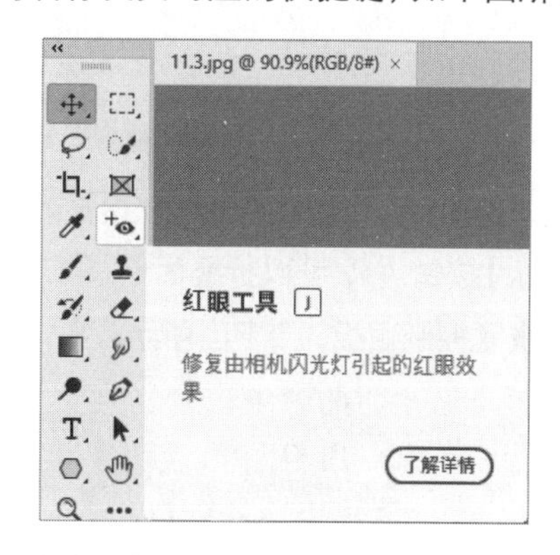

（4）选项栏：选择某个工具后，在工具选项栏中会出现相应的工具选项，可对工具参数进

行相应设置。选择【裁剪工具】后的选项栏如下图所示。

选项栏中的一些设置（如【绘画模式】和【不透明度】）对于许多工具都是通用的，但是有些设置则专用于某个工具（如用于【铅笔工具】的【自动抹掉】设置）。

（5）面板：控制面板是 Adobe Photoshop 2022 中进行颜色选择、编辑图层、编辑路径、编辑通道和撤销编辑等操作的主要功能面板，是工作界面的一个重要组成部分。

执行【窗口】→【工作区】→【基本功能（默认）】命令，Adobe Photoshop 2022 的面板状态如下图所示。

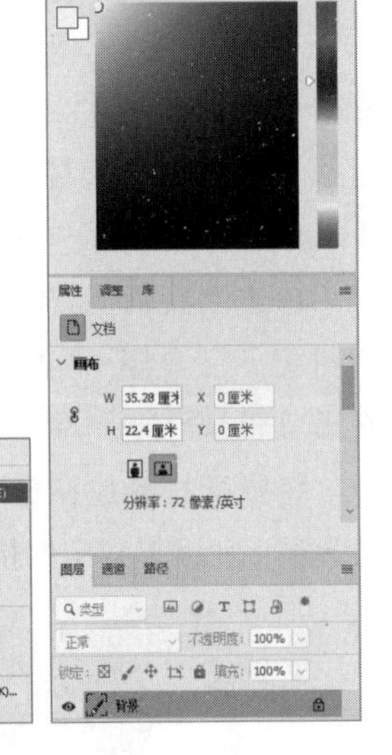

单击 Adobe Photoshop 2022 右侧的【折叠为图标】按钮，可以折叠面板；再次单击该按钮可恢复控制面板，如下图所示。

在执行【窗口】→【工作区】→【绘画】命令（如左下图所示）后的面板中选择【画笔工具】，即可激活【画笔】面板，如右下图所示。

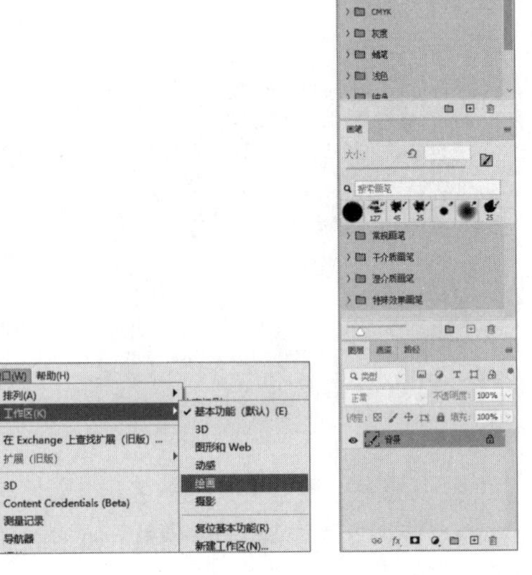

（6）工作区：使用【锁定工作区】选项，可防止意外移动工作区面板，尤其是对于在平板电脑上使用 Photoshop 的情况。要访问此选项，可选择【窗口】→【工作区】→【锁定工作区】选项，如下图所示。

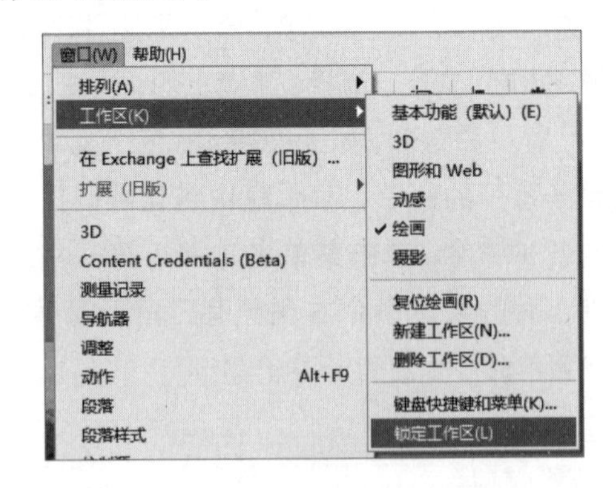

（7）状态栏：Adobe Photoshop 2022 的状态栏位于文档窗口底部，状态栏可以显示文档窗口的缩放比例、文档大小、当前使用工具等信息，如下图所示。

单击状态栏上的黑色向右按钮会弹出一个菜单，如下图所示。

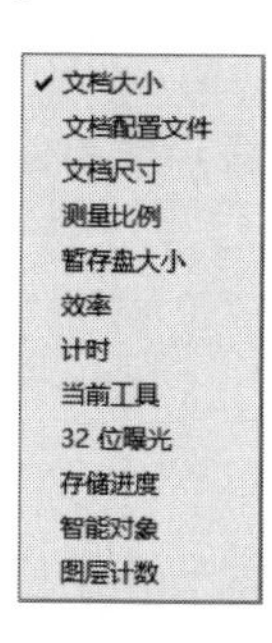

①在 Adobe Photoshop 2022 状态栏中单击【缩放比例】文本框，在文本框中输入缩放比例，按【Enter】键确认，即可按输入比例缩放文档中的图像，如下图所示。

75%　文档:1.82M/1.82M　›

②单击状态栏，可显示图像的宽度、高度、通道、分辨率等信息，如下图所示。

宽度：1000 像素(35.28 厘米)
高度：635 像素(22.4 厘米)
通道：3(RGB 颜色，8bpc)
分辨率：72 像素/英寸

③按住【Ctrl】键的同时单击状态栏，可以显示图像的拼贴宽度、拼贴高度、图像宽度、图像高度等信息，如下图所示。

拼贴宽度：1000 像素
拼贴高度：635 像素
图像宽度：1 拼贴
图像高度：1 拼贴

④单击 Adobe Photoshop 2022状态栏中的›按钮，可在打开的菜单中选择状态栏显示内容，如下图所示。

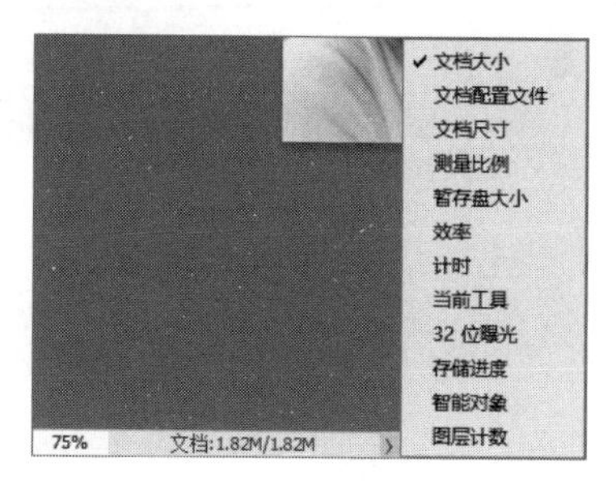

【文档大小】：显示图像中的数据量信息。选择该选项后，状态栏中会出现两组数字，如下图所示，左边的数字显示了拼合图层并储存文件后的大小，右边的数字显示了包含图层和通道的近似大小。

75%　文档:1.82M/1.82M　›

【文档配置文件】：显示了图像所使用的颜色配置文件的名称，如下图所示。

75%　未标记的 RGB (8bpc)　›

【文档尺寸】：显示图像的尺寸，如下图所示。

75%　35.28 厘米 x 22.4 厘米 (72 ppi)　›

【测量比例】：显示文档的比例，如下图所示。

75%　1 像素 = 1.0000 像素　›

【暂存盘大小】：显示处理图像的内存和 Adobe Photoshop 2022 暂存盘信息，选择该选项后，状态栏会出现两组数字，左边的数字表示程序用来显示所有打开的图像的内存量，右边的数字表示可用于处理图像的总内存量。如下图所示，如果左边的数字大于右边的数字，Adobe Photoshop 2022 将启用暂存盘作为虚拟内存。

75%　暂存盘: 1.60G/10.2G　›

【效率】：显示执行操作实际花费时间的百分比，当效率为100%时，表示当前处理的图像在内存中生成，如下图所示；若低于该值，则表示 Adobe Photoshop 2022 正在使用暂存盘，操作速度会变慢。

75%　效率: 100%*　›

【计时】：显示完成上一次操作所用的时间，如下图所示。

75%　2.8 秒　›

【当前工具】：显示当前使用的工具名称，如下图所示。

75%　移动　›

【32位曝光】：用于调整预览图像，以便在计算机显示器上查看32位/通道高动态范围（HDR）图像，只有文档窗口中显示HDR图像时，该选项才可用。

【存储进度】：保存文件时，显示存储进度。

【智能对象】：显示当前使用的智能对象状态。

【图层计数】：显示当前使用的图层数量。

11.2 文件的基本操作

在Adobe Photoshop 2022中提供了快速处理文件的多种方法，本节介绍打开文件、关闭文件和保存文件的方法。

11.2.1 打开文件

打开文件有很多方法，接下来进行一些详细的介绍。

（1）使用【打开】命令打开文件。

第1步 执行【文件】→【打开】命令，如下图所示。

第2步 系统会弹出【打开】对话框。一般情况下【文件类型】默认为【所有格式】，也可以选择某种特定的文件格式，然后在大量的文件中进行筛选，如下图所示。

第3步 选中要打开的文件，然后单击【打开】按钮或直接双击文件即可打开文件，如下图所示。

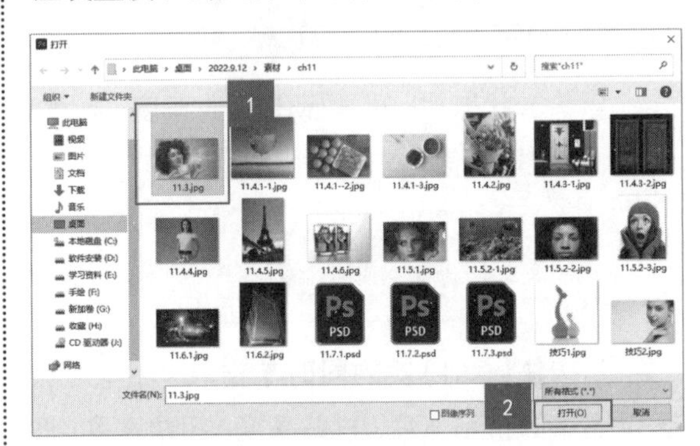

（2）使用【打开为】命令打开文件。当需要打开一些没有后缀名的图形文件时（通常这些文件的格式是未知的），就要用到【打开为】命令。

第1步 执行【文件】→【打开为】命令，如下图所示。

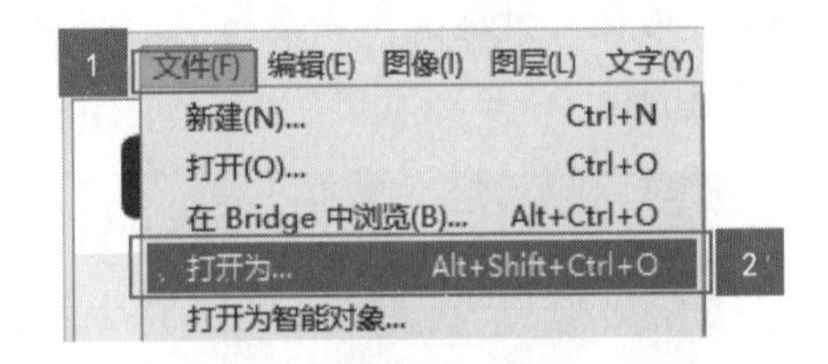

第2步 打开【打开】对话框，如下图所示，具体操作同【打开】命令。

（3）使用快捷方式打开文件。

①按【Ctrl+O】组合键。

②在工作区域内双击也可以打开【打开】对话框。

（4）使用【最近打开文件】命令。

第1步 执行【文件】→【最近打开文件】命令，在右侧会直接出现最近打开过的文件。

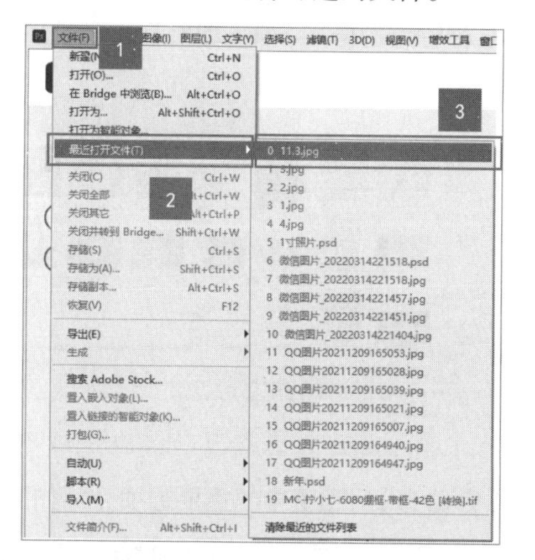

第2步 选择某个文件即可打开该文件，如下图所示。

（5）作为智能对象打开。

第1步 执行【文件】→【打开为智能对象】命令，如下图所示。

第2步 弹出【打开】对话框，双击某个文件将该文件作为智能对象打开，如下图所示。

11.2.2 关闭文件

用来关闭文件的方法有以下 3 种。

（1）打开“素材\ch11\11.3.jpg”文件，执行【文件】→【关闭】命令，即可关闭正在编辑的文件，如下图所示。

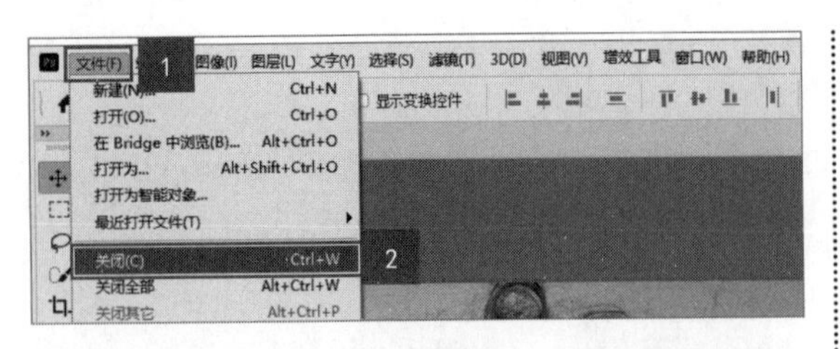

（2）单击编辑窗口上方的【关闭】按钮，即可关闭正在编辑的文件，如下图所示。

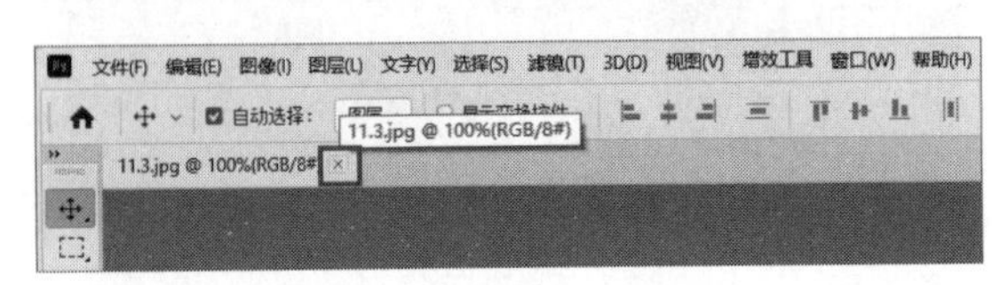

（3）在标题栏上右击，然后在弹出的快捷菜单中选择【关闭】选项，如下图所示，如果要关闭所有打开的文件，可以选择【关闭全部】选项。

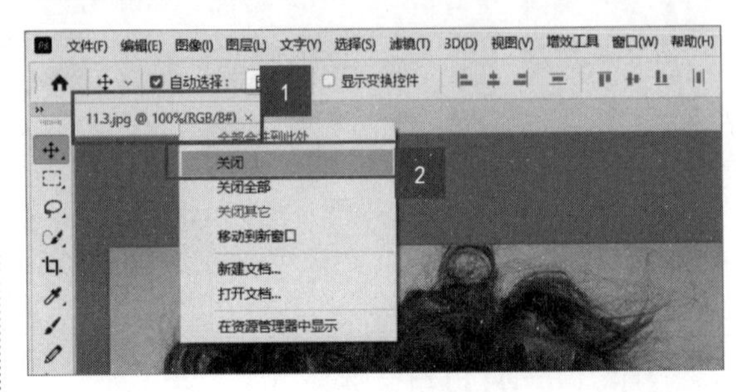

11.2.3 保存文件

（1）使用【存储】命令保存文件。执行【文件】→【存储】命令，可以以原有的格式存储正在编辑的文件，如下图所示

（2）使用【存储为】命令保存文件。

第1步 执行【文件】→【存储为】命令（或按【Shift+Ctrl+S】组合键），如下图所示，即可打开【存储为】对话框。

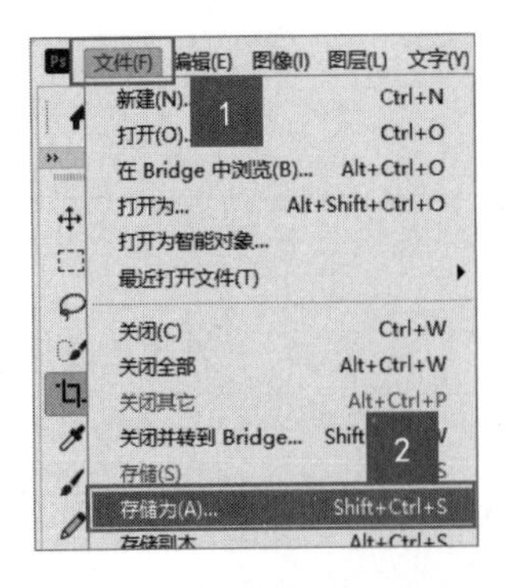

第2步 不论是新建的文件还是已经存储过的文件，都可以在【存储为】对话框中将文件另外存储为某种特定的格式，如下图所示。

【存储为】对话框中的重要选项介绍如下。

①保存在：选择文件的保存路径。

②文件名：设置保存的文件名。

③保存类型：选择文件的保存格式。

④作为副本：选中该复选框后，可以另外保存一个复制文件。

⑤注释/Alpha 通道/专色/图层：可以选择是否保存注释、Alpha 通道、专色和图层。

⑥使用校样设置：将文件的保存格式设置为 EPS 或 PDF 时，该选项才可用。选中该复选框可以保存打印用的校样设置。

⑦ICC配置文件：可以保存嵌入文档的ICC配置文件。

⑧缩览图：创建并显示图像缩览图。

11.3 图像的基本操作

在编辑图像时，常常需要调整画布的大小，并对图像进行变换与变形来达到最终的设计效果。Photoshop 2022提供了一系列的图像操作命令，可以方便地完成这些操作。

11.3.1 调整画布大小

使用【图像】→【画布大小】命令可添加或移去现有图像周围的工作区。该命令还可通过减小画布区域来裁剪图像。在 Photoshop 2022 中，所添加的画布有多个背景选项，如果图像的背景是透明的，那么添加的画布也将是透明的。

第1步 打开"素材\ch11\11.3.jpg"文件，如下图所示。

第2步 执行【图像】→【画布大小】命令，系统弹出【画布大小】对话框。

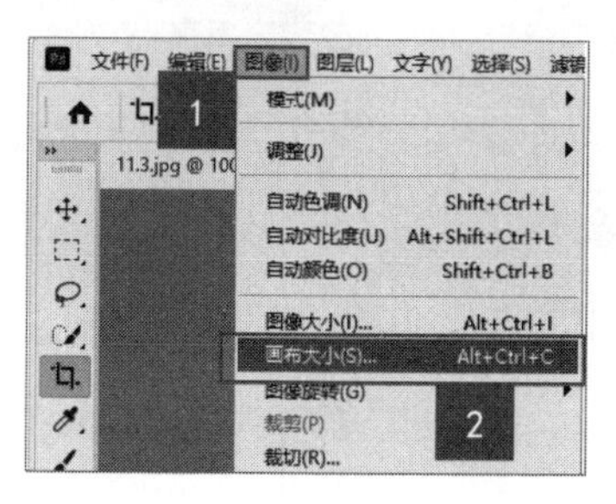

第3步 在【宽度】和【高度】参数框中设置尺寸，然后单击【画布扩展颜色】后面的小方框，如下图所示。

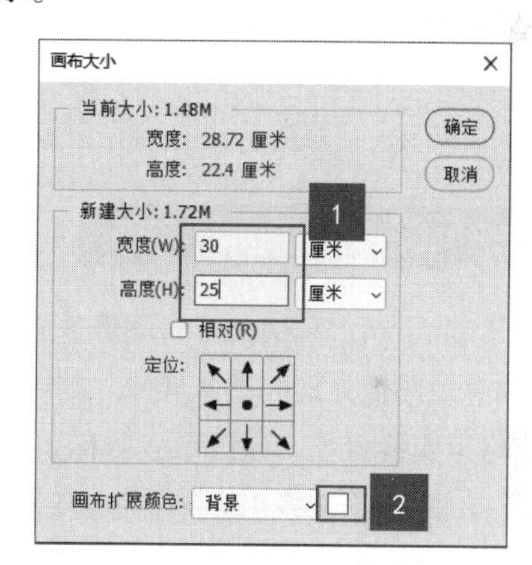

【画布大小】对话框中各项的功能如下。

（1）【宽度】和【高度】参数框：设置画布的宽度和高度值。

（2）【相对】复选框：在【宽度】和【高度】参数框内根据所需要的画布大小输入要增加或减少的数值（输入负数将减小画布大小）。

（3）【定位】：单击某个方块可以指示现有图像在新画布上的位置。

（4）【画布扩展颜色】：其下拉列表框中包含 4 个选项。

①【前景】：选中此项则用当前的前景色填充新画布。

②【背景】：选中此项则用当前的背景色填

充新画布。

③【白色】【黑色】或【灰色】：选择这3项之一则用所选颜色填充新画布。

④【其他】：选中此项则使用拾色器选择新画布颜色。

第4步 在弹出的对话框中选择一种颜色作为扩展画布的颜色，然后单击【确定】按钮，如下图所示。

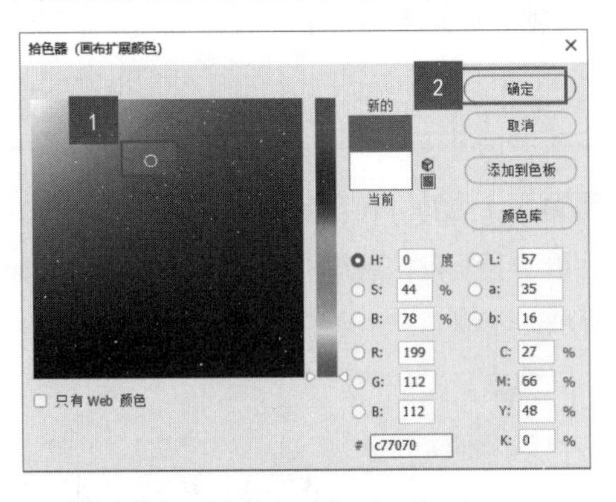

第5步 返回【画布大小】对话框，单击【确定】按钮，最终效果如下图所示。

11.3.2 图像的变换与变形

在 Photoshop 2022 中，对图像的旋转、缩放、扭曲等是图像处理的基本操作。其中，旋转和缩放称为变换操作，斜切和扭曲称为变形操作。在【编辑】→【变换】菜单中包含对图像进行变换的各种命令。通过这些命令可以对选区内的图像、图层、路径和矢量形状进行变换操作，如旋转、缩放、扭曲等。执行这些命令时，当前对象上会显示出定界框，拖动定界框中的控制点便可以进行变换操作。使用【变换】命令调整图像的具体操作步骤如下。

第1步 打开“素材\ch11\11.3.jpg”和“11.3-2.jpg”文件，如下图所示。

第2步 选择【移动工具】，将“11.3-2”图像拖曳到“11.3”文档中，同时生成【图层 1】图层，如下图所示。

第3步 选择【图层 1】图层，执行【编辑】→【变换】→【缩放】命令来调整“11.3-2”图像的大小和位置，如下图所示。

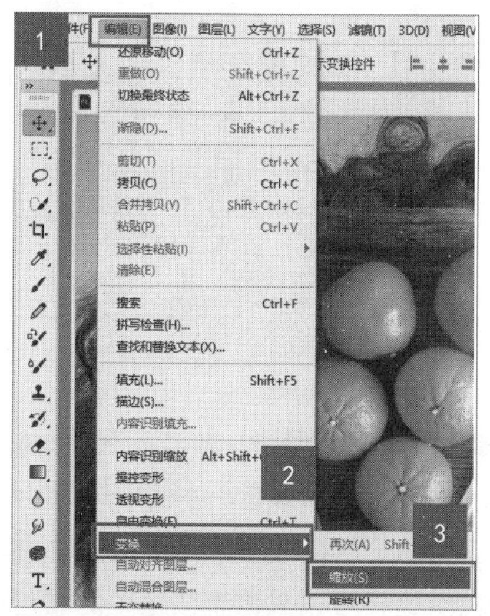

第4步 在定界框内右击，在弹出的快捷菜单中选择【变形】选项来调整透视。然后按【Enter】键确认调整，如下图所示。

第5步 在【图层】面板中设置【图层 1】图层的混合模式为【深色】，最终效果如下图所示。

11.4 选区操作

Photoshop 2022 中的选区大部分是靠选取工具来实现的。选取工具共 8 个，集中在工具箱上部。分别是矩形选框工具、椭圆选框工具、单行选框工具、单列选框工具、套索工具、多边形套索工具、磁性套索工具、魔棒工具。其中，前 4 个属于规则选取工具。在抠图的过程中，首先需要学会如何选取图像。

1. 使用【套索工具】调整花卉颜色

（1）使用【套索工具】创建选区。

第1步 打开“素材\ch11\11.4-1.jpg”文件，如下图所示。

第2步 选择工具箱中的【套索工具】，如下图所示。

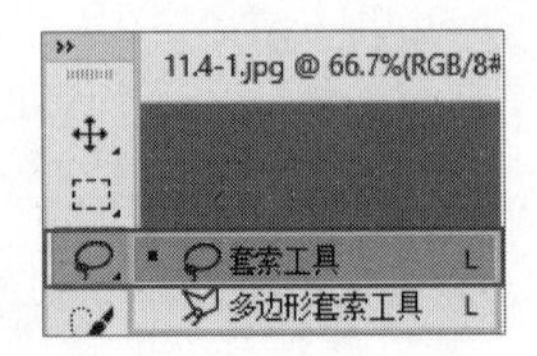

第3步 单击图像上的任意一点作为起始点，按住鼠标左键拖曳出需要选择的区域，到合适的位置后松开鼠标，选区将自动闭合，如下图所示。

第4步 执行【图像】→【调整】→【色相/饱和度】命令来调整花的颜色。本例中只调整红色郁金香，所以在【色相/饱和度】对话框中选择【红色】选项，这样可以只调整图像中的红色部分，如下图所示。

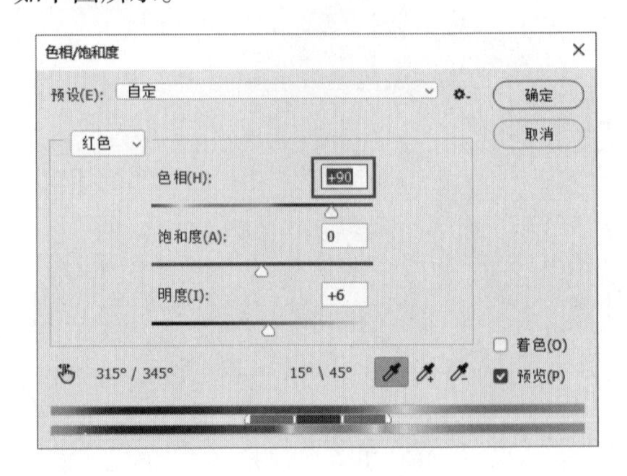

（2）【套索工具】的使用技巧。

①在使用【套索工具】创建选区时，如果释放鼠标时起始点和终点没有重合，系统会在它们之间创建一条直线来连接选区，如下图所示。

②在使用【套索工具】创建选区时，按住【Alt】键然后释放鼠标左键，可切换为【多边形套索工具】，移动鼠标指针至其他区域并单击可绘制直线，松开【Alt】键可恢复为【套索工具】。

2. 使用【多边形套索工具】替换图像元素

使用【多边形套索工具】可以绘制一个边缘规则的多边形选区，适合选择多边形选区。在下面的例子中，需要使用【多边形套索工具】在一个深色门对象周围创建选区并用其替换另一扇白色的门。

第1步 打开"素材\ch11\11.4-2.jpg 和 11.4-3.jpg"文件，如下图所示。

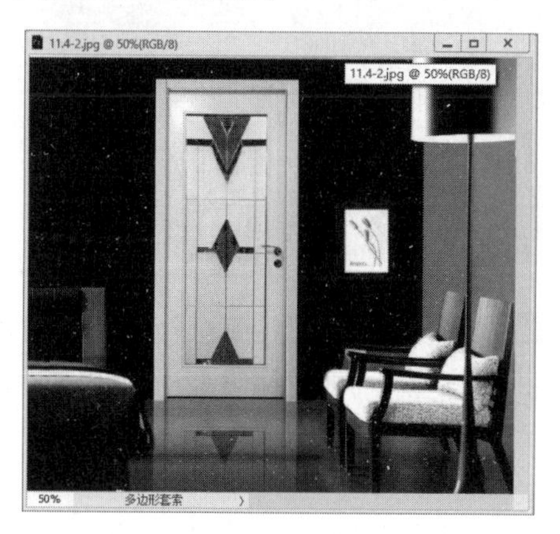

第2步 选择工具箱中的【多边形套索工具】，如下图所示。

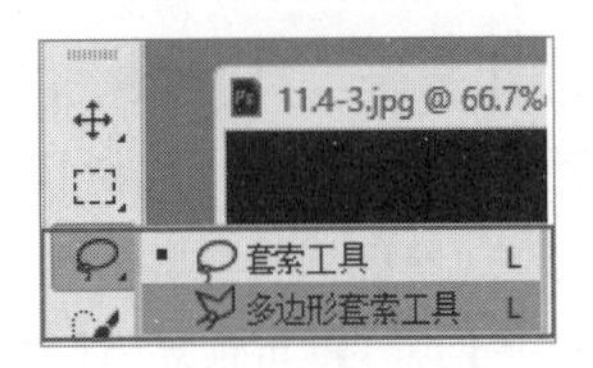

第3步 单击木门上的一点作为起始点，然后依次在木门的边缘选择不同的点，最后会合到起始点或双击就可以自动闭合选区。选择木门，如下图所示。

第4步 按住【Ctrl】键并用鼠标拖曳木门到浅色门的图像中，然后执行【编辑】→【自由变换】命令调整木门的大小，使其正好覆盖白色门，如下图所示。

第5步 复制木门图层，然后按【Ctrl+T】组合键将其垂直翻转，最后调整位置，设置该图层的不透明度为50%，制作出倒影效果，如下图所示。

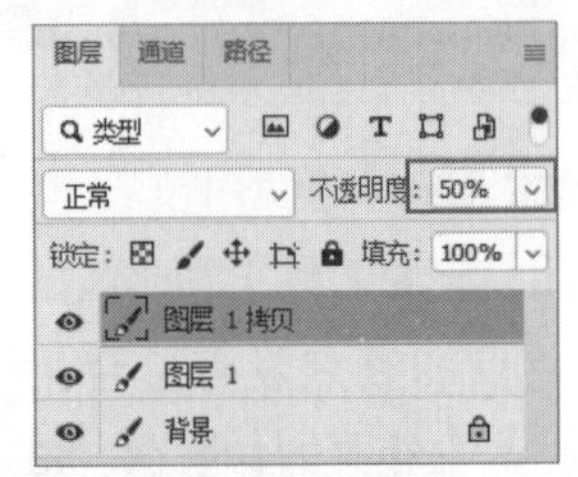

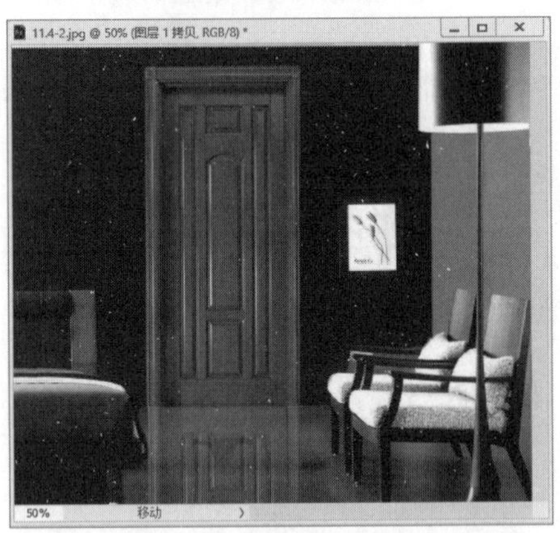

提示

虽然可以为【多边形套索工具】在【选项】栏中指定【羽化】值，但是这不是最佳实践，因为该工具在更改【羽化】值之前仍保留该值。如果需要用【多边形套索工具】创建选区，就可以执行【选择】→【羽化】命令并为选区指定合适的羽化值。

3. 使用【磁性套索工具】改变衣服色彩

【磁性套索工具】可以智能地自动选取，特别适用于快速选择与背景对比强烈而且边缘复杂的对象。使用【磁性套索工具】创建一个选区，然后更改其颜色的具体操作步骤如下。

第1步 打开“素材\ch11\11.4-4.jpg”文件，如下图所示。

第2步 选择工具箱中的【磁性套索工具】，如下图所示。

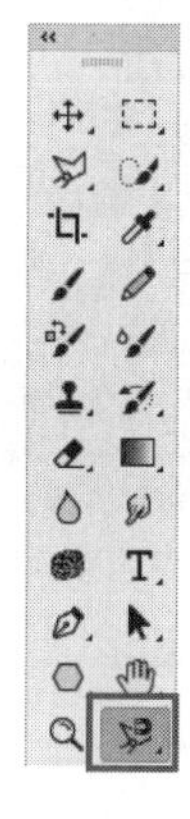

第3步 在图像上单击以确定第一个紧固点。如果想取消使用【磁性套索工具】，可按【Esc】键。将鼠标指针沿着要选择图像的边缘慢慢移动，选取的点会自动吸附到色彩有差异的边缘，如下图所示。

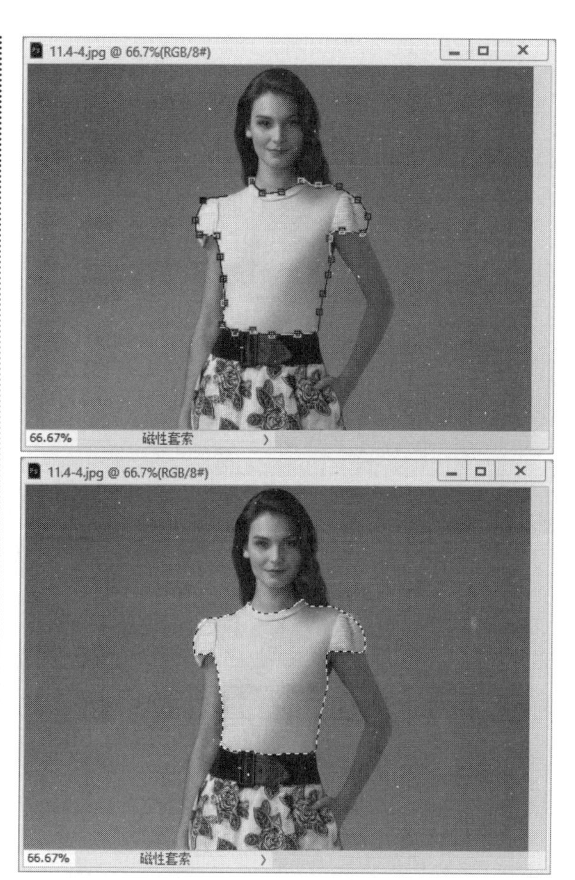

第4步 使用【磁性套索工具】创建选区后，执行【图层】→【新建】→【通过拷贝的图层】命令将选区复制到一个新图层，如下图所示。

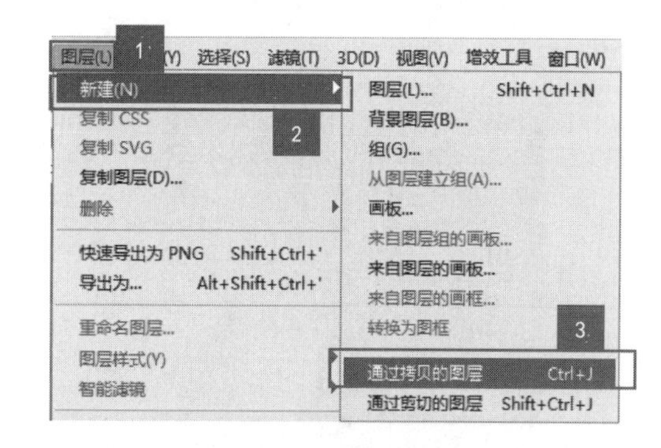

第5步 执行【图像】→【调整】→【替换颜色】命令修改衣服的颜色，如下图所示。

4. 使用【魔棒工具】更换天空效果

使用【魔棒工具】创建选区。

第1步 打开“素材\ch11\11.4-5.jpg”文件，如下图所示。

第2步 选择工具箱中的【魔棒工具】，如下图所示。

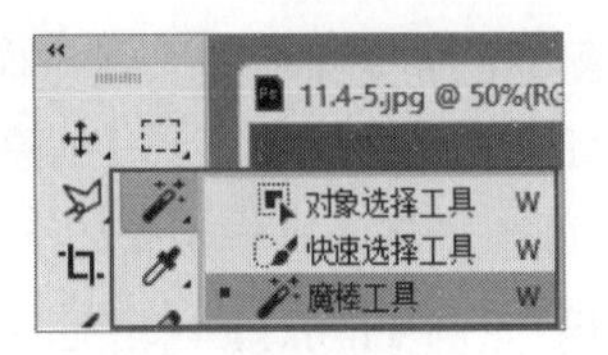

第3步 设置【容差】值为“15”，在图像中单击想要选取的天空颜色，即可选取相近颜色的区域。单击建筑上方的蓝色区域。所选区域的边界以选框形式显示，如下图所示。

提示

【容差】文本框：容差是颜色取样的范围。数值越大，允许取样的颜色偏差就越大；数值越小，取样的颜色就越接近纯色。在【容差】文本框中可以设置色彩范围，输入值的范围为0~255，单位为“像素”。

第4步 这时可以看到建筑下边有未选择的区域，按住【Shift】键单击该蓝色区域可以进行加选，

如下图所示。

第5步 新建一个图层，为选区填充一个渐变颜色也可以达到更好的天空效果，选择工具箱中的【渐变工具】，然后单击选项栏中的图标，弹出【渐变编辑器】对话框，设置渐变颜色，如下图所示。

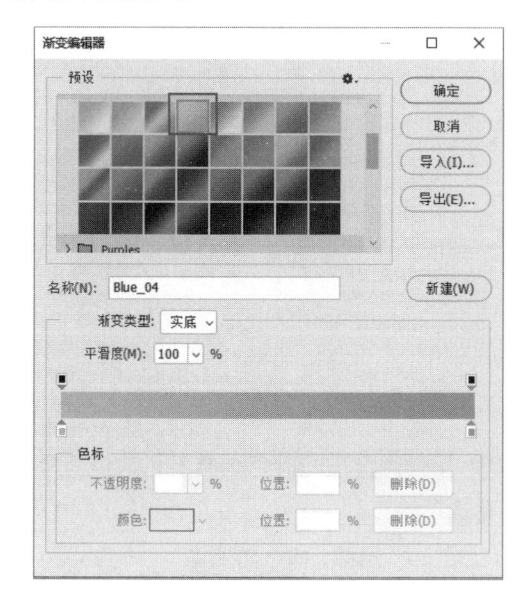

5. 使用【快速选择工具】丰富图像色彩

使用【快速选择工具】可以通过拖动鼠标快速地选择相近的颜色，并且建立选区。使用【快速选择工具】创建选区的具体操作步骤如下。

第1步 打开“素材\ch11\11.4-6.jpg”文件，如下图所示。

第2步 选择工具箱中的【快速选择工具】，如下图所示。

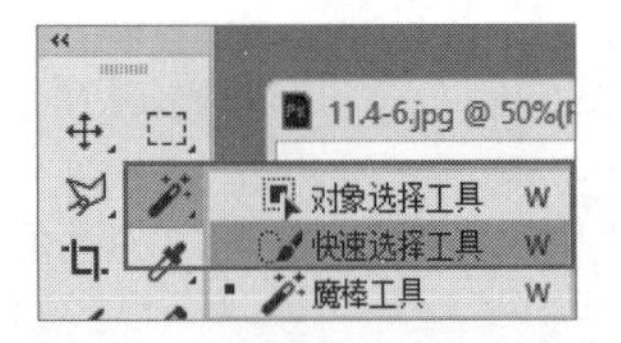

第3步 设置合适的画笔大小，在图像中单击想要选取的颜色，即可选取颜色相近的区域。如果需要继续加选，单击按钮后继续单击或双击图像进行选取，如下图所示。

第4步 执行【图像】→【调整】→【色彩平衡】命令，然后按【Ctrl+D】组合键取消选取。调整颜色后画面会更加丰富，如下图所示。

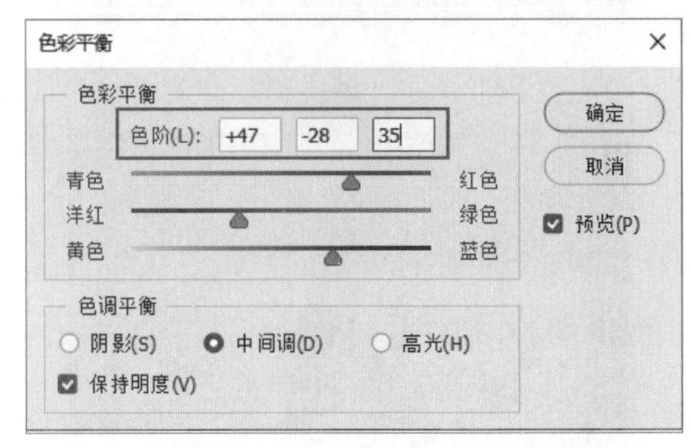

11.5 调整图形色彩

【调整】命令是 Photoshop 2022 的核心内容，也是对图形图像进行颜色调整不可缺少的命令。执行【图像】→【调整】命令，可以从其子菜单中选择各种选项。

第1步 执行【文件】→【打开】命令，打开“素材\ch11\11.5.1.jpg”图像，如下图所示。

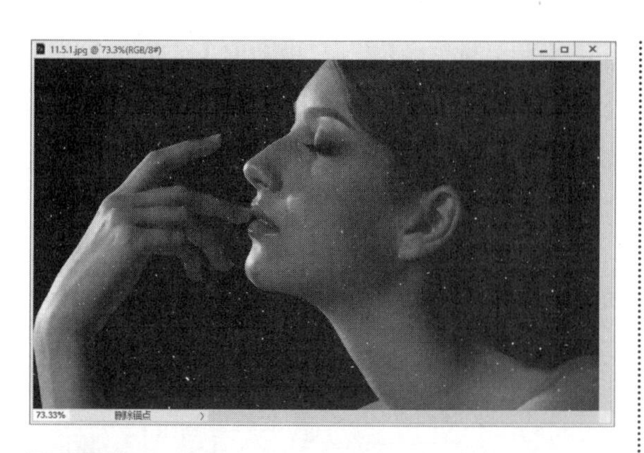

第2步 执行【图像】→【调整】→【色阶】命令，弹出【色阶】对话框，如下图所示。

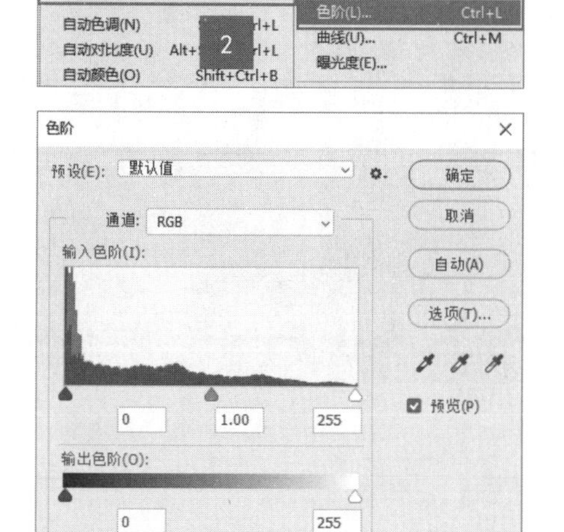

第3步 调整滑块，使图像的整体色调的亮度有所提高，如下图所示。

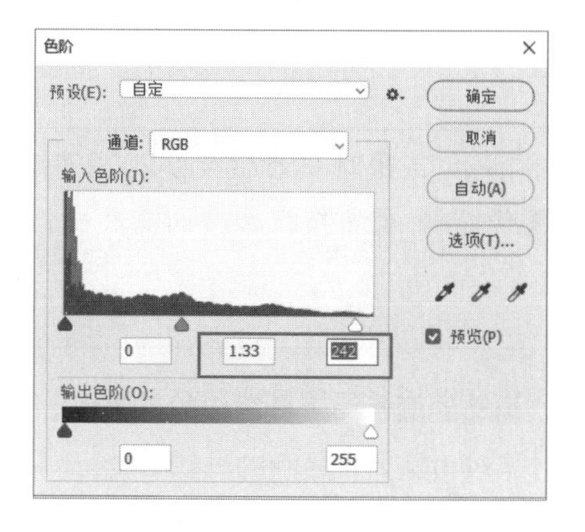

第4步 执行【图像】→【调整】→【亮度/对比度】命令，如下图所示。

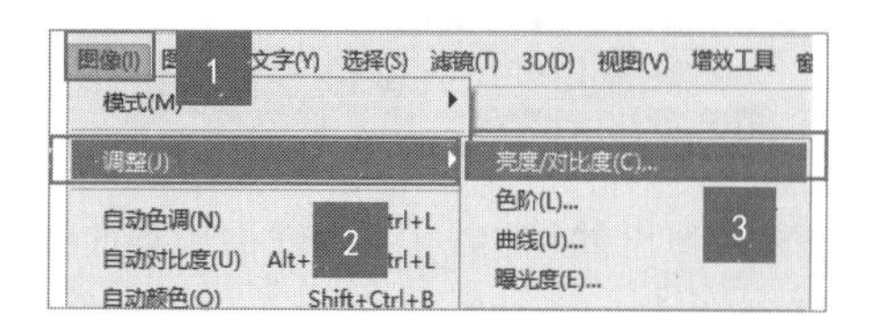

第5步 弹出【亮度/对比度】对话框，设置【亮度】为“-12”，【对比度】为“5”，单击【确定】按钮。

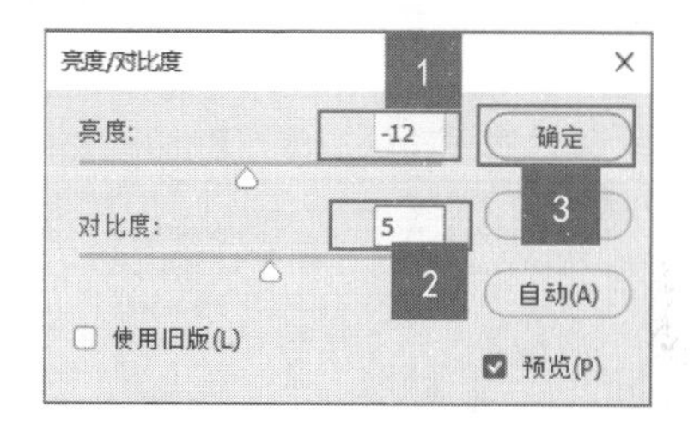

第6步 执行【图像】→【调整】→【色彩平衡】命令，如下图所示。

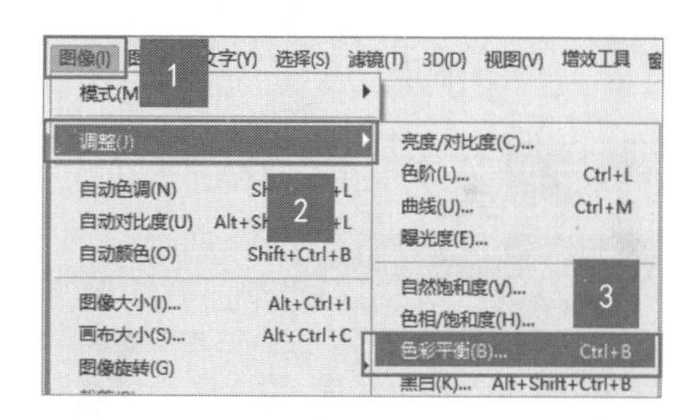

第7步 在弹出的【色彩平衡】对话框中的【色阶】参数框中依次输入“-40”“+5”和“+5”，单击【确定】按钮。

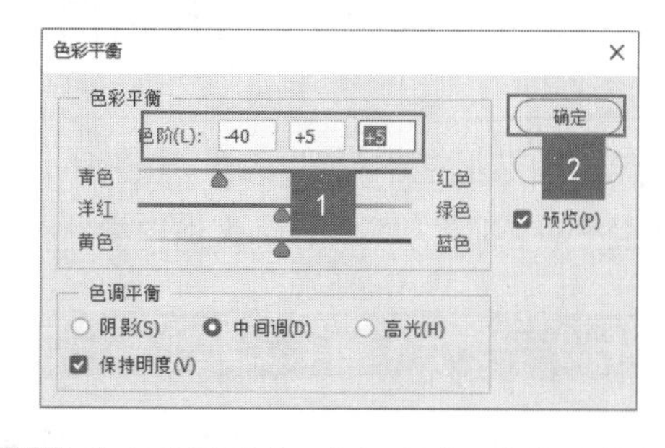

第8步 执行【图像】→【调整】→【曲线】命令，如下图所示。

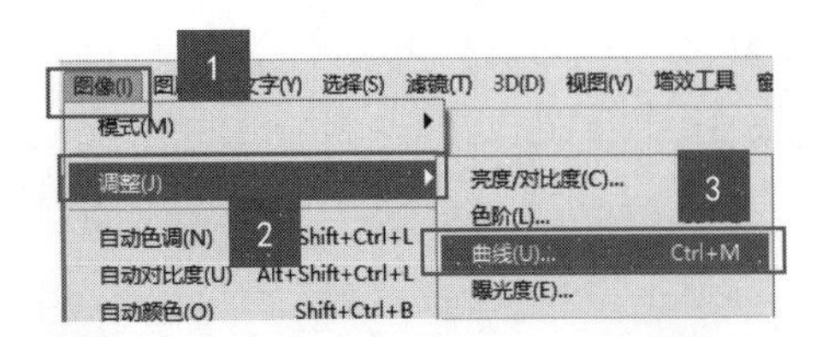

第9步 在弹出的【曲线】对话框中调整曲线（或设置【输入】为“125”，【输出】为“135”），单击【确定】按钮，如下图所示。

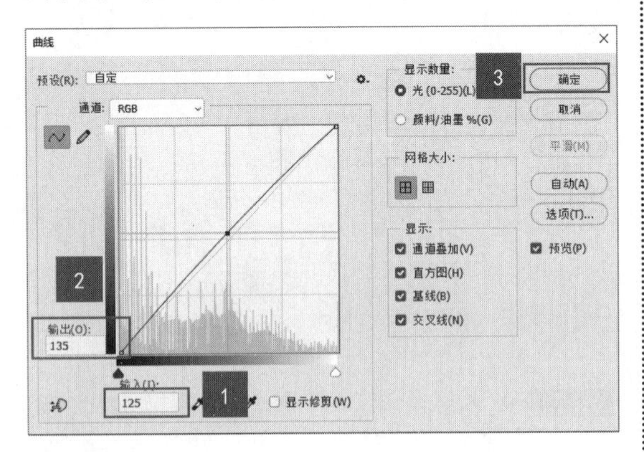

第10步 执行【图像】→【调整】→【色相/饱和度】命令，如下图所示。

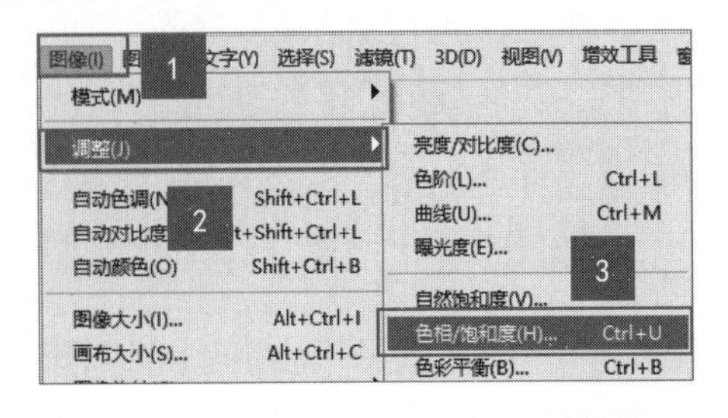

第11步 在弹出的【色相/饱和度】对话框中设置【色相】为“+3”，【饱和度】为“-24”，【明度】为“+5”，单击【确定】按钮，如下图所示。

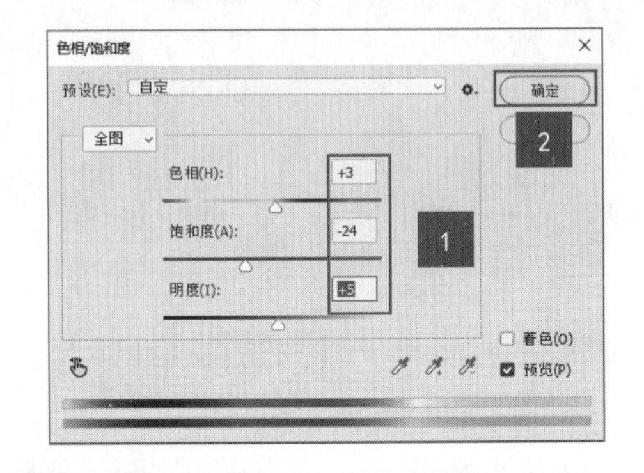

第12步 最终图像效果如下图所示。

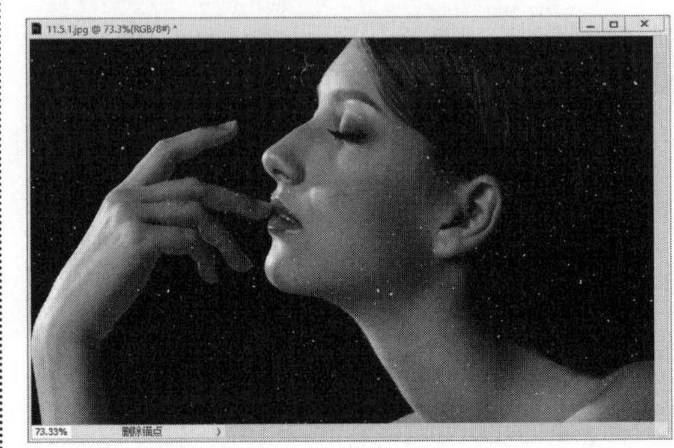

11.6 绘制与修饰图像

无论是专业的图像修饰人员、摄影师，还是相关专业的师生，或是对 Photoshop 2022 有浓厚兴趣的爱好者，都会从照片修饰案例中学到大量知识，提高图像绘制、修饰技能。

11.6.1 使用【画笔工具】柔化皮肤

在 Photoshop 2022 工具箱中单击【画笔工具】按钮或按【Shift+B】组合键可以选择【画笔工具】，使用【画笔工具】可绘出边缘柔滑的效果，画笔的颜色为工具箱中的前景色。【画笔工具】是较为重要且复杂的一款工具，运用非常广泛。

在 Photoshop 2022 中使用【画笔工具】配合图层蒙版可以对人物的脸部皮肤进行柔化处理，具体操作步骤如下。

第1步 执行【文件】→【打开】命令，打开“素材\ch11\11.6.1.jpg”图像，如下图所示。

第2步 复制背景图层的副本。对【背景 拷贝】图层进行高斯模糊。执行【滤镜】→【模糊】→【高斯模糊】命令，打开【高斯模糊】对话框，设置【半径】为 8 像素的模糊，如下图所示。

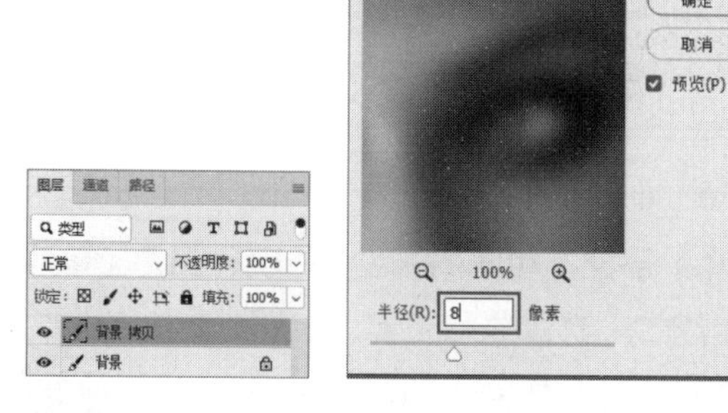

第3步 按住【Alt】键单击【图层】面板中的【添加图层蒙版】按钮，可以给图层添加一个黑色蒙版，并显示下面图层的所有像素，如下图所示。

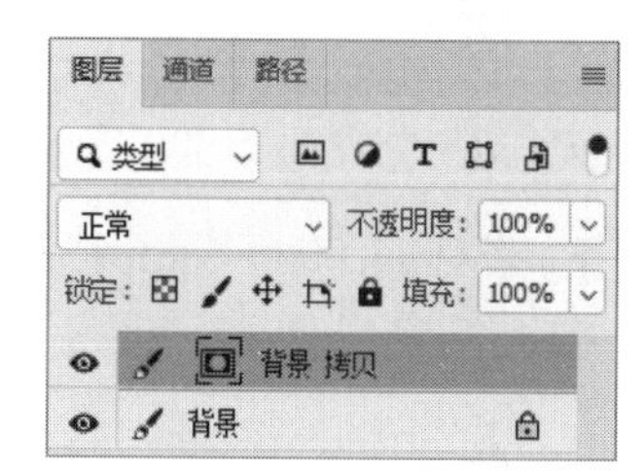

第4步 单击【背景 拷贝】图层蒙版图标，然后选择【画笔工具】。选择柔和边缘笔尖，这样不会留下破坏已柔化图像的锐利边缘，如下图所示。

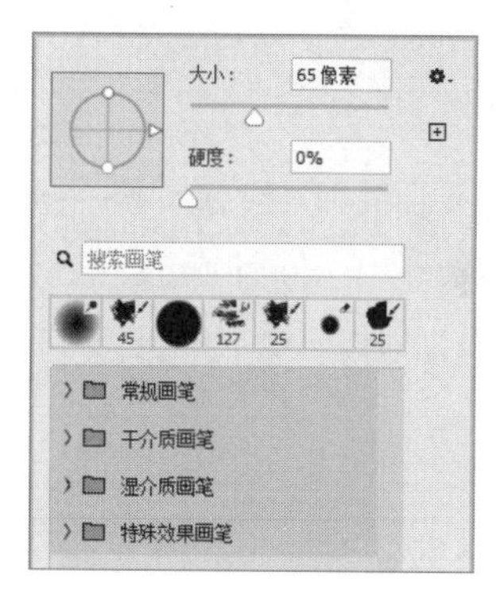

第5步 在人物面部的皮肤区域绘制白色，但不要在想要保留细节的区域（如人物的嘴唇、鼻孔和牙齿）绘制颜色，如下图所示。如果不小心在不需要蒙版的区域填充了颜色，可以将前景色切换为黑色，绘制该区域以显示下面图层的锐利边缘。这一阶段的图像是失真的，因为皮肤没有显示可见的纹理。

第6步 在【图层】面板中，将【背景 拷贝】图层的【不透明度】设置为 80%。此步骤将纹理添加到皮肤，但保留了柔化，如下图所示。

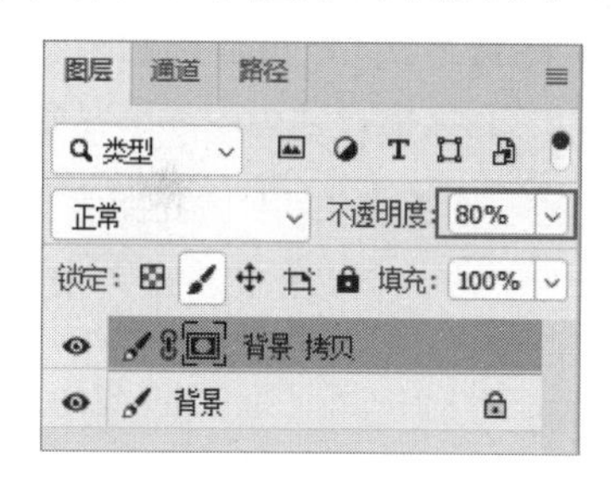

第7步 最后合并图层，使用【曲线】命令调整图像的整体亮度和对比度即可，如下图所示。

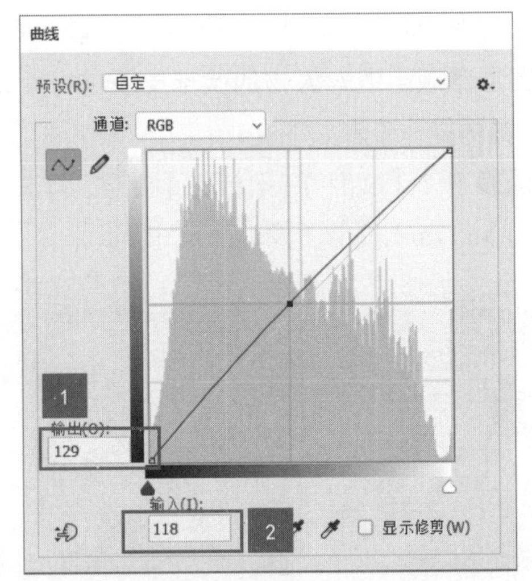

11.6.2 修复图像

Photoshop 中提供了大量专业的图像修复工具，如仿制图章工具、污点修复画笔工具、修补工具等，它们可以对不完美的图像进行修复，轻松完成图像的修复和后期处理工作，使处理后的图片符合工作的要求或审美。

1. 使用【仿制图章工具】复制图像

【仿制图章工具】可以将一幅图像的选定点作为取样点，将该取样点周围的图像复制到同一幅图像或另一幅图像中。【仿制图章工具】也是专门的修图工具，可以用来消除人物脸部斑点、与背景部分不相干的杂物，并填补图片空缺等。使用方法：选择这款工具，在需要取样的地方按住【Alt】键取样，然后在需要修复的地方涂抹就可以快速消除污点，同时可以在选项栏调节笔触的混合模式、大小、流量等，以便更为精确地修复污点。

下面通过复制图像来学习【仿制图章工具】的使用方法。

第1步 打开“素材\ch11\11.6.2.jpg”文件，如下图所示。

第2步 选择【仿制图章工具】，把鼠标指针移动到想要复制的图像上，按住【Alt】键，单击鼠标即可把鼠标指针落点处的像素定义为取样点，在要复制的位置单击或拖曳鼠标即可，如下图所示。

第3步 多次取样，多次复制，直至画面饱满，如下图所示。

2. 使用【污点修复画笔工具】去除雀斑

【污点修复画笔工具】自动将需要修复区域的纹理、光照、透明度和阴影等元素与图像自身进行匹配，快速修复污点。

第1步 打开“素材\ch11\11.6.3.jpg”文件，如下图所示。

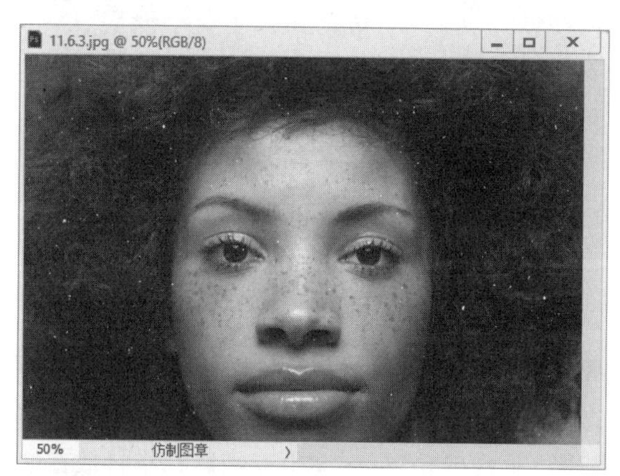

第2步 选择【污点修复画笔工具】，在选项栏中设定各项参数保持不变（画笔大小可根据需要进行调整），如下图所示。

第3步 将鼠标指针移动到污点上，单击鼠标即可修复斑点，如下图所示。

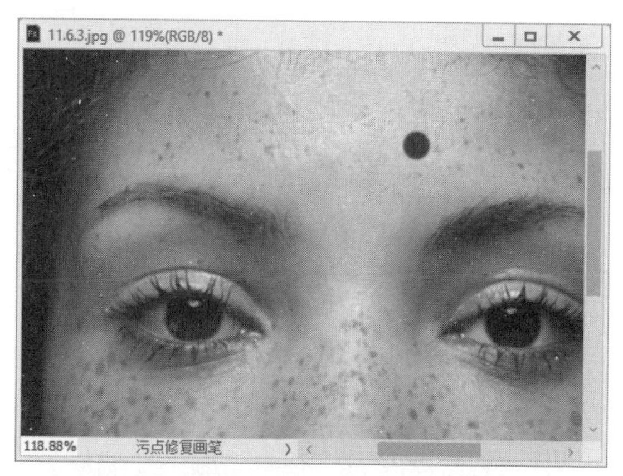

第4步 修复其他斑点区域，直至图片修饰完毕，如下图所示。

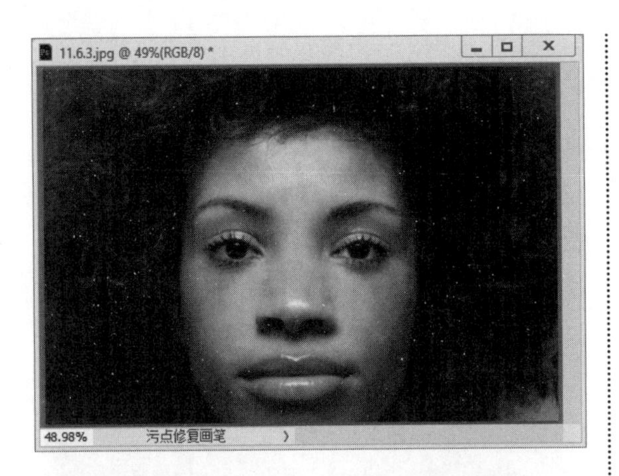

3. 使用【修补工具】去除照片瑕疵

使用 Photoshop 2022 中的【修补工具】可以用其他区域或图案中的像素来修复选中的区域。【修补工具】是较为精确的修复工具。使用方法：选择【修补工具】把需要修复的部分圈选起来，这样就得到一个选区，把鼠标指针放在选区中后，按住鼠标左键拖动即可修复。在选项栏中可以设置相关的属性，可同时选取多个选区进行修复，极大地方便了用户的操作。

第1步 打开“素材\ch11\11.6.4.jpg”文件，如下图所示。

第2步 选择【修补工具】，在选项栏中设置【修补】为“正常”，如下图所示。

第3步 在需要修复的位置绘制一个选区，将鼠标指针移动到选区内，再向周围没有瑕疵的区域拖曳来修复瑕疵，如下图所示。

第4步 修复其他瑕疵区域，直至图片修饰完毕，如下图所示。

4. 使用【消失点】滤镜复制图像

通过使用【消失点】滤镜可以在图像中指定透视平面，然后应用到绘画、仿制、复制或粘贴等编辑操作。使用【消失点】修饰、添加或去除图像中的内容时，效果会更加逼真，Photoshop 2022 可以确定这些编辑操作的方向，并将其缩放到透视平面。下面通过复制图像来学习【消失点】滤镜的使用方法。

第1步 打开“素材\ch11\11.6.5.jpg”文件，如下图所示。

第2步 执行【滤镜】→【消失点】命令，弹出【消失点】对话框，如下图所示。

第3步 单击【创建平面工具】按钮，在平面上创建透视网格，如下图所示。

第4步 单击【仿制图章工具】按钮，按住【Alt】键复制海螺，再在空白处单击即可复制图像，如下图所示。

第5步 复制完毕后单击【确定】按钮，如下图所示。

5. 消除照片上的红眼

【红眼工具】是专门用来消除人物眼睛因灯光或闪光灯照射后瞳孔产生的红点、白点等反射光点的工具。

第1步 打开“素材\ch11\11.6.6.jpg”文件，如下图所示。

第2步 选择【红眼工具】，设置其参数，如下图所示。

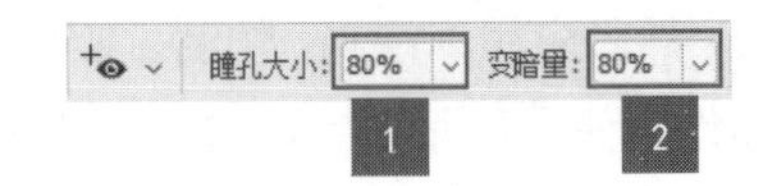

> **提示**
>
> 【瞳孔大小】设置框：设置瞳孔（眼睛暗色的中心）的大小。
>
> 【变暗量】设置框：设置瞳孔的暗度。

第3步 单击照片中的红眼区域，可得到下图所示的效果。

11.7 文字工具的使用

使用Photoshop 2022中的各种功能命令，可以制作出各种绚丽的效果，其中，在文字特效制作方面很突出，如立体文字、火焰文字及各种材质效果的文字。

11.7.1 创建文字和文字选区

Adobe Photoshop 2022 中的文字由基于矢量的文字轮廓（即以数学方式定义的形状）组成，这些形状可以将字母、数字和符号等以字样的形式描述出来。

第1步 打开“素材\ch11\11.7.jpg”文件，如下图所示。

第2步 选择【文字工具】T，在文档中单击输入标题文字，如下图所示。

第3步 选择【文字工具】，在文档中单击并向右下角拖出一个界定框，此时画面中会出现闪烁的光标，在界定框内输入文本，如下图所示。

11.7.2 创建路径文字

路径文字是使用【钢笔工具】或【形状工具】创建工作路径，然后在工作路径的边缘排列的文字。路径文字可以分为绕路径文字和区域文字两种。

第1步 打开“素材\ch11\11.7-2.jpg”图像，如下图所示。

第2步 选择【钢笔工具】，在选项栏中选择【路径】选项，然后绘制希望文本遵循的路径，如下图所示。

第3步 选择【文字工具】，将鼠标指针移至路径上单击，如下图所示，然后输入文字即可。

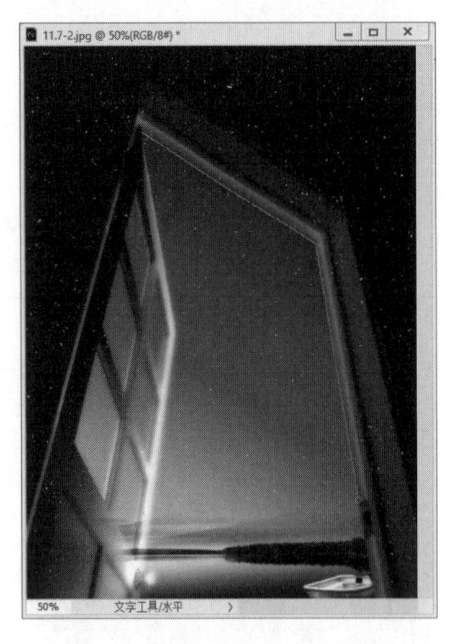

第4步 选择【直接选择工具】，当鼠标指针改变形状时沿路径拖曳即可，如下图所示。

提示

此外，区域文字是文字放置在封闭路径内部，形成和路径相同的文字块，如下图所示，然后通过调整路径的形状来调整文字块的形状。

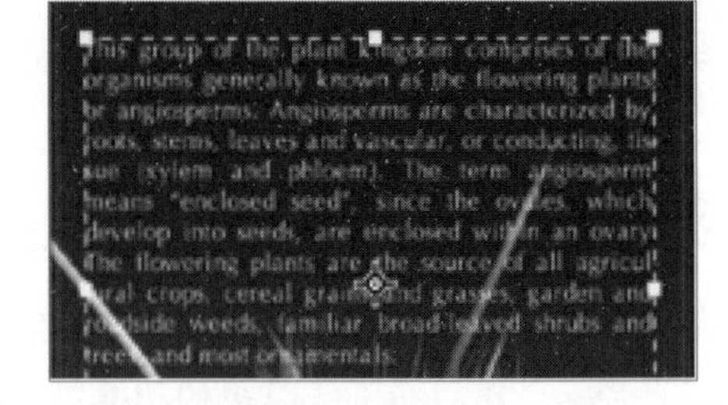

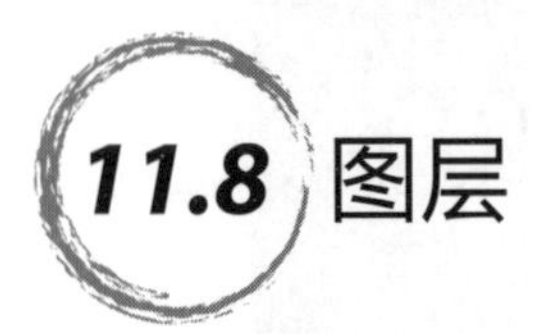

11.8 图层

本节主要学习如何选择和确定当前图层、图层上下位置关系的调整、图层的对齐与分布及图层编组等基本操作。

11.8.1 选择与调整图层

在处理多个图层的文档时，需要选择相应的图层来做调整。在 Photoshop 2022 的【图层】面板中，深颜色显示的图层为当前图层，大多数的操作都是针对当前图层进行的。因此，选择图层对当前图层的确定十分重要，此外，改变图层的排列顺序就是改变图层像素之间的叠加次序，可以通过直接拖曳图层来实现。

第1步 打开“素材\ch11\11.8.1.psd”文件，如下图所示。

第2步 在【图层】面板中选择【图层1】图层，即可选择背景图片所在的图层，所在的图层为当前图层，如下图所示。

第3步 还可以直接在图像中的背景图片上右击，然后在弹出的快捷菜单中选择【图层2】图层为当前图层，如下图所示。

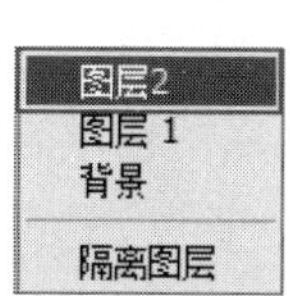

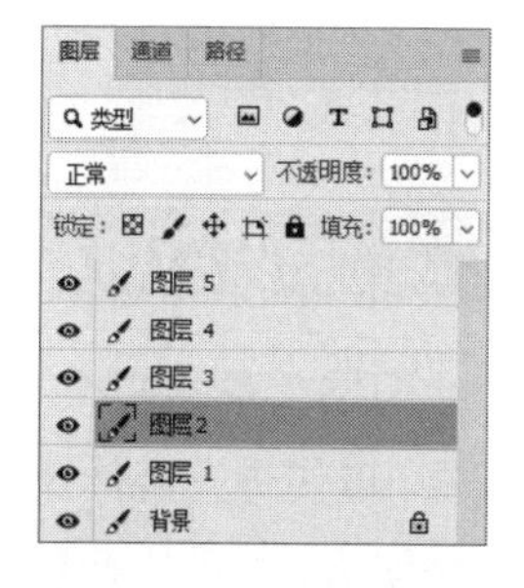

第4步 选中【图层2】图层，执行【图层】→【排列】→【后移一层】命令，如下图所示。

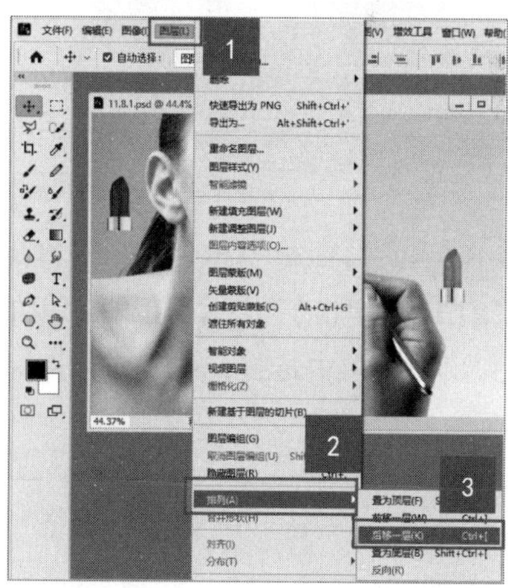

提示

（1）【置为顶层】：将当前图层移到最上层，快捷键为【Shift+Ctrl+]】。

（2）【前移一层】：将当前图层向上移一层，快捷键为【Ctrl+]】。

（3）【后移一层】：将当前图层向下移一层，快捷键为【Ctrl+［】。

（4）【置为底层】：将当前图层移到最底层，快捷键为【Shift+Ctrl+［】。

（5）【反向】：将选中的图层顺序反转。

11.8.2 合并与拼合图层

合并图层就是将多个有联系的图层合并为一个图层，以便进行整体操作。首先，选择要合并的多个图层，然后执行【图层】→【合并图层】命令即可；也可以通过【Ctrl+E】组合键来完成。

（1）合并图层。

第1步 打开"素材\ch11\11.8.1.psd"文件，如下图所示。

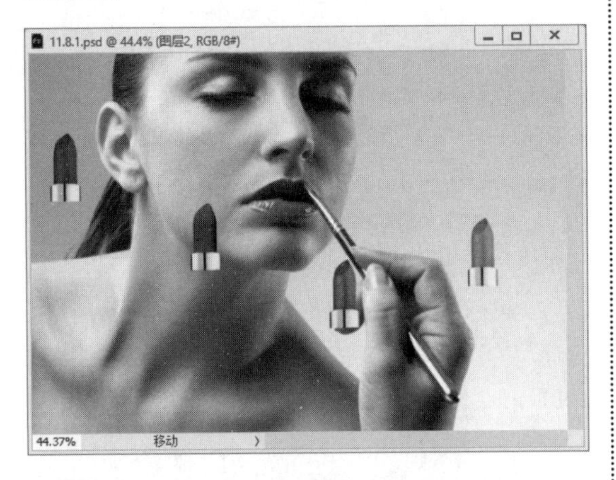

第2步 在【图层】面板中按住【Ctrl】键的同时选择所有图层，单击【图层】面板右上角的≡按钮，在弹出的菜单中选择【合并图层】选项，如下图所示。

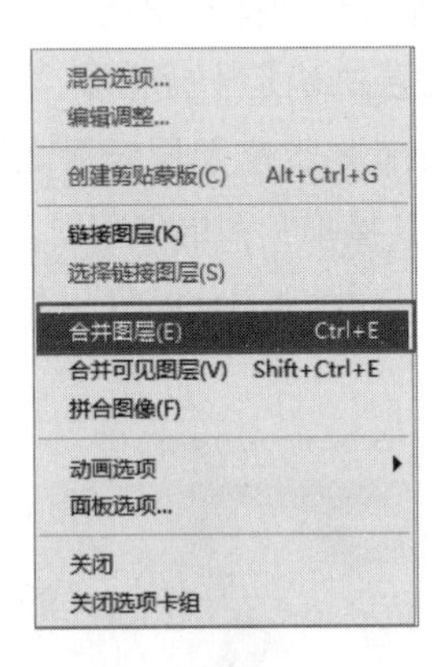

第3步 最终效果如下图所示。

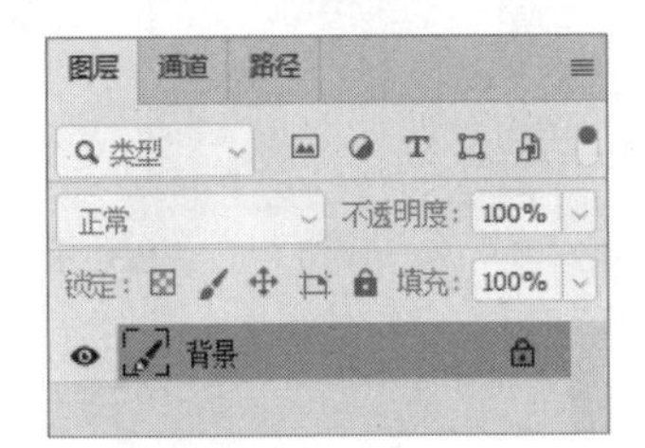

（2）合并图层的操作技巧。Photoshop 2022提供了3种合并图层的方式，如下图所示。

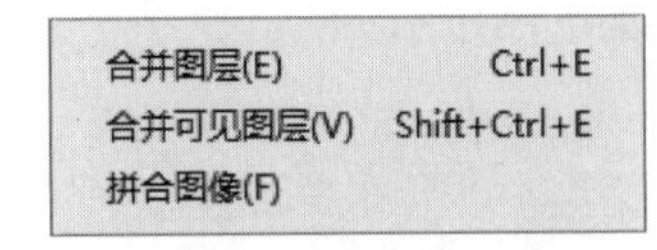

①【合并图层】：在没有选择多个图层的状态下，可以将当前图层与其下面的图层合并为一个图层，也可以通过【Ctrl+E】组合键来完成。

②【合并可见图层】：将所有的显示图层合并到背景图层中，隐藏图层被保留，也可以通过【Shift+Ctrl+E】组合键来完成。

③【拼合图像】：可以将图像中的所有可见图层都合并到背景图层中，隐藏图层则被删除，这样可以减小文件的尺寸。

11.8.3 图层的对齐与分布

在 Photoshop 2022 中绘制图像时，有时需要对多个图像进行整齐排列，以达到简洁美观的效果。Photoshop 2022 提供了 6 种对齐方式，可以快速准确地排列图像。依据当前图层和链接图层的内容，可以进行图层之间的对齐操作。

1. 图层的对齐与分布

第1步 打开“素材\ch11\11.8.1.psd”文件，如下图所示。

第2步 在【图层】面板中按住【Ctrl】键的同时选择【图层5】【图层4】【图层3】【图层2】图层，如下图所示。

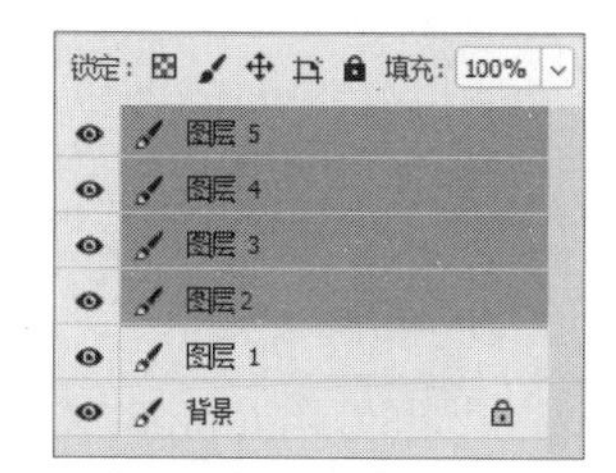

第3步 执行【图层】→【对齐】→【顶边】命令，如下图所示。

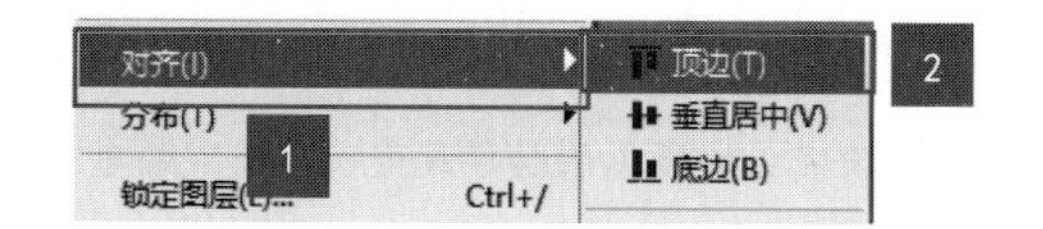

第4步 最终效果如下图所示。

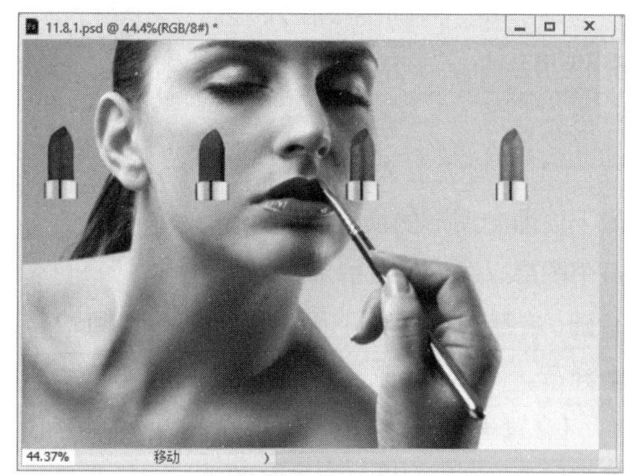

2. 图层对齐的操作技巧

Photoshop 2022 提供了 6 种对齐方式，如右图所示。

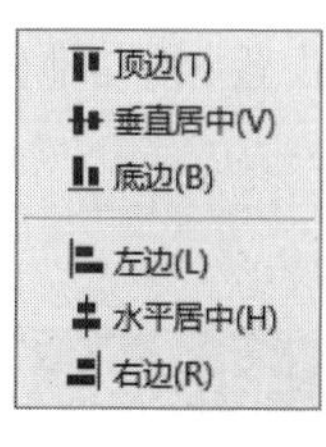

（1）【顶边】：将链接图层顶端的像素对齐到当前工作图层顶端的像素或选区边框的顶端。

（2）【垂直居中】：将链接图层垂直中心的像素对齐到当前工作图层垂直中心的像素或选区的垂直中心。

（3）【底边】：将链接图层最下端的像素对齐到当前工作图层最下端的像素或选区边框的最下端。

（4）【左边】：将链接图层最左端的像素对齐到当前工作图层最左端的像素或选区边框的最左端。

（5）【水平居中】：将链接图层水平中心的像素对齐到当前工作图层水平中心的像素或选区的水平中心。

（6）【右边】：将链接图层最右端的像素对齐到当前工作图层最右端的像素或选区边框的最右端。

3. 分布的方式

分布是将选中或链接图层均匀地分布。Photoshop 2022 提供了8种分布方式，如右图所示。

顶边(T)
垂直居中(V)
底边(B)
左边(L)
水平居中(H)
右边(R)
水平(O)
垂直(C)

（1）【顶边】：参照最上面和最下面两个图形的顶边，中间的每个图层以像素区域的最顶端为基础，在最上面和最下面的两个图形之间均匀地分布。

（2）【垂直居中】：参照每个图层垂直中心像素的位置，均匀地分布链接图层。

（3）【底边】：参照每个图层最下端像素的位置，均匀地分布链接图层。

（4）【左边】：参照每个图层最左端像素的位置，均匀地分布链接图层。

（5）【水平居中】：参照每个图层水平中心像素的位置，均匀地分布链接图层。

（6）【右边】：参照每个图层最右端像素的位置，均匀地分布链接图层。

（7）【水平】：在图层之间均匀分布水平间距。

（8）【垂直】：在图层之间均匀分布垂直间距。

提示

对齐、分布命令也可以通过按钮来完成。首先要保证图层处于链接状态，当前工具为【移动工具】，这时在选项栏中就会出现相应的对齐、分布按钮，如下图所示。

11.8.4 使用图层样式

在 Photoshop 2022 中，是通过【图层样式】对话框来对图层样式进行管理的。

（1）执行【图层】→【图层样式】命令，可以添加各种样式，如下图所示。

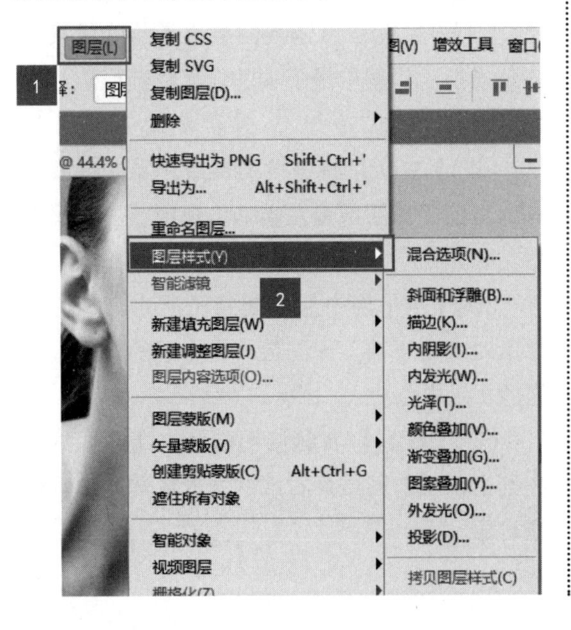

（2）单击【图层】面板下方的【添加图层样式】按钮 fx，弹出【图层样式】对话框，也可以添加各种样式，如下图所示。

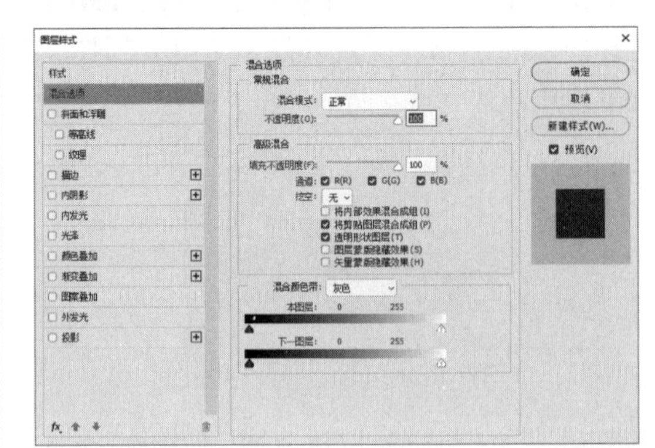

提示

在【图层样式】对话框中可以对一系列的参数进行设定。实际上图层样式是一个集成的命令群，它是由一系列的效果集合而成的，其中包括很多样式。

（1）【填充不透明度】设置项：设置图像的透明度。当设置为 100% 时，图像为完全不透明状态，当设置为 0 时，图像为完全透明状态。

（2）【通道】：可以将混合效果限制在指定的通道内。取消选中【R】复选框，【红色】通道将不会进行混合。在 3 个复选框中，可以选择【R】【G】【B】通道中的任意一个或多个。3个复选框都不选中也可以，但是在一个复选框也不选中的情况下，一般得不到理想的效果。

（3）【挖空】下拉列表：控制投影在半透明图层中的可视性。应用这个选项可以控制图层色调的深浅，在其下拉列表中共有 3 个选项，它们的效果各不相同。设置【挖空】为深，将【填充不透明度】数值设定为 0，将出现挖空到背景图层的效果。

（4）【将内部效果混合成组】复选框：选中此复选框，可将本次操作效果应用到图层的内部，然后合并到一个组中。这样下次出现在窗口的默认参数即为现在的参数。

（5）【将剪贴图层混合成组】复选框：将剪贴的图层合并到同一个组中。

（6）【混合颜色带】设置区：将图层与该颜色混合，它有 4 个选项，分别是【灰色】【红色】【绿色】【蓝色】。可以根据需要选择适当的颜色，会得到意想不到的效果。

技巧 1：选择不规则图像

下面来介绍如何选择不规则图像。【钢笔工具】不仅可以用来编辑路径，还可以用来准确地选择文件中的不规则图像，具体的操作步骤如下。

第1步 打开“素材\ch11\技巧 1.jpg”图像，如下图所示。

第2步 在工具箱中选择【自由钢笔工具】，然后在【自由钢笔工具】选项栏中选中【磁性的】复选框，如下图所示。

第3步 将鼠标指针移到图像窗口中，沿着花瓶的边缘单击并拖动，即可沿图像边缘建立路径，如下图所示。

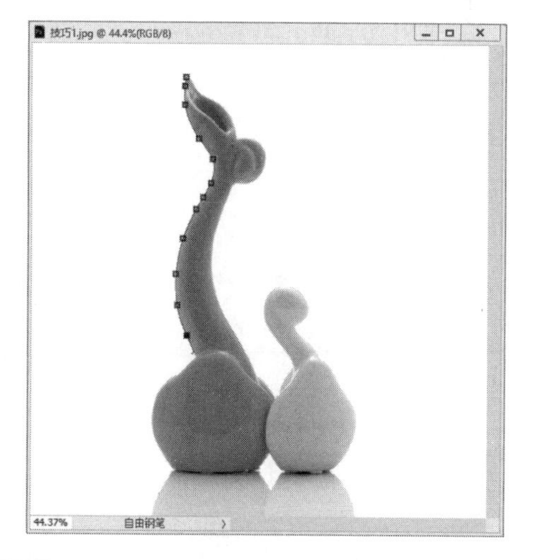

第4步 这时在图像中右击，从弹出的快捷菜单中选择【建立选区】选项，如下图所示。

第5步 弹出【建立选区】对话框，在其中根据需要设置选区的羽化半径，单击【确定】按钮，如下图所示。

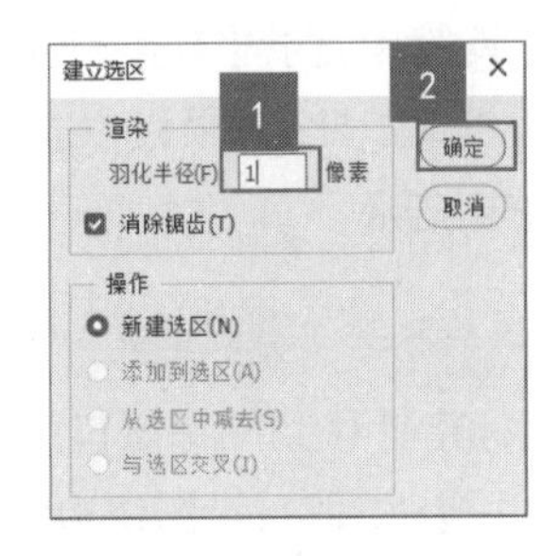

第6步 即可建立一个新的选区。这样，图中的花瓶就选择好了，如下图所示。

技巧2：使用【钢笔工具】抠图

钢笔工具组是描绘路径的常用工具，而路径是Photoshop 2022提供的一种最精确、最灵活的绘制选区边界的工具，特别是其中的钢笔工具，使用它可以直接产生线段路径和曲线路径。【钢笔工具】可以创建精确的直线和曲线，它在Photoshop中主要有两种用途：一种是绘制矢量图形，另一种是选取对象。在作为选取工具使用时，【钢笔工具】描绘的轮廓光滑、准确，是精确的选取工具之一。

第1步 打开“素材\ch11\技巧2.jpg”图像，如下图所示。

第2步 单击工具箱中的【钢笔工具】按钮，如下图所示。

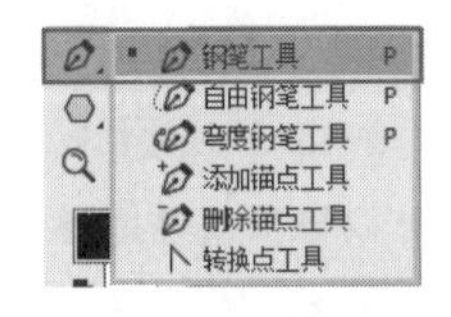

第3步 在图像上根据花朵外轮廓单击创建路径，如下图所示。

提示

使用【添加锚点工具】和【删除锚点工具】可以在路径的锚点上进行锚点的添加和删除，对路径进行调整。

第4步 路径调整完成后右击，在弹出的快捷菜单中选择【建立选区】选项，如下图所示。

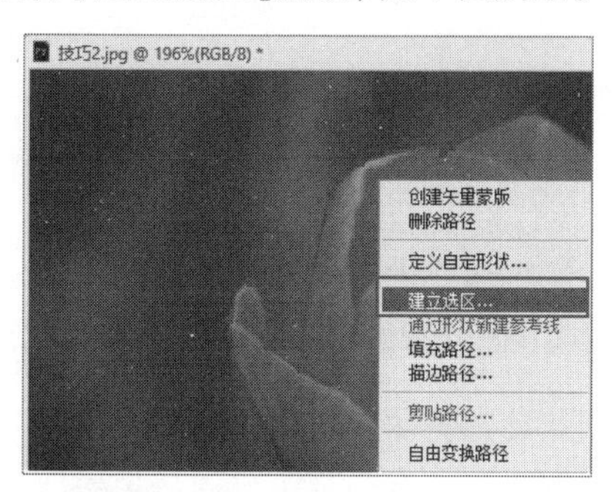

第5步 弹出【建立选区】对话框，设置【羽化半径】为1像素，选中【消除锯齿】复选框，单击【确定】按钮，如下图所示。

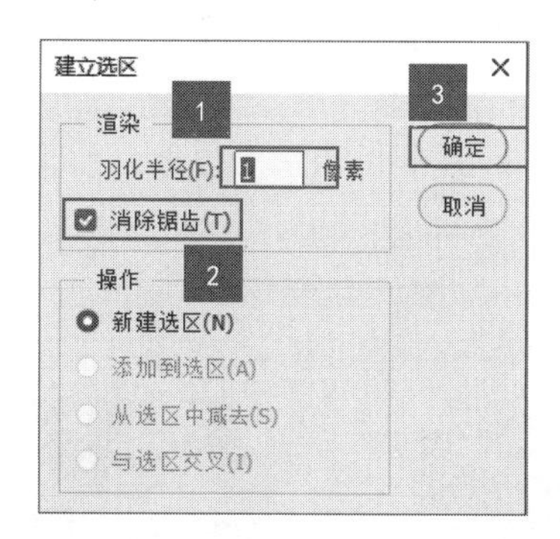

第6步 即可把花朵转换成选区。

第7步 按【Ctrl+J】组合键，复制选区内的图像，在【图层】面板中可以得到【图层1】图层，取消显示【背景】图层，如下图所示。

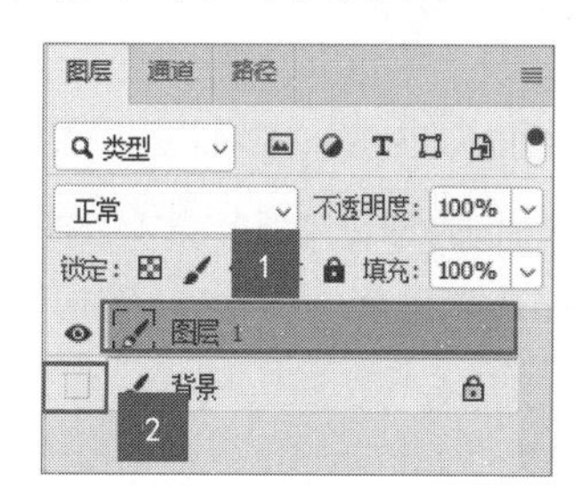

第8步 即可看到抠出的花朵效果。

第 12 章

Photoshop 实战技能

学习内容

在 Photoshop 中可以进行照片的处理，也可以制作色彩绚丽的炫光与各种有质感的图标，并且可以做出非常有创意的图片。本章将针对 Photoshop 中常用的照片编辑技能进行详细的讲解。

学习效果

12.1 照片处理

本节学习使用 Photoshop 2022 处理一些工作中经常使用的图像，如人像照片的处理、风景照片的处理、儿童照片的处理和制作大头贴效果等。

12.1.1 将旧照片翻新

家里总有一些泛黄的旧照片，可以通过 Photoshop 2022 来修复这些旧照片。本实例主要使用【污点画笔修复工具】以及【色相/饱和度】命令和【色阶】命令等处理旧照片。

第1步 打开“素材\ch12\12.1.1.jpg”图片，如下图所示。

第2步 选择【污点修复画笔工具】，并在参数设置栏中进行下图所示的设置。

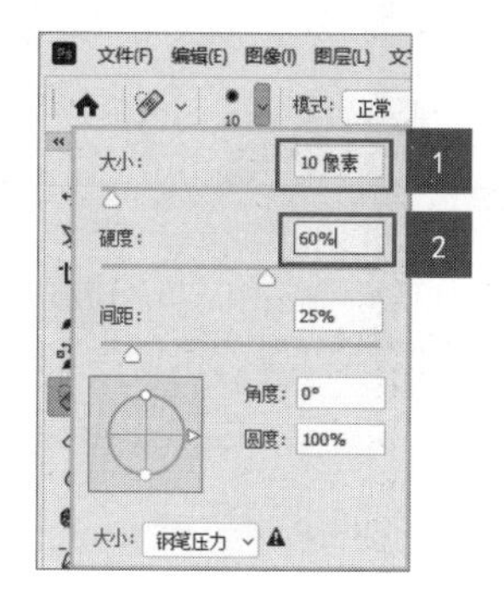

第3步 将鼠标指针移到需要修复的位置并单击，即可修复划痕，如下图所示。

第4步 对于背景中大面积的污渍，可以选择【修复画笔工具】，按住【Alt】键，将鼠标指针移到需要修复的位置附近，单击进行取样，然后单击需要修复的位置，即可修复划痕，如下图所示。

第5步 执行【图像】→【调整】→【色相/饱和度】命令，如下图所示。

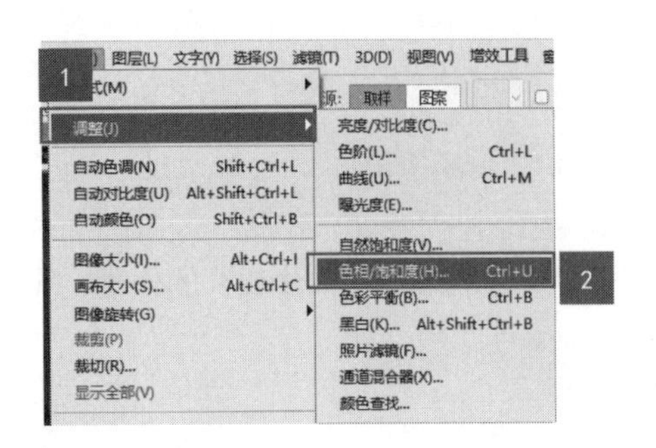

第6步 在弹出的【色相/饱和度】对话框中依次设置【色相】值为“+2”，【饱和度】值为“30”，如下图所示。

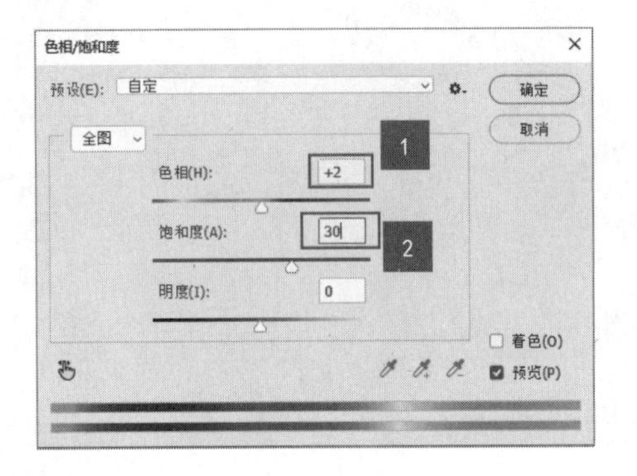

第7步 单击【确定】按钮，执行【图像】→【调整】→【亮度/对比度】命令，如下图所示。

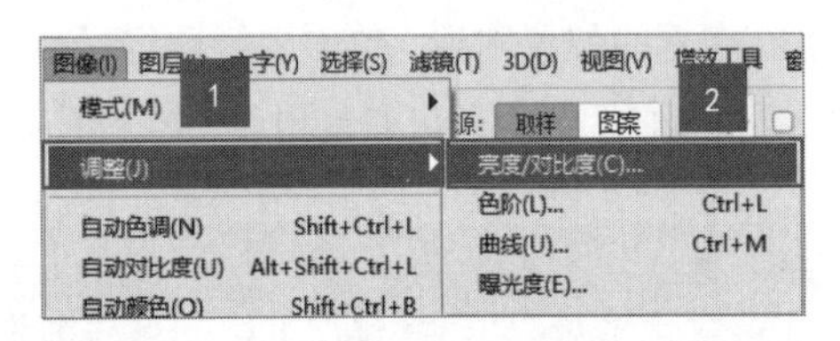

第8步 在弹出的【亮度/对比度】对话框中调整图像的【亮度】为“35”，【对比度】为“15”，单击【确定】按钮，如下图所示。

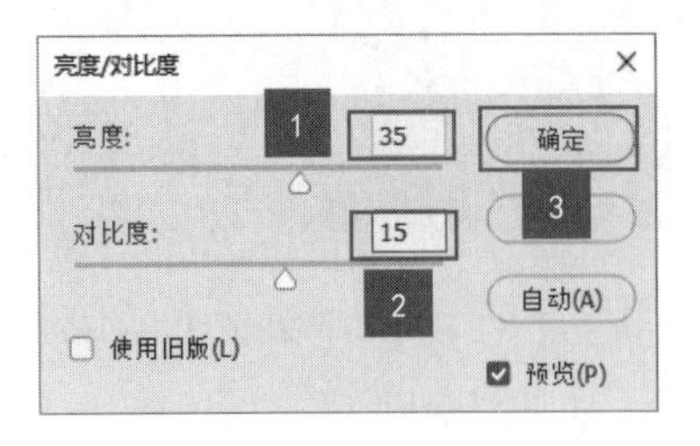

第9步 执行【图像】→【调整】→【自然饱和度】命令，如下图所示。

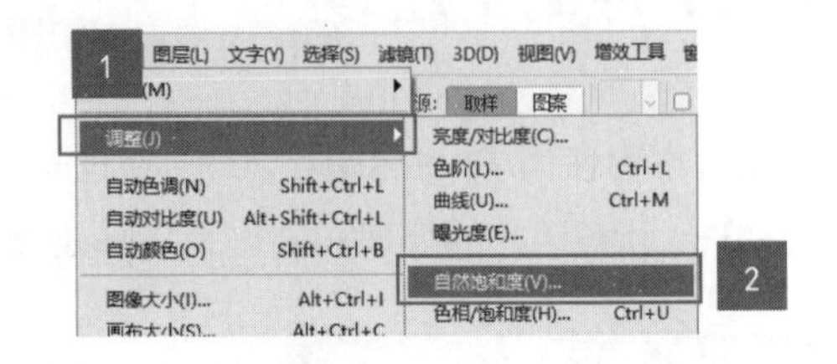

第10步 在弹出的【自然饱和度】对话框中调整图像的【自然饱和度】为“45”，单击【确定】按钮，如下图所示。

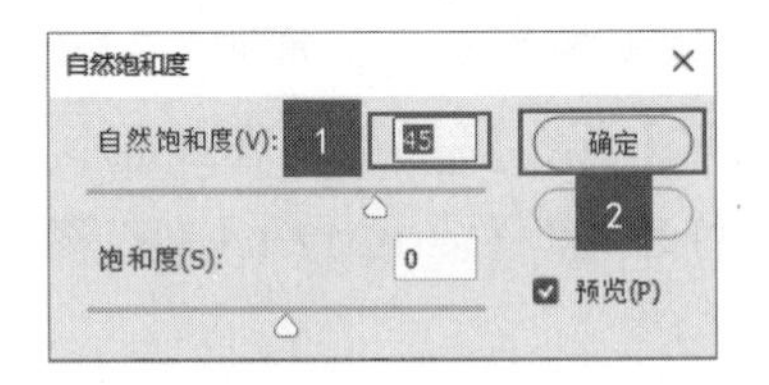

第11步 执行【图像】→【调整】→【色阶】命令，如下图所示。

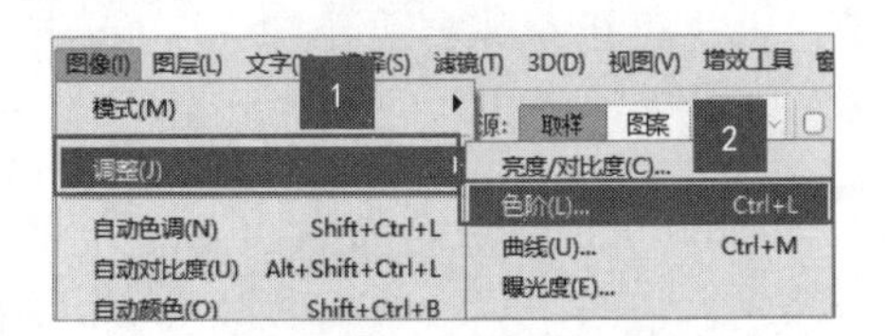

第12步 在弹出的【色阶】对话框中调整色阶参数，单击【确定】按钮，如下图所示。

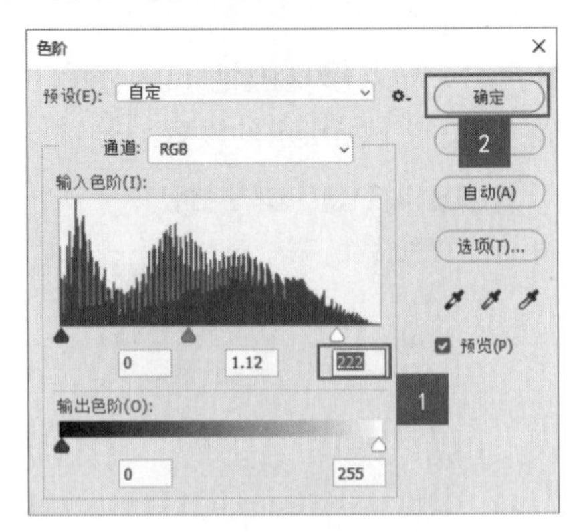

第13步 最终效果如下图所示。

12.1.2 人物美白瘦身

本节主要介绍如何处理人物照片，包括美白皮肤、瘦身等。

第1步 执行【文件】→【打开】命令，打开“素材\ch12\12.1.2.jpg”图片，如下图所示。

第2步 复制【背景】图层，如下图所示。

第3步 选择新图层，执行【图像】→【调整】→【亮度/对比度】命令，弹出【亮度/对比度】对话框，设置【亮度】为“9”，单击【确定】按钮，如下图所示。

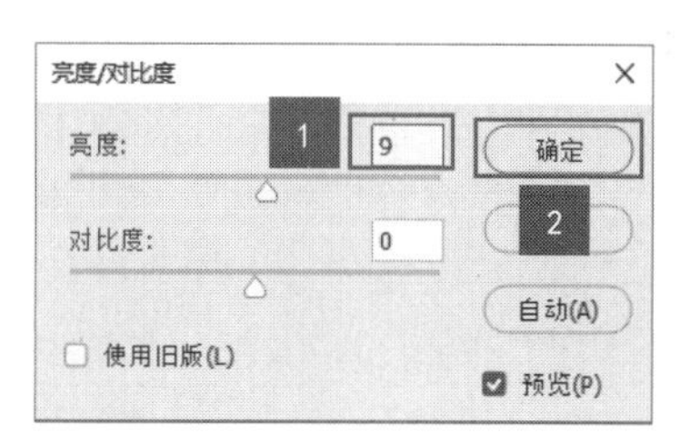

第4步 执行【图像】→【调整】→【色阶】命令，弹出【色阶】对话框，调整数值后，单击【确定】按钮，如下图所示。

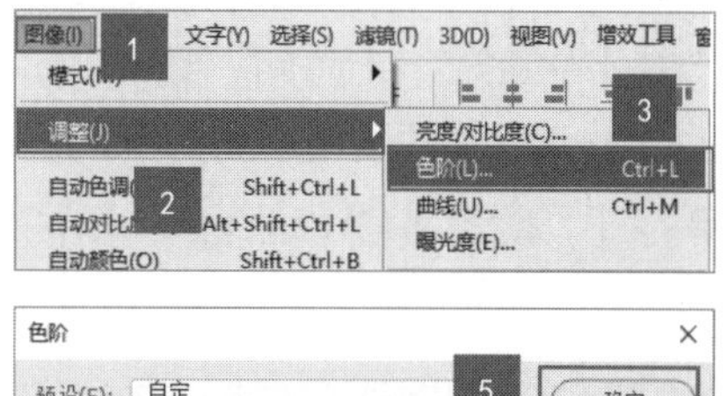

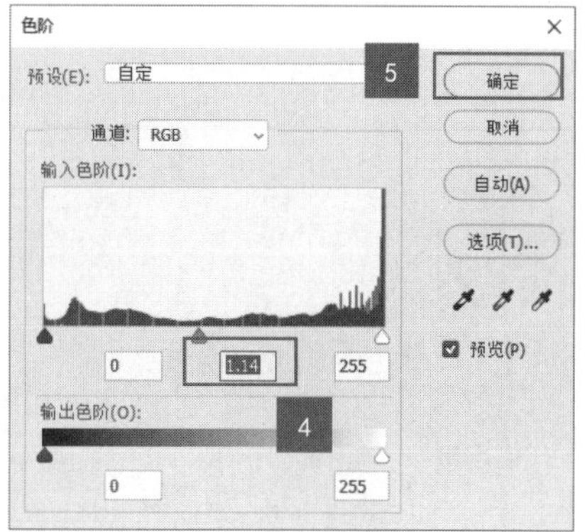

第5步 执行【滤镜】→【液化】命令，如下图所示。

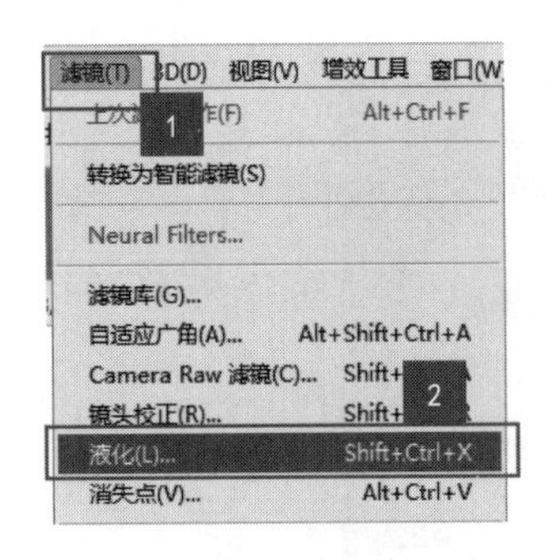

第6步 弹出【液化】对话框，选择左上角第一个【向前变形工具】，并在右侧工具选项栏中调整画笔大小，选择合适的画笔，如下图所示。

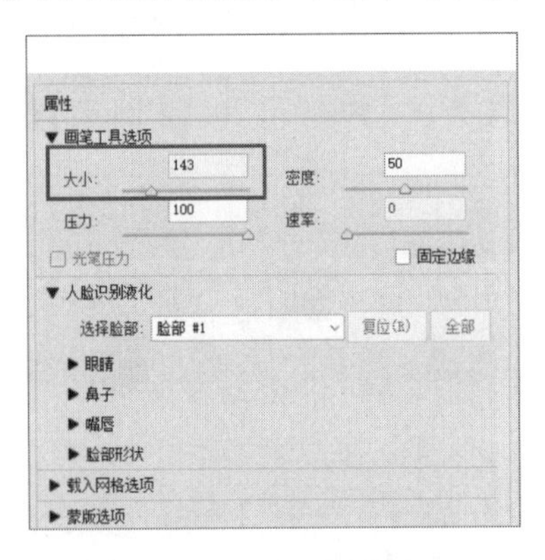

第7步 可以按【Ctrl++】组合键放大图片，以进行细节调整，用画笔选择需要调整的位置，小幅度进行拖曳，仔细调整后，图像达到理想的效果，如下图所示。

12.1.3 风景照片的处理

本实例主要使用【复制图层】【亮度/对比度】【曲线】等命令处理一张带有朦胧效果的风景图，通过处理让照片重新明亮、清晰起来。

第1步 打开"素材\ch12\12.1.3.jpg"图片，如下图所示。

第2步 执行【图层】→【复制图层】命令，如下图所示。

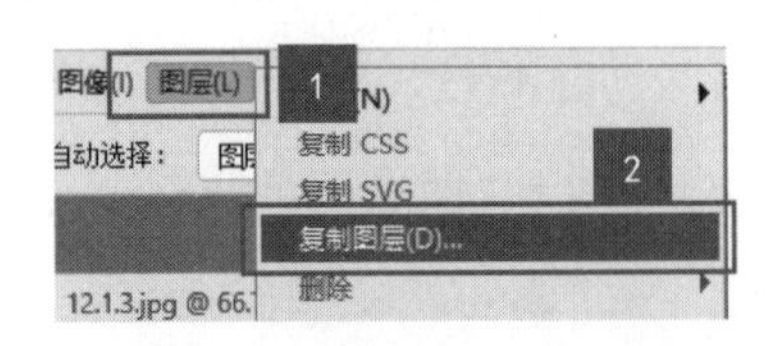

第3步 弹出【复制图层】对话框，单击【确定】按钮，如下图所示。

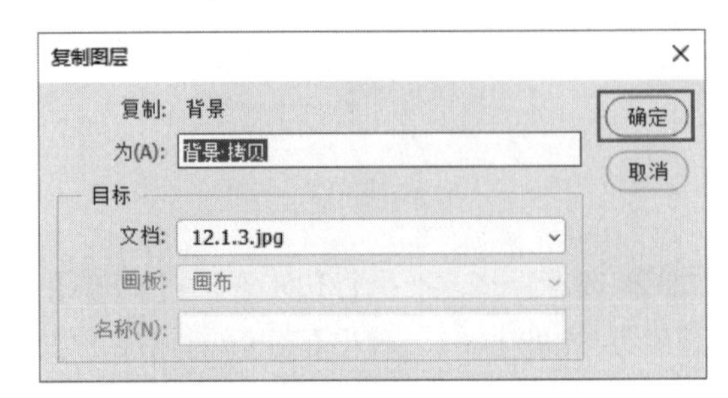

第4步 执行【滤镜】→【其他】→【高反差保留】命令，如下图所示。

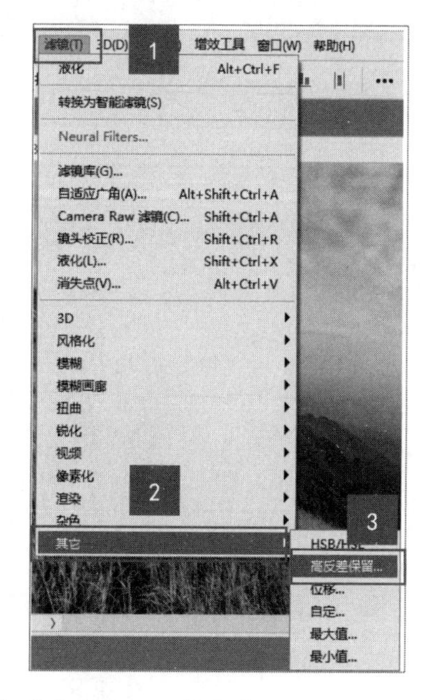

第5步 弹出【高反差保留】对话框，设置【半径】为 5 像素，单击【确定】按钮，如下图所示。

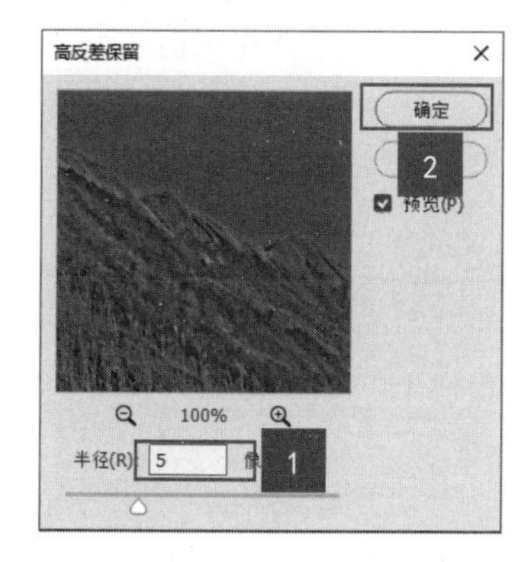

第6步 执行【图像】→【调整】→【亮度/对比度】命令，如下图所示。

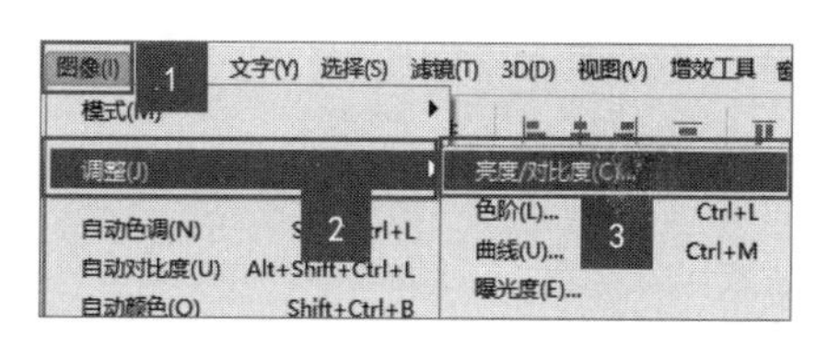

第7步 弹出【亮度/对比度】对话框，设置【亮度】为“-10”，【对比度】为“30”，单击【确定】按钮，如下图所示。

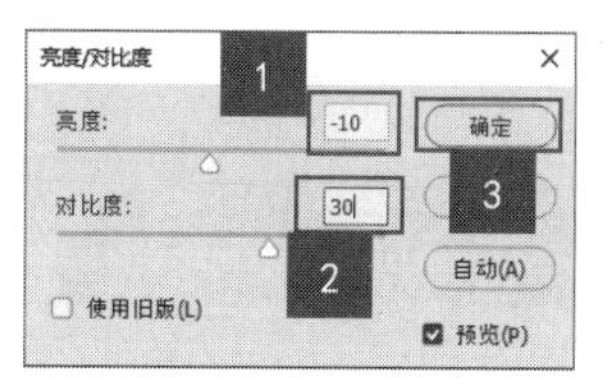

第8步 在【图层】面板中设置【图层模式】为“叠加”，将【不透明度】设置为“80%”，如下图所示。

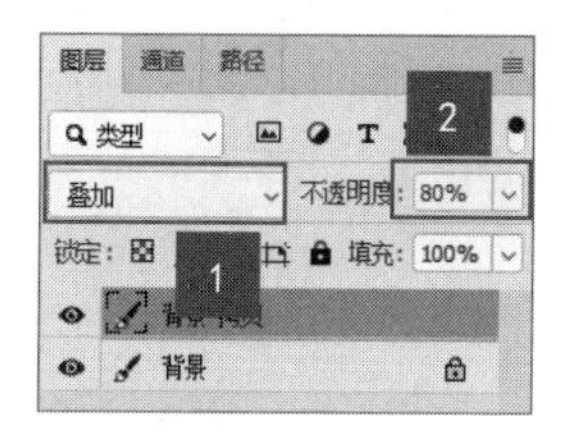

第9步 执行【图像】→【调整】→【曲线】命令，如下图所示。

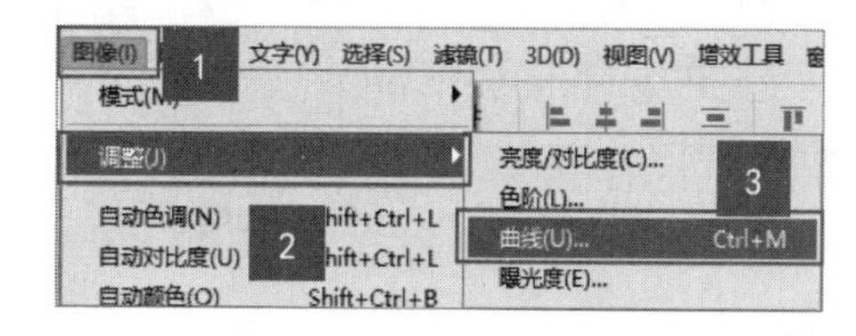

第10步 弹出【曲线】对话框，设置输入和输出参数，如下图所示。可以根据预览的效果调整参数，直到满意为止，单击【确定】按钮完成设置。

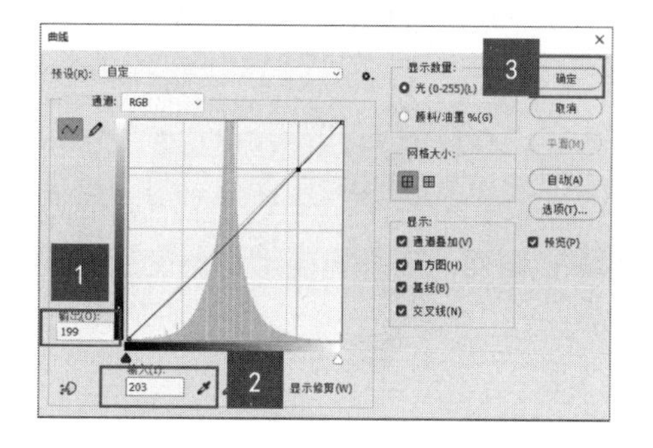

第11步 最终效果如下图所示。

12.1.4 儿童照片的处理

本实例主要利用【标尺工具】将儿童照片调整为有趣的倾斜照片。

第1步 执行【文件】→【打开】命令，打开“素材\ch12\12.1.4.jpg”图片，如下图所示。

第2步 选择【标尺工具】，如下图所示。

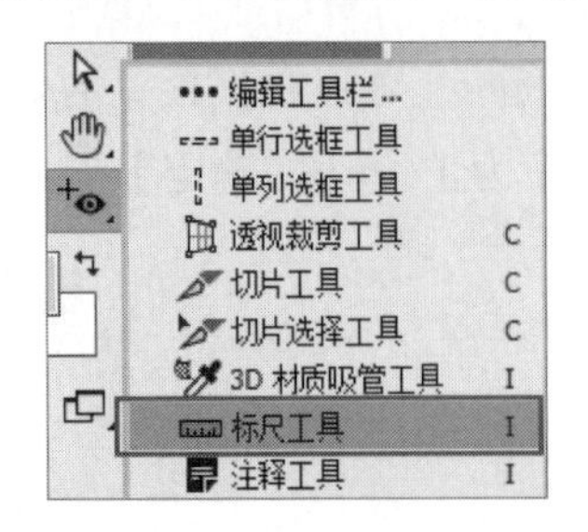

第3步 在画面的底部拖曳出一条度量线，如下图所示。

第4步 执行【窗口】→【信息】命令，打开【信息】面板，如下图所示。

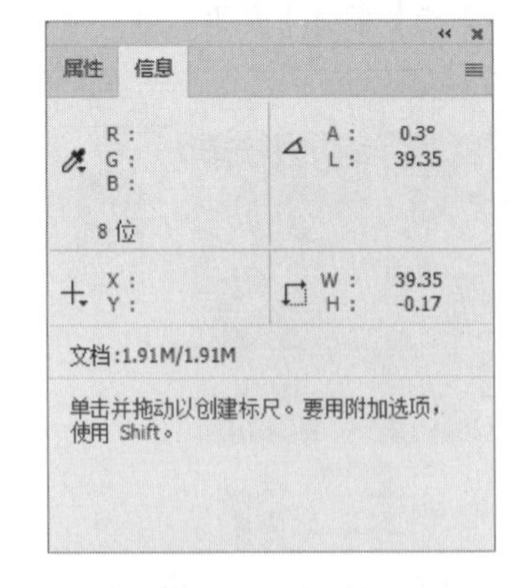

第5步 执行【图像】→【图像旋转】→【任意角度】命令，如下图所示。

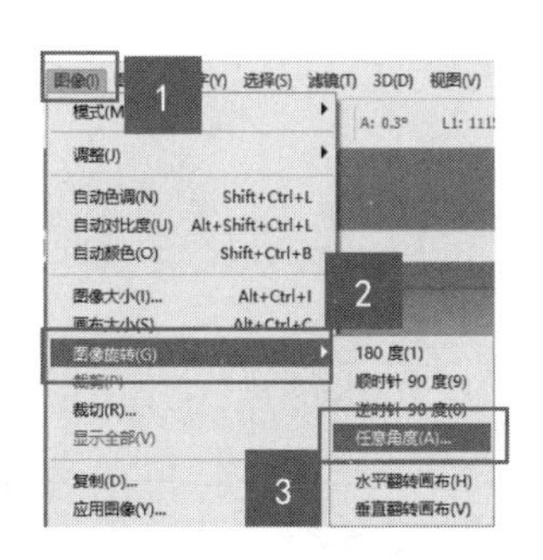

第6步 在打开的【旋转画布】对话框中设置【角度】为“15”，选择【度逆时针】单选按钮，然后单击【确定】按钮，如下图所示。

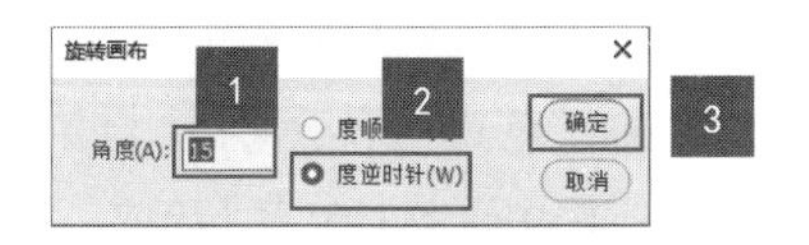

第7步 选择【裁剪工具】修剪图像，如下图所示。

第8步 修剪完毕后按【Enter】键确定，最终效果如下图所示。

12.1.5 制作大头贴效果

制作大头贴要使用【画笔工具】【渐变工具】和【反选】命令等。

第1步 执行【文件】→【新建】命令，如下图所示。

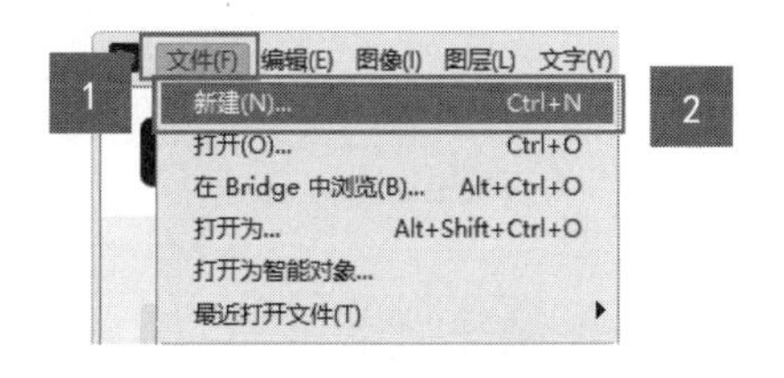

第2步 在弹出的【新建文档】对话框中创建一个【宽度】为15厘米、【高度】为15厘米、【分辨率】为72像素/英寸、【颜色模式】为RGB颜色的新文件，如下图所示。

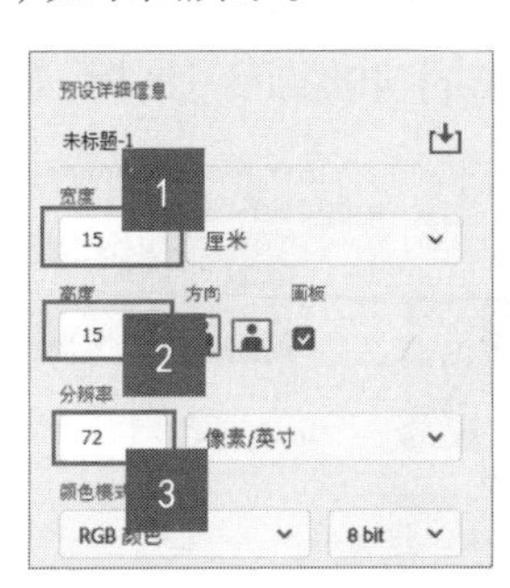

第3步 单击【创建】按钮，效果如下图所示。

第4步 单击工具箱中的【渐变工具】按钮，单击工具选项栏中的【点按可编辑渐变】下拉按钮，如下图所示，这里有各种色彩的渐变预设。

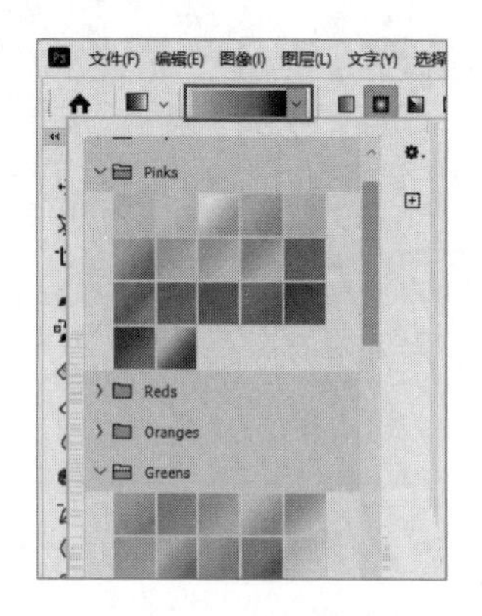

第5步 在弹出的下拉列表中选择【Pinks_03】渐变色，然后单击【角度渐变】图标，如下图所示。

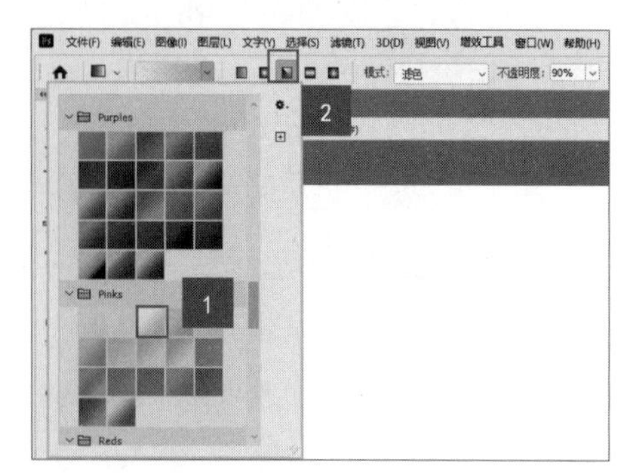

第6步 在画面中拖动鼠标，由中心向外拖动，填充渐变，效果如下图所示。

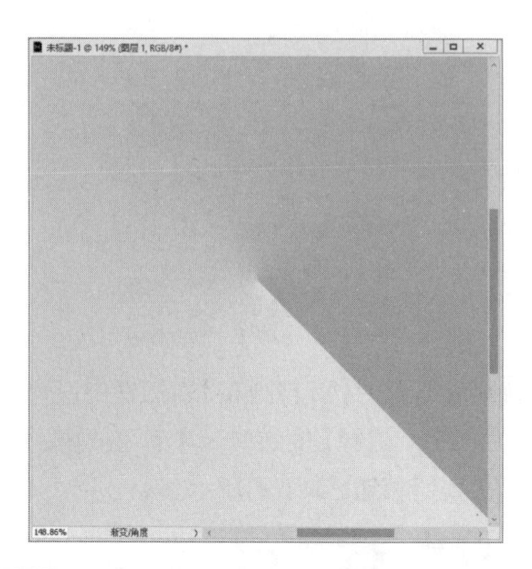

第7步 设置前景色为白色，选择【自定形状工具】，在选项栏中选择【像素】选项，单击【点按可打开"自定形状"拾色器】按钮，在下拉列表框中选择【大象】图案，如下图所示。

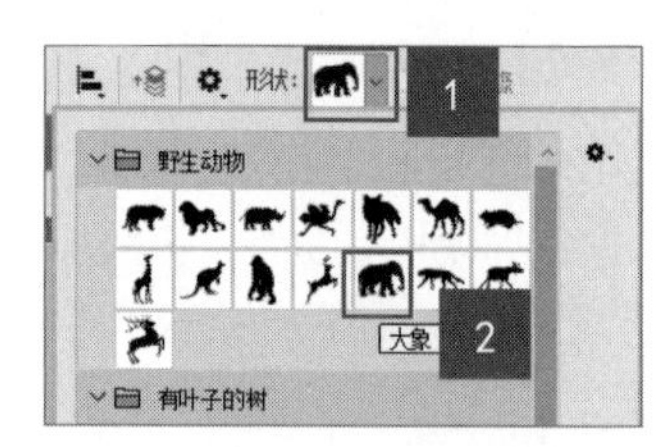

第8步 新建一个图层，在画布中用鼠标拖曳出大象形状，效果如下图所示。

第9步 打开"素材\ch12\12.1.5-1.psd"图片，选择【移动工具】将大树图像拖曳到文档中，按【Ctrl+T】组合键调整"大树"的位置和大小，如

下图所示。

第10步 设置前景色为粉色（C：0，M：11，Y：0，K：0），选择【画笔工笔】，并在属性栏中设置下图所示的参数。

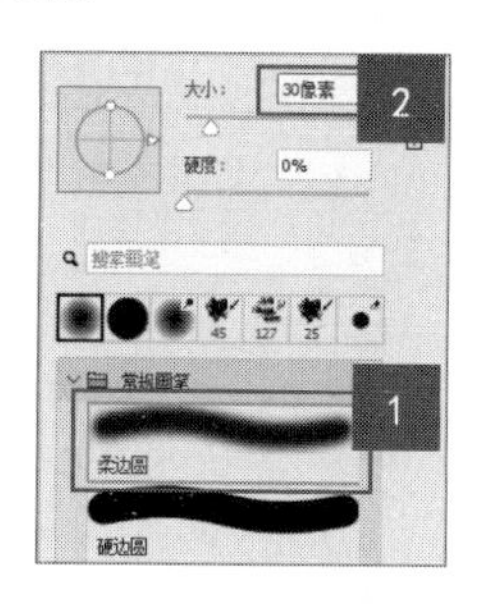

第11步 新建一个图层，拖动鼠标在图层上进行下图所示的绘制，在绘制时可不断更换画笔与调整颜色。

第12步 打开“素材\ch12\12.1.5-2.jpg”图片。选择【移动工具】，将大头贴图片拖曳到文档中，如下图所示。

第13步 按【Ctrl+T】组合键调整“大头贴”的位置和大小，并调整图层的顺序，效果如下图所示。

第14步 在【图层】面板中按【Ctrl】键的同时单击大象图层前的【图层缩览图】，将大象形状载入选区，如下图所示。

第15步 按【Ctrl+Shift+I】组合键反选选区，然后选择大头贴图像所在的图层，按【Delete】键删除，如下图所示。

第16步 按【Ctrl+D】组合键取消选区，并调整图层位置，最终效果如下图所示。

12.2 用滤镜制作炫光空间

本实例学习如何制作色彩绚丽的炫光空间背景，具体操作步骤如下。

第1步 执行【文件】→【新建】命令，新建一个文件，如下图所示。

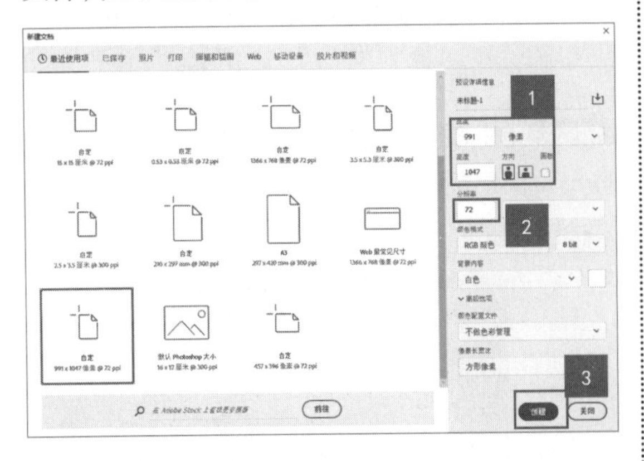

第2步 执行【滤镜】→【渲染】→【云彩】命令，效果如下图所示。

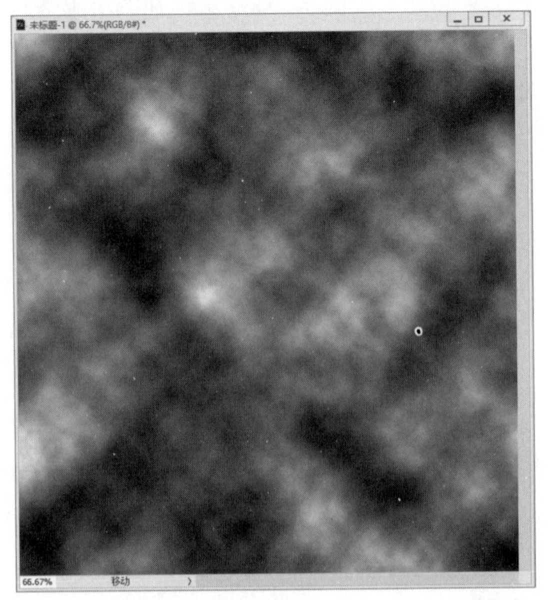

第3步 执行【滤镜】→【像素化】→【马赛克】命令，设置【单元格大小】为“9”，如下图所示。

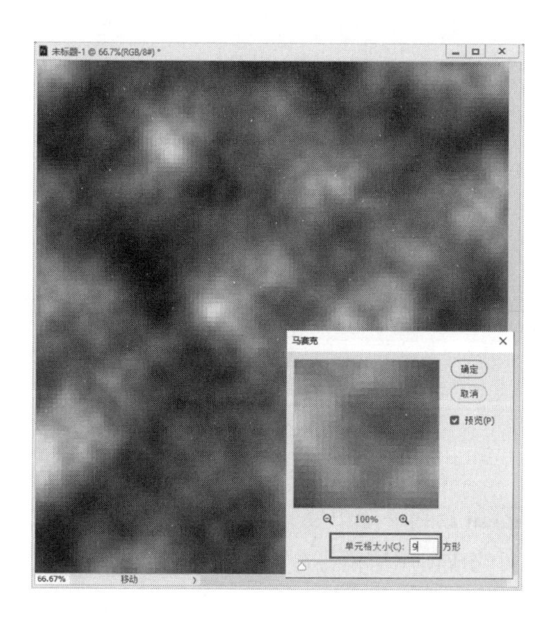

第4步 执行【滤镜】→【模糊】→【径向模糊】命令，参数设置和效果如下图所示。

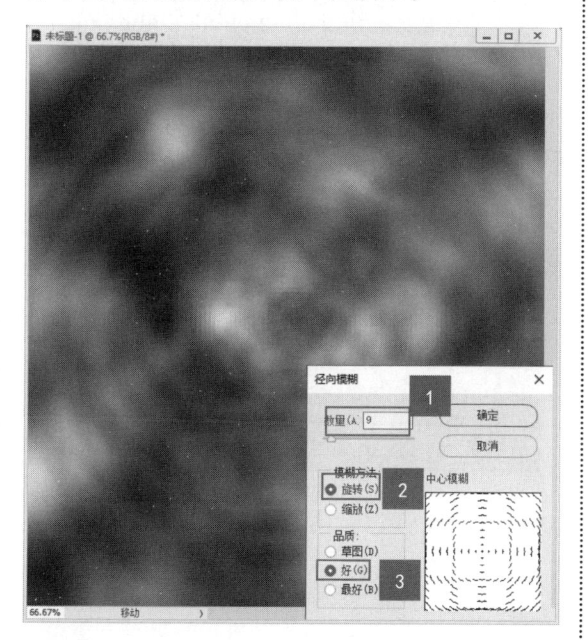

第5步 执行【滤镜】→【风格化】→【浮雕效果】命令，参数设置和效果如下图所示。

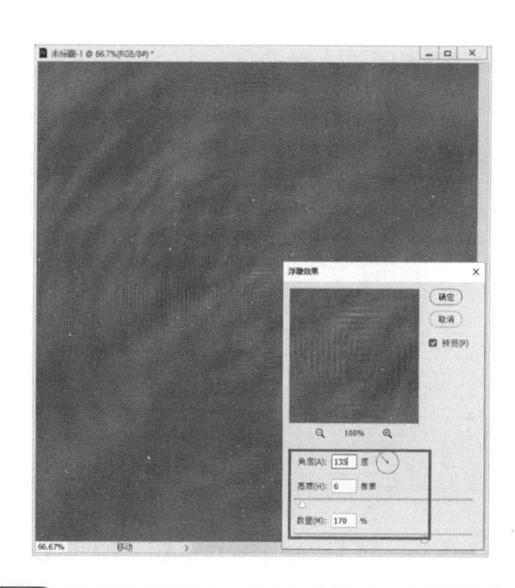

第6步 执行【滤镜】→【滤镜库】→【画笔描边】→【强化的边缘】命令，参数设置和效果如下图所示。

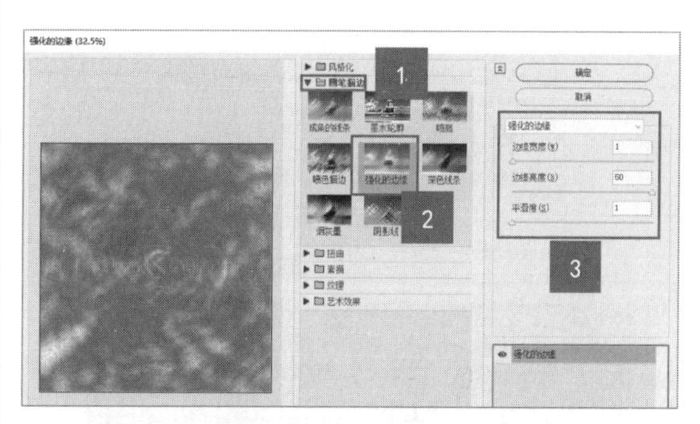

第7步 执行【滤镜】→【风格化】→【查找边缘】命令，创建清晰的线条效果，按【Ctrl+I】组合键将图像反相，效果如下图所示。

第8步 按【Ctrl+L】组合键，打开【色阶】对话框，设置【阴影】数值为“20”，使图像变暗，如下图所示。

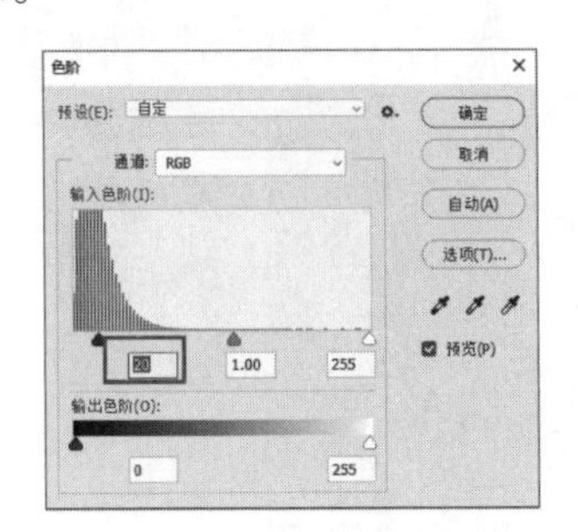

第9步 在【调整】面板中单击【照片滤镜】按钮，弹出【照片滤镜】对话框，在【滤镜】下拉列表中选择【Violet】选项，设置【密度】为100%，如下图所示。

第10步 选择【渐变工具】，在工具选项栏中单击【径向渐变】按钮，并单击渐变颜色条，打开【渐变编辑器】对话框，调整渐变颜色，如下图所示。

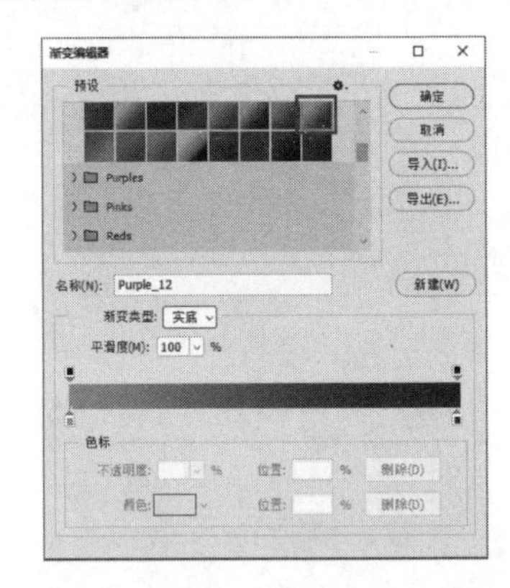

第11步 新建一个图层，填充一些小的渐变颜色，即可完成使用滤镜打造神秘炫光空间的效果，如下图所示。

12.3 制作金属质感图标

本节通过使用形状工具和【图层样式】命令制作一个金属质感图标，具体操作步骤如下。

第1步 执行【文件】→【新建】命令，新建一个文件，如下图所示。

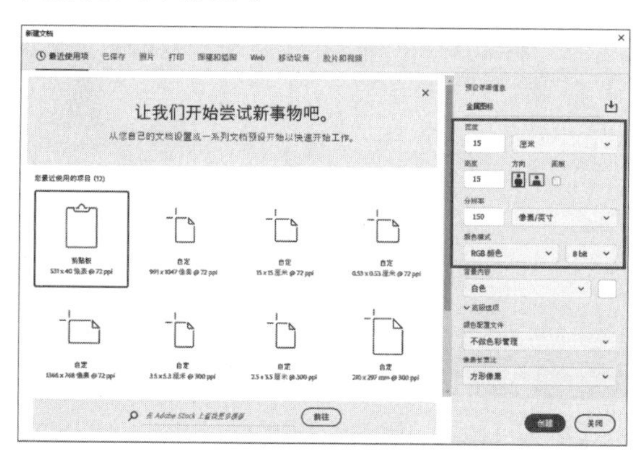

第2步 设置前景色为“黑色”，单击【矩形工具】，设置圆角半径为“50”像素，如下图所示。

第3步 按住【Shift】键在画布上绘制出一个圆角矩形。

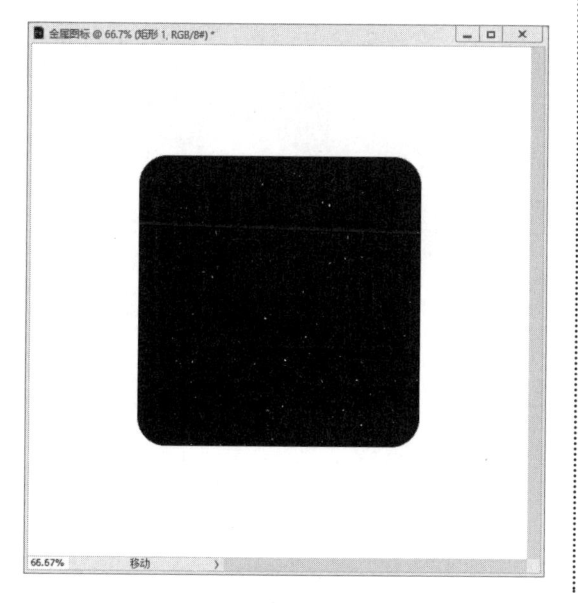

第4步 双击圆角矩形图层。

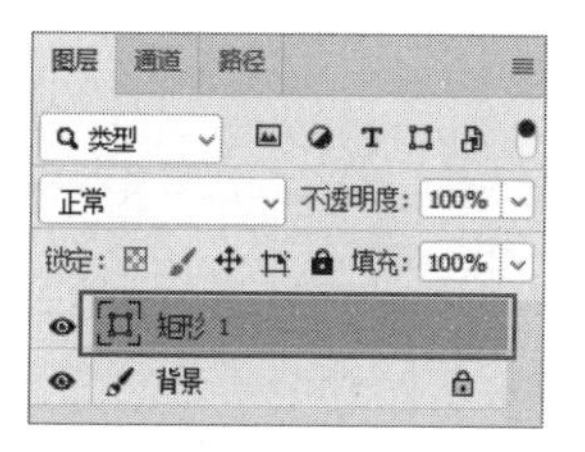

第5步 在弹出的【图层样式】对话框中选中【渐变叠加】复选框，单击【点按可编辑渐变】按钮，如下图所示。

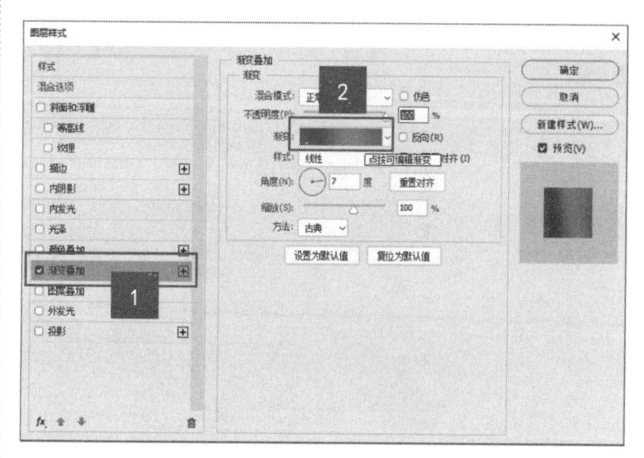

第6步 弹出【渐变编辑器】对话框，渐变颜色使用深灰与浅灰相互交替(浅灰色RGB：241,241,241；深灰色RGB：178,178,178)，调整好滑块的位置，单击【确定】按钮，如下图所示。

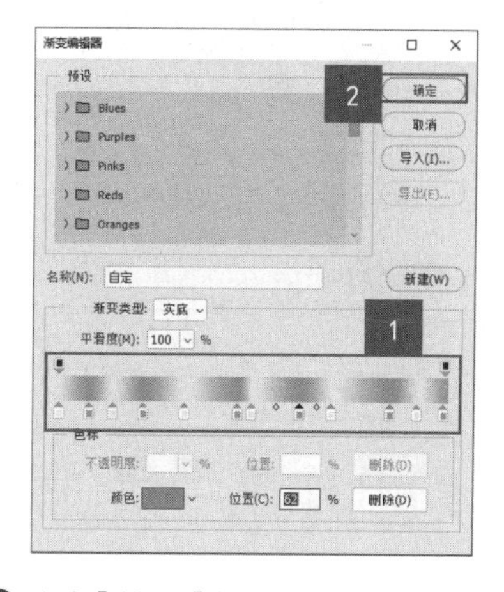

第7步 选中【描边】复选框，并设置描边样式，渐变颜色使用深灰到浅灰(浅灰色RGB:216,216,216；深灰色RGB：96,96,96)，单击【确定】

按钮，如下图所示。

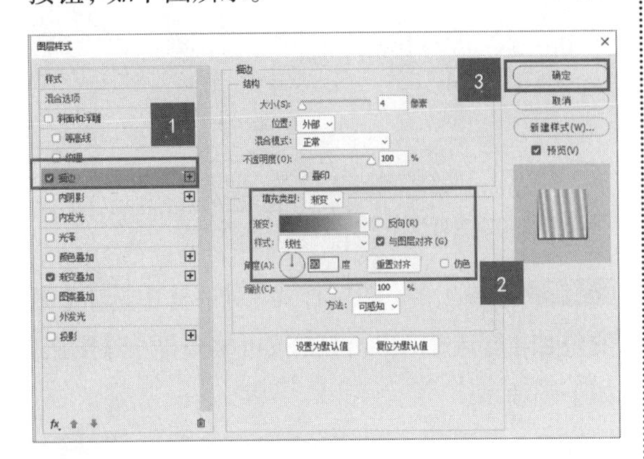

第8步 效果如下图所示。

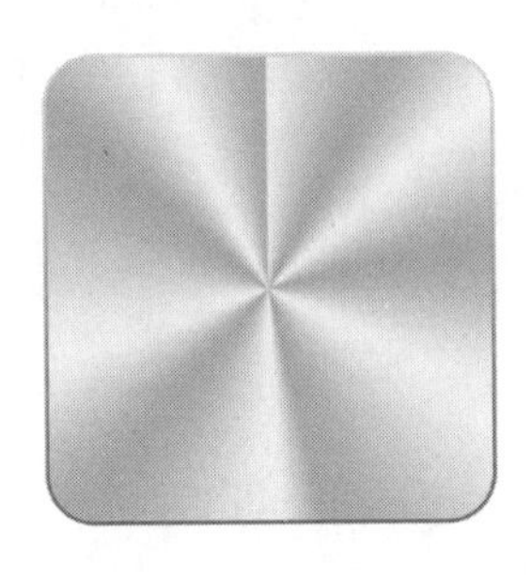

第9步 在圆角矩形中心绘制内部图案，如下图所示。

第10步 双击图案图层，为其添加内阴影样式，如下图所示。

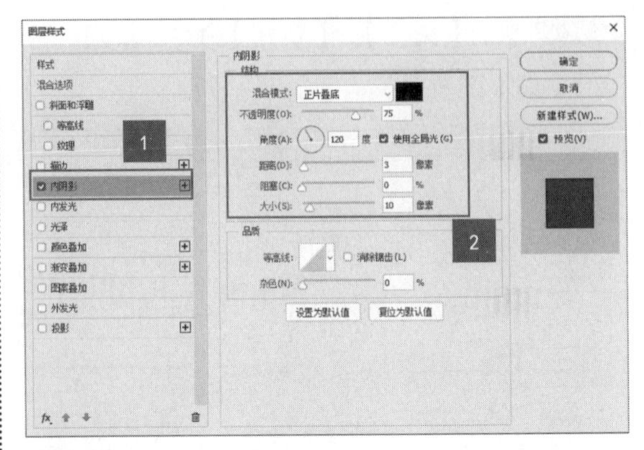

第11步 选中【描边】复选框，设置描边样式，单击【确定】按钮，如下图所示。

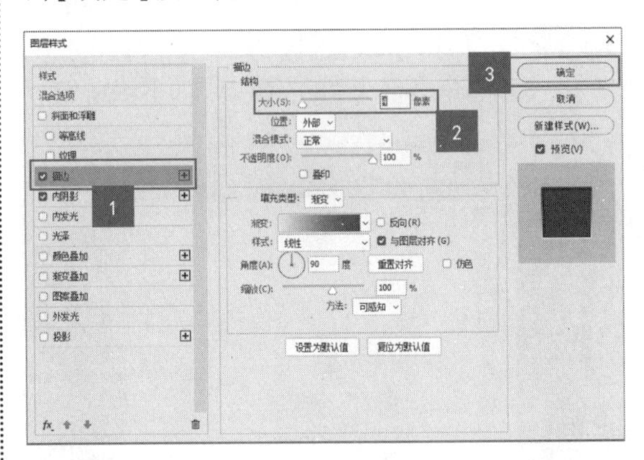

第12步 金属图标制作完成后的图标如下图所示。

 12.4 制作景中景创意图片

本实例主要使用图层的混合模式、【自由变换】命令和【图层】等制作景中景效果，具体操作步骤如下。

第1步 打开“素材\ch12\12.4-1.jpg”和“素材\ch12\12.4-2.jpg”文件，如下图所示。

第2步 使用【移动工具】将手拿纸片的素材图片拖到街景照片中，然后调整其大小和位置，如下图所示。

第3步 将手拿纸片的图层隐藏，拖曳一个照片的选区，按【Ctrl+J】组合键复制一张街景图片，如下图所示。

第4步 按【Shift+Ctrl+U】组合键，使用【去色】命令为复制的图像去色，使其变成黑白效果，如下图所示。

第5步 按【Ctrl+M】组合键，使用【曲线】命令把老照片的对比度调整一下，使亮的更亮、暗的更暗，如下图所示。

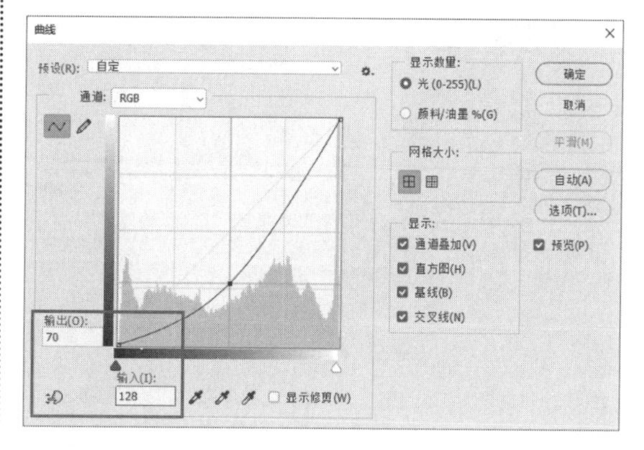

第6步 执行【图像】→【调整】→【照片滤镜】命令，为其添加一个照片加温滤镜，模拟老照片

发黄的效果，如下图所示。

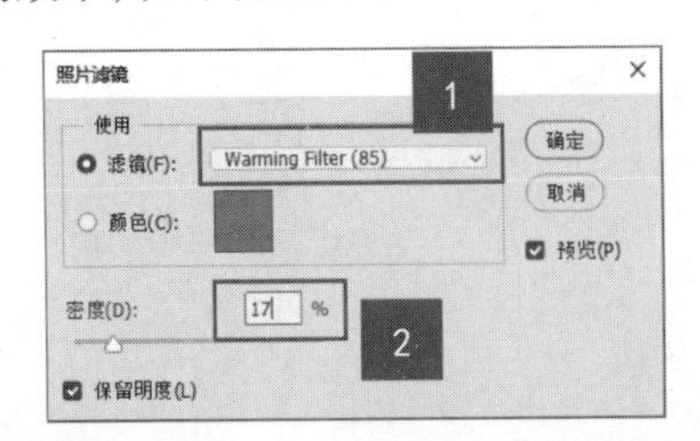

第7步 执行【滤镜】→【模糊】→【高斯模糊】命令，添加一点模糊效果，如下图所示。

第8步 继续添加一点【胶片颗粒】效果，参数设置及效果如下图所示。

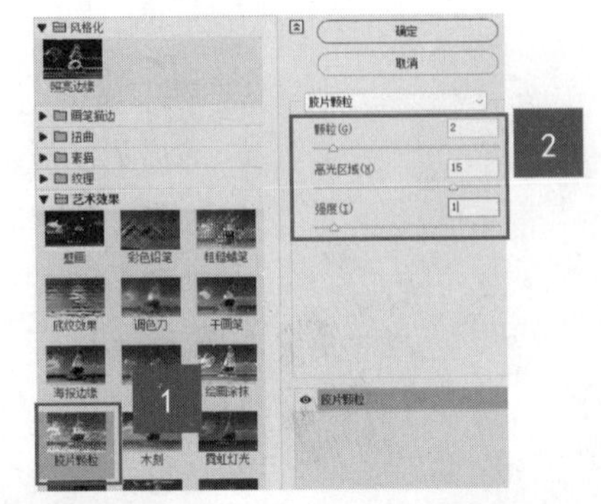

第9步 在老照片上新建一个图层，执行【滤镜】→【渲染】→【云彩】命令，然后剪贴蒙版到老照片，如下图所示。

第10步 将云彩图层的混合模式改为【柔光】，像刚才处理老照片一样，把对比度调整一下，就像是照片放久了之后有些地方会褪色一样，继续把云彩与老照片合并，如下图所示。

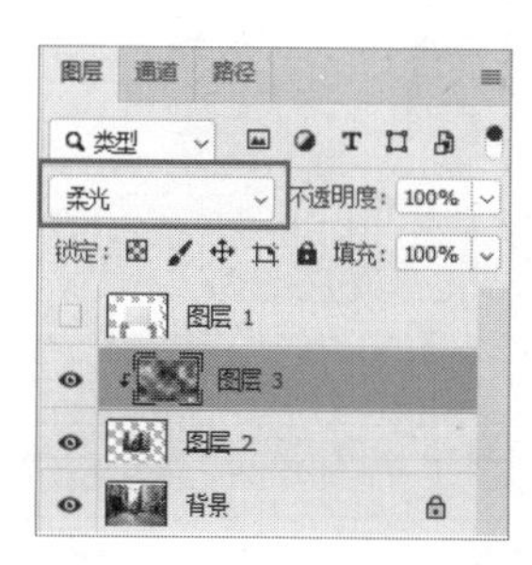

第11步 按【Ctrl+T】组合键执行【自由变换】命令，把老照片中的建筑物与现在的场景做一些偏移，如下图所示。

第12步 显示手拿纸片的图层，使用【钢笔工具】抠出手的路径，如下图所示。

第13步 结合老照片的选区给手添加一个蒙版，这样就有了一个手捏着照片的雏形，如下图所示。

第14步 执行【编辑】→【描边】命令，给老照片添加描边，如下图所示。

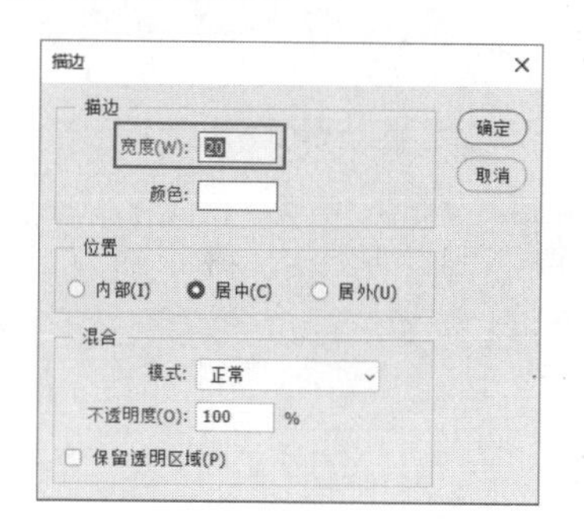

第15步 新建一个图层，用黑色的画笔点一下，按【Ctrl+T】组合键执行【自由变换】命令，制作一个大拇指投射在照片上的阴影，注意阴影的方向和长度要与画面中的阴影一致，如下图所示。

第16步 给手添加一个照片滤镜，剪贴蒙版在手上，模拟初晨的阳光那种暖暖的感觉。添加滤镜之前需要栅格化图层，如下图所示。

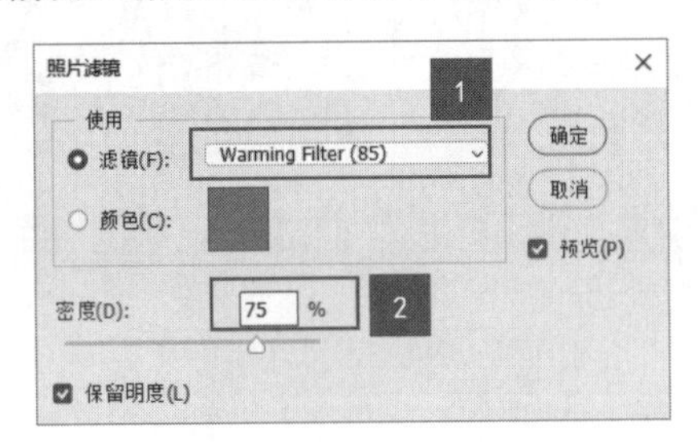

第17步 执行【文件】→【打开】命令，打开“素材\ch12\12.4-3.jpg”文件，这是一张划痕照片，如下图所示。

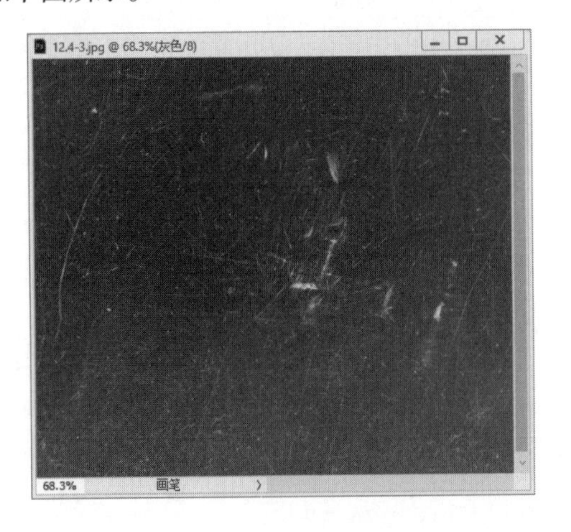

第18步 剪贴蒙版在老照片上，如下图所示。

第19步 将划痕照片的混合模式改为【滤色】，让照片看起来有些霉斑，如下图所示。

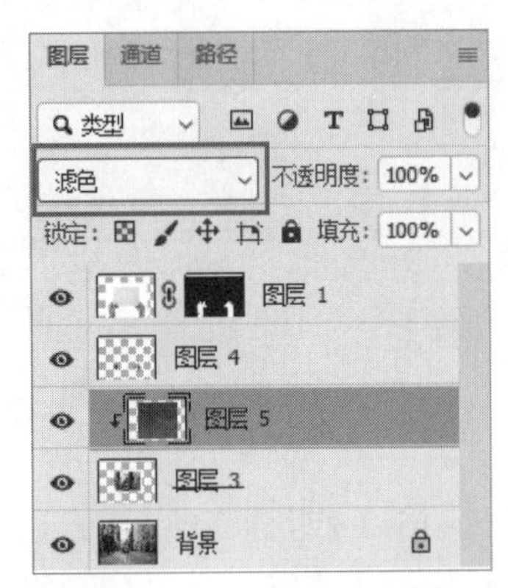

第20步 将背景图层的饱和度调高一些，形成对比，最终效果如下图所示。

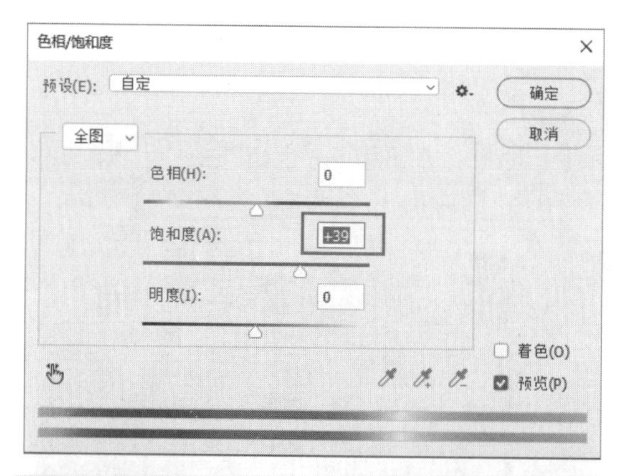

技巧 1：使用滤镜为照片去噪

由于相机品质或 ISO 设置不正确等，有时会造成照片有明显的噪点，但是通过后期处理完全可以将这些问题解决。下面将为大家介绍如何在 Photoshop 2022 中为照片去除噪点，具体的操作步骤如下。

第 1 步 打开“素材\ch12\技巧 1.jpg”文件，如下图所示。

第 2 步 将图像显示放大至 200%，以便观察局部。执行【滤镜】→【杂色】→【去斑】命令，会发现虽然细节表现略好，但存在画质丢失的现象，如下图所示。

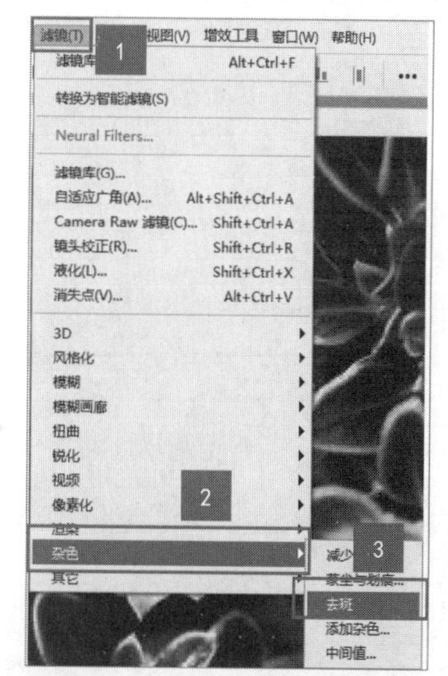

第3步 执行【滤镜】→【杂色】→【蒙尘与划痕】命令。通过调节【半径】和【阈值】滑块，同样可以实现去噪效果，通常半径值为1像素即可；而阈值可以对去噪后画面的色调进行调整，将画质损失降到最低。设置完成后单击【确定】按钮，效果如下图所示。

第4步 最后，用【锐化工具】对花朵的重点表现部分进行锐化处理即可，效果如下图所示。

技巧2：如何在户外拍摄人物

在户外拍摄人物时，一般不要让被摄人站在阳光直射的地方，特别是在光线很强的夏天。但是，如果由于条件所限必须在这样的情况下拍摄，就需要让被摄人背对阳光，这就是常说的“肩膀上的太阳”规则。这样被摄人的肩膀和头发上就会留下不错的边缘光效果（轮廓光），然后再用闪光灯略微（较低亮度）给被摄人的面部补充一些光线，就可以得到一张与周围自然光融为一体的完美照片了。

第5篇

短视频剪辑篇

第 13 章

剪映操作入门

学习内容

剪映最初是一款手机视频编辑工具，但为了适应更多专业的剪辑场景，让创作者能够自由创作，剪映推出了计算机端的版本。剪映有全面的剪辑功能和支持变速功能，有多种滤镜和美颜的效果，有丰富的曲库资源。本章介绍剪映时间线相关的操作及调整画面的操作，帮助用户快速学会视频剪辑的基础操作。

学习效果

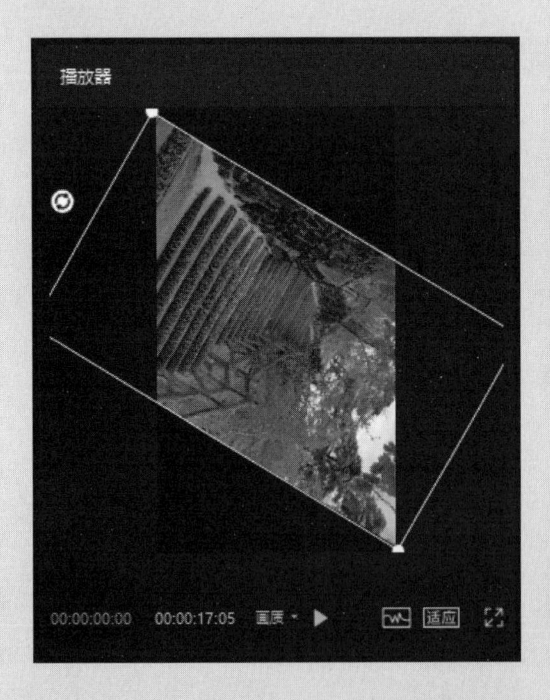

13.1 短视频行业的发展前景

目前，随着5G网络的普及，短视频行业快速崛起，市场规模持续扩大。

短视频行业的发展趋势有以下3点。

1. 短视频行业市场规模越来越大

近几年，随着互联网的发展，加上5G 时代的到来，短视频行业快速崛起，其内容几乎覆盖了日常生活中衣、食、住、行等各种场景，很多人在吃饭睡觉等空闲之余都在刷短视频。短视频已经影响或改变了大部分用户的社交和工作，并且将使用的人群都聚焦在一起，短视频不再是简单的消遣工具，而是一个市场规模越来越大的行业。

2. 短视频平台促使企业发展

现在短视频具有广告带货、直播带货，以及将知识变现等功能，这些功能增加了短视频博主与用户之间的联系和互动。此外，短视频广告也成为短视频行业的一大类目，其庞大的观看人群，是企业宣传不可或缺的途径。短视频已经成为各大企业新的发展平台，可以促使企业发展。

3. 短视频行业用户对质量的要求越来越高

社会在发展，生活在进步，短视频行业同样在改变。目前，用户对短视频质量的要求越来越高，画面越美观、内容越能符合用户需要，就能吸引更多用户去关注，而那些不能满足用户需求的视频，注定会被淘汰。此外，短视频领域目前还属于新事物，除了平台限制的不允许发布的内容外，社会中并没有对短视频质量的约束条文，但随着短视频领域的壮大，极大可能会制定出相关的管理方法。

因此，短视频行业的发展不可估量，学会短视频剪辑就显得尤为重要。抖音开发的剪映软件，不仅有手机APP，还有电脑版，能够轻松实现短视频的剪辑。使用剪映剪辑短视频的优势主要体现在以下3个方面。

1. 节省大量的制作费用

之前视频制作需要花费高昂的成本，需要专业的设备、专门的场地，以及专业的人才，普通老百姓承受不起。

但随着手机拍摄视频的技术不断进步，各大视频平台有越来越多的人参与，不需要专门的摄影器材，不需要专业演员，也不需要专业的视频剪辑师做后期，只要一部手机，一个自拍杆即可拍摄视频。

而剪映的出现，让短视频后期处理变得简单，节省了大量的制作费用。

2. 操作更简单，学习更快速

剪映的功能强大，提供了各种免费特效，能够满足大多数人的剪辑需求，并且剪映操作简单，普通人轻松就能学会短视频剪辑，学习效果更高效。

3. 成为新兴职业，赚取外快

短视频的兴起与火爆，让越来越多企业和个人都纷纷入驻短视频行业，正因为这种环境，短视频剪辑岗位也非常稀缺。可以通过帮助他人剪辑短视频获取收益。

13.2 认识剪映界面

剪映界面主要包含5个部分，分别是标题栏、素材面板、播放器面板、时间线面板和功能面板，如下图所示。

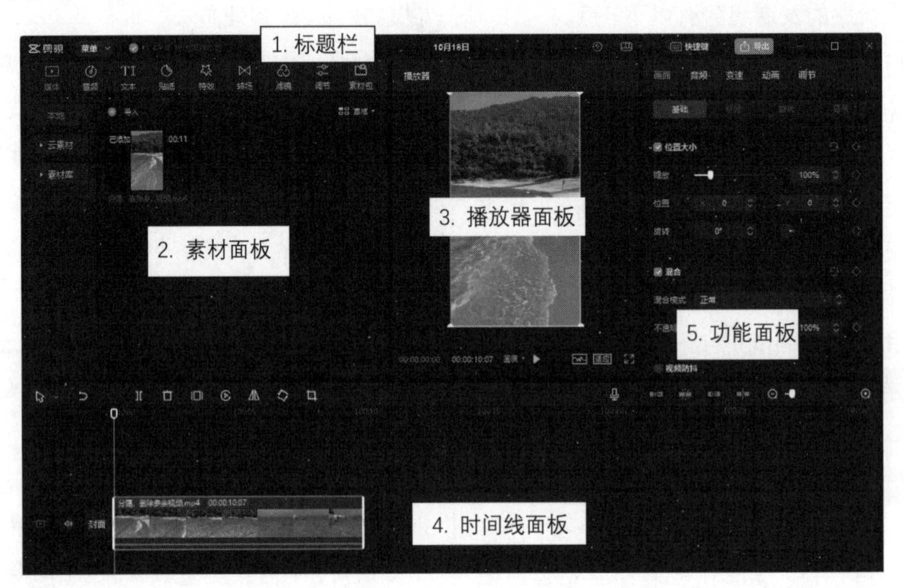

1. 标题栏

标题栏在剪映主界面顶部，包含左侧的剪映图标、【菜单】按钮、素材名称、【布局设置】按钮、【快捷键】按钮、【导出】按钮、【最小化】按钮、【最大化】按钮及【关闭】按钮。

（1）单击【菜单】按钮，在弹出的下拉列表中包含文件、编辑、布局模式、退出剪映等选项，如下图所示。

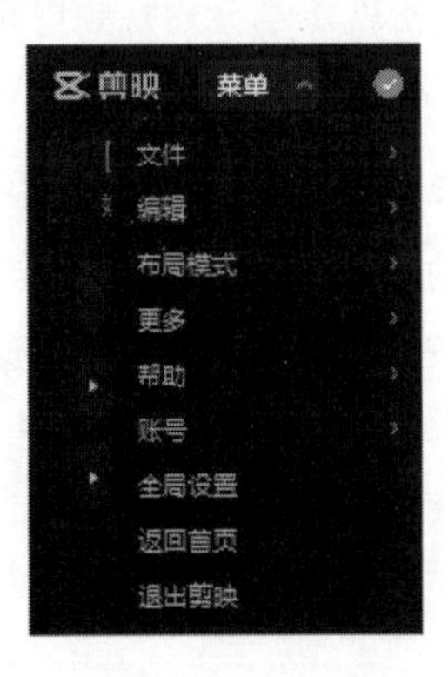

（2）在素材名称区域，直接单击当前显示的素材名称，可以根据需要修改素材名称，将素材名称改为“删除视频”，效果如左下图所示。

（3）单击【布局设置】按钮，可以在弹出的下拉列表中根据需要选择布局模式，如右下图所示。

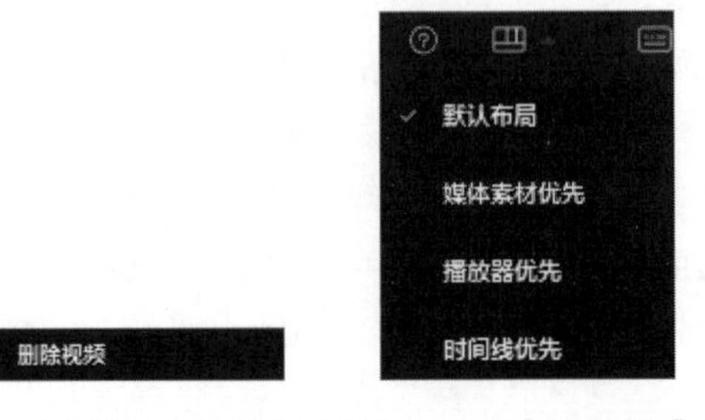

（4）单击【快捷键】按钮，弹出【快捷键】对

话框，可以查看各种操作对应的快捷键，如下图所示，提高操作速度。

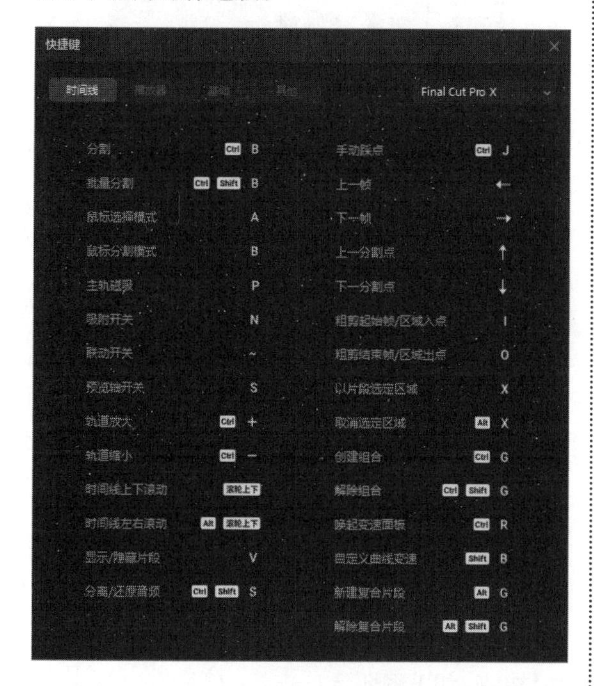

（5）单击【导出】按钮，弹出【导出】对话框，可以设置作品名称、导出位置及分辨率、码率、编码等参数，如下图所示。

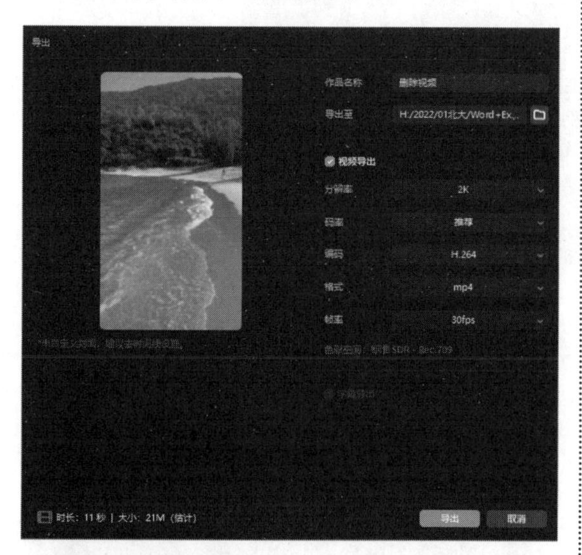

2. 素材面板

素材面板如下图所示，素材面板显示的是媒体选项，可以将素材显示在素材面板中，主要用于导入视频、图片、音频等素材，并进行管理。此外，还包含文本、贴纸、特效、转场、滤镜、调节等选项，可以添加各种类型的效果。

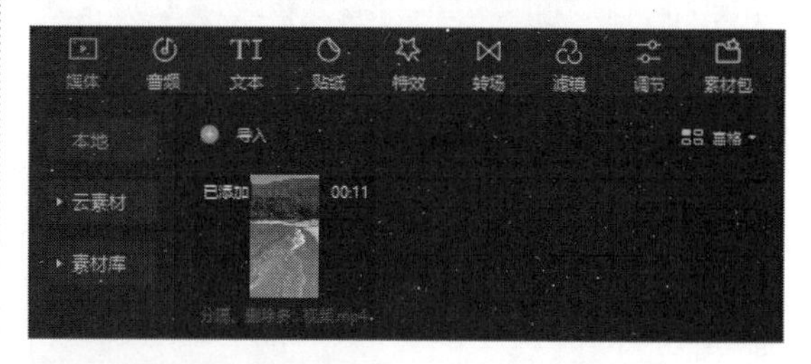

3. 播放器面板

播放器面板如下图所示，主要用于短视频效果的预览。此外，在图左下方显示的是视频的当前放映时间及总时间，还可以根据需要设置视频是性能优先还是画质优先，在图右下方显示的是【示波器】按钮（对视频进行调色）、【适应】按钮（调整画面大小）和【全屏】按钮（全屏显示预览界面）。

4. 时间线面板

时间线面板位于剪映界面底部，如下图所示。时间线面板主要用于对素材进行基础的编辑操作，剪辑前，需要先将素材从素材面板拖曳至时间线面板。时间线面板包含分割、删除、定格、倒放、镜像、旋转、裁剪、录音、开/关主轨磁吸、开/关自动吸附、开/关联动、开/关预览

轴及放大/缩小时间线等操作。

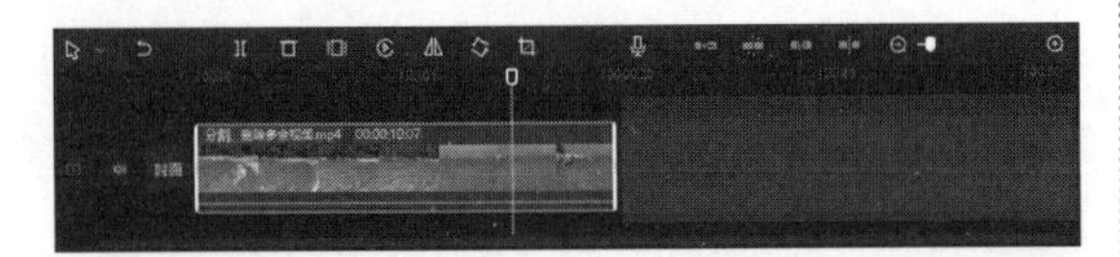

5. 功能面板

在时间线面板选择素材，将会激活功能面板，在功能面板中可以更加详细地设置短视频的画面、音频、变速、动画及调节等选项，如下图所示。

13.3 导入视频

启动剪映，在启动界面登录账号，单击【开始创作】按钮，如下图所示。

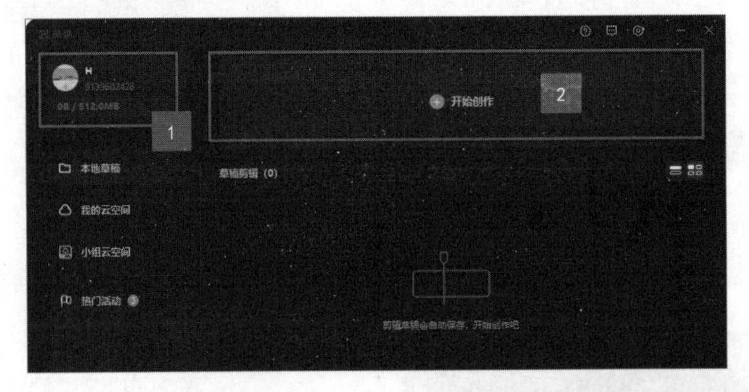

> **提示**
>
> 如果是抖音用户，可以直接打开抖音，扫码登录。

进入剪映主界面，在剪映中将视频文件导入素材面板有3种方法。

1. 使用标题栏

第1步 在标题栏中执行【菜单】→【文件】→【导入】命令，如下图所示。

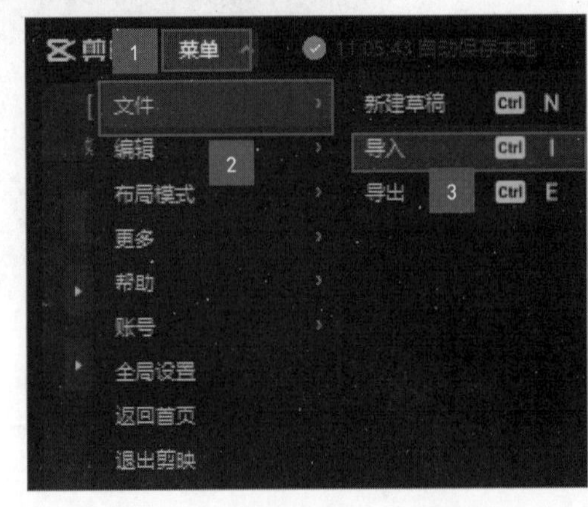

第2步 弹出【请选择媒体资源】对话框，选择要导入的文件，单击【打开】按钮，如下图所示。

第3步 选择的视频即可导入素材面板中，如下图所示。

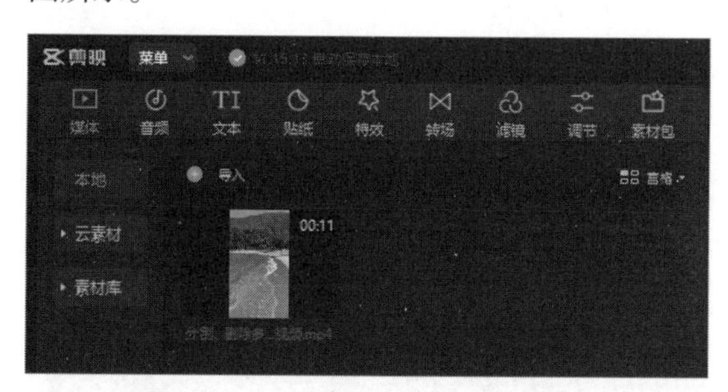

提示

如果要将视频从素材面板中删除，可以选择要删除的视频并右击，在弹出的快捷菜单中选择【删除】选项，如下图所示。

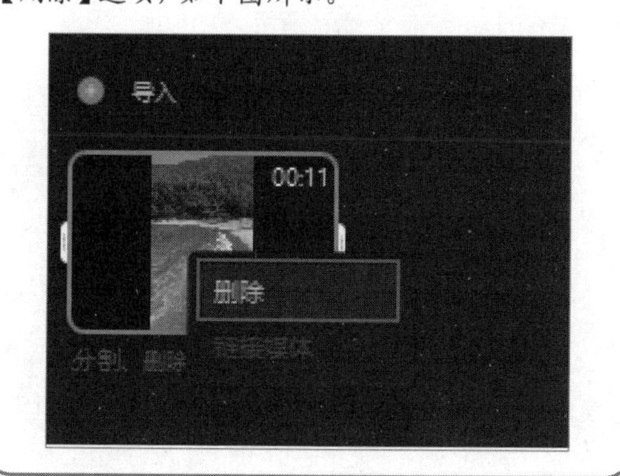

2. 使用素材面板

在素材面板中单击【导入】按钮，如下图所示。弹出【请选择媒体资源】对话框，选择要导入的文件，单击【打开】按钮即可导入视频。

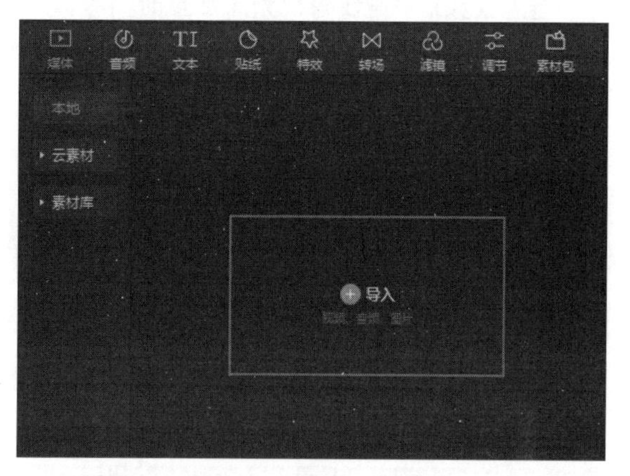

提示

素材面板中已经有视频时，【导入】按钮会显示在第一个视频上方的位置。

3. 直接拖曳

打开要导入视频存储的位置，直接拖曳视频至素材面板中，释放鼠标左键，即可完成导入视频的操作，如下图所示。

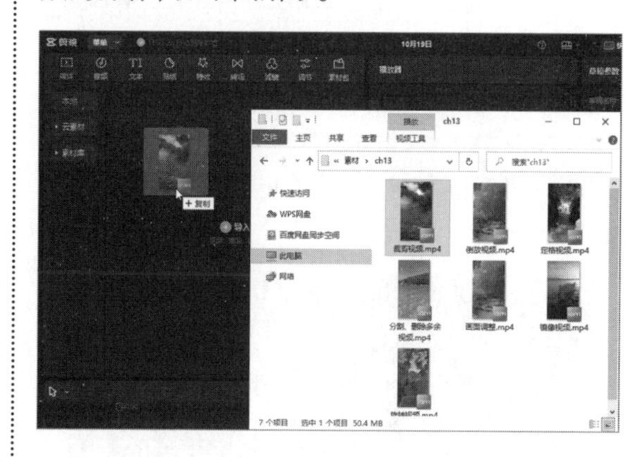

13.4 时间线操作

导入视频后，需要将视频添加至时间线区域，才能执行分割、删除、倒放、镜像等各种操作。

13.4.1 放大、缩小时间线

在执行各类编辑操作时，放大时间线，可以精准确定视频时间，缩小时间线，可以进行整体视频时长预览，具体操作步骤如下。

第1步 将“素材\ch13\分割、删除多余视频.mp4”文件导入素材面板后，选择素材文件，单击【添加到轨道】按钮，如下图所示。

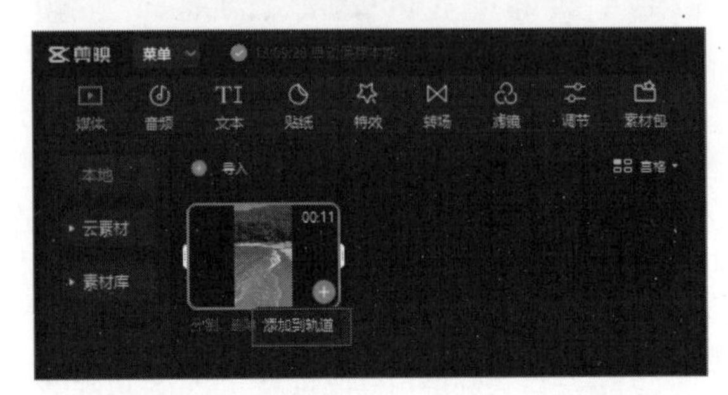

提示

在素材面板选择要添加至时间线的视频，按住鼠标左键拖曳至时间线区域，释放鼠标左键，也可以将视频文件添加至时间线。

第2步 将视频素材文件添加至时间线后的效果如下图所示。

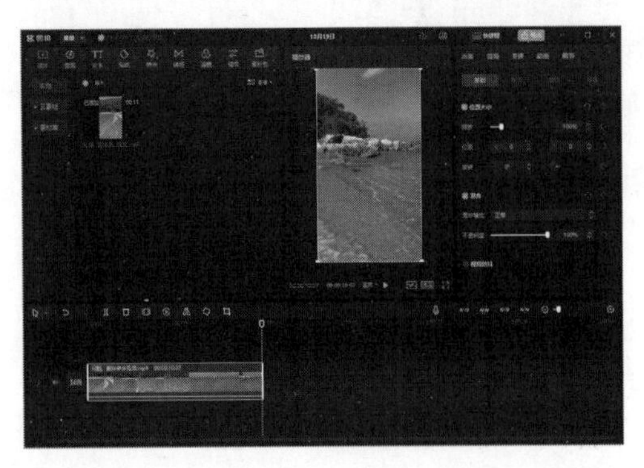

提示

单击播放器面板中的【播放】按钮▶，即可播放视频。

第3步 单击时间线面板右边的【时间线放大】按钮⊕（或按【Ctrl++】组合键），即可放大时间线，放大后效果如下图所示。

第4步 单击时间线面板右边的【时间线缩小】按钮⊖（或按【Ctrl+-】组合键），即可缩小时间线，缩小后效果如下图所示。

13.4.2 分割视频

分割视频是将一个完整的视频分割为两个或多个视频段，选择分割后的某个时间段，可以单独编辑该时间段，其他未选择的视频不会被修改。分割视频的具体操作步骤如下。

第1步 在打开的素材文件中，将光标定位至要分割的位置，可以看到时间线上会显示一条竖直的白色线条（时间线），单击时间轴面板上的【分割】按钮（或按【Ctrl+B】组合键），如下图所示。

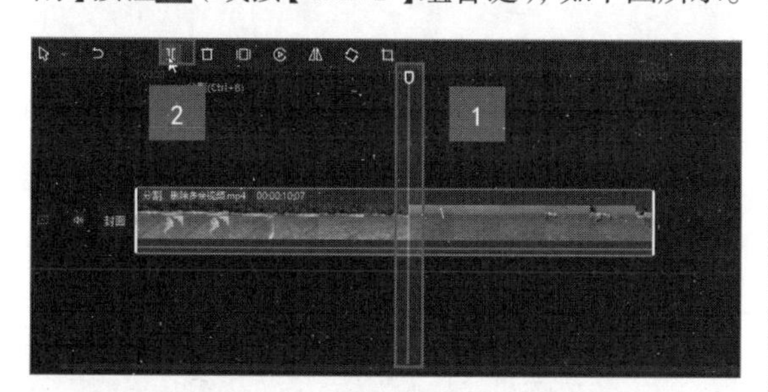

第2步 分割视频后，可以单独选择视频的前半部分和后半部分，效果如下图所示。

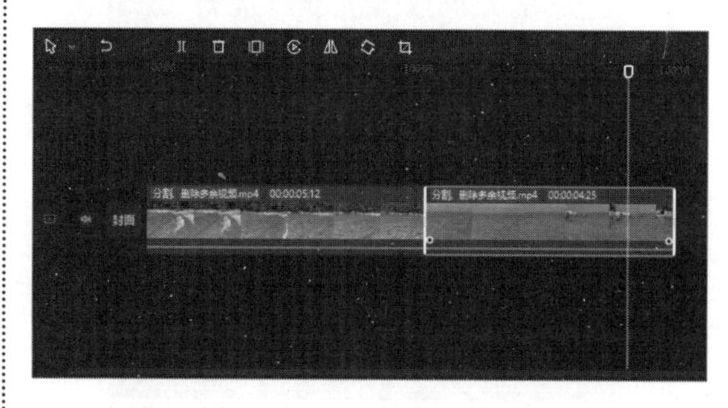

提示

可以根据需要自由分割视频，分割视频后，不影响视频放映的连续性。

13.4.3 删除多余的视频片段

视频中不需要的片段，可以先将其分割出来，再将其删除，如需要将00:00:05:12至00:00:06:14的视频删除，具体操作步骤如下。

第1步 打开“分割、删除多余视频.mp4”素材文件，将光标定位至要分割的位置，按住鼠标左键拖曳时间线，在播放器面板左下角可以看到当前选择的时间，定位至00:00:05:12的位置，按【Ctrl+B】组合键分割视频，效果如下图所示。

提示

按【→】【←】方向键可微调时间线的位置，按一次，默认向右或向左移动0.01秒。

第2步 拖曳鼠标，再次选择00:00:06:14的位置，按【Ctrl+B】组合键分割视频，效果如下图所示。

第3步 选择要删除的视频片段，单击时间线面板中的【删除】按钮（或按【Delete】键），如下图所示。

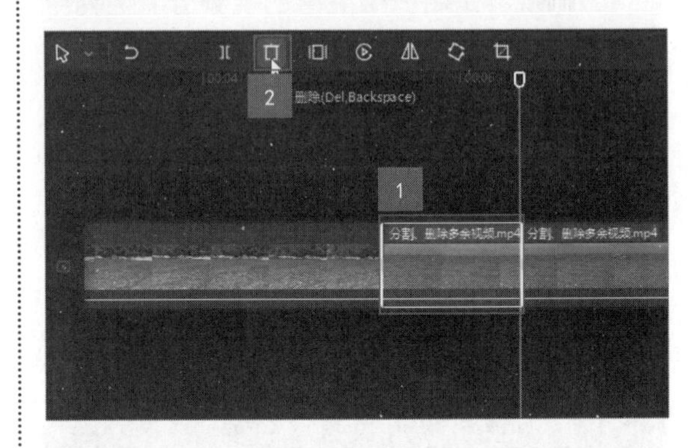

第4步 删除多余视频片段后的效果如下图所示。

13.4.4 定格视频

在编辑视频时，如果需要将视频中的某个画面固定，可以使用定格视频功能，默认情况下设置定格画面后，会自动增加视频总时间，不仅可以根据需要调整增加的时间长度，还可以在不增加视频时长的情况下，使用定格画面覆盖原本的视频画面，具体操作步骤如下。

第1步 将“素材\ch13\定格视频.mp4”文件导入素材面板并添加至时间线面板，可以看到视频总时长为00:00:09:06，选择要定格的画面位置，单击时间线面板中的【定格】按钮，如下图所示。

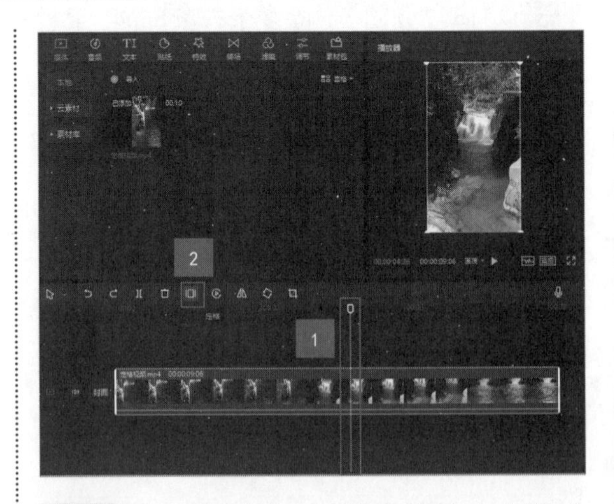

第2步 可以看到增加了3s的定格画面，视频总时间也变为00:00:12:06，效果如下图所示。

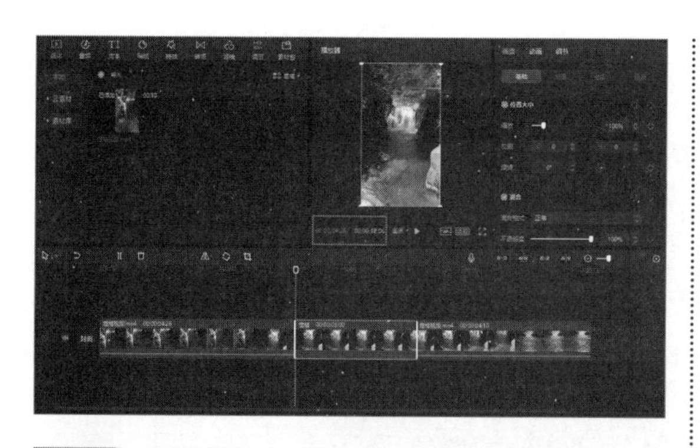

第3步 选择增加的定格画面，将鼠标指针放在定格画面最后的位置，当鼠标指针变为⫞⫟形状时，按住鼠标左键向左或向右拖曳鼠标，可以减小或增大定格画面的时长，如下图所示。

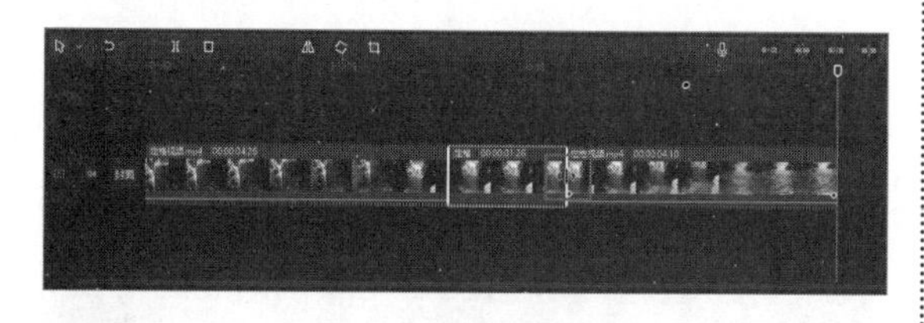

第4步 如果不希望改变视频总时间，可以选择定格画面，按住鼠标左键并向上拖曳，即可新增时间指示器，并将定格画面显示在新时间指示器中，可以根据需要调整定格画面的位置及时间长度，效果如下图所示。

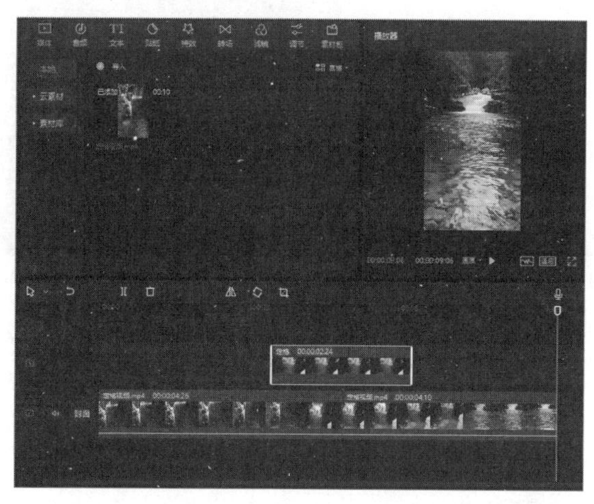

提示

此时，定格画面会覆盖下方的视频内容，并且视频总时间保持不变。

13.4.5 倒放视频

倒放视频功能可以制作出河水倒流、泼出去的水回到水杯中等效果。设置倒放视频的具体操作步骤如下。

第1步 将“素材\ch13\倒放视频.mp4”文件导入素材面板并添加至时间线面板，选择视频，单击时间线面板上的【倒放】按钮，如下图所示。

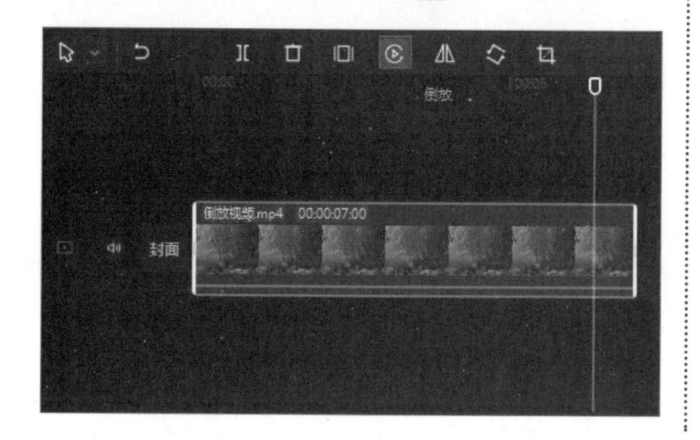

第2步 开始设置视频倒放，并在弹出的对话框中显示倒放进度，如下图所示。

第3步 倒放完成，播放视频即可看到倒放效果，如下图所示。

提示

如果只需要将某一段视频倒放，先将需要倒放的视频分割出来，再选择分割出来的视频片段，为其设置倒放效果。

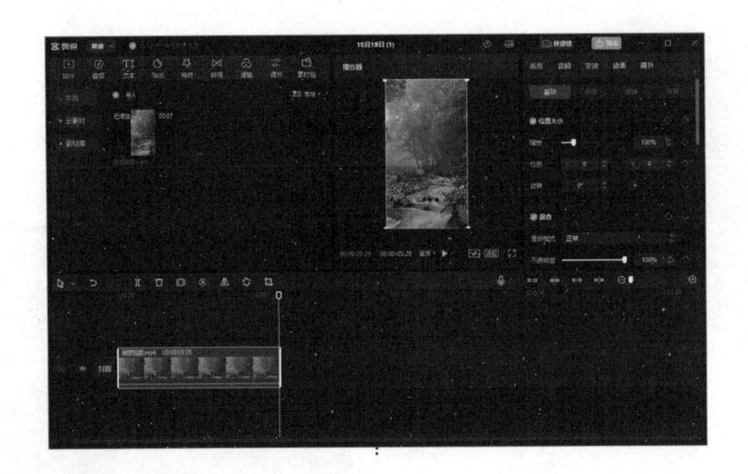

13.4.6 镜像视频

镜像视频可以将选择的视频片段左右翻转，制作出镜像效果，具体操作步骤如下。

第1步 将“素材\ch13\镜像视频.mp4”文件导入素材面板并添加至时间线面板，选择视频文件，单击时间线面板中的【镜像】按钮，如下图所示。

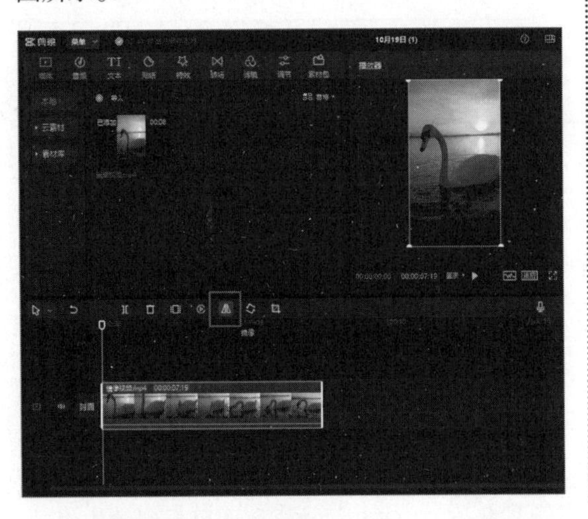

第2步 在播放器面板的预览区域，即可看到镜像后的效果，如下图所示。

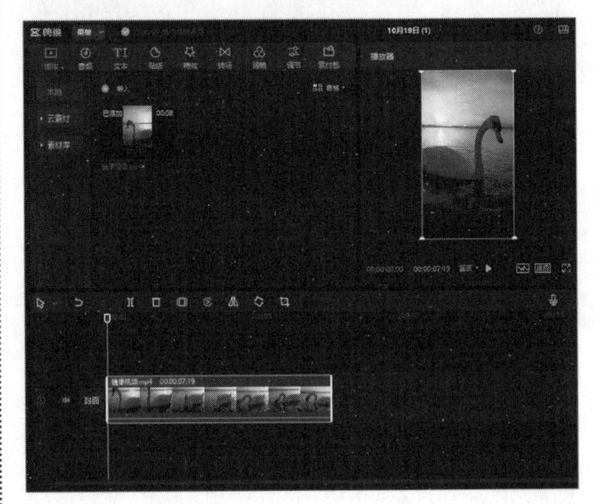

13.4.7 旋转视频

旋转视频可以将视频画面按任意角度旋转，单击【旋转】按钮会依次按顺时针方向旋转90°，如果要按任意角度，可以使用功能面板，具体操作步骤如下。

第1步 将“素材\ch13\旋转视频.mp4”文件导入素材面板并添加至时间线面板，单击时间线面板中的【旋转】按钮，如下图所示。

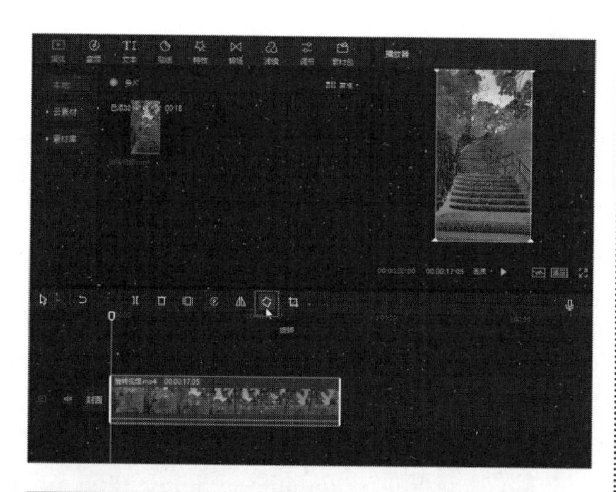

第2步 视频画面按顺时针方向旋转90°后的效果如下图所示。

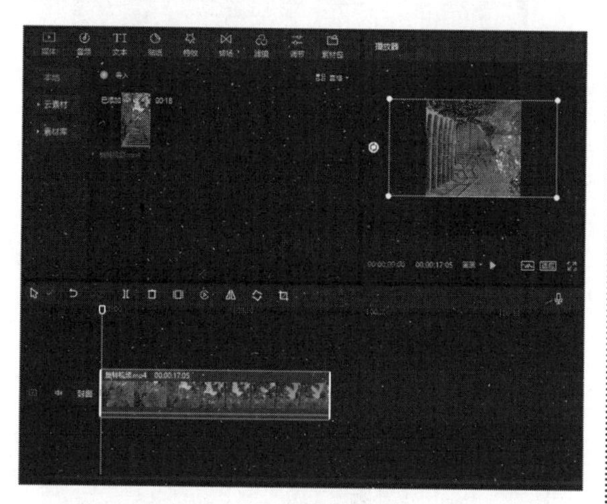

提示

再次单击【旋转】按钮，视频画面会再次顺时针旋转90°。

第3步 单击播放器面板中的【旋转】按钮，按住鼠标左键拖曳，可按照任意角度旋转视频画面，在画面上会显示旋转角度，至合适位置释放鼠标左键，完成旋转，效果如下图所示。

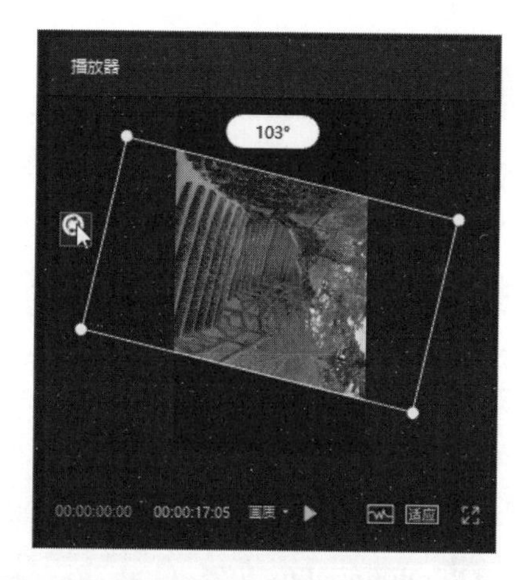

第4步 如果要精确旋转角度为120°，可以在功能面板中的【画面】→【基础】→【位置大小】选项区域中设置【旋转】为“120°”，如下图所示。

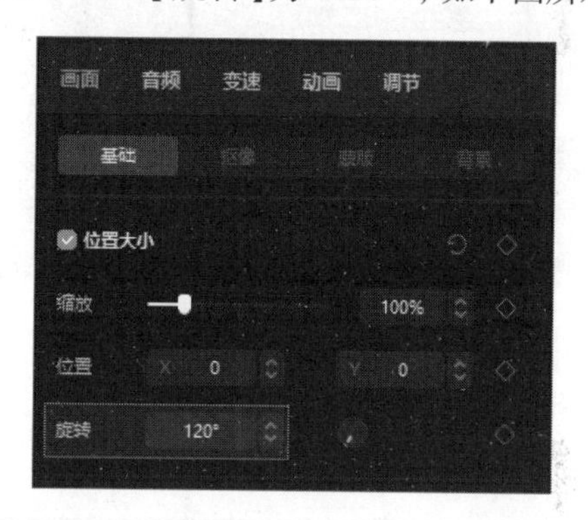

第5步 按【Enter】键，完成旋转，效果如下图所示。

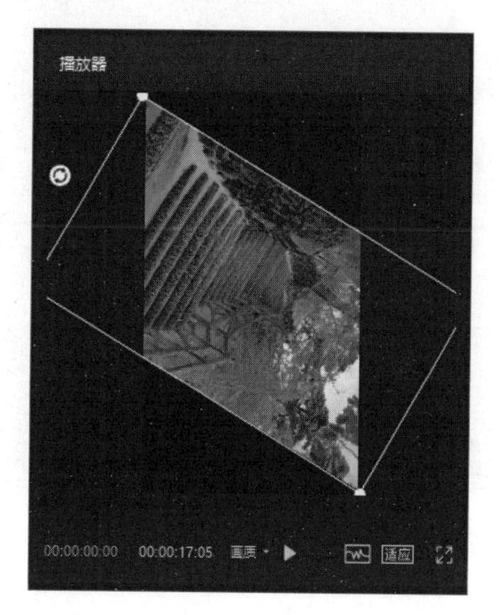

13.4.8 裁剪视频

裁剪视频功能可以根据需要将视频画面中多余的部分裁剪掉，仅保留需要的画面，可以统一裁剪整个视频画面，也可以将视频分割后，仅裁剪某个视频片段，具体操作步骤如下。

第1步 将“素材\ch13\裁剪视频.mp4”文件导入素材面板并添加至时间线面板，单击时间线面板中的【裁剪】按钮，如下图所示。

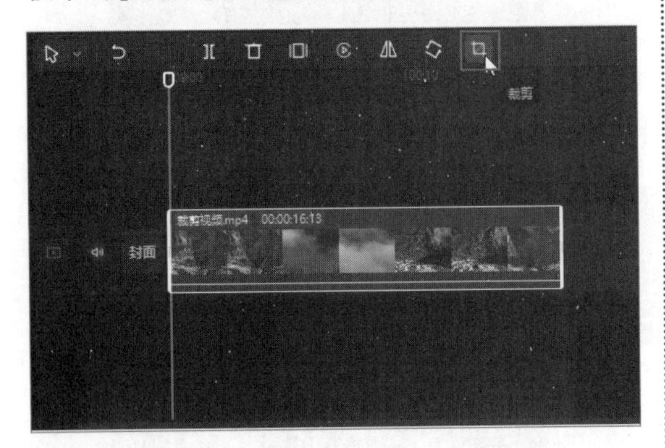

第2步 打开【裁剪】窗口，拖曳画面四周的控制柄，调整画面大小，单击【确定】按钮，如下图所示。

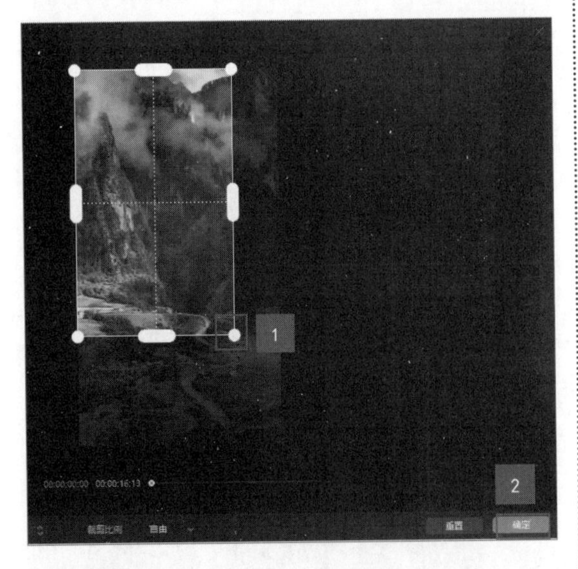

第3步 裁剪后的效果如下图所示。

第4步 按【Ctrl+Z】组合键，撤销上一步的操作，再次单击【裁剪】按钮，打开【裁剪】窗口，单击底部的【裁剪比例】按钮，在弹出的下拉列表中选择裁剪比例，这里选择【16:9】选项，裁剪效果如下图所示。

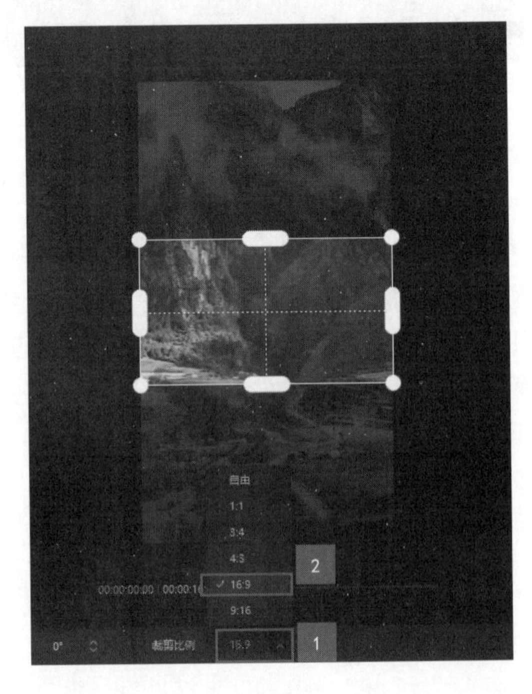

第5步 拖曳裁剪框，调整裁剪框至要保留区域，单击【确定】按钮，如下图所示。

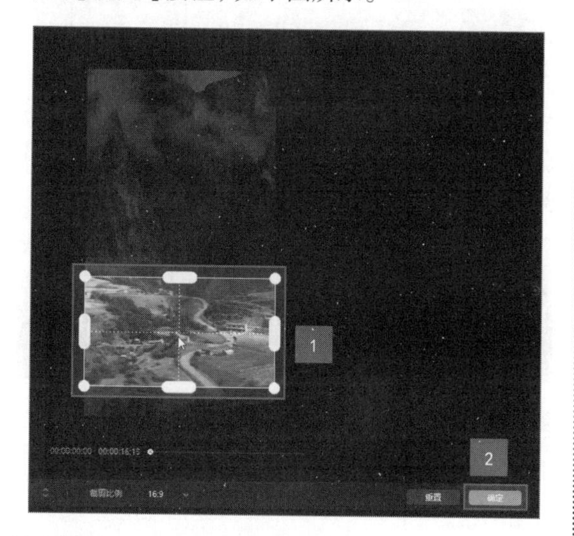

第6步 完成视频的裁剪操作，最终效果如下图所示。

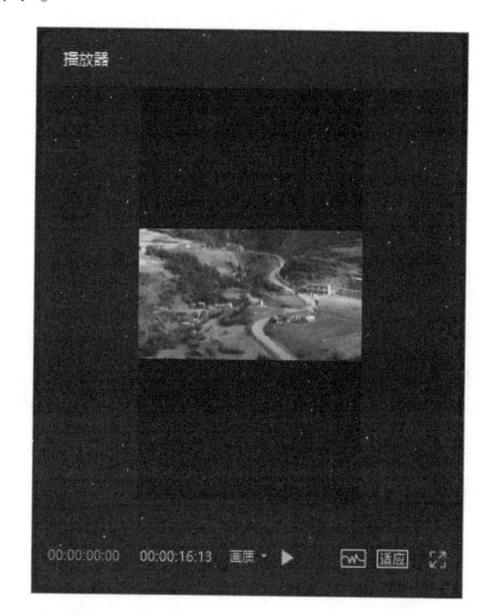

13.5 画面调整

画面调整功能可以调整画面的显示比例、放大及缩小视频画面、调整画面的位置、美颜、美体、抠像、添加蒙版、添加背景等。

13.5.1 调整画面

调整画面比例，可以让视频适应不同的短视频平台；调整画面大小，可以将视频中某个视频片段的画面放大或缩小；调整画面位置，可以在不裁剪视频的情况下，调整仅显示画面中的部分内容。

1. 调整画面比例

第1步 将“素材\ch13\画面调整.mp4”文件导入素材面板并添加至时间线面板，在播放器面板中单击【适应】按钮，在弹出的下拉列表中选择【16∶9】选项，如下图所示。

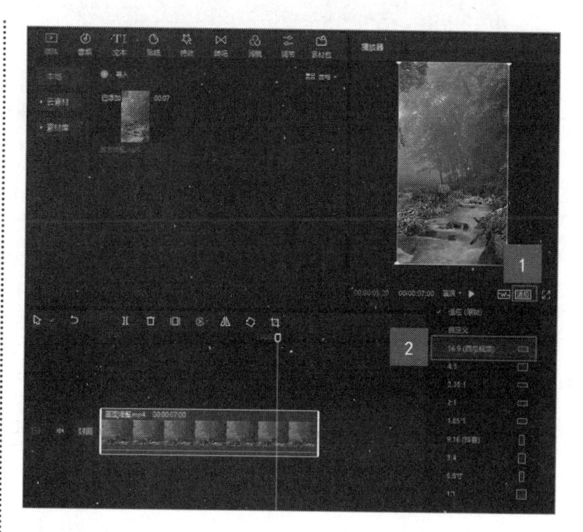

第2步 可以看到设置画面比例后的效果，如下

图所示。

第3步 单击时间线面板中的【裁剪】按钮，根据需要裁剪出16∶9的区域，裁剪后的效果如下图所示。

2. 调整画面大小

第1步 在00:00:02:00和00:00:04:00位置处，依次按【Ctrl+B】组合键，将视频分割，分割后的效果如下图所示。

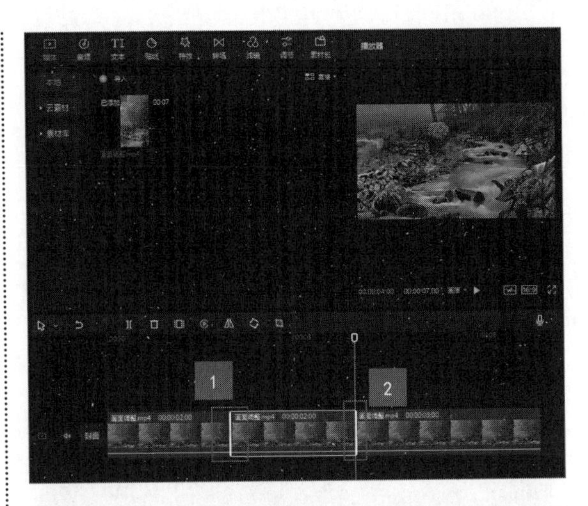

第2步 选择分割后中间的视频片段，并将时间指示器放置在第一段和第二段视频连接位置，如下图所示。

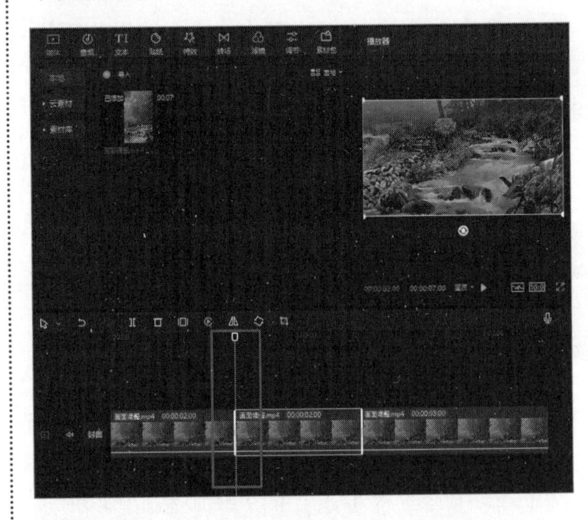

第3步 在功能面板中将【画面】→【基础】→【位置大小】选项区域中的【缩放】设置为“130%”，如下图所示。

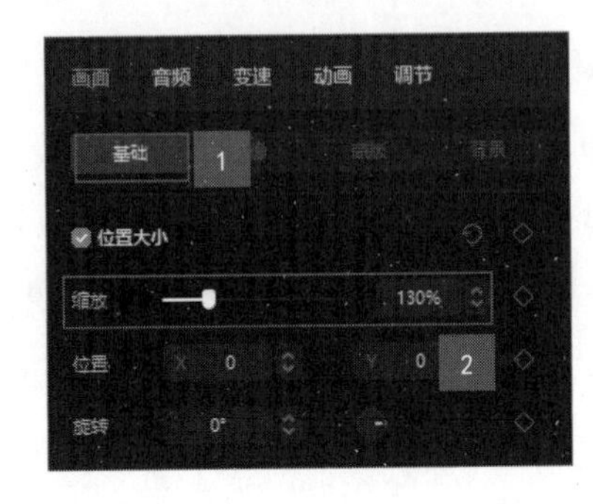

第4步 按【Enter】键，完成调整画面大小的操作，效果如下图所示。

3. 调整画面位置

第1步 将鼠标指针放在播放器面板的画面上，按住鼠标左键拖曳鼠标，可以调整画面的位置，如下图所示。

第2步 画面调整至合适位置处释放鼠标左键，画面调整位置后的效果如下图所示。

4. 添加动画效果

第1步 调整画面大小后，不同视频段之间的过渡会显得生硬，可以借助动画效果实现过渡，将时间指示器放在00:00:02:00的位置，选择第2段视频，在功能面板选择【动画】→【入场】选项卡下的【放大】效果，如下图所示。

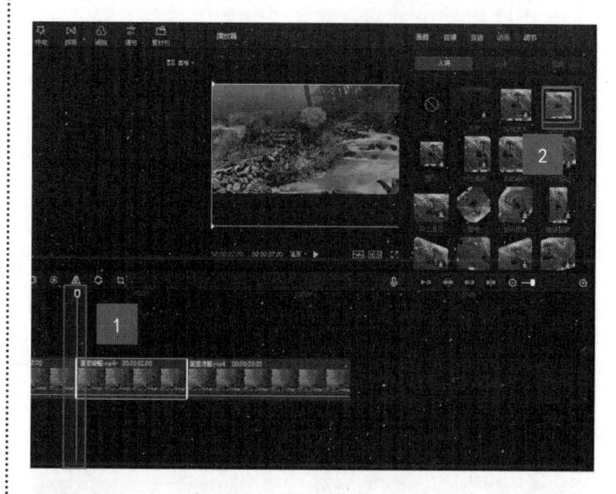

第2步 在功能面板下方设置【动画时长】为"1.2s"，如下图所示。

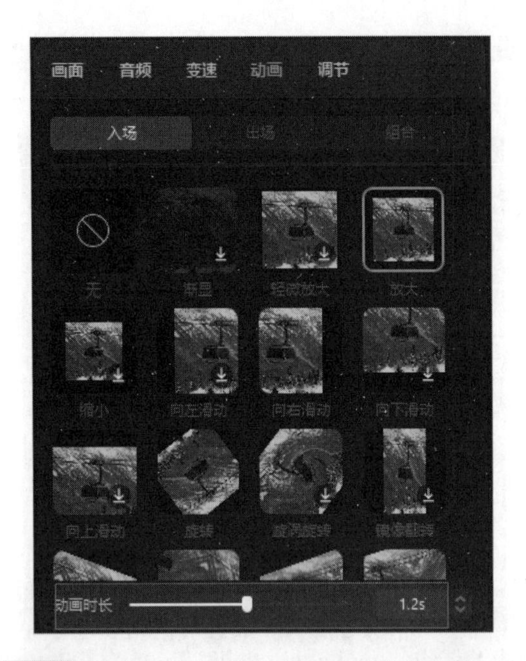

第3步 单击【播放】按钮即可查看预览效果，如下图所示。

提示

只能为一段视频添加一个动画效果，添加入场动画后，再次添加出场动画，会自动删除添加的入场动画效果。

13.5.2 添加蒙版

通过蒙版，可以将两个视频合并到一个视频中，如常见的一个人慢走，旁边马路上汽车加速通过的视频都是通过蒙版实现的。添加蒙版的具体操作步骤如下。

第1步 将“素材\ch13\定格视频.mp4、画面调整.mp4”文件导入素材面板，先将“画面调整.mp4”文件添加至时间线面板，再将“定格视频.mp4”文件拖曳至“画面调整.mp4”文件上方，如下图所示。

第2步 选择上方的“定格视频.mp4”文件，在功能面板中将【变速】→【常规变速】选项卡中的【时长】设置为“7.0s”，如下图所示。

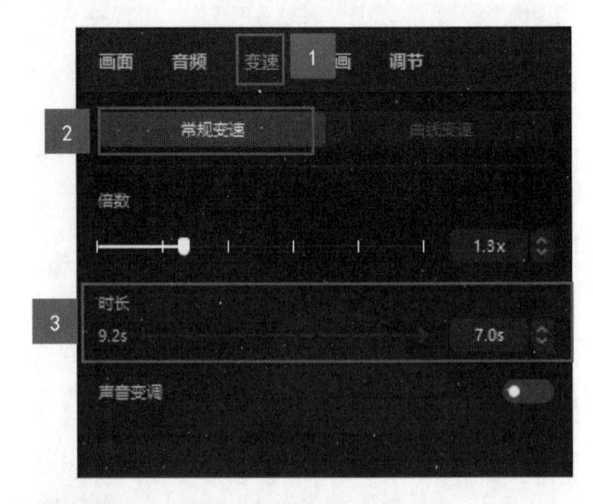

第3步 可以看到两段视频的总时长均为7s，并且“定格视频.mp4”文件上会显示“1.31x”，表示1.31倍速度，如下图所示。

第4步 选择“定格视频.mp4”文件，在功能面板中选择【画面】→【蒙版】选项卡中的【线性】蒙版效果，并设置【旋转】为“45°”，如下图所示。

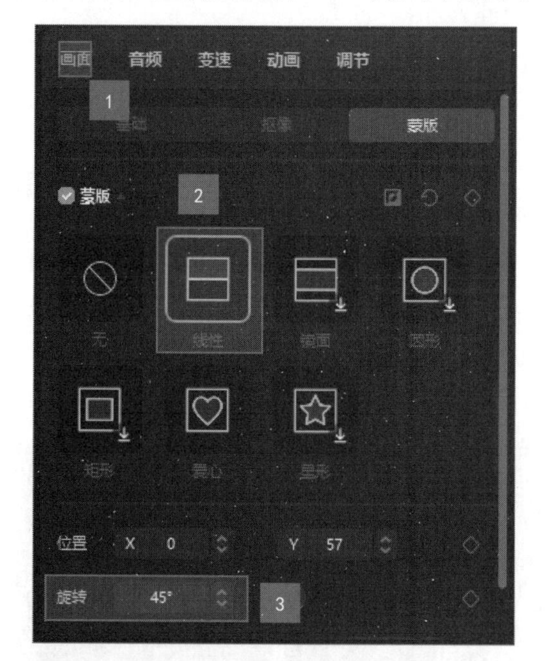

第5步 添加蒙版后的效果如下图所示。

第6步 播放视频，即可在左下角以正常速度放映“画面调整.mp4”文件，右上角以1.31倍速放映“定格视频.mp4”文件，效果如下图所示。

13.6 导出视频

编辑视频后，可以将其导出，具体操作步骤如下。

第1步 执行【菜单】→【文件】→【导出】命令（或按【Ctrl+E】组合键），如下图所示。

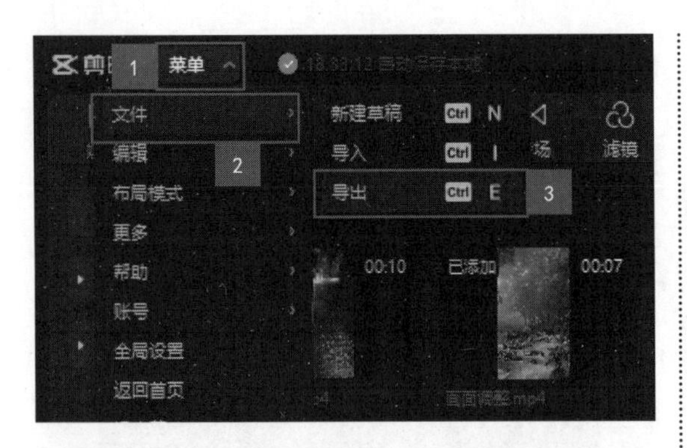

第2步 弹出【导出】对话框，设置作品名称、导出位置，并根据需要设置分辨率、码率、格式等，单击【导出】按钮，如下图所示。

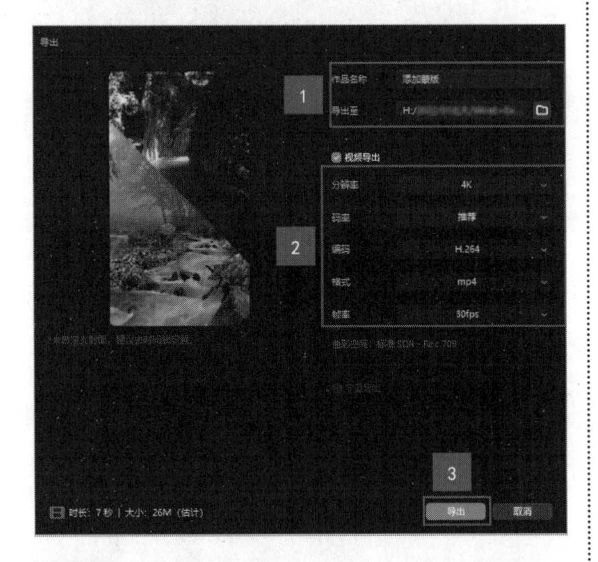

第3步 开始导出视频并显示导出进度，如下图所示。

第4步 导出完成，即可发布视频，这里直接单击【关闭】按钮，如下图所示。

技巧 1：设置美颜及美体效果

如果视频中包含人像，在【画面】→【基础】选项卡下，可以在【智能美颜】选项区域设置磨皮、瘦脸、大眼、瘦鼻等效果，在【智能美体】选项区域设置瘦身、长腿、瘦腰等效果，如下图所示。

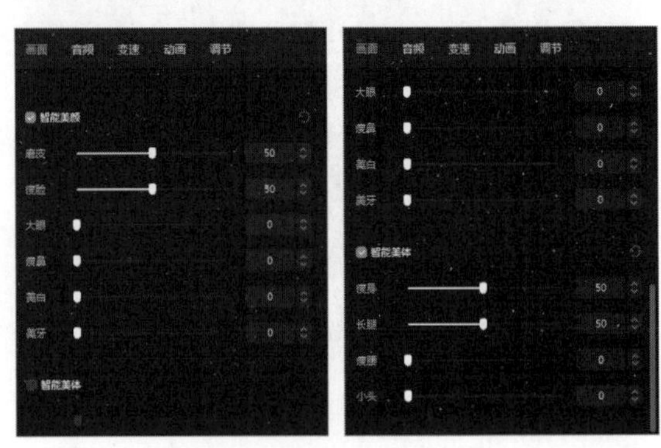

技巧 2：设置视频封面

为视频添加封面，在上传至短视频平台后，可以直观地向观众展示视频内容。设置视频封面的具体操作步骤如下。

第1步 单击时间线面板中的【封面】按钮，如下图所示。

第2步 弹出【封面选择】对话框，选择一帧画面作为封面，单击【去编辑】按钮，如下图所示。

提示

单击【本地】按钮，可以选择计算机中的其他图片作为封面。

第3步 弹出【封面设计】对话框，选择【文本】选项，单击【默认文本】按钮，在右侧添加文字文本框，输入“层峦叠嶂”“江山如画”文本，并根据需要设置文本框的大小、字体、颜色、阴影及气泡等效果，单击【完成设置】按钮，如下图所示。

第4步 完成封面的设置，如下图所示。

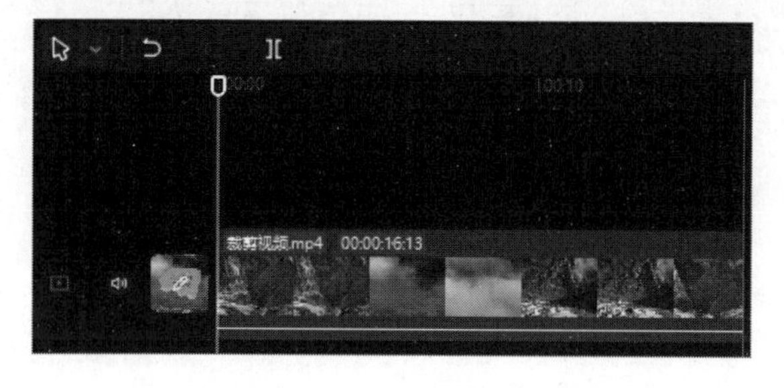

第 14 章

剪映操作进阶

学习内容

为视频添加文本、贴纸、特效、转场、滤镜等效果，不仅可以增强美感、美化视频，还可以突出重点。

学习效果

14.1 添加音频让视频更精彩

声音是视频作品的重要组成部分，音频可以让视频更精彩。剪映提供了抖音、卡点、纯音乐、VLOG、旅行、毕业季等30多种音乐素材，以及笑声、综艺等20多种音效素材。

（1）主题音乐能够体现视频的主题思想和基调，与主题联结。

（2）音效可以辅助场景和情节，增强场景的真实感，渲染烘托场景气氛。

下面以添加音乐素材为例，介绍在剪映中添加音频的具体操作步骤。

第1步 将“素材\ch14\01添加音频.mp4”文件导入素材面板并添加至时间线面板，在素材面板选择【音频】选项卡，选择【音乐素材】选项，如下图所示。

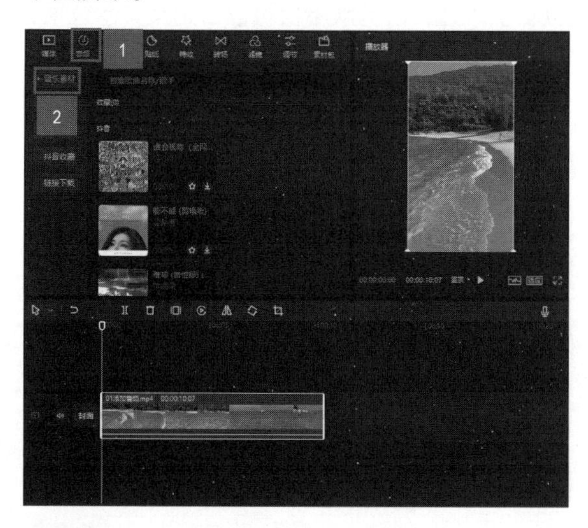

第2步 在【音乐素材】下选择【旅行】选项，选择音乐，即可开始播放，如下图所示。

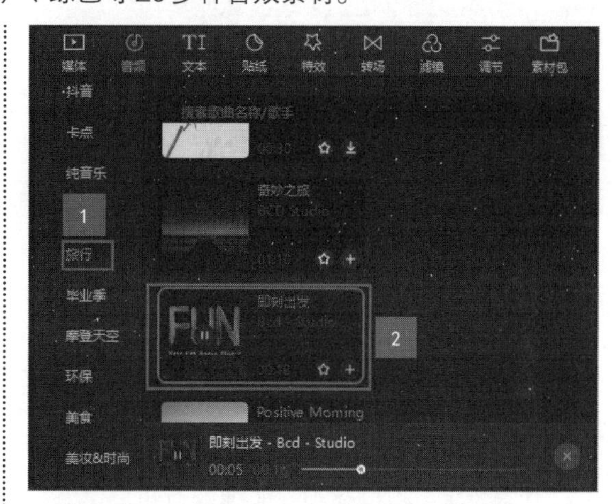

第3步 如果要添加该音乐，单击【添加到轨道】按钮，如下图所示。

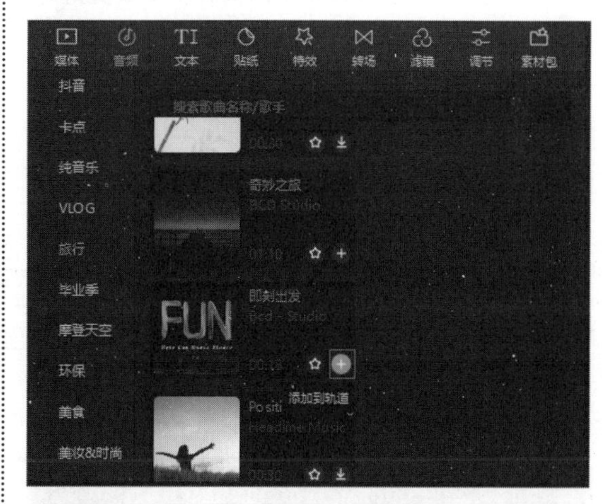

第4步 将音乐添加至轨道后的效果如下图所示。

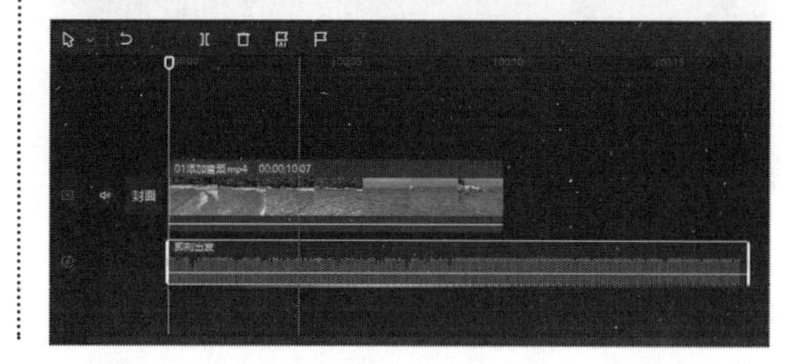

第5步 将鼠标指针放在音乐开头位置，按住鼠标左键向右拖曳，即可裁剪掉多余的音频，如下图所示。

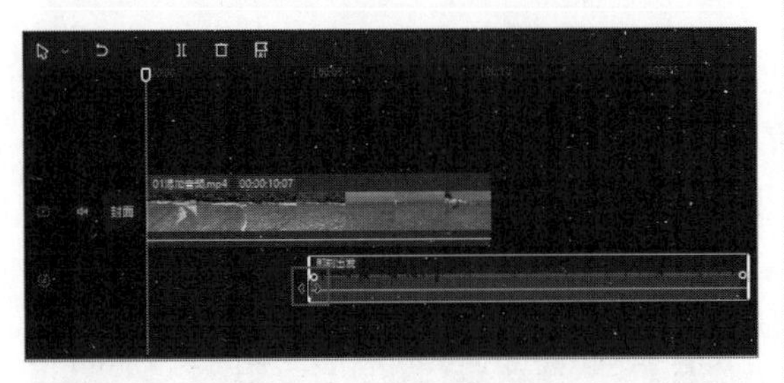

第6步 使用同样的方法，裁剪掉其他多余的部分，使音频时长与视频时长相同，完成添加音频的操作，播放视频，视频画面和音乐会同步播放，如下图所示。

14.2 添加文字效果让视频更引人注目

文字效果可以增强观众的理解力和记忆力，让视频更引人注目。剪映不仅可以自定义文字效果，还可以使用内置花字和文字模板。

（1）文字可以节省观众时间，使观众更好地理解视频要表达的意思。

（2）文字能够强化内容传播的感受力，带给观众更好的体验感。

（3）视频中特殊位置的文字，可以突出视频的主题效果。

添加自定义文字效果的具体操作步骤如下。

第1步 将“素材\ch14\02添加文字.mp4”文件导入素材面板并添加至时间线面板，在轨道中将时间线定位至要添加文本的位置，如下图所示。

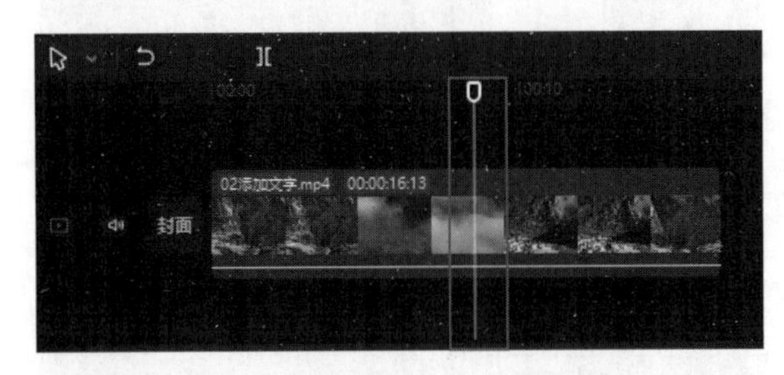

第2步 在素材面板选择【文本】选项卡，选择【新建文本】选项，单击【默认文本】中的【添加到轨道】按钮，如下图所示。

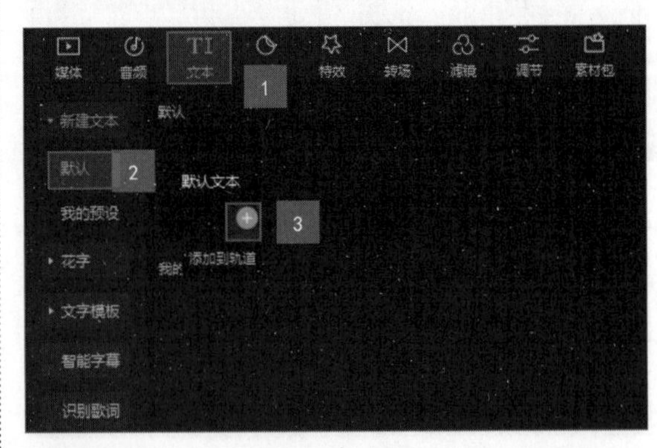

第3步 将文字添加至轨道后，调整文本框的位置及时长，如下图所示。

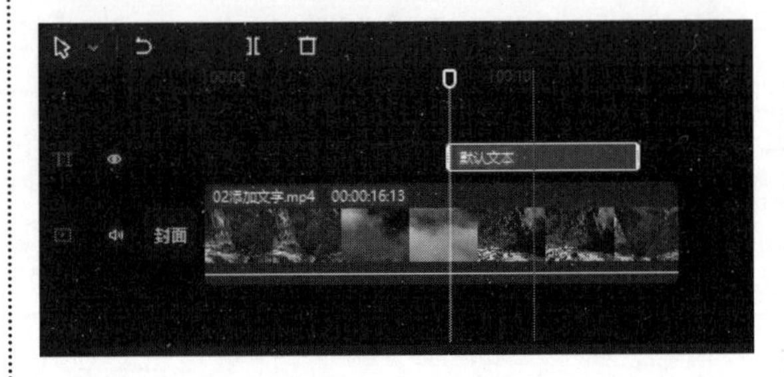

提示

调整位置及时长的方法与调整定格视频的方法相同，这里不再赘述。

第4步 在播放器面板可以看到文本框，拖曳文本框，调整至合适的位置，如下图所示。

第5步 在功能面板【文本】→【基础】选项卡下的文本框中输入文字“仙气飘飘”，在【字体】下拉列表框中选择一种字体，并根据需要设置字号、样式及颜色，如下图所示。

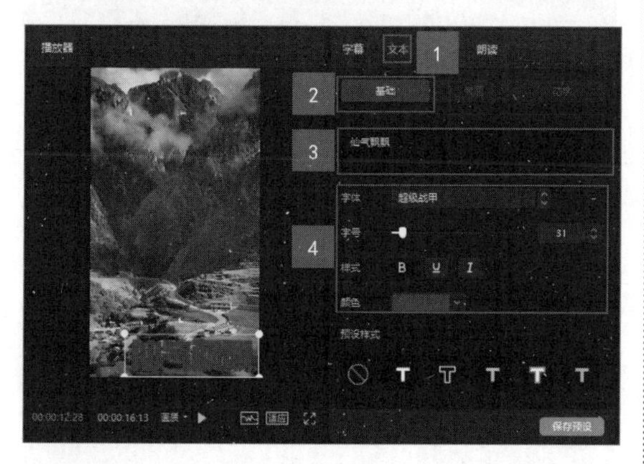

第6步 在功能面板的【动画】→【入场】选项卡中选择【向下飞入】入场动画，并设置【动画时长】为“1.5s”，如下图所示。

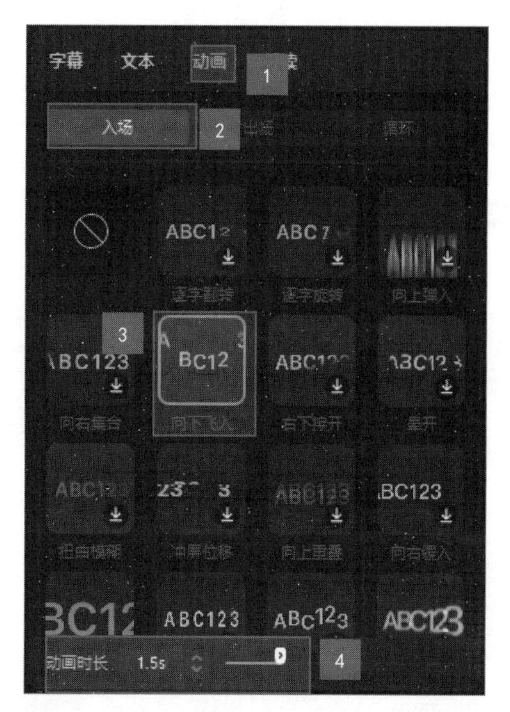

第7步 在功能面板的【动画】→【出场】选项卡中选择【闭幕】入场动画，并设置【动画时长】为“2.0s”，如下图所示。

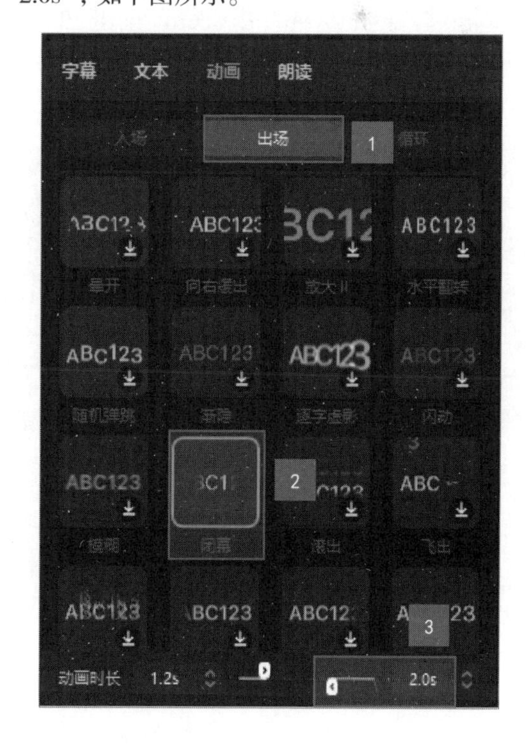

提示

同时设置入场动画和出场动画，【动画时长】选项区域前面的微调按钮可调整入场动画时长，后面的微调按钮可调整出场动画时长。

第8步 单击【播放】按钮，即可开始播放视频，效果如下图所示。

14.3 添加贴纸让视频更生动

短视频中的贴纸效果可以把视频变得有声有色，更加生动。剪映提供了遮挡、指示、爱心、情绪等17种贴纸效果。

（1）指示类贴纸可以引导观众视线。

（2）情绪类贴纸可以表达创作者的情绪，便于观众理解。

（3）互动类贴纸可以引导观众关注、点赞。

添加贴纸的具体操作步骤如下。

第1步 将“素材\ch14\03添加贴纸.mp4”文件导入素材面板并添加至时间线面板，将时间线定位至要添加贴纸的位置，如下图所示。

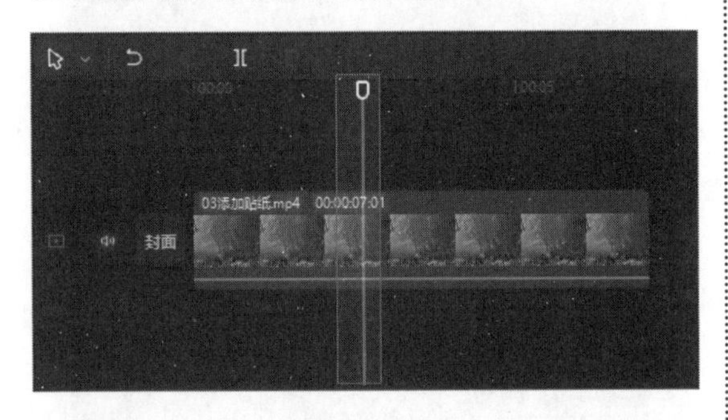

第2步 在素材面板选择【贴纸】选项卡，选择【自然元素】选项，选择合适的贴纸，单击【下载】按钮，下载完成，单击【添加到轨道】按钮，如下图所示。

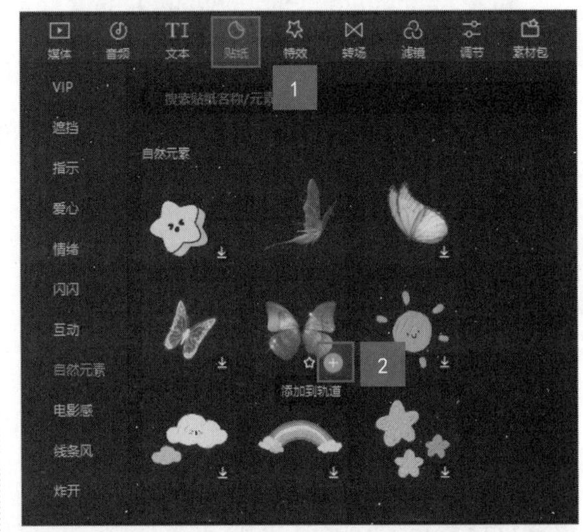

第3步 将贴纸添加到轨道后，调整贴纸的位置及持续时长，如下图所示。

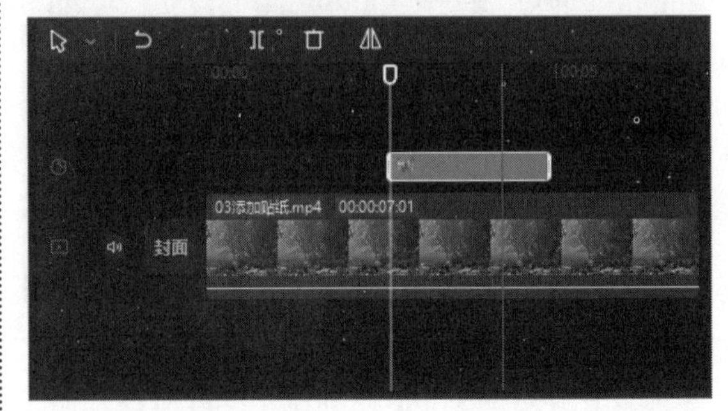

第4步 在功能面板【贴纸】选项卡下【位置大小】选项区域设置贴纸的【缩放】为“67%”，【旋转】为“27°”，并调整贴纸位置，如下图所示。

第5步 在【动画】选项卡下设置【入场】为“向左滑动”，【动画时长】为“0.6s”；设置【出场】为“向下滑动”，【动画时长】为“0.5s”；设置【循环】为“心跳”，【动画快慢】为“0.3s”，如下图所示。

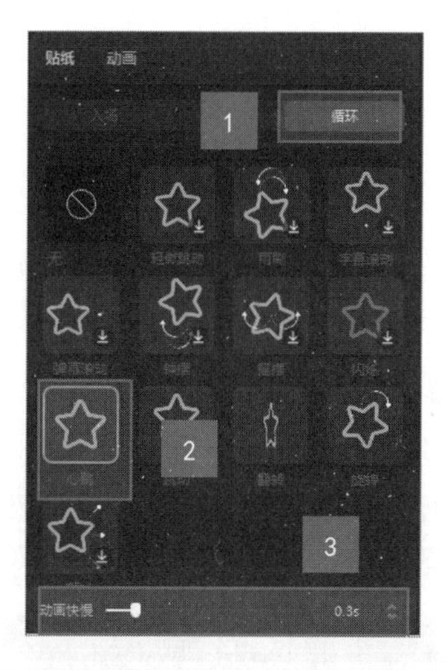

第6步 完成贴纸的添加，效果如下图所示。

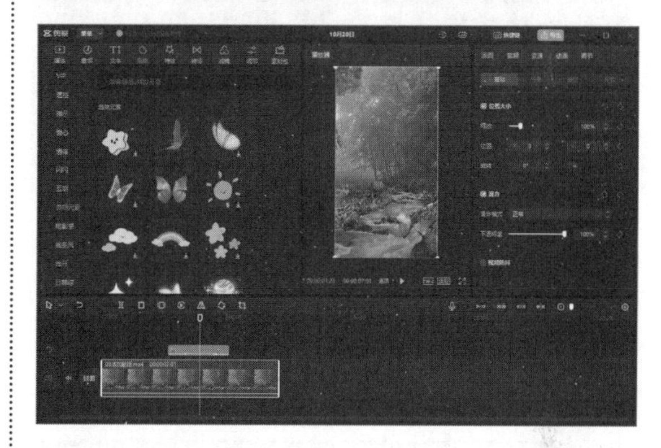

14.4 设置特效让视频画面更活泼

特效可以让视频画面更活泼、有趣。剪映提供了热门、基础、氛围、动感、DV、复古等21类特效。

（1）让观众获得新的体验，比如潮酷、分屏、扭曲、金粉等特效，可以让观众获得现实生活中体验不到的乐趣。

（2）营造氛围感，一些特殊的特效，如氛围、

复古、动感、电影、光等特效，可以提升视频拍摄时无法营造的氛围，给人一种神秘、浪漫的感觉。

（3）增加参与感，如爱心、综艺、漫画等特效，可以引导观众看短视频的感觉，增加观众的参与感。

设置特效的具体操作步骤如下。

第1步 将“素材\ch14\04设置特效.mp4”文件导入素材面板并添加至时间线面板，将时间线定位至开始位置，如下图所示。

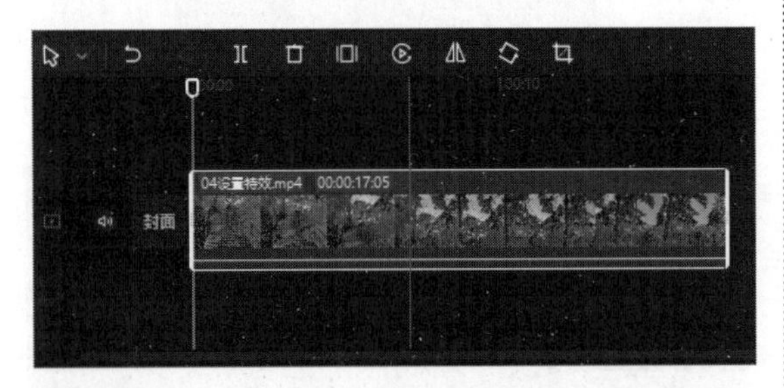

第2步 在素材面板选择【特效】选项卡，选择【特效效果】下的【自然】选项，选择【大雪纷飞】特效，下载并单击【添加到轨道】按钮，如下图所示。

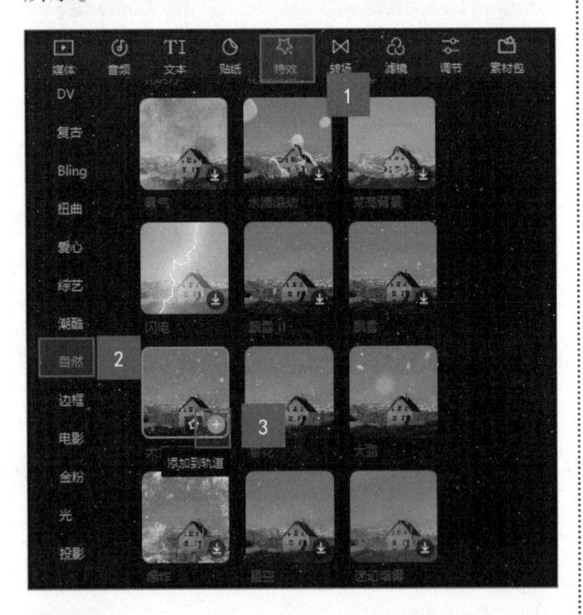

第3步 将特效添加到轨道后，调整特效的持续时长，如下图所示。

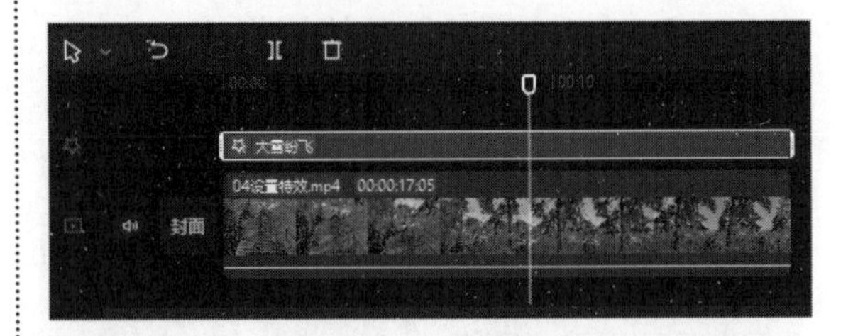

第4步 在功能面板的【特效】选项卡下设置【不透明度】为“90”，【速度】为“46”，如下图所示。

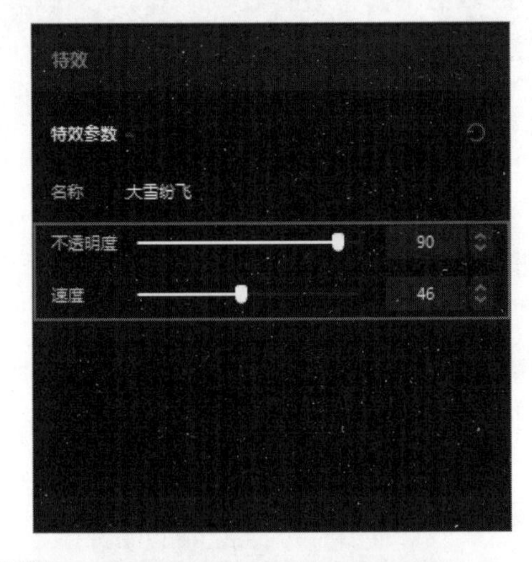

第5步 完成特效的设置，效果如下图所示。

14.5 设置转场效果让视频转场更形象

转场效果起到过渡作用，可以让视频更炫酷、更形象。剪映提供了叠化、运镜、模糊、幻灯片等13类转场效果。

（1）转场特效的功能是让画面之间的衔接更加顺畅，不会让观众觉得画面切换得太突然。

（2）转场在特殊的场合还能使视频更具有逻辑性和条理性。

（3）合适的转场效果可以美化视频。

设置转场的具体操作步骤如下。

第1步 将“素材\ch14\05设置转场.mp4”文件导入素材面板并添加至时间线面板，将时间指示器定位至00:00:03:17的位置，按【Ctrl+B】组合键分割视频，如下图所示。

提示

添加转场效果，需要在添加转场的位置将视频分割开。

第2步 在素材面板选择【转场】选项卡，选择【转场效果】下的【幻灯片】选项，选择【向下擦除】效果，下载转场效果并单击【添加到轨道】按钮，如下图所示。

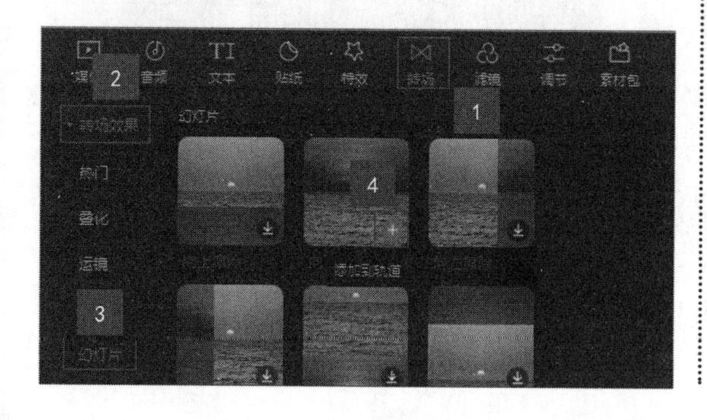

第3步 将转场效果添加到轨道后，在功能面板【转场】选项卡下【转场参数】选项区域设置【时长】为“0.7s”，如下图所示。

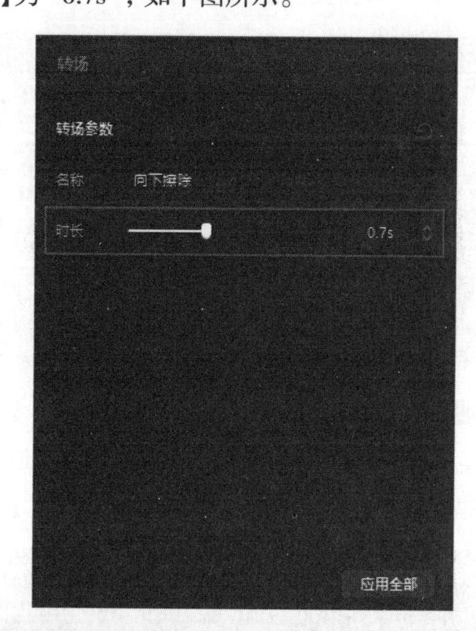

第4步 完成转场效果的添加，效果如下图所示。

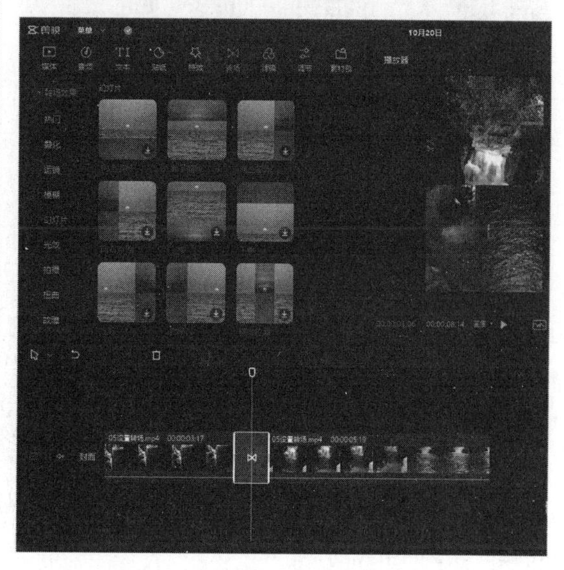

14.6 添加滤镜让视频画面更有力度

滤镜能够快速提升视频格调或改变视频风格，让视频画面更有力度。剪映提供了风景、美食、夜景、风格化等十几类滤镜效果。添加滤镜的具体操作步骤如下。

第1步 将“素材\ch14\06添加滤镜.mp4”文件导入素材面板并添加至时间线面板，将时间指示器定位至开始位置，如下图所示。

第2步 在素材面板选择【滤镜】选项卡，选择【滤镜库】下的【黑白】选项，选择【赫本】选项，下载并单击【添加到轨道】按钮，如下图所示。

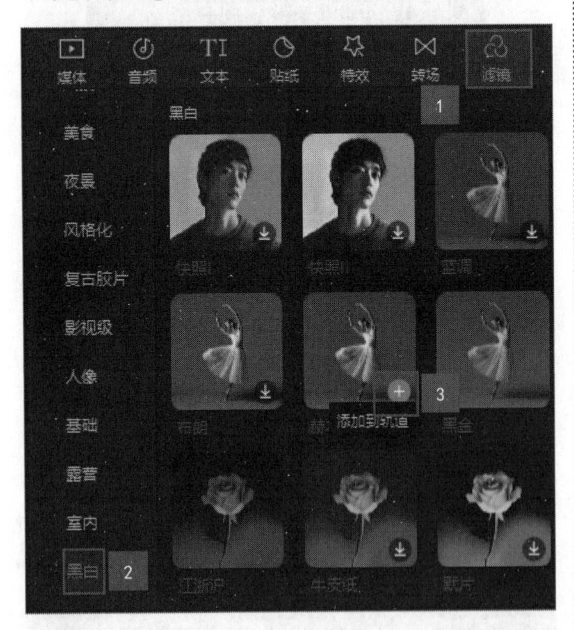

第3步 将滤镜效果添加到轨道后，调整特效的持续时长，如下图所示。

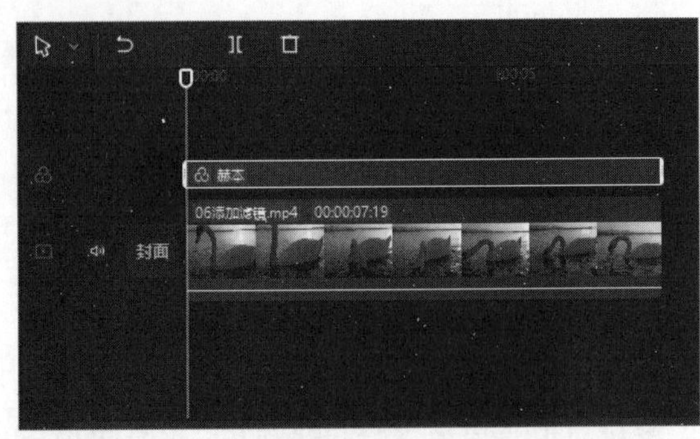

第4步 在功能面板【滤镜】选项卡下设置【强度】为“100”，如下图所示。

第5步 完成滤镜的添加，效果如下图所示。

技巧 1：关闭原视频中的声音

录制视频时，难免会录制到一些嘈杂的声音，可以使用关闭原声功能，关闭原视频中的声音，将视频拖曳至时间线面板后，单击时间指示器前方的【关闭原声】按钮，如下图所示，即可关闭原声。

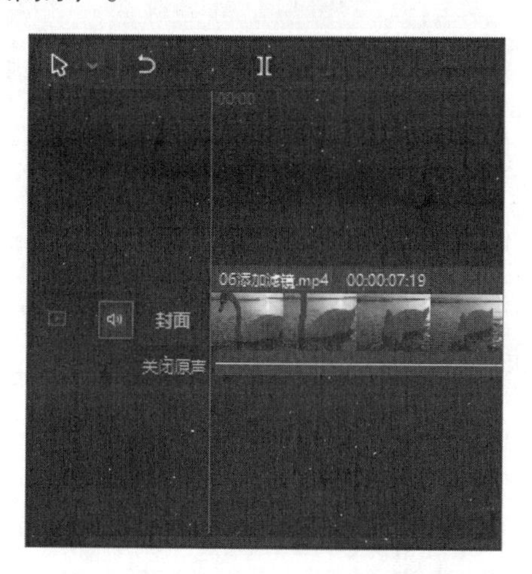

技巧 2：设置变声效果

萝莉音、大叔音、女生音、回音、电音、颤音等经常会在视频中听到，能给人耳目一新的感觉，这种声音在剪映中可以通过变声实现。将声音文件添加至轨道后，选择声音文件，在功能面板中选择【音频】→【基本】选项卡，在【变声】选项区域中选择要改变为的声音即可，如下图所示。

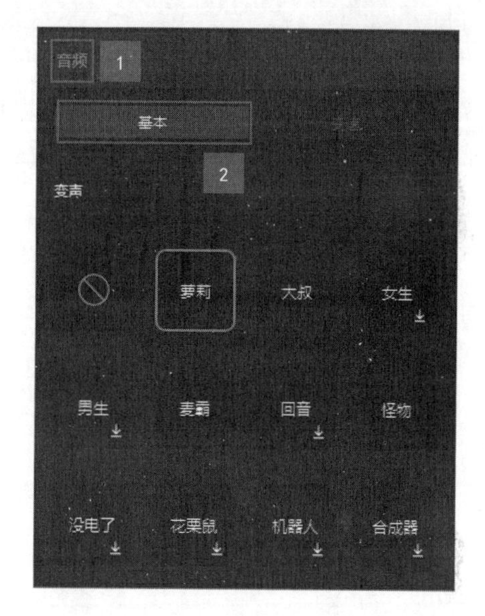

第6篇

PDF+思维导图办公篇

第 15 章

轻松编辑 PDF 文档——Acrobat

学习内容

Acrobat 支持 PDF 格式文件的编辑，PDF 格式的文档能保留文档原本的面貌和内容，并且适合打印。借助 Acrobat，可以轻松实现 PDF 文件的查看、合并、提取、替换、转换格式及添加标记等操作。

学习效果

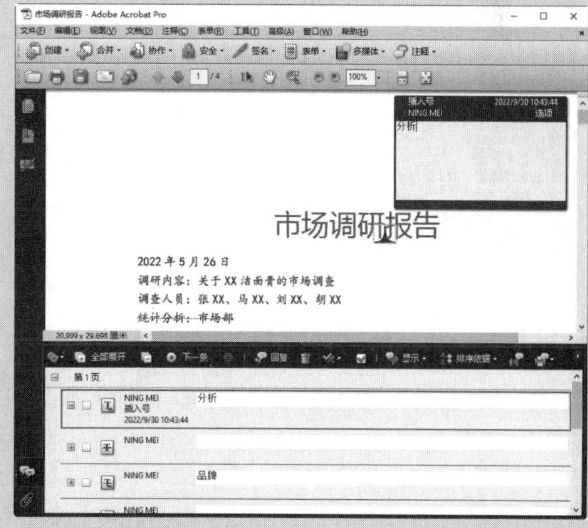

15.1 新建PDF文档

新建PDF文档的方法有多种，可以使用文件（如图片）创建、使用扫描仪创建、使用网页创建，此外使用办公软件编辑后的文档，也可以输出为PDF文件。

15.1.1 将办公文档输出为PDF文件

编辑完成的Word、Excel、PPT文档，将其输出为PDF格式的文件，不仅更便于输出，还能保留文档的布局，下面以将Word文档输出为PDF文件为例，具体操作步骤如下。

第1步 打开“素材\ch15\市场调研分析报告.docx”文件，选择【文件】选项卡，在左侧选择【导出】选项，在右侧【导出】选项区域中选择【创建PDF/XPS文档】选项，并单击【创建PDF/XPS】按钮，如下图所示。

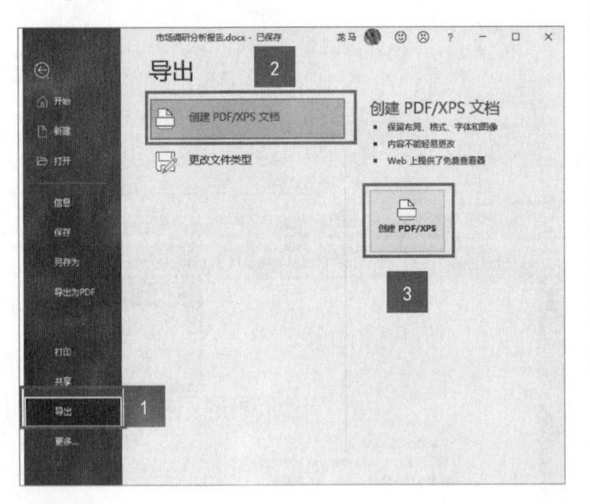

第2步 弹出【发布为PDF或XPS】对话框，选择存储的位置，单击【发布】按钮，如下图所示。

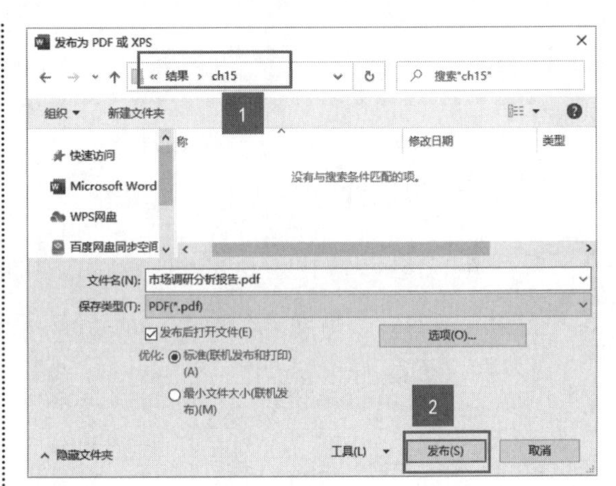

第3步 输出为PDF文件后，即可自动打开PDF文档，如下图所示。

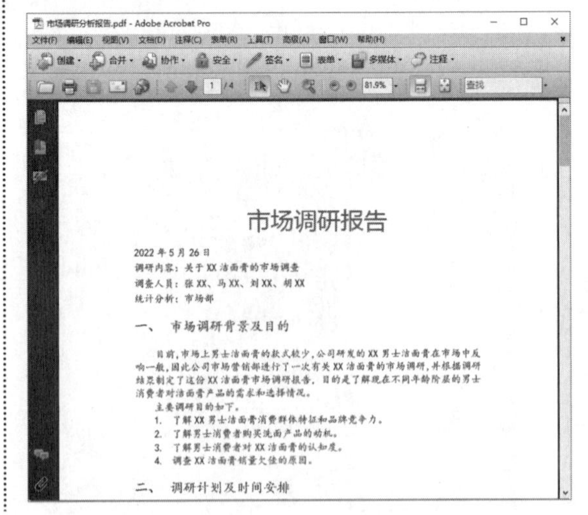

15.1.2 将图片转换为PDF文档

Acrobat支持将图片文件、网页文件、文本文件等转换为PDF格式的文件。将单张图片文件转

换为PDF文档的具体操作步骤如下。

第1步 启动PDF软件，选择【文件】→【创建PDF】→【从文件】选项，如下图所示。

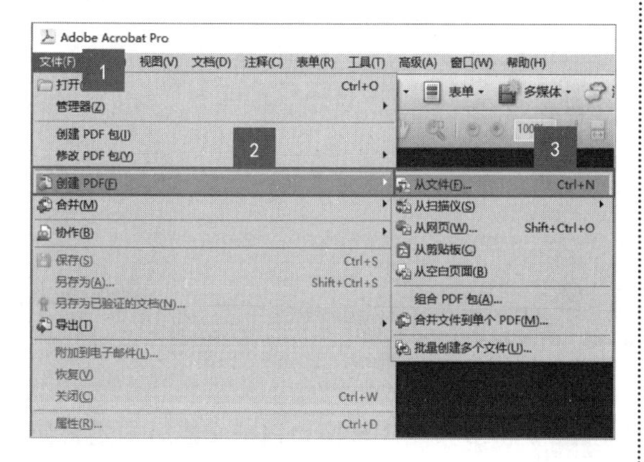

第2步 弹出【打开】对话框，选择“素材\ch15\图片\图片_1.png”图片，单击【打开】按钮，如下图所示。

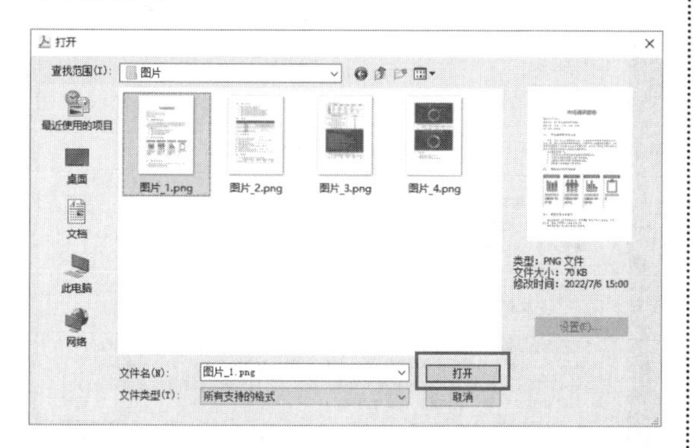

第3步 完成PDF文件的创建，效果如下图所示。

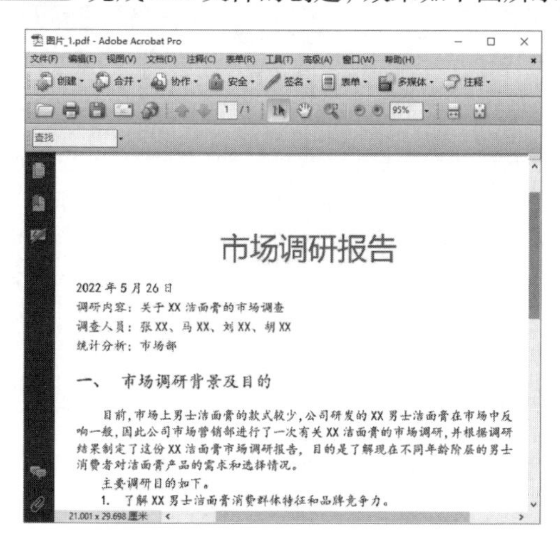

市场调研报告

2022 年 5 月 26 日
调研内容：关于 XX 洁面膏的市场调查
调查人员：张 XX、马 XX、刘 XX、胡 XX
统计分析：市场部

一、 市场调研背景及目的

目前，市场上男士洁面膏的款式较少，公司研发的 XX 男士洁面膏在市场中反响一般，因此公司市场营销部进行了一次有关 XX 洁面膏的市场调研，并根据调研结果制定了这份 XX 洁面膏市场调研报告，目的是了解现在不同年龄阶层的男士消费者对洁面膏产品的需求和选择情况。

主要调研目的如下。

1. 了解 XX 男士洁面膏消费群体特征和品牌竞争力。

第4步 执行【文件】→【保存】命令，如下图所示。

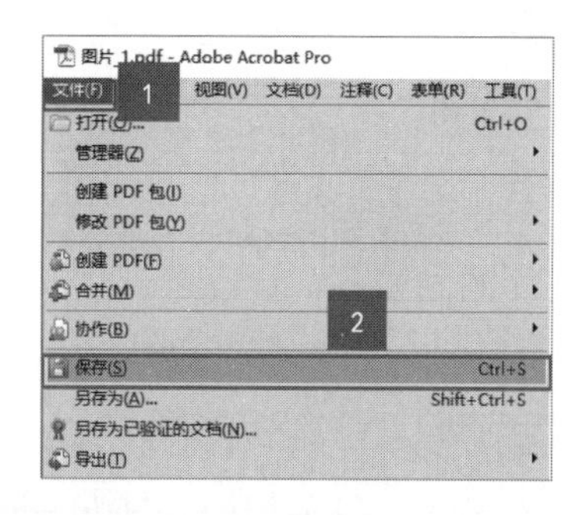

第5步 弹出【另存为】对话框，选择文件存储的位置，单击【保存】按钮，完成PDF文件的保存，如下图所示。

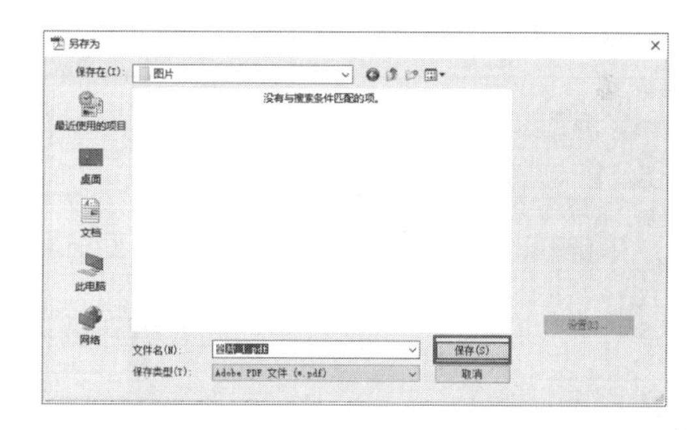

如果需要将多个文件合并到一个PDF文档中，需要使用合并相关的命令，具体操作步骤如下。

第1步 启动PDF软件，选择【文件】→【创建PDF】→【合并文件到单个PDF】选项，如下图所示。

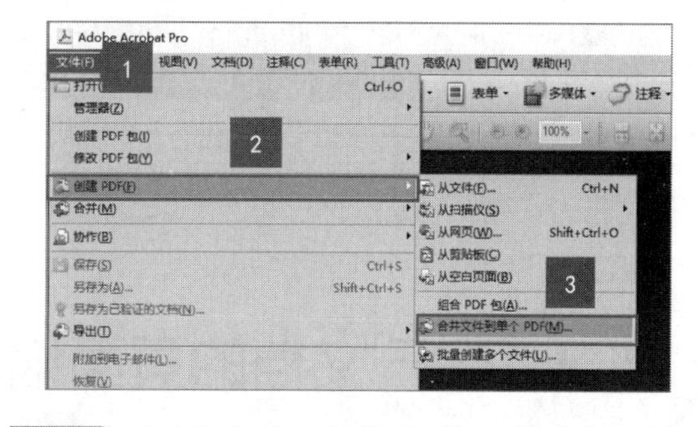

第2步 弹出【合并文件】对话框，单击【添加文件】下拉按钮，在弹出的下拉列表中选择【添加文件】选项，如下图所示。

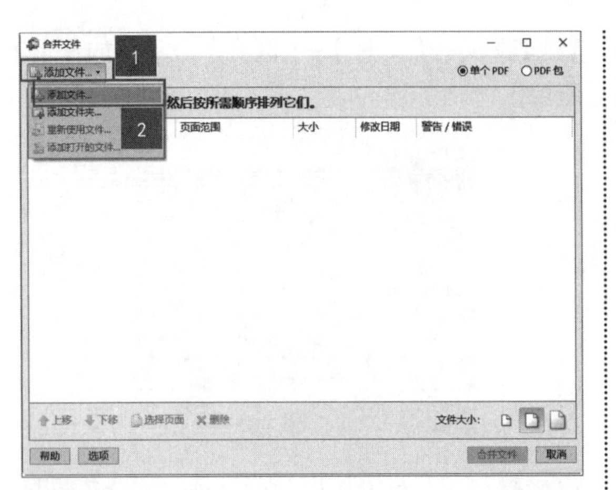

第3步 弹出【添加文件】对话框，选择“素材\ch15\图片”文件夹下的所有图片，单击【添加文件】按钮，如下图所示。

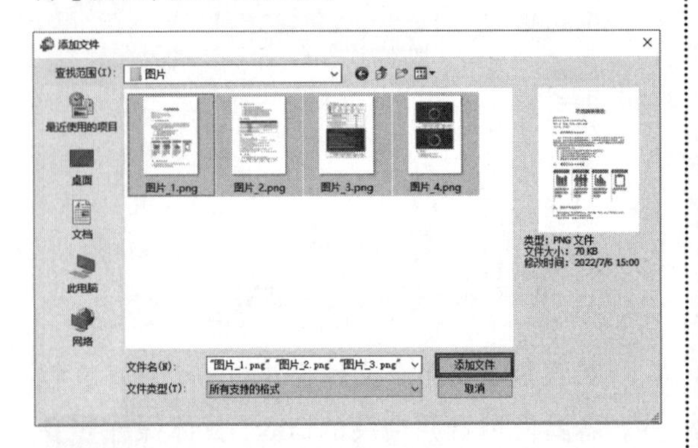

第4步 返回【合并文件】对话框，单击【合并文件】按钮，如下图所示。

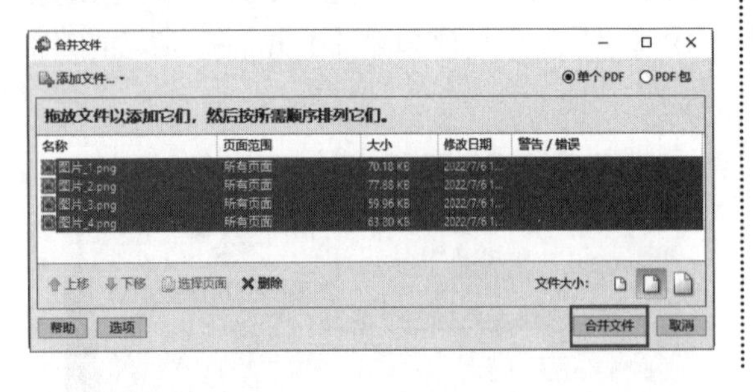

第5步 完成文件合并后，弹出【另存为】对话框，选择存储的位置，并输入文件名，单击【保存】按钮，如下图所示。

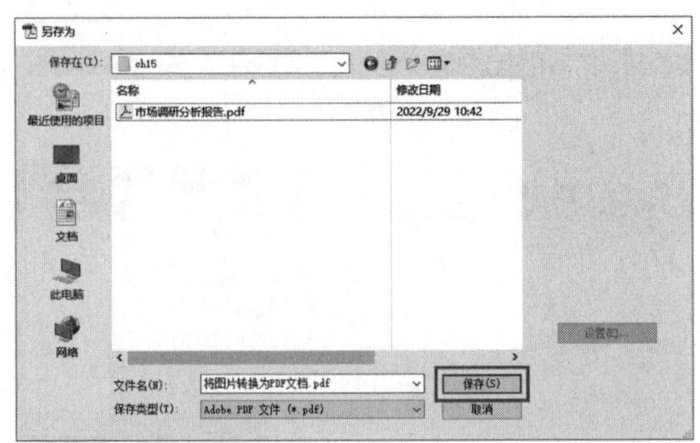

第6步 将多张图片转换为PDF文档后的效果如下图所示。

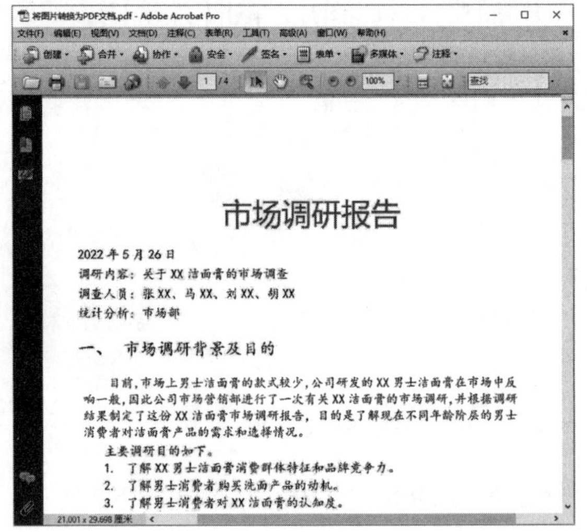

15.2 PDF文档的页面编辑

使用PDF文档，页面编辑是最为常用的操作，如合并PDF文档、提取部分页面、插入新页面、替换页面等。

15.2.1 合并与拆分 PDF 文档

PDF文档不能通过复制、剪切等操作实现文档的删减，但提供了合并与拆分文档的命令，可以将多个文档合并为一个文档或将一个文档拆分为多个文档。

1. 合并文档

合并文档的操作，与将多个文件合并到一个PDF文档中的操作相同，这里不再赘述，只需要选择要合并的多个PDF文档即可，如下图所示。

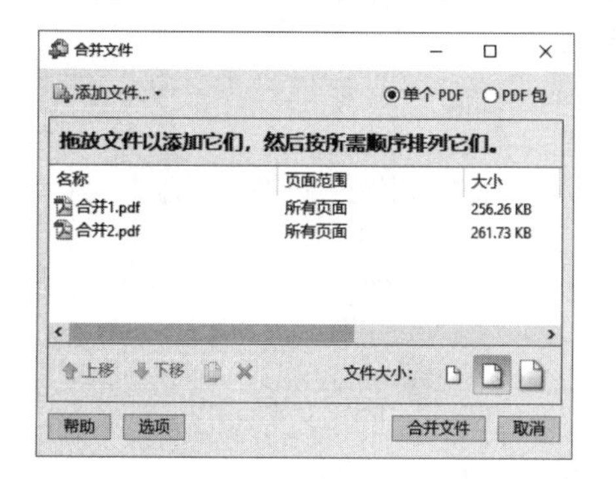

提示

单击【上移】和【下移】按钮，可以调整文档的顺序。

2. 拆分文档

可以将一个PDF文档拆分成多个PDF文档，具体操作步骤如下。

第1步 打开“素材\ch15\市场调研报告.pdf”文件，执行【文档】→【拆分文档】命令，如下图所示。

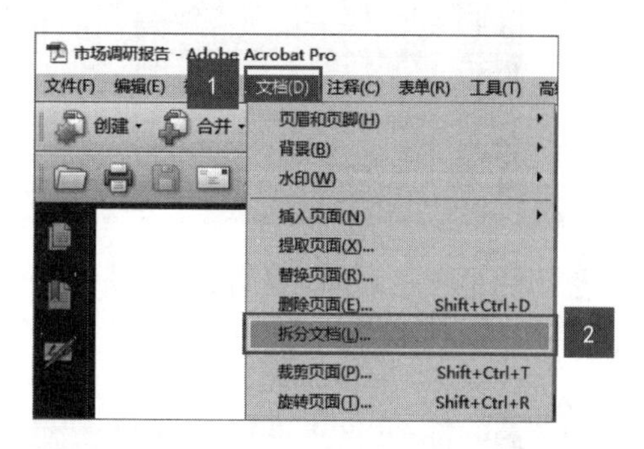

第2步 弹出【拆分文档】对话框，选择文档的拆分方式，单击【确定】按钮，如下图所示。完成拆分文档的操作。

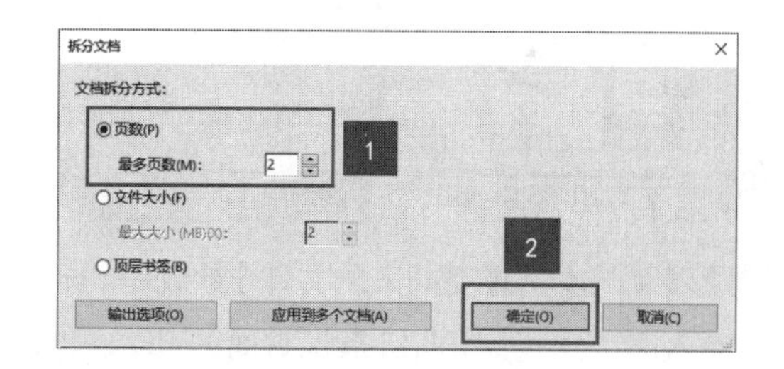

15.2.2 在 PDF 文档中插入新页面

在PDF文档中插入新页面，需要选择新页面插入的位置，具体操作步骤如下。

第1步 打开“素材\ch15\市场调研报告.pdf”文件，单击左侧的【页面】按钮，展开页面缩略图，如下图所示。

提示

在缩略图页面可以查看页面缩略效果，方便选择页面。单击【选项】按钮，可以执行页面编辑操作，如下图所示。

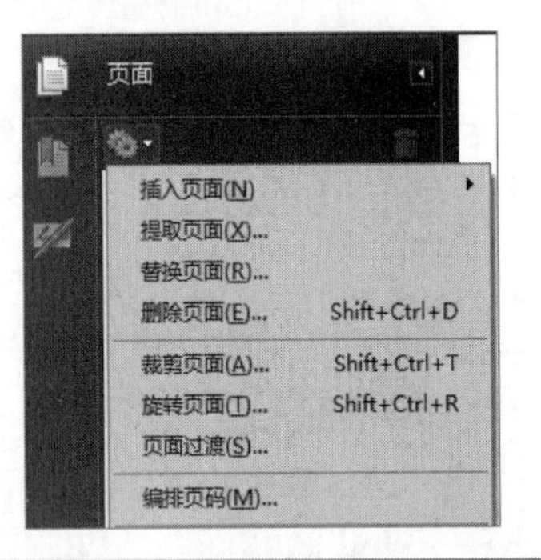

第2步 选择第一张页面，执行【文档】→【插入页面】→【从文件】命令，如下图所示。

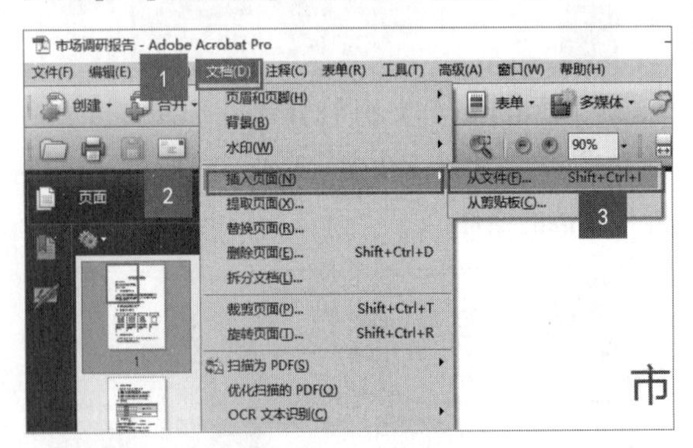

第3步 弹出【选择要插入的文件】对话框，选择要插入的文件"市场调研报告封面1.pdf"，单击【选择】按钮，如下图所示。

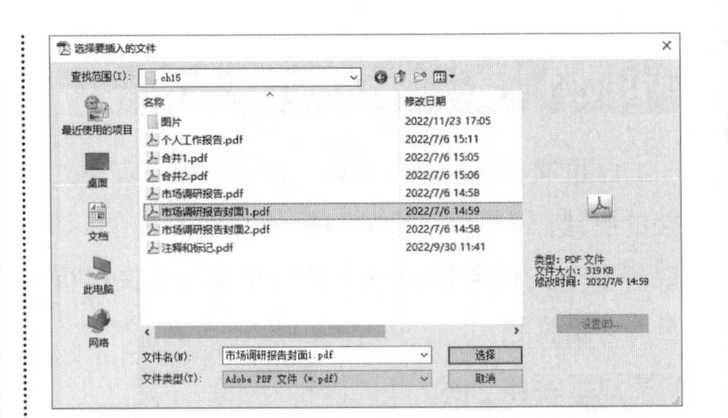

第4步 弹出【插入页面】对话框，默认的页面是第一页，单击【位置】下拉按钮，在弹出的下拉列表中选择【之前】选项，单击【确定】按钮，如下图所示。

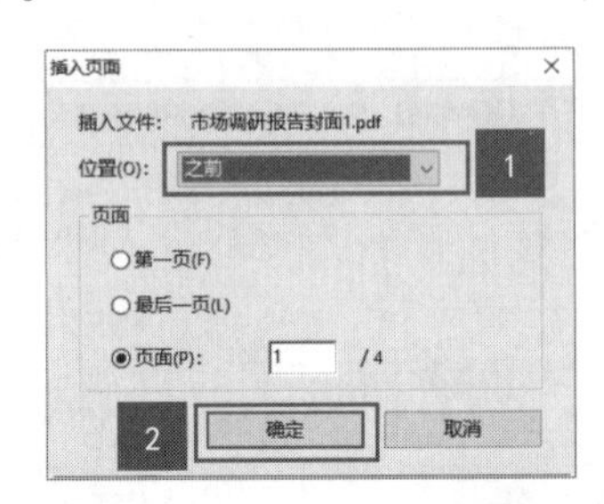

第5步 完成新页面的插入，如下图所示。

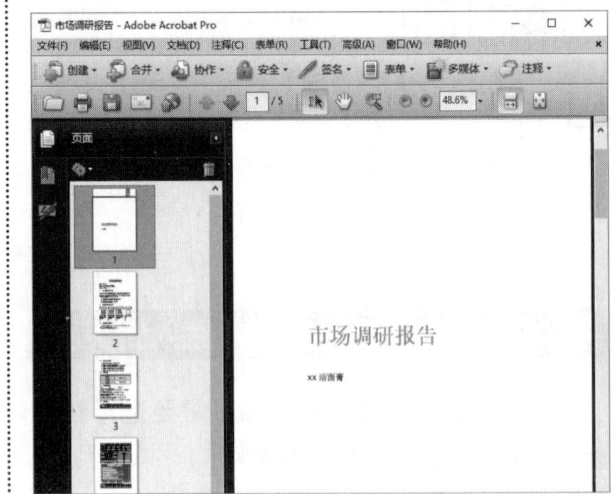

15.2.3 替换页面

如果要替换某个页面，需要先选择要替换的页面，再执行替换页面的命令，可以替换单页，也可以同时替换多张页面，具体操作步骤如下。

第1步 接上一节继续操作，选择第一张页面，执行【文档】→【替换页面】命令，如下图所示。

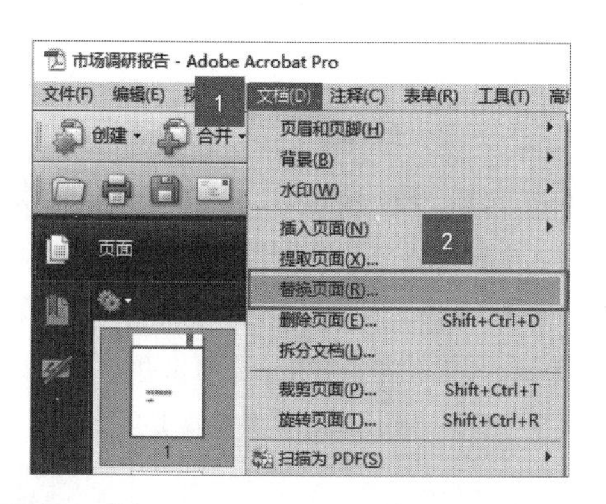

第2步 弹出【选择包含新页面的文件】对话框，选择要替换的文件“市场调研报告封面2.pdf”，单击【选择】按钮，如下图所示。

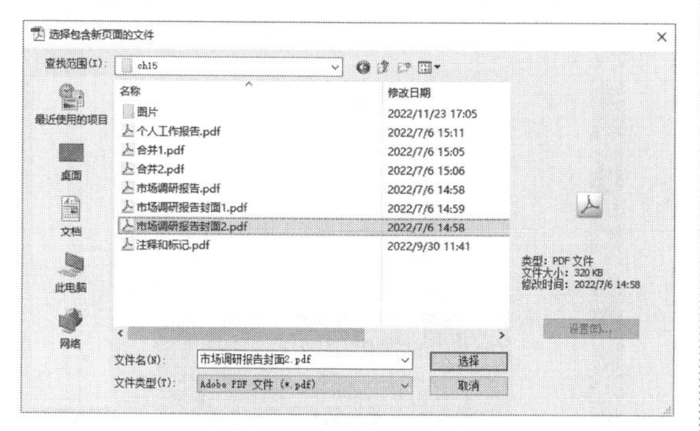

第3步 弹出【替换页面】对话框，在【原始文件】选项区域中选择要替换掉的页面，在【替换文件】选项区域中选择要替换的页面，单击【确定】按钮，如下图所示。

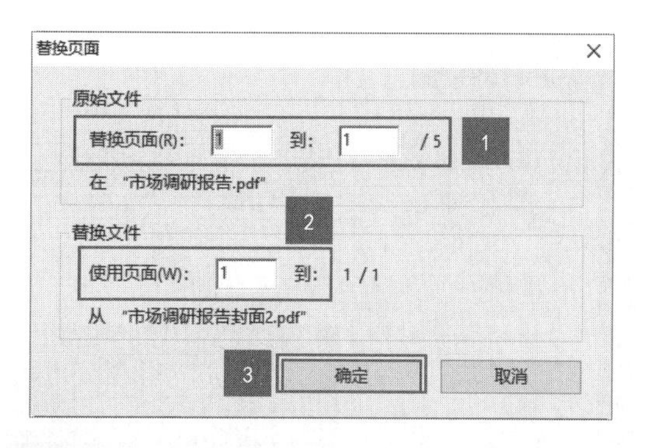

第4步 在弹出的提示框中单击【是】按钮，如下图所示。

第5步 完成替换页面的操作，效果如下图所示。

15.2.4 提取 PDF 文档中的页面

如果只需要使用PDF文档的部分页面，可以将PDF文档中的任意页面提取出来，并生成一个新的PDF文档，具体操作步骤如下。

第1步 接上一节继续操作，在【页面】缩略图界面选择要提取的页面并右击，在弹出的快捷菜单中选择【提取页面】选项，如下图所示。

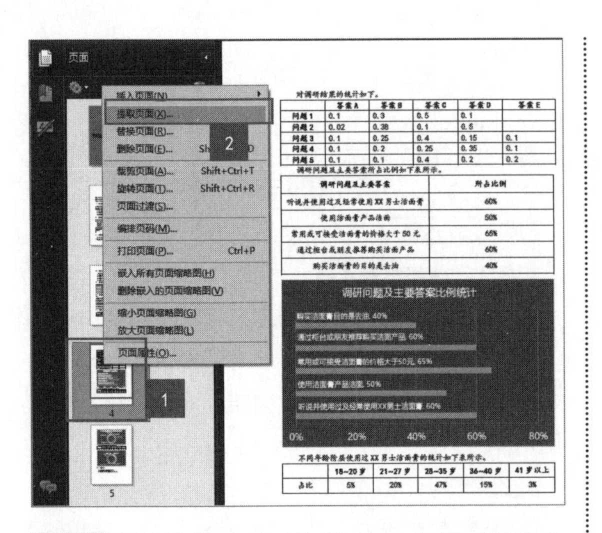

第2步 弹出【提取页面】对话框，选择要提取文件的页面编号，这里仅提取第4页，单击【确定】按钮，如下图所示。

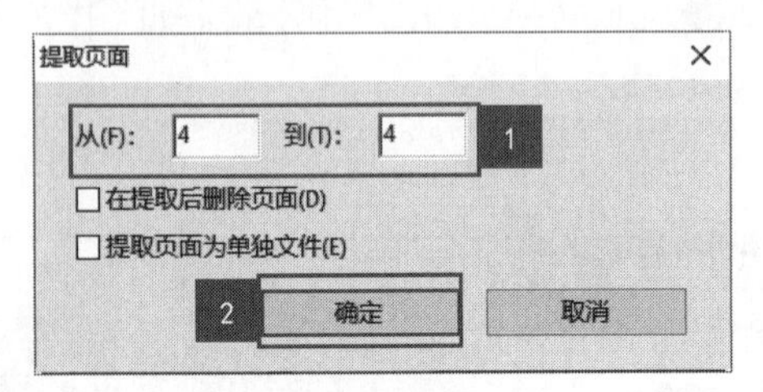

提示

分别在【从】【到】后面的文本框中输入提取的页面编号，可提取多页；如果需要提取所选页面后，并删除这些页面，可以选中【在提取后删除页面】复选框；选中【提取页面为单独文件】复选框，在执行提取操作后，会自动弹出【浏览文件夹】对话框，可选择位置并保存文件。

第3步 完成提取页面的操作，效果如下图所示。

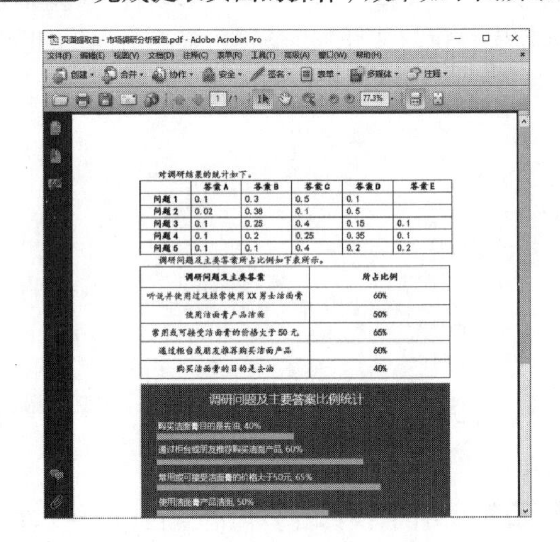

15.2.5 删除页面

PDF文档中多余或错误的页面可以将其直接删除，删除页面有以下两种方法。

方法1：打开【页面】缩略图窗格，选择要删除的页面，单击窗格右上角的【删除选定的页面】按钮，如下图所示。

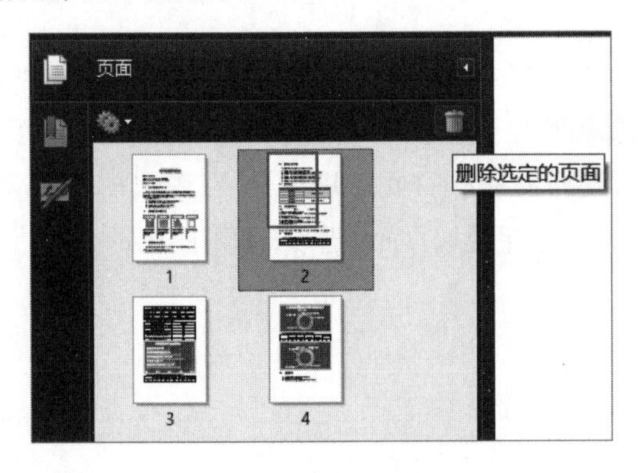

方法2：执行【文档】→【删除页面】命令，弹出【删除页面】对话框，输入要删除的页面序号，单击【确定】按钮，如下图所示。

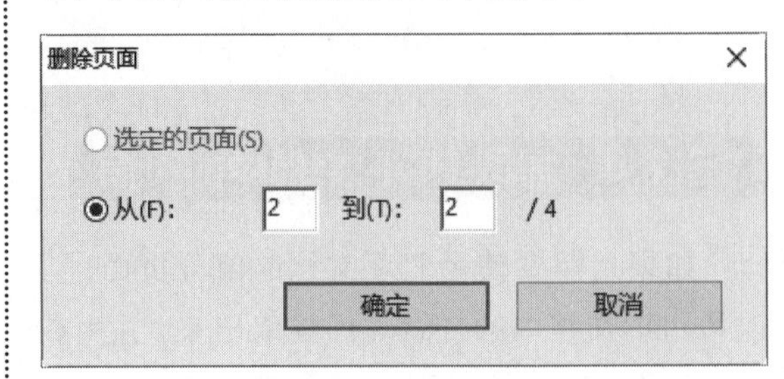

15.3 PDF 文档格式的转换

PDF 文档中的文字不能直接编辑，可以将 PDF 文档转换成其他文档格式，如 Word 文件、纯文本等。此外，还可以将 PDF 文档转换为图片格式等，满足不同的使用需求。

15.3.1 将 PDF 文档转换为 Word 文件格式

将 PDF 文档转换为 Word 文件格式，可以直接编辑和使用文档中的内容。需要注意的是，纯图 PDF 转换出的 Word 文件，依然是图片格式，文字内容是不可被编辑的。将 PDF 文档转换为 Word 文件格式的具体操作步骤如下。

第1步 打开“素材\ch15\个人工作报告.pdf”素材文件，执行【文件】→【导出】→【Word 文档】命令，如下图所示。

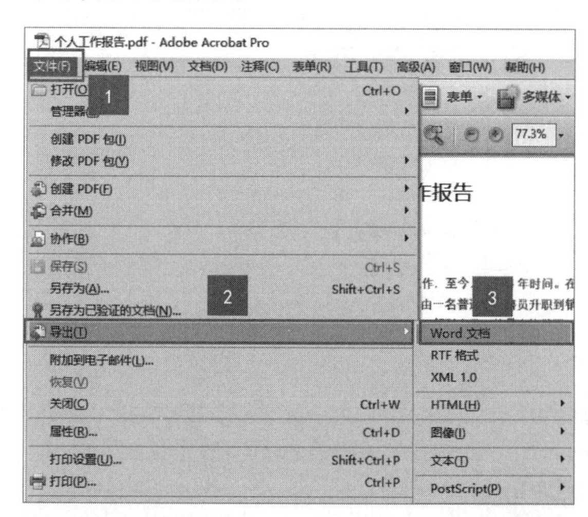

第2步 弹出【另存为】对话框，选择存储的位置，设置文件名、保存类型等，单击【保存】按钮，如下图所示。

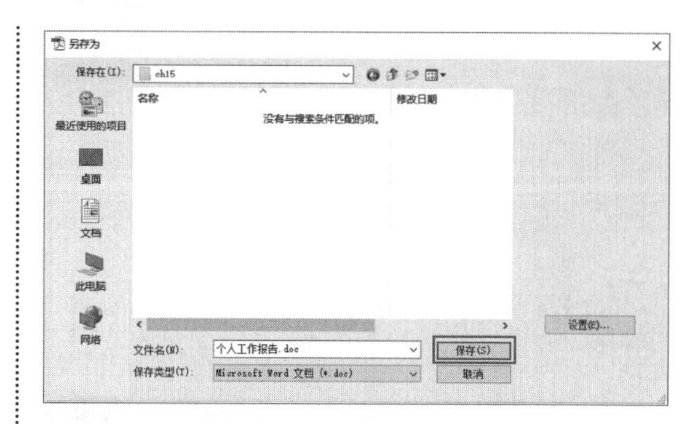

第3步 转换完成，即可使用 Word 打开文档，之后可进行编辑、保存等操作，如下图所示。

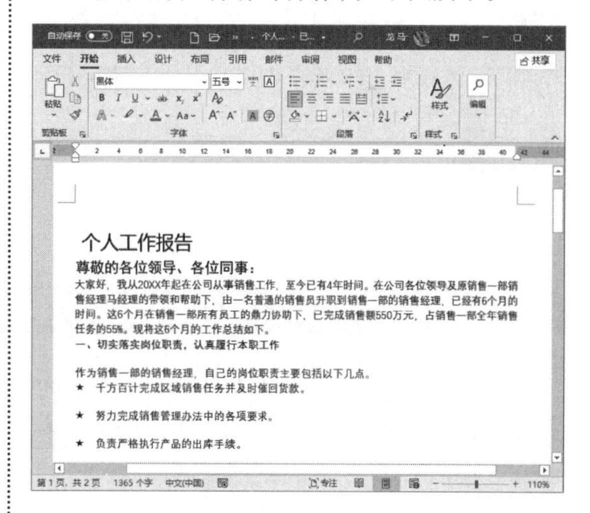

提示

PDF 文件中的表格、图形、图表等内容在转换为 Word 文档格式时，会出现无法识别或格式混乱的情况，需要手动调整 Word 文档的内容。

15.3.2 将PDF文档转换为纯文本

如果只需要使用PDF文档的文字，可以将PDF文档转换为纯文本（.txt）格式，具体操作步骤如下。

第1步 打开“素材\ch15\个人工作报告.pdf”素材文件，执行【文件】→【导出】→【文本】→【纯文本】命令，如下图所示。

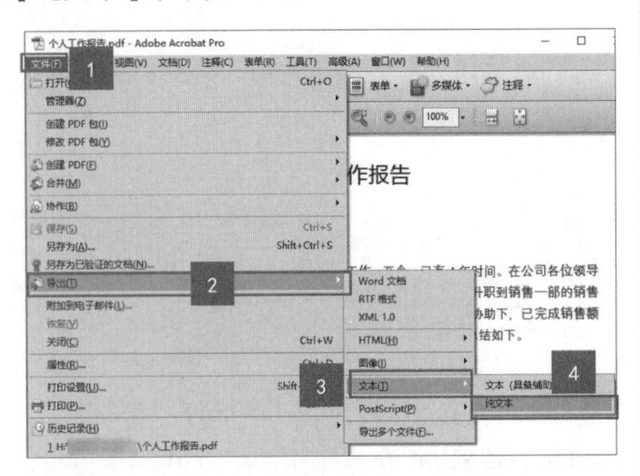

第2步 弹出【另存为】对话框，选择存储的位置，设置文件名、保存类型等，单击【保存】按钮，如下图所示。

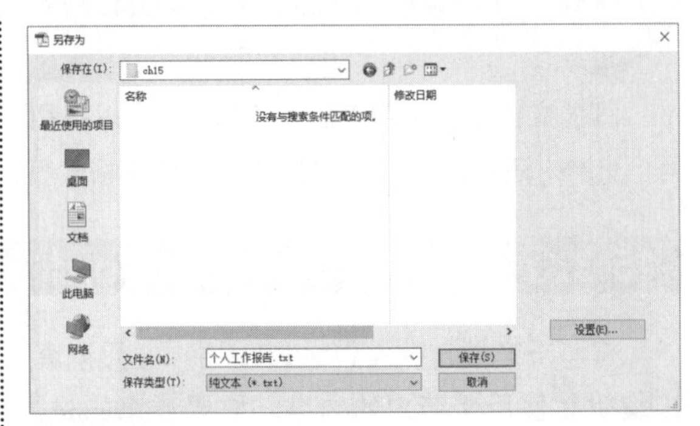

第3步 此时，即可开始转换，转换完成后可使用记事本打开文档并复制使用文档中的文字内容，如下图所示。

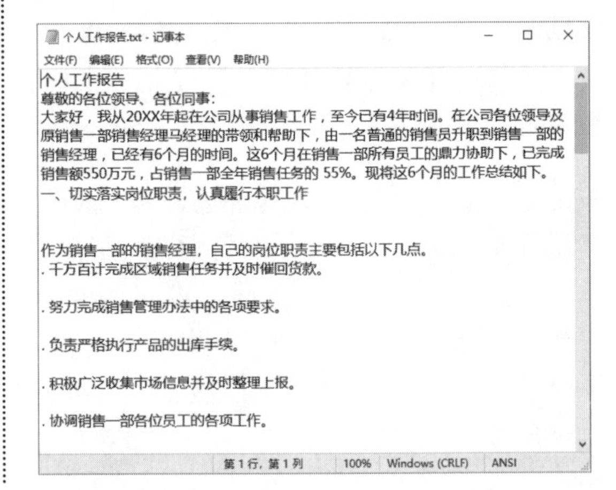

15.3.3 将PDF文档转换为图片文件

将PDF文档转换为图片格式文件，不仅不会损坏内容的布局，避免他人直接使用文字内容或编辑文件，还方便在某些特殊的环境下，如在网页中使用，或者在没有安装PDF软件的手机、计算机中直接使用图片查看，具体操作步骤如下。

第1步 打开“素材\ch15\市场调研报告.pdf”素材文件，执行【文件】→【导出】→【图像】→【PNG】命令，如下图所示。

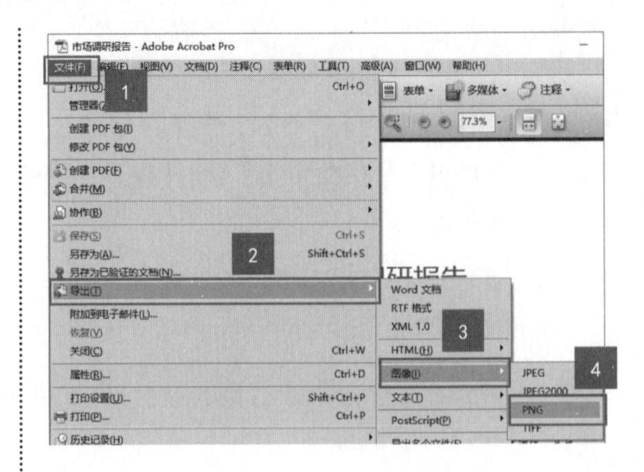

第2步 弹出【另存为】对话框，选择存储的位置，设置文件名、保存类型等，单击【保存】按钮，如下图所示，即可将PDF导出为图片。

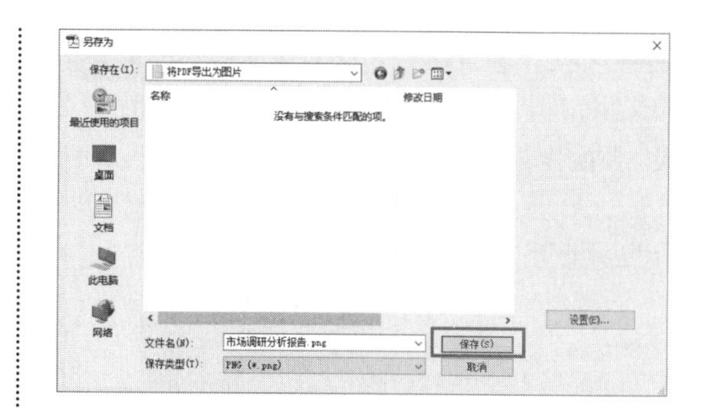

15.4 为 PDF 文档添加注释和标记

在PDF文档中可以执行添加附注、编辑文本、显示高亮文本、添加标注、添加云朵效果等操作，方便多人协作修改文档。

15.4.1 编辑文本

在编辑PDF文档时，使用【编辑文本】工具选择文本后，可以以注释的形式添加要插入的文本，也可以按【Backspace】键为要删除的文本添加删除线，具体操作步骤如下。

第1步 打开"素材\ch15\市场调研报告.pdf"素材文件，执行【注释】→【显示"注释和标记"工具栏】命令，如下图所示。

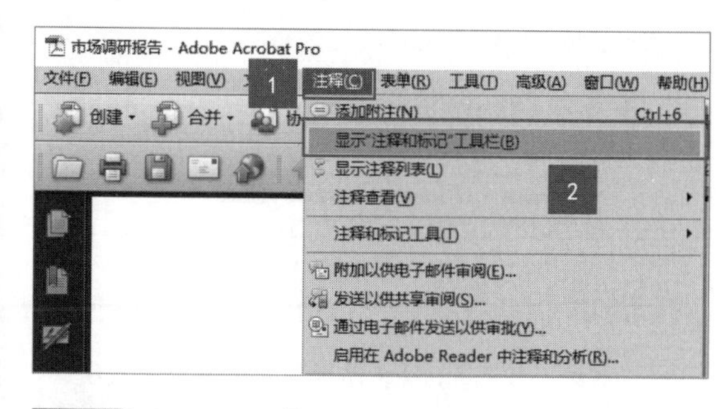

第2步 即可显示【注释和标记】工具栏，单击【文本编辑】按钮，选择要删除的文本内容，如下图所示。

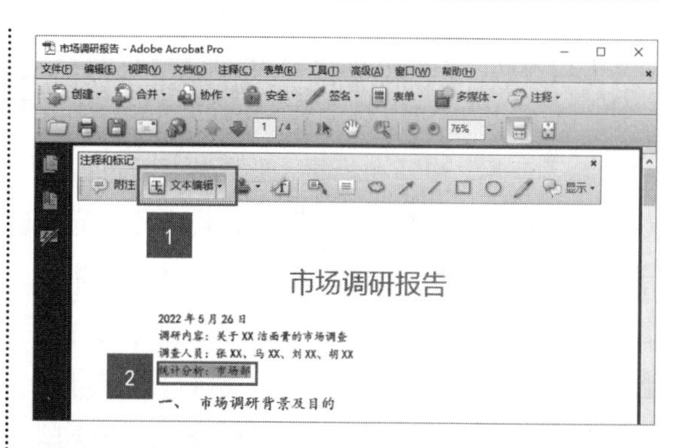

第3步 按【Backspace】键，即可在选择的文本上添加删除线，如下图所示。

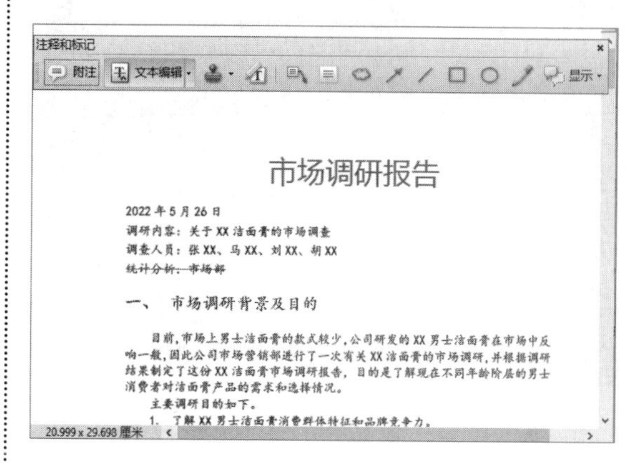

第4步 选择要替换的文本，直接输入要替换为的文字，即可显示【替换文字】文本框，如将“款式”替换为“品牌”的效果如下图所示。

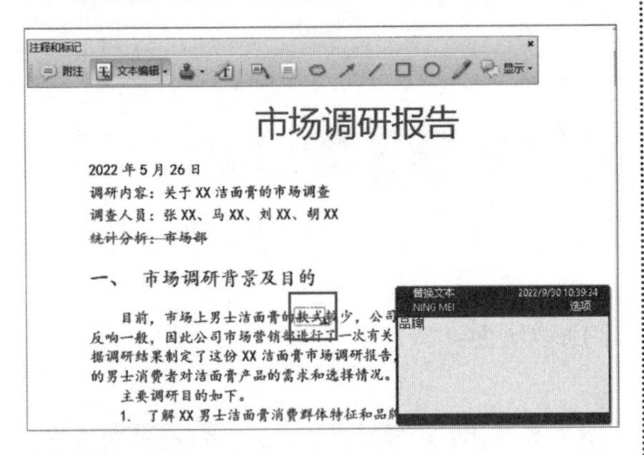

第5步 将光标定位在要插入文字的位置，直接输入要插入的文字，即可显示插入符号，显示需要插入文本的位置和内容，如下图所示。

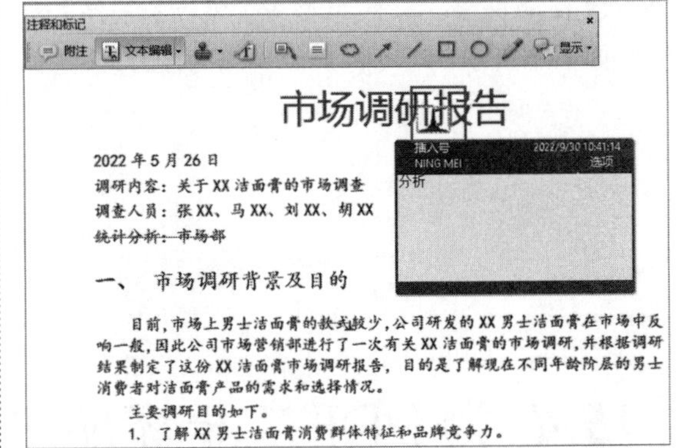

提示

单击【注释和标记】工具栏中的其他按钮，或者单击工具栏中的【选择】按钮，即可结束文本编辑状态。

15.4.2 设置 PDF 中的内容高亮显示

除了使用【注释和标记】工具栏，还可以通过【工具】菜单添加注释和标记。将内容高亮显示，可以突出重点，设置内容高亮显示的具体操作步骤如下。

第1步 在打开的素材文件中，执行【工具】→【注释和标记】→【高亮文本工具】命令，如下图所示。

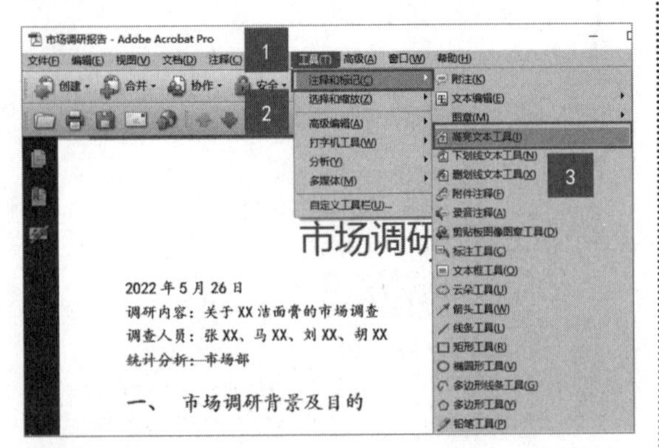

第2步 选择要设置高亮的文本，选择的文本即可显示为黄色，如下图所示。

提示

需要注意的是，这里添加的黄色并不是底纹，而是在文字上方显示黄色的显示框。选择设置的高亮显示框，按【Delete】键即可取消高亮显示。

15.4.3 批注 PDF 文档

在查阅PDF文档时，可以在文档中直接添加附注或标注，对文档内容提出反馈，可以方便多人协作。

1. 添加附注

第1步 在打开的素材文件中，单击【注释和标记】工具栏中的【附注】按钮，如下图所示。

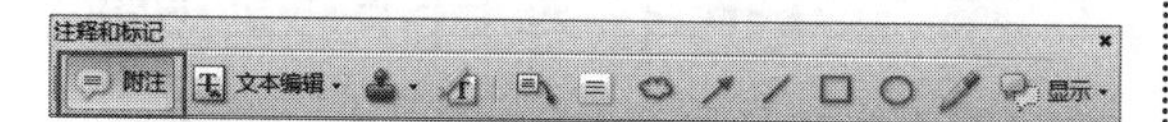

第2步 此时鼠标指针变为形状，在需要添加附注的位置单击，在显示的附注框中输入要添加的内容，如下图所示。

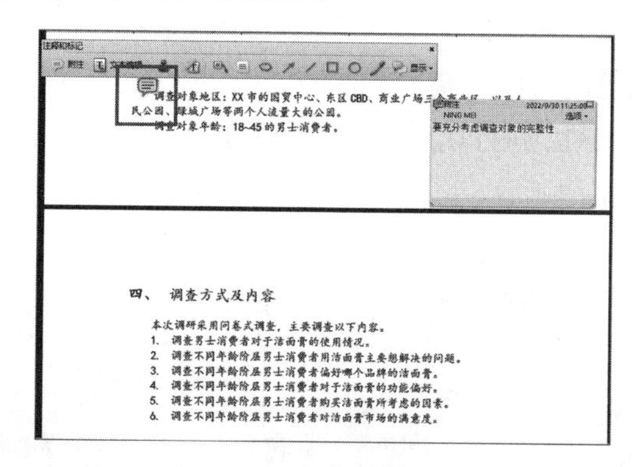

第3步 单击附注框右上角的【选项】按钮，可以删除或回复附注，如下图所示。

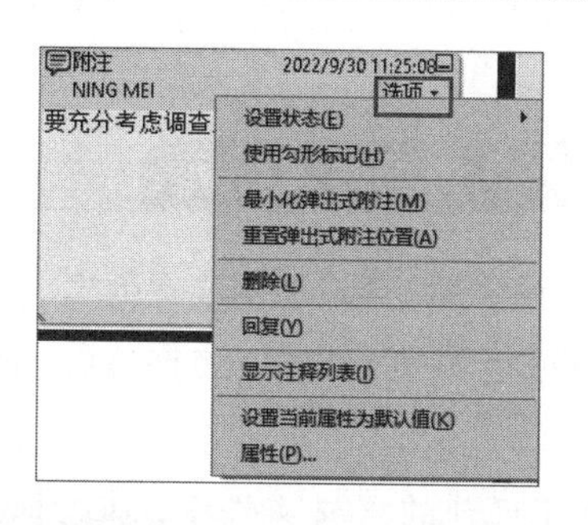

2. 添加标注

添加标注与添加附注的操作类似，单击【注释和标记】工具栏中的【标注】按钮，选择要添加标注的位置，拖曳鼠标，选择显示文本的位置，在文本框中输入要添加的内容，如下图所示。

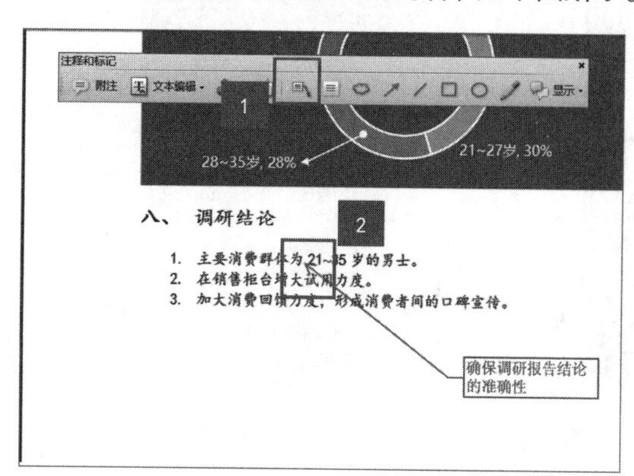

15.4.4 使用工具添加标记

Acrobat提供了云朵、箭头、直线、矩形、椭圆形等多种工具，可以根据需要选择不同的标记批注文本，下面以添加直线标记为例进行介绍，具体操作步骤如下。

第1步 在打开的素材文件中，单击【注释和标记】工具栏中的【直线工具】按钮，如下图所示。

第2步 拖曳鼠标即可添加直线，如下图所示。

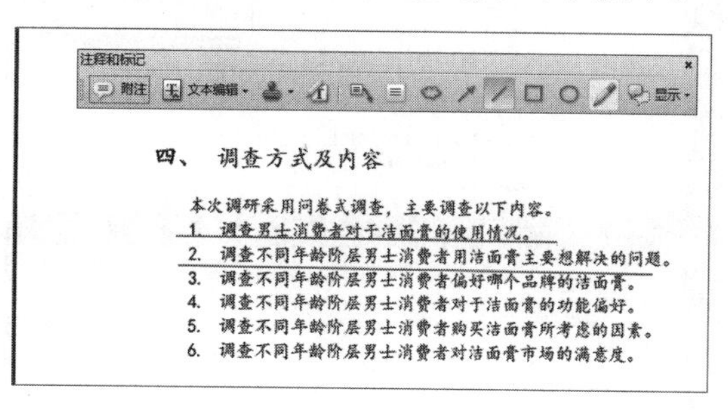

提示

其他工具的使用方法与直线工具的操作相同，这里不再赘述。

15.4.5 查看注释列表

添加注释后，通过显示注释列表，可以将所有的注释显示在列表框中，方便查看，具体操作步骤如下。

第1步 在打开的素材文件中，执行【注释】→【显示注释列表】命令，如下图所示。

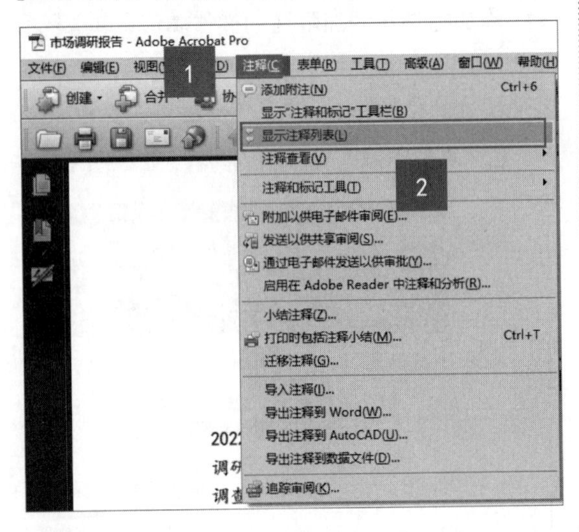

第2步 在下方将会显示注释列表框，在列表框中即可查看所有的注释内容，如下图所示。

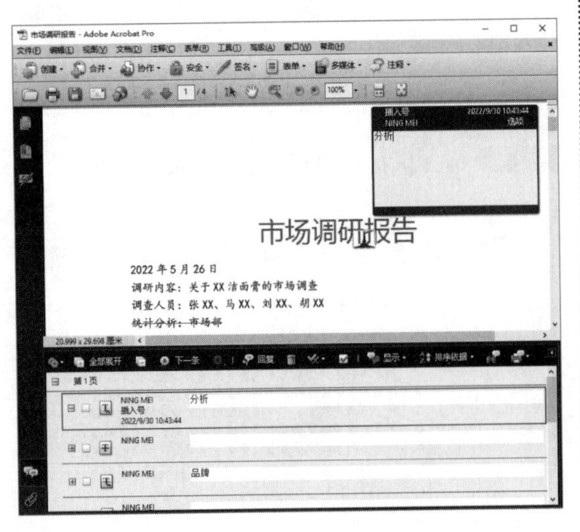

技巧1：在PDF文档中添加水印

为了避免文件未经允许被别人使用，经常会在文件上添加水印，以保护文件的安全性，其具体操作步骤如下。

第1步 打开"素材\ch15\市场调研报告.pdf"素材文件，执行【文档】→【水印】→【添加】命令，如下图所示。

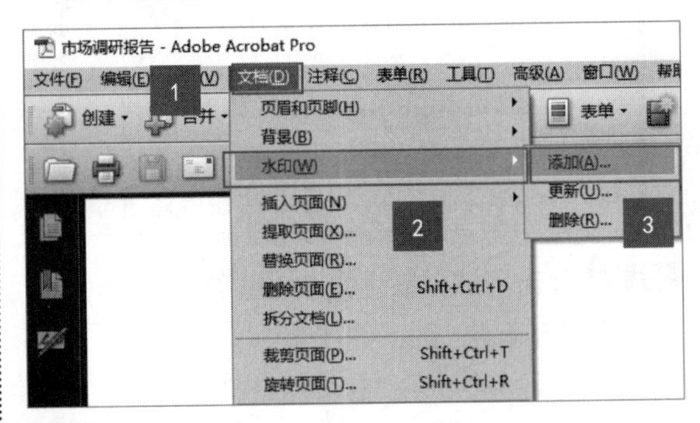

第2步 弹出【添加水印】对话框，在【来源】选项区域可以设置水印的文本内容，并设置字体、字号及字体颜色等；在【外观】选项区域可以设置旋转、不透明度等。在右侧【预览】区域可以看到预览效果，设置完成，单击【确定】按钮，如下图所示。

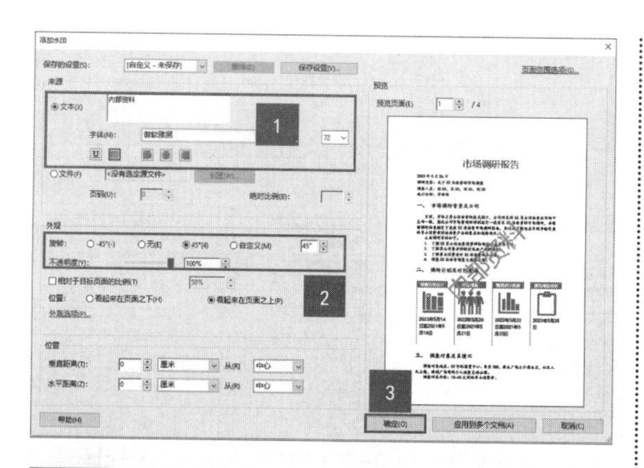

第3步 完成水印的添加，效果如下图所示。

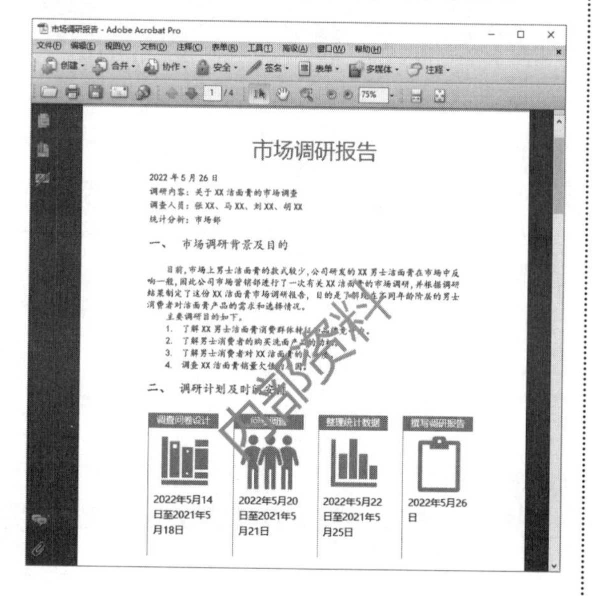

> **提示**
>
> 如果需要更新水印，执行【文档】→【水印】→【更新】命令，即可弹出【更新水印】对话框，根据需要修改水印内容即可。

技巧 2：调整 PDF 文档中的页面顺序

在编辑和处理PDF文档时，如果文档页面排列顺序有误或插入页面时顺序有误，可以根据需要调整页面的顺序，打开【页面】缩略图窗格，选择要调整的页面，按住鼠标左键拖曳至目标位置，目标位置会显示一条粗实线，松开鼠标即可完成调整，如下图所示。

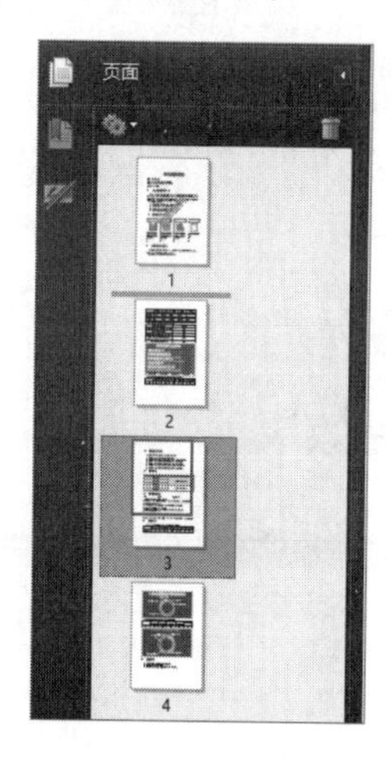

第 16 章

用思维导图提升工作效率——MindMaster

学习内容

MindMaster 思维导图软件是一个比较好的思维管理工具，在整理工作思路、简化工作流程、制作会议记录、进行任务管理和时间管理等方面都非常实用。本章就以 MindMaster 为例，介绍制作思维导图的方法。

学习效果

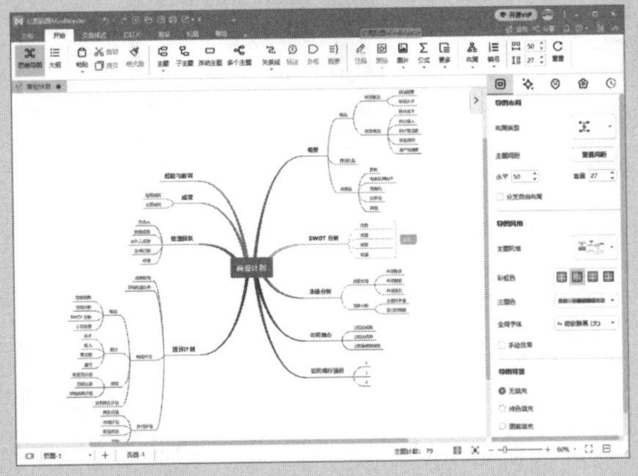

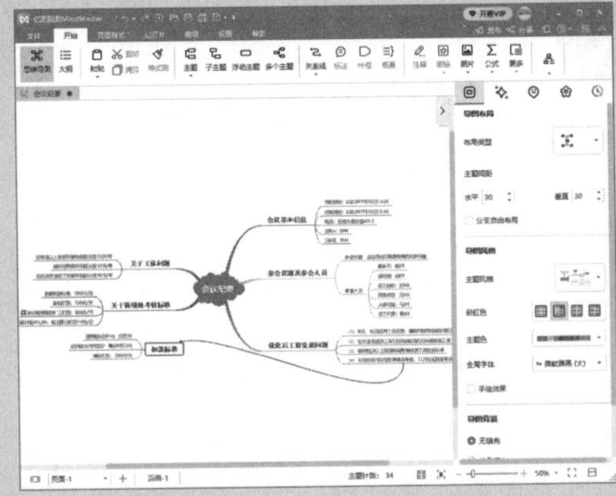

16.1 认识思维导图

思维导图是一种可以有效表达发散性思维的图形工具，运用图文并茂的方式，把中心主题与各级内容的关系，以及层级关系简单有效地表现出来。

16.1.1 思维导图的用途

思维导图的发散性特点能增强记忆，带来清晰的思维方式。随着对思维导图的不断认识与深入了解，可以将它运用到生活和工作的各个方面，思维导图的优势主要体现在以下几点。

（1）思维导图具有发散性，可以将分散且有关联的内容连接起来，辅助厘清事物之间的关系，帮助绘制者形成系统性的思维。使用思维导图进行学习，可以成倍提高学习效率，增进理解和记忆能力，把学习者的主要精力集中在关键的知识点上，不需要浪费时间在那些无关紧要的内容上，节省了宝贵的学习时间。

（2）思维导图可以使绘制者在倾听内容时把主要精力集中在关键点上，快速提取内容关键点，将内容尽量简化且符合上下层级逻辑，并且思维导图具有极大的可伸缩性，它顺应我们大脑的自然思维模式，可以使主观意图自然地在图上表达出来，它能够将新旧知识结合起来。

（3）不论是生活还是工作中，通常都会有长期或短期的计划目标。借助思维导图可以根据实际情况精细化地统筹计划，让我们对全局计划了如指掌。

（4）思维导图中的内容以平面展开的形式呈现，可以激发对内容的思考与联想。

（5）思维导图具有较强的个性化特征，可以将个人的思考方面和思考特点充分体现出来。

思维导图可以用于工作、学习、生活中的很多领域中，主要用途如下。

（1）作为个人，使用思维导图可以整理计划、厘清个人发展规划、分析和解决问题等。

（2）作为学习者，使用思维导图可以帮助记忆、整理论文大纲、梳理知识点等。

（3）作为职场人士，使用思维导图可以做计划、分析产品、整理会议记录、管理项目进度、商业分析、整理公司架构等。

16.1.2 新建空白思维导图

使用MindMaster绘制思维导图之前，需要先新建思维导图，新建空白思维导图的具体操作步骤如下。

第1步 启动MindMaster，选择【文件】选项卡，在左侧选择【新建】选项，在右侧【空白模板】选项区域有思维导图、单向导图、树状图、组织结构图、鱼骨图等空白模板，选择【思维导图】模板，如下图所示。

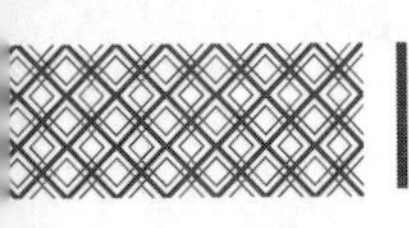

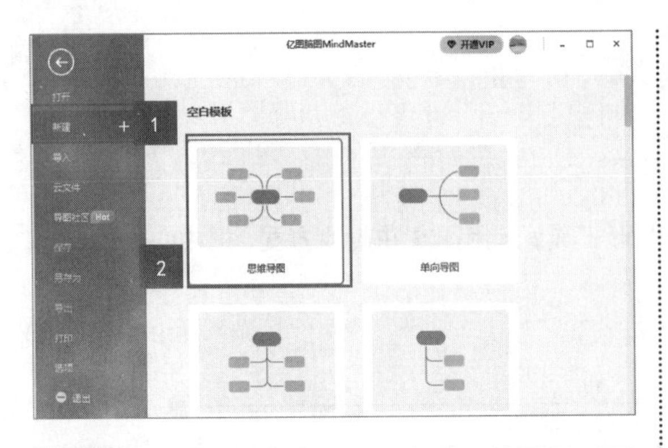

第2步 完成空白思维导图的创建，效果如下图所示。

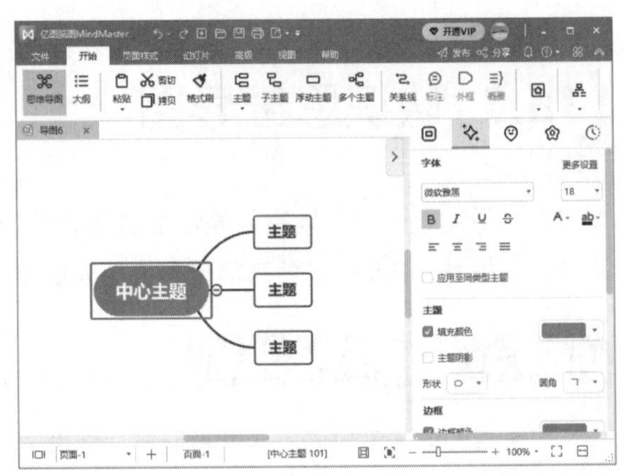

16.1.3 根据模板创建思维导图

除了创建空白思维导图，MindMaster还提供了几十种经典模板。选择模板并创建思维导图后，只需要修改内容即可，不仅绘制的效果更美观，还能提高绘制效率。根据模板创建思维导图的具体操作步骤如下。

第1步 启动MindMaster，选择【文件】选项卡，在左侧选择【新建】选项，在右侧【经典模板】选项区域选择一种模板类型，这里选择【商业计划】模板，如下图所示。

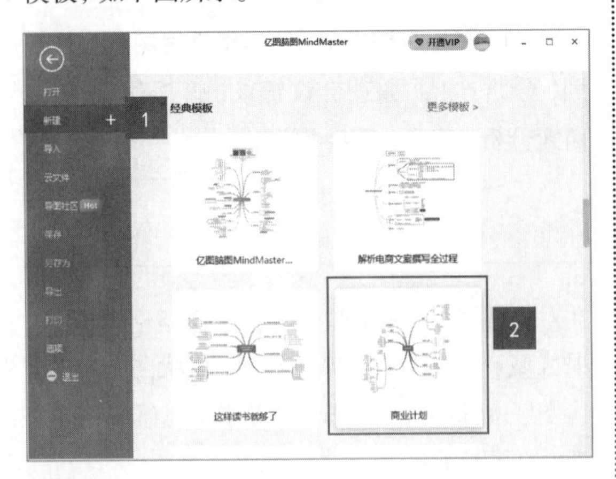

第2步 根据模板创建思维导图后，根据需要修改内容即可完成思维导图的制作，如下图所示。

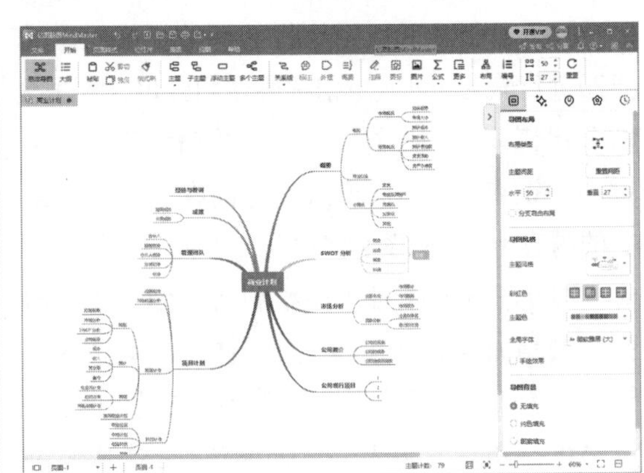

16.1.4 导入已有文件

MindMaster除了支持MindMaster格式的文件，还支持MindManager文件、XMind文件、EdrawMax文件、FreeMind文件、Markdown文件、HTML文件、Word文件7种文件格式，下面以导入XMind文件为例进行介绍，具体操作步骤如下。

提示

导入MindMaster中的其他格式的文件，会出现不能100%兼容的情况，但导入的文件，可以存储为MindMaster格式的文件。

第1步 启动MindMaster，选择【文件】选项卡，在左侧选择【导入】选项，在右侧【导入】选项区域中单击【XMind】图标，如下图所示。

第2步 弹出【打开文件】对话框，选择要导入的文件，单击【打开】按钮，如下图所示。

第3步 打开导入的XMind文件后的效果如下图所示。

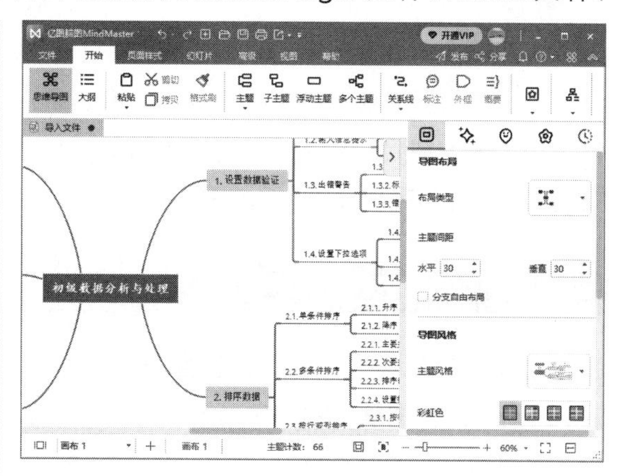

第4步 选择【文件】选项卡，在左侧选择【另存为】选项，在右侧【另存为】选项区域中单击【浏览】按钮，如下图所示。

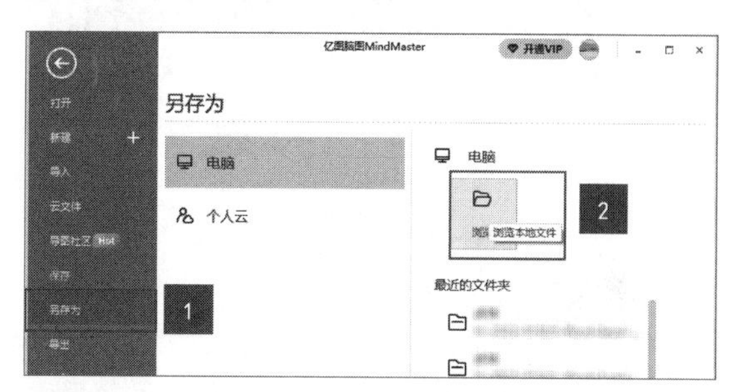

第5步 弹出【另存为】对话框，输入要另存为的文件名，并选择要存储的位置和保存类型，单击【保存】按钮，如下图所示，完成存储文件的操作。

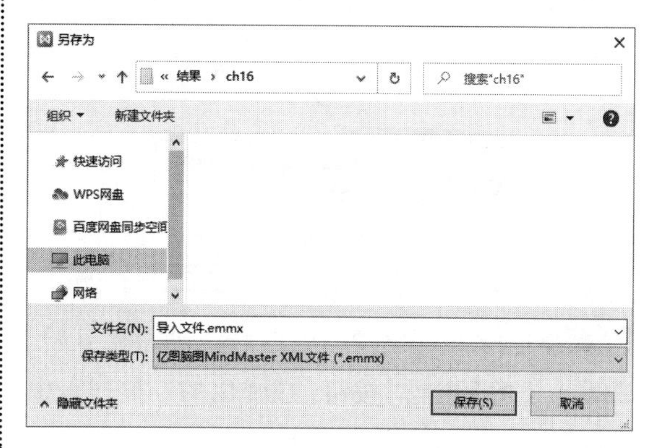

16.2 制作会议纪要思维导图

会议纪要需要展示会议的基本情况、主要精神及中心内容，便于汇报工作或向有关人员传达会议精神。通常要求会议的程序清楚，目的明确，中心突出，概括准确，层次分明，语言简练。通过思维导图的形式概括会议主要内容，不仅能直接展示会议内容，还能让他人更易于理解，导出为图片形式后，更有利于会议内容的传达。

16.2.1 添加与删除主题

新建空白思维导图后，仅包含一个中心主题，用户可以根据需要添加主题和子主题，不需要的主题也可以将其删除。

第1步 新建空白思维导图，并将其另存为"会议纪要.emmx"，如下图所示。

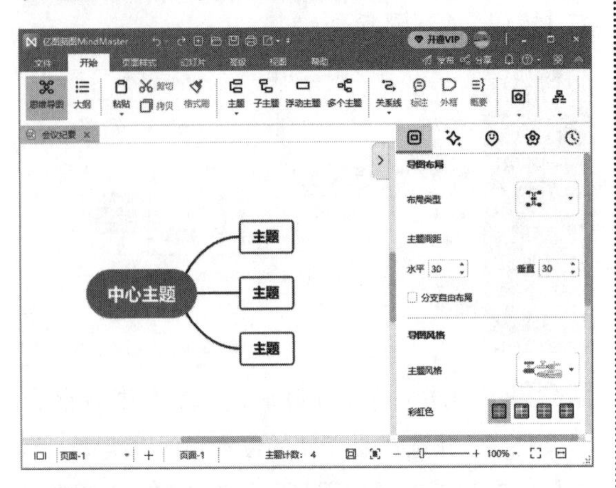

第2步 双击"中心主题"框，更改文字为"会议纪要"，更改后的效果如下图所示。

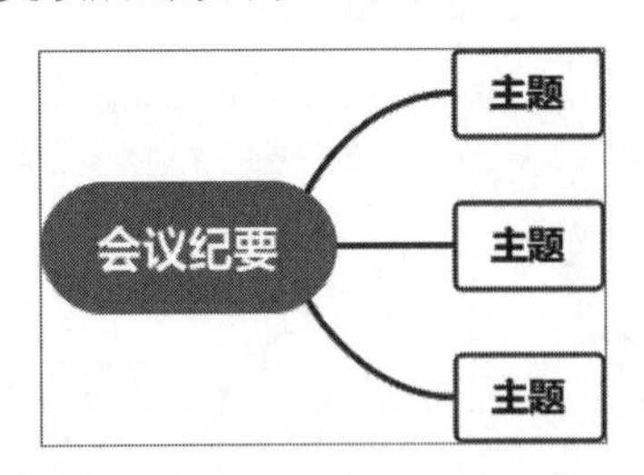

第3步 选择"会议纪要"中心主题，单击【开始】选项卡下的【主题】按钮，在弹出的下拉列表中选择【主题】选项，如下图所示。

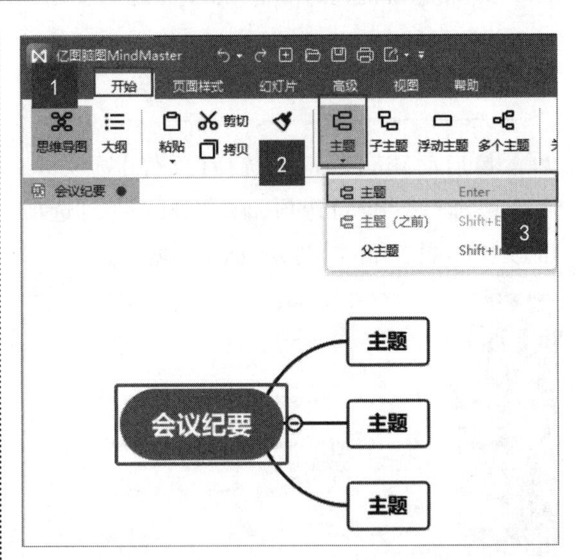

第4步 完成主题的插入，效果如下图所示。

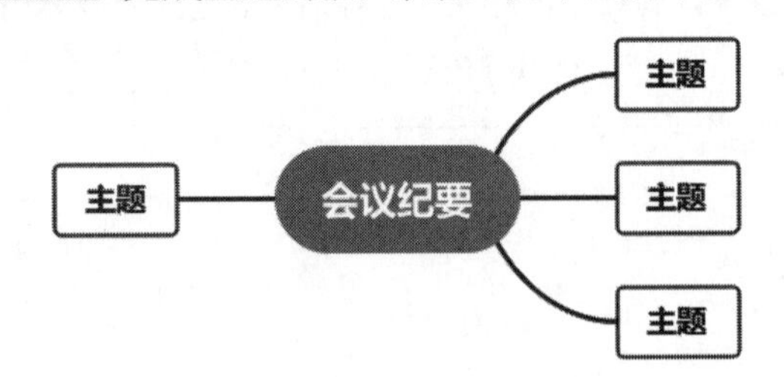

提示

如果要插入同级别的主题，如选择新插入的"主题"，按【Enter】键，即可快速插入新的同级别的主题，如下图所示。

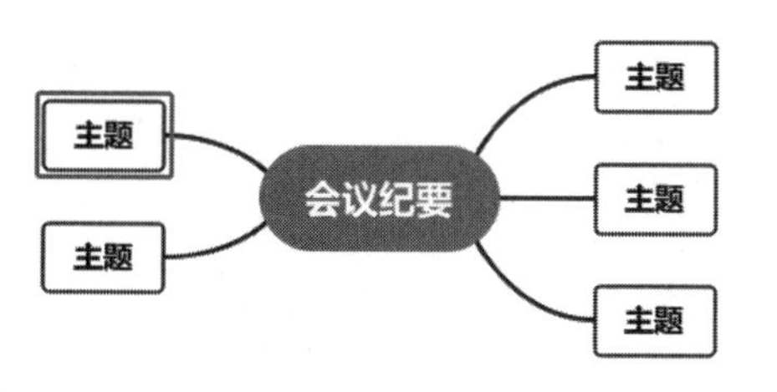

第5步 选择新插入的主题，按【Delete】键，即可将其删除，效果如下图所示。

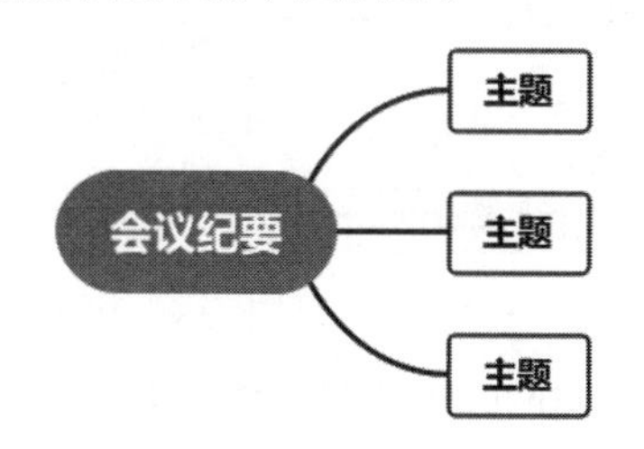

提示

按住【Ctrl】键，可以同时选择多个主题。

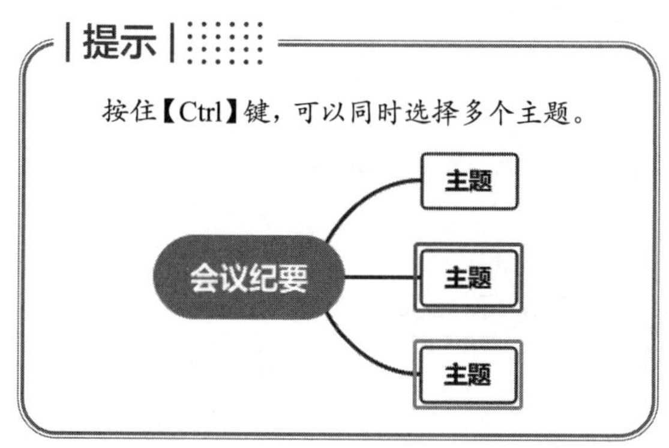

第6步 将下方的两个主题删除，选择最上方的主题，输入"会议基本信息"，选择"会议基本信息"主题，单击【开始】选项卡下的【子主题】按钮，如下图所示。

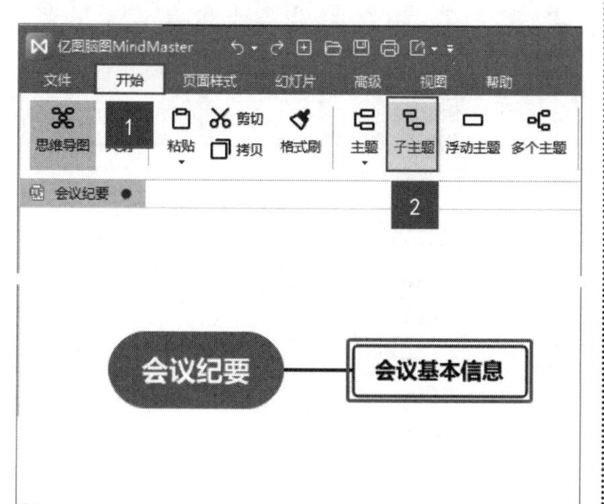

第7步 完成子主题的插入，更改内容为"开始时间：2022年7月12日14:00"，效果如下图所示。

第8步 使用同样的方法，插入新的子主题，并更改文字内容，效果如下图所示。

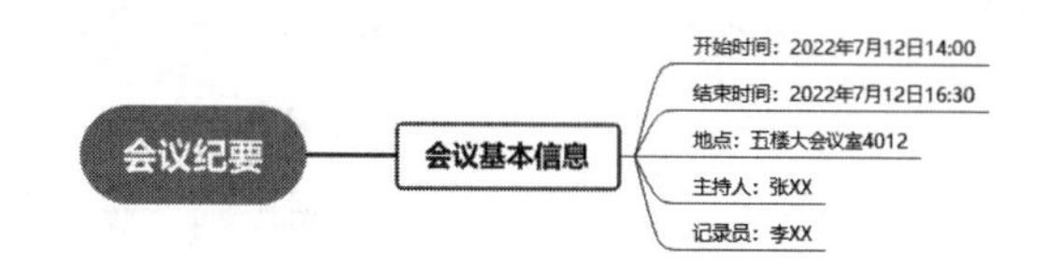

第9步 如果要同时插入多个主题，可以先选择"会议纪要"中心主题，单击【开始】选项卡下的【多个主题】按钮，如下图所示。

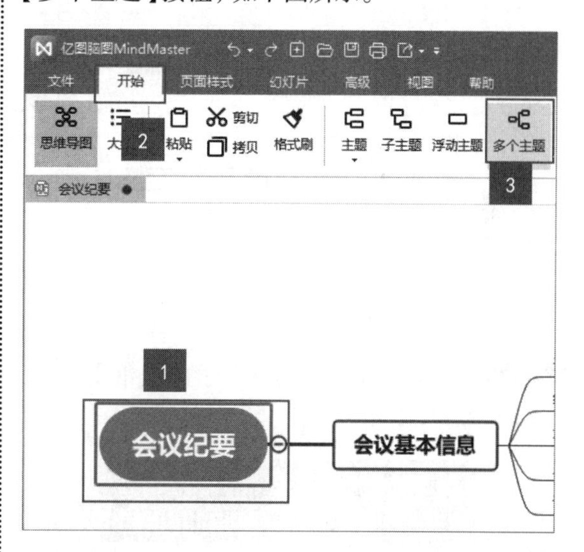

第10步 弹出【添加多个主题】对话框，在其中输入主题内容，按【Enter】键可以创建新的主题，按【Tab】键会缩进一级，按【Shift+Tab】组合键可上升一级，输入后单击【确定】按钮，如下图所示。

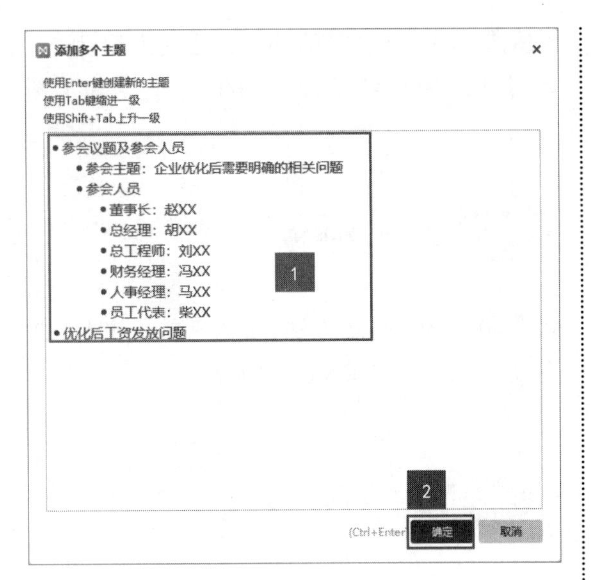

第11步 即可将多个主题插入思维导图中，效果如下图所示。

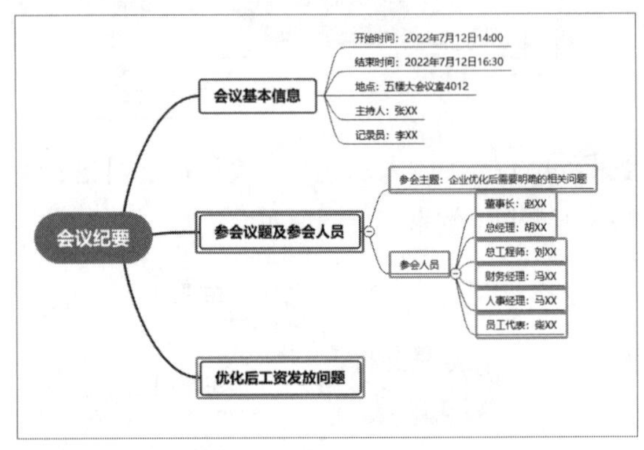

第12步 使用同样的方法，插入其他主题，最终效果如下图所示。

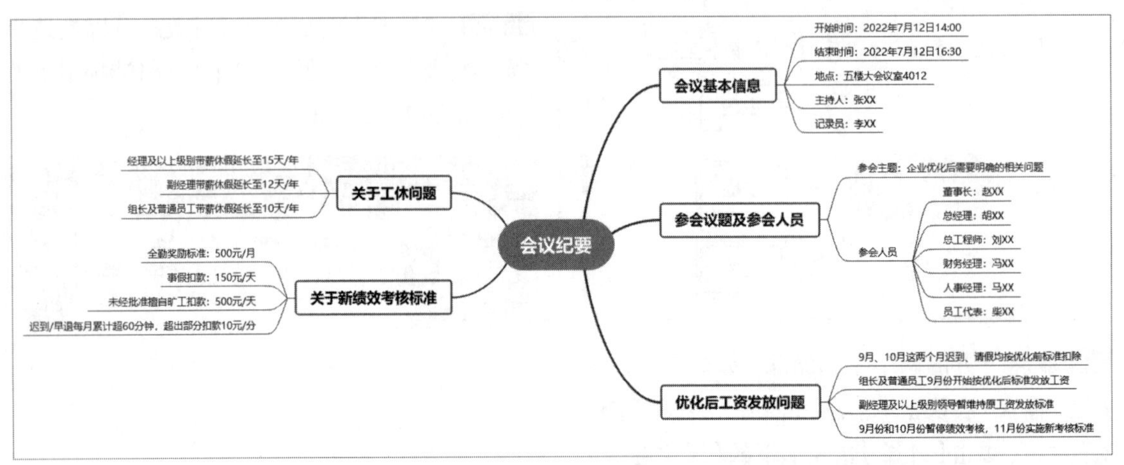

第13步 单击【开始】选项卡下的【大纲】按钮，如下图所示。

第14步 显示大纲界面，在该界面可以调整缩进、修改文字内容、添加注释、超链接等。如果要结束大纲界面，单击【思维导图】按钮即可，如下图所示。

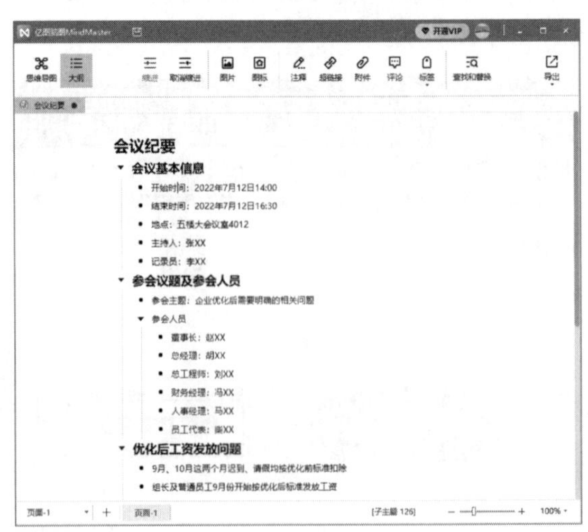

16.2.2 设置字体样式

输入主题内容后，可以根据需要为不同级别的主题设置不同的字体和字号，也可以设置字体颜色、加粗、斜体等文字效果。

第1步 选择“会议纪要”中心主题，在右侧【Style】窗格下【字体】选项区域中单击【字体】下拉按钮，在弹出的下拉列表中选择一种字体，这里选择【方正博雅宋】选项，如下图所示。

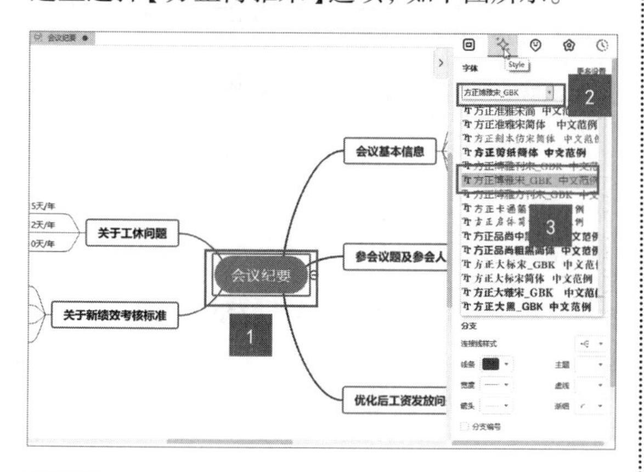

第2步 单击右侧【Style】窗格下【字体】选项区域中的【字号】下拉按钮，在弹出的下拉列表中选择一种字号，这里设置为“20”，如下图所示。

> **提示**
>
> 在【字体】选项区域中还可以根据需要设置加粗、倾斜、下划线、字体颜色及对齐方式等。

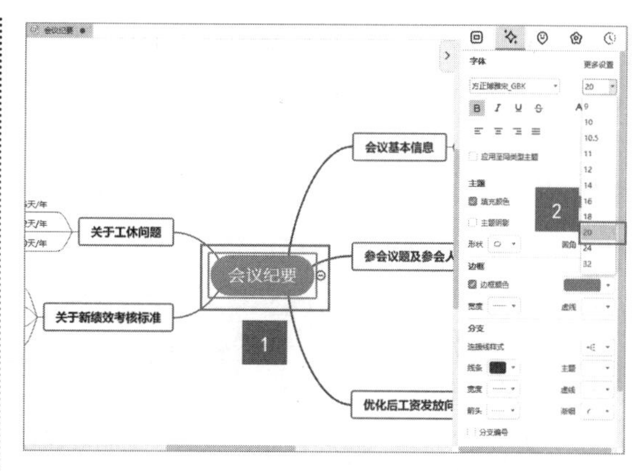

第3步 按住【Ctrl】键，选择所有的主题，在右侧【Style】窗格【字体】选项区域中设置【字体】为“方正宋三简体”，【字号】为“16”，效果如下图所示。

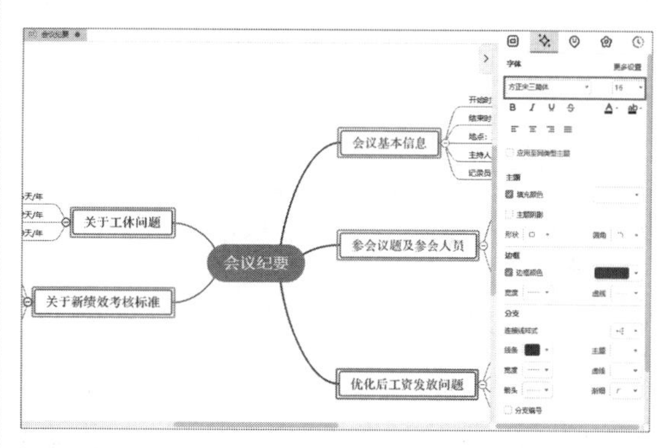

第4步 使用同样的方法设置子主题的【字体】为“微软雅黑”，【字号】为“11”，效果如下图所示。

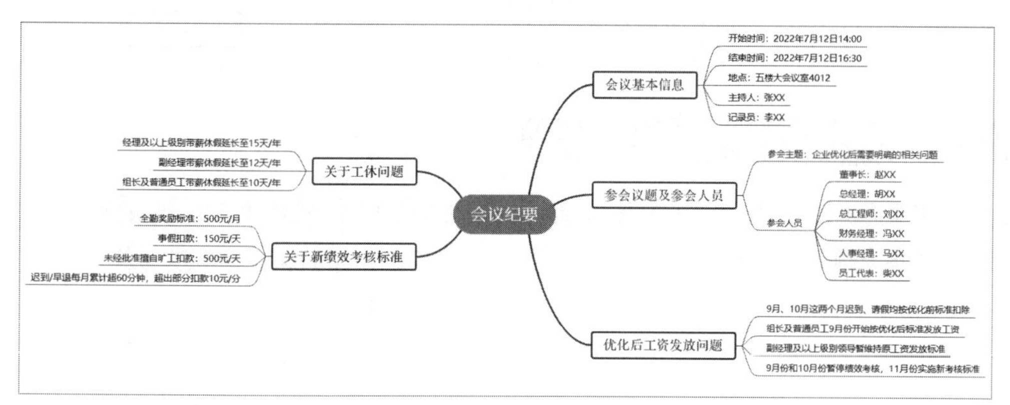

16.2.3 更改布局

创建思维导图后，可以根据需要调整思维导图的布局类型及主题间距。更改布局的具体操作步骤如下。

第1步 单击主题后的折叠按钮⊖，如下图所示。

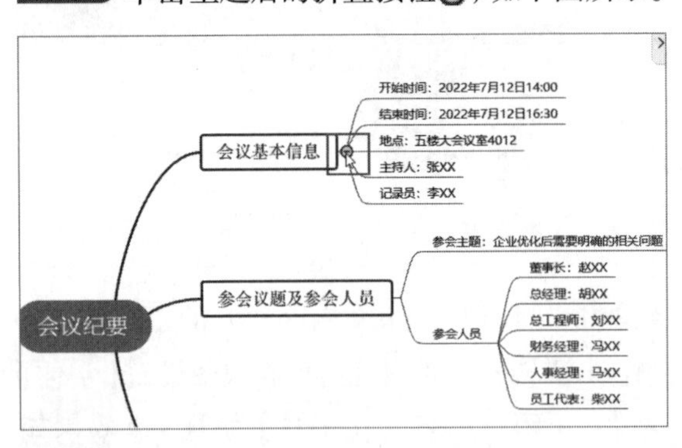

第2步 将子主题隐藏，使用同样的方法，隐藏其他主题后的子主题，效果如下图所示。

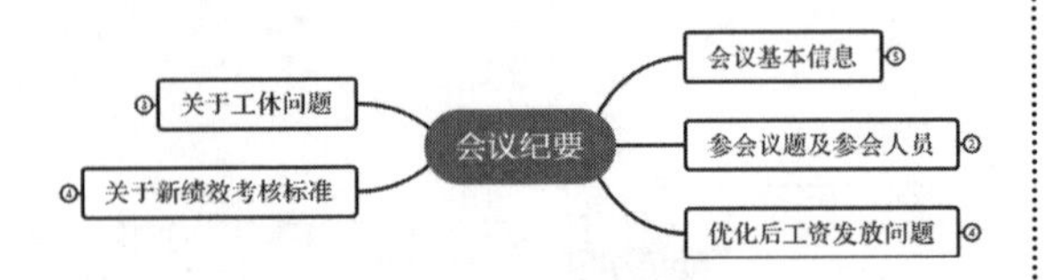

提示

隐藏子主题后显示的数字代表该主题下有几个子主题。

第3步 单击【格式】窗格下方【导图布局】选项区域中的【布局类型】下拉按钮，在弹出的下拉列表中可以看到包含22种布局类型，选择一种布局类型，这里选择【右向导图】类型，如下图所示。

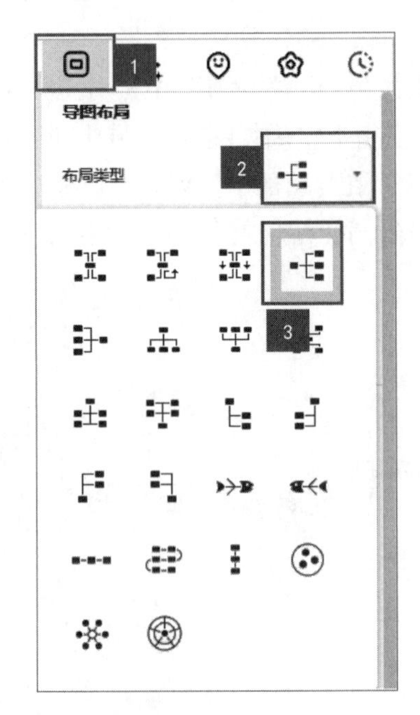

第4步 将布局类型更改为【右向导图】类型后的效果如下图所示。

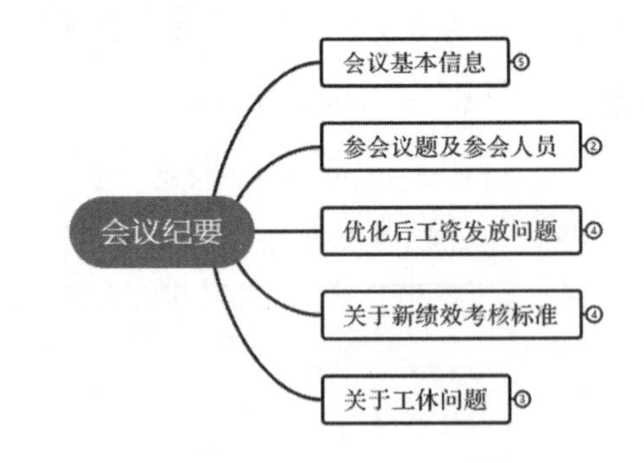

16.2.4 更改节点主题的颜色和边框

为了让思维导图更美观，还可根据需要自定义节点主题的填充颜色、边框及分支的样式。

1. 更改主题的填充颜色及形状

更改主题的填充颜色及形状主要是设置主题图形的填充颜色及形状样式，MindMaster提供了30种主题形状，方便用户使用。

第1步 选择中心主题，在右侧【Style】窗格下【主题】选项区域中单击【填充颜色】下拉按钮，在弹出的下拉列表中选择一种颜色，效果如下图所示。

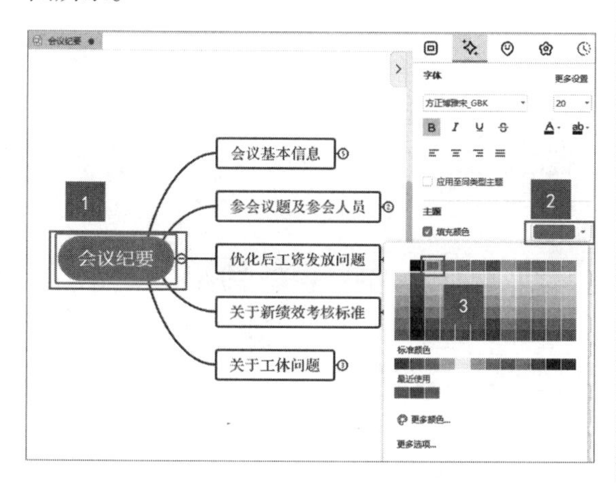

第2步 选择中心主题单击右侧【Style】窗格下【主题】选项区域中的【形状】下拉按钮，在弹出的下拉列表中选择一种形状，效果如下图所示。

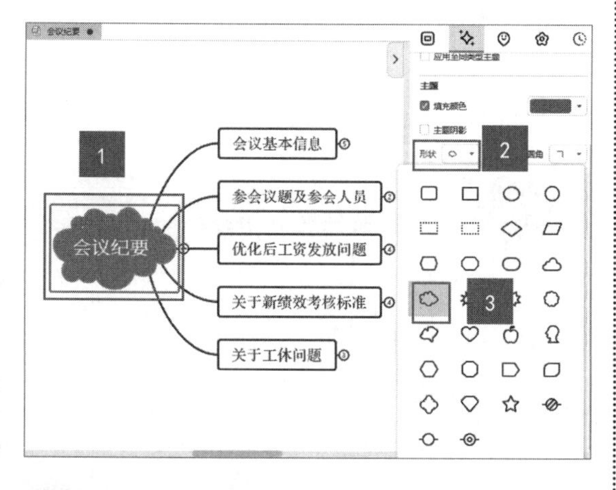

2. 更改边框样式

更改边框样式是设置主题图形的边框颜色、边框宽度及边框的线型。

第1步 选择中心主题，在右侧【Style】窗格下【边框】选项区域中单击【边框颜色】下拉按钮，在弹出的下拉列表中选择一种颜色，效果如下图所示。

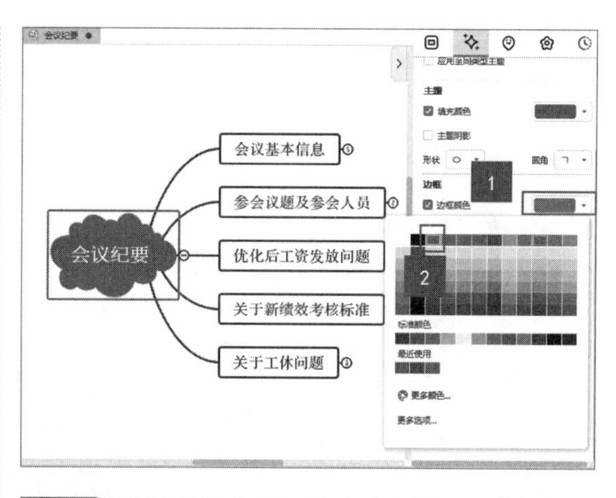

第2步 选择其他主题，单击右侧【Style】窗格下【边框】选项区域中的【宽度】下拉按钮，在弹出的下拉列表中选择【1.5】选项，效果如下图所示。

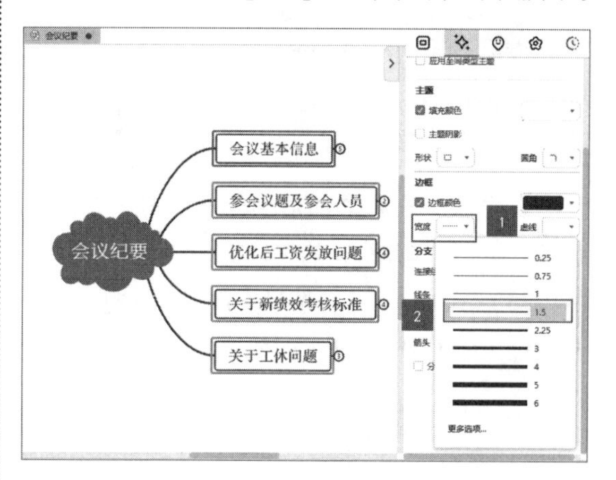

提示

单击【线型】下拉按钮，在弹出的下拉列表中可以设置边框的线型。

3. 更改分支

更改分支主要是设置主题与子主题之间连接线的样式、线条颜色、线条宽度、线条的箭头形状等。

第1步 选择中心主题，在右侧【Style】窗格下【分支】选项区域中单击【连接线样式】下拉按钮，在弹出的下拉列表中选择一种连接线样式，这里选择【直线1】样式，效果如下图所示。

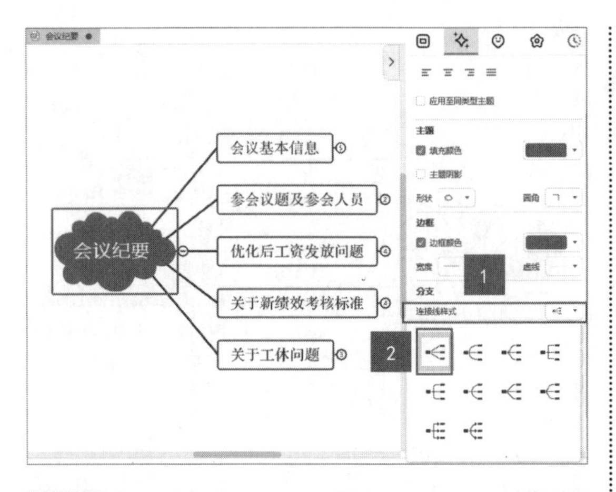

第2步 单击右侧【Style】窗格下【分支】选项区域中的【宽度】下拉按钮，在弹出的下拉列表中选择【1.5】选项，效果如下图所示。

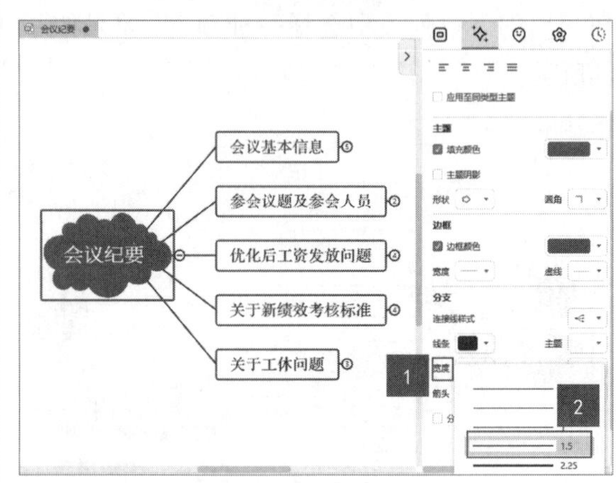

16.2.5 添加关系线

关系线可以连接任意的两个主题，并且允许添加文字说明，用于表明两个主题之间的关系，也可以为某个主题添加活动的主题关系，用于解释说明，添加关系线的具体操作步骤如下。

第1步 展开“优化后工资发放问题”主题，并选择最后一个子主题，如下图所示。

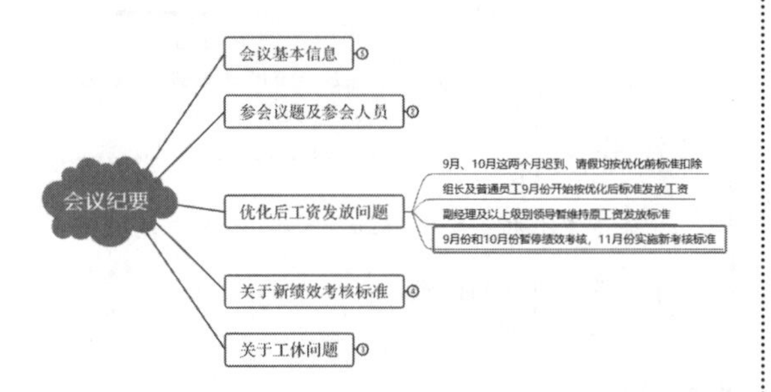

第2步 单击【开始】选项卡下的【关系线】下拉按钮，在弹出的下拉列表中选择【关系线】选项，如下图所示。

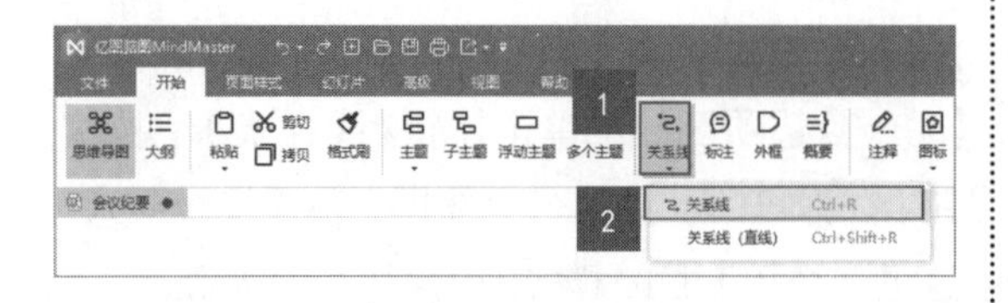

第3步 即可从选择的子主题中自动显示一条虚线，虚线形状可以随着鼠标指针位置的变化而改变，如下图所示。

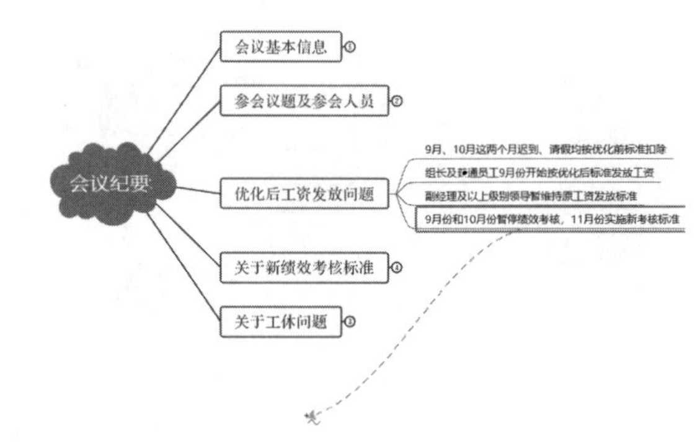

提示

如果要表达与其他主题的关系，可以在其他主题上单击；如果要添加注释，可以在合适的空白位置处单击。

第4步 在合适的位置单击，即可显示浮动主题，输入“扣款标准”，如下图所示。

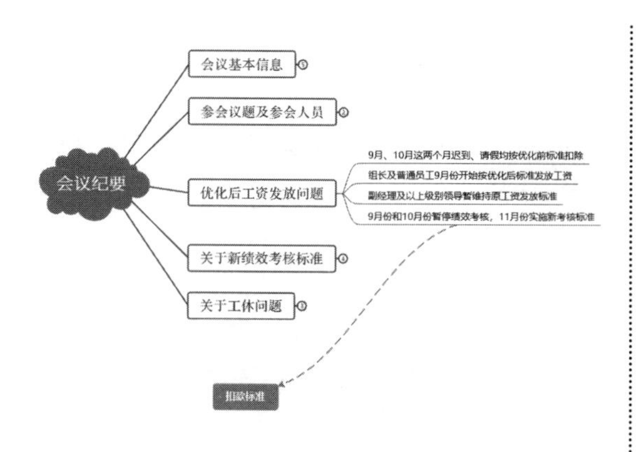

第5步 为浮动主题添加子主题并输入文字，根据需要设置字体样式，完成关系线的添加，效果如下图所示。

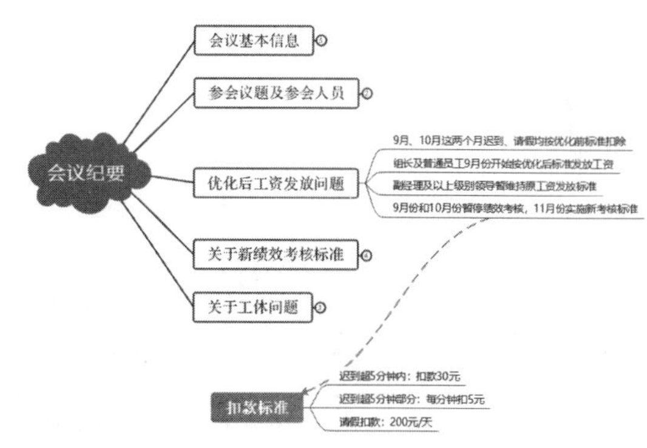

16.2.6 添加图标

思维导图中重要的主题可以通过添加图标来突出显示，MindMaster提供了优先级、进度、表情、箭头、旗帜、星及符号等多种类型的图标。添加图标的具体操作步骤如下。

第1步 隐藏“优化后工资发放问题”主题，并展开“关于新绩效考核标准”主题，选择要添加图标的子主题，如下图所示。

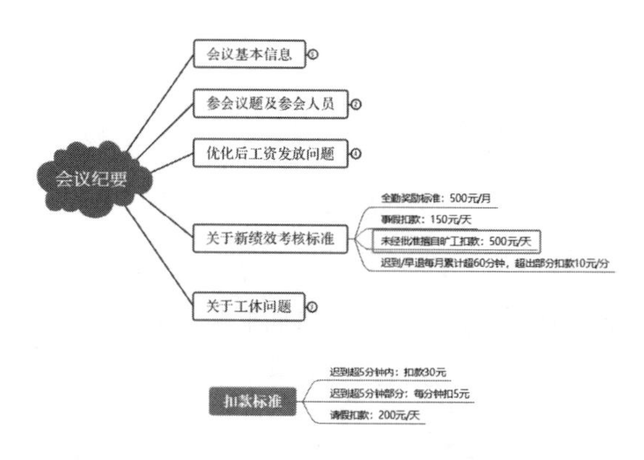

第2步 单击【开始】选项卡下的【图标】下拉按钮，在弹出的下拉列表中选择一种图标，如下图所示。

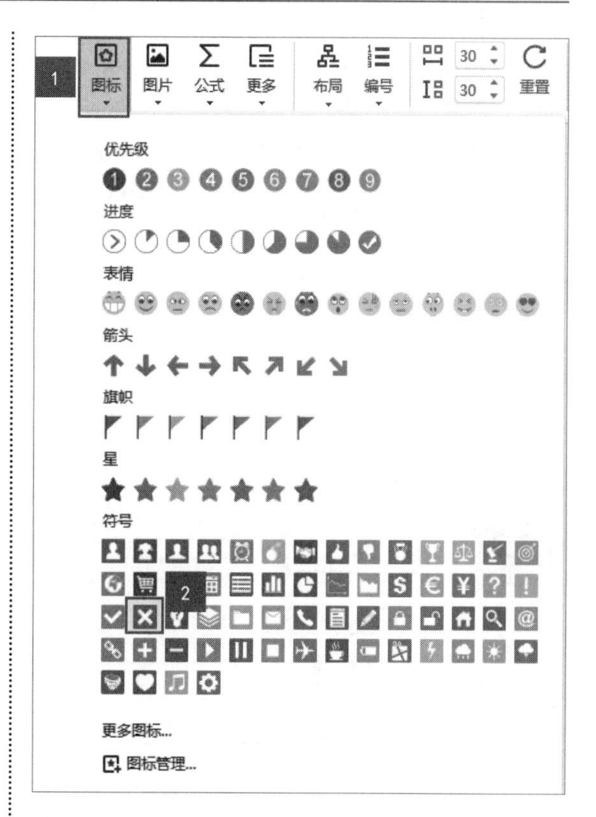

第3步 添加图标后的效果如下图所示。

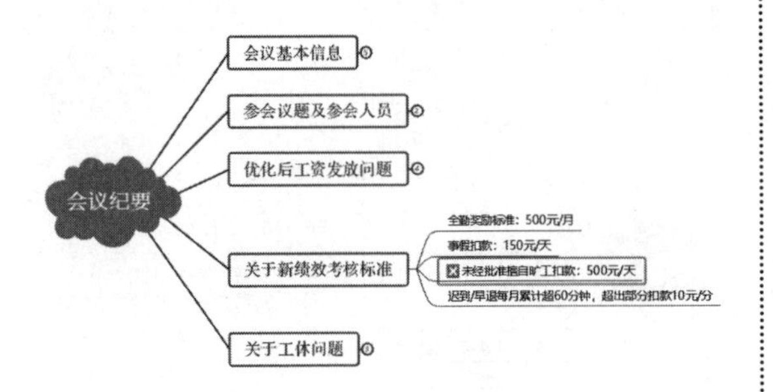

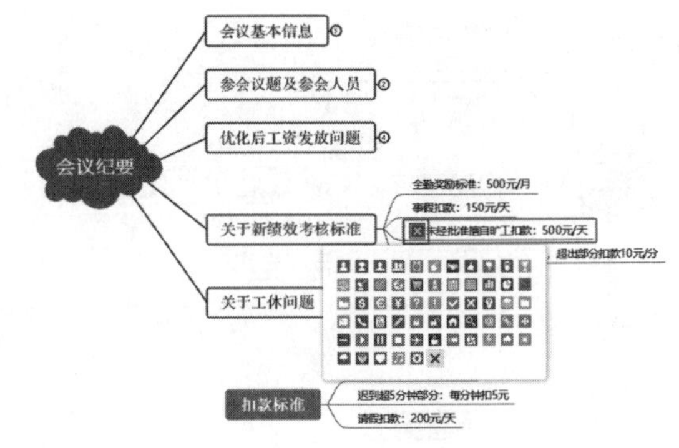

提示

如果要删除图标，可以单击添加的图标，在弹出的面板中单击最后的✕按钮，即可将图标删除。

16.2.7 设置编号

在思维导图中为具有相同级别的文字添加编号，可以清晰地分清文字类别。设置编号的具体操作步骤如下。

第1步 隐藏"关于新绩效考核标准"主题，展开并选中"优化后工资发放问题"主题，如下图所示。

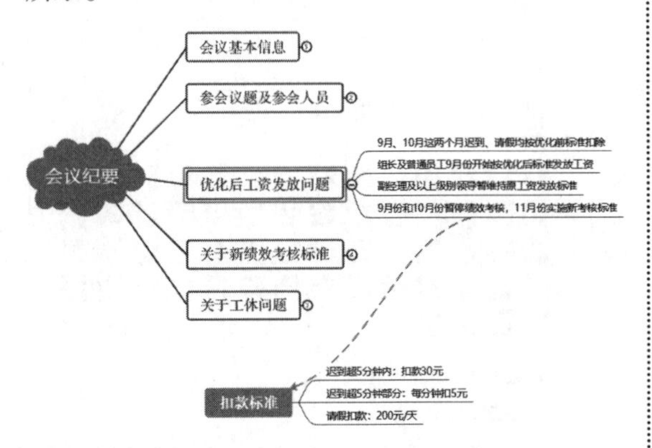

第2步 单击【开始】选项卡下的【编号】下拉按钮，在弹出的下拉列表中选择一种编号样式，如下图所示。

第3步 添加编号后的效果如下图所示。

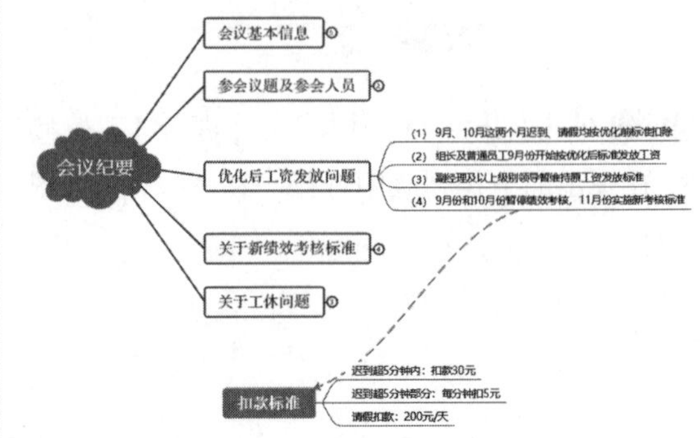

16.2.8 更改思维导图风格

创建思维导图后，可以使用内置的主题风格美化思维导图，还可以根据需要设置思维导图的背景。更改思维导图风格的具体操作步骤如下。

第1步 单击【页面样式】选项卡下的【主题】下拉按钮，在弹出的下拉列表中选择一种主题风格，如下图所示。

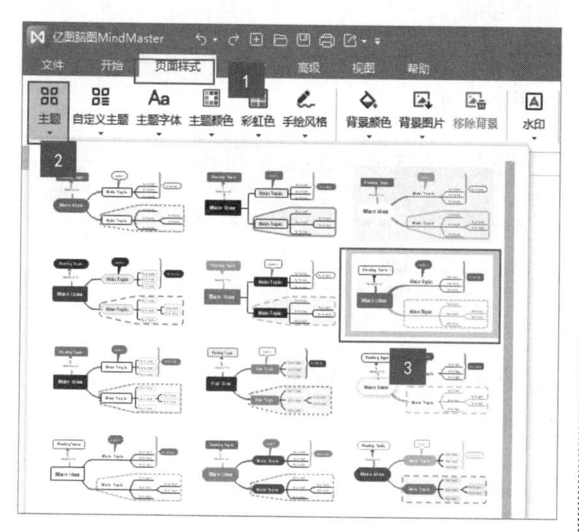

第2步 将选择的主题风格应用到思维导图后的效果如下图所示。

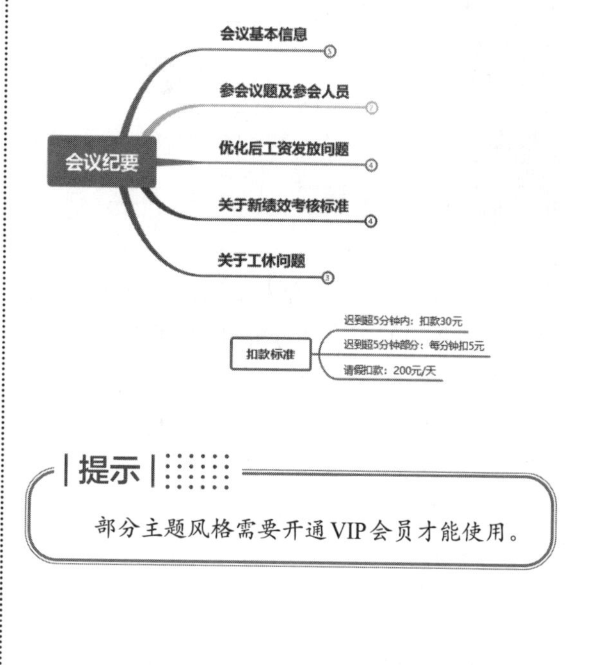

提示

部分主题风格需要开通VIP会员才能使用。

16.2.9 导出文件

思维导图制作完成，就可以将其导出为图片、PDF、Office、HTML等格式的文件，方便保存和分享。导出文件的具体操作步骤如下。

第1步 展开所有主题，并根据上述操作，适当调整思维导图中文字的格式，最终效果如下图所示。

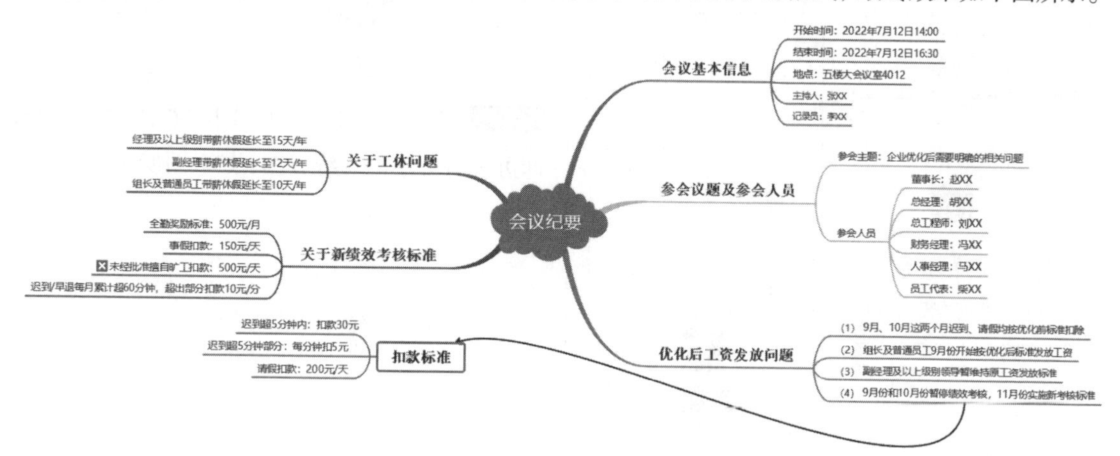

第2步 选择【文件】选项卡，在左侧选择【导出】选项，在右侧【导出】区域选择【图片】选项，单击【图片格式】按钮，如下图所示。

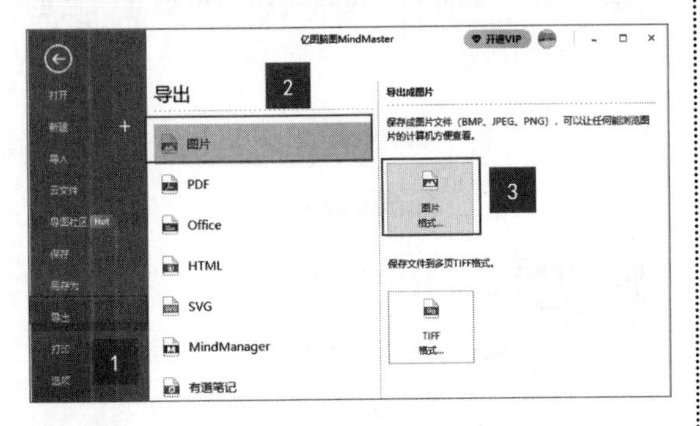

第3步 弹出【导出】对话框，选择存储的位置，输入文件名，单击【保存】按钮，如下图所示。

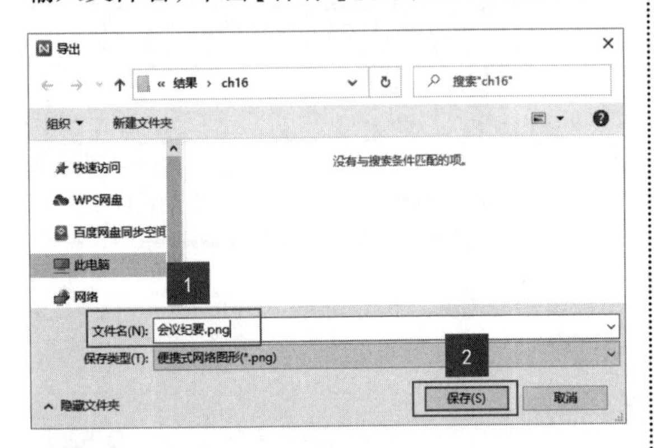

第4步 弹出【导出图片】对话框，根据需要设置保存图片的尺寸、形状及分辨率等，单击【确定】按钮，完成导出图片的操作，如下图所示。

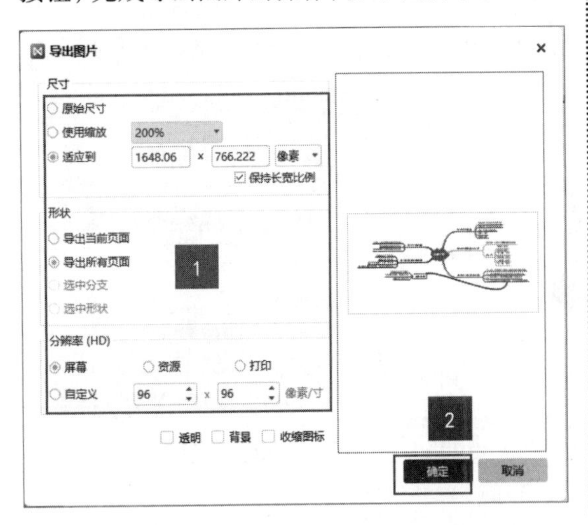

技巧：分享思维导图

如果需要他人查看或对思维导图提出修改意见，可以将思维导图通过微信、QQ、微博、链接等形式分享给其他人。分享思维导图的具体操作步骤如下。

第1步 单击MindMaster右上角的【分享】按钮，如下图所示。

第2步 弹出【分享】对话框，可以将右侧的二维码发送给他人，如下图所示。

第3步 使用微信扫一扫上图中右侧的二维码，即可查看分享的思维导图，如下图所示。

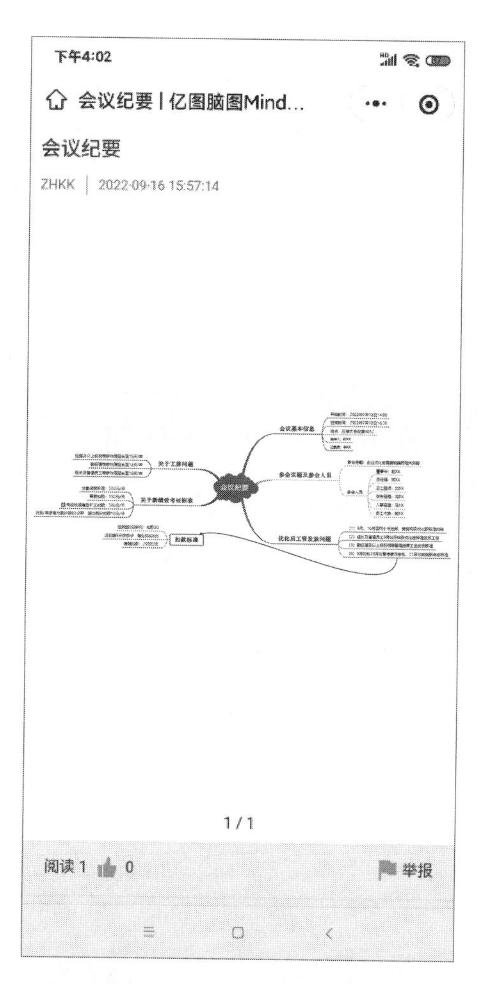

第 4 步 单击【分享】对话框中的【复制链接】按钮，完成链接的复制，将链接分享给其他用户后，在浏览器中输入链接地址，即可查看分享的思维导图，如下图所示。

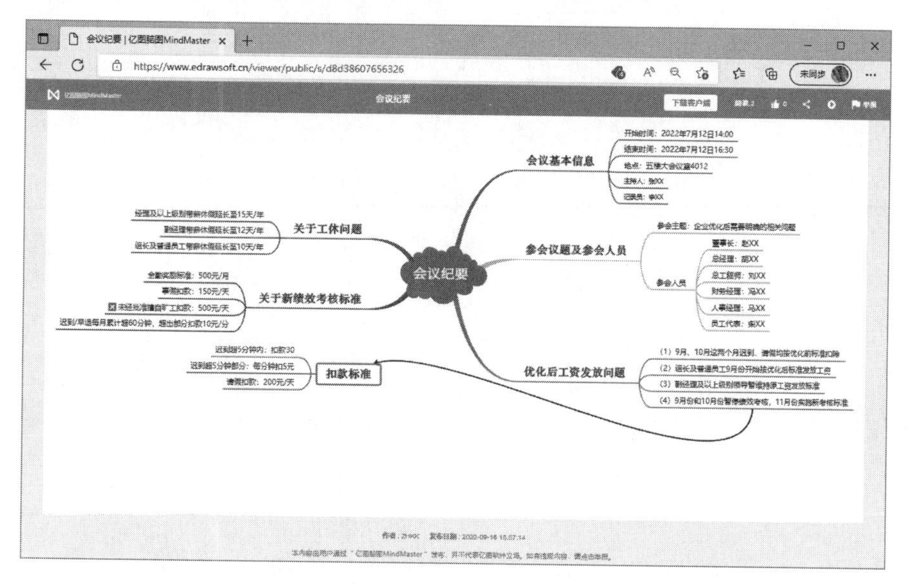

第
7
篇

居家办公 + 办公设备篇

第 17 章　居家办公

第 18 章　办公设备的使用

第 17 章

居家办公

学习内容

居家办公是一种新的工作模式，不仅可以降低公司的运营成本，还可以节省员工的时间，提高办公效率。本章将从沟通、数据传输、远程协助及协同办公等方面介绍居家办公的操作。

学习效果

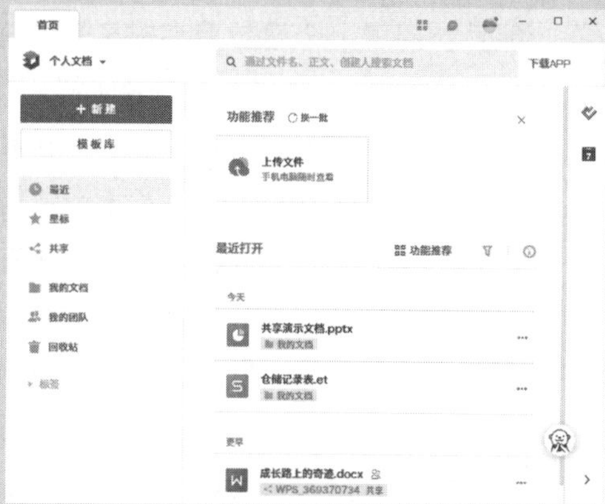

17.1 正确认识居家办公

目前，很多办公人员对居家办公已不再陌生，甚至大多数办公人员已经经历过短暂的居家办公，甚至有些科技公司已经有部分员工彻底实现了居家远程办公。那么，居家办公到底能带来哪些好处呢？

1. 居家办公的优劣势

（1）降低公司的运营成本。采用居家办公，公司可以不用购置或租赁写字楼和办公场所，不用购买办公设备，更不必支付因办公而产生的设施设备的维修费用、办公用品费用、水电费、物业费等许多费用。对于员工而言，可以不必迁就公司地点，选择住在生活成本比较低的地方，甚至住在其他城市。如果可以实现居家办公，支出会变少，公司和个人都可以省下更多的钱。

（2）节省时间，提高效率。传统的办公有固定的时间和固定的场所，员工每天需要按时上下班，在路上会浪费很多时间。而居家办公，工作时间灵活，不仅能节省上下班路上的时间，也能避免上下班路上发生的事故。在办公室里，员工会受外界环境干扰，思路被打断，要花一定时间才能重新回顾上个思想节点，容易造成效率低下。但居家办公，员工可以避免干扰，减少思路被打断，专注于工作，大幅提高工作效率。

（3）易于获得和留住优秀人才。采用居家办公，公司的招聘将不受地域限制，而是直接面向全国乃至全球各地。同时，居家办公可以为公司吸引和保留最有用的员工。传统办公的监督和工作方式会降低员工对工作的控制程度，居家办公能够充分发挥员工的主观能动性，让团队更加有活力。居家办公也给一些特殊社会群体提供了方便，比如在家带小孩的女士，如果没有居家办公，可能就不得不放弃工作，这对公司和个人家庭都是损失。另外，对于一些身体不便的残障人士，可能因居家办公而找到工作，自食其力，减轻家庭和社会的负担。

（4）节约能源，保护环境。如果居家办公得到推广，将很大程度上减少私家车、公交、地铁、电动车的使用频率，降低能源消耗。在一定程度上解决或缓解雾霾、交通堵塞等一系列的社会问题。

但是，居家办公真正实施起来，还存在以下不足之处。

（1）存在局限性。并非所有项目都适合居家办公，比如生产型的项目，或者是需要大型精密仪器、多人协作、反复试验的研发项目。同样并非所有人都能够在居家环境下工作，比如自控能力比较差的人，或者是易受家庭成员影响的人。

（2）管理难度增加。实施居家管理，上级领导无法对下属的工作进行直接的监督，对员工的工作表现等各个方面情况都无法直接掌握。公司对员工的绩效考核和薪酬管理难度大大增加，另外，每个成员都处于不同的地理位置，有着不同的作息时间、不同的工作习惯等，这对整个团队的协调性起到了负面影响。

（3）影响员工情感。实行居家办公，员工会逐渐失去上下班的时间概念，可能会失去一些集体观念和纪律观念。同事之间、上下级之间的关系会趋于疏远，员工很难体会到公司的归属感，不利于员工个人的身心健康。

2. 适合居家办公的行业

居家办公越来越普及，已经渐渐深入人们的日常生活中，不管未来是否会成为一种大趋势，

相比居家办公也不会消失得太快，那么问题来了，未来有哪些行业适合居家办公呢？理论上，所有的行业和公司都可以居家办公，因为没有什么百分百都需要面对面沟通的事情。相对来说反而有一些短期内做不了居家办公的，例如制造业，员工必须得现场操作；又如线下的培训，或者必须得面对面提供服务的。而在目前来看，以下几个行业比较适合居家办公。

（1）计算机/IT行业。从居家办公整个行业分布来看，IT从业者所占的比例最大。随着时代的发展与进步，我们越来越离不开计算机等电子产品，而依托于计算机的各种产品更是随着人们的需求逐步出现。在未来，计算机/IT行业都将是居家办公的重要助力。而计算机/IT，重要的亮点大概就是计算机和网络了，简单方便，这是行业属性决定的。

（2）线上教育培训类。线上教育培训相对于传统教育具有很多优点，不仅时间空间无限制，而且可以按需定制，针对个人情况不同有目的地学习，大大提高效率。而线上培训在家就可以录制，不需要特定的场所时间，也很适合居家办公。

（3）艺术设计类。机械设计、平面设计类等行业也可以进行居家办公，但是需要准备好工作所需的工具。

（4）作家。现在有网络和计算机就可以工作，与之相关联的编辑、作家、互联网运营等行业也很适合居家办公。

（5）翻译。翻译行业也比较适合居家办公，无距离限制，只要能确保通信安全即可。

（6）会计。会计和翻译面临的问题差不多，通信安全搞定，就算是居家办公也不会有太大影响。

（7）销售。销售跑业务大多时间都在外面和家里，公司不留工位也没太大的影响。未来随着VR技术的发展，就算远隔千里，也近在咫尺，不用出门就可以办公。

（8）测评类。这个也比较好理解，尤其是电子产品类测评，快递到家就可以开始了，酒类测评也不错，基本都可以足不出户就能办公，但类似酒店试睡员就不待在家里，虽然不用去公司，但还是要有指定场所的。

（9）咨询类。咨询顾问类行业也适合居家办公，还有心理咨询师，这也是非常适合居家工作的。但咨询类工作对于专业能力要求比较高。

（10）医疗。线上专家问诊、网上开处方等，未来也很有可能成为一种新趋势，也较为适合居家办公。

17.2 高效沟通——钉钉

钉钉（Ding Talk）是阿里巴巴集团打造的企业级智能移动办公平台，是数字经济时代的企业组织协同办公和应用开发平台。钉钉将IM（即时沟通）、钉钉文档（文档管理）、钉盘（企业云盘）、Teambition（团队协作工具）、OA审批、智能人事等整合，方便实现企业管理。

17.2.1 上班打卡

很多公司会要求员工上下班时进行考勤打卡，而有的公司则会利用钉钉进行考勤打卡，如果居家办公，也可以使用钉钉进行外勤打卡。在手机上登录钉钉，外勤打卡具体操作步骤如下。

第1步 登录钉钉，点击底部的【工作】按钮，如下图所示。

第2步 进入工作台页面，点击【考勤打卡】或【智能人事】下方的【考勤打卡】按钮，如下图所示。

第3步 即可进入公司的考勤打卡页面，点击【上班打卡】或【下班打卡】按钮，完成正常考勤打卡操作。如果是居家办公，此时系统检测手机所在地不是指定的考勤打卡地点，就会自动显示为“外勤打卡”字样，点击【外勤打卡】按钮，如下图所示。

第4步 进入具体的打卡页面，系统将根据外出地点显示，并且可以根据管理员所设置的，进行模糊定位，点击底部的【外勤打卡】按钮，如下图所示。

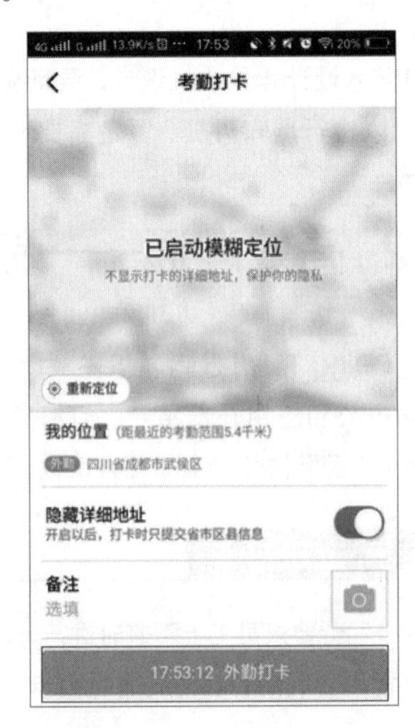

第5步 页面随即返回上一页，可以看到打卡的记录已经显示在页面记录上了，表示打卡成功。

提示

使用外勤打卡，必须要有公司具有管理权限的人事人员或管理员进行外勤的设置，这样员工所进行的外勤打卡才能被系统默认正常考勤记录，否则将会作为不在排班之内的考勤，不便于考勤人员的统计。

进入公司打卡页面，点击底部的【设置】按钮。进入【设置】页面，选择【外勤打卡设置】选项，如下图所示。

进入【外勤打卡批量设置】页面，点击打开【允许外勤打卡】开关，根据使用需要，选择打开【允许员工隐藏详细地址】开关，最后点击【保存】按钮，如下图所示。

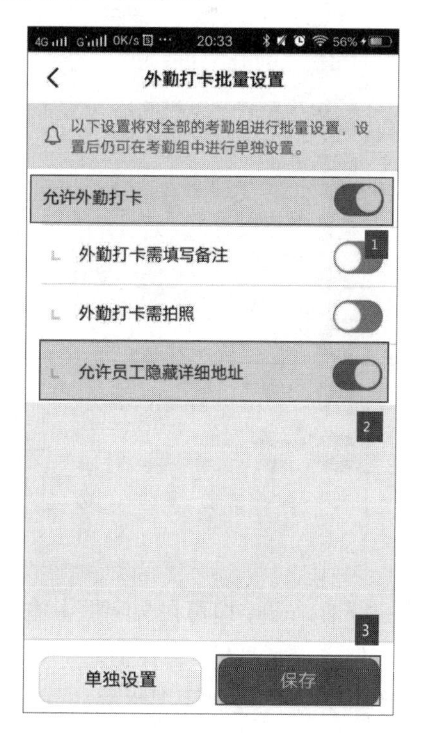

17.2.2 紧急信息快速通知全体人员

可以用钉钉的全员群、部门群、项目群等群聊发送消息，将紧急消息要告知全体人员，一条消息就能通知上万人，还能直接看到员工是否已读。对于未读的员工，可以用DING功能转成短信提醒、电话提醒或应用内提醒，保证通知到位。

> **提示**
>
> 钉钉所有的聊天消息都支持已读未读，包括群消息。在消息发送后，消息发送人可以查看已读未读的成员列表。

使用钉钉发送全体人员通知的具体操作步骤如下。

第1步 打开钉钉软件，在主界面中选择要发送紧急消息的群，如下图所示。

第2步 进入工作群，即可在文字框中输入消息并发送。发送群消息后，会在消息下方看到未读的人数"8人未读"，如下图所示。

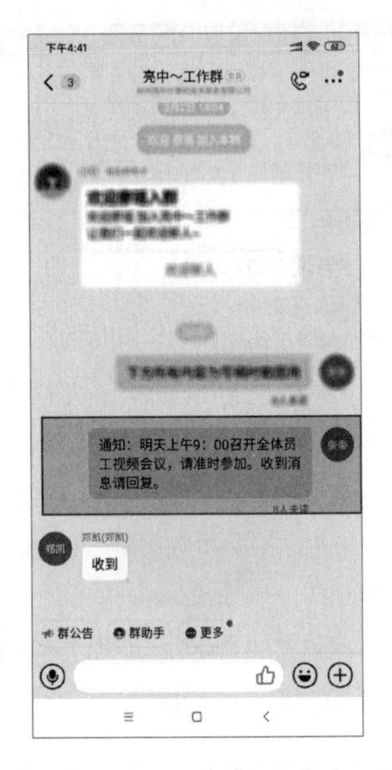

如果有成员未及时收到消息，可以使用DING功能单独给未读成员发送消息，确保能通知到全体人员，具体操作步骤如下。

第1步 点击消息下方的"8人未读"文字，如下图所示。

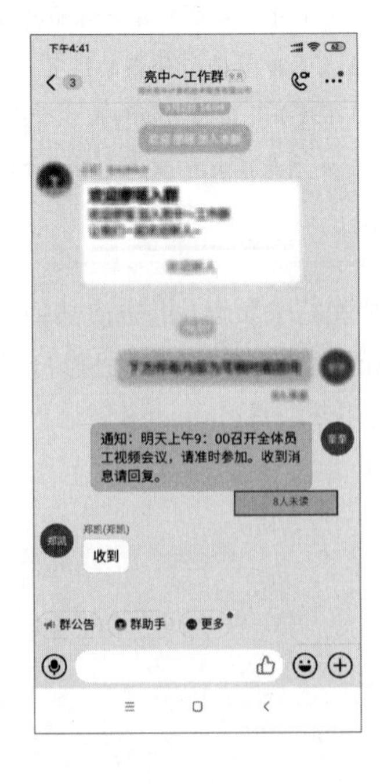

第2步 进入【DING一下】界面，在该界面可以查看所有未读的人员名单及已读的人员名单，点击【DING一下】按钮，如下图所示。

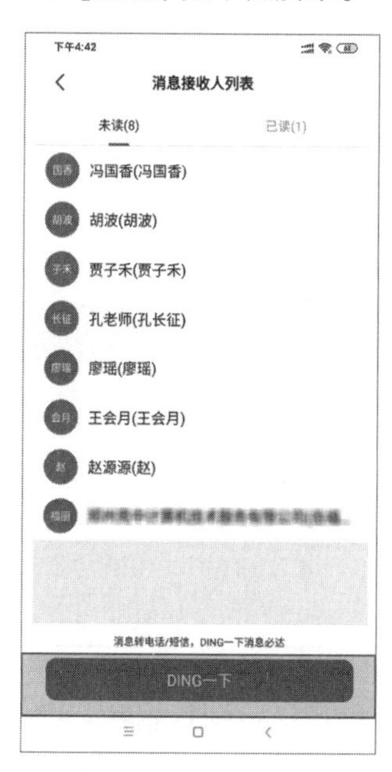

第3步 进入【消息接收人列表】界面，并选择所有未读消息的成员，点击【确认提醒】按钮，如下图所示。

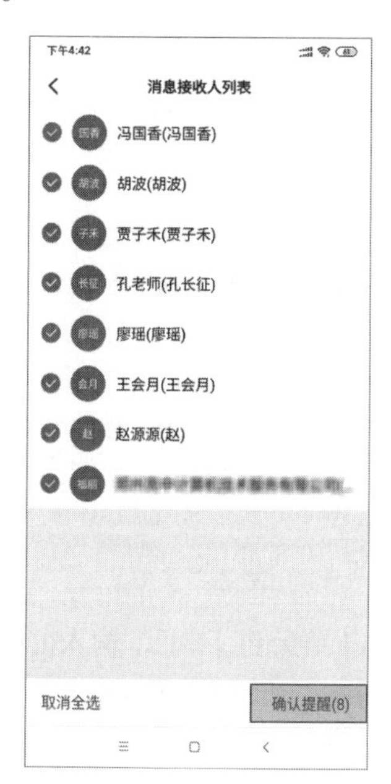

第4步 弹出选择框，提供有电话提醒、短信提醒和应用内提醒3种方式，这里选择【应用内提醒】选项，如下图所示。

第5步 即可将消息单独发给每位未读成员，并且在消息上方看到发送的数量，如下图所示。

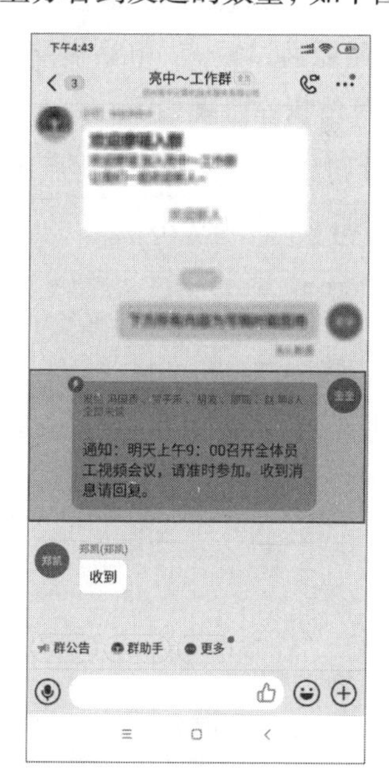

第6步 未读成员打开钉钉后，即可收到【DING一下】发送的消息，并且群内会显示对方是否已读【DING】消息，如下图所示。

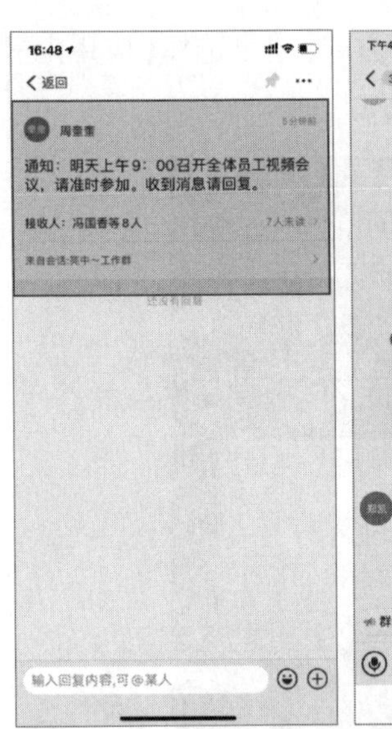

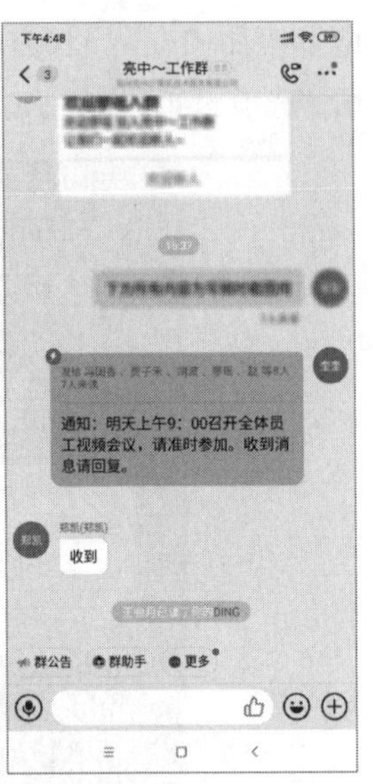

提示

钉钉聊天消息支持撤回，群主可撤回任何群成员的聊天消息，无时间限制；群成员可以在24小时内撤回自己发送的消息。

17.2.3 重要信息发布公告不遗漏

在发布全员公告时，为了防止遗留重要信息，可以使用钉钉的公告功能，允许批量选择全员，公告发出后，可查看员工是否已读。对于未读的员工，还能通过短信、电话提醒对方，保证通知到位，具体操作步骤如下。

第1步 打开钉钉，进入工作群，点击右上角的【群设置】按钮，如下图所示。

第2步 打开群管理界面，点击【群公告】按钮，如下图所示。

第3步 进入【群公告】界面，输入公告内容。点击【下一步】按钮，如下图所示。

提示

在底部可以使用模板创建公告。

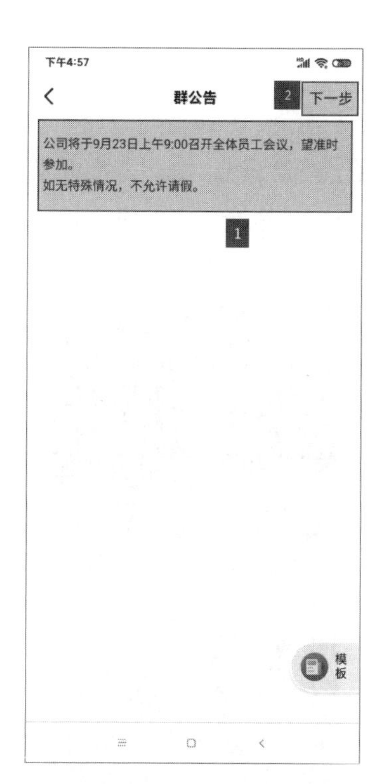

第4步 进入【发布设置】界面，可以看到包含【发送到群聊并置顶】【DING一下】等多个选项，设置后，点击【发布】按钮，如下图所示。

第5步 即可显示群公告效果，在群中会显示群公告，并显示未读人数，如下图所示。

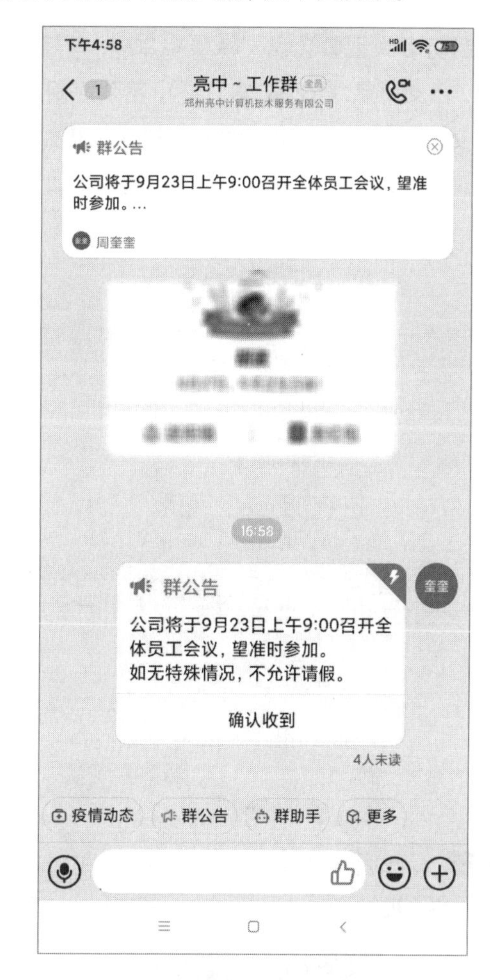

提示

如果要修改群公告，只需要点击群公告内容，在【群公告】界面点击【编辑】按钮，即可修改群公告。

17.2.4 开启视频会议，面对面沟通

钉钉多人视频会议支持最多30人，界面较为简洁，有静音、音量调节、关闭及视频画面切换等功能，还支持悬浮窗，非常方便小团队之间远程沟通交流。开启视频会议的具体操作步骤如下。

第1步 进入群页面，点击【视频】按钮，如下图所示。

第2步 页面底部弹出【发起会议或直播】选择框，选择【视频会议】选项，如下图所示。

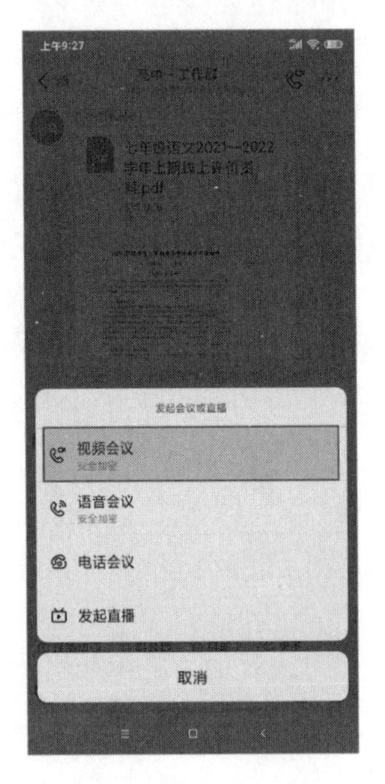

第3步 进入【开始会议】界面，输入会议名称后，点击【开始会议】按钮，如下图所示。

第4步 进入【选择参会人员】界面，选择要参会的所有人员，点击【确定】按钮，如下图所示。

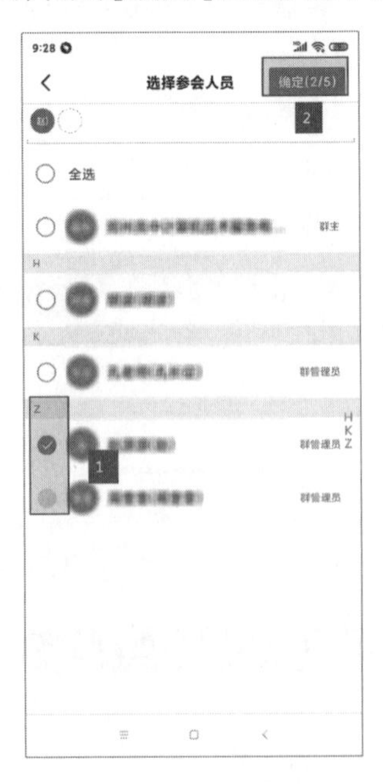

第5步 进入视频会议界面，即可开始视频会议，如下图所示。

提示

点击底部的🎤按钮，可开启或关闭语音；点击底部的🔊按钮，可开启或关闭声音；点击底部的📞按钮，可退出视频会议；点击底部的📹按钮，可开启或关闭摄像头；点击底部的👤按钮，可添加参会人员。

17.2.5 工作任务快速分配

居家办公时，如果开展新项目，需要远程分配工作任务，并追踪项目进度，可以使用钉钉项目群沟通，创建和分配工作任务，追踪任务完成情况。

1. 创建项目

如果需要创建新项目，可以先通过钉钉新建项目群，后台会自动创建项目并关联该群，具体操作步骤如下。

第1步 进入钉钉首页，点击右上角的"+"图标，在弹出的菜单中选择【发起群聊】选项，如下图所示。

第2步 进入【发起群聊】页面，在【场景群】选项下点击【项目群】按钮，如下图所示。

第3步 进入【项目群】页面，在【群名称】输入框中输入项目名称，在【群成员】下进行项目成员的添加和删除，最后点击【立即创建】按钮，如下图所示。

提示

如果创建人拥有多家企业成员身份，还需要注意在创建项目群时，要在【归属企业】下进行企业的选择。

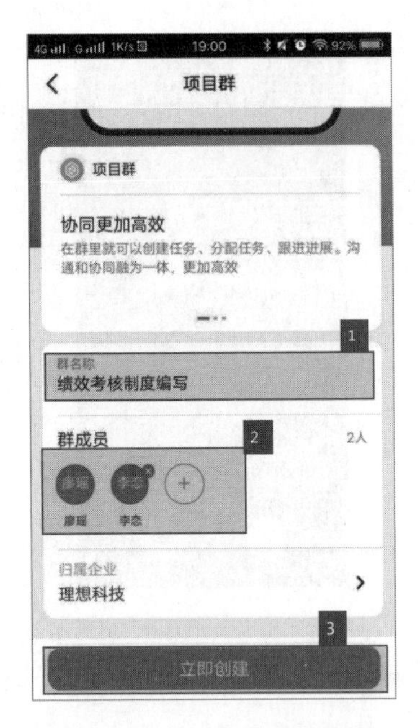

第4步 即可进入所创建项目群页面，可以进行项目任务的其他设置了，如下图所示。

提示

用钉钉新建项目，还有一种方式，就是直接创建项目，后台自动关联或创建项目群。通过【通讯录】→【项目】进行新项目的创建。该方式需要创建人通过个人实名认证才可以进行。

2. 查看项目概况

创建完项目后，项目成员可以进行项目内容的查看，具体操作步骤如下。

第1步 进入钉钉首页，点击底部的【通讯录】按钮，如下图所示。

第2步 进入【通讯录】页面，选择【项目】选项，如下图所示。

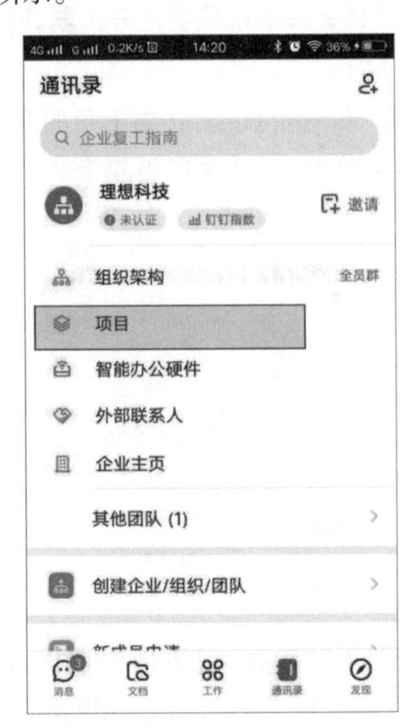

第3步 进入项目页面，在底部点击【项目】按钮，可以看到所参加的项目组，点击项目组名称，如下图所示。

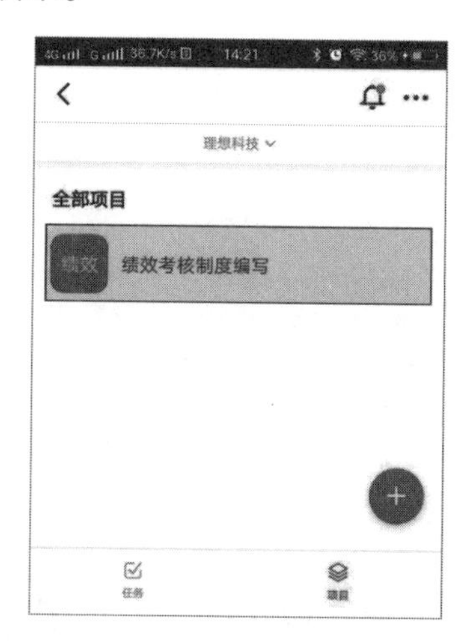

第4步 进入该项目组具体详情页面，可以查看该项目进展情况，如下图所示。

提示

创建的项目组根据实际情况，可以关联多个项目群进行沟通；同样，查看项目概况，也可以登录钉钉后，直接通过首页进入项目群查看。通过钉钉建立了项目和项目群后，就可以根据项目内容进行工作任务的分配了。在项目群里就能创建任务，并指定给对应负责人。分工明确，远程办公也能高效配合。

3. 分配任务

项目成员都可以在项目群里进行创建和分配任务，具体操作步骤如下。

第1步 选择项目群，如下图所示。

第2步 进入项目群页面，点击底部的【任务】按钮，如下图所示。

第3步 进入【任务清单】页面，点击【新建清单】按钮，如下图所示。

第4步 进入【新建清单】页面，输入任务清单的名称，点击【创建】按钮，如下图所示。

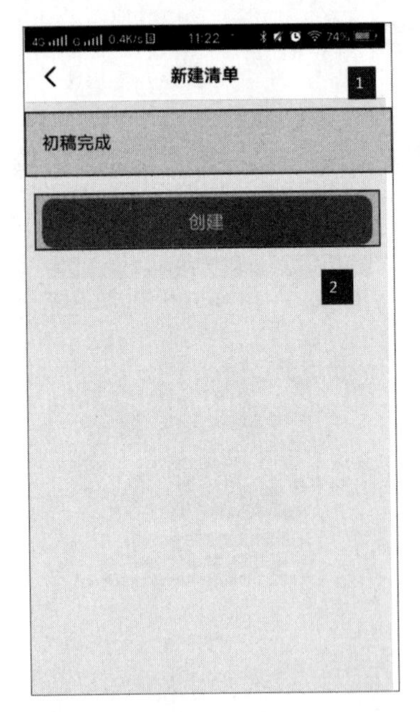

第5步 进入该任务清单页面，可以进行具体任务创建和分配，包括任务的名称、任务的负责人及任务完成的截止时间，每条任务输入完成后点击【发送】按钮完成创建和分配，如下图所示。

第6步 完成该任务清单所有任务创建和分配后，如下图所示。选择每个任务项目名称，可以查看详细任务内容和要求。

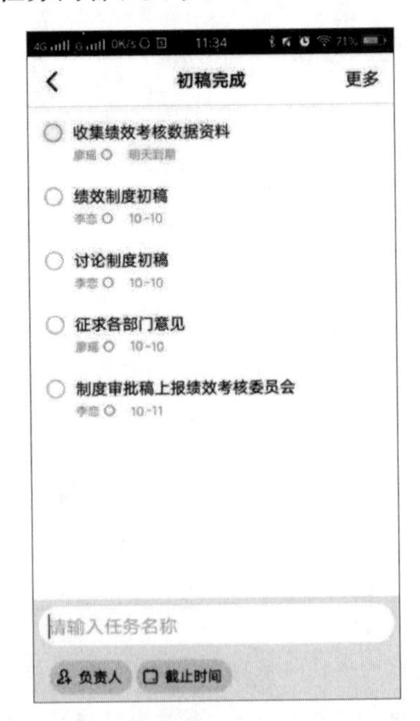

第7步 进入【任务详情】页面，可以查看详细要求，完成任务时，根据要求进行填写和上传文件即可，如下图所示。

提示

每个项目都可以建立多个任务清单，每个任务清单建立多个任务，每个任务还可以建立子任务，这些都根据工作实际情况进行创建和分配，以完成任务为最终目的。

17.2.6 项目进度管理

在创建和分配完任务后，项目成员随时都可以查看任务是否已完成及时追踪进度。数据和所有任务的完成情况可以在项目概况里查看，了解项目全局情况。

1. 查看任务完成情况

根据任务分配，项目组成员进行各自的任务推进，要查看项目任务完成情况的具体操作步骤如下。

第1步 进入项目群页面，在项目群底部点击【任务】按钮，如下图所示。

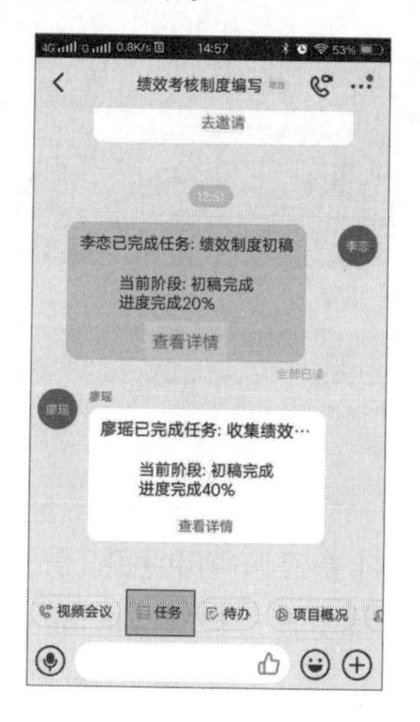

第2步 进入【任务清单】页面，项目如果有多个任务清单，下拉任务清单列表，选中需要查看的任务清单选项（如查看“初稿完成”任务），如下图所示。

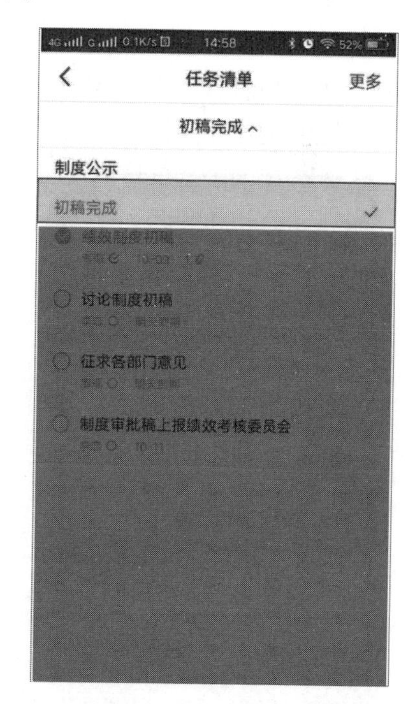

第3步 进入相应的【任务清单】列表中，可以查看该任务清单每个任务的完成情况，如下图所示。

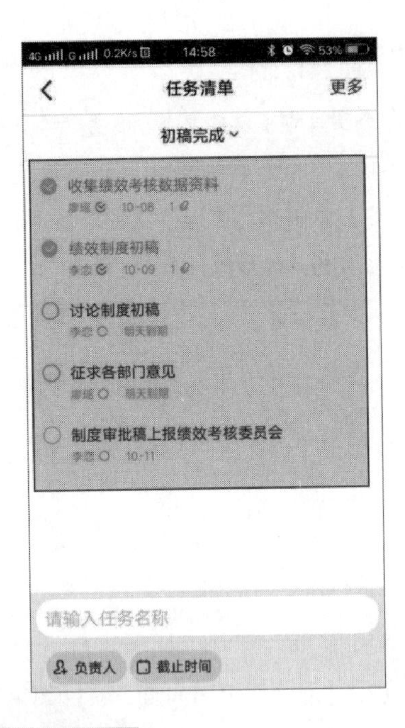

2. 催办项目

对于正在进展中的项目任务，项目成员可以根据需要互相进行催办以加快项目的进展。催办项目的具体操作步骤如下。

第1步 通过进入项目群，进入【任务清单】页面，选择需要催促的任务，如下图所示。

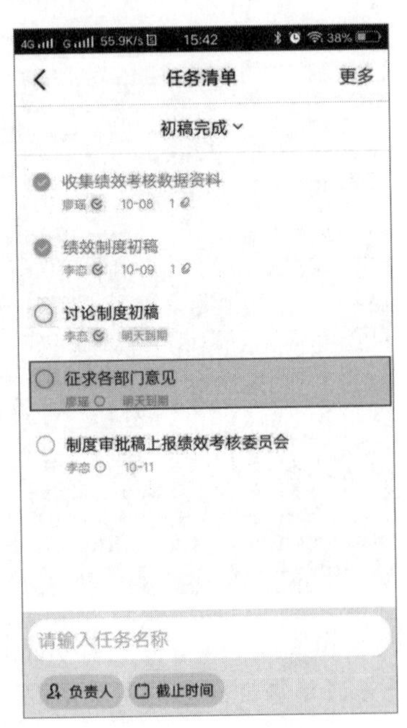

第2步 进入所选任务的【任务详情】页面，点击右上角的【更多】按钮，如下图所示。

第3步 底部弹出选择框，选择【催办】选项，如下图所示。

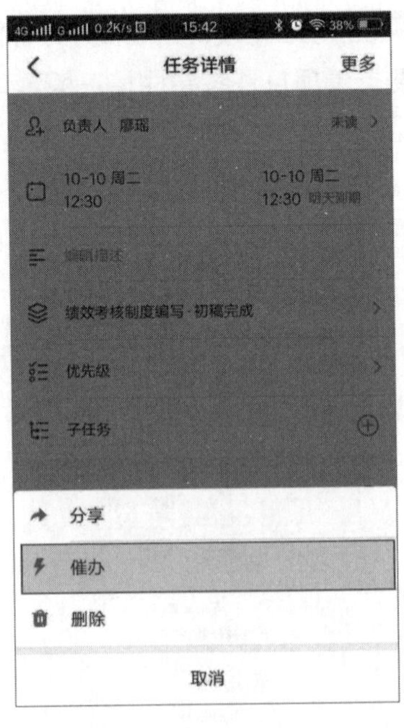

第4步 弹出【新建DING】页面，根据需要在上方输入框中输入需要提醒的话语，选择【接收

人】,【提醒方式】选择“应用内”。如果需要特定的时间进行提醒,可点击打开【定时DING】开关并设置【发送时间】,最后点击右上角的【发送】按钮,如下图所示。

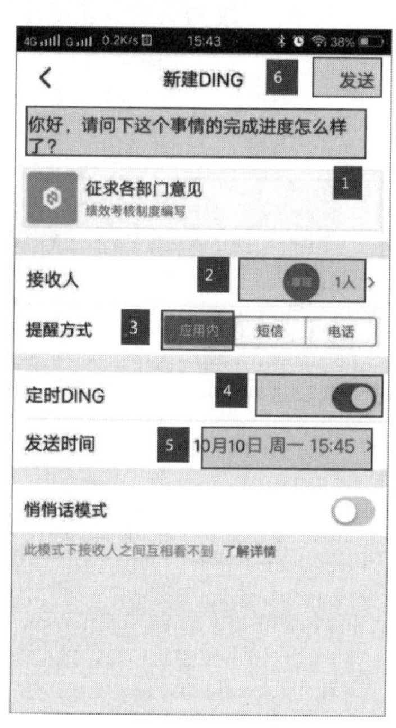

第5步 此时接收方可接收到项目成员所发送的【DING】通知,点击【立即查看】按钮,如下图所示。

第6步 打开【DING详情】页面,可查看项目成员对于该项目任务的催办信息,选择任务名称进入查看,如下图所示。

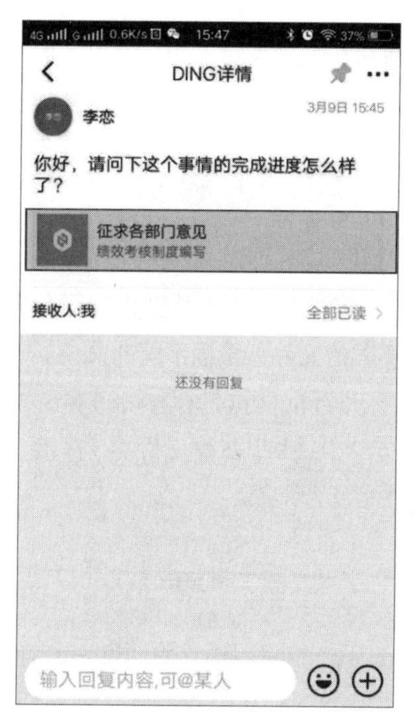

第7步 进入【任务详情】页面,根据项目进展情况进行任务完成情况提交,如下图所示。

17.3 给数据插上翅膀——百度网盘

将数据存放在百度云盘，不仅可以节省手机或计算机的空间，防止数据丢失，还能随时查看和下载使用。本节以计算机端百度网盘为例进行介绍。

17.3.1 上传文件

如果想要在任何时间、任何地点都能查看和使用文件，需要把文件上传至百度网盘中，并通过新建不同的文件夹管理不同的文件。

第1步 打开百度网盘，单击鼠标右键，在弹出的快捷菜单中选择【新建文件夹】选项，如下图所示，并命名为“重要资料”。

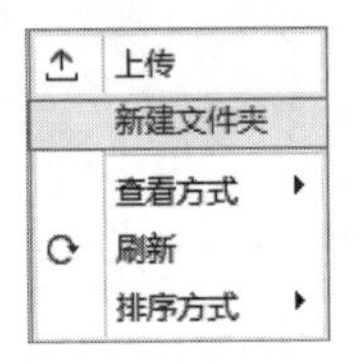

第2步 进入“重要资料”文件夹内，单击【上传文件】按钮，如下图所示。

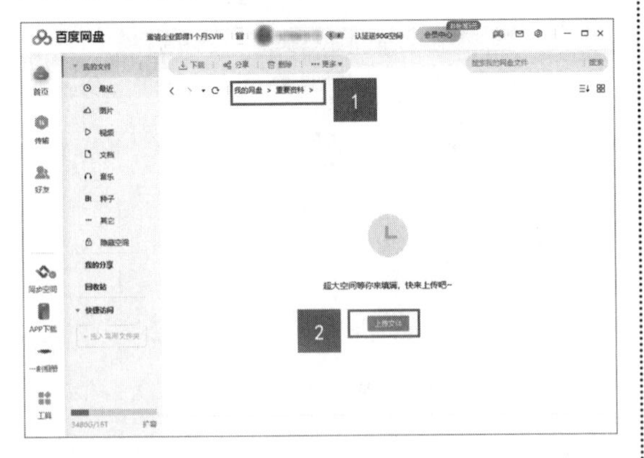

第3步 在弹出的【请选择文件/文件夹】对话框中选择要上传的文件，单击【存入百度网盘】按钮，如下图所示。

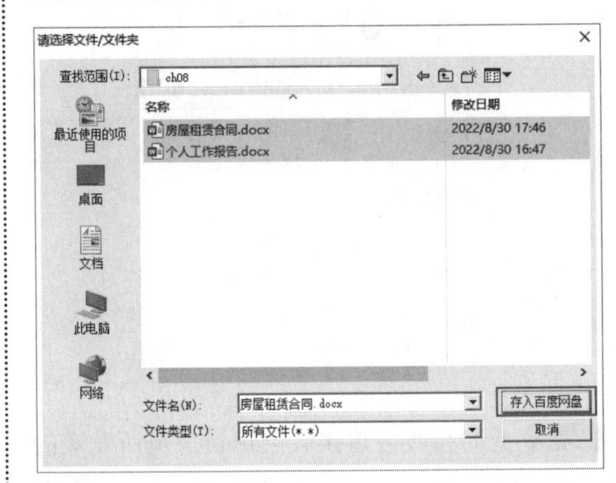

第4步 即可开始上传文件，上传后的效果如下图所示。

17.3.2 共享文件

上传文件至百度网盘后，如果需要其他人员下载查看，可以将文件或文件夹共享，共享文件或文件夹的操作类似，本节以共享文件为例进行介绍，具体操作步骤如下。

第1步 选择要共享的文件，单击上方的【分享】按钮，如下图所示。

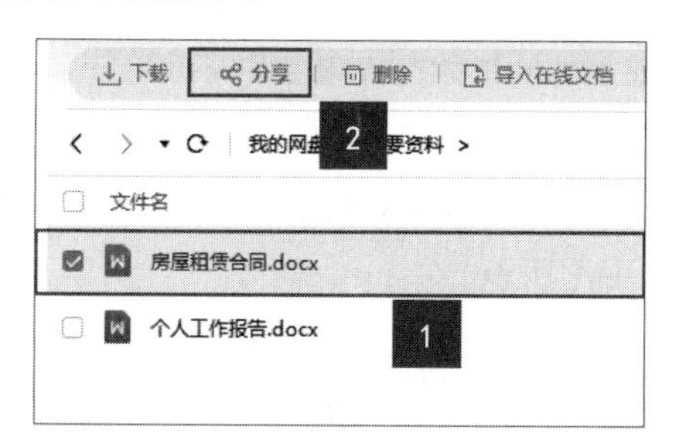

提示

将鼠标指针放在要共享的文件上，单击显示的【创建分享】按钮也可以分享文件。

第2步 打开【分享文件】对话框，可以将文件以链接的形式分享，也可以直接发给好友，根据需要设置分享形式、访问人数及有效期，单击【创建链接】按钮，如下图所示。

第3步 创建链接后，单击【复制链接及提取码】按钮，将复制后的链接通过微信、QQ等发送给分享者即可，如下图所示。

提示

如果分享者是好友，可以在【分享文件】对话框中选择【发给好友】选项卡，并选择要分享的好友，单击【分享】按钮即可，如下图所示。

17.3.3 下载文件

如果要编辑百度网盘中的文件，需要先将其下载，下载文件的具体操作步骤如下。

第1步 选择要下载的文件，单击上方的【下载】按钮，如下图所示。

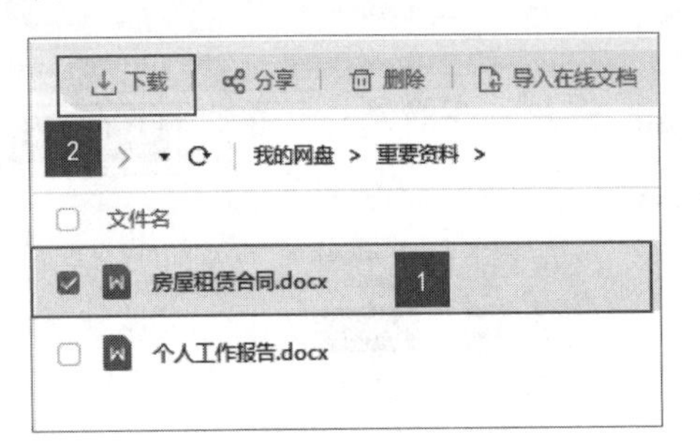

第2步 打开【设置下载存储路径】对话框，选择存储的位置，单击【下载】按钮，完成文件的下载，如下图所示。

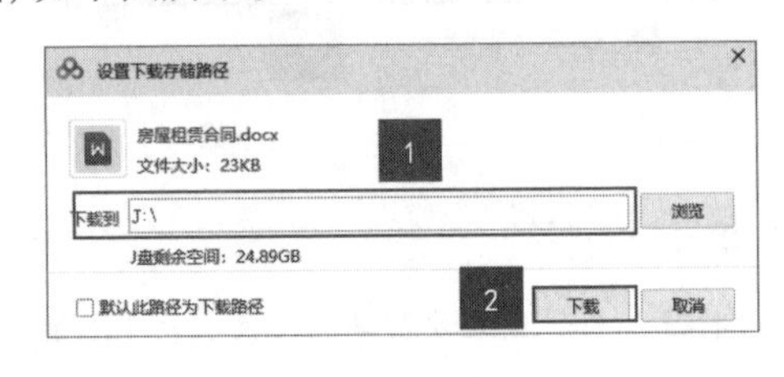

17.4 居家控制他人计算机——TeamViewer

居家办公难免会遇到需要他人帮助解决，或者要帮助他人解决的问题，这时就需要远程协助，可以借助TeamViewer就能实现。TeamViewer可以用于远程控制、桌面共享和文件传输。只需要在两台计算机上同时运行 TeamViewer，并输入对方TeamViewer ID，即可建立起连接，使用TeamViewer控制他人计算机的具体操作步骤如下。

第1步 下载、安装并启动TeamViewer，单击右上角的【登录】按钮，如下图所示。

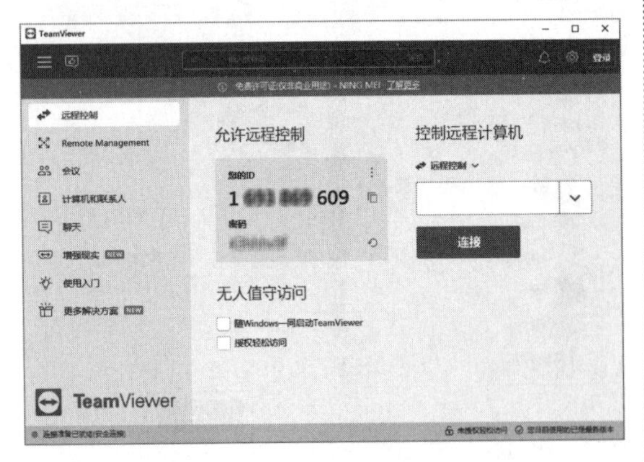

> **提示**
>
> 启动后，即可看到您的【ID】和【密码】，在他人远程控制自己的计算机时，需要将您的【ID】和【密码】发送给控制者。

第2步 打开登录和注册页面，单击下方的【注册】按钮，如下图所示。

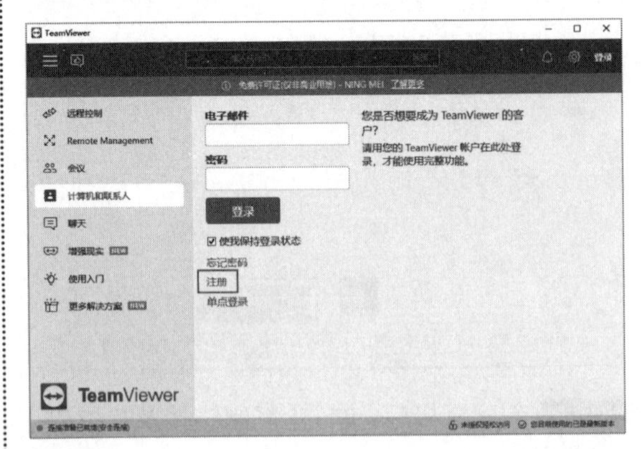

第3步 打开【创建TeamViewer账户】对话框，输入用户名和密码，单击【下一步】按钮，如下图所示。

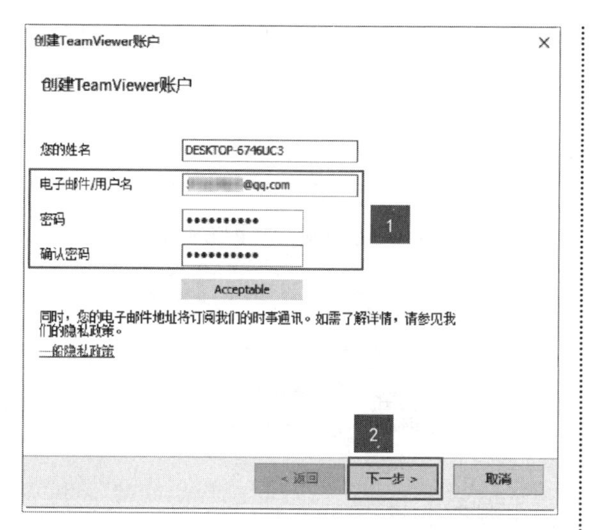

第4步 显示“您即将完成！”信息，单击【完成】按钮，如下图所示。

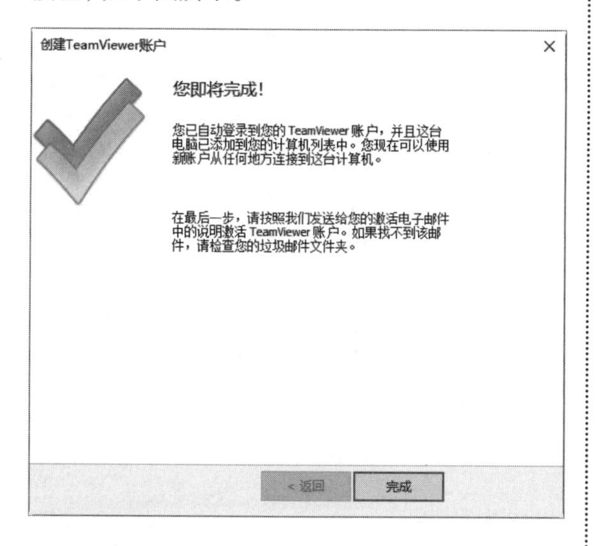

| 提示 |

注册完成之后，还需要通过邮箱验证，激活TeamViewer账户。

第5步 选择【远程控制】选项卡，在【控制远程计算机】区域输入要控制计算机的ID，单击【连接】按钮，如下图所示。

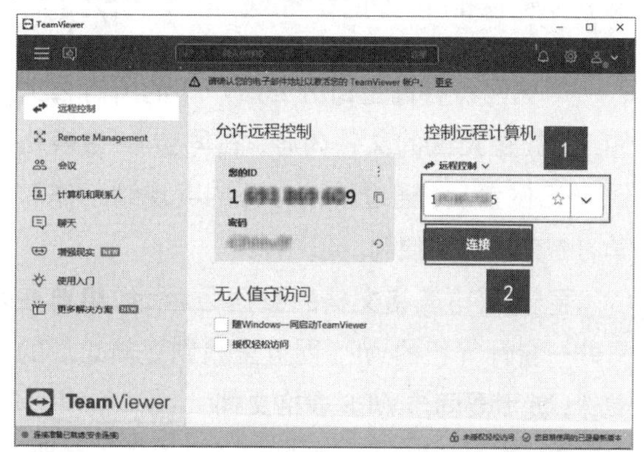

第6步 弹出【TeamViewer验证】对话框，输入要控制计算机中显示的密码，单击【登录】按钮，如下图所示。

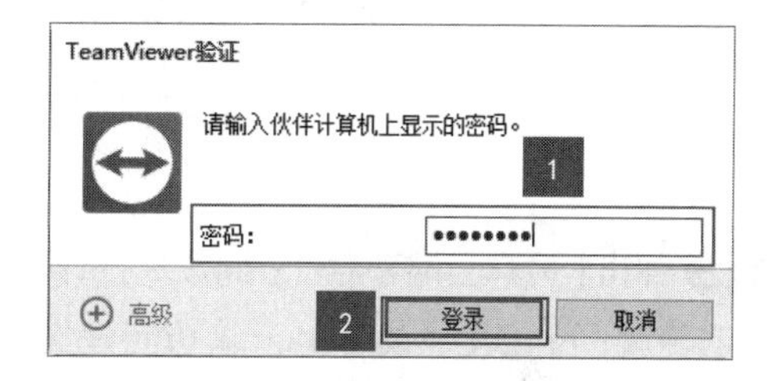

第7步 即可显示他人的计算机桌面，之后就可以执行各种操作，如果要传输文件，可以单击上方的【文件与其他】按钮，选择【打开文件传送】选项，将文件传输给他人，单击【关闭】按钮即可结束远程控制，如下图所示。

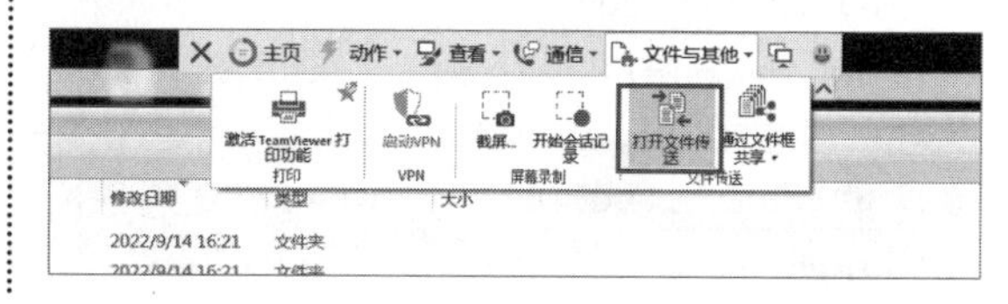

17.5 协同办公——WPS Office+ 金山文档

使用WPS Office可以方便进行协调办公，但使用WPS的在线协同编辑和分享操作时，需要借助金山文档，在线编辑的文档会存储在金山网盘里。它们都是金山大家族中的产品，金山文档可以多人实时在线协作编辑文档，和WPS Office既相对独立又优势互补，二者完美兼容，轻松实现多终端协同办公。

17.5.1 同步WPS文档到WPS网盘

WPS网盘存储金山办公账户下的所有云文件，尤其是大量的文件内容，在同步WPS表格到WPS网盘后，通过移动办公的实现给工作和学习带来极大的便利。

更新WPS表格文档的数据之后，如果要在另外一台计算机的WPS网盘里找到更新之后的文件，就需要同步WPS表格文档。

第1步 打开"素材\ch17\仓储记录表.et"文件，在界面右上方可以看到云朵标识显示文件"未同步"，单击【未同步】按钮，如下图所示。

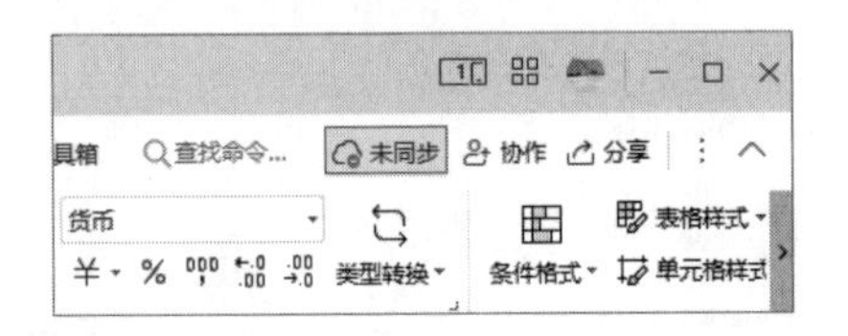

第2步 弹出【另存云端开启"云同步"】对话框，在【上传后，可在其他设备上云端访问该文件】文本框内显示需要同步的文件名称，在【上传位置】文本框内显示该文件的存储路径，也可以单击【选择位置】按钮选择其他存储路径，单击【上传】按钮，如下图所示。

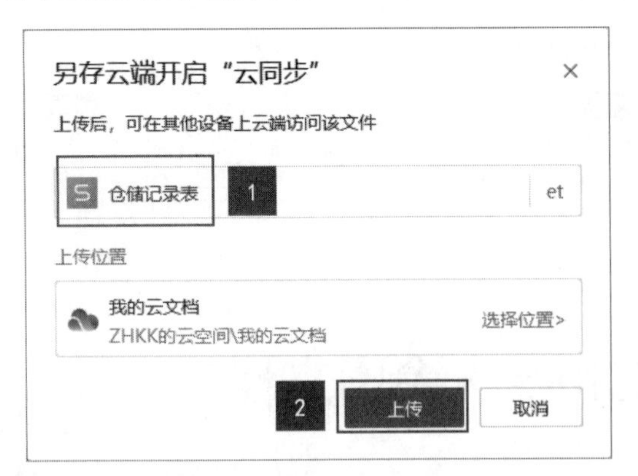

第3步 可以看到工作表云朵标识"未同步"已消失，云朵标识由未同步之前的灰色变为绿色，显示文档已同步到云端，如下图所示。

> **提示**
>
> 打开WPS网盘，在"我的云文档"文件夹中即可看到同步后的文件，如下图所示。

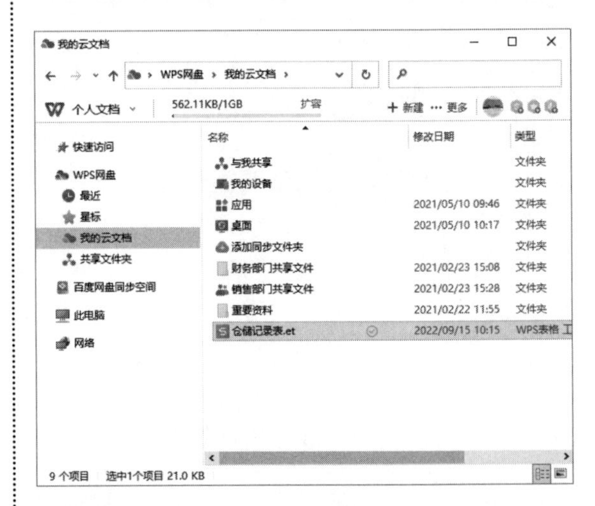

第4步 在"仓储记录表.et"文件中任意修改数据，可以看到云标识显示为黄色并显示"有修改"字样，如下图所示，再次单击云标识，文档即可自动同步。

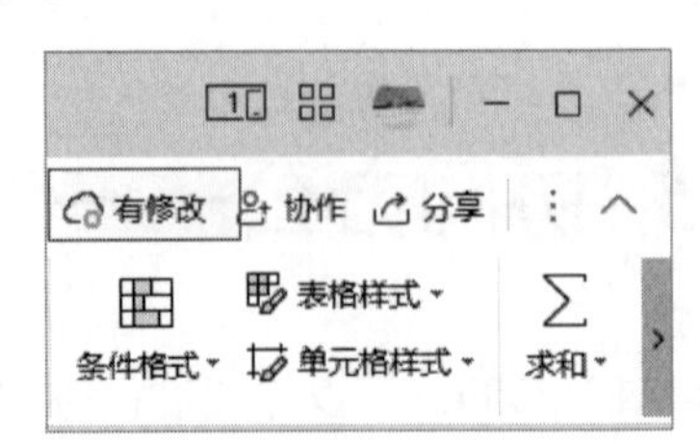

提示

将鼠标指针放在文件名称上，在弹出的界面中，单击【打开位置】链接，可以打开存储文件的文件夹；单击【查看全部历史版本】链接，可以查看所有保存过的历史版本文档，如下图所示。

17.5.2 在金山文档中编辑文件

为了更加便捷地编辑文档可以借助金山文档，金山文档有以下特点。

（1）金山文档不仅支持在金山文档客户端中使用，还支持在浏览器中使用，如下图所示。此外，通过WPS客户端也可以打开金山文档。

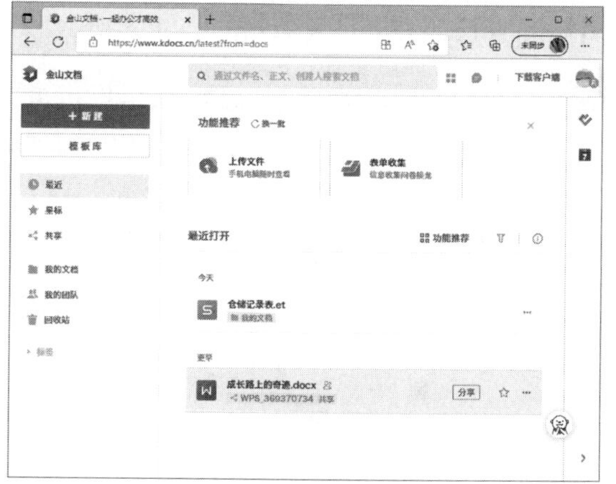

（2）支持新建空白文档，如果需要编辑已有的文档，需要先上传至金山网盘。

（3）生成文档链接后，其他人即可通过链接实时查看或编辑，并且所有协同文档的历史版本都可恢复。

下面以在WPS客户端中使用金山文档为例进行介绍。

1. 新建空白文档

第1步 在WPS界面单击【新建】按钮，如下图所示。

第2步 在【新建】界面选择【在线文档】选项，在右侧单击【金山文档】区域，如下图所示。

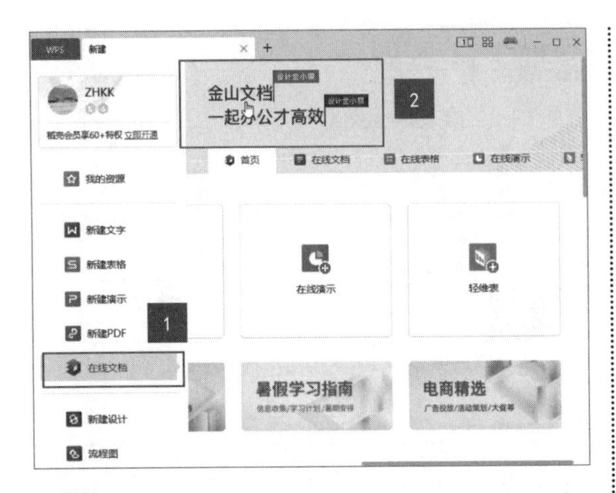

第3步 进入金山文档界面，单击【新建】按钮，选择【演示】选项，如下图所示。

第4步 打开【新建演示】界面，选择【空白演示文档】选项，如下图所示。

第5步 完成新建空白演示文档的操作，如下图所示。

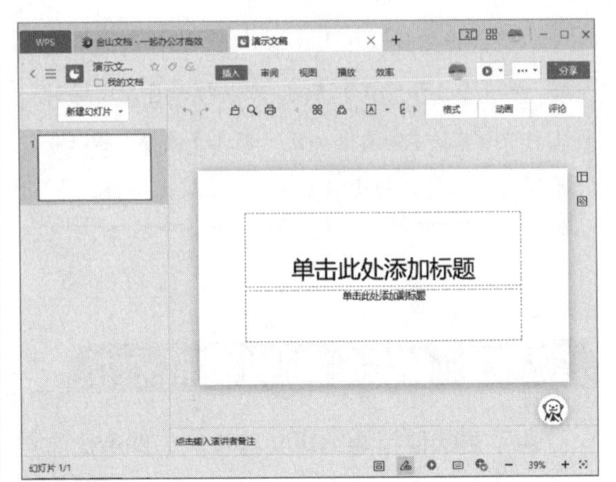

第6步 单击【文件】按钮，选择【另存为】选项，如下图所示。

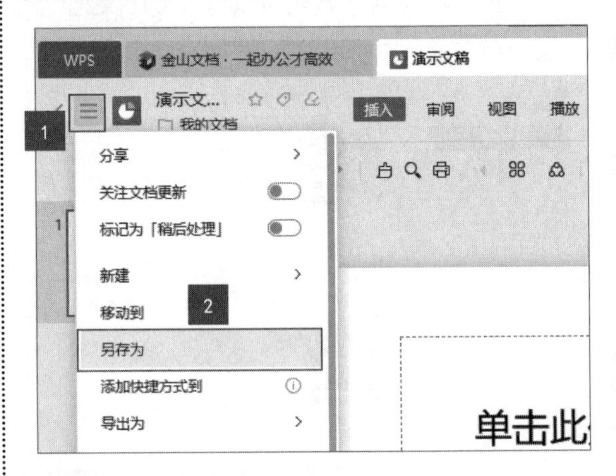

第7步 弹出【另存为】窗口，输入要保存的文件名称，单击【另存并打开】按钮，如下图所示。

第8步 完成文档的保存，并自动以新名称打开文档，效果如下图所示。

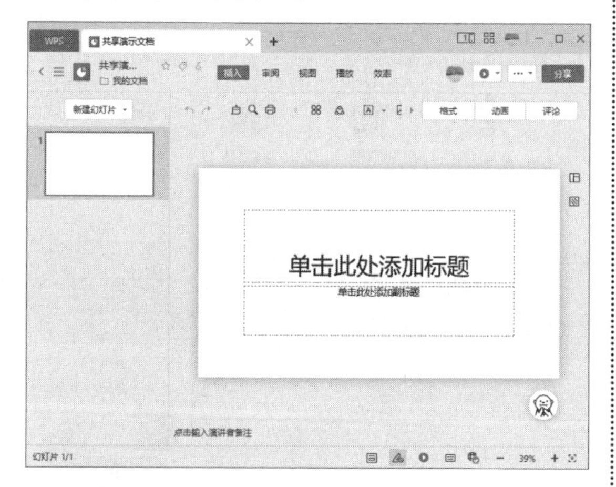

2. 打开已有的文档

可以直接使用金山文档新建文档进行编辑，也可使用金山文档打开已有的文档进行编辑，具体操作步骤如下。

第1步 在金山文档首页单击【上传文件】按钮，如下图所示。

第2步 弹出【打开文件】对话框，选择要上传的文件，单击【打开】按钮，如下图所示。

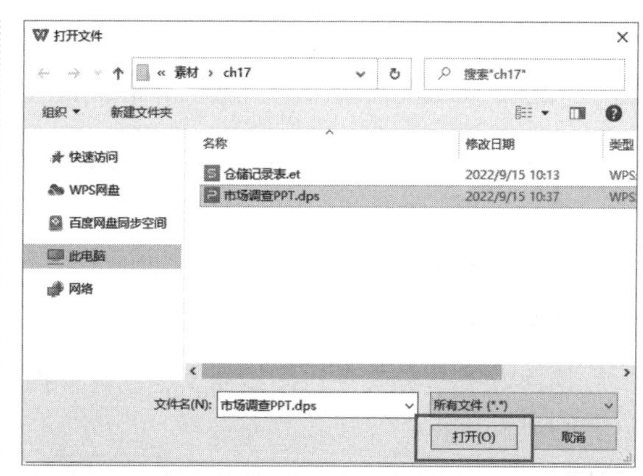

第3步 开始上传文件，上传完成，弹出【上传完成】提示框，如下图所示。

第4步 单击上传后的文件名称，即可打开文件，并对文件进行编辑，如下图所示。

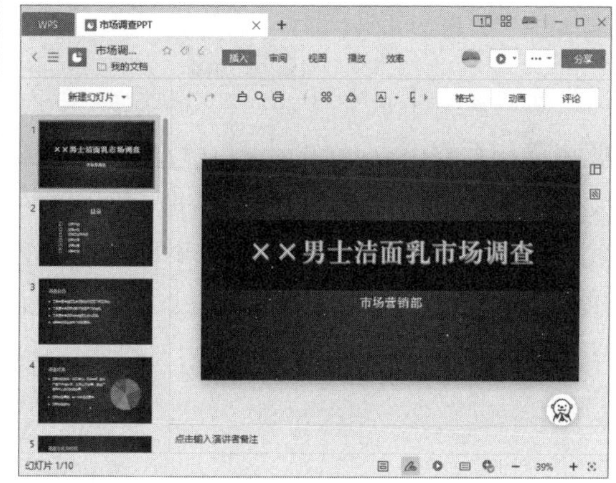

17.5.3 多人协同编辑WPS文档

使用WPS或金山文档都可以实现多人实时协作编辑文档，本节就以WPS文字为例，介绍多人协同编辑WPS文档的操作。

1. 分享WPS文档

使用WPS轻松实现协同编辑文档的具体操作步骤如下。

第1步 打开“素材\ch17\市场调研分析报告.wps”文件，单击右上角的【分享】按钮，如下图所示。

第2步 弹出【另存云端开启“分享”】对话框，单击【上传到云端】按钮，如下图所示。

第3步 上传完成，在打开的窗口中有复制链接、发给联系人、发至手机和以文件发送4种共享方式，选择【复制链接】方式，并选中【任何人可编辑】单选按钮，单击【创建并分享】按钮，如下图所示。

第4步 分享完成，单击【复制链接】按钮，并将复制的链接发送给共享人员，如下图所示。

第5步 共享人员收到链接后，单击链接，即可查看并编辑文档，如下图所示。

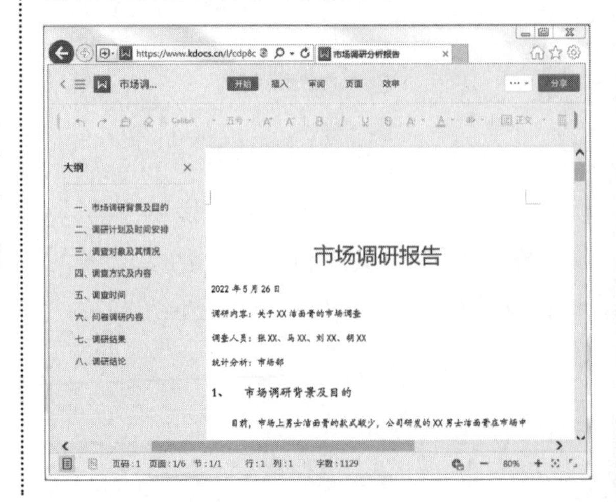

第6步 此时，共享文件发起人能看到参与编辑的人员名单，如下图所示。

2. 取消文件分享

文档经过多人协同编辑完成，可以取消分享该文档，具体操作步骤如下。

第1步 再次单击【分享】按钮，在弹出的对话框中单击【任何人 可编辑】下拉按钮，选择【取消分享】选项，如下图所示。

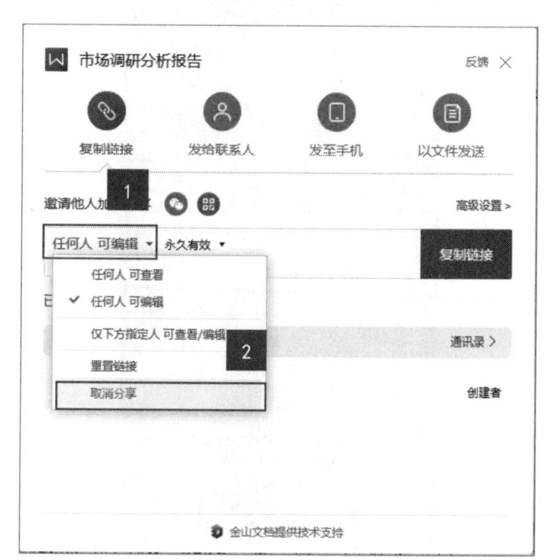

第2步 取消文件分享后，会取消显示链接，并自动弹出【已取消分享】提示，如下图所示。

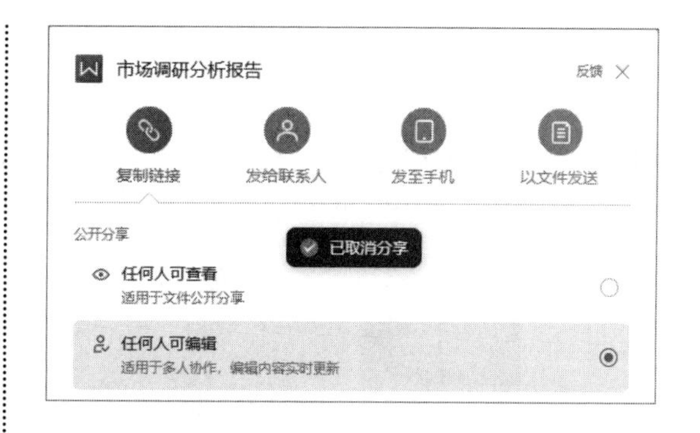

技巧 1：制作个性的群公告

发布群公告时默认可以发送文字内容，如果希望发布的群公告更有个性，更美观，可以使用钉钉内置的模板发布公告，具体操作步骤如下。

第1步 进入【群公告】的发布页面，点击【模板】按钮，如下图所示。

第2步 打开【公告模板】界面，其中包含了放假通知、喜报战报、每日问候、公告通知、员工关

怀、倒计时、招聘招生等多类模板，每类模板中又包含不同内容的模板，这里选择【公告通知】下的【体检通知】模板，如下图所示。

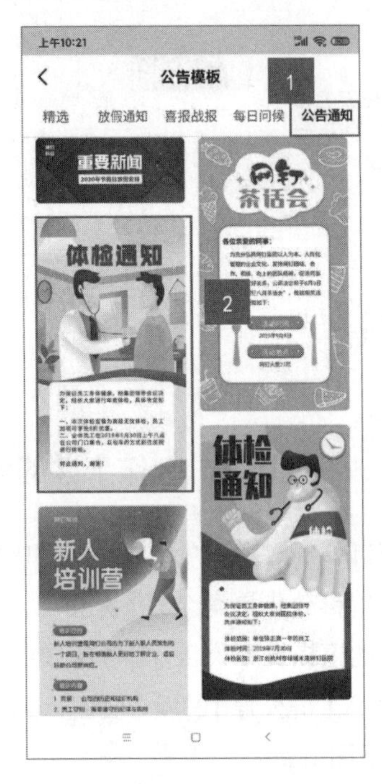

第3步 即可显示模板的预览效果，点击【编辑模板】按钮，如下图所示。

第4步 在需要修改内容的位置点击，这里点击下方的内容，如下图所示。

第5步 进入文本编辑界面，根据需要修改内容，点击“√”按钮确认，如下图所示。

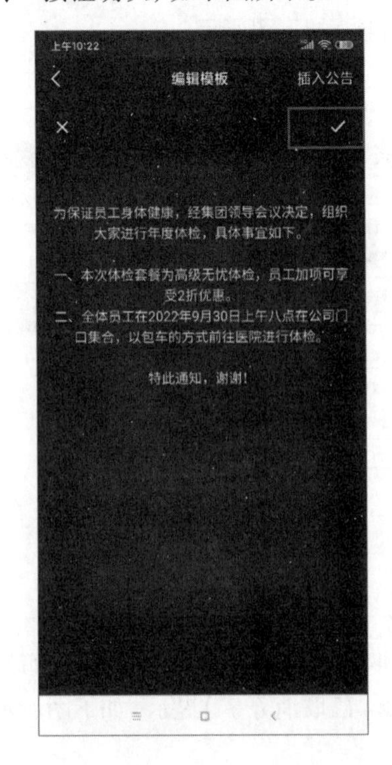

第6步 即可看到编辑文本后的效果，点击【插入公告】按钮，如下图所示。

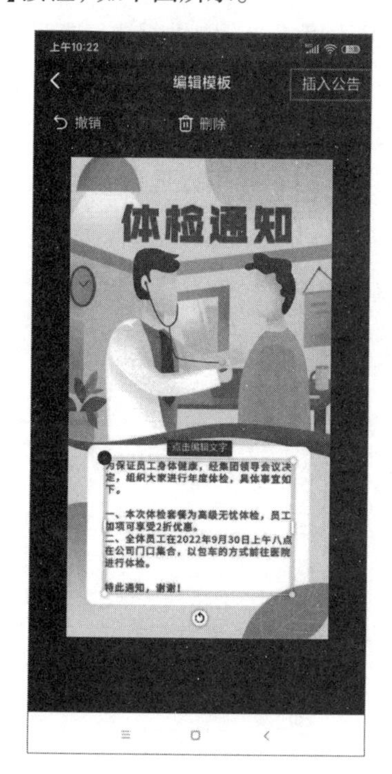

第7步 进入【群公告】界面，点击【下一步】按钮，如下图所示。

第8步 选择发送方式，打开【DING一下】开关，点击【发布】按钮，如下图所示，即可发布群公告并且DING所有成员。

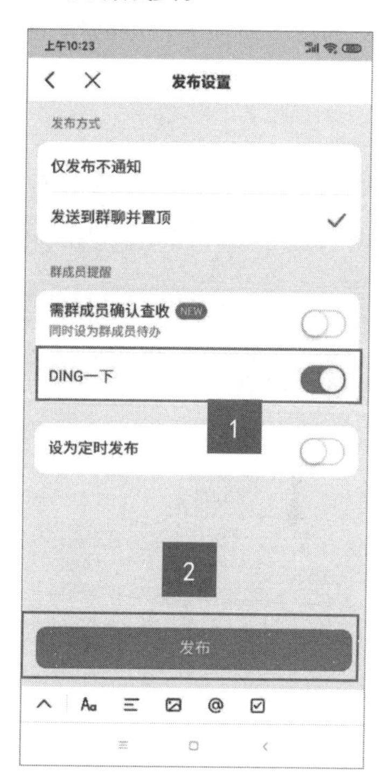

技巧2：文件太多，常常找不到想要的文件怎么办？

居家办公常遇到的问题就是文件太多，即使放进不同的文件夹分类，找起来也十分麻烦。除了使用搜索功能搜索文件，掌握正确的命名方式也十分重要。

文件/文件夹的排序除修改时间以外，默认是按照数字/字母/汉字拼音的首个字母的顺序来进行排序的。

结合这个规律，下面有2个诀窍可以提高找文件的速度。

（1）在文件夹/文件的名称前面加上数字，如“销售管理”改为“01销售管理”。

这个方法一般用在文件夹的命名上，使用

频率最高的文件夹为“01 XXXX”，随后是“02 XXXX”，打开网盘，通常要找的文件夹就是排在前面的几个。

（2）文件命名前加上日期数字，例如，2月17日完成的“销售报表”，命名为“0217销售报表”。

这样做的好处就是通过搜索功能可以把不在同一个文件夹的关联文件一次搜索出来。

同样的技巧可以用到某一个项目的所有文件命名中，例如，“项目A”的相关文件有职工名单、项目进度报告、审批报告，这些文件可能按分类的规则要放到不同的文件夹，那么只要在相关文件的名称前加上“项目A”，搜索文件时输入“项目A”，就可以显示该项目的所有相关文件了。

第 18 章

办公设备的使用

学习内容

办公设备是实现办公自动化的必备工具。当前办公效率的提高，很大一部分依赖于办公设备功能的不断完善，以及办公设备使用方法的逐步简便。很多家庭甚至都配备了打印机、扫描仪、复印机等办公设备。本章主要介绍使用办公设备打印文档的常用操作。

学习效果

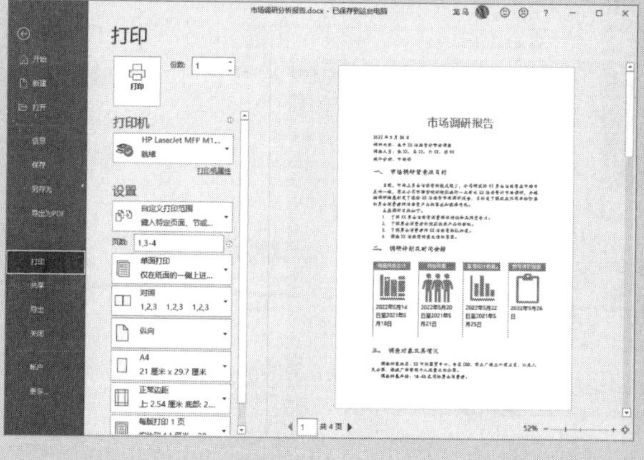

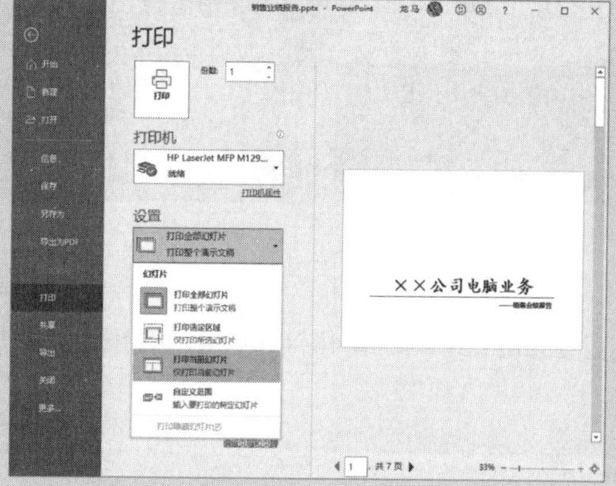

18.1 安装打印机

打印机是自动化办公中不可缺少的一个组成部分，是重要的输出设备之一。通过打印机，用户可以将计算机中编辑好的文档、图片等资料打印输出到纸上，从而方便将资料进行存档、报送及做其他用途。

18.1.1 添加局域网打印机

连接打印机后，计算机如果没有检测到新硬件，可以通过安装打印机的驱动程序的方法添加局域网打印机，具体操作步骤如下。

第1步 单击状态栏中的【搜索】按钮，输入“控制面板”，在搜索结果中选择【控制面板】选项，如下图所示。

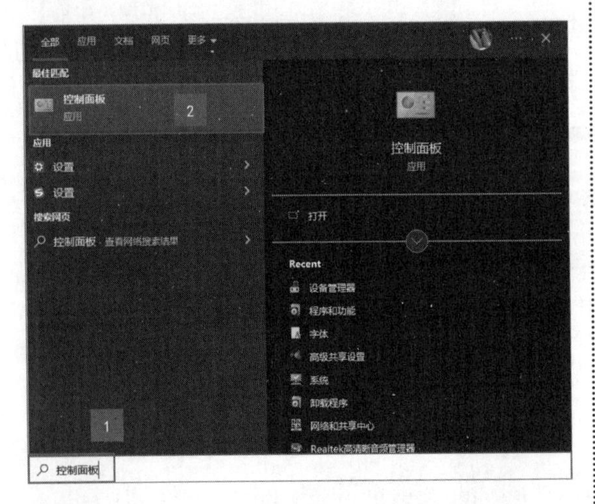

第2步 打开【控制面板】窗口，单击【硬件和声音】下的【查看设备和打印机】，如下图所示。

第3步 弹出【设备和打印机】窗口，单击【添加打印机】按钮，如下图所示。

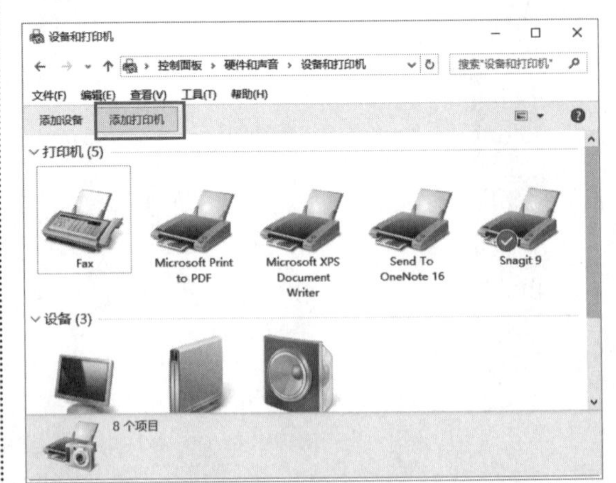

第4步 即可打开【添加设备】窗口，系统会自动搜索网络内的可用打印机，选择搜索到的打印机，单击【下一步】按钮，如下图所示。

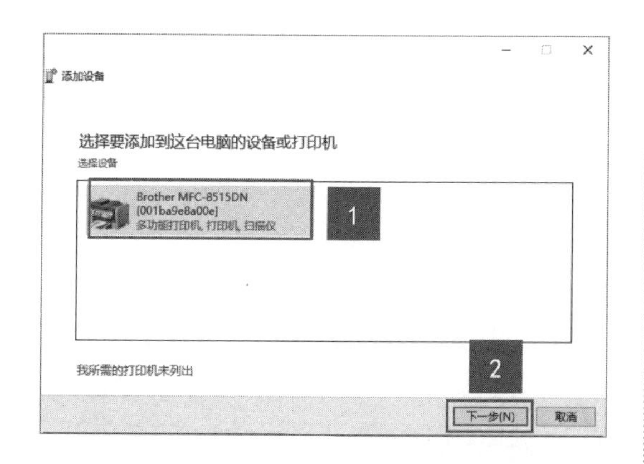

提示

如果需要安装的打印机不在列表内，可单击下方的【我所需的打印机未列出】链接，在打开的【按其他选项查找打印机】对话框中选择其他的打印机，如下图所示。

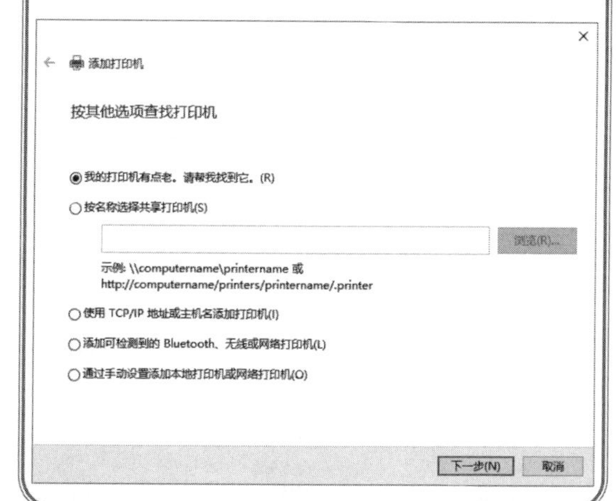

第5步 将会弹出【添加设备】窗口，进行打印机连接，如下图所示。

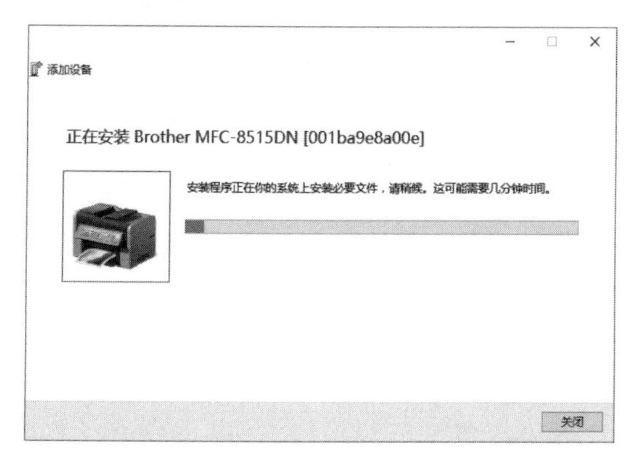

第6步 直到提示你已成功添加打印机。如需要打印测试页看打印机是否安装完成，单击【打印测试页】按钮，即可打印测试页。单击【完成】按钮，就完成了打印机的安装，如下图所示。

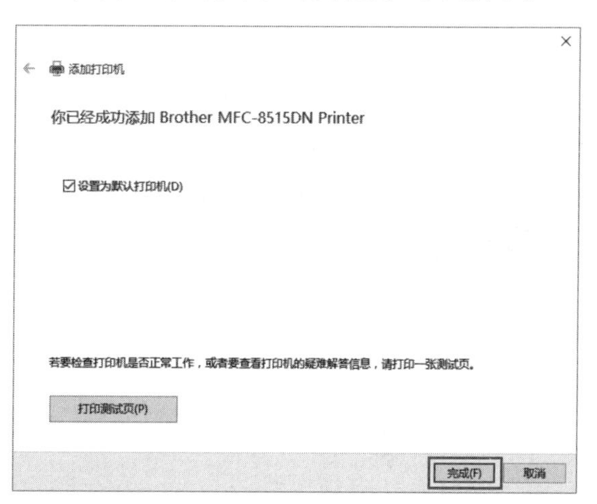

第7步 在【设备和打印机】窗口中，用户可以看到新添加的打印机，如下图所示。

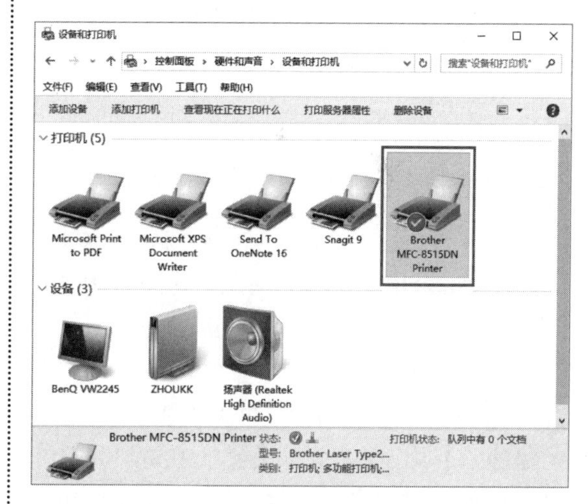

提示

如果有驱动光盘，直接运行光盘，双击 Setup.exe 文件即可。

18.1.2 打印机连接测试

安装打印机之后，需要测试打印机的连接是否有误，最直接的方式就是打印测试页。

方法1：在安装驱动过程中测试。安装驱动的过程中，在提示安装打印机成功界面，单击【打印测试页】按钮，如果能正常打印，就表示打印机连接正常，单击【完成】按钮完成打印机的安装，如下图所示。

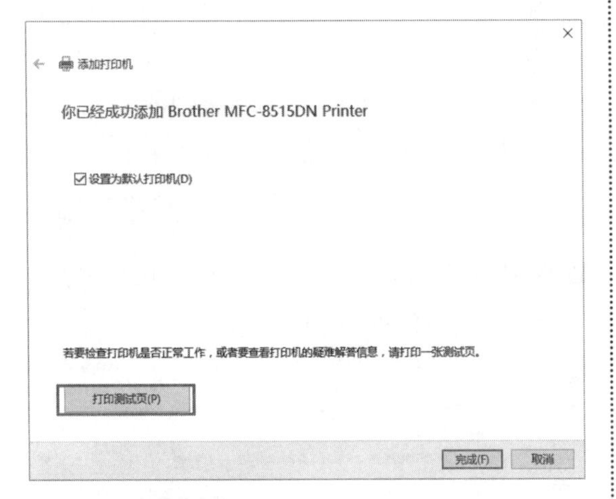

提示

如果不能打印测试页，表明打印机安装不正确，可以通过检查打印机是否已开启、打印机是否在网络中及重装驱动来排除故障。

方法2：在【属性】对话框中测试。

第1步 在【设备和打印机】窗口中要测试的打印机上右击，在弹出的快捷菜单中选择【打印机属性】选项，如下图所示。

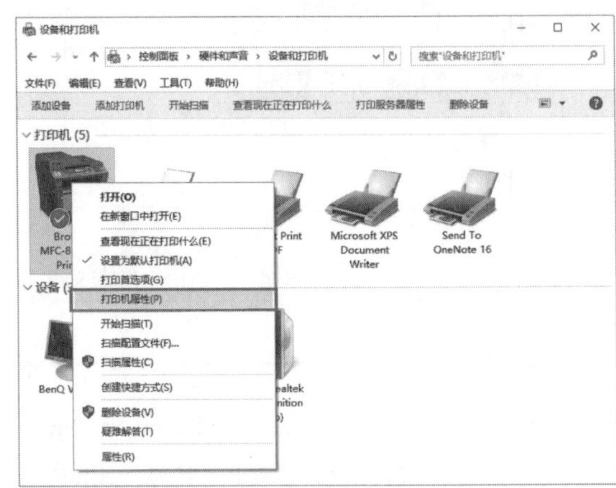

第2步 弹出【属性】对话框，在【常规】选项卡下单击【打印测试页】按钮，如下图所示，如果能正常打印，就表示打印机连接正常。

18.2 打印 Word 文档

文档制作完成后，可以将其打印出来，默认情况下会打印整个文档，也可以根据需要仅打印当前页面或自定义打印页面。

18.2.1 预览和打印文档

文档制作完成后，可以先进行打印预览，打印预览显示的效果与打印出来的文档是一致的，确保文档没有问题后，就可以直接打印文档。

第1步 打开“素材\ch18\市场调研分析报告.docx”文件，选择【文件】选项卡下【打印】选项，在右侧即可看到打印预览效果，如下图所示。

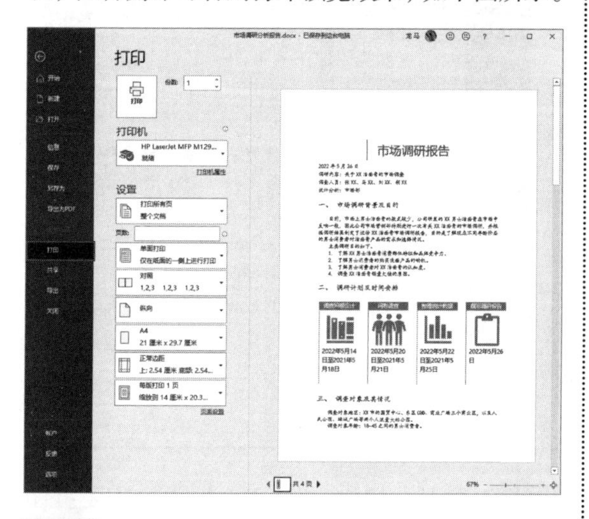

第2步 单击预览区域下方的【下一页】按钮即可预览下一个页面，如下图所示。

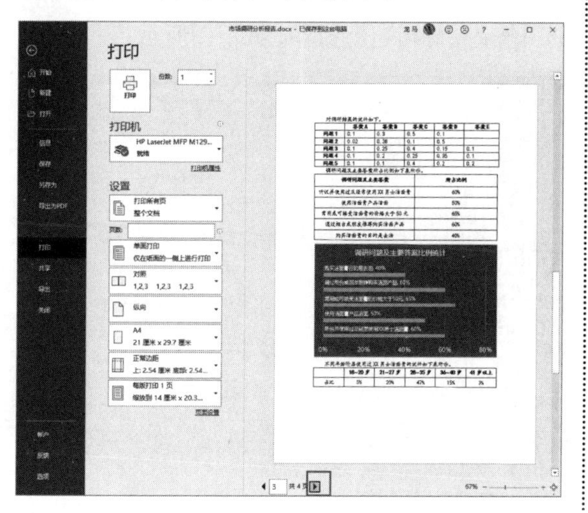

第3步 选择【文件】选项卡下【打印】选项，在【打印机】下拉列表中选择要使用的打印机，如下图所示。

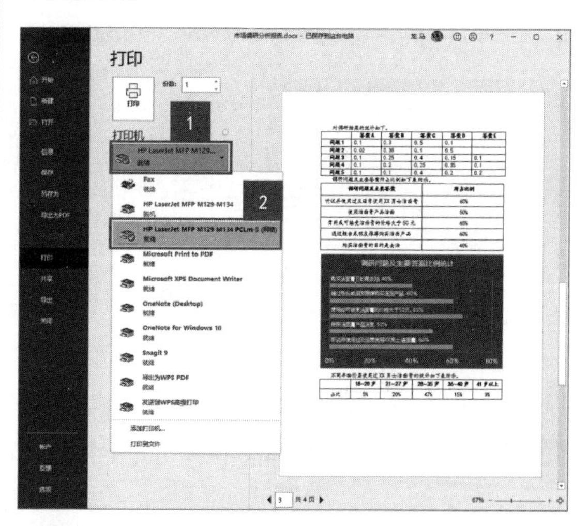

第4步 用户可以在【份数】微调框中输入打印的份数，单击【打印】按钮，即可开始打印文档，如下图所示。

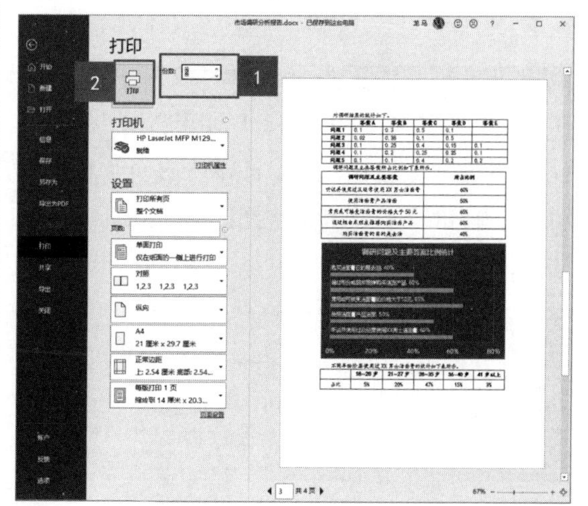

18.2.2 打印当前页面

打印当前页面的具体操作步骤如下。

第1步 在打开的文档中，将光标定位至要打印的Word页面，这里定位至第2页，如下图所示。

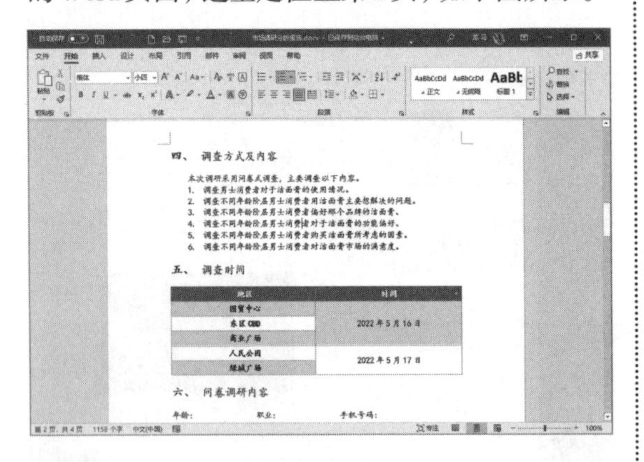

第2步 选择【文件】选项卡，在弹出的下拉列表中选择【打印】选项，在右侧选项【设置】选项区域中单击【打印所有页】下拉按钮，在弹出的下拉列表中选择【打印当前页面】选项。随后设置要打印的份数，单击【打印】按钮即可进行打印，如下图所示。

18.2.3 打印连续或不连续页面

打印连续或不连续页面的具体操作步骤如下。

第1步 在打开的文档中，选择【文件】选项卡，在弹出的下拉列表中选择【打印】选项，在右侧【设置】选项区域中单击【打印所有页】下拉按钮，在弹出的下拉列表中选择【自定义打印范围】选项，如下图所示。

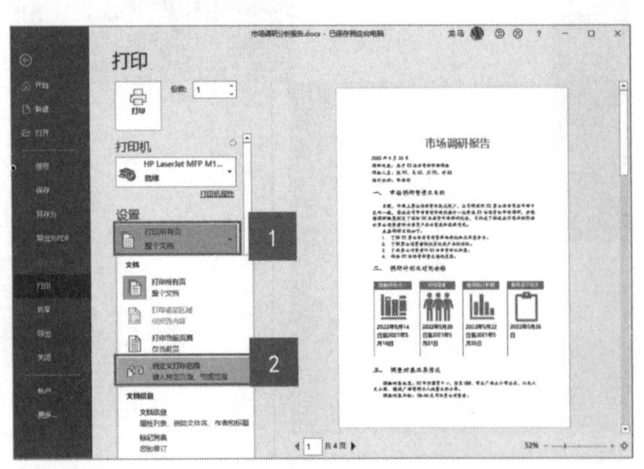

第2步 在下方的【页数】文本框中输入要打印的页码，如输入“1,3-4”，表示打印第1页，以及第3页到第4页，设置要打印的份数，单击【打印】按钮即可进行打印，如下图所示。

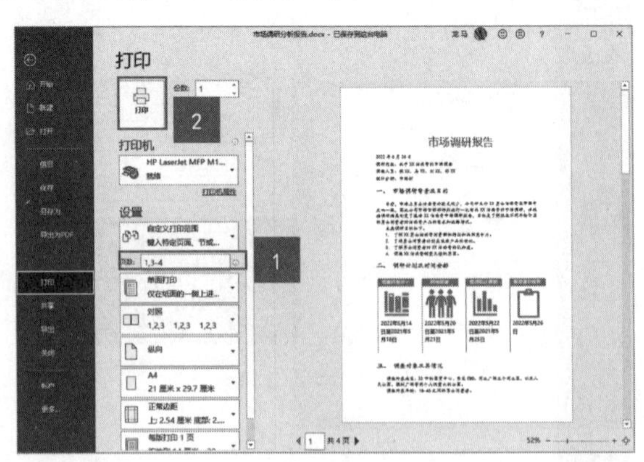

提示

连续页码使用英文半角连接符，不连续的页码可以使用英文半角逗号分隔。

18.3 打印 Excel 表格

打印Excel表格时，用户可以根据需要设置Excel表格的打印方法，如在同一页面打印不连续的区域、打印行号、列标或每页都打印标题行等。

18.3.1 打印整张工作表

打印Excel工作表的方法与打印Word文档类似，需要选择打印机并设置打印份数。打开“素材\ch18\装修预算表.xlsx”文件，单击【文件】选项卡下左侧列表中的【打印】选项，在打印设置区域，在【打印机】下拉列表中选择要使用的打印机，在【份数】微调框中输入“3”，打印3份，单击【打印】按钮，即可开始打印Excel工作表，如下图所示。

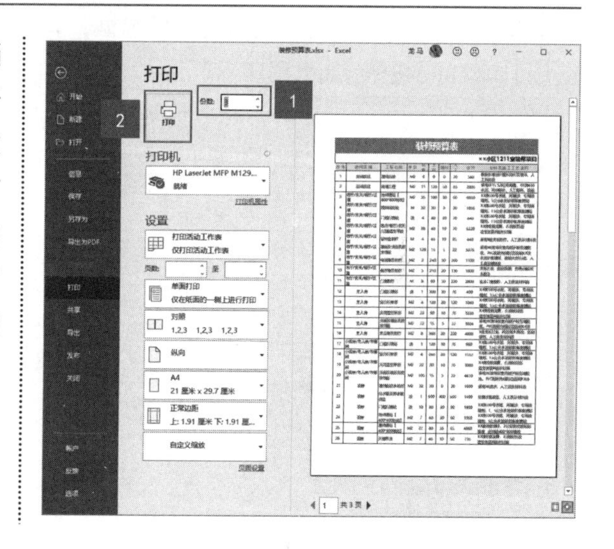

18.3.2 仅打印指定区域

如果要打印整张工作表中的部分区域，可以设置仅打印指定区域，具体操作步骤如下。

第1步 在工作表中选择要打印的区域，如下图所示。

装修预算表

××小区1211室装修项目

序号	房间区域	工程名称	单位	数量	主材	辅材	人工	合计	材料及施工工艺流程
1	基础改建	墙体拆除	M2	8	0	0	70	560	根据拆墙设计图拆除所需墙体、人工拆除费
2	基础改建	砌墙工程	M2	11	120	50	85	2805	采用0115*53红砖砌墙、XX牌430水泥、河中粗砂、人工砌筑、双面抹灰
3	客厅/玄关/餐厅/过道	地砖铺贴【800*800地砖】	M2	35	100	30	60	6650	XX牌330号水泥、河粗沙、专用填缝剂、5公分水泥砂浆厚度铺贴
4	客厅/玄关/餐厅/过道	踢脚线粘贴	M	32	30	8	20	1856	XX牌330号水泥、河粗沙、专用填缝剂、1.5公分水泥砂浆厚度铺贴
5	客厅/玄关/餐厅/过道	门槛石铺贴	块	4	60	30	70	640	XX牌330号水泥、河粗沙、专用填缝剂、1.5公分水泥砂浆厚度铺贴
6	客厅/玄关/餐厅/过道	客厅/餐厅/玄关/过道造型吊顶	M2	38	60	10	70	5320	XX牌轻钢龙骨，石膏板封面造型按展开面积计算
7	客厅/玄关/餐厅/过道	窗帘盒制作	M	4	65	10	85	640	采用9厘夹板制作，人工费及材料费
8	客厅/玄关/餐厅/过道	墙面及顶面乳胶漆饰面	M2	128	15	5	22	5376	采用XX牌环保室内腻子粉刮墙批底，PVC阴阳角线封边面刷XX漆

第2步 选择【文件】→【打印】选项，在【设置】选项区域中单击【打印活动工作表】下拉按钮，在弹出的下拉列表中选择【打印选定区域】选项，单击【打印】按钮即可开始打印，如下图所示。

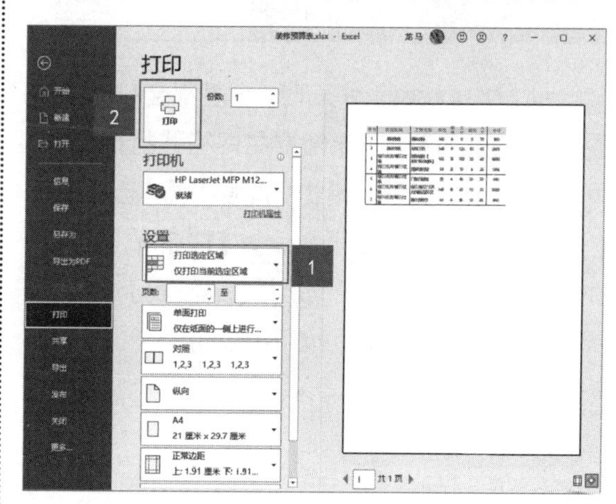

18.3.3 打印行号、列标

在打印Excel表格时可以根据需要将行号和列标打印出来，具体操作步骤如下。

第1步 打开素材文件，单击【页面布局】选项卡下【页面设置】组中的【打印标题】按钮，弹出【页面设置】对话框，在【工作表】选项卡下【打印】选项区域中选中【行和列标题】复选框，单击【打印预览】按钮，如下图所示。

页面设置 ? ×
页面 页边距 页眉/页脚 工作表
打印区域(A):
打印标题
顶端标题行(R):
从左侧重复的列数(C):
打印
☐ 网格线(G) 注释(M): (无)
☐ 单色打印(B) 错误单元格打印为(E): 显示值
☐ 草稿质量(Q)
☑ 行和列标题(L) 1
打印顺序
◉ 先列后行(D)
○ 先行后列(V)
2
打印(P)... 打印预览(W) 选项(O)...
确定 取消

第2步 查看显示行号和列标后的打印预览效果，如下图所示。

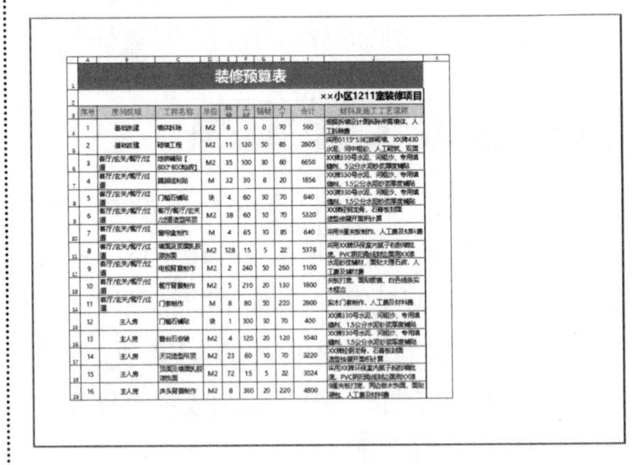

提示

在【打印】选项区域中选中【网格线】复选框可以在打印预览界面查看网格线；选中【单色打印】复选框可以以灰度的形式打印工作表；选中【草稿质量】复选框可以节约耗材、提高打印速度，但打印质量会降低。

18.3.4 打印网格线

在打印Excel工作表时，一般都会打印没有网格线的工作表，如果需要将网格线打印出来，可以通过设置实现。单击【页面布局】选项卡下【页面设置】组中的【页面设置】按钮，在弹出的【页面设置】对话框中选择【工作表】选项卡，选中【网格线】复选框，如下图所示。

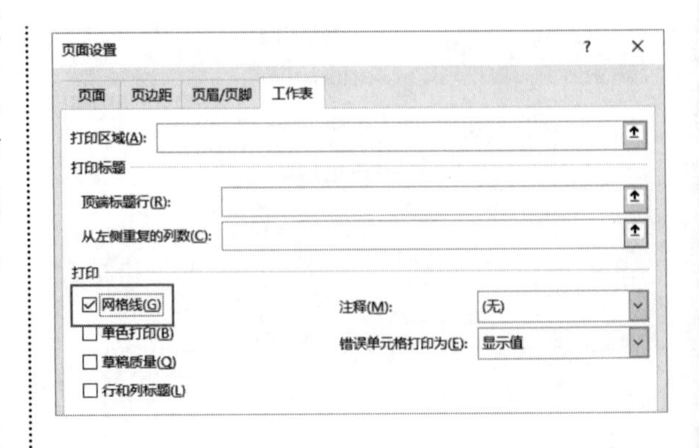

18.3.5 让打印出的每页都有表头

如果工作表中的内容较多，并且有表头，在打印Excel工作表时，从第2页开始就不会自动显示表头，可以通过设置让打印出的每一页都有表头，具体操作步骤如下。

第1步 在打开的素材文件中单击【页面布局】选项卡下【页面设置】组中的【页面设置】按钮，在弹出的【页面设置】对话框中选择【工作表】选项卡，单击【顶端标题行】右侧的按钮，如下图所示。

第2步 选择标题行，这里选择第1~3行，单击按钮，如下图所示。

第3步 返回【页面设置】对话框，单击【打印预览】按钮，如下图所示。

第4步 在打印预览界面，查看第2页的预览效果，也可以看到显示的表头，如下图所示。

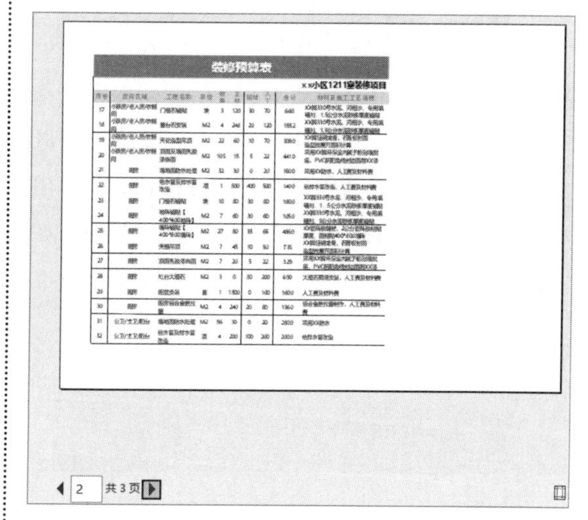

18.4 打印PPT演示文稿

PPT演示文稿的打印主要包括打印当前幻灯片及在一张纸上打印多张幻灯片等形式。

18.4.1 打印当前幻灯片

打印当前幻灯片的具体操作步骤如下。

第1步 打开“素材\ch18\销售业绩报告.pptx”文件，选择要打印的幻灯片，这里选择第5张幻灯片，如下图所示。

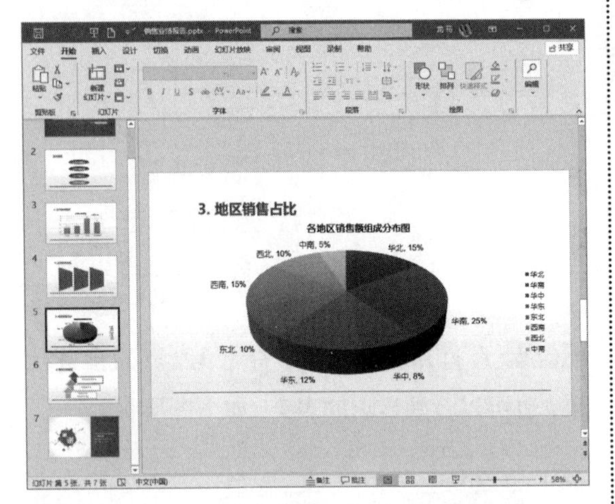

第2步 选择【文件】选项卡，在左侧列表中选择【打印】选项，在【打印】下面的【设置】选项区域中单击【打印全部幻灯片】下拉按钮，在弹出的下拉列表中选择【打印当前幻灯片】选项，如下图所示。

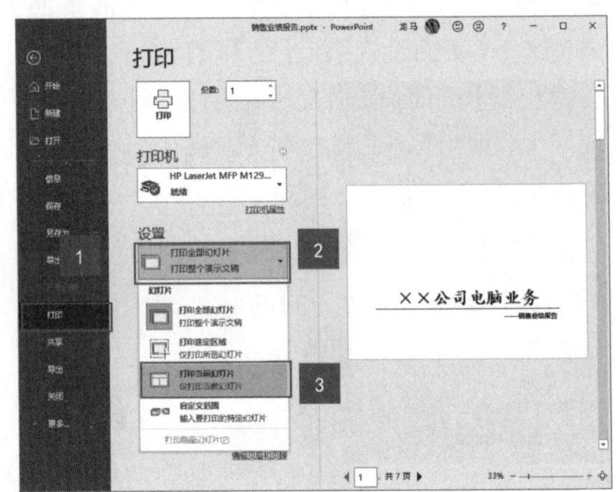

第3步 在右侧的打印预览界面显示所选的第5张幻灯片内容，单击【打印】按钮即可打印，如下图所示。

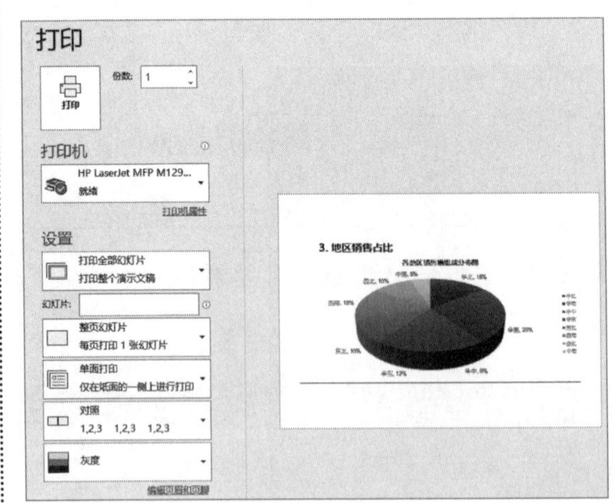

18.4.2 一张纸打印多张幻灯片

在一张纸上可以打印多张幻灯片，以便节省纸张，具体操作步骤如下。

第1步 在打开的演示文稿中，选择【文件】选项卡下的【打印】选项，在【设置】选项区域中单击【整页幻灯片】下拉按钮，在弹出的下拉列表中选择【6张水平放置的幻灯片】选项，设置每张纸打印6张幻灯片，如下图所示。

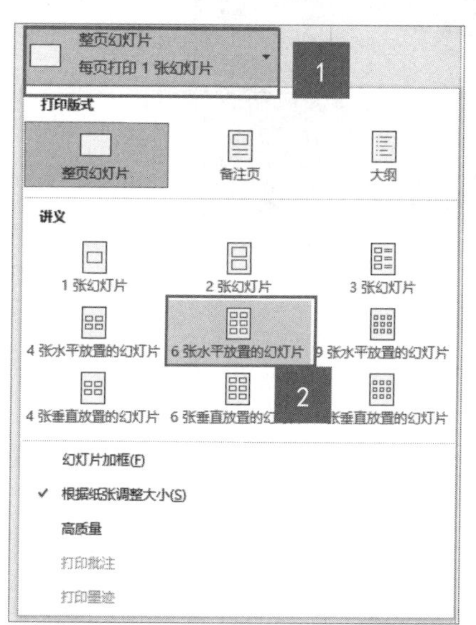

第2步 此时可以看到右侧的预览区域一张纸上显示了6张幻灯片，如下图所示。

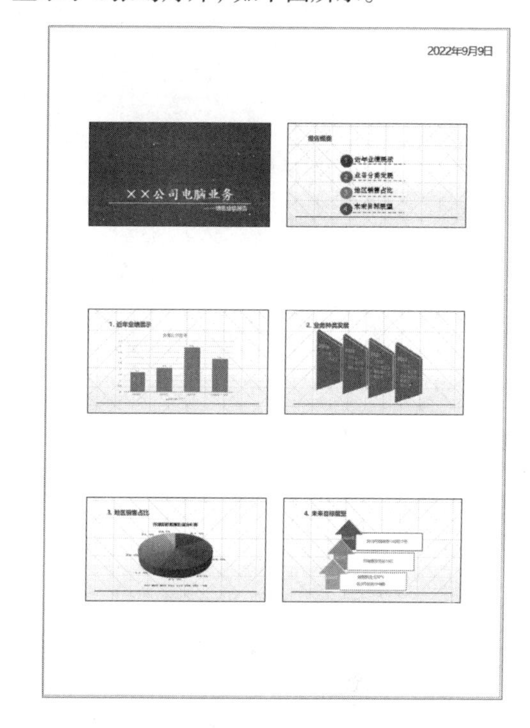

18.5 复印机的使用

复印机是从书写、绘制或印刷的原稿得到等倍、放大或缩小的复印品的设备。复印机复印的速度快，操作简便，与传统的铅字印刷、蜡纸油印、胶印等的主要区别是无须经过其他制版等中间手段，而能直接从原稿获得复印品。复印份数不多时较为经济。复印机发展的总体趋势从低速到高速、从黑白过渡到彩色（数码复印机与模拟复印机的对比）。至今，复印机、打印机、传真机已集身于一体。

复印机的使用方法主要是：打开复印机翻盖，将要复印的文件放进去，把文档有字的一面向下，盖上机器的盖子，按打印机上的【复印】按钮进行复印。部分机器需要按【复印】按钮后，再按一下打印机的【开始】或【启用】按钮进行复印。

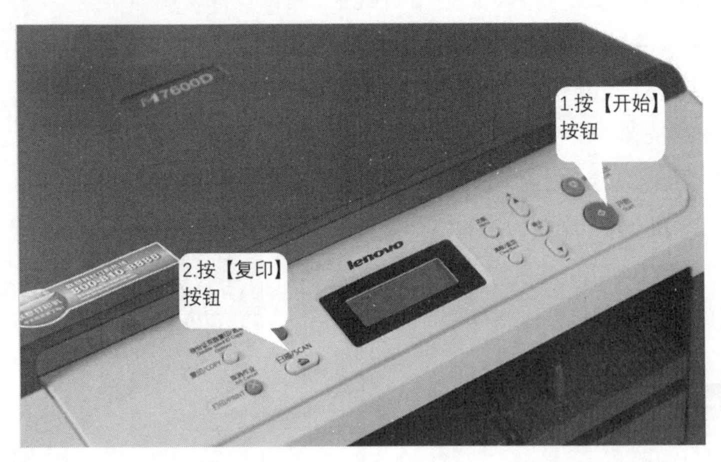

18.6 扫描仪的使用

扫描仪的作用是将稿件上的图像或文字输入计算机中。如果是图像，可以直接使用图像处理软件进行加工；如果是文字，可以通过OCR软件，把图像文本转化为计算机能识别的文本文件，这样可以节省把字符输入计算机的时间，大大提高输入速度。

目前，许多类型的办公和家用扫描仪均配有OCR软件，如紫光的扫描仪配备了紫光OCR，中晶的扫描仪配备了尚书OCR，Mustek的扫描仪配备了丹青OCR等。扫描仪与OCR软件共同承担着从文稿的输入到文字识别的全过程。

通过扫描仪和OCR软件，就可以对报纸、杂志等媒体上刊载的有关文稿进行扫描，随后进行OCR识别（或存储成图像文件，留待以后进行OCR识别），将图像文件转换成文本文件或Word文件进行存储。

扫描仪的安装与打印机安装类似，但不同接口的扫描仪安装方法不同。如果扫描仪的接口是USB类型的，用户需要在【设备管理器】中查看USB装置工作是否正常，然后安装扫描仪的驱动程序，之后重新启动计算机，并用USB连线把扫描仪接好，随后计算机就会自动检测到新硬件。

第1步 在桌面上右击【此电脑】图标，在弹出的快捷菜单中选择【属性】选项，如下图所示。

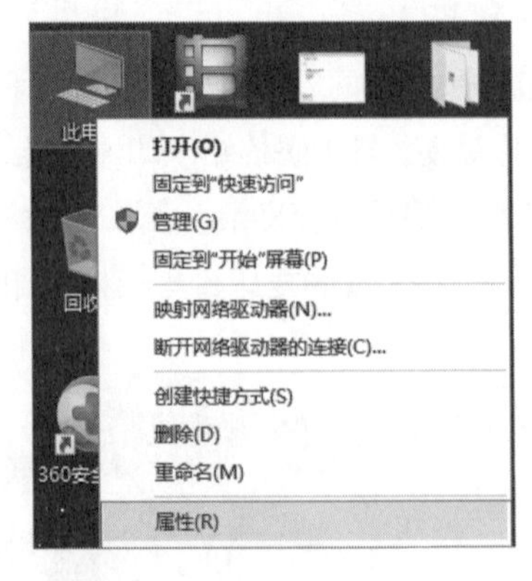

第2步 弹出【系统】窗口，选择【设备管理器】选项，如下图所示。

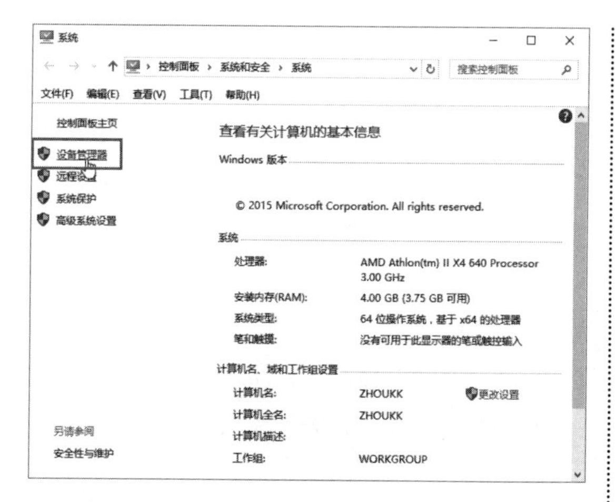

第3步 弹出【设备管理器】窗口，展开【通用串行总线控制器】项，查看USB设备是否正常工作，如果有问号或叹号都是不能正常工作的提示，如下图所示。

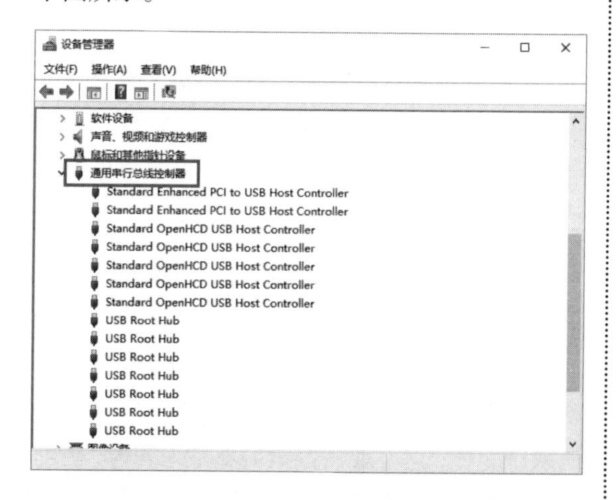

提示

如果扫描仪是并口类型的，在安装扫描仪之前，用户需要进入BIOS，在【I/O Device Configuration】下把并口的模式设为【EPP】，然后连接好扫描仪，并安装驱动程序即可。安装扫描仪驱动的方法和安装打印机的驱动方法类似，这里就不再讲述。

第4步 扫描文件先要启动扫描程序，再将要扫描的文件放入扫描仪中，运行扫描仪程序。单击【开始】按钮，在弹出的开始菜单中选择【Windows附件】→【Windows传真和扫描】选项，打开【Windows传真和扫描】对话框，单击【新扫描】按钮即可，如下图所示。

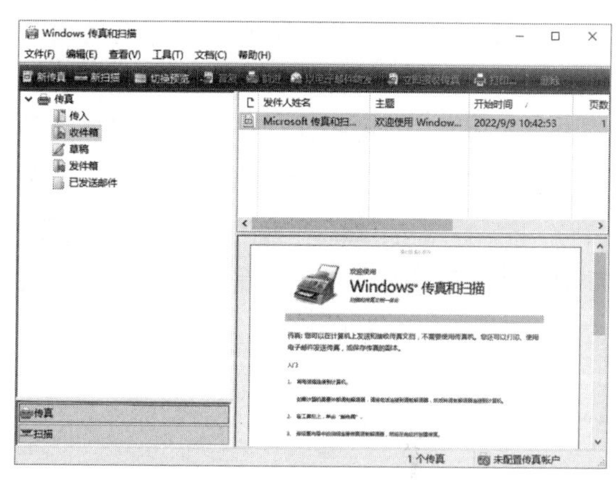

技巧1：使用打印机的注意事项

在使用打印机时应注意以下事项。

（1）遇到打印质量问题时，可打印一张自测页，检查有无质量问题。若有问题，先确认硒鼓表面是否良好，更换另一个硒鼓，再打印一张自测页，若问题持续，则需要联系维修中心。如果打印测试页没有问题，需要确认其他软件有无问题。若有，重新安装驱动程序；若没有，重新配置或安装应用程序。

（2）在往打印机放纸时，一定先用手将多页纸拉平整，放到纸槽后，将左右卡纸片分别卡到纸的两边。此外，应使用符合标准的打印纸。

（3）当遇到有平行于纸张长边的白线时，可能是碳粉不多了，可将硒鼓取出，左右晃动一下再打印。如果还不行，更换新的硒鼓，如果再不行，就联系维修中心。

（4）当缺纸灯不停地闪动时，表示进纸有问题。应先将电源关上，从进纸架上将纸张取出。如果打印中的纸张仍留在机内，或机内留有被卡住的纸张，应小心地将之慢慢拉出。

（5）打印过程中不要打开前盖（对新一代的打印机来说，当打开前盖时，它就会"聪明"地以为要换墨盒，并把打印头小车移动到前盖部分），以免造成卡纸。发生卡纸时，应先将前盖打开，将硒鼓取出，然后用双手抓住卡纸的两侧，均匀用力将纸拽出。一定不能用尖利的器件去取纸，这样容易损坏加热组件。

技巧2：打印机省墨技巧

使用喷墨打印机打印时，有时候会发现打印出的图形颜色与显示器上所显示的同一图形颜色相比偏淡或偏浓，还可能偏向其他相近颜色，这是由于打印机产生颜色的方式与显示器不一样造成的。可通过应用软件或打印机的驱动程序重新编辑显示器上的原图，使打印机打出期望的图形色彩。

如果打印机打印出的图形缺少某种颜色，应清洗打印头，如果多次清洗后仍缺色，就说明墨盒中已缺少某种颜色，这时应更换墨盒。如果更换后仍是这样，就说明打印头已完全堵塞。

当缺墨灯不停地闪烁时，表示墨盒内的墨即将用完，需要准备新的墨盒。下面介绍一些打印机省墨的方法和技巧。

（1）彩色喷墨打印机一般是通过感应传感器来检测墨盒中的墨量的。传感器只要检测到其中一色墨量小于打印机内部设定的值，便提示更换墨盒。在这种情况下，不必立即更换墨盒，否则就会造成不必要的浪费。由于墨盒（原装）中都有海绵，因此当打印机第一次报墨盒已经用完的时候，其实还是有部分墨的。

（2）现在许多打印机都推出了具有无边距打印功能。虽然无边距照片是美丽动人的，但是需要全幅面覆盖。由于打印机定位的需要，在纸张的前后左右都有大量的墨被延伸到纸外而被浪费掉。因此在一般情况下，尽量不使用无边距打印功能。

（3）换墨粉时一定要迅速，不然又要浪费很多墨来清洗打印头，得不偿失。每当拿下分离式打印机的墨盒换墨粉时，与墨盒相连的出墨口就会暴露在空气中。长时间暴露的话，必然会造成其中的墨干涸，这在第一次使用兼容墨盒时特别常见。

（4）喷墨打印机每启动一次，打印机都要自动清洗打印头和初始化打印机一次，并对墨输送系统充墨，这样就使大量的墨被浪费掉，因而最好不要让它频繁启动。